轧钢机

周建男 编著

北京
冶金工业出版社
2009

内 容 简 介

本书按轧钢机用途分类，系统地介绍了各类轧钢机技术，同时介绍了轧钢机管理与维修技术。本书共分 9 章，内容包括：概述、初轧机、型钢轧机、线材轧机、板带轧机、钢管轧机、特种轧机、薄板坯连铸连轧和轧钢机管理与维修等。

本书可供高等院校冶金机械、压力加工等专业本科生、研究生及教师参考，也可供钢铁企业及轧钢厂的管理者和专业人员以及从事轧钢生产工艺装备研究、设计的人员参考。

图书在版编目（CIP）数据

轧钢机/周建男编著. —北京：冶金工业出版社，2009. 4

ISBN 978-7-5024-4541-6

Ⅰ. 轧…　Ⅱ. 周…　Ⅲ. 轧机　Ⅳ. TG333

中国版本图书馆 CIP 数据核字（2009）第 056415 号

出 版 人　曹胜利
地　　址　北京北河沿大街嵩祝院北巷 39 号，邮编 100009
电　　话　（010）64027926　电子信箱　postmaster@ cnmip. com. cn
责任编辑　王雪涛　美术编辑　张媛媛　版式设计　张　青
责任校对　刘　倩　责任印制　牛晓波
ISBN 978-7-5024-4541-6
北京兴华印刷厂印刷；冶金工业出版社发行；各地新华书店经销
2009 年 4 月第 1 版，2009 年 4 月第 1 次印刷
787mm × 1092mm 1/16；27. 75 印张；674 千字；431 页；1-2500 册
79. 00 元
冶金工业出版社发行部　电话：（010）64044283　传真：（010）64027893
冶金书店　地址：北京东四西大街 46 号（100711）　电话：（010）65289081
（本书如有印装质量问题，本社发行部负责退换）

前　言

1855年英国人贝塞麦向熔化的铁水中吹入空气，结束了半固态炼钢生产史，奠定了现代化钢铁生产基础。150年以来，世界钢铁工业得到了很大发展。第二次世界大战后，尤其近30年来其发展更加突飞猛进。全球钢铁工业在生产中开发并应用了一系列新技术，钢铁生产实现了高效、低耗、高精度、连续化、智能化、清洁化生产，做到了环境友好、资源节约。

中国钢铁产业近30年发展迅速。1996年第一次成为世界产钢量最大的国家。2007年，钢铁产业完成工业增加值9936亿元，占全国GDP的4%，实现利润2436亿元，占规模以上工业企业实现利润的9%，规模以上钢铁企业从业人员358万人。2007年中国钢产量4.89亿t，占世界钢产量的36.4%，约是产量居第2位日本、第3位美国和第4位俄罗斯三国产钢量总和的1.7倍。

2008年伊始，美国次贷危机，油价高位运行，美元持续贬值并伴随通货膨胀压力增大，国际钢铁原、燃料产品价格暴涨等，引发全球钢材产量、价格一路飙升的态势。不幸的是7月以后，由于没有需求的支撑，全球钢材产量、钢材价格急剧回落。中国作为世界第一产钢大国，在经济全球一体化的今天未能幸免，钢材产量和价格走势也经历了先扬后抑，直到大幅度下落的过程。2008年全球钢产量约13.5亿t，中国约5亿t。

钢铁生产工艺流程经过长期的发展和选择，淘汰了空气转炉、平炉炼钢方法，只剩下两种主要流程：以高炉－氧气转炉炼钢工艺为中心的钢铁联合企业生产流程，即长流程；以废钢－电炉炼钢为中心的“小钢厂”的钢铁生产流程，即短流程。无论是在“长流程”还是“短流程”中，钢坯（钢锭）成材是关键的制造单元之一，轧钢始终是钢材成形的主要方法。由于炼钢与轧钢这两个单元的连续化、刚性化和一体化，加之对轧钢单元功能的不断扩充，对钢材品种规格要求越来越多、质量要求越来越高，使得轧钢机技术不得不超前于其他钢铁生产工序技术的发展速度。轧钢过程是一个由物理冶金、化学冶金、机械制造及自动化控制等环节组成的复杂加工过程，因计算机技术，近代数学非线性理论，机、电制造技术等的进步，使得这个复杂的加工过程得以完美实现，使得轧钢机向大型化、高速化、连续化、节能化、高精度方向发展。

编著此书的动因及其特点：

一是多年来夙兴夜寐地工作在钢铁生产科研一线，躬亲了轧钢机的多种类型。自1979年负笈求学于东北工学院冶金机械及设备专业至今整30个春秋。

1983年大学毕业，被国家分配到抚顺钢厂，有幸参加了“抚钢1200mm冷轧薄板工程”、“七五”国家重点技改项目“抚钢增建850初轧厂”、“八五”国家重点技改项目“建抚钢高精度扁钢生产线”和“九五”国家重点科技项目“合金钢长型材新工艺流程技术开发”之“抚钢新工艺流程生产技术及产品质量研究”等项目的立项、科研、初步设计、设计联络、施工图设计、设备引进、安装调试、达产达标全过程工作。参加国家重点科技项目，国家“863”/CIMS计划项目，国家自然科学基金重点支持项目“特殊钢新流程关键自动化技术及应用”和国家“863”计划项目“三杆并联式钢坯修磨机器人试验样机及技术”的研制工作。之后，于2001年经青岛市政府引入青岛钢铁有限公司工作，又有幸参加了“青钢100万t高线及大盘卷技术改造工程”工作。与此同时，多次赴美国、加拿大、德国、奥地利、意大利、韩国和日本等国进行技术交流、考察和研修。想把自己知道的一些较新的轧钢机技术介绍给广大读者。

二是在从事企业发展战略及规划研究、技术管理、质量管理、营销管理等工作中，特别是在组织编写《抚钢“十五”总体发展规划》、《抚钢近、中期(1998—2003)技术创新发展规划》、《抚钢近期(2000—2002)质量管理工作发展规划》、《青钢销售工作近、中期发展规划》、《青钢质量工作近、中期(2004—2007)发展规划》、《青钢中、长期发展战略和规划(2008—2017)》的过程中，感觉到钢铁生产工艺流程技术、轧钢机技术的进步对钢铁行业产品结构、工艺装备结构和资产结构调整，产业升级影响巨大。予尝求在轧钢机技术的角度上阐述国家《钢铁产业发展政策》第十七条提出：“加快淘汰并禁止新建……叠轧薄板轧机、普钢初轧机及开坯用中型轧机、三辊劳特式中板轧机、复二重式线材轧机、横列式小型轧机、热轧窄带钢轧机、直径76mm以下热轧无缝管机组……”的必然性。

三是想做一次承前启后的工作。将轧钢机的发展史，即淘汰的轧机、传统的轧机和最现代的轧机尽最大可能地呈现给读者。生产实践中，在与我的师傅和徒弟们一起工作时，经常会出现这样一种现象，师傅们对现代轧机技术的知识掌握不全面，徒弟们对传统老轧机技术知识了解不全面。在指导研究生学习的过程中也有类似的现象。

四是想将此书按轧钢机用途分类横向分章，每章按生产工艺流程、车间及轧机布置、轧机类型和工作原理、轧机结构纵向分节著述，有别于按轧机零部件横向分章的写法，且与之互补。因我在关于轧钢机的技术学习、生产实践和教学中，总会感到尽管按轧机零部件横向分章，其优势是使读者易于归纳不同用途轧机的共同点，有举一反三，事半功倍之效，但不易呈现一个完整、系统的轧钢机和一个轧钢车间，尤其是对于学生而言。

五是想把独立于《轧钢机械》主流书之外的特种轧机、钢管轧机、薄(中)板坯连铸连轧、轧钢机管理与维修添加进去，整合在一起，旨在使读者持一书而窥全貌。

本书共分9章：第1章“概述”介绍了金属塑性成形的主要方法、轧钢生产工艺流程及其产品、轧钢车间及轧钢机的分类、轧钢机的组成及结构和轧钢机技术的新发展。第2、3、4、5、6章“初轧机”、“型钢轧机”、“线材轧机”、“板带轧机”、“钢管轧机”中，分别介绍了初轧、型钢、线材、板带、钢管的生产工艺流程、生产车间及轧机布置、轧机类型和工作原理、轧机结构等。其中穿插了诸多生产应用实例，还归纳了高速线材技术发展中的几个问题，如独立传动的高速精轧机组（含减定径机组）；精轧机组主传动系统布置在上游；减定径机组孔型系统的趋同性；用于轧件控轧的温度恢复、均匀段的复线活套；棒卷与线材、盘条的关系。在叙述现代新轧机的同时，也简要介绍了各类落后、甚至淘汰轧机的机型结构、轧制原理及工艺。如叠轧薄板轧机、普钢初轧机、三辊劳特式中板轧机、复二重式线材轧机、横列式小型轧机等。第7章“特种轧机”介绍了辊锻机、楔横轧机、齿轮轧机、轧环机、螺旋孔型斜轧机、螺纹滚轧机、摆碾机、旋压机等8类轧机工作原理及类型、生产工艺流程和结构。同时简单介绍了车轮轧机、轮箍轧机、钢球轧机、麻花钻头轧机、翅棱（片）管轧机等5种轧机。第8章“薄（中）板坯连铸连轧”介绍了薄板坯连铸连轧生产工艺、薄板坯连铸连轧设备、中薄板坯连铸连轧。本章独立成章，其目的是突出其与热轧宽带钢生产的特性差异，即前者更注重连铸与连轧动态的衔接工艺及工艺参数。连铸与连轧衔接工艺基本类型：连铸坯直接轧制工艺（CC－DR）（含连续铸轧工艺）；连铸坯直接热装轧制工艺（CC－DHCR或HDR）或高温热装轧制工艺；低温热装工艺（CC－HCR）；常规冷装炉轧制工艺。第9章“轧钢机管理与维修”介绍了设备管理与维修的思想、方式及制度，设备故障，设备诊断技术，设备操作、使用和维护，设备寿命及设备寿命周期费用，轧钢机轨座、机架维修，轧辊调整装置维修、轧辊轴承维修、主传动装置维修等。

致谢：30年来一直激励我、指导我惟精惟一地坚守在钢铁生产科研一线、教我学会了做人和做事并养成了韦编三绝的习惯，嘱我将在生产科研中的体会余暇弄些笔墨记之的是我的老师们：东北大学徐灏、崔甫、罗振才、李力行、刘希圣、杨文恭、李景芳、徐德、李纯忠、崔华林、刘树桐和王国栋、柴天佑、刘相华、吴迪、虞和济、蔡光启老师等，抚钢白良德、李颖军、唐荣德、刘德才、李行奇、陆志强、刘庆昇、曹昌禔老师等以及北京钢铁设计研究总院白秀娟、陈汉录、丛书和、彭兆峰、李龙男，北京钢铁研究总院刘浏老师等。在这里借此书的出版之际，向他们表示衷心的感谢。

感谢北京钢铁设计研究总院黄衍林、沈阳工业大学陈长征、辽宁科技大学李胜利三位学弟的关心和帮助。

感谢青钢我的领导和同事们给予的关怀、指导和帮助。

感谢我的妻子吴若男医生在我著此书过程中给予的帮助。

本书写作过程中，参考和引用了国内外有关书籍和资料，谨向有关作者致以深深的谢意。

限于作者水平及轧钢机技术日新月异，书中难免有缺憾之处，殷切希望广大读者批评指导。

周建男

2008 年 12 月于青岛

目　录

1 概　　述

轧钢机是使轧件在转动的轧辊间产生塑性变形，轧出所需断面形状和尺寸钢材的机器。

平板轧制的始祖伦纳德·达·文斯（Lenardo da Vinci）在1495年用图1-1所示的手动双辊轧机轧制贵金属，制作硬币的坯料。尼雪（E. Hesse）于1530年或1532年在拿伯格（Nurmberg）第一个发明了用于轧钢或轧铁的轧机。1780年轧制动力才由人畜力改用水力。1788年亨利·考特发明了用蒸汽机驱动的轧钢机，开始大量生产钢板、型钢和钢轨。1900年前后开始利用电机作轧制动力。由于蒸汽机和电力的出现，人类史上的这两次技术革命也带动了轧机的加速发展。

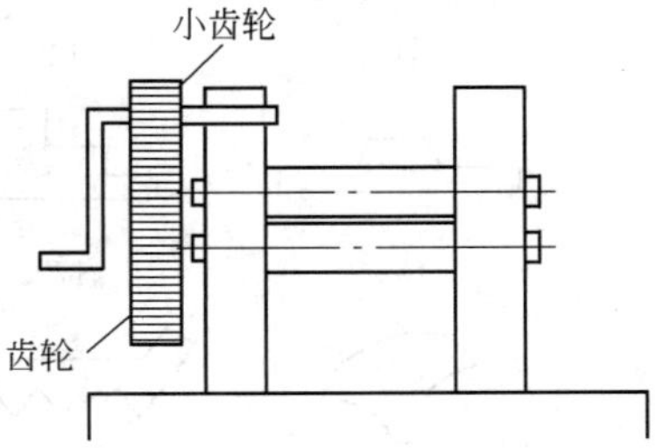

图1-1　伦纳德·达·文斯轧机

近30年来，世界轧钢生产工艺装备技术有了更加迅速的发展，主要表现在：生产工艺流程的连续化和紧凑化，过程控制实现轧材性能高品质化，品种规格多样化，控制和管理的计算机化、信息化及轧钢生产转向质量型和低成本型等。轧钢机正朝着高速度、高精度、连续化方向发展。

1.1　金属塑性成形（压力加工）的主要方法

金属塑性成形是金属加工的方法之一。它是在外力作用下使金属产生塑性变形，从而加工成所需形状和尺寸的工件的加工方法，也称为金属塑性加工或金属压力加工。

金属塑性成形的主要方法有轧制、拉拔、挤压、锻造和冲压五大类，其中轧制、锻造和挤压是靠压力作用使金属产生变形，而拉拔、冲压是靠拉力作用使其产生变形。

1.1.1　轧制

轧制是金属坯料通过旋转的轧辊受到压缩，横截面减小，形状改变，长度增加。轧制成形按轧辊的配置、轧辊与轧件的运动特点和产品的形状，可分为三种类型，即纵轧、横轧和斜轧。特种轧机采用了纵轧、横轧和斜轧三种轧制成形轧机，例：辊锻机（纵轧）、轮箍轧机（横轧）、楔横轧机、钢球轧机（斜轧）等。

1.1.1.1　纵轧

纵轧（图1-2）的特点是：（1）两个工作轧辊轴线平行，其转动方向相反；（2）轧件作垂直于轧辊轴线的直线运动；进出料靠轧辊自身完成。它包括各种初轧机、开坯机、型钢轧机、板带轧机、自动轧管机及各种纵向轧制成形零件的轧机等。可生产两类产品：

图1-2　纵轧成形示意图

一类是在其长度方向是等断面的,图 1-3 所示为其中部分产品;另一类是在其长度方向是变断面的,图 1-2 所示的轧件。

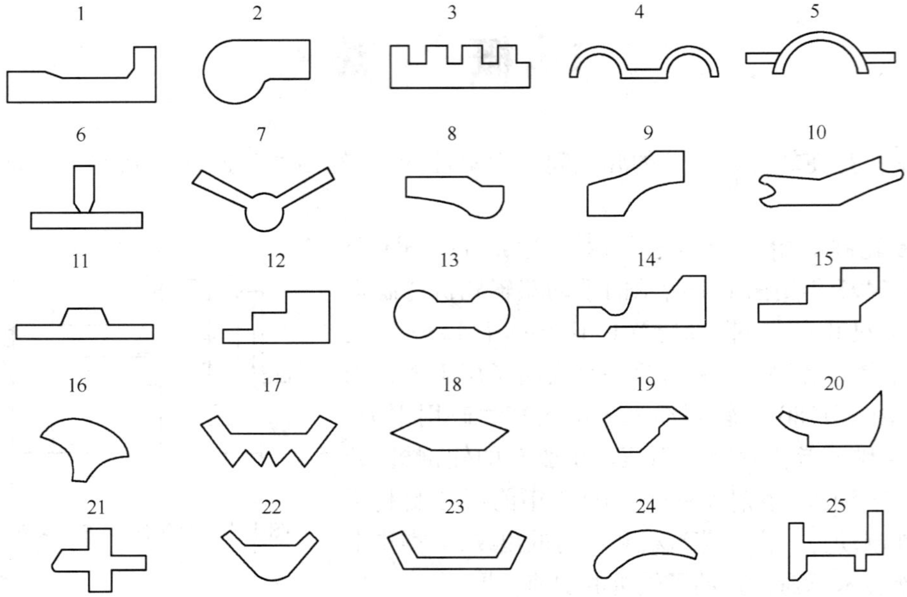

图 1-3　纵轧成形的部分产品

1—打字机滚架;2—风动工具零件;3—脱控机零件;4—汽车箱体压板;5—轴承压盖;6、7、8、9、10—传动机械零件;11、12、13、14、15—各类缝纫机零件;16、17、18、19、20—结构机械零件;21—无线电构件;22—电讯仪表零件;23—放映机零件;24—汽轮机叶片;25—民用钢窗

1.1.1.2　横轧

横轧成形的特点是:(1)两个工作轧辊轴线平行,其转动方向相同;(2)轧件轴线与轧辊轴线平行,轧件作转动,其转动方向与轧辊相反,进出料需专门装置。横轧有两种类型:一类是轧辊孔型沿轴向是不变的,沿径向呈周期变化。轧件主要靠径向变形实现成形,如图 1-4 所示,靠两个轧辊径向逐渐靠拢实现径向变形。这种方法生产圆柱齿轮、圆锥齿轮、花键轴及带螺纹零件等产品;另一类是楔横轧工艺,即在两(或三)个互相平行布置的轧辊或两个平板的表面上,装有相同形状的凸出的变形楔,轧制孔型沿轴向逐渐变宽,形成一个楔子,故称楔横轧,如图 1-5 所示。相对轧件转动或移动,靠摩擦带动轧件在其间定位转动,由于变形楔对轧件的楔入及连续压缩,使其直径减小而长度增加,形成变断面的阶梯轴。图 1-6 所示为楔横轧的部分产品。与第一类横轧不同的是,轧辊径向在轧制时不需靠拢,因而轧机传动简单,操作容易,轧制一个产品的周期短,生产效率高,材料利用率高,产品质量高。

1.1.1.3　斜轧

斜轧成形的特点是:(1)两个工作轧辊轴线交叉一个不大的角度,其转动方向相同;(2)轧件在两个轧辊的交叉中心线上作旋转前进运动(故又称为螺旋轧制),进出料靠轧辊自动完成。斜轧有两种类型:一类是螺旋孔型斜轧,如图 1-7 所示。在轧辊表面上带有变高度、变螺距的型槽,在它的作用下轧制出在长度方向上变断面的回转体产品,如钢球、滚子、丝杠等。另一类是仿形斜轧,如图 1-8 所示。它借助于仿形板控制三个旋转的锥形轧辊,作相对于轧件中心的径向运动以实现变断面轴的轧制。其主要用于生产比较长的变断面产品。

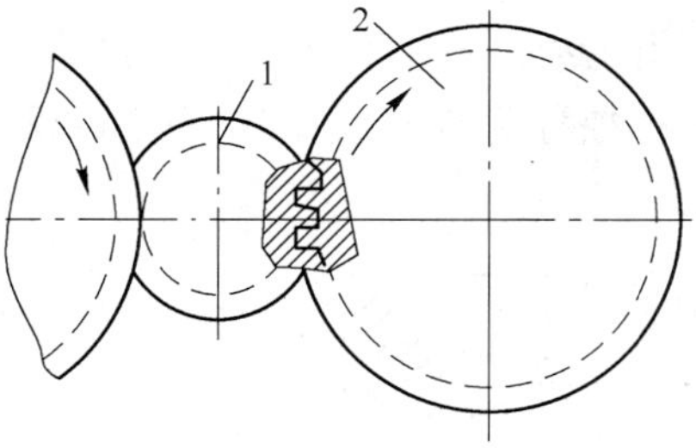

图1-4 横轧齿轮示意图
1—轧件;2—齿形轧辊

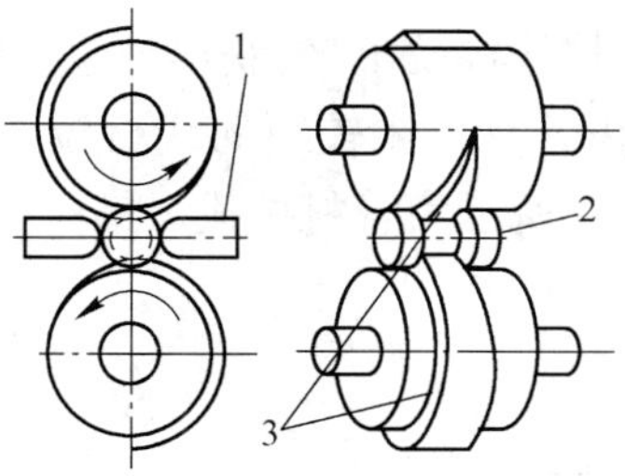

图1-5 楔横轧示意图
1—导板;2—轧件;3—带楔形模的轧辊

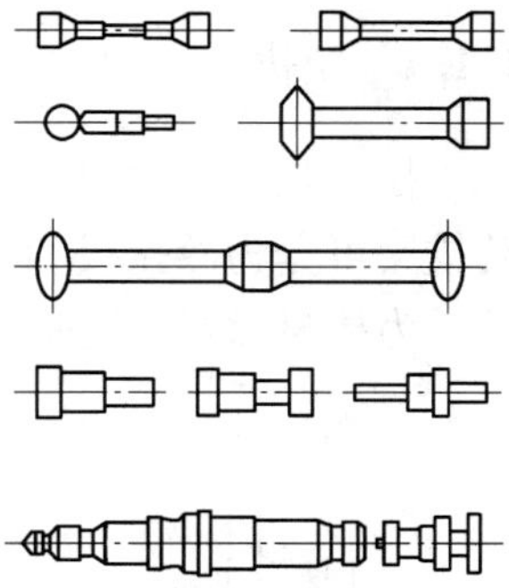

图1-6 楔横轧的部分产品形状图

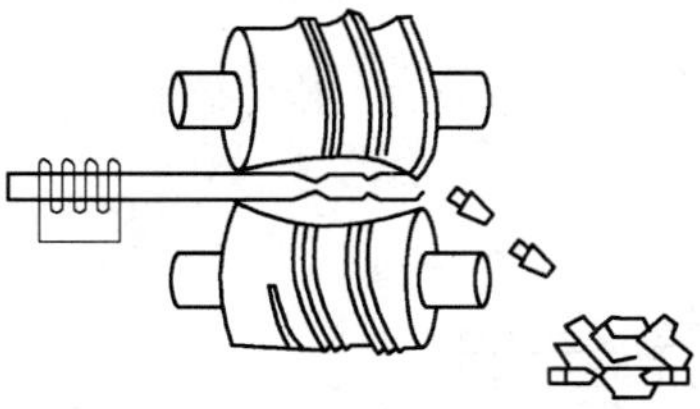

图1-7 斜轧防滑钉示意图

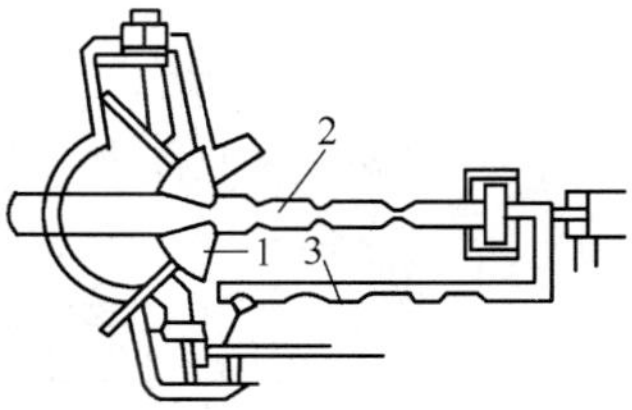

图1-8 仿形斜轧示意图
1—锥形轧辊;2—轧件;3—仿形板

1.1.2 锻造

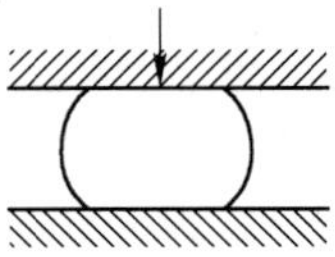

图1-9 自由锻

锻造是利用金属的塑性,在外力的作用下,改变金属的形状和性能,制造出所需要的锻件的金属压力加工方法。

锻造根据所用工具不同一般分为自由锻(图1-9)和模锻(图1-10)两大类。自由锻是把金属放在平砧之间或简单形状的工具之间进行锻造。模锻是把金属放在特制的“锻模”内进行锻造。模锻又可细分为开式模锻和闭式模锻。锻造生产的特点是:(1)锻造的冲击韧性、疲劳强度等力学性能以及组织致密程度一般均大大优于铸件。一切重要零件一般都需要先经过锻造加工来改善组织和提高性能。(2)锻造是毛坯在体积不变条件下进行材料的流动再分配,不破坏材料的流线,提高了零件的疲劳寿命,同时节约金属材料。(3)锻造生产效率较高,工件性能也比较一致。

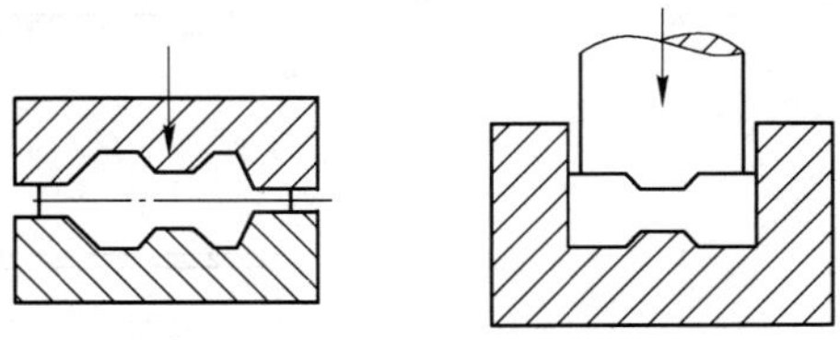

图1-10 模锻
a—开式模锻;*b*—闭式模锻

锻造设备类型较多,常见的有:(1)锻锤;(2)热模锻压力机;(3)液压机(油压、水压等);(4)平锻机;(5)摩擦压力机;(6)精锻机等。

1.1.3 挤压

挤压(图1-11)是将坯料放入挤压机的挤压筒中,在挤压杆的压力作用下,使金属从一定形状和尺寸的模孔中流出。挤压分正挤压和反挤压。前者挤压杆运动方向与挤出模孔金属流向相同;后者挤压杆运动方向与挤出模孔金属流向相反。

1.1.4 拉拔

拉拔是把金属材料，通过拉拔模拉出来，获得与拉拔模相同断面的线材、棒材和管材等。拉拔又可分为冷拉拔和热拉拔。直径比较细的线材拉拔又单独称为拔丝或拉丝。图1-12所示为棒材、线材拉拔，图1-13所示为管材拉拔。

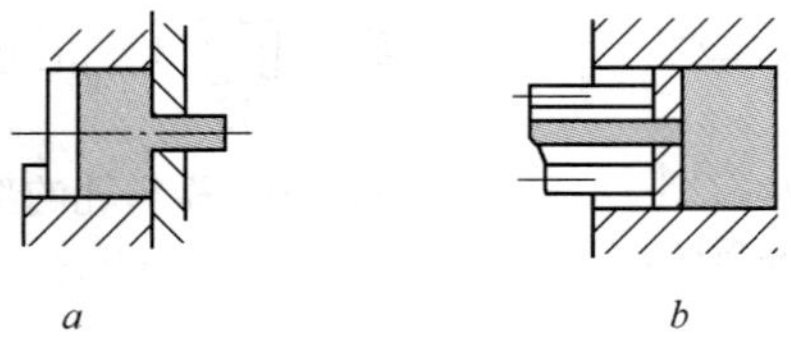

图1-11　挤压

a—正挤压；*b*—反挤压

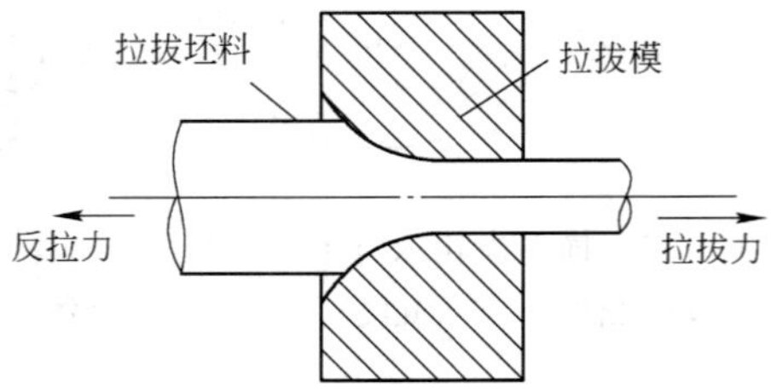

图1-12　拉拔加工

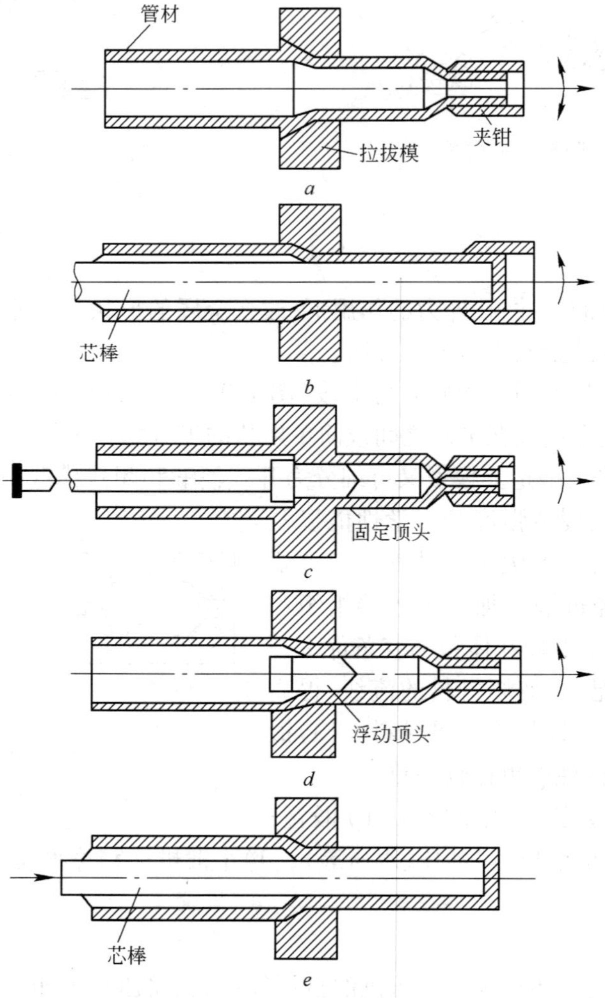

图1-13　管材的拉拔加工

a—无芯棒拉拔；*b*—芯棒拉拔；*c*—固定顶头定径拉拔；*d*—浮动顶头定径拉拔；*e*—推拔

1.1.5 冲压

冲压(图1-14)用于板料成形。根据变形性质冲压加工分为分离加工和成形加工。分离加工是在压力机上利用冲模,使板料分离出一定的形状和尺寸的工件的加工,包括冲裁、冲孔和剪切等加工。成形加工是在压力机上利用冲模,使板料产生塑性变形而得到要求的形状和尺寸的工件的加工,包括弯曲、深拉深、旋压等加工。

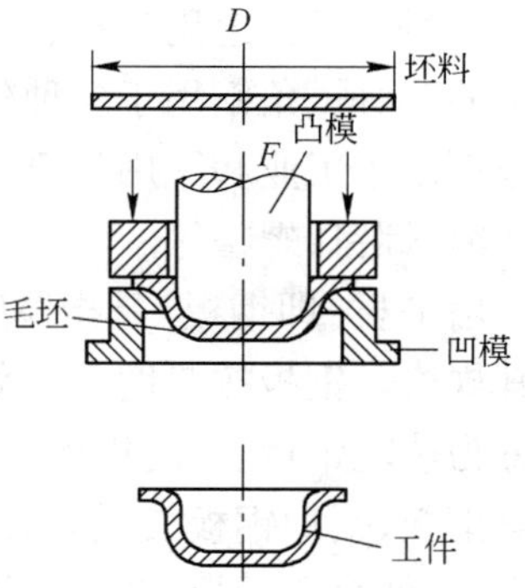

图1-14 冲压过程简图

1.2 轧钢生产工艺流程及其产品

轧钢生产是将钢锭或连铸坯轧制成钢材的过程,这个过程要经过多种工序,这些工序按顺序的排列叫做工艺流程。轧钢生产工艺流程一般地说由坯料准备、坯料加热、钢的轧制、精整等基本工序组成。图1-15所示为轧钢生产的基本工艺流程。

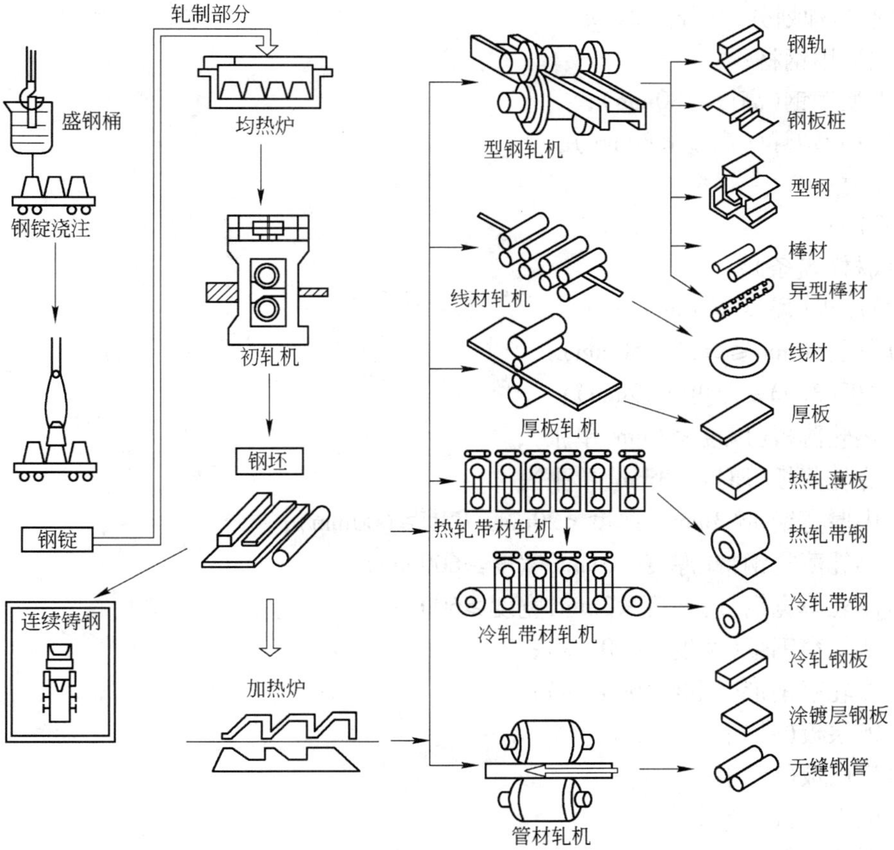

图1-15 轧钢生产的基本工艺流程

钢材是一种具备了一定质量标准(尺寸、形状、化学性能和物理性能),并可以直接供社会使用的产品。钢材种类繁多,品种规格达数万种,国际上习惯于将其归纳为长材、扁平材、管材和其他钢材共四大类。

长材包括铁道用钢材、钢板桩、大型型钢、中小型型钢、冷弯型钢、棒材、钢筋和盘条;长材中的工、槽、角钢用于各种建筑结构、桥梁、车辆和船舶制造;钢轨用于铁道和矿山运输等;窗框钢用于工业和民用建筑;钢板桩用于水利和矿山建设;盘条即线材主要用于生产钢丝、钢丝绳、螺钉、螺帽等。

扁平材(即钢板)是指厚度与宽度、长度比相差较大的平板钢材,一般用厚×宽×长表示其规格。钢板按厚度分为薄板、中板、厚板、特厚板;按宽度分为宽钢带、窄钢带;按生产方法分为热轧钢板、冷轧钢板;按表面特征分为镀锌板、镀锡板、有机涂层钢板等;按用途分为桥梁钢板、锅炉钢板、造船钢板、装甲钢板、汽车钢板、电工钢板等;按钢的化学成分分为非合金钢板、低合金钢板、合金钢板;成品钢板有单张的块板,也有成卷的钢带。国内常用的"板管比"中的板材概念,包含厚钢板(带)、薄钢板(带)、涂镀层钢板和电工钢板。

钢管(管材)是指两端开口并具有中空断面,其长度与周边之比较大的钢材。按生产方法可分为无缝钢管和焊接钢管,钢管的规格用外形尺寸(如外径或边长)及壁厚表示,其尺寸范围很广,从直径很小的毛细管直到直径达数米的大口径管。钢管可用于管道、热工设备、机械工业、石油地质勘探、容器、化学工业和特殊用途。

钢材按品种划分,共分为22类:

(1)铁道用钢材;

(2)大型型钢(高度≥80mm);

(3)中小型型钢(高度<80mm);

(4)棒材;

(5)钢筋;

(6)线材(盘条);

(7)特厚板(厚度≥50mm);

(8)厚板(20mm≤厚度<50mm);

(9)中板(3mm≤厚度<20mm);

(10)热轧薄板(厚度<3mm,单张);

(11)冷轧薄板(厚度<3mm,单张);

(12)中厚宽钢带(3mm≤厚度<20mm,宽度≥600mm);

(13)热轧薄宽钢带(厚度<3mm,宽度≥600mm);

(14)冷轧薄宽钢带(厚度<3mm,宽度≥600mm);

(15)热轧窄钢带(宽度<600mm);

(16)冷轧窄钢带(宽度<600mm);

(17)镀层板(带);

(18)涂层板(带);

(19)电工钢板(带);

(20)无缝钢管;

(21)焊接钢管;

(22)其他钢材。

2007年中国钢产量4.89亿t(世界钢产量13.435亿t),占世界钢产量的36.4%,约是产量居第2位日本、第3位美国和第4位俄罗斯三国产钢量总和的1.7倍。2007年中国钢材产量5.6460亿t,各钢材分种类产量见2007年12月份全国主要冶金产品产量统计表1-1。

表1-1　2007年12月份全国主要冶金产品产量统计　（万t）

品种名称	本月	上年同月	增减	本月比去年同月增长/%	本月止累计	上年同期止累计	增减	累计比同期增长/%
粗　钢	4131.41	3949.72	181.69	4.60	48924.08	42285.29	6638.79	15.70
生　铁	4062.62	3693.29	369.33	10.00	46944.63	40750.55	6194.08	15.20
钢　材	4980.40	4260.39	720.01	16.90	56460.81	46015.33	10445.48	22.70
焦　炭	2958.06	2793.26	164.80	5.90	32894.33	28284.03	4610.30	16.30
铁矿石原矿量	6815.30	6328.04	487.26	7.70	70707.34	59921.47	10785.87	18.00
铁合金	160.78	152.69	8.09	5.30	1746.70	1430.55	316.15	22.10
铁道用钢材	26.95	31.74	-4.79	-15.10	340.71	335.01	5.70	1.70
重　轨	17.99	19.86	-1.87	-9.40	178.77	199.97	-21.20	-10.60
轻　轨	3.79	8.01	-4.22	-52.70	110.98	91.34	19.64	21.50
大型型钢	78.58	86.64	-8.06	-9.30	1014.73	918.31	96.42	10.50
中小型型钢	252.79	206.87	45.92	22.20	2839.50	2266.16	573.34	25.30
棒　材	430.37	324.32	106.05	32.70	4587.90	3739.12	848.78	22.70
钢　筋	894.83	777.44	117.39	15.10	10136.60	8678.60	1458.00	16.80
盘条(线材)	671.91	646.69	25.22	3.90	8038.21	7063.45	974.76	13.80
特厚板	36.04	31.81	4.23	13.30	431.32	315.29	116.03	36.80
厚钢板	156.33	115.71	40.62	35.10	1772.60	1274.34	498.26	39.10
中　板	267.25	217.28	49.97	23.00	3037.05	2276.65	760.40	33.40
热轧薄板	78.24	59.91	18.33	30.60	900.50	619.75	280.75	45.30
冷轧薄板	127.74	138.10	-10.36	-7.50	1563.83	1249.07	314.76	25.20
中厚宽钢带	598.51	450.35	148.16	32.90	6298.02	4540.75	1757.27	38.70
热轧薄宽钢带	115.06	107.33	7.73	7.20	1453.21	1233.62	219.59	17.80
冷轧薄宽钢带	147.51	129.39	18.12	14.00	1740.27	1320.39	419.88	31.80
热轧窄钢带	336.71	278.04	58.67	21.10	3938.11	3448.43	489.68	14.20
冷轧窄钢带	53.01	51.67	1.34	2.60	628.25	525.73	102.52	19.50
镀层板(带)	161.38	122.82	38.56	31.40	1754.58	1272.36	482.22	37.90
涂层板(带)	27.12	25.68	1.44	5.60	317.21	233.07	84.14	36.10
电工钢板(带)	35.82	32.62	3.20	9.80	415.57	336.49	79.08	23.50
无缝钢管	178.37	141.00	37.37	26.50	1863.33	1539.94	323.39	21.00
焊接钢管	225.77	218.98	6.79	3.10	2360.74	2121.06	239.68	11.30
其他钢材	80.15	64.69	15.46	23.90	1029.25	708.36	320.89	45.30
外购国内钢材	153.45	156.90	-3.45	-2.20	1927.08	1678.64	248.44	14.80

1.3 轧钢车间分类

从轧制工艺和车间作用来看,轧钢车间可分成两大类:一类是钢坯车间;另一类是成品车间。随着钢铁生产技术的迅速发展,近年来薄板坯连铸连轧技术也取得了巨大成功。除上述两类轧钢车间外又出现了铸轧合一的连铸连轧车间,如紧凑式带钢生产(CSP)车间、在线带钢生产(ISP)车间、柔性薄板坯轧制(FTSR)车间等。

将钢锭轧成钢坯的车间称为钢坯车间。根据轧制的钢锭质量和钢坯品种,钢坯车间可分为初轧车间、板坯车间和开坯车间。图1-16为初轧车间的生产工艺流程。

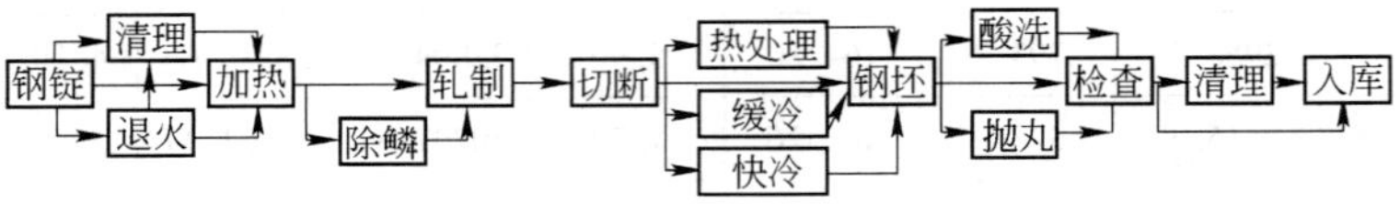

图1-16　初轧车间工艺流程图

将钢坯(包括连铸坯)进一步轧成各种钢材的车间叫成品车间。根据成品品种,成品轧钢车间可分为型钢车间、热轧钢板车间、冷轧钢板车间、无缝钢管车间以及近终形成品车间。图1-17为某工厂型钢车间的生产工艺流程。

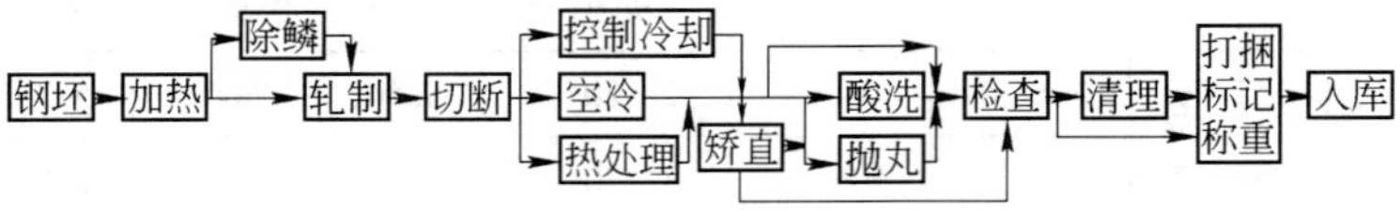

图1-17　某工厂型钢车间的生产工艺流程图

钢的连铸和轧制工序衔接连续完成的车间称为连铸连轧车间。图1-18为某工厂薄板连铸连轧车间的工艺流程。

图1-18　某工厂薄板连铸连轧车间的工艺流程图

薄板坯连铸连轧发展很快,最典型的是德国施罗曼·西马克公司的CSP工艺(图8-2)和曼内斯曼·德马格公司的ISP工艺(图8-3),世界上已有多条生产线投入工业生产。我国邯钢、包钢、广州珠江钢厂引进了CSP生产线。近年又出现了FTSR(Flexible Thin Slab Rolling)工艺,我国唐钢引进了达涅利FTSR生产线。

1.4 轧钢机的分类

由于轧制钢材的品种、规格多,轧机形式也是多种多样的。可按用途、构造和布置三种方法进行分类。另外,视轧辊轴线与轧件运动方向分纵轧机、横轧机和斜轧机。

1.4.1 轧钢机的标称

轧钢机的标称:(1)钢坯和型钢车间轧机用轧辊名义直径标称。因为轧辊名义直径的大小与其能够轧制的最大断面尺寸有关。如果在一个轧钢车间中装有若干列或有若干架轧机时,则以最后一架精轧机的轧辊名义直径作为轧钢机的标称。例如500型钢轧机,即指轧辊的名义直径为500mm。(2)钢板轧机则由辊身长度标称。因为钢板轧机轧辊辊身长度与其能够轧制的钢板最大宽度有关。例如1700钢板轧机,即指辊身长度为1700mm,所轧钢板的最大宽度为1550mm。(3)钢管轧机则用其所轧钢管最大外径来标称。例如400轧管机组,即指所轧钢管的最大外径为400mm。

1.4.2 轧钢机按用途分类

轧钢机按用途可分为:开坯轧机、型钢轧机、板带轧机、钢管轧机、特种轧机等,如表1-2所示。此分类法,可直观显现轧机的主要性能参数和所生产产品的形状、尺寸。

表1-2 轧钢机按用途分类

轧机类别		轧辊尺寸/mm		用途
		直径	辊身长度	
开坯机	初轧机	750 ~ 1500		将钢锭轧成方坯
	板坯机	1100 ~ 1200		将钢锭轧成板坯
	钢坯轧机	450 ~ 750		将方坯轧成(50mm ×50mm) ~ (150mm ×150mm)钢坯
型钢轧机	轨梁轧机	750 ~ 900		轧制43 ~ 50kg/m标准钢轨,高度240 ~ 600mm钢梁
	大型轧机	550 ~ 750		轧制大型钢材:80 ~ 150mm方钢、圆钢、高度120 ~ 240mm工字钢、槽钢
	中型轧机	350 ~ 500		轧制中型钢材:40 ~ 80mm方钢、圆钢、高度120mm以下工字钢及槽钢、(50mm ×50mm) ~ (100mm ×100mm)角钢
	小型轧机	250 ~ 350		轧制小型钢材:8 ~ 40mm方钢、圆钢、(20mm ×20mm) ~ (50mm ×50mm)角钢
	线材轧机	200 ~ 250		轧制直径5 ~ 25mm线材
钢板轧机	厚板轧机		2000 ~ 5000	轧制厚4 ~ 50mm或更厚钢板
	热带钢轧机		500 ~ 2500	轧制400 ~ 2300mm宽热带钢卷
	薄板轧机		700 ~ 1300	热轧厚度0.2 ~ 4mm、宽度500 ~ 1200mm薄板
冷轧板带轧机	冷轧钢板轧机		700 ~ 2800	轧制宽度600 ~ 2500mm冷轧板或板卷
	冷轧带钢轧机		150 ~ 700	轧制厚度0.2 ~ 4mm、宽度20 ~ 600mm带钢卷
	箔材轧机		200 ~ 700	轧制厚度0.005 ~ 0.012mm金属箔
	钢管轧机			轧制直径达650mm或更大的无缝管
特种轧机	车轮轧机			轧制铁路车轮
	轮箍轧机			轧制轴承环及车轮轮箍
	钢球轧机			轧制钢球
	周期断面轧机			轧制变断面轧件
	齿轮轧机			轧制齿轮,即滚压齿轮的齿形

1.4.3 轧钢机按构造分类

为了适应各种轧件的形状、尺寸精度的要求,一台轧钢机轧辊的数量、轧辊在机座中的位置被设计成各种各样,因此,它们的构造是不同的。根据轧辊在机座中的布置形式不同,轧钢机可分为下列五种形式:(1)具有水平轧辊的轧机(如表1-3所示);(2)具有立式轧辊的轧机（表1-4序号1）；（3）具有水平轧辊和立式轧辊的轧机（表1-4序号2、3、4）；（4）具有倾斜布置轧辊的轧机（表1-4序号5、6、7、8）；（5）其他布置形式轧机（表1-4序号9、10、11、12、13）。

表1-3　具有水平布置轧辊的轧钢机

轧辊布置形式	机座名称	用　途
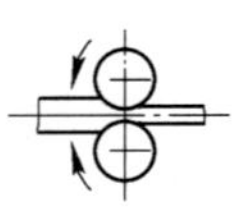	二辊轧机	可逆式轧机，轧制大断面方坯、板坯、轨梁异型坯和厚板；薄板轧机；冷轧钢板及带钢轧机；高生产率生产钢坯和线材的连续式轧机以及布棋式和越野式型钢轧机
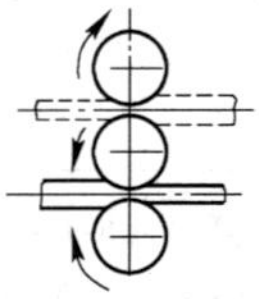	三辊轧机	轧制钢梁，钢轨、方坯等大断面钢材及生产率不高的型钢
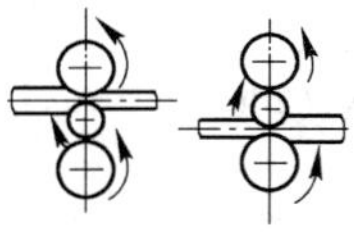	具有小直径浮动中辊的三辊轧机（劳特轧机）	轧制中厚板，有时也轧薄板
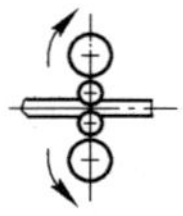	四辊轧机	冷轧及热轧板、带材
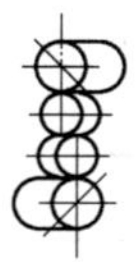	PC四辊轧机	冷轧及热轧带材
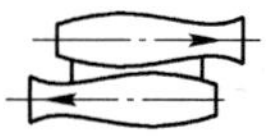	CVC凸度连续可变轧机	热轧及冷轧带钢
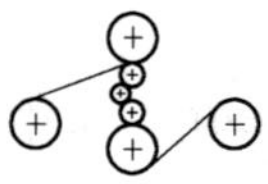	具有小弯曲辊的四辊轧机（偏五辊轧机），也叫C-B-S轧机（即接触弯曲-拉直轧机）	冷轧难变形的合金带钢
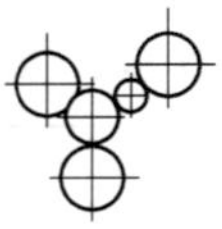	S轧机	冷轧薄带材
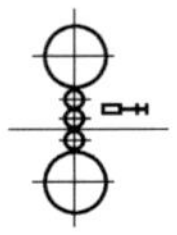	五辊轧机（泰勒轧机）	精轧不锈钢和有色金属带材
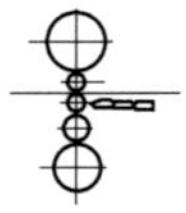	FFC平直度易控轧机	冷轧薄带钢
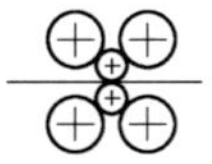	六辊轧机	热轧及冷轧板带材
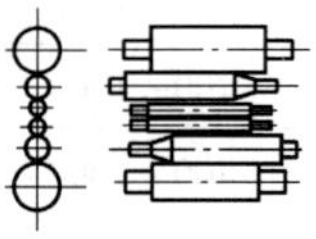	HC轧机	冷轧普碳及合金钢带材
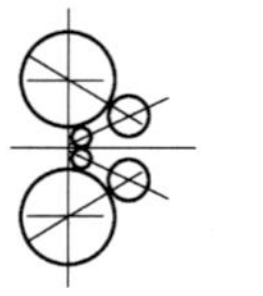	偏八辊轧机（MKW轧机）	冷轧薄带材
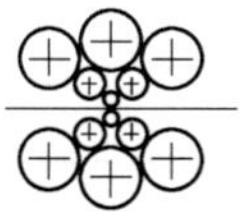	十二辊轧机	冷轧薄带材
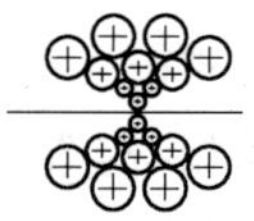	二十辊轧机	冷轧薄带材

续表 1-3

轧辊布置形式	机座名称	用　途	轧辊布置形式	机座名称	用　途
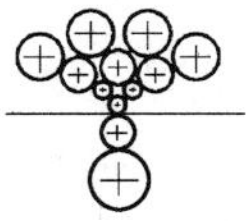	复合式十二辊轧机	冷轧薄带材	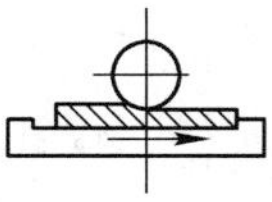	在平板上轧制的轧机	轧制各种长度不大的变断面轧件
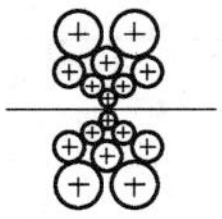	Dual Z型轧机(1－2－1－4型)	高强度合金带材	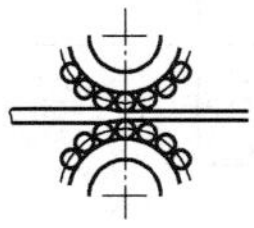	行星轧机	热轧及冷轧带钢与薄板坯
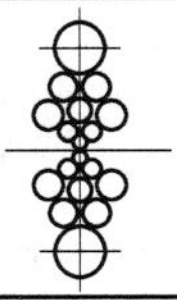	十八辊Z型轧机(1－2－1－4－1型)	高强度合金带材	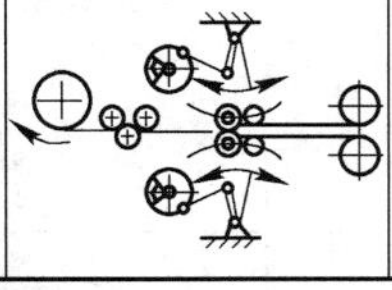	摆式轧机	冷轧钢及钛、铜、黄铜等有色带材，尤其适于冷轧难变形材料

表 1-4　具有垂直、倾斜布置轧辊的轧钢机和万能轧钢机

序号	轧辊布置形式	轧机名称	轧机特点与用途
1	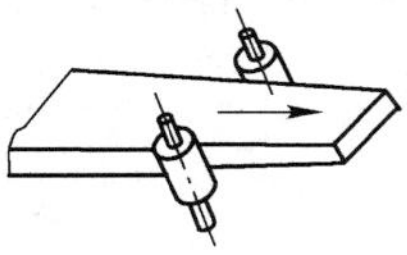	立辊轧机	轧制板坯侧边和热轧前的破鳞
2	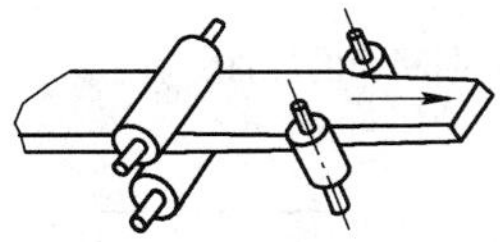	二辊万能轧机(有一对立轧辊)	轧制板坯及宽带钢
3	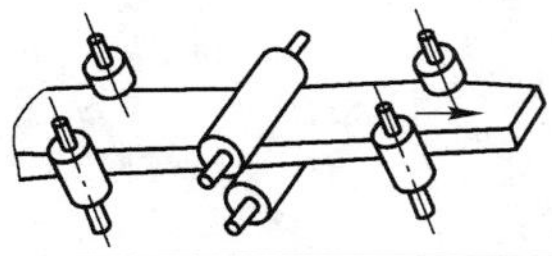	二辊万能轧机(有两对立轧辊)	轧制宽带钢
4	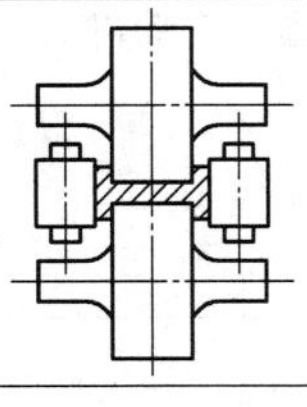	万能钢梁轧机	轧制高度为 300～1200mm 的宽边钢梁
5	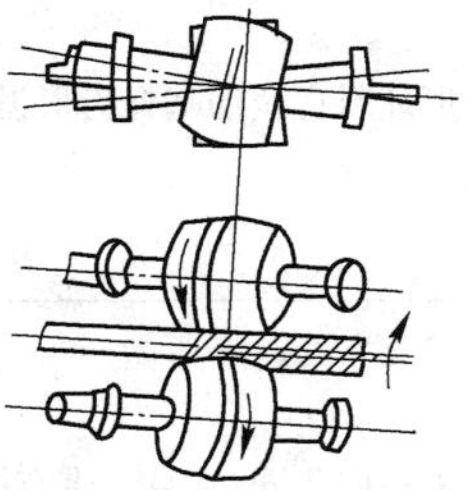	二辊斜轧穿孔机	穿孔直径为 60～650mm 的钢管 两轧辊交叉倾斜布置，圆管坯作横向螺旋运动，在两轧辊与顶头、导板间穿轧成毛管
6	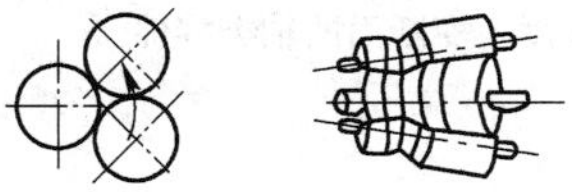	三辊延伸机	借减小管壁厚度来延伸钢管

续表 1-4

序号	轧辊布置形式	轧机名称	轧机特点与用途
7	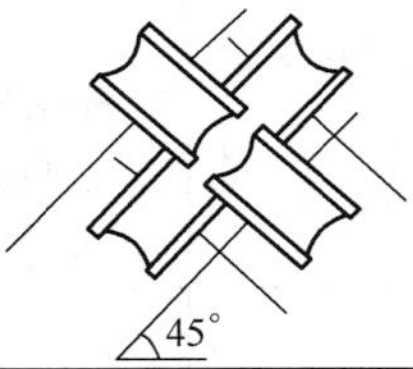	45°轧机	实现高速无扭轧制 连续式线材轧机 钢管定径机、减径机 连续式钢管轧机
8	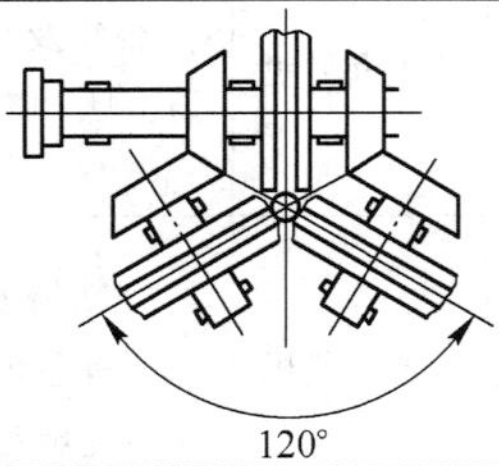	Y 形轧机	实现高速无扭轧制 连续式线材轧机 钢管张力减径机
9	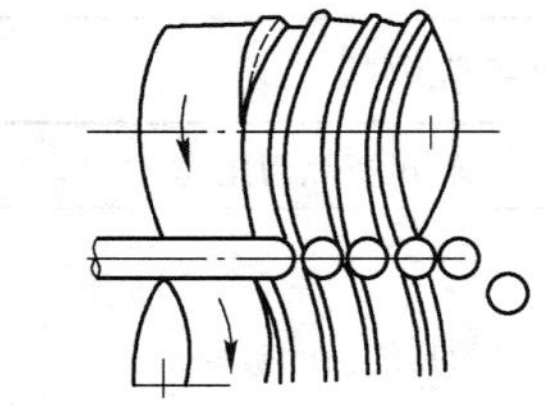	钢球轧机	轧制 18 ~60mm 以上的钢球
10	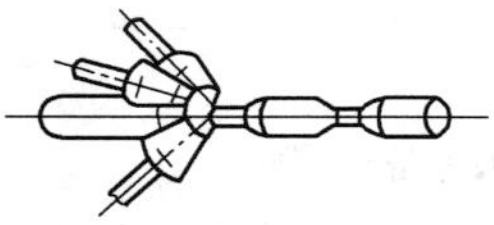	三辊周期 断面轧机	轧制圆形周期断面的轧件
11	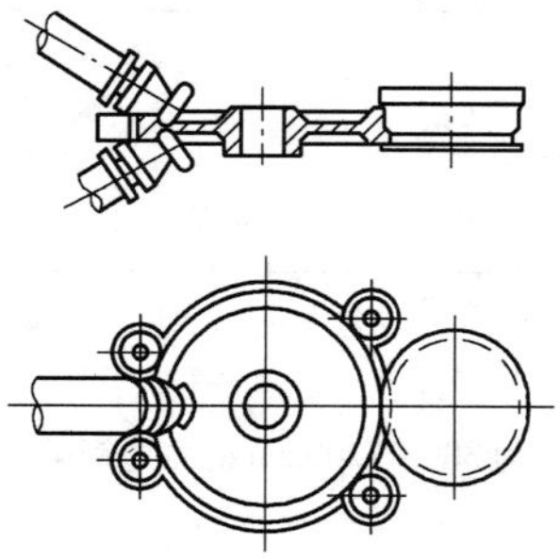	车轮轧机 轮箍及圆环轧机	轧制车轮： 轧制轮箍、大型滚动轴承座圈、大齿轮齿圈等毛坯
12	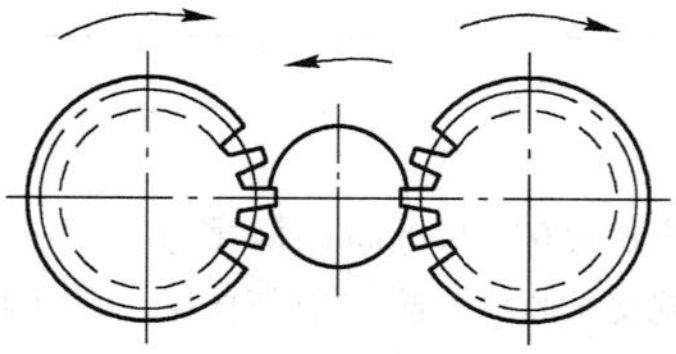	齿轮轧机	轧制齿轮： 加热后的圆形坯料在按照啮合齿形设计的两个轧辊间进行横轧
13	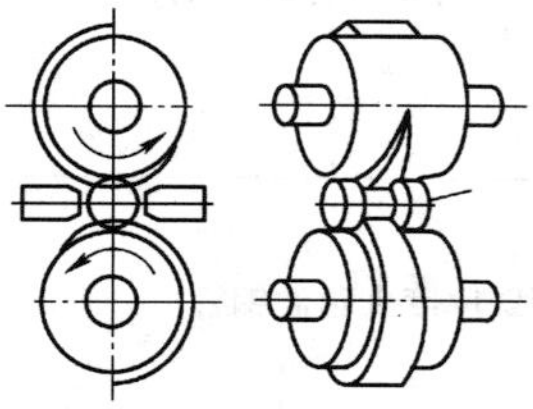	楔横轧机	两圆柱形轧辊转向相同，辊身上带有楔形模具 轧制在长度上变断面的轴类零件

1.4.4　轧钢机按布置形式分类

轧钢机按布置形式可分为：单机座式、横列式、纵列式、连续式、半连续式、串列式、布棋式等，如图 1-19 所示。

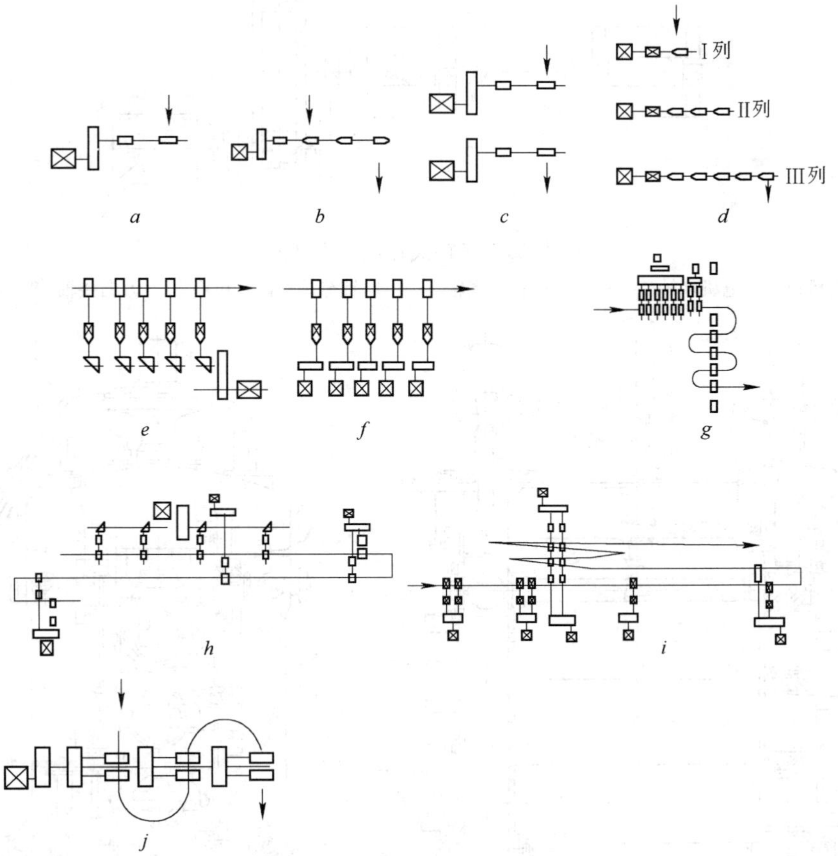

图 1-19　轧钢车间的工作机座布置简图
a—单机座；*b*—横列式；*c*—纵列式；*d*—阶段式；*e*、*f*—连续式；
g—半连续式；*h*—串列往复式；*i*—布棋式；*j*—复二重式

1.5　轧钢机的组成及结构

轧钢机主机列包括：主电机、传动机构和工作机座等部分。图 1-20 所示为三辊式轧机的主机列示意图。主电机是为轧辊旋转提供动力的设备。传动机构通常是由减速机、齿轮座、连接轴和联轴器等部件组成的。工作机座是主机的主要组成部分。主要包括：(1)机架，在其窗口内安装轧辊的轴承；(2)轧辊，轧件在其间被轧制(压缩延伸)；(3)轧辊轴承，用以轧辊的支承和定位；(4)轧辊调整装置及上辊平衡装置，前者用来调整轧辊间的距离，后者用来消除上轴承座与压下系统间的间隙；(5)导卫装置，用来使轧件按照规定的位置、方向和状态准确地进出孔型；(6)轨座(也称地脚板)，机架安装在轨座上，轨座固定在基础上。不同类型的轧机，工作机座组成部分大体一致。图 1-21 所示为三辊式型钢轧机工作机座的结构：包括轧辊、机架、轧辊轴承、轧辊调整装置、导板和固定横梁、地脚板等。不同类型的轧机，工作机座组成部分大体一致。

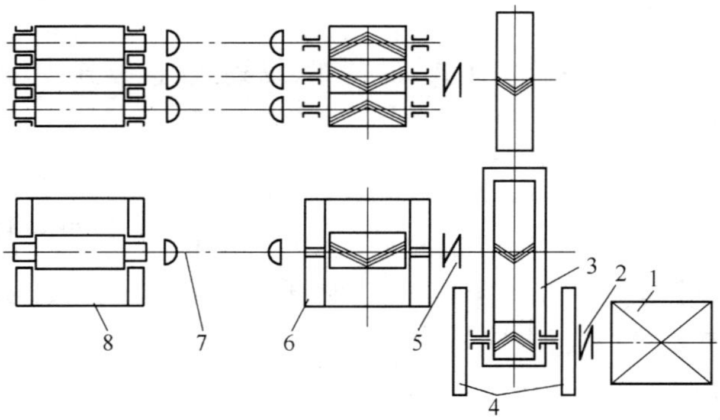

图 1-20　三辊式轧机主机列简图

1—主电机；2—主电机联轴节；3—减速机；4—飞轮；5—主联轴节；6—齿轮机座；7—万向接轴；8—工作机座

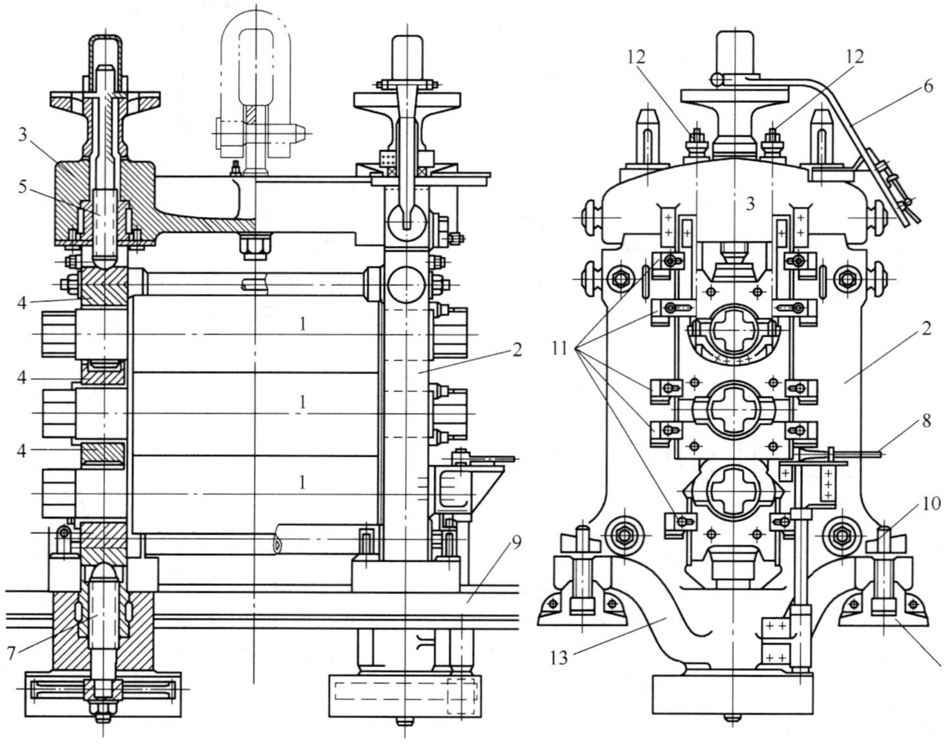

图 1-21　650 型钢轧机工作机座

1—轧辊；2—机架；3—机架上横梁；4—轴承；5—压下螺丝；6—压下螺丝调整手柄；7—压上螺丝；8—压上螺丝调整手柄；9—轨座（地脚板）；10—固定螺丝；11—轴向调整压板；12—平衡弹簧；13—机架下横梁

1.6　轧钢机技术的新发展

20 世纪 80 年代至今，轧钢机技术向着大型化、高速化、连续化、节能化、高精度方向有了巨大发展。例如：板坯连铸 - 直送轧制、薄板坯连铸连轧、带钢连铸 - 冷轧、热轧无头轧制、高精度轧制技术、控制轧制、控制冷却、切分轧制、高速线材（大于 100m/s）和自由程序轧制技术等。连铸-连轧技术既是缩短整个钢铁生产流程的新工艺，又是实现轧钢与连铸连续化的新技术。

与此同时,政府进一步加大了淘汰落后轧钢设备的力度。如2005年7月8日,中国国家发改委颁布的《钢铁产业发展政策》:第十七条 加快淘汰并禁止新建土烧结、土焦(含改良焦)、化铁炼钢、热烧结矿、容积300m^3及以下高炉(专业铸铁管厂除外)、公称容量20t及以下转炉、公称容量20t及以下电炉(机械铸造和生产高合金钢产品除外)、叠轧薄板轧机、普钢初轧机及开坯用中型轧机、三辊劳特式中板轧机、复二重式线材轧机、横列式小型轧机、热轧窄带钢轧机、直径76mm以下热轧无缝管机组、中频感应炉等落后工艺技术装备。

1.6.1 热轧板带轧钢机技术的新发展

热轧板带轧钢机技术有以下新的发展:

(1)连铸坯连续铸轧、直接轧制和热装技术。

(2)在线调宽技术。热带轧机上宽度压下设备,目前有以下几种方式:

1)独立的重型立辊;

2)调宽机架;

3)粗轧机配重型立辊;

4)定宽压力机。

(3)宽度自动控制(AWC)。根据设在精轧机前后的测宽仪、温度计及立辊上的压力传感器测得的参数,及时、动态地调整立辊开口度,以求得减小轧件全长上的宽度偏差。采用宽度自动控制后,沿带钢长度上的宽度精度可达5mm以下。

(4)厚度液压自动控制(AGC)。板材轧机采用液压压下来提高板厚精度的技术,早在20世纪80年代前期就已采用,已成为板材轧机不可缺少的手段。近20年主要是通过完善的检测装置和采用新的控制技术来提高精度水平。从主要以精轧最终机架出口的测厚仪的检测值作为基础的反馈控制,转变为以精轧机内所在的轧件信息(板厚、温度、变形抗力等)进行综合性的板厚控制。为了精确的控制厚度,必须严格控制机架间张力,为此开发了动态控制的最佳流量控制、低惯性液压活套和无活套控制的软件,现在带钢全长上的厚度精度可达到±30μm。目前,新建的热带轧机都采用了长行程的液压缸代替原来笨重的电动压下机构。由于液压压下具有可变刚性功能,机架牌坊立柱断面也可减少,设备重量大大减轻。

(5)板形控制。随着对板带质量要求的不断提高,板形愈来愈受到重视。板形控制主要是通过变更轧辊的凸度来控制。为了增大轧辊凸度调整效果,开发了多种新型轧机。基本有三种:一种是横移工作辊,如:HC轧机、CVC轧机;另一种是三菱重工及新日铁开发的PC轧机,这是由调整工作辊间交叉角度来形成不同凸度辊缝;再一种是石川岛播磨开发的,在支撑辊中间设置液压油腔,在其中注入高压油从而调整支撑辊凸度的VC轧辊。

(6)控制轧制、控制冷却。控制轧制是指适当控制加热温度、轧制温度、变形条件,使钢材具有所需要的金相组织和较好的力学性能,从而使有些品种可取消轧后的常化和调质处理,简化了生产工艺。控制轧制的终轧温度低、终轧的变形量和变形速度大,因而要求轧机有较大的刚度和能力。控制轧制的终轧温度,在热轧带钢轧机上,是通过控制带坯的入口温度和机架间带钢冷却水来控制的,目前控制精度可达±15K。

控制冷却是指控制热轧后钢材的冷却速度以改善钢材组织提高钢材性能。在热带轧机上钢板上表面通过层流冷却、钢板下表面采用喷雾冷却和喷水冷却。中厚板轧机现也积极采用水冷装置来控制冷却速度。为保证钢板内在质量,带钢卷取温度精度控制要很严,对冷却能力要进行很细的控制。因此,要求有好的数学模型,现在卷取温度控制的精度达到±15K。

(7)卷板箱和保温罩。卷板箱(热卷箱)设在热带轧机粗轧与精轧之间,将粗轧轧出的带坯卷成卷,减少了带坯散热面积,掉换了带坯头尾。因而使轧件温降减少,头尾温差小,只在20℃左右,无需再升速轧制,从而精轧机组主电机功率可以减少,能耗下降。卷板箱还可使轧线缩短,这对旧轧机改造是很具吸引力的。它可以较易地解决轧机因增加卷重带来场地不足的困难。

在中间辊道设置保温罩,也是一个减少温降、头尾温差的有效办法,目前也得到了广泛的采用。

(8)卷取机。卷取机方面的改进有助卷辊、液压伸缩等带踏步控制,卷筒多级涨缩,以避免头尾压痕和迅速建立稳定的卷取张力和方便卸卷。

(9)无头轧制。这项技术是日本20世纪90年代在千叶3号热连轧机上首先采用的。它将粗轧后的带坯在中间辊道上焊合起来,并连续不断地通过精轧机轧制。其主要的效果有:

1)带坯在精轧机连续轧制仅有一次穿带,带钢头部几何精度和板型不良部分所占比下降,产品质量大大提高;

2)减少薄带钢头部穿带的难度,缓和了穿带的速度限制,从而可轧制更薄的带钢;

3)带钢全长在同一速度下轧制,终轧和卷取温度均匀,力学性能也均匀;

4)减少精轧机轧制薄板甩尾、叠轧等操作故障,提高金属收得率和作业率。

(10)薄(中厚)板坯连铸连轧。薄(中厚)板坯连铸连轧被认为是当今最成功的技术。1989年7月美国纽柯克劳福兹维尔厂采用西马克的CSP技术建成第一条薄板坯连铸连轧生产线,连铸机直接铸成厚50mm的薄板坯,经直通式隧道炉均温后,直接进入精轧机轧成2.5～12.7mm的带钢。该技术一出现立即受到钢铁业的重视,各钢铁生产厂纷纷订购薄板坯连铸连轧设备。

薄板坯连铸连轧之所以得到迅猛的发展,与传统的热带轧机相比:

1)建设费用省,可节省投资20%～34%;

2)降低能耗70%～80%;

3)生产周期短,可大幅度降低流动资金占有量;

4)吨钢成本降低80～100美元;

5)薄板坯连铸连轧经济规模在80～200万t,非常适合日益兴起的短流程小钢厂采用,有利于它们改变产品结构。

此外,还有德马克的ISP,达涅利的FTSR,奥钢联的CONROLL、蒂平斯和三星公司的TSP,曼内斯曼和美国Chaparral开发的UTHS等多种技术已在实际中采用。

德马克的ISP连铸机铸出厚度为60～80mm有液芯的铸坯,由紧靠连铸机的3个机架液芯铸轧成13～30mm的带坯,经感应加热和卷取炉保温后送至精轧机轧成带。

达涅利的FTSR连铸机铸出50～75mm的带坯,切成定尺,经横向移动板坯的步进式均热炉均温加热后,送往精轧机轧制。

蒂平斯的TSP连铸机铸出厚度为100～125mm的板坯,经剪切在常规的加热炉中均热,然后在炉卷轧机上轧制。

奥钢联 FTSR CONROLL 特点是连铸采用平行板垂直结晶器浇注成厚 80mm 的板坯。

曼内斯曼和美国 Chaparral 开发的 UHTS 连铸铸成 90mm 的板坯,经感应加热后在大压下行星轧机上轧成 2mm 带钢,然后在 4 辊精轧机上轧成最小厚度至 0.7mm 的带钢。

薄(中厚)板坯连铸连轧关键是合理高效的连铸连轧衔接技术、高温铸坯的检测技术、高效的均热技术、高刚度大压下量轧机,以及高效的生产管理及调度系统。

1.6.2 冷轧板带轧钢机技术的新发展

冷轧钢板及表面处理钢板广泛用于建筑、汽车、家电、交通运输等行业。随着这些行业的发展,冷轧板和表面处理钢板用量增加很快,尤其是表面处理钢板,其技术和装备也有很大发展。

冷轧及镀(涂)层钢带,近年技术的发展主要表现在下列方面:

(1)生产工序的连续化。不仅是工序本身连续化,还出现了全连续的串列式冷轧机(无头轧制式冷轧机)、连续退火作业线等。工序之间的连续化,出现了酸洗-冷轧联合机组,酸洗-冷轧-退火的全连续联合机组。

(2)改进钢板精度。连续控制辊缝几何尺寸技术的开发,以及新型检测技术的开发,钢板的尺寸公差及板形精度有很大提高。

(3)表面处理镀(涂)层技术。表面处理钢材向使用寿命长和多功能方向发展。

1.6.2.1 酸洗-冷轧联合

冷轧工艺的连续化时,一是要确保整个连续化作业线的可靠性;二是要重视连续化作业线各工序生产率和能力的匹配。在目前技术的条件下,串列式轧机和连续退火线直接连接,由于连续退火线的生产能力要比串列式轧机低得多,因而还不宜推广。串列式轧机和连续酸洗线直接连接,将这两个传统分开放置的机组连接成一个联合机组,能完全满足上述要求,因而很快得到了推广。

这些生产线的基本流程如下:带钢开卷、切头、焊接、机械除鳞、酸洗、切边、冷轧、卷取。在酸洗之前及酸洗与串列式冷轧之间设有活套。活套要考虑焊接剪切的停止时间,以及串列式轧机的进入速度,因而需要较大的活套。这类轧机装备有两台开卷机和两台卷取机。

1.6.2.2 连续退火

20 世纪 70 年代中期以前,生产冷轧深冲板只能采用罩式退火炉处理,70 年代中后期日本钢铁界开发了能生产深冲板的连续退火技术,并相继有 3 套这类连续退火机组投产。

80 年代以来,世界各大钢铁厂相继建设了这种连续退火机组。到 1995 年底为止,全世界已建成或正在建设中的连续退火机组约有 54 套,总处理能力 3300 万 t/a 以上。特别是 80 年代末期以来建设的连续退火机组,处理能力进一步提高。处理能力在 90 万 t/a 以上的机组有十余套。连续退火技术不断发展,带钢在炉内一次冷却技术、带钢炉内控制技术、板形控制技术、在线检测技术都达到了一个新水平。

1.6.2.3 全氢罩式退火

20 世纪 70 年代后期,奥地利艾伯纳公司开发出强对流全氢退火炉(HICON/H_2 炉),80 年代初德国罗意公司开发出高功率全氢退火炉(HPH)。这两种全氢罩式退火炉生产效率比传统罩式炉(HNK)提高约 1 倍,而且产品深冲性良好,表面光洁,特别适于生产规模不大,品种多,批量小的冷轧带卷。因此,在全世界得到了迅速推广和应用,到 90 年代,这种全氢罩式退火炉已建成1000多个。

1.6.2.4　板形控制技术

冷轧板的板形是其质量好坏的重要标志。多年来人们致力于开发板形控制技术，使板形控制技术有了很大发展，板形控制的技术装备有以下发展：

(1)普遍使用液压弯辊技术，以弥补轧制过程中轧辊的弹跳或轧辊凸度不足。

(2)改善了工艺润滑剂性能及其控制手段。润滑剂能沿辊身长度分成几十段并分别控制流量喷洒。

(3)使用板形仪及灵敏的液压系统。板形仪能连续准确地测出板形，再通过液压系统闭环控制弯辊，改善轧辊凸度；横移或交叉轧辊以改变冷轧变形区带钢截面形状。由板形仪测量的结果自动控制各段工艺润滑剂的喷洒量，以获得良好的冷轧带钢的板形。

(4)采用轧辊倾斜自动调整系统。

(5)研制出一批能有效控制板形的新型轧机。

1.6.2.5　涂镀层生产技术的发展

近年来冷轧板带涂镀层的技术和装备发展十分迅速，最有成效的涂镀层生产有热镀锌、热镀锌铝、热镀铝锌及锌铁合金；电镀锌、电镀锌镍；有机涂层板、减震板；电镀锡、低镍镀锡、电镀铬；热镀铝、热镀铅锡等品种。除了热镀、电镀，现还在开发气相镀，已开始用于生产。气相镀不受镀层金属限制，而且复层、合金化容易，它蕴藏着开发新功能镀层钢板工艺的可能性。

这些品种给用户带来了诸多好处，如增加耐腐蚀能力、改善产品外观、减轻产品自重、简化工序、降低制造成本、减少环境污染等。

1.6.3　型钢技术的新发展

1.6.3.1　连铸坯直接热装

冶炼与连铸技术的发展已能生产无缺陷连铸坯。连铸坯直接热装不仅可节能30%～40%，而且能提高加热炉的产量，减少坯料烧损及缩短生产周期等优点。为实现连铸坯直接热装，对上料装备提出了新要求，应保证连铸机与轧机之间的生产能力合理匹配。可逆式步进冷床的成功开发，可做到灵活调节连铸坯的生产和供应，使用这种冷床可补偿短暂的轧制中断(如换辊)。当轧机继续工作后，冷床上储存的连铸坯与直接从连铸机拉出来的坯子一起根据需要送入加热炉。当停机时间较长或轧机生产效率较低时，不需要的连铸坯可通过冷床输出、储存。

1.6.3.2　近终形连铸坯

20世纪80年代以来，大型轨梁轧机的重要新技术之一就是采用近终形连铸坯，将连铸设备与轧制设备紧凑布置、缩短生产流程、省去大型开坯机、减少设备数量、降低成本。SMS公司将近终形钢梁连铸和先进的轧制技术组合的方法，称为紧凑式钢梁生产法(CBP)。这种轧制方法的原理，基于一套立辊轧边机，将钢梁坯幅板高度轧到万能轧机所要求的尺寸。这台轧边机明显小于开坯机，并直接安装在万能轧机前面。轧制近终形钢梁坯比普通连铸坯，可使轧机生产率提高10%以上，轧机收得率提高2%，比轧钢坯提高8%～10%，降低能耗30%。

1.6.3.3 柔性轧制设备的发展

为适应市场对型钢产品小批量多品种的要求,型钢尺寸规格、不同断面形状、不同钢种材料、不同性能等级的多种产品柔性轧制得到发展,即用一套轧制设备,可生产出不同尺寸规格、不同断面形状、不同钢种材料、不同性能等级的多种产品。实行柔性轧制可提高企业的应变能力,增强竞争力。世界上已投产了多种具有柔性轧制能力的新型型钢连轧机组,开发出以下柔性轧制新技术:H 型钢的自由尺寸轧制、延伸道次的无孔型轧制、多辊万能孔型轧制等。

柔性型钢连轧机组一般都装有平-立轧机转换装置,既适应平-立轧制方圆断面产品,又能满足水平轧制异型断面产品。

1.6.3.4 切分轧制技术

20 世纪 70 年代在连续小型轧机上成功应用切分法生产螺纹钢筋,目前切分轧制广泛采用切分辊设备和切分轮设备。辊切法是利用轧辊孔型的特殊设计,在变形过程中同时将轧件分开,此法无需其他的辅助设备,操作简单,但轧辊的孔型设计要合理准确。切分轮是不带传动的,安装在轧机出口处,将已具备切分形状的轧件切开,这种方法在连轧机上普遍利用。切分轧制具有提高产量、减少轧制道次、降低能耗和轧辊消耗等优越性,能实现大小不同规格产品同样的高速度轧制,容易实现直接轧制,容易与炼钢、连铸衔接,所以新建的小型连轧机一般都采用切分轧制技术。

1.6.3.5 精密轧制新设备

精密轧制又称紧公差轧制,精密轧制产品约公差范围控制在国际上通用标准(DIN、JIS、AISI 等)规定公差范围的1/4 甚至1/10 以内。精密轧制设备的基本特点是:采用小辊径,短辊身和单孔型的轧辊;使用高刚度、紧凑式轧机结构;采用平立交替布置的 2 ~3 个孔型;采用小压下量。按照上述原则已开发了如下几种精密轧制设备:(1)PR 高精度轧机;(2)Tekisun定径机;(3)PSB 定径机;(4)CGS 定径机等。

1.6.3.6 温控轧制、在线热处理

现代化的高强度轧机,允许开轧温度从 1000 ~1100℃降至 950 ~1050℃,实现低温轧制,这样综合节能可达20%。

对低碳钢来说,终轧温度为 750 ~760℃,配合于 40% ~50% 的变形量,以完成变形热处理过程,细化晶粒,提高钢材性能,改进棒材的表面质量。在精轧机前配置一定数量的水箱,并留出足够的距离使轧件内外温度均匀,为温控轧制创造条件。

利用轧制余热的在线热处理已广泛采用。在钢轨生产中已成为高强度钢轨生产工艺的主要方向,这要求可获得均匀硬化组织的控制冷却技术和控制钢轨弯曲技术。为此,采用了空气、喷淋水、浸渍等冷却方式以及适当地配置喷嘴和控制输送速度。

1.6.3.7 精整设备

型钢轧机的精整工序是型钢生产中的重要环节,它将轧制成形的半成品进行冷却、矫直、切断、热处理(特殊钢)以及检查、分类、消除缺陷、包装、标志等处理,使其成为符合技术标准的成品钢材。因此,精整设备的装备水平直接影响产品质量,现代化型钢轧机一个重要标志是,精整设备的连续化和自动化。

(1)冷床设备。现代化中小型轧机均采用步进式齿条冷床,冷床的输入辊道、升降制动板和分钢装置需确保轧件顺利运送,准确定位并依次平稳地落到甩直板上。目前一些国家已利用计算机辅助设计对齿条的齿槽形状和甩直板的长度进行最优化设计，使齿槽形状能适应各种断面的型钢，并获得均匀冷却和最小变形。对于棒材，最近已研究出新型快冷装置，因为传统的步进式齿条冷床不仅冷却速度有限，而且在每一步移送过程中仍有间隙性停顿，停顿使强制冷却过程的热量媒体（压缩空气、水雾、油雾等）不能均匀地围绕棒材散热。日本住友公司开发了一种棒材自转速度快，而且能轴向移动的强制冷却装置，能使棒材全长冷却一致，不弯曲，金属组织均匀。快冷冷床的主要特点是自上而下采用喷射冷却媒体和棒材以一定速度（12m/min）自转，从而获得均匀降温。

（2）连续定尺剪切（C. C. L）机组。现代化小型型材轧机都已采用长尺冷却、长尺矫直和在冷状态下切断的新工艺。连续定尺剪切机组由一套自动化紧凑式多辊矫直机、飞剪和打捆设备等组成，设置于冷床输出辊道后部，多辊矫直机的矫直速度达 3m/s，其上辊由计算机控制升降，保证矫直质量，采用启-停式飞剪和特殊夹紧装置来保证剪切精度。

（3）大、中型型钢在线矫直，采用悬臂结构的单辊矫直设备，根据生产需要可移出或移入辊道。矫直辊的辊距和辊缝均可按产品规格来调整，这种可变辊矩矫直机的矫直质量更高。

（4）由于型钢断面形状复杂，为获得高质量的切口，现代切断设备均采用冷锯，对于碳素钢采用金属冷锯，对合金钢则用砂轮锯，锯片速度达 150m/s。

（5）自动堆垛、打捆机组。

1.6.4　线材技术的新发展

20 世纪 60 年代中期，摩根 45°无扭精轧机与散卷控制冷却装置的开发与运用，促进了线材生产技术的飞跃发展，使线材轧制速度突破 40m/s。80 年代以来，用户对线材产品的品种、质量和生产率提出了更高的要求，因而在线材装备方面相继出现重负荷和超重负荷新型无扭精轧机、减径定径机、双模块精轧机、高速切头尾飞剪、在线测径与探伤系统及控制轧制与控制冷却等新的技术装备，由于各项制造技术、自动化控制技术的发展及检测元件的完善，轧制速度突破了 100m/s 大关，目前最高设计速度达 140m/s，保证速度达 115m/s；在提高轧制速度的同时，也提高了线材品种质量、降低了消耗、节省了能源。这些新技术装备如下。

1.6.4.1　大压下定径机（HRSM）作预精轧机

这种预精轧机组由 3 个机架组成，其压下量范围为 6% ~25%，覆盖了整个产品轧制时的变形要求，采用两套孔型系统，即能满足其后的高速精轧机组的需要。使用很少几种，甚至一种规格的入口坯料就能轧制出具有精确尺寸偏差的产品。

1.6.4.2　双模块高速精轧机（TMB）

这是达涅利-摩格沙玛公司开发的最新线材轧机，把传统的大模块精轧机组分成两组，第一模块为固定式，第二模块安装在滑板（小车）上为移动式，当做成品机组。两组模块的机架总数为 12 架，可由 8 架和 4 架组成，也可均由 6 架组成。采用这种可横移的双模块精轧机可大大节省更换机架的时间，轧机利用系数可提高到 90% 以上。由大压下定径机作为预精轧机和其后布置的双模块高速精轧机配置的精轧机组，具有产品尺寸精度高、表面质量好、简化孔型系统、减少坯料规格种类、精轧速度高（可达 115m/s，如青钢高线轧机），并能实现机架入口温度为 800℃ 的低温控制轧制，提高线材内部质量。

1.6.4.3 V字形微型轧机

这是摩根公司开发的新装备。利用该公司性能优良的第6代V字形精轧机轧辊箱结构来组合成微型模块式轧机,这种微型模块轧机可由2个或4个机架组成,其布置有两种方式:布置在无扭精轧机之前就用作预精轧机(PFM);布置在无扭精轧机之后就作为精轧机的一部分(MFB),以此来提高轧制速度,增加产量,生产更小规格或更大规格的产品。当作预精轧机时,其优点是结构紧凑,两个机架由1台电机传动,换辊方便,轧机利用率高。采用这种微型模块轧机来改造旧的高线车间具有显著效果(如鞍钢高线轧机等)。

1.6.4.4 减径定径机(RSM)

这是摩根公司1993年开发的专利技术装备。减径定径机由4架V形结构的悬臂梁式轧机组成,2架减径,2架定径。减径机和定径机组可单独从轧制线上移出和移进,机组移出时由导槽取代其位置。

1.6.4.5 轧件外形测量仪系统和热态在线测径装置及涡流探伤

采用轧件外形测量仪系统应对轧制过程有更多的了解,同时应掌握改变轧制参数对轧件形状和质量的影响。

热态在线测径装置和涡流探伤仪的应用对线材从头至尾的尺寸精度和表面状况进行检测,可把不合格产品降到最少。

1.6.4.6 高速切头尾剪

这种剪机为回转式飞剪,由1台微处理器来控制换向器速度和剪刀位置相匹配,以确保切头长度的精确设定。由于盘卷的头尾尺寸公差较大和力学性能指标不均,尤其对特殊钢盘卷头尾切除是必要的,对吐丝机也有利,这样在输送冷却线上就省去了修剪工序,提高了盘卷质量并节省了人员。

1.6.4.7 吐丝机的新发展和装有线圈分配器的集卷系统

最新设计的倾斜式吐丝机不仅根据线材尺寸大小可调整倾角和设有控制最后数圈尺寸大小的控制装置,而且可快速更换吐丝管,更换时间缩短至4min。这种吐丝机设有振动监测装置和吐丝管内铁皮吹除装置。

集卷系统中的线圈分配器,使线圈下落过程中沿圆周均匀分布,使线圈更密实整齐,使盘卷高度降低,使后工序放线更顺利。

1.6.4.8 控制轧制和控制冷却装置

控制轧制在现代化高线生产中越来越被重视,发展较快,它对改善金相组织和提高力学性能具有显著作用,可省略后步热处理工序。在轧制过程中由专用的微处理器通过水流量调节阀实现各个水冷段入口水流量的连续调节,从而达到轧件温度的实时控制,保证不同材质控制轧制所需的轧件温度。用于提高螺纹钢筋强度和改善焊接性能及弯曲性能的回火工艺设备(穿水冷却)日臻完善。

控制冷却包括水冷和风冷两部分。水冷装置可实现温度自动闭环控制。最新的散卷控制冷却装置能实现超延迟冷却,其冷却速度小于0.5℃/s(如用于高合金钢),也能实现超快速冷却,其冷却速度达70℃/s。在散卷控制冷却运输机上边设有水雾装置,其下边为高速(亚音速)鼓风机。

1.6.5 无缝钢管技术装备的新发展

无缝钢管技术装备的发展主要表现在以下几个方面:

(1)连铸坯取代轧制管坯;

(2)广泛采用锥形辊穿孔机,限动(半限动)芯棒连轧管机等高效的轧管设备;

(3)采用在线热处理,以节约能源;

(4)完善检测手段和精整设备。

1.6.5.1　连铸管坯取代轧制管坯

连铸管坯直径范围 ϕ80~560mm,钢种包括碳素钢、合结钢、不锈耐热钢等,其表面和内部质量及尺寸公差都优于轧制管坯,基本可以不经修磨,直接送去轧制。与模铸-轧制管坯相比,从钢水到成材,金属收得率可提高10%~15%,节省能源40%~50%,降低成本20%~25%,日本、德国、美国、意大利、加拿大等国基本上采用连铸管坯,并在研究开发连铸空心管坯,以进一步简化生产环节。

1.6.5.2　锥形辊穿孔机

轧管机组的穿孔机现在普遍以锥形辊穿孔机取代使用多年的曼内斯曼桶形辊穿孔机。锥形辊穿孔机轧辊辊径的出口方向逐渐加大与金属流动速度逐渐增加相一致,从而减少管坯上周向切应力,减少了管内外表面缺陷和金属扭曲。一些在曼内斯曼桶形穿孔机穿孔时容易产生内外裂纹而难以穿孔的难加工材料,在锥形穿孔机上就能够加工。锥形辊穿孔机采用了大的喂入角和碾轧角进行穿孔,对壁厚压下的同时进行扩大外径,提高了穿孔效率,可以生产出更薄的长管,扩管比(毛管外径/管坯直径)可达1.4~2,而曼内斯曼穿孔机的扩管比仅1.0~1.1。因而,可以减轻以后轧管机的负荷,减少轧管机的架数。另外,若对扩管比进行控制,用同一尺寸的管坯就可得到外径不同的毛管,从而减少管坯的规格和数量。

1.6.5.3　限动(半限动)芯棒轧管机

限动(半限动)芯棒连轧管机的优点是:可生产直径最大达426mm,长度达50m的钢管。生产效率高,单机产量最大可达80~100万t/a。产品质量好,外径公差可达±(0.2%~0.4%),壁厚偏差在±(3%~6.5%)范围内,内壁光滑。

工具消耗低,每吨成品消耗芯棒0.6kg。

由于芯棒与钢管接触时间短,钢管降温少,因此可取消定径前的再加热,节省能耗$(0.54\sim0.67)\times10^6$kJ/t,同时也节省了再加热炉的投资。

在二辊式限动芯棒连轧管机的基础上,国外最近研制开发出三辊可调的限动芯棒连轧管机(称PQF)。从变形角度看,二辊式限动芯棒连轧管机和三辊可调式限动芯棒连轧管机的最大差异是减少了轧辊顶部和底部两侧的速度差,使孔型中的横向附加变形减小,金属变形更均匀,芯棒的平均压力,特别是峰值压力更低,芯棒稳定性提高。

1.6.5.4　定径、减径机

钢管的减径和定径采用二辊或三辊轧机。以往小直径的减径机多采用三辊式轧机,由于三辊式轧机有尺寸精度高等特点,大直径的定径机采用三辊式轧机也在增多。

减径机是扩大作业线产品规格范围,提高生产能力的重要环节,也是最终尺寸精度和表面质量的关键设备。由于在线检测壁厚仪表的进步,在减径机出口侧测定壁厚结果的监督已经普遍实现。根据减径机入口侧测定的壁厚信息,控制长度方向的壁厚分布也已在工业生产上采用。通过采用γ射线测壁厚仪和改进的控制模型将进一步提高钢管精度。

1.6.5.5　在线热处理

无缝钢管生产工艺复杂,能耗比其他钢材产品多,因此节省能源成为一个很突出的问题。为了节省能源可以采取许多措施,包括采用连铸管坯代替轧坯,研制新炉型和采用隔热材料,采用新设备、新工艺,简化工序取消再加热炉等。

以石油管和管线钢管为主要产品的钢管车间,利用轧制余热并严格控制轧制温度和适当调整钢的化学成分,使钢管在线直接淬火和常化,以取代传统离线的常化或淬火热处理炉,已在实际生产中广泛应用。目前用这种技术生产 C_{75}、N_{80}、P_{110} 等石油套管和 X_{60}、X_{70} 管线钢管,每吨钢管节能 $1.17\times10^6\sim1.25\times10^6$kJ,生产费用降低约25%。由于不建或少建离线热处理机组,从而节省投资。

发展在线控轧、控冷技术,要保证钢管在900~1200℃条件下的均匀加热和最大限度地减少钢管的非弹性蠕变。对小规格的钢管来说,为防止发生非弹性蠕变,在运输过程中要求钢管旋转,采用现在的V形辊输送(无论是直置还是斜置)已不能满足要求,为此开发了成对盘式辊辊道和球体式辊辊道。球体式辊辊道,可根据工艺要求,使钢管完成所希望的动作,如只回转;回转并前进作螺旋线运动;只前进和后退,有很大的灵活性。

1.6.5.6 完善检测手段及精整设备

无缝钢管主要用于对强度、温度、压力、韧性、耐腐蚀性要求较高的领域,对质量要求十分严格,如石油用管、高压锅炉用管及液压用管等。为了保证质量,对质量的控制要求从炼钢的原材料开始直至钢管成品的检验,贯彻钢管生产的全过程。

从无缝钢管生产本身讲,不仅要求对成品进行无损探伤以及表面质量、尺寸公差、力学性能的检验,而且要对加热、轧制时各种参数如外径、壁厚、温度、轧制压力进行测定监控。因此,在钢管轧制生产线上各主要生产环节都设置轧件温度、轧制压力、轧件直径和壁厚等检测装置,以测定各种参数,输送给自动控制系统,适时进行调控,从而大大提高产品质量和产品精度,钢管外径公差可在±(0.2%~0.4%),壁厚公差为±(3%~6.5%)。

在钢管精整设备方面,则采用长尺矫直、硬质合金圆盘锯或带锯成排锯切等技术。长尺矫直减少了管端产生压痕的概率。

关于钢管的质量检验,则普遍放置漏磁加超声或超声波加涡流的联合探伤机组,以检测表面及内部缺陷。

2 初 轧 机

钢坯是生产型钢、板带钢和钢管成品轧材的半成品。钢坯生产的方法有：轧制法、锻压法和连铸法三种。初轧机是将炼钢生产的大钢锭轧成钢材轧机所需尺寸钢坯的轧机。但初轧机也承担大型连铸坯的再开坯。

自1866年以来初轧机发展了近一个半世纪。20世纪60年代以来不断向大型化方向发展，轧辊直径达1500mm；钢锭重量达45t。随着连铸技术的飞速发展，连铸坯已基本取代了初轧坯。在中国，1984年4月冶金工业部《钢铁工业技术政策和科技汇编》中指出：今后，原则上不再新建初轧机。2005年7月国家发改委颁布的《钢铁产业发展政策》：第十七条加快淘汰并禁止新建土烧结……普钢初轧机……等落后工艺技术装备。但目前用连铸法生产个别钢种(如某些工具钢)或特大、特小尺寸坯料尚有一定困难；也有时难以满足某些材料压缩比的要求；而且变换产品规格不灵活，往往难于满足板、管、型材坯料规格多样化的要求。所以，在发展连铸坯的同时，初轧机与连铸机仍然需要继续共存一段时间。国内、外特钢企业初轧机布置情况如表2-1、表2-2所示。

初轧机除不再新建和淘汰外，目前与连铸机并存的初轧机主要使命是：利用初轧工艺对钢材质量的影响来改善成品质量。同时，将初轧机改造成大型型钢轧机，将初轧车间改造成型钢车间。

表2-1　国内部分特钢企业初轧机布置情况

工厂名称	初轧机(架)	工厂名称	初轧机(架)
太原钢厂	$\phi1000\times1$	长城特钢	$\phi825\times2$
本钢特钢	$\phi800\times1$	重庆特钢	$\phi750\times1$
抚顺特钢	$\phi850\times1$	北满钢厂	$\phi825\times1$
大(连)特钢	$\phi750\times1$	上钢五厂	$\phi800\times1$
大冶钢厂	$\phi850\times1$	无锡钢厂	$\phi750\times1$

表2-2　国外部分特钢企业初轧机与连铸机布置情况

国别	公司(工厂)	连铸机(台)	开坯机(台)
加拿大	阿尔戈玛钢铁公司	4流钢坯×1 2流板坯×1	$\phi1150$mm×1
英国	英国钢铁公司罗瑟翰厂	6流方坯×1	$\phi1050$mm×1
	英国钢铁公司斯托克布里奇-廷斯利派克厂	康卡斯特方坯和管坯×1	$\phi1050$mm/$\phi1000$mm×1
法国	法国特殊钢公司	4流离心式DMS×1	$\phi930$mm×1
	于吉纳钢公司	方坯×1	$\phi750$mm×1 $\phi1100$mm×1

续表 2-2

国别	公司(工厂)	连铸机(台)	开坯机(台)
日本	大同特殊钢公司知多工厂	2 流弧形方坯 ×1	ϕ770mm ×1 ϕ880mm ×1
	日本不锈钢公司	康卡斯特 1 流板坯或 2 流方坯 ×1	ϕ930mm ×1
	日本钢管公司	2 流板坯 ×3 4 流大方坯 ×1 6 流小方坯 ×1	ϕ1300mm 大行程万能板坯/方坯 ×1 ϕ960mm ×1
美国	内陆钢铁公司	2 流板坯 ×1 4 流小方坯 ×1	ϕ1150 ×1
	共和国钢铁公司坎顿厂	4 流 B&W 方坯 ×1 2 流 B&W 板坯 ×1	ϕ860mm ×1 ϕ890mm ×1

2.1　初轧生产工艺流程

初轧生产工艺流程如图 2-1 所示。

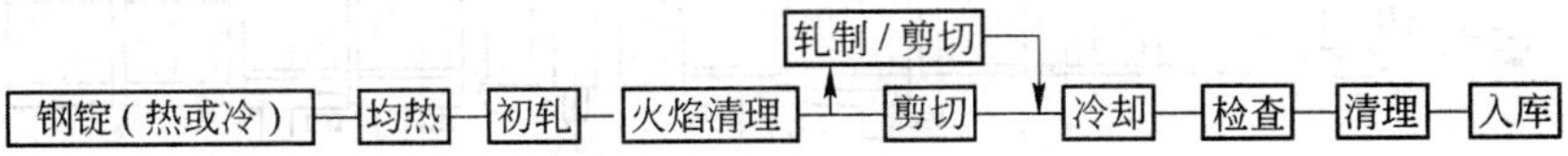

图 2-1　初轧生产工艺流程

2.1.1　均热

来自于炼钢车间的钢锭(热或冷),经钳式吊车将其送入坑式均热炉垂直放置均热,加热至要求温度。初轧均热炉均热有两层含义:一是钢锭温度均匀;二是组织结构均化,如减少成分偏析,改善晶粒,让炉中的钢锭热力学行为趋向均一化,减少不必要的组织应力等。

2.1.2　轧制

由揭盖机打开炉盖,经钳吊吊出炉中加热好的钢锭放入运锭车,运锭车将钢锭运至受料辊道,受料辊道、机前运输辊道、工作辊道及推床将钢锭送入初轧机。为便于轧机咬入,若受料辊道接受的钢锭大头朝向轧机,则需要经设在受料辊道后的钢锭转盘使钢锭旋转 180°小头朝向轧机。若采用双运锭时还设有分锭装置。

初轧机前、后设置机架辊,机前、后工作辊道及其上的推床,翻钢机和运输辊道等(图 2-2)。

轧制方坯或方坯 - 板坯的初轧机均采用箱形孔型。其孔型布置通常有两种类型:顺序式和对称式(图 2-3),前者适合于轧制方坯,后者适合于轧制板坯。

钢锭或中间轧件在推床的夹持、矫直、移动对准孔型等功能帮助下,经工作辊道、机架辊送入轧机进行可逆轧制,按道次要求利用翻钢机翻钢。大方坯轧制的变形过程如图 2-4 所示。

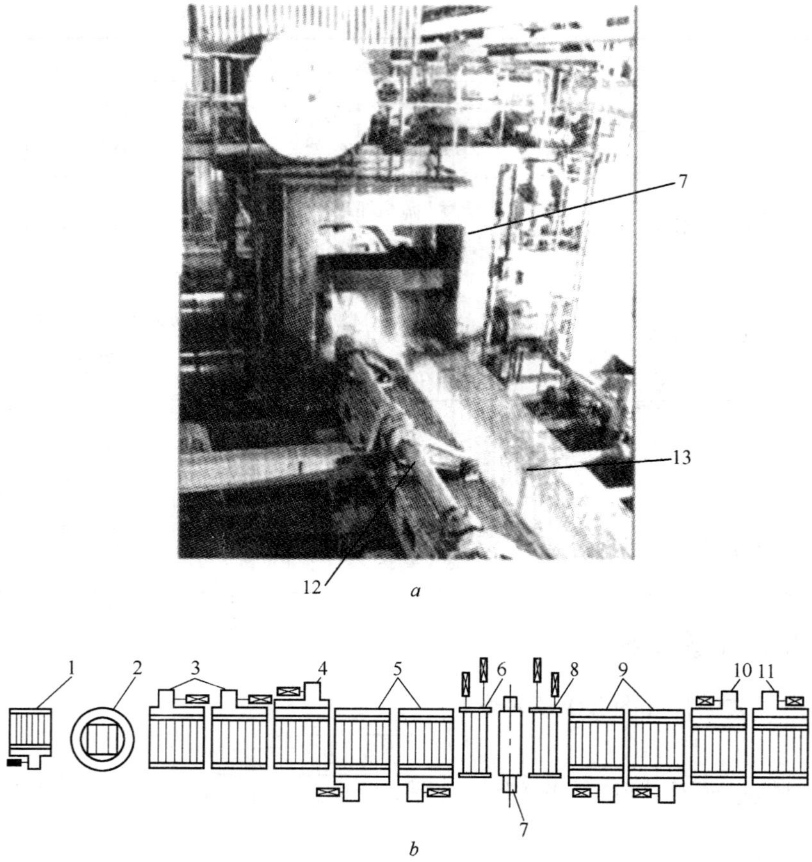

图 2-2　初轧机轧制区设备布置图

a—初轧机机座、机前推床、翻钢机实物图；*b*—轧制区设备布置简图

1—受料辊道；2—钢锭转盘；3、11—机前、后运输辊道；4、5、9、10—机前、后工作辊道；

6、8—机架辊；7—初轧机；12—翻钢机；13—推床

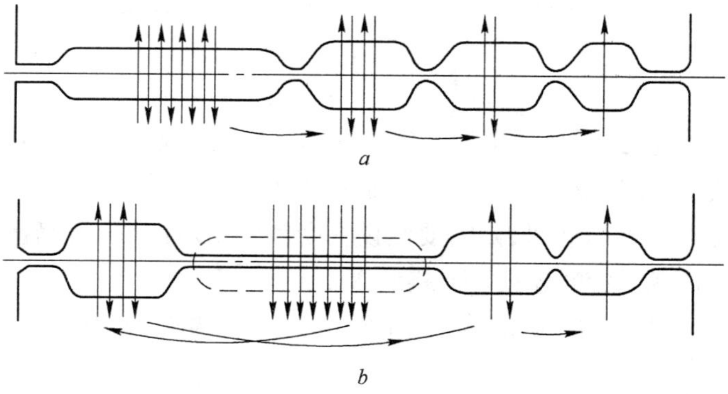

图 2-3　初轧机孔型布置图

a—顺序式；*b*—对称式

2.1.3　精整

精整工序包括：火焰清理、剪切、冷却、清理等。在初轧机后设有火焰清理、剪机。在线

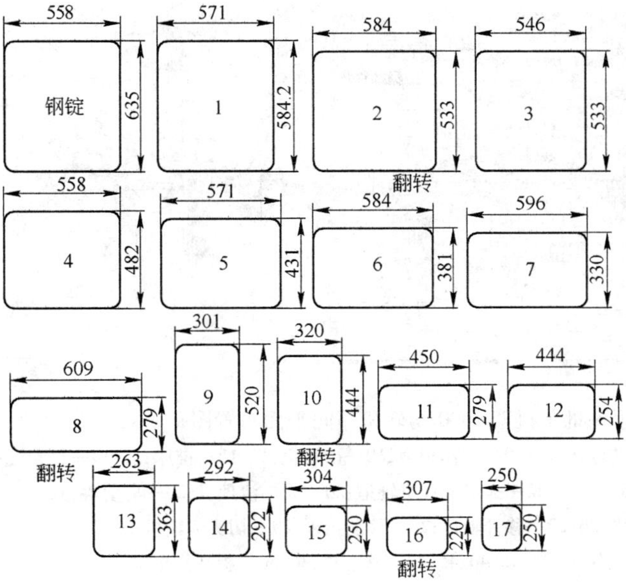

图 2-4 大方坯轧制的变形过程

火焰清理，用以不同钢种的不同要求，对钢坯实行不同深度的双面、四面或局部清理。剪切工序除进行切头、切尾、切定尺外，更主要的是切钢锭冒口端的缩孔。切缩孔时，为节约金属则采用“多刀少切”工艺。

按钢种要求冷却方法有三种：空冷、水冷、缓冷。热送坯不经冷却。

对冷却后的钢坯表面存在的缺陷要进行清理。清理方法有：砂轮研磨、风铲清理和机床剥皮。

2.2 生产车间及轧机布置

均热跨和轧钢跨的布置形式决定初轧生产车间布置，决定车间的生产能力，通常分：(1) 直线式布置（图 2-5），即均热跨和轧钢跨呈平行直线布置；(2) 丁字形布置（图 2-6），即均热跨和轧钢跨垂直布置。

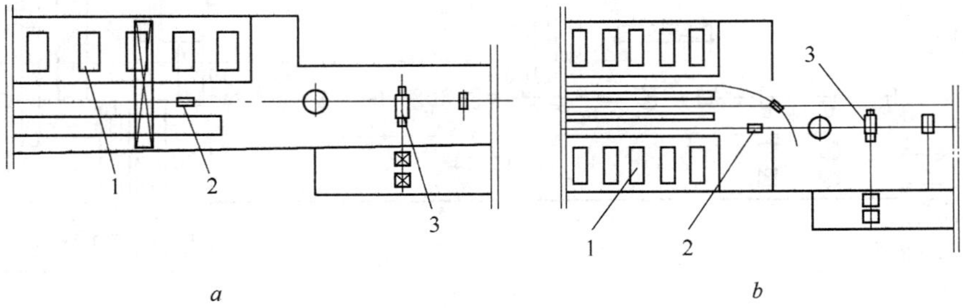

图 2-5 直线式布置图

a—直线形布置；*b*—并列直线形布置
1—均热炉；2—运锭车；3—初轧机

初轧机布置一般采用单机架或双机架布置。除初轧机单独布置的车间外，还有在初轧机后布有开坯机的初轧车间（开坯车间）。

图2-7 所示为前苏联建造的第一批单机架1000 初轧机车间平面布置。该车间布置一架 1000 初轧机（一台直流电动机：功率 4400kW，转速 0 ~ ±60 ~ ±140r/min，齿轮座最大扭矩 1250kN · m）。钢锭重量：2.5 ~6t，开坯断面尺寸：（150mm × 150mm） ~ （300mm × 300mm）方坯、（125 ~175）mm ×900mm 扁坯。产能：150 万 t/a。

图 2-8 所示为双机架方-板坯 1350 初轧机车间平面布置。该车间布置两架 1350 初轧机，后跟 6 架平立布置的钢坯连轧机。钢锭重量：6.4 ~28t。产能：350 万 t/a。

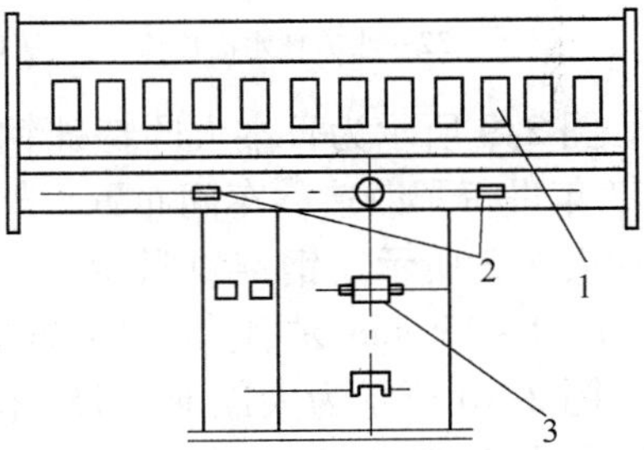

图 2-6 丁字形布置图

1—均热炉；2—运锭车；3—初轧机

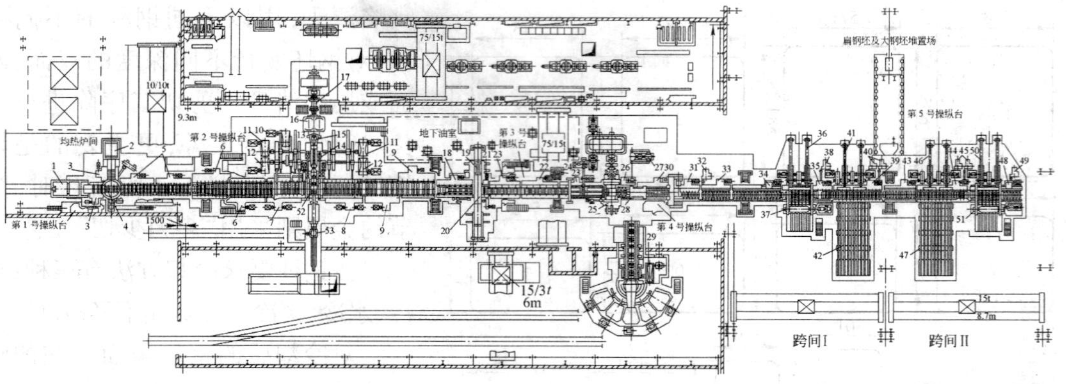

图 2-7　前苏联建造的第一批单机架 1000 初轧机车间平面布置图

1—运锭车；2—翻斗机；3、5—受料辊道；4—钢锭转盘；6、7、8、9—工作辊道；10—翻钢机；11、12—推床；13、14—机架辊；15—连接轴；16—齿轮座；17—主连接轴；18、19、21、22—火焰清理机辊道；20—火焰清理机；23—剪前辊道；24—切头推出机；25—1000t 剪切机；26、27—移开辊道；28—移动挡板；29—切头运输机；30、31、33、34、35、39、43、44、48—运输辊道；32、38、40、45、49—落下挡；36、50—板坯推出机；37、51—板坯收集机；42、47—方坯冷床；41、46—方坯推出机；52—初轧机机座；53—换辊装置

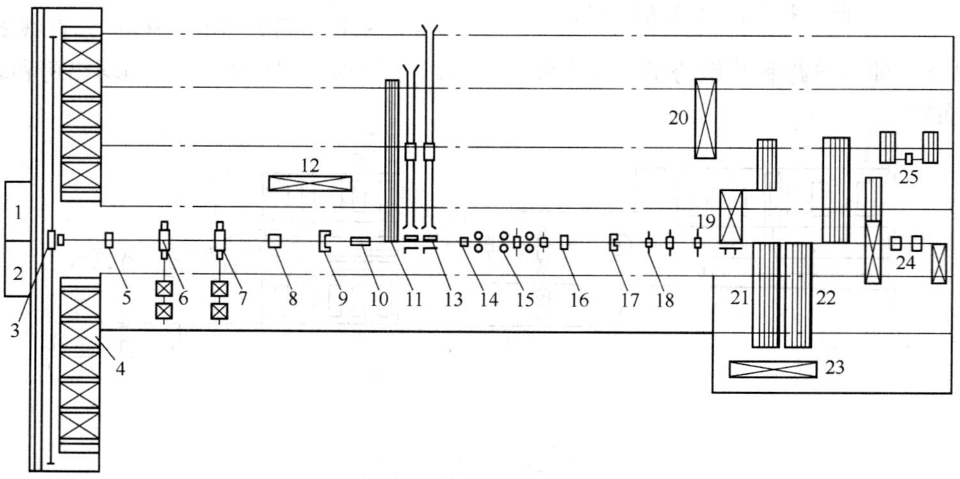

图 2-8　双机架方－板坯 1350 初轧机车间平面布置图

1—计算机房；2—控制室；3—运锭车；4—均热炉；5—钢锭秤；6—1350 初轧机 1 号；7—1350 初轧机 2 号；8—热火焰清理机；9—2000t 板坯剪；10—钢坯秤；11—板坯水冷冷床；12—板坯冷火焰清理；13—垛板台；14—45°翻钢机；15—VH 钢坯连轧机；16—飞剪；17—900t 剪机；18—热锯；19—大方坯水冷冷床；20—大方坯冷态清理；21—小方坯，圆坯冷床；22—小方坯水冷冷床；23—清理捆扎；24—管坯抛丸、探伤、清理线；25—管坯剥皮处理线

图 2-9 所示为日本大同特殊钢公司知多厂初轧车间平面布置。该车间建于 1962 年，1977 年进行了改造。车间布置一架 1020 初轧机和 820、780 钢坯轧机各一架。轧机技术性能如表 2-3 所示。钢锭重量：4. 6t、6. 5t。产品：(110mm × 110mm) ~ (145mm × 145mm) 方坯；ϕ130 ~ 250mm 圆钢。产能：120 万 t/a。

图 2-10 所示为大连钢厂 750 初轧车间改造后的车间平面布置。该车间建于 1984 年，钢锭重量：2. 3t、2. 7t、3t。产品：(120mm × 120mm) ~ (220mm × 220mm) 方坯。车间布置一架 750 初轧机（一台直流电动机：功率 2800kW，转速 0 ~ ±62 ~ ±120r/min，齿轮座最大扭矩 1177kN · M）。产能：40 万 t/a。2003 年进行了改造。车间保留布置一架 750 初轧机，作

为初轧机开坯或棒材连轧机组的粗轧机。新增10架平立布置的连轧机组，其中中轧机组ϕ650轧机4架、精轧机组ϕ400轧机6架。产品：150mm×150mm方坯；ϕ42～180mm圆钢；(30～90)mm×(350～450)mm超宽扁钢。产能：25.1万t/a（其中初轧坯4.2万t/a）。产品大纲见表2-4。

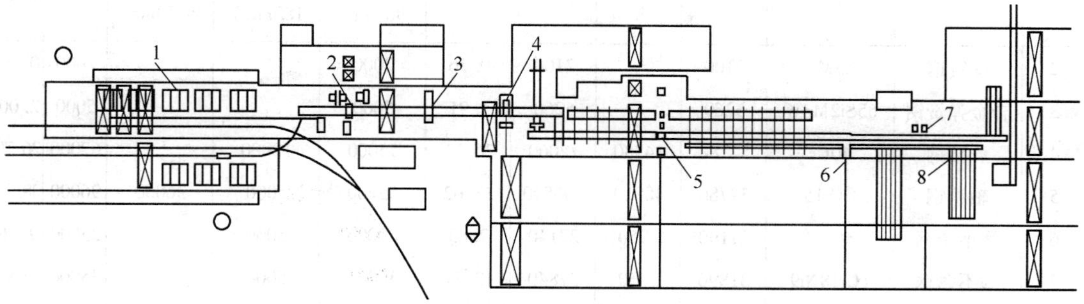

图2-9　日本大同特殊钢公司知多厂初轧车间平面布置图

1—均热炉；2—初轧机；3—火焰清理机；4—900t剪机；5—钢坯轧机；6—500t剪机；7—热锯；8—冷床

表2-3　日本大同特殊钢公司知多厂轧机技术性能

轧机类型	主电机		轧制速度/m·s^{-1}	最大开口度/mm	上辊平衡方式	万向接轴平衡方式
	功率/kW	转数/r·min^{-1}				
ϕ1020初轧机	2600×2	40/200	2.1～5.2	1000	液压	液压
ϕ820钢坯轧机	2300	53/150	2.3～6.4	800	液压	液压
ϕ780钢坯轧机	3600	100/200	4～8	200	液压	液压

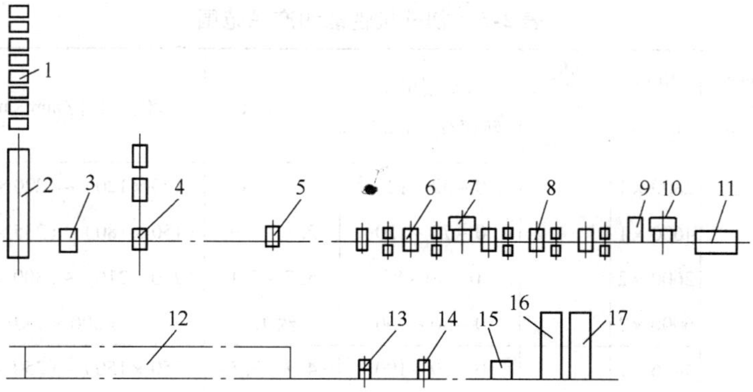

图2-10　大连钢厂750初轧车间改造后的车间平面布置图

1—均热炉；2—新增步进式加热炉；3—预留高压水除鳞箱；4—ϕ750初轧机；5—900t剪机；6—新增ϕ650中轧机组；7—预留切头飞剪；8—新增ϕ400精轧机组；9—新增测径仪；10—新增倍尺飞剪；11—预留水冷箱；12—新增汇排横移台架；13—新增移动式砂轮锯；14—新增固定式砂轮锯；15—缓冷材收集台架；16—新增步进式冷床；17—翻转式冷床

表2-4　大连钢厂750初轧车间改造后产品大纲　　　　　　　　　　　　　　(t)

序号	钢　种	代表钢号	原　料				成　品				
			连铸坯	钢锭	合计	比例/%	中型材（ϕ42～90mm）	大型材（ϕ95～180mm）	钢坯（150mm×150mm）	合计	比例/%
1	碳结钢	45		11760	11760	4.26		10000		10000	4.00

续表 2-4

序号	钢　种	代表钢号	原　料				成　品				
			连铸坯	钢锭	合计	比例/%	中型材（ϕ42～90mm）	大型材（ϕ95～180mm）	钢坯（150mm×150mm）	合计	比例/%
2	弹簧钢	65Mn	2100		2100	0.76	2000			2000	0.80
3	合金弹簧钢	65Si2MnW	5260		5260	1.91	5000			5000	2.00
4	合结钢	40Cr	57780	14280	72060	26.11	55000	12000		67000	26.70
5	轴承钢	GCr15	57780	48810	106590	38.62	55000	5000	36000	96000	38.20
6	铬不锈钢	3Cr13	21190	5950	27140	9.83	20000	5000		25000	9.96
7	镍不锈钢	1Cr18Ni9	31890	5950	37840	13.71	30000	5000		35000	13.94
8	工模具钢	Cr12		9640	9640	3.49		5000	3000	8000	3.20
9	高工钢	W18Cr4V		3610	3610	1.31			3000	3000	1.20
合　计			176000	100000	276000		167000	42000	42000	251000	
比例/%			63.77	36.23		100	66.54	16.73	16.73		100

2.3　初轧机类型和工作原理

初轧机可分为方坯、方－板坯和万能板坯初轧机三种类型，均为可逆轧制。初轧机的大小以轧辊的公称直径表示。初轧机性能和产品范围如表 2-5 所示。

表 2-5　初轧机性能和产品范围

类型	轧辊直径/mm		电机功率/kW		水平辊电机转速/r·min^{-1}	锭重/t	坯料尺寸/mm×mm	年产量/万 t
	水平辊	立辊	水平辊	立辊				
方坯初轧机	750		2800×1		0～52～120	2～2.4	(120×120)～(220×220)	40
	850		4600×1		0～70～120	2.1～5.9	(150×180)～(235×235)	90
	1100		2600×2		0～40～80	5.7～7.1	(210×210)～(300×300)	260
	1250		6000×2		0～50～100	约 13	>300×300	450
方板坯初轧机	1000		4416×1		0～50～100	4.7～7.5	(150×150)～(250×250)	100
							(120～200)×(600～1000)	
	1150		4560×2		0～50～120	7.1～15	300×300	400
							(120～280)×(800～1550)	
	1220		6000×2		0～40～80	约 45	400×400，约 1880（方坯）	410
						10	350×350	
	1345		6780×2				300×220	500
万能板坯初轧机	1200	950	2300×4	1500×2	0～40～80	约 27	(120～250)×(800～1600)	200～400
	1225	965	4500×2	3000×1	0～40～80	约 30	265×1925	540
	1300	1040	6700×2	3750×1	0～40～80	约 40	360×2250	510
	1370	1040	6720×2	3700×1	0～40～80	约 40	500×2300	600

方坯初轧机，轧辊直径750～1500mm，上辊升高量较小，一般为600～1000mm，轧辊辊身上刻有数个轧槽，采用方形或矩形断面钢锭，经多次翻钢轧制轧成方坯、矩形坯、异形坯或圆坯。

方－板坯初轧机，上辊升高量较大，可达2200～2500mm，因而又称大扬程初轧机，它既能生产方、矩形坯又能生产板坯。

万能板坯初轧机，其特点是设有一对立辊轧制侧边，立辊可设在水平辊之前或之后（图2-11），轧制时水平辊与立辊间形成连轧。该种轧机一般专供轧制宽板坯，立辊传动方式如图2-12所示。

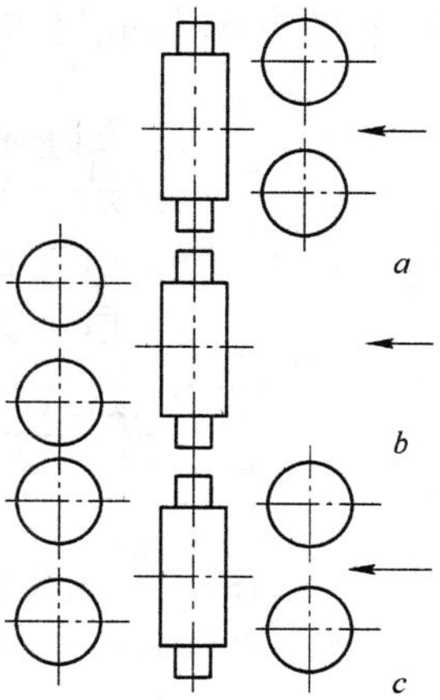

图2-11　万能板坯初轧机立辊布置方式

a—立－平；*b*—平－立；*c*—立－平－立

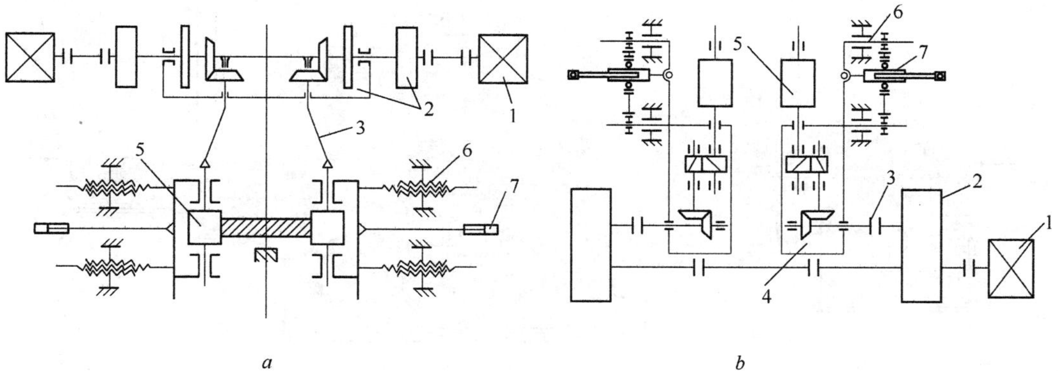

图2-12　万能板坯初轧机立辊传动简图

a—上传动；*b*—下传动

1—电动机；2—减速机；3—万向接轴；4—立辊箱；5—立辊；6—侧压螺丝；7—平衡装置

2.4 轧机结构

本节主要叙述二辊可逆初轧机结构。

图2-13所示为二辊可逆初轧机传动示意图。图中*a*、*b*两种传动方式均无减速机，其中*a*种方式是两个轧辊6由各自的电动机1通过万向接轴5单独传动，适用于大型初轧机；*b*种方式是由一台电动机1通过主联轴节2、齿轮座4、万向接轴5驱动轧辊6，适用于因轧机结构限制而不易采用轧辊单独传动的中小型初轧机。

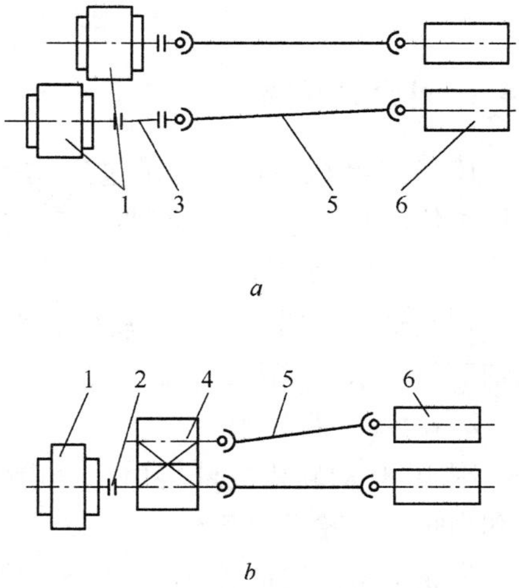

图2-13　二辊可逆初轧机传动示意图

1—电动机；2—主联轴节；3—中间轴；4—齿轮座；5—万向接轴；6—轧辊

初轧机主机列由主电机、主传动系统和工作机座组成。典型的轧辊单独传动大型二辊可逆式初轧机主机列布置简图如图2-14所示。通过齿轮座传动的1000初轧机主机列布置如图2-15所示。下面以前苏联建造的1000初轧机和国产1150初轧机为例详述其结构。

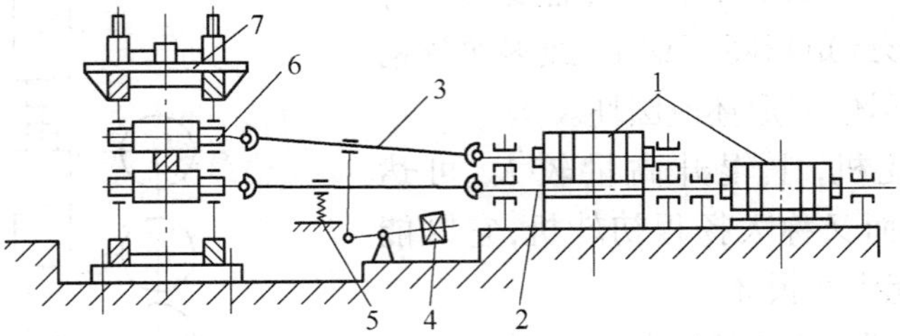

图2-14 轧辊单独传动大型二辊可逆式初轧机主机列布置简图

1—电动机;2—中间轴;3—万向接轴;4—上接轴平衡装置;5—下接轴平衡装置;6—轧辊;7—工作机座

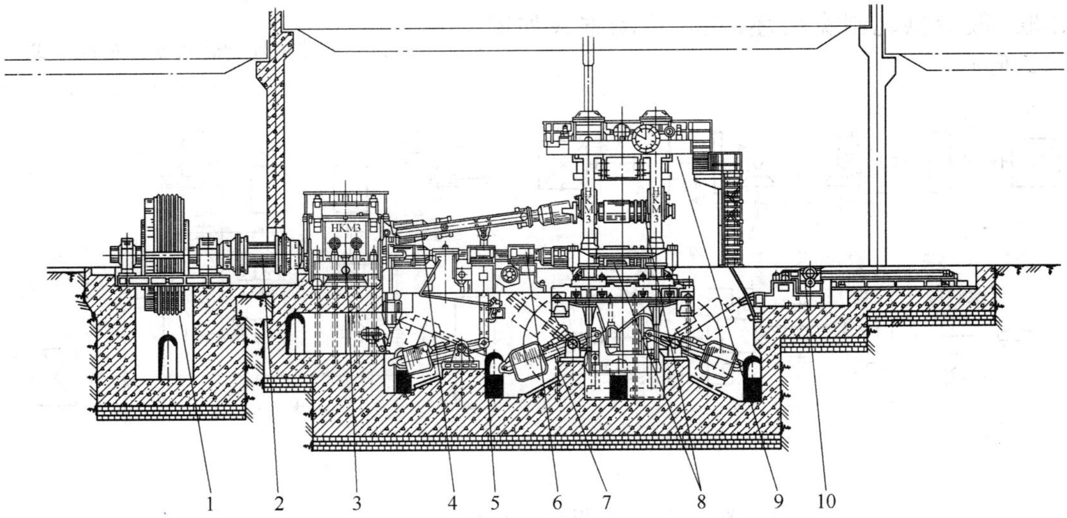

图2-15 1000初轧机主机列布置图

1—主电机;2—主联轴节;3—齿轮座;4—连接轴;5—上连接轴平衡装置;6—下连接轴平衡装置;7—上辊平衡装置;8—上、下轧辊;9—工作机座;10—换辊装置

2.4.1 主传动系统

1000初轧机主传动系统包括:主联轴节、齿轮座、万向接轴和连接轴平衡装置。1150初轧机主传动系统包括:中间轴、万向接轴和连接轴平衡装置。

2.4.1.1 主联轴节

主联轴节是用来连接电动机与齿轮座下齿轮的传动轴。图2-16所示为1000初轧机主联轴节(齿轮联轴节)。

2.4.1.2 齿轮座

因1000初轧机的轧辊由一个电动机带动,其采用齿轮座(图2-17)将电动机传来的运动和力矩分配给两个轧辊。

齿轮座由齿轮轴、轴承、轴承座和箱体四部分组成。由于齿轮座传递的扭矩较大,但其中心距A受到轧机轧辊中心距的限制。因此,齿轮座的齿轮直径小、宽度大,往往与轴做成整体,称为齿轮轴。该齿轮节圆直径1000mm,有少的齿数$Z=20$、较大的模数$M_n=43$mm和宽度$B=1600$mm,都采用人字齿轮。齿轮材料为:40Cr。齿轮座最大扭矩1250kN·m。齿轮轴的轴承采用巴氏合金衬瓦的滑动轴承。齿轮座的轴承与齿轮采用一个自动循环稀油润滑系统。

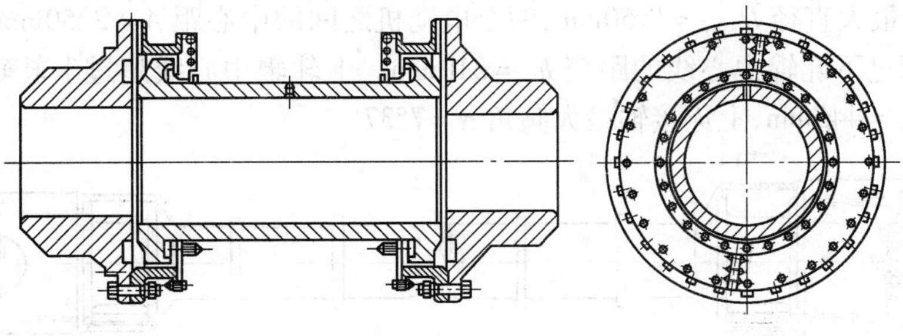

图 2-16 1000 初轧机主联轴节(齿轮联轴节)

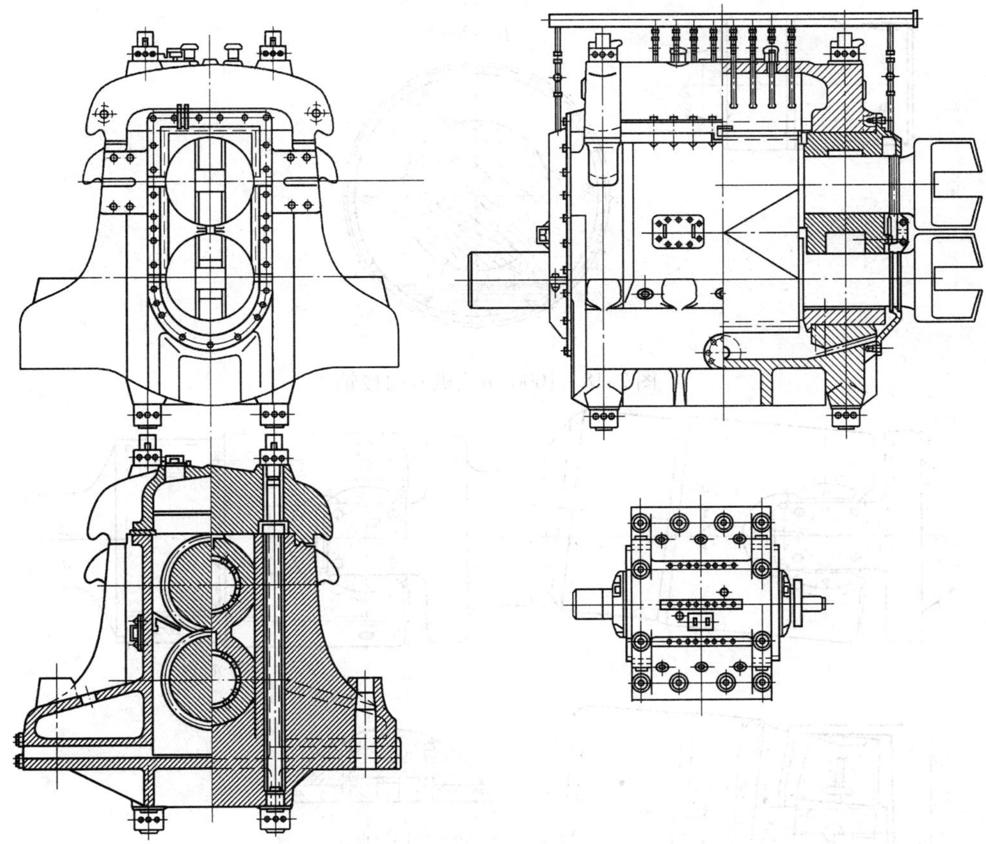

图 2-17 1000 初轧机齿轮座总图

2.4.1.3 连接轴

初轧机电动机或齿轮座的运动和力矩,都是通过连接轴传递给轧辊的。初轧机常用的连接轴有万向接轴。1000 初轧机万向接轴如图 2-18、图 2-19 所示。1150 初轧机万向接轴如图 2-20、图 2-21 所示。

由于电动机轴线或齿轮座中心距一旦确定是固定不变的,而轧辊需要有较大的调整范围,其轴线是频繁变化的。若使连接轴能将两个轴线相互变化的轴良好连接,除考虑连接轴允许倾角外,要综合考虑上述几个问题,使连接轴得到良好的总体配置。1000 初轧机连接轴配置如图 2-22 所示。上轧辊最大提升高度 $H=1200$mm,轧辊最大直径 $D=950$mm,齿轮座齿轮的中心距 $d=1000$mm,下齿轮中心线超过下轧辊中心线的距离 $\Delta=50$mm。上连接轴

最大倾角 $\alpha = 8°30'$。1150 初轧机连接轴配置如图 2-23 所示。上轧辊最大提升高度 H = 1545mm,轧辊最大直径 D_{max} = 1150mm,两个电动机之间的中心距 A = 2250mm,下轧辊的电动机中心线超过下轧辊中心线的距离 h_x = 310mm。上轧辊中心线超过上轧辊的电动机中心线的距离 h_s = 445mm,上连接轴最大倾角 $\alpha = 7°37'$。

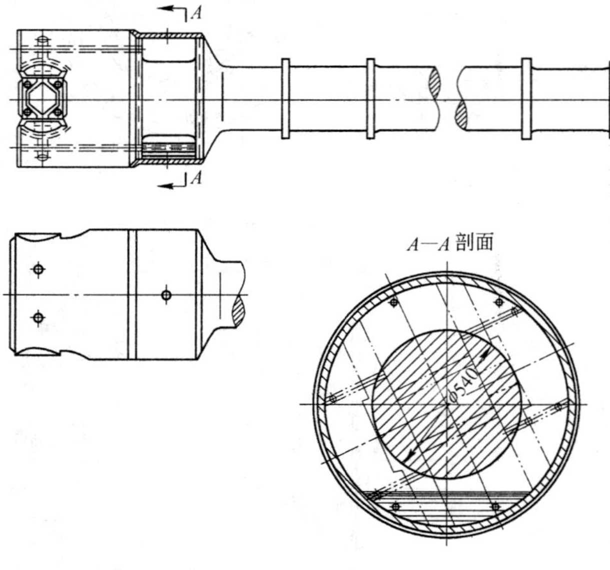

图 2-18　1000 初轧机万向接轴

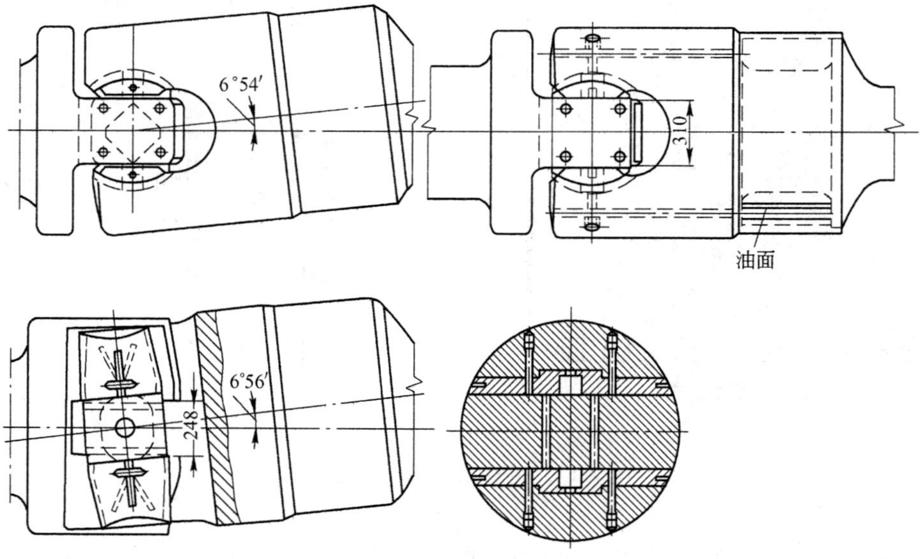

图 2-19　1000 初轧机万向接轴铰链结构

2.4.1.4　连接轴平衡装置

在直径大于 450 ~ 500mm 的轧钢机上,当连接轴重量较大时,为了不使连接轴重量全部传到连接铰链上,一般都设置了连接轴平衡装置。常用的连接轴平衡装置有弹簧平衡、重锤平衡和液压平衡三种形式。接轴托架分为单臂式和双臂式。平衡装置的平衡力一般比连接轴重量大 10% ~ 30%。1000 初轧机连接轴平衡装置如图 2-24、图 2-25、图 2-26 所示。1150 初轧机连接轴平衡装置见图 2-23。因上连接轴移动量较大,采用重锤平衡;下连接轴移动量较小,采用弹簧平衡。

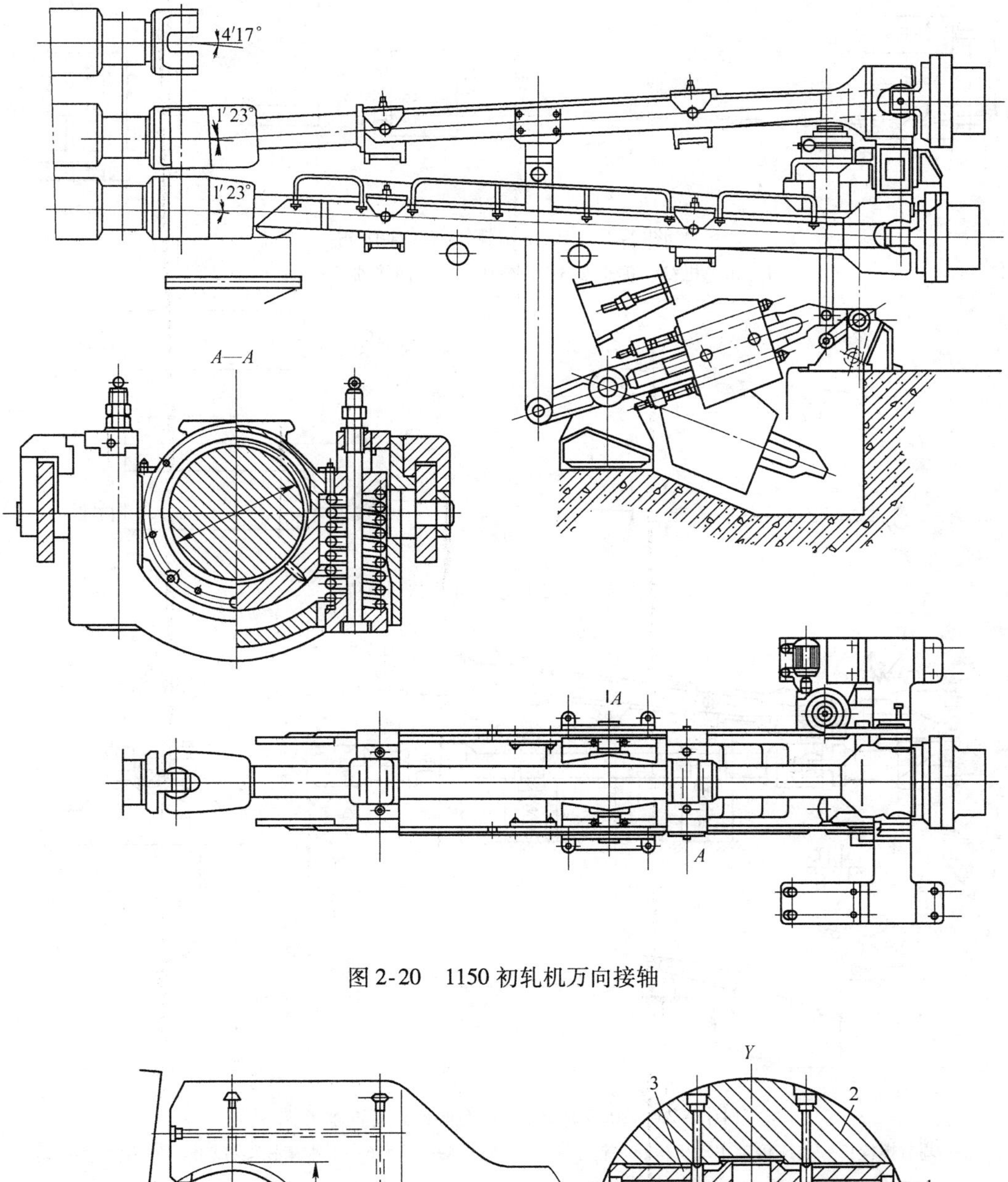

图 2-20 1150 初轧机万向接轴

图 2-21 1150 初轧机万向接轴铰链结构

1—扁头;2—叉头;3—月牙形滑块;4—小方轴;5—青铜滑板

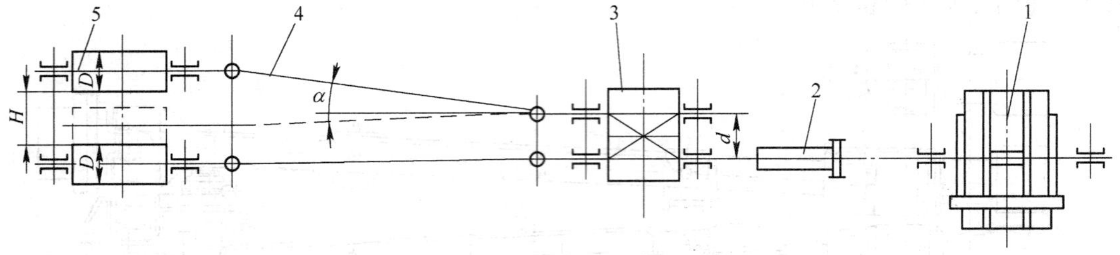

图 2-22　1000 初轧机连接轴配置

1—主电机；2—联轴节；3—齿轮座；4—万向接轴；5—工作机座

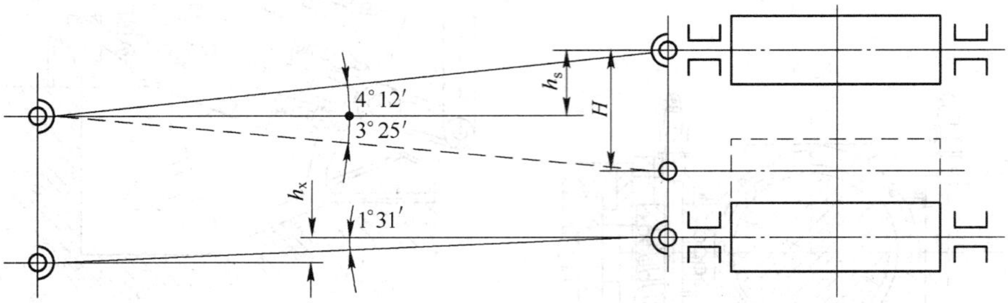

图 2-23　1150 初轧机连接轴配置

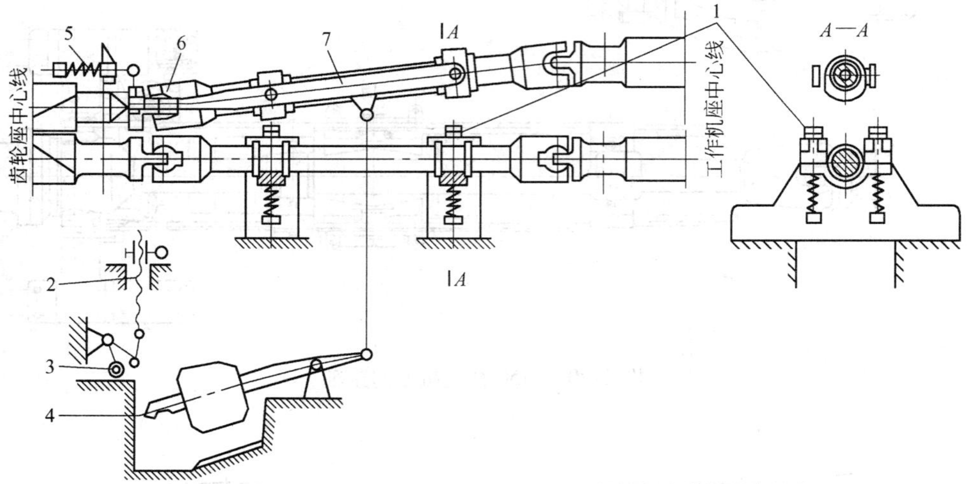

图 2-24　1000 初轧机连接轴平衡装置示意图

1—调节螺栓；2—上连接轴止动机构；3—钩子；4—平衡重；5—弹簧；6—上平衡托梁杆铰链；7—上平衡托梁

2.4.2　工作机座

初轧机工作机座包括轧辊、机架、轧辊轴承、压下装置、机架辊、导板和固定横梁、地脚板等。1000 初轧机工作机座如图 2-27 所示。1150 初轧机工作机座如图 2-28 所示。

2.4.2.1　轧辊及轧辊轴承

图 2-29 为 1000 初轧机轧辊。轧辊最大/最小直径是 950/850mm，辊身长度 2350mm。为保证轧制 150mm × 150mm、200mm × 200mm、250mm × 250mm、300mm × 300mm 方坯和（125 ~ 175）mm × 900mm 扁坯，辊身上旋出四个 45 ~ 50mm 深的轧槽和在辊身中间长 1090mm 平的部分（用于扁坯轧制）。

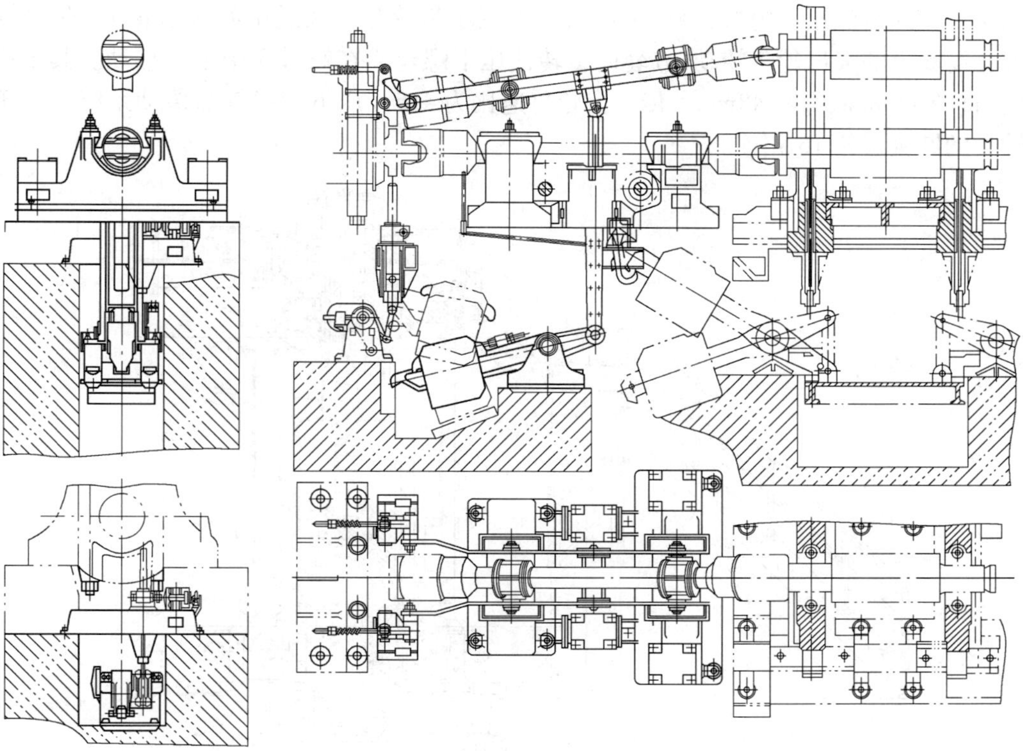

图 2-25 1000 初轧机连接轴平衡装置总图

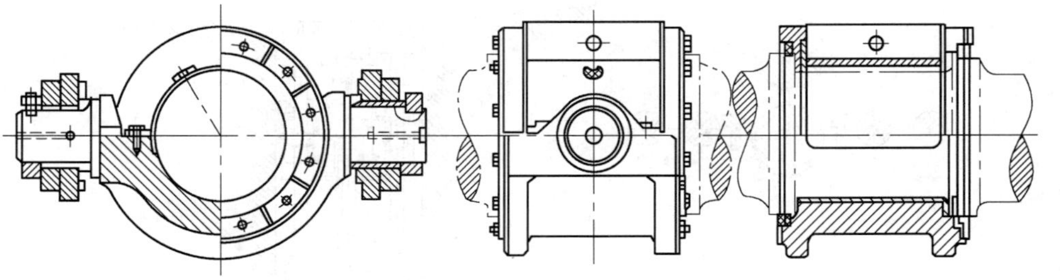

图 2-26 1000 初轧机连接轴平衡装置轴承座的轴承

图 2-30 为 1000 初轧机轧辊轴承装配。轴承采用胶木衬瓦开式结构。上辊轴承座由内外壳、轴瓦盒、轴瓦和带有下轴瓦的吊架构成,吊架支撑在上辊平衡机构的顶杆上,用以支撑轧辊和轧辊轴承座。下辊轴承座下轴瓦盒装在垫铁上,通过调整垫铁保证下轧辊在轧制线上。图 2-31、图 2-32 为 1150 初轧机轧辊轴承装配。

2.4.2.2 压下装置

图 2-33、图 2-34 为 1000 初轧机压下装置传动简图、结构图。采用双并联压下电机(当转速为 490r/min 时,功率 110kW),经圆柱齿轮减速机(速比 $i=0.63$,增速)、蜗轮蜗杆减速机(速比 $i=6.83$)传动压下螺丝,其中蜗杆为 6 个头,蜗轮齿数 $Z=41$、模数 $m=27$mm;压下螺丝:直径 360mm、螺距 48mm。压下量指针盘传动系统,由蜗轮轮壳的锥齿轮经行星和圆柱齿轮减速器驱动。换辊后,为使指针盘的指针回零位,指示器的行星减速器带有附加的涡

轮传动，它由独设的一台小电机驱动。图 2-35 为 1150 初轧机压下装置传动简图、结构图。采用两个立式直流压下电机，经压下电机 9 上的小齿轮分别通过中间大惰轮 13，带动固定在方套筒 6 上的大齿轮 7 转动，方套筒旋转使压下螺丝 2 在螺母 3 中上下移动。其中压下螺丝：直径 440mm、螺距 48mm。传动齿轮总速比为 4.5。压下量指针盘传动系统与置于惰轮轴上的圆锥齿轮 16 相连。

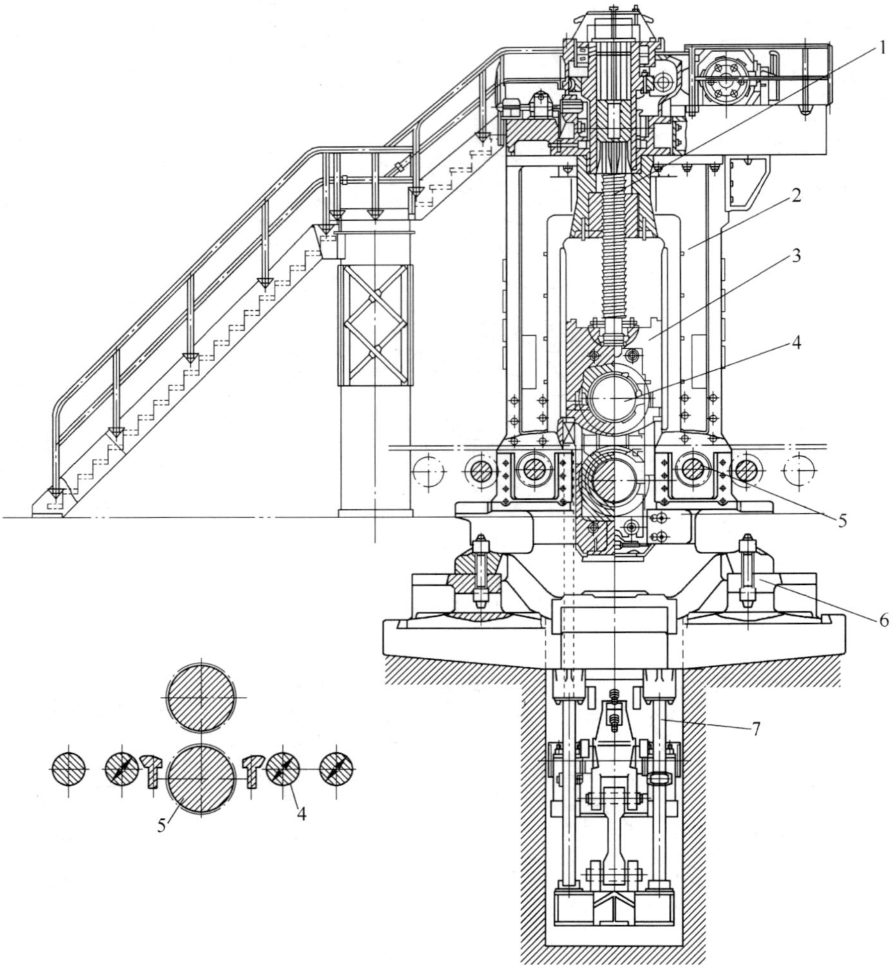

图 2-27　1000 初轧机工作机座

1—压下装置；2—机架；3—轧辊轴承座；4—轧辊；5—机架辊；6—地脚板（轨座）；7—上辊平衡装置

2.4.2.3　上辊平衡装置

几乎所有的轧机（叠轧薄板轧机除外）都设置上轧辊平衡机构。大家知道，当轧辊没有轧件时，由于上轧辊及其轴承座的重力作用，在轴承座与压下螺丝之间、压下螺丝与螺母的螺纹之间均会产生间隙。这样，当轧件咬入轧辊时，会产生冲击。利用上轧辊平衡装置，使上轴承座紧贴压下螺丝端部并消除螺纹之间的间隙，可防止出现这种情况。大多数轧机的平衡装置还兼有抬升上辊的作用。

轧机的形式不同，对平衡机构的要求和采用的类型也不同。由于初轧机上轧辊行程大、快速、频繁移动，广泛使用重锤式或液压式平衡机构。图 2-36 所示为 1000 初轧机的重锤平

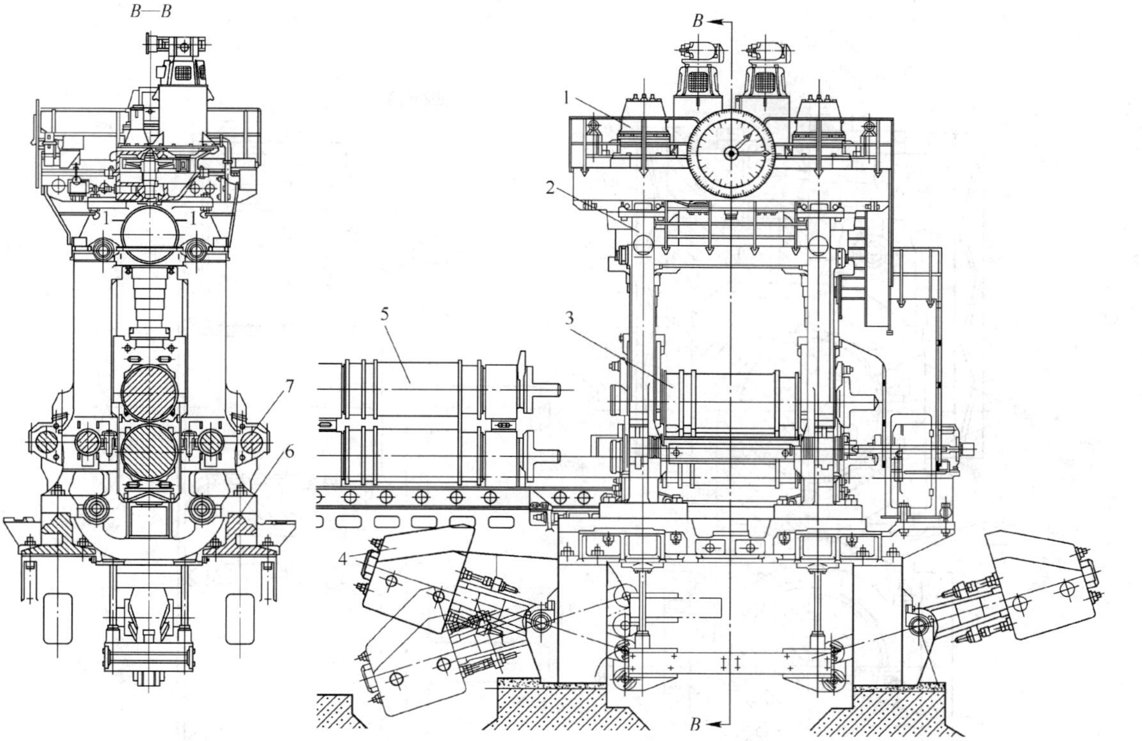

图 2-28 1150 初轧机工作机座

1—压下装置;2—机架;3—轧辊;4—上辊平衡装置;5—换辊装置;6—地脚板(轨座);7—机架辊

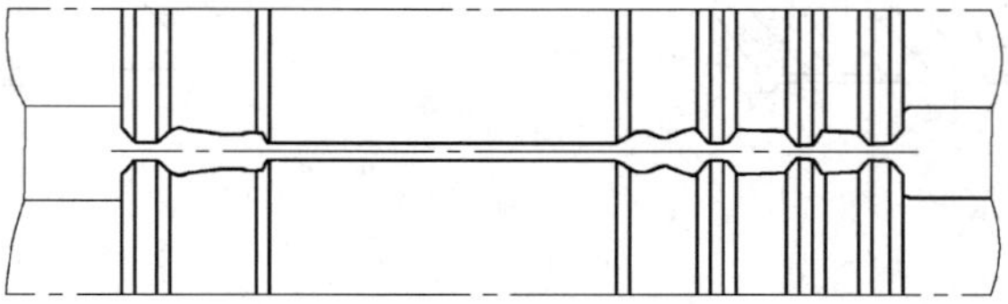

图 2-29 带有孔型的 1000 初轧机轧辊

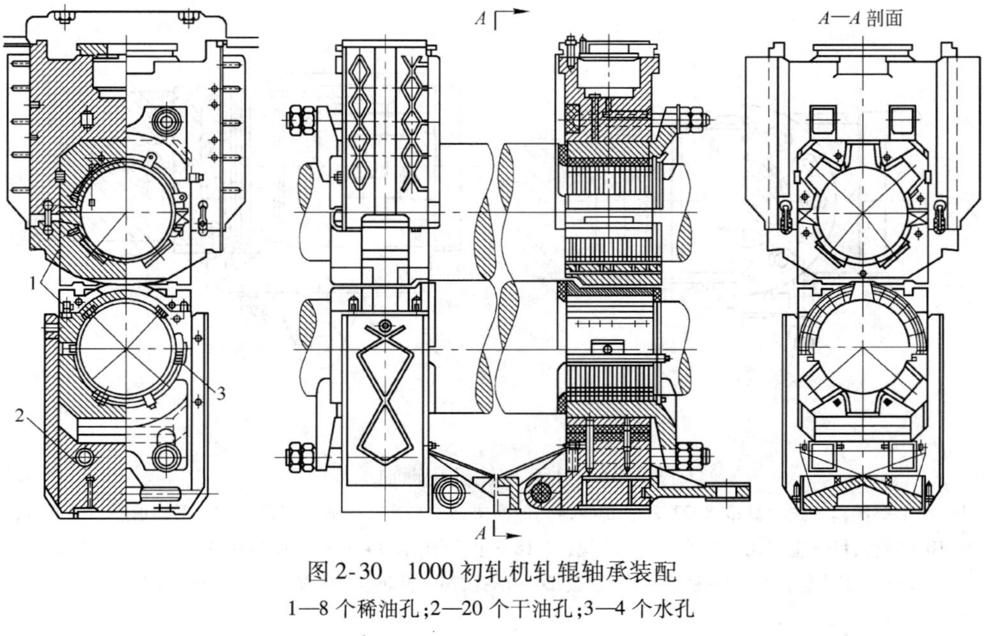

图 2-30 1000 初轧机轧辊轴承装配

1—8 个稀油孔;2—20 个干油孔;3—4 个水孔

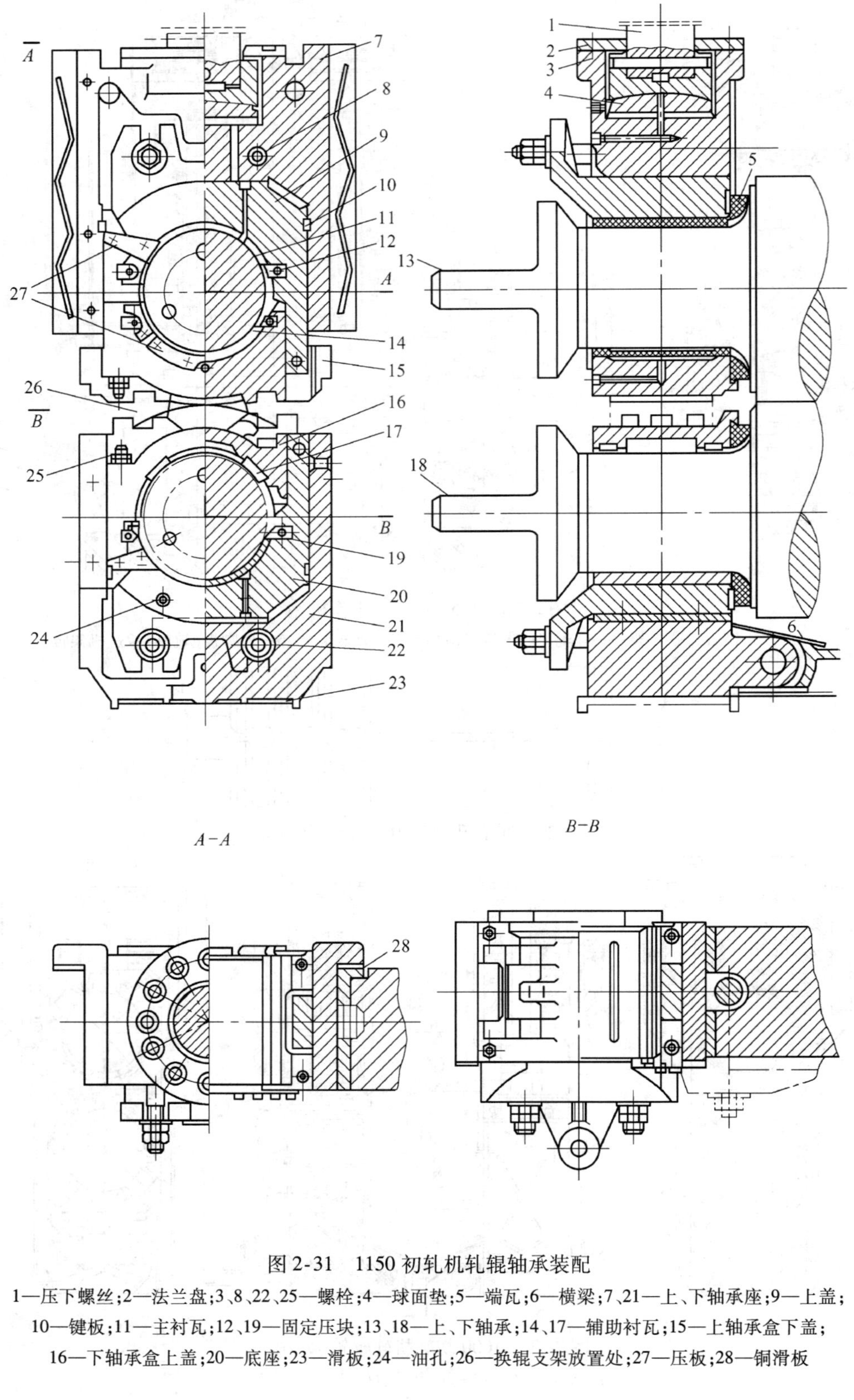

图 2-31 1150 初轧机轧辊轴承装配

1—压下螺丝;2—法兰盘;3、8、22、25—螺栓;4—球面垫;5—端瓦;6—横梁;7、21—上、下轴承座;9—上盖;10—键板;11—主衬瓦;12、19—固定压块;13、18—上、下轴承;14、17—辅助衬瓦;15—上轴承盒下盖;16—下轴承盒上盖;20—底座;23—滑板;24—油孔;26—换辊支架放置处;27—压板;28—铜滑板

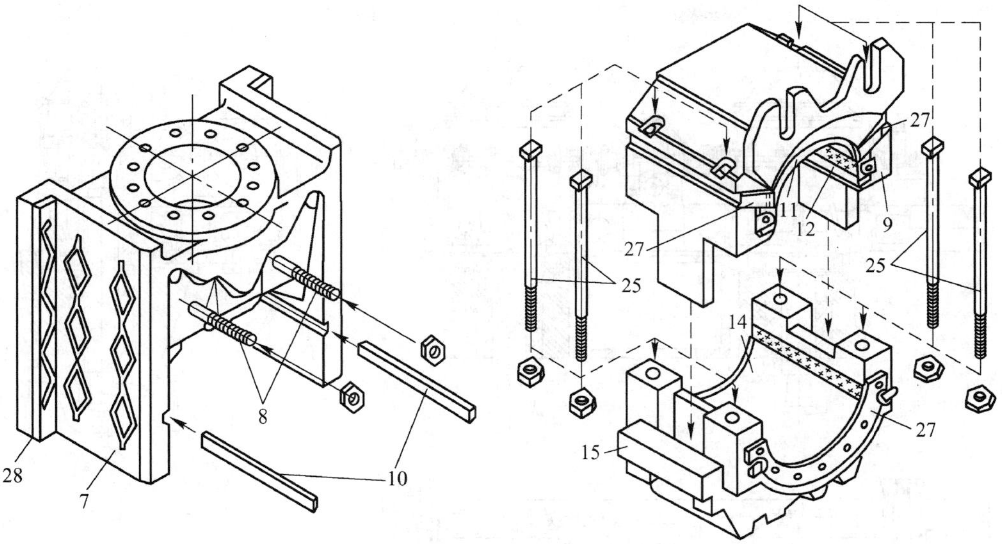

图2-32 1150初轧机上轧辊轴承部件拆分图(件号同图2-31)

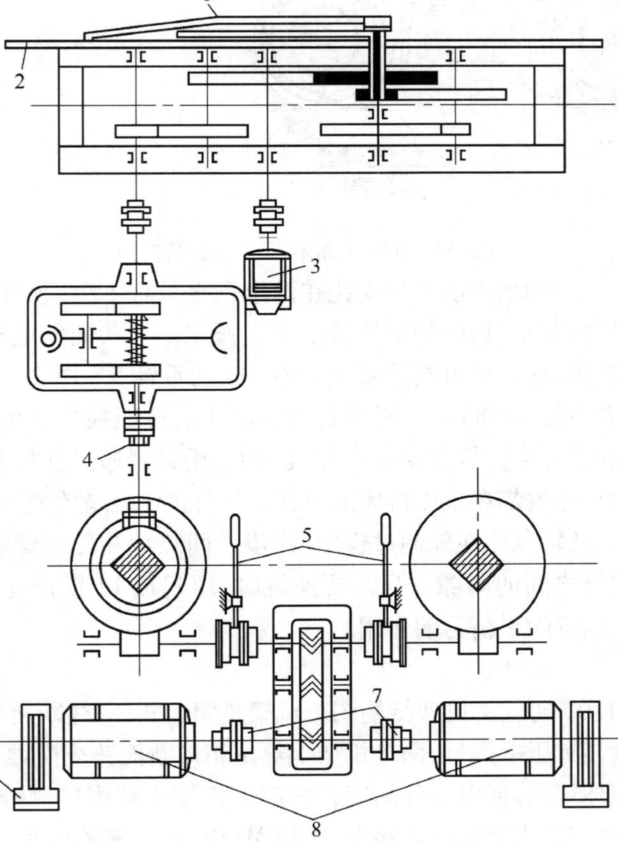

图2-33 1000初轧机压下装置传动简图

1—指针;2—刻度盘;3—自整步电机;4—弹簧联轴器;5—杠杆;
6—制动器;7—齿轮联轴器;8—压下电机

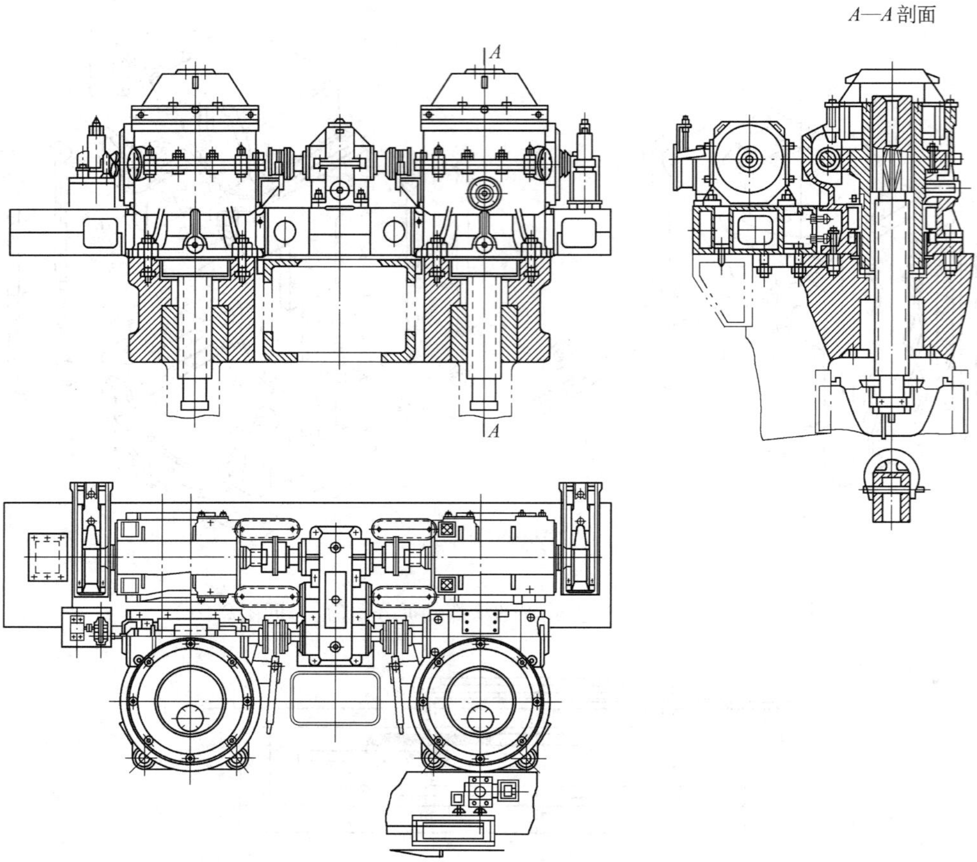

图 2-34　1000 初轧机压下装置结构图

衡机构。上辊及其每一个轴承座的吊架支托在两个垂直顶杆 1 上,顶杆穿过机架下横梁的孔放在机架立柱的铅垂槽中。顶杆的下部自由端支托在一个共同的地板 2 上,连杆 3 与地板、两个杠杆 4 铰链连接,杠杆自由端的臂上带有 18t 的重锤 5。图 2-37 所示为 1150 初轧机的重锤平衡机构(参看图 2-28)。上辊及其轴承座 3 通过四根放在机架窗口下部铅垂槽中,穿过机架下横梁的顶杆 4 铰接地支承在托梁 7 上,托梁则通过连杆 8 吊在平衡重 10 的杠杆臂 9 上。托梁和平衡重都在工作机座的下部。顶杆的上端支在托瓦座的凸耳上。在平衡重的作用下,使上辊及轴承座在轧制过程中,同步无间隙地和压下螺丝一起升降,消除了从轧辊轴承到压下螺母之间的间隙。当需要换辊时,用闩板 12 横插在机架立柱的纵向槽中,将平衡顶杆锁住,以解除平衡力的作用。

2.4.2.4　机架

图 2-38 所示为 1000 初轧机机架结构图。机架是闭口式,立柱断面为工字形,碳素钢铸成。每个机架上横梁装有压下螺母,两个机架上部用箱形断面铸造横梁互相连接,该横梁用 M76mm 的螺栓与机架横梁的突出部分固定在一起。机架立柱窗口侧镶有耐磨滑板。机架的下横梁有机架脚,用它把机架装在轨座上,并用 M150mm 的螺栓固紧。

图 2-39 所示为 1150 初轧机机架结构图。该机架是由两个闭口式单片机架 4 组成,用 4 根 M215mm 的螺栓 1 和铸钢撑管 2 将两片机架连接在一起。机架立柱断面形状、耐磨滑板、容纳上轧辊平衡顶杆的槽如图 2-40 所示。机架材料:铸钢 35。

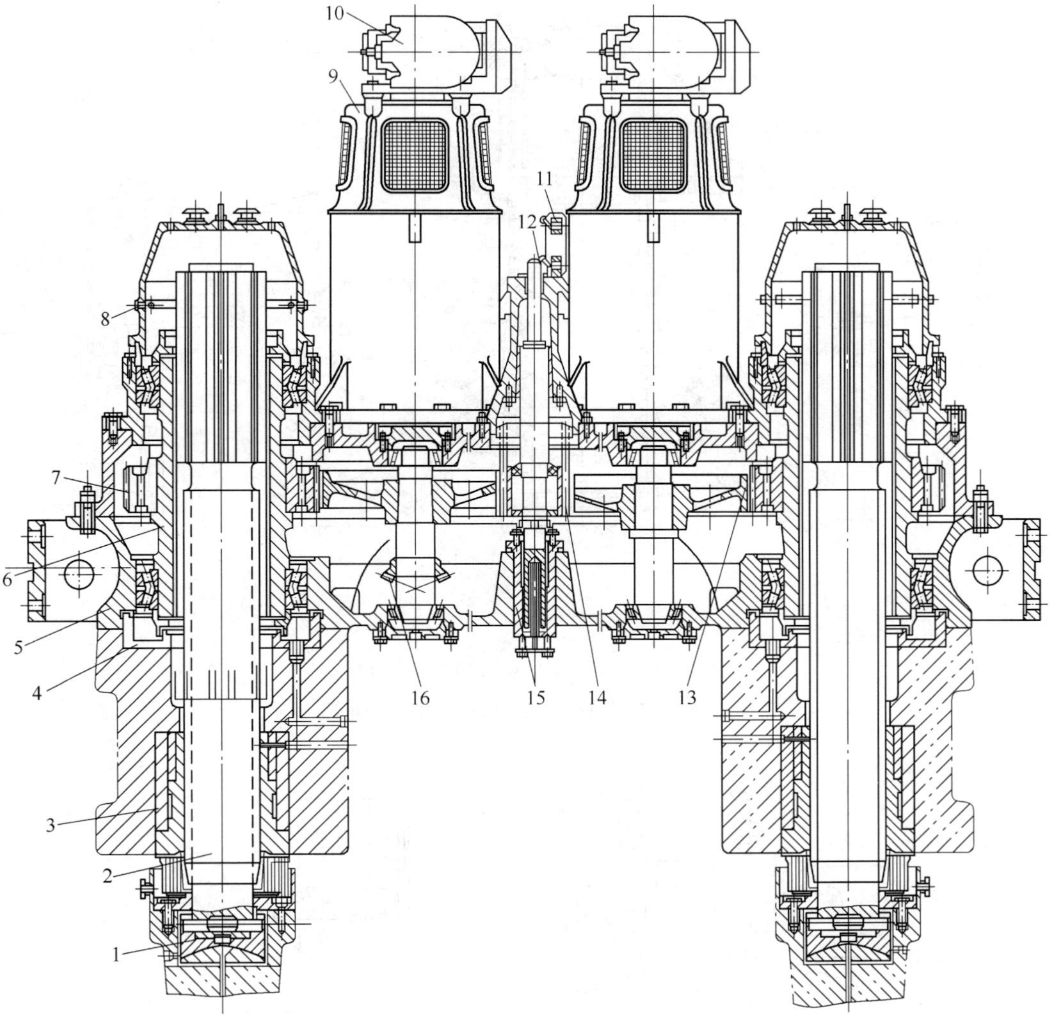

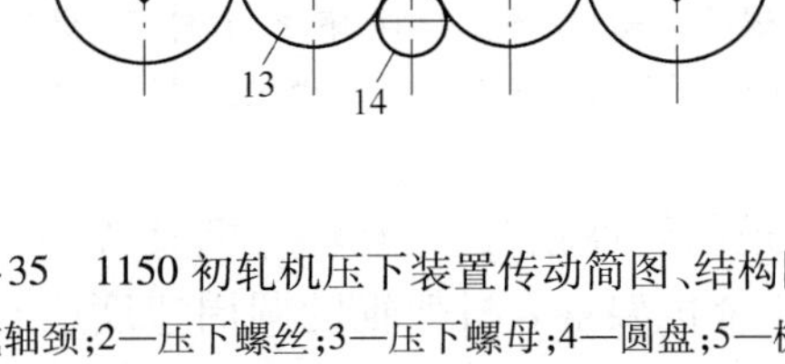

图 2-35 1150 初轧机压下装置传动简图、结构图

1—压下螺丝装配式轴颈；2—压下螺丝；3—压下螺母；4—圆盘；5—机壳；6—方套筒；7—大齿轮；8—喷油环；9—压下电机；10—制动器；11—行程开关；12—柱塞杆；13—惰轮；14—离合齿轮；15—液压缸；16—圆锥齿轮；17—小齿轮

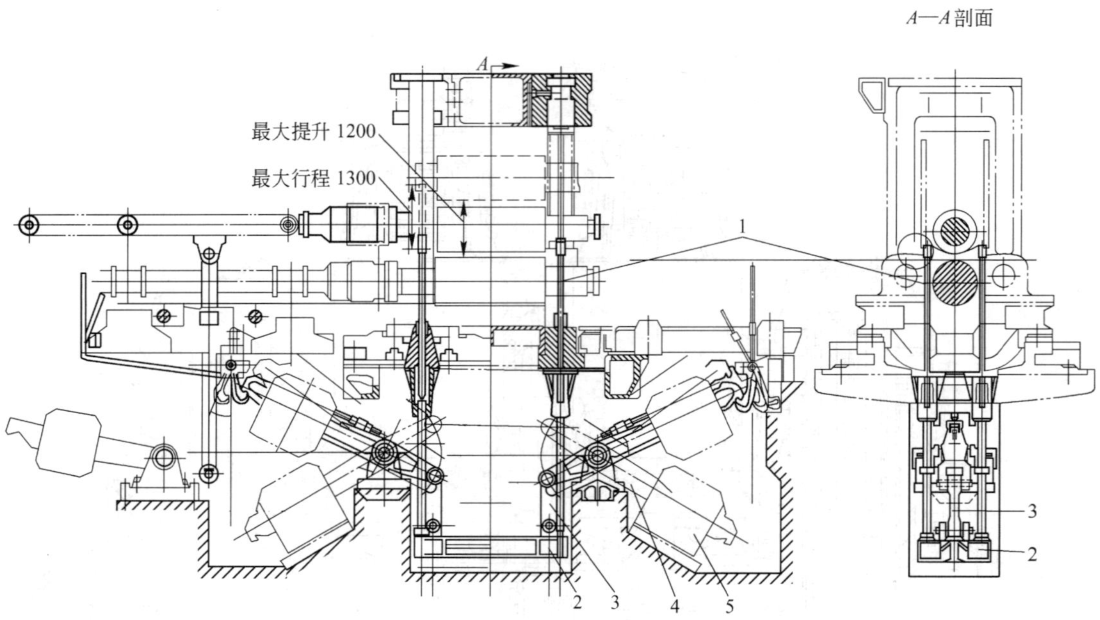

图 2-36　1000 初轧机的重锤平衡机构

1—顶杆;2—地板;3—连杆;4—杠杆;5—重锤

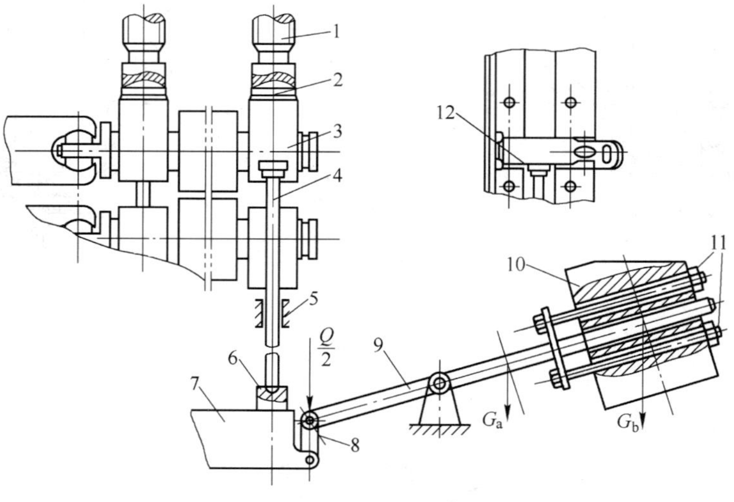

图 2-37　1150 初轧机的重锤平衡装置

1—压下螺丝;2—垫块;3—上轴承座;4—顶杆;5—机架;6—横梁;

7—托梁;8—连杆;9—杠杆臂;10—平衡重;11—螺栓;12—闩板

2.4.2.5　机架辊

在初轧机轧制时,前几道的轧件较短,且轧辊与机前、后工作辊道距离也较远,为便于喂钢,在机架前后各设有 1 ~2 个机架辊。机架辊的圆周速度应与轧件速度相同,即当喂入轧件时,其速度与工作辊道相同;当轧件被轧出轧辊时,其速度与轧出轧件速度相同;当其速度与轧件不相符合时,机架辊的传动装置应在最短时间内保证它们的同步性。

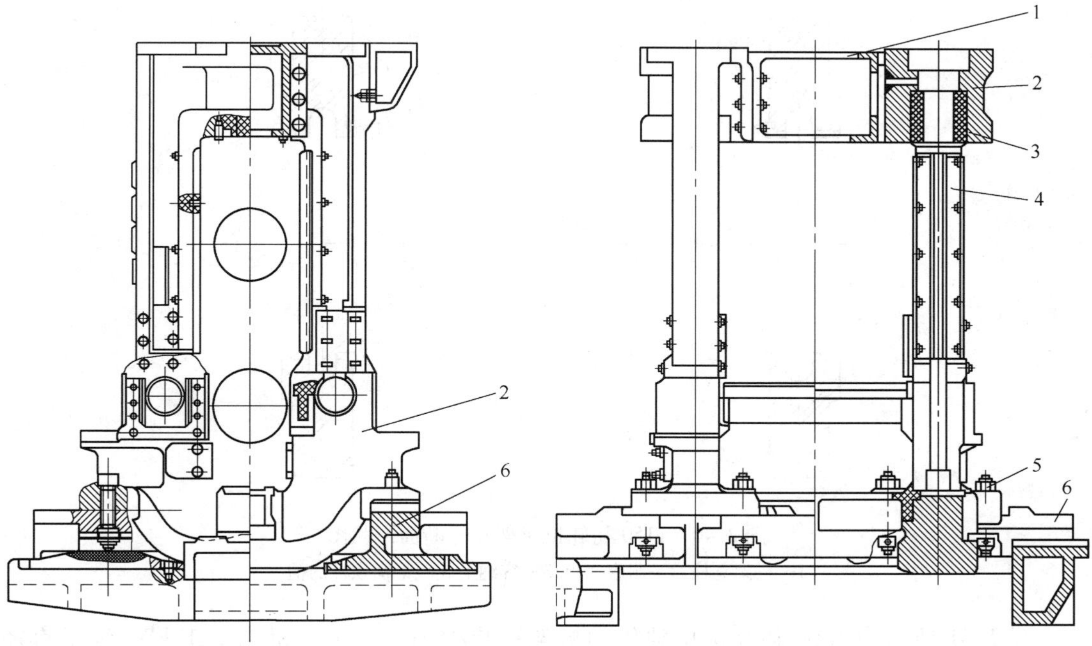

图 2-38 1000 初轧机机架结构图

1—横梁;2—机架;3—压下螺母;4—耐磨滑板;5—螺栓;6—轨座

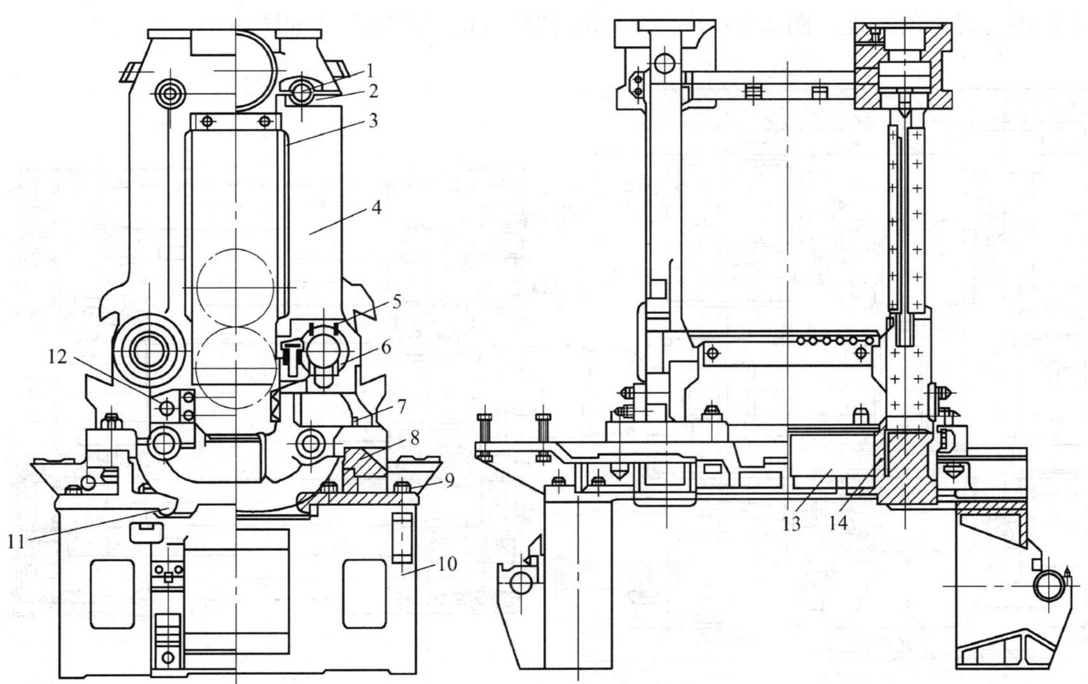

图 2-39 1150 初轧机机架结构图

1—拉紧螺栓;2—撑管;3、6—耐磨滑板;4—机架;5—导板梁;7、9—螺栓;8—轨座;

10—上辊平衡装置支座;11—斜楔;12—压板;13—联结梁;14—键

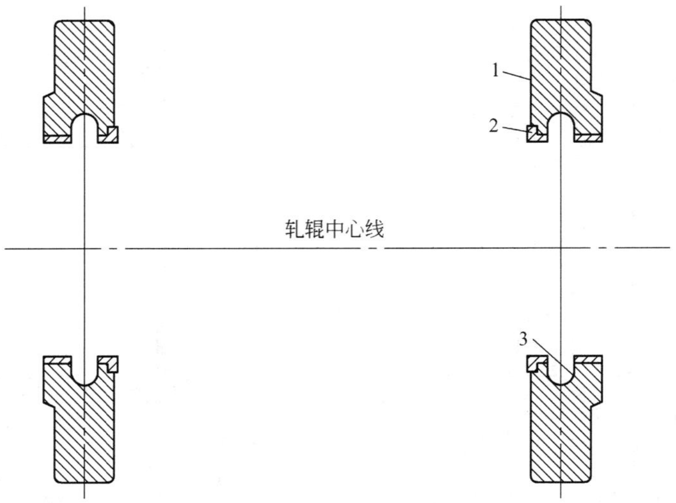

图 2-40　1150 初轧机机架立柱断面形状图

1—机架立柱；2—耐磨滑板；3—容纳上轧辊平衡顶杆的槽

图 2-41 所示为 1000 初轧机单独传动机架辊装配图。每个电机功率 17kW，辊子直径 450mm，用铸钢 25 锻制而成。图 2-42、图 2-43 所示为 1000 初轧机机架辊轴承和轴承座、驱动机架辊的万向接轴。

图 2-44 所示为 1150 初轧机机架辊辊子配置图。机架辊高度应低于轧辊高度而稍高于工作辊道辊子的高度。图 2-45 所示为 1150 初轧机机架辊轴承装配图。

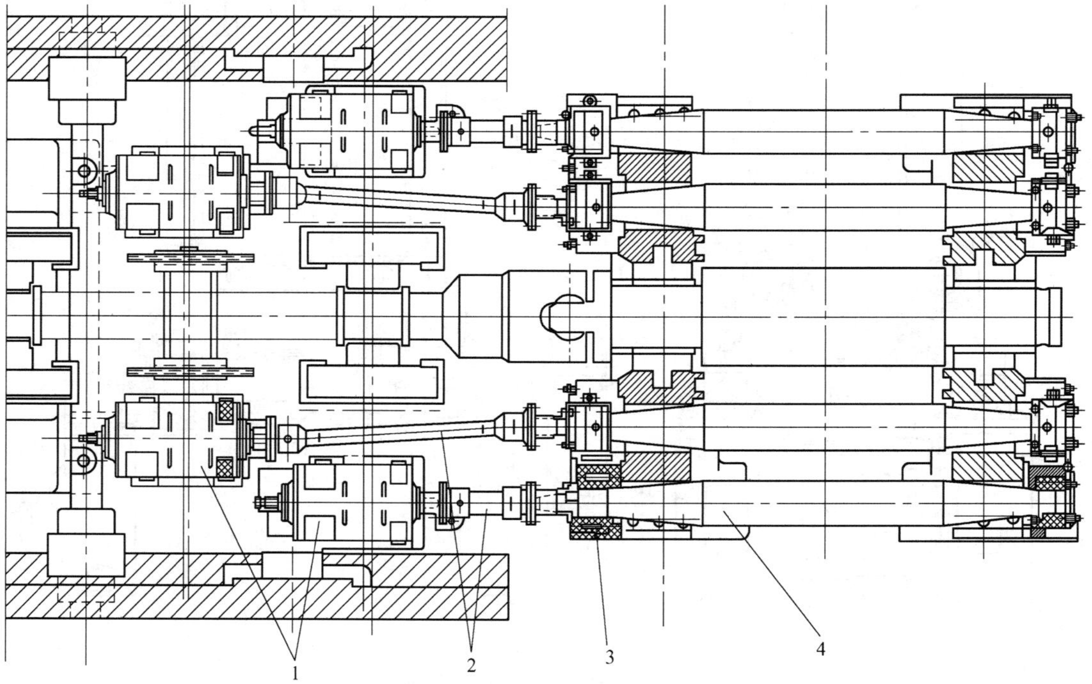

图 2-41　1000 初轧机机架辊装配图

1—电动机；2—万向接轴；3—轴承座；4—机架辊

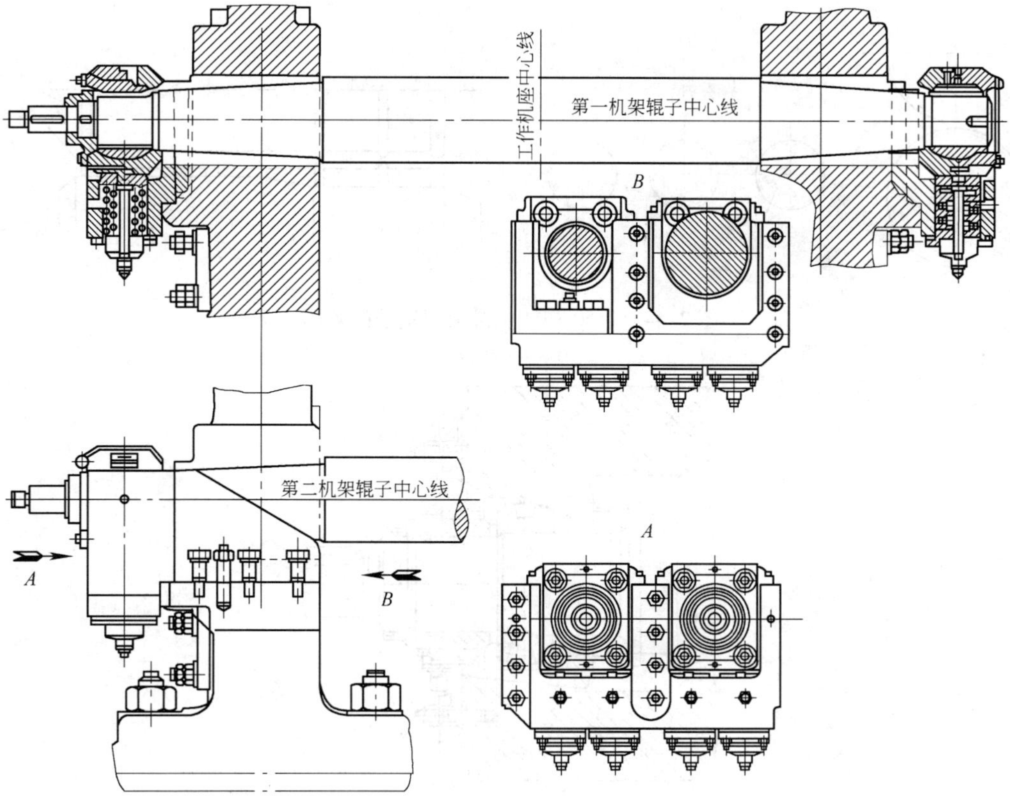

图 2-42 1000 初轧机机架辊轴承和轴承座

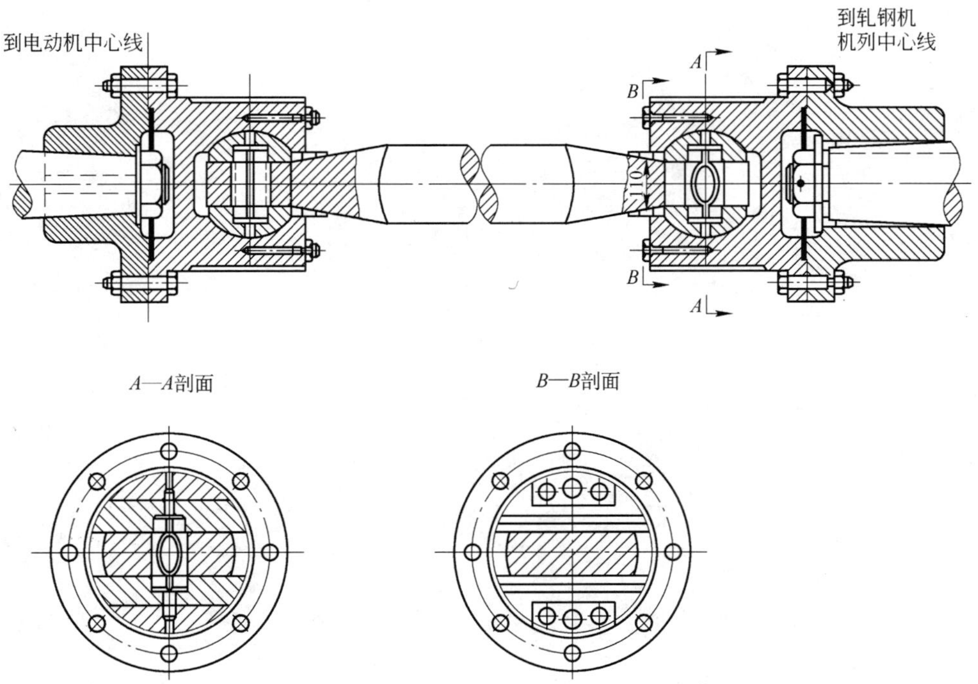

图 2-43 1000 初轧机驱动机架辊的万向接轴

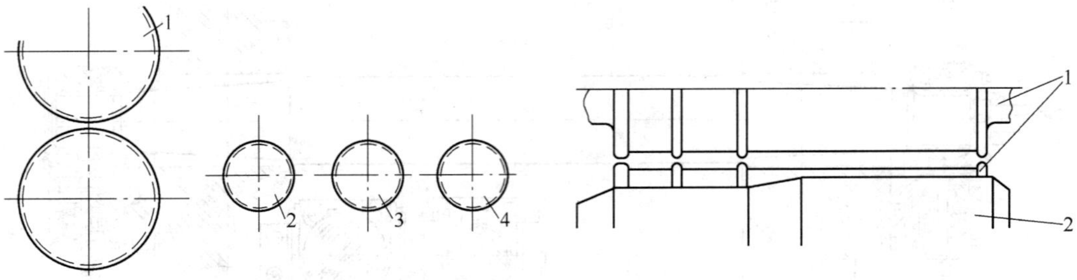

图 2-44　1150 初轧机机架辊辊子配置图

1～4—轧辊

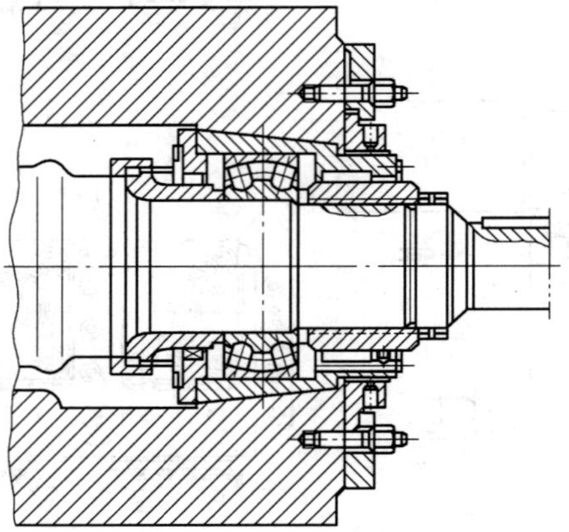

图 2-45　1150 初轧机机架辊轴承装配图

3 型钢轧机

型钢(sections)是经各种塑性加工成形的具有一定断面形状和尺寸的直条实心钢材,是钢材型钢、钢板和钢管三大品种之一。因其广泛应用于采矿、建筑、机械制造、铁路、能源、水利、农业等诸多方面,故品种繁多、需求量较大。2007 年中国钢材产量 56460 万 t,型钢产量约 27240 万 t(其中线材 8038 万 t),占钢材总产量的 48.27%。

按断面形状分为简单断面型钢、复杂断面型钢和周期断面型钢。简单断面型钢指方钢、圆钢、扁钢、角钢、六角钢、八角钢等。方、圆、扁、六角、八角钢合称棒材(bars)。复杂断面型钢指工字钢、角钢、H 型钢、U 型钢、槽钢、钢轨、窗框钢、弯曲型钢等。周期断面型钢是指在一根钢材上各处断面尺寸不同的钢材,如螺纹钢、各种轴件、犁铧钢等。部分简单断面型钢、复杂断面型钢和周期断面型钢如表 3-1 ~ 表 3-3 所示。

表 3-1 部分简单断面型钢

名 称		断面形状	表示方法	用 途
圆 钢		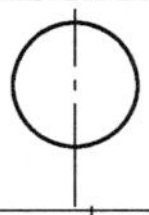	直 径	钢筋,螺栓,冲、锻零件,无缝管坯,轴
线 材		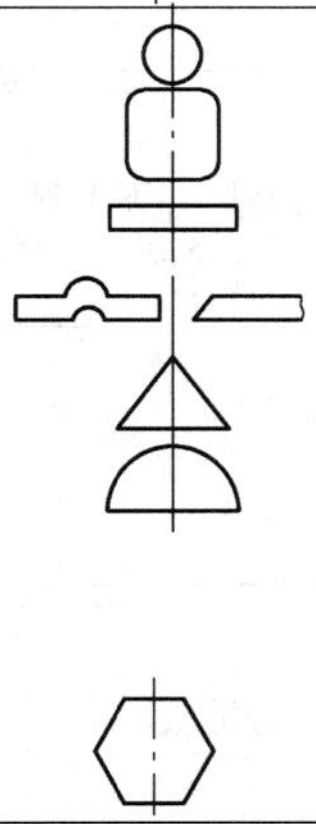	直 径	钢筋、二次加工丝零件
方 钢			边 长	零 件
扁 钢			厚×宽	焊管坯、钢铁
弹簧扁钢			厚×宽	车辆板簧
三角钢			边 长	零件、锉刀
弓形钢			宽×厚	零件、锉刀
椭圆钢			宽×高	零件、锉刀
六角钢			内接圆直径	螺帽、风铲、工具
角钢	等边	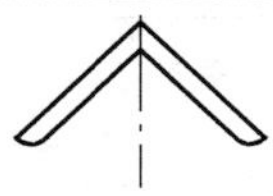	边长的 1/10	金属结构、桥梁等
	不等边	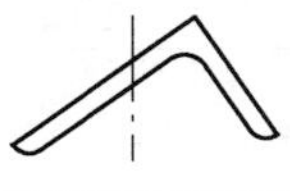	长边长/短边长的 1/10	金属结构、桥梁等

表 3-2 部分异型断面型材

名 称	断面形状	表示方法	用 途
工字钢	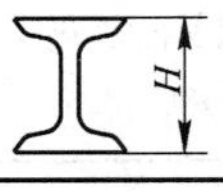	以腰高的 1/10 表示,如腰高 200mm 为 20 号	

续表 3-2

名　称	断面形状	表示方法	用　途
H 型钢		以腰高的 1/10 表示，如腰高 200mm 为 20 号	
槽　钢		以腰高的 1/10 表示，如腰高 200mm 为 20 号	
钢　轨	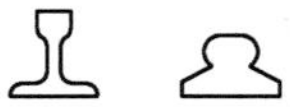	以每米单位重量表示，如 50kg/m	轻轨，矿山用重轨，铁路用起重机轨，吊车用
T 字钢	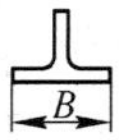	以腿宽表示，如腿宽 200mm 为 T_{200}	结构件、铁路车辆
Z 字钢		以高度表示，如高 310mm 为 Z_{310}	结构件、铁路车辆
窗框钢	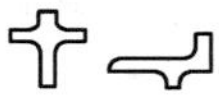		钢窗
钢　辊			矿山、码头、海港、井下工程
球扁钢	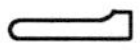	宽×厚	造船
履带钢	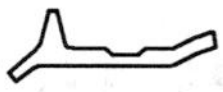		拖拉机、电铲等链板
鱼尾板	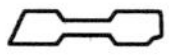	以对应的钢轨号表示	钢轨接头
轮辋钢		以对应的汽车号表示	汽车轮辋
其他小异型钢	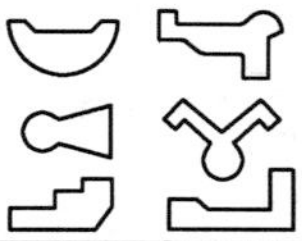		纺织、轻工、化工、船舶等

表 3-3 部分周期断面型材

名称	形状	轧法	用途
螺纹钢		二辊纵轧	建筑、地基、混凝土结构
犁铧钢	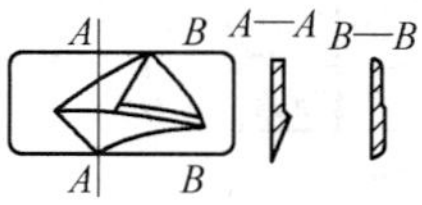	二辊纵轧	犁铧
轴承座圈	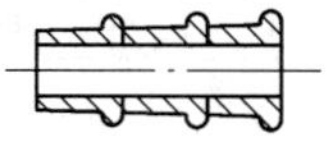	二辊斜轧	轴承内座圈
变断面轴	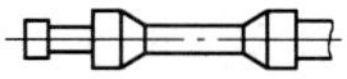	三辊楔横轧	各种轴类
犁刀型钢	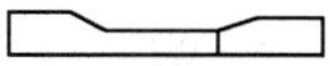	二辊纵轧	犁刀坯

按加工方法分为热轧型钢、冷弯型钢、挤压型钢和冷轧冷拔型钢。本章所述的是热轧型钢。

按断面尺寸大小分为大型、中型、小型和线材。

型钢轧机是指生产各种型钢的轧机。它主要包括轨梁轧机、大型轧机、中型轧机、小型轧机、线材轧机。轨梁轧机是综合钢轨、钢梁轧机和专业化的钢轨、钢梁轧机的统称。因重轨和巨形断面的钢梁均属大型断面钢材,所以轨梁轧机也理应属于大型轧机。但由于生产轨梁时,孔型在轧辊上切入较深,还需要一些大型的和专用的工具及热处理设备,故建设专业化的轨梁轧机很有必要。

这里要提出的是:在钢材产品分类体系中,型钢不包括棒材、盘条(线材)、钢筋和铁道用钢。型钢按断面尺寸大小也只分为大型、中小型型钢。

1728 年英国人约翰 · 佩恩(John Payne)用孔型轧辊加工管材。1759 年英国人托马斯 · 伯勒克里(Thomas Blockley)取得了另外一个孔型轧制专利,标志着型钢生产的开始。1766 年英国有了串列式小型轧机。1853 年 R. 罗登(R. Roden)发明了三辊轧机。1860 年前后出现了比利时式活套轧机(Belgian Looping Mill),即横列式活套轧机。此后型钢轧机多采用单列横列式或多阶横列式二辊或三辊轧机。1883 年法国 L. 西曼(L. Seaman)、德国的 H. 萨克(H. Sack)等人发明了四辊万能轧机。第一套采用万能机架和轧边机轧制 H 型钢的万能式钢梁轧机,1902 年始建于卢森堡 Arbed – Oifferdange 厂。

型钢轧机的发展经历了轧机布置有横列式、顺列式、布棋式、半连续式、跟踪(水平辊)连续式、平立交替串列连续式;轧机结构类型有二辊轧机、三辊轧机、三辊行星轧机、三辊 Y

形轧机、万能轧机、四辊定径轧机、开式机架轧机、闭式机架轧机、无机架轧机等。

因线材轧机内容在第 4 章独立成章，故本章下述型钢内容不包括线材。

3.1　型钢生产工艺流程

型钢品种规格繁多，故生产方法较多。型钢生产主要工艺流程如图 3-1 所示。

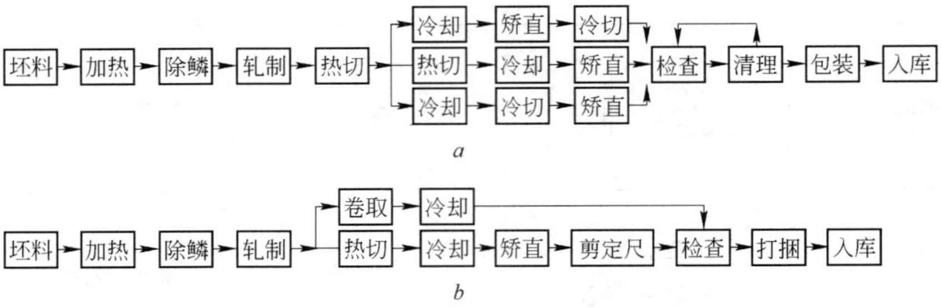

图 3-1　型钢生产工艺流程

a—大型型钢生产工艺流程；*b*—中小型型钢生产工艺流程

3.1.1　坯料

坯料一般为初轧机、开坯机的轧制坯或连铸坯。根据成品的形状尺寸和钢种，选择坯料的形状尺寸和清理方法。小方坯用于生产小断面型材，大方坯用于生产大、中断面型材，也有时用大方坯生产小断面型材，异型坯用于生产 H 型钢、钢板桩等。坯料经检验合格后准备装炉加热。

3.1.2　加热

加热通常在推钢式或步进式连续加热炉中进行。进出钢方式：端进侧出或侧进侧出。对加热的要求是加热温度均匀，减少氧化，避免过热、过烧、脱碳、裂纹等加热缺陷。根据坯料的钢种，将其加热到最佳轧制温度（950 ~ 1200℃），待出炉准备轧制。

3.1.3　轧制

型钢轧制方法按轧机布置形式分穿梭轧制、跟踪轧制、活套轧制、连续轧制。

穿梭轧制，即轧制时在同一轧机或机列上往返进行轧制，交替地将轧件的头部和尾部送入轧机。这种轧制方法一般在横顺列式轧机上完成。

跟踪轧制，即轧制时轧件始终以一端进入轧机，轧件在一个机座上轧完后头端才进入下一个机座。由于不允许有连轧现象，所以各机架之间距离随轧件逐渐增长而增大。各机架轧制速度随轧件逐渐增长而提高。这种轧制方法一般在顺列式轧机或顺列往复式轧机上完成。

活套轧制，即轧制时始终以一端作为头部进入各机架进行轧制，且轧件可以同时通过几个机架，由于前架的秒流量大于后架的秒流量，故在轧制中轧件形成活套。这种轧制方法一般在横列式轧机上使用围盘或人工夹钳完成。

连续轧制，即轧制时一根轧件同时在数个工作机座中轧制，各个工作机座的轧制速度应符合“秒流量相等”原则。工作机座个数既是轧制道次，各工作机座间距比相应的轧件长度小。其优点有:(1)轧件在各个工作机座上的轧制时间相等,轧机的能力能够充分发挥,轧机产量高;(2)轧制速度高,所以轧件的温降小,这就提高了产品的尺寸精度;(3)机械化、自动化程度提高,工人的劳动条件好。

按孔型分为孔型轧制法和万能轧制法。

孔型轧制法是根据成品的断面形状,使具有一定断面形状的坯料依次通过各机架上刻有复杂形状孔型的轧辊来进行轧制。轧件在孔型中产生复杂的变形,边缩小断面边纵向延伸,最终将坯料轧成所需要的尺寸和形状。此方法由于孔型的不对称、压下量分配的不均一、轧辊孔型侧面对宽展的强制约束,以及轧制中轧件弯曲变形等复杂因素的影响,致使至今孔型轧制特性的理论还不完善。

孔型通常由轧辊上的轧槽组合而成,即辊缝、圆角、侧壁斜度、锁口(闭口孔型)辊环等组成。孔型按用途分为5种(图3-2):(1)初轧和开坯孔型;(2)延伸和粗轧孔型;(3)成形孔型或称中间孔型;(4)成品前孔型或称精轧前孔型;(5)成品孔型或称精轧孔型。孔型按开口位置分为两种(图3-3)开口式和闭口式。

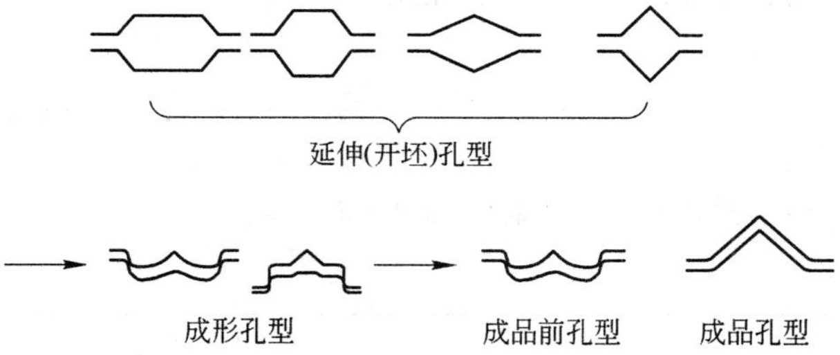

图3-2 孔型分类示例

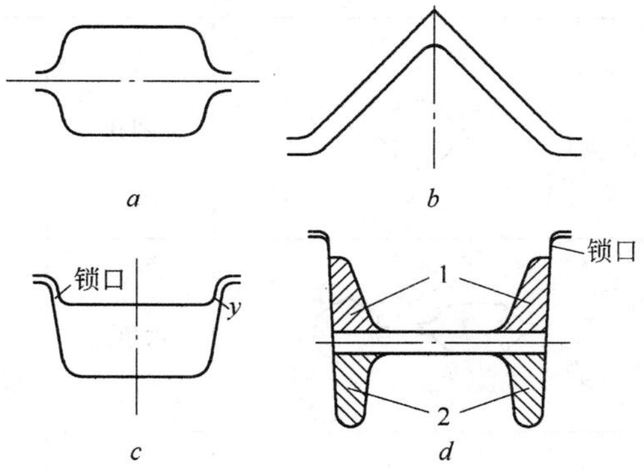

图3-3 开口式与闭口式孔型
a、*b*—开口式孔型;*c*、*d*—闭口式孔型
1—开口腿;2—闭口腿

常见的孔型形状和应用范围如表3-4所示。

万能轧制法是使用万能轧机轧制型钢的方法。万能轧机实质是一个由一对水平辊和一对立辊组成的“万能孔型”,但它是与孔型轧制法完全不同的轧制方法。

在型钢轧制中,其变形方式不单是厚向压下,不能像轧制钢板那样通过切边来获得整齐的轧件,而是必须通过轧制来达到断面尺寸和形状的要求。

下面介绍几种具有代表性的型钢的主要轧制方法:

(1)钢轨轧制。用孔型轧制法生产钢轨如图3-4所示,万能轧制法如图3-5所示。

(2)工字钢(H型钢)轧制。用孔型轧制法生产工字钢如图3-6所示,用万能轧制法生产H型钢(宽翼缘工字钢)如图3-7所示。

(3)角钢轧制。用孔型轧制法生产角钢如图3-8所示。

(4)槽钢轧制。用孔型轧制法生产槽钢如图3-9所示,用万能轧制法生产槽钢如图3-10所示。

(5)方、圆、扁、六角等简单断面型钢轧制。用孔型轧制法生产简单断面型钢如图3-11所示。

表 3-4　常见的孔型形状和应用范围

孔型形状	孔型名称	应用范围
	箱形孔	初轧、三辊开坯机、连续式钢坯轧机及型钢粗轧机
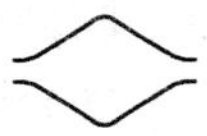	菱形孔	方钢的成品前孔型、菱形-菱形或菱形-方形延伸孔型系统
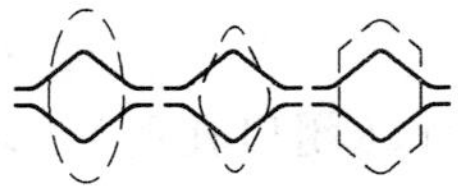	方形孔	方钢的成品孔、菱形-方形、椭圆-方形或六角-方形延伸孔型系统
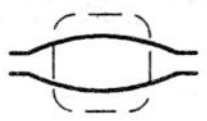	椭圆孔	圆钢的成品前孔、椭圆-方形或椭圆-圆形延伸孔型；型钢成品孔
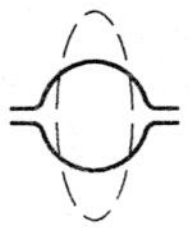	圆孔	圆钢的成品孔、椭圆-圆形的延伸孔型
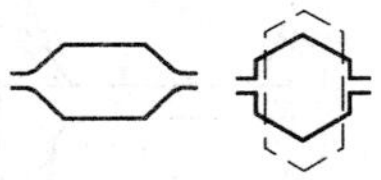	六角孔	六角-方形的延伸孔、六角钢的成品孔和成品前孔
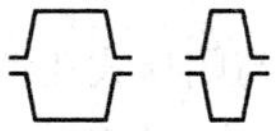	立轧孔	扁钢的粗轧和成品前孔
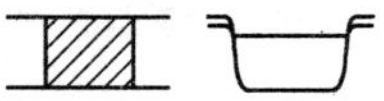	扁孔	扁钢的粗轧和成品孔、扁坯带和扁钢
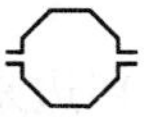	多角孔	大圆钢的成品前孔
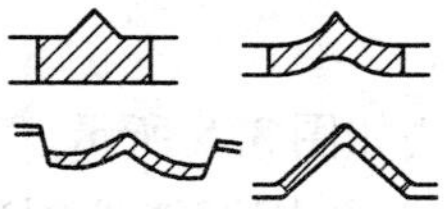	角钢孔	角钢的粗轧和成品前孔
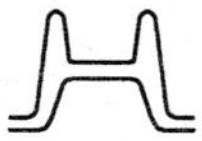	工字孔	工字钢的粗轧或成品孔

3.1.4　精整

精整包括切断、冷却、矫直（直条）、检查、包装（打捆）、入库等工序。

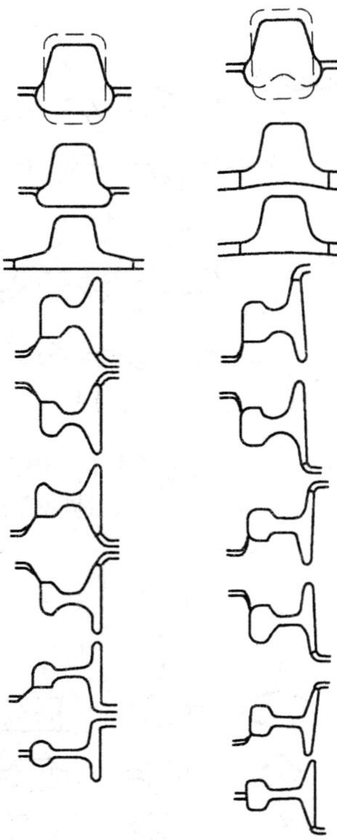

a　　　　*b*

图 3-4　直轧法及斜轧法孔型系统图

a—直轧法；*b*—斜轧法

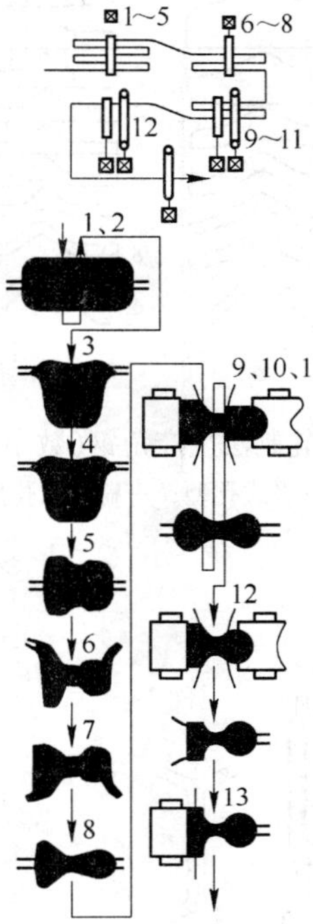

图 3-5　钢轨的万能轧制法

（数字为轧制道次）

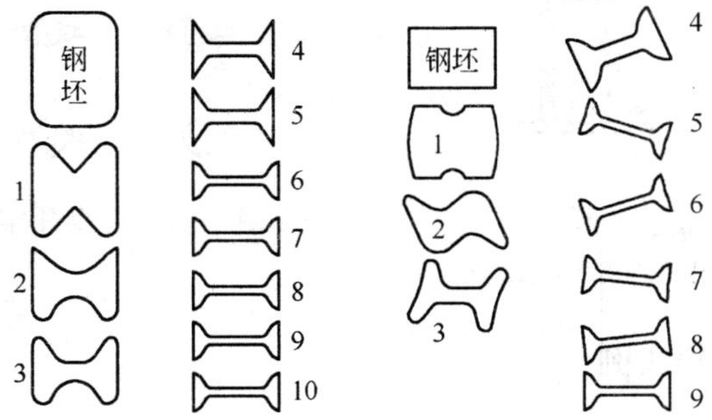

a　　　　*b*

图 3-6　孔型轧制法生产工字钢（数字为轧制道次）

a—直线式孔型；*b*—倾斜式孔型

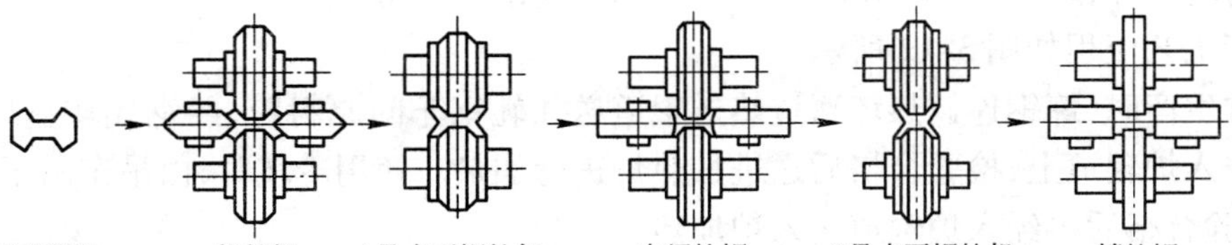

图 3-7　万能轧制法轧制 H 型钢

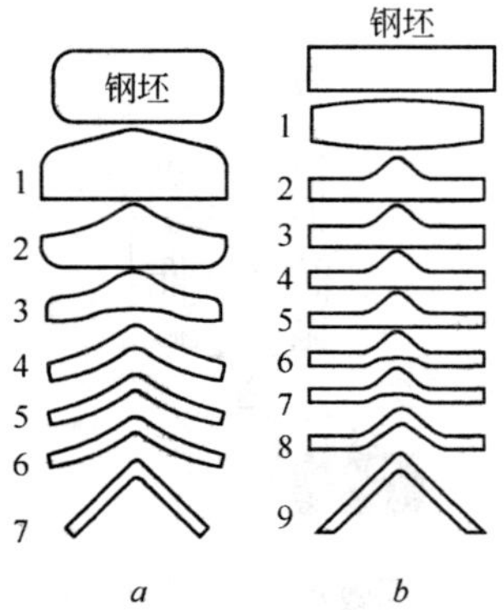

图 3-8　孔型轧制法生产角钢（数字为轧制道次）

a—蝶式孔型；*b*—扁平式孔型

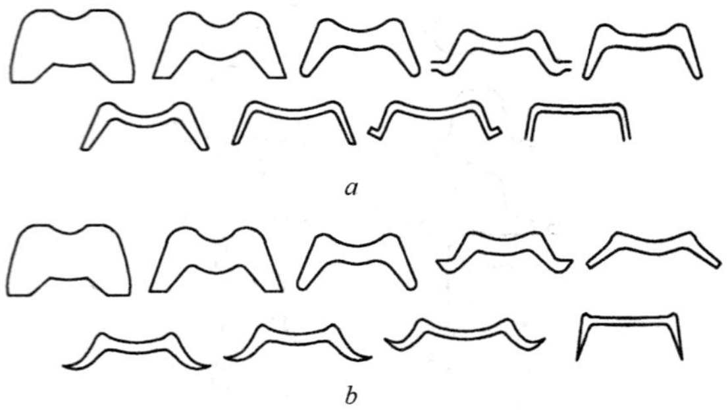

图 3-9　孔型轧制法生产槽钢

a—弯腰孔型系统；*b*—蝶式孔型系统

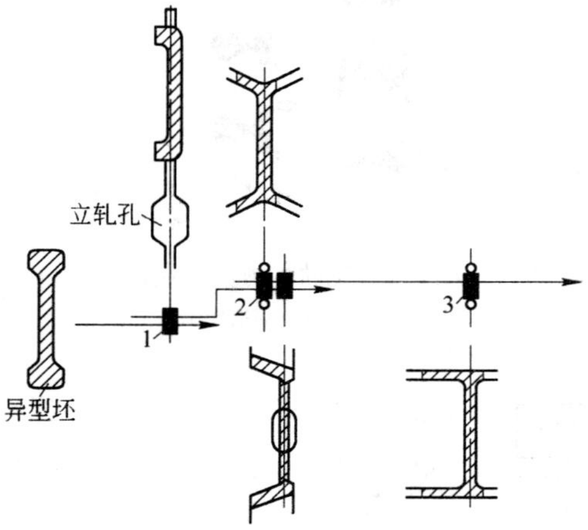

图 3-10　万能轧制法生产槽钢

1—可逆式开坯机；2—万能式中轧机组；3—万能式精轧机

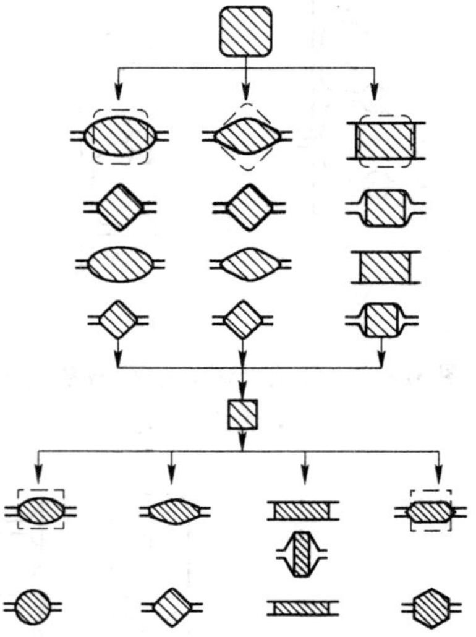

图 3-11　孔型轧制法生产简单断面型钢

3.1.5　型钢生产工艺流程实例

某年产 80 万 t 最现代的中小型钢厂，生产的主要钢种有：优质碳素结构钢、冷镦钢、弹簧钢、轴承钢、易切削钢和合金结构钢等。产品规格：ϕ20 ~ 50mm 的圆钢盘条；ϕ20 ~ 80mm 的直条光面圆钢；(63mm × 6mm) ~ (120mm × 28mm) 直条扁钢。

连铸坯尺寸：180mm × 240mm × 7000mm；坯单重：2300kg。

生产工艺流程如图 3-12 所示。

正常生产时，炼钢连铸热坯通过热送辊道送往轧钢车间原料跨，经钢坯转盘旋转后，由提升机送入炉辊道上，检验合格后送进加热炉进行加热。使用冷坯时，由吊车吊至冷坯上料台架，检验合格后再经入炉辊道送入炉加热。

根据不同钢种的加热制度和加热要求，钢坯在步进梁式炉内加热到开始轧制的温度：950 ~ 1150℃，由出炉辊道送往粗轧机组进行轧制。

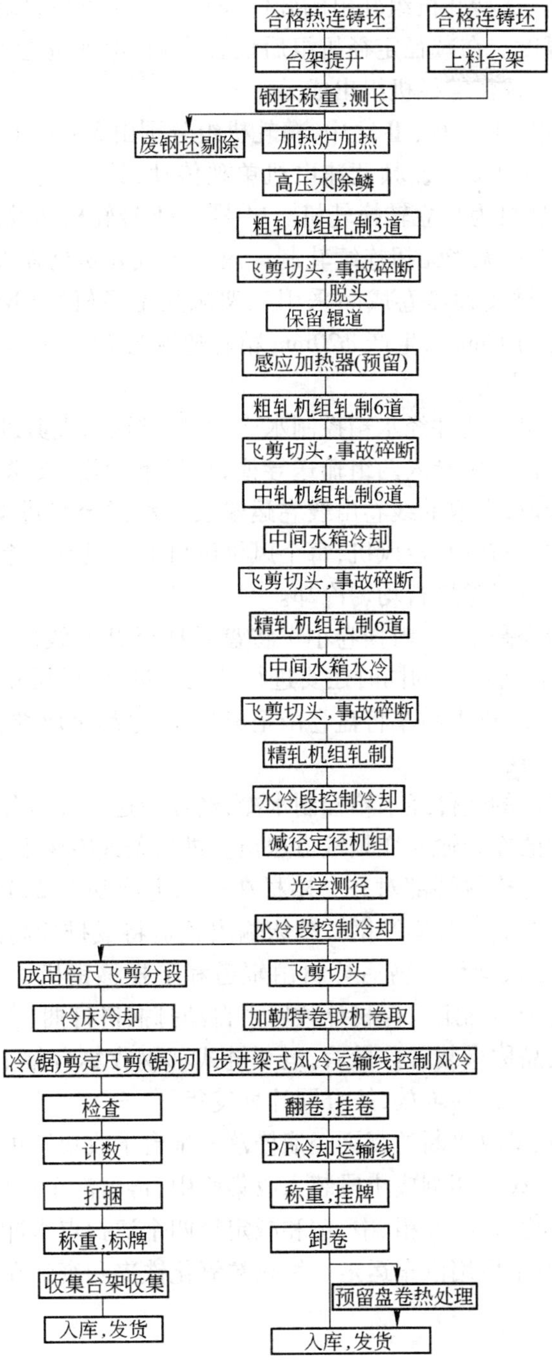

图 3-12　某年产 80 万 t 中小型钢厂生产工艺流程

为提高轧件表面质量，在粗轧机组前设置高压水除鳞装置。

采用全连轧方式组织生产。钢坯出炉后，经辊道将轧件送入五机架（立平交替布置）粗轧机组（Ⅰ）进行轧制。轧件出粗轧机组（Ⅰ）经飞剪切头（预留）后，进入四机架（平立交替布置）粗轧机组（Ⅱ）继续轧制，轧件出粗轧机组（Ⅱ）经飞剪切头后，进入六机架（平立交替布置）中轧机组继续轧制。中轧机组轧出的轧件经飞剪切头后，再经六机架（平立交替布置)精轧机组继续轧制。从精轧机组轧出的轧件经水箱控制水冷,保证进三架22号~24号减径定径机组的轧件温度。在减径定径机组后设置水箱,保证进卷取机的轧件温度。生产各种规格的圆钢时,都从减径定径机组出成品。

轧机组成及形式:粗(Ⅰ)、粗(Ⅱ)、中、精轧机组分别由5+4+6+6平立交替布置的短应力线二辊轧机组成,均由交流变频调速电机单独传动,其中,为考虑扁钢轧制,精轧机组17号、19号、21号三架轧机为平立转换轧机。14号~21号轧机间及减径定径机前各设有1台立活套,以便对轧件进行无张无扭连续轧制。短应力线轧机轧制线固定,通过机架横移,使孔型对准轧制线。棒材及大盘卷成品采用三架减径定径机组(RSM),实现全线无扭轧制。设计最大精轧速度为16m/s,生产ϕ20mm精轧速度为13.7m/s。

3.1.5.1　大盘卷生产线

从减径定径机组轧出的轧件经水箱控制水冷,经导槽送入飞剪进行切头尾或事故碎断,经切头后的轧件由转辙器分别导入两组输送导槽,再经下弯辊、夹送辊,由可伸缩的出口导卫导向卷取机中进行卷取,卷取的线卷由线卷运输装置移送至步进梁式线卷运输机上。在步进梁式线卷运输机前段布置6台风机,每个风机风口上方设有一个罩子,当线卷输送到此处时,用罩子罩住,以便对线卷进行均匀冷却。

经风冷后的大盘卷经翻平,再由挂卷小车将盘卷挂至P/F线的"C"型钩上,继续冷却。盘卷在"C"型钩上继续进行冷却的同时还要进行外表质量、外形尺寸检查,取样,修剪,经压紧打捆后称重、标记、卸卷,再由吊车将盘卷吊至成品库,呈品字形堆放,按合同计划发货。

3.1.5.2　棒材生产线

从减径定径机组轧出的轧件经水箱控制水冷,经导槽送入飞剪分段剪切;分段成倍尺的棒材经带制动上钢装置的冷床输入变频辊道送至步进齿条式冷床上矫直冷却。靠近冷床出口侧设有一组齐头辊道将棒材端部对齐。棒材在冷床上冷却至200℃左右后,由设置在冷床出口侧的一套卸钢装置成排收集卸钢。冷床输出辊道将成排棒材送至固定冷剪,由固定冷剪进行4.0~12.0m定尺剪切。剪后棒材由辊道和平托移钢机送至过跨检查台架,在此进行移钢、检验、堆垛。合格的定尺棒材计数后由自动打捆机打捆。

打捆后的棒材经成品称量装置称量后,运至链式移钢收集台架上,进行标牌、移钢并集捆,再由吊车吊运至成品跨入库堆放,按合同计划发货。

飞剪切下的头、尾及事故碎断的废钢经溜槽落入平台下收集筐中,由叉车送至堆料场整理存放;其他轧制废品用火焰切割成小段装入收集筐中,再由汽车运出。

落入铁皮沟中的氧化铁皮,经粗、中、精和减定径四个清扫点水冲至沉淀池中,定期用抓斗抓出放到滤水池中,滤干后用汽车运走。细颗粒氧化铁皮和废油在水处理站凝结沉淀,制成泥饼,由汽车外运。

3.2　生产车间及轧机布置

型钢车间一般分大型(含轨梁)、中型和小型车间三种。轨梁车间也有独立存在的,但随着连铸、连轧等技术的不断发展和提高,大、中、小型材一定要在对应车间生产的界线被打破,出现了大中型车间和中小型车间,同时中型车间有被边缘化的趋势。

图3-13为现代化钢轨车间平面布置图,图3-14为棒和盘卷复合中小型车间平面布置图,图3-15为柔性小型线材车间平面布置图。图3-16为半连续小型车间平面布置图。

型钢轧机布置形式有：单机座式、横列式、纵列式（又称顺列式）、布棋式、串列往复式（又称越野式、跟踪式、顺列往复式）、半连续式、连续式等。型钢还采用万能轧机生产。

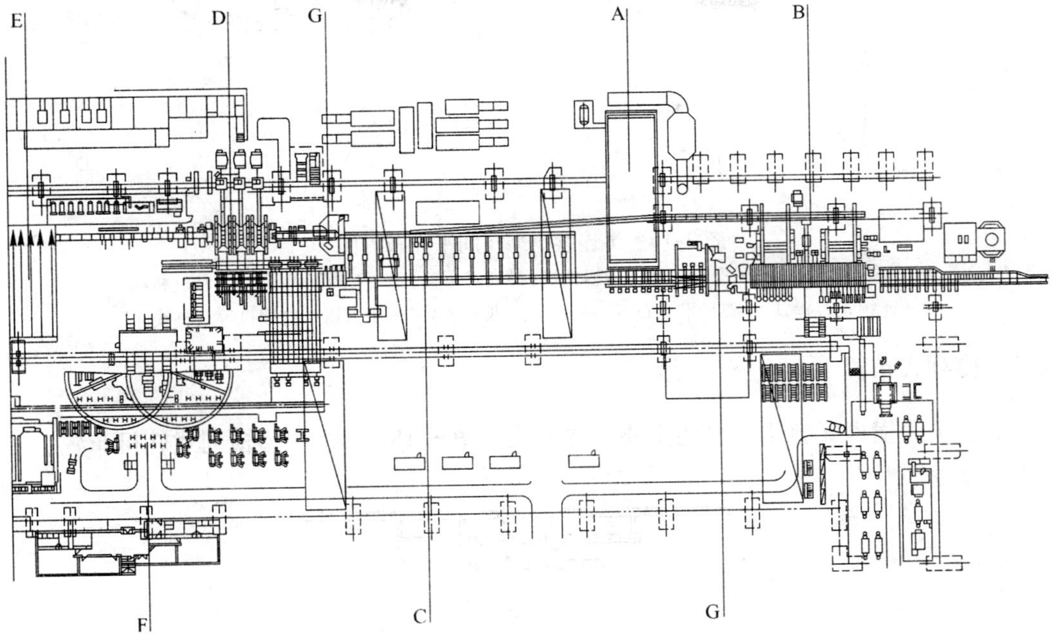

图 3-13 奥地利 Voestalpine Schienen 厂超级现代化钢轨车间平面布置图

A—步进梁式加热炉（180t/h）；B—可逆开坯机；C—开坯机出口运输装置；D—UFR 可逆轧机组（三机架 SCC 轧机：二辊/万能可转换机架）；E—冷床（长 120m）；F—SCC 机架芯准备区；G—主控制室

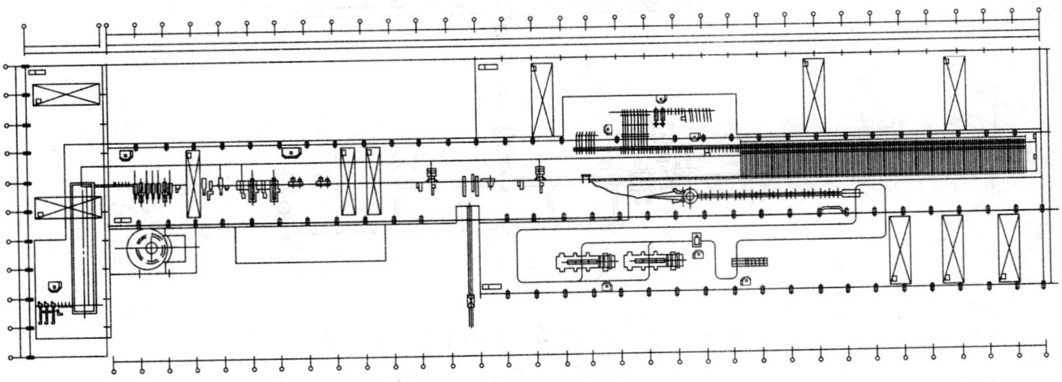

图 3-14 棒和盘卷复合中小型车间平面布置图

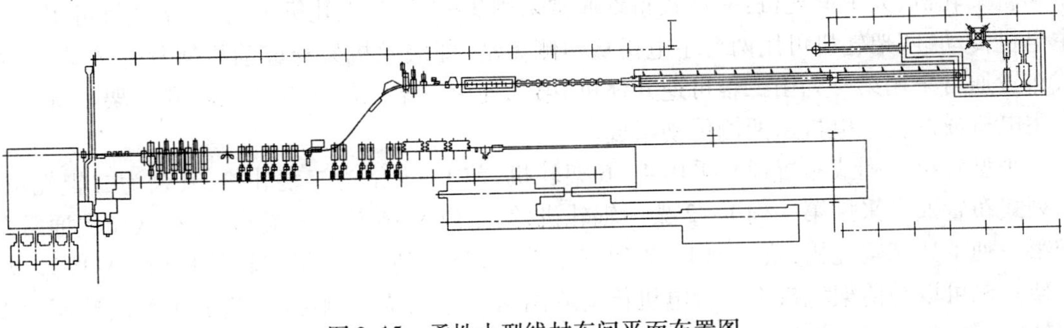

图 3-15 柔性小型线材车间平面布置图

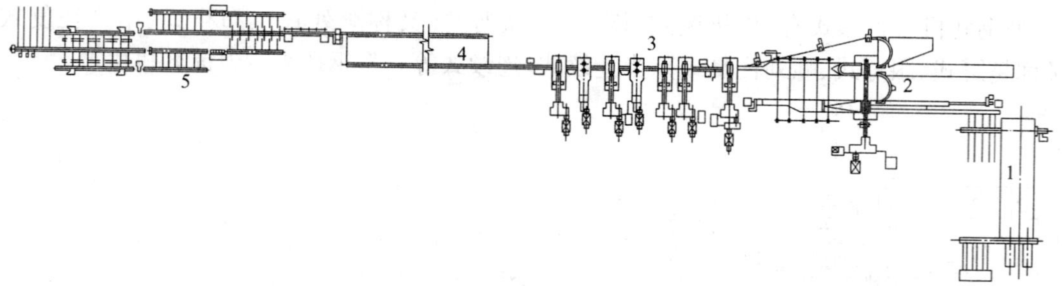

图 3-16　半连续小型车间平面布置图

1—加热炉(50t/h);2—2 架 500 三辊粗轧机(横列式布置);3—7 架 360 二辊中、精轧机组（连续式布置,后 4 架呈平立布置);4—冷床(长 67m);5—矫直机和打捆机等精整线

3.2.1　横列式布置

图 3-17 为横列式轨梁轧机的主要布置形式。图 3-18 为大、中型横列式轧机布置。

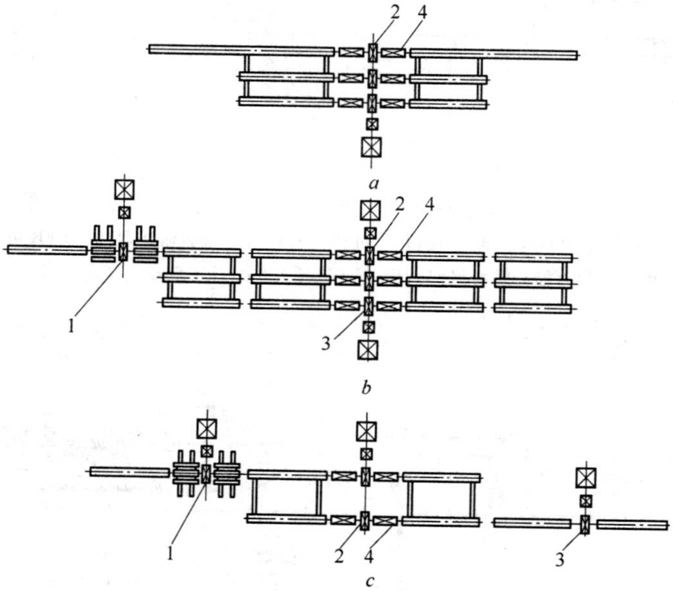

图 3-17　横列式轨梁轧机的主要布置形式

a—一列式;*b*—二列式;*c*—三列式

1—开坯机(二辊可逆式);2—三辊式轧机;3—二辊式轧机;4—升降台

轨梁轧机、大中型轧机:一列式布置通常采用 3 ~4 架三辊轧机组成,三架轧机可用一台主电机传动,四架轧机可用两台主电机从两侧传动,即成品机架与成前机架分开传动;二列式布置通常采用第一列由二辊可逆开坯机、第二列由三架三辊或两架三辊和一架二辊用一台主电机或两台主电机从两侧传动组成。

小型轧机一列式布置通常采用 4 ~6 架轧机,前 1 ~3 架为三辊轧机,其余为二辊轧机;二列式布置通常采用第一列 1 ~2 架三辊轧机,第二列 5 ~6 架二辊轧机;三列式布置通常采用第一列 1 架三辊轧机,第二列 1 ~2 架三辊轧机,第三列 5 ~7 架二辊轧机(图 3-19)。最末架轧机可以与前架轧机由一台电机传动或由两台电机从两侧传动,相邻机架的轧制速度靠轧辊直径的匹配来控制。

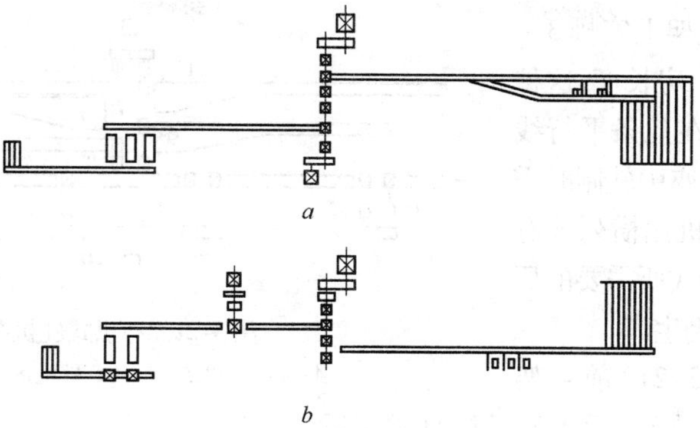

图 3-18 大、中型横列式轧机布置

a—双电机带动的一列式轧机布置;*b*—二列式三辊轧机布置

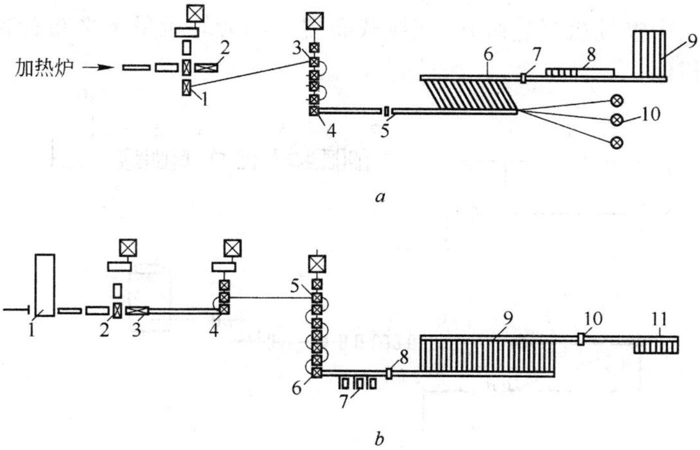

图 3-19 小型轧机横列式布置

a—二列式:1—开坯机组;2—升降台;3—剪头机;4—粗轧机组;5—飞剪;
6—辊式冷床;7—冷剪;8—集料槽;9—检查台;10—卷取机

b—三列式:1—加热炉;2—开坯机;3—升降台;4—粗轧机组;5—剪头机;
6—精轧机组;7—卷取机;8—飞剪;9—冷床;10—冷剪;11—集料槽

3.2.2 多机座非连续式布置

典型的多机座非连续式布置有跟踪式布置(又叫串列往复式或越野式布置)和布棋式布置。

跟踪式布置(图 3-20)由多架二辊轧机纵向排列,机架间不形成连轧,即轧制时轧件始终以一端进入轧机,轧件在一个机座上轧完后头端才进入下一个机座,每个工作机座上只轧

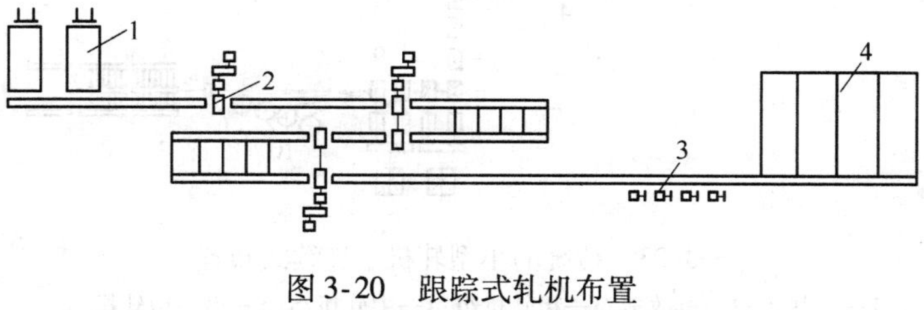

图 3-20 跟踪式轧机布置

1—加热炉;2—轧机;3—热锯;4—冷床

一道，但也有在第一机架上安排 3 ~ 5 道次的。为了减少厂房长度，这种轧机的工作机座布置在几条平行线上，轧件在这些工作机座中轧制时需要横向移动。这种轧机比横列式有较高的生产率，比纵列式所需要的厂房短，适于大、中型型钢生产。

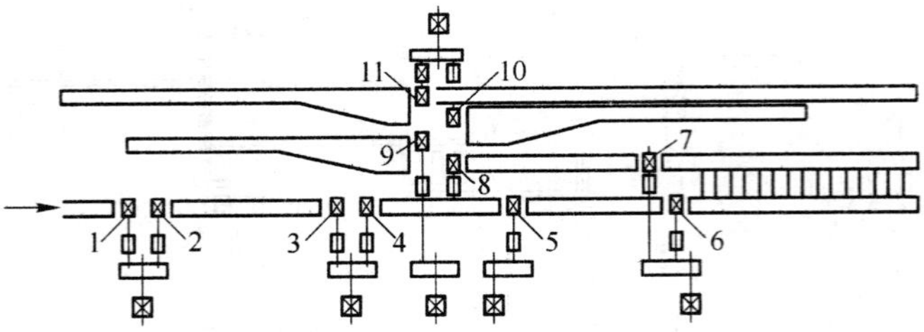

图 3-21　布棋式轧机布置

1 ~ 4—450 轧机；5 ~ 7—400 轧机；8 ~ 11—350 轧机

布棋式布置（图 3-21）前 4 架轧机每两架组成一组连轧，后 4 架呈棋盘式布置。

3.2.3　半连续式、连续式布置

图 3-22 为大、中型轧机半连续式、连续式布置。一般轧机呈水平布置和平立交替布置，还有万能式连轧机组。

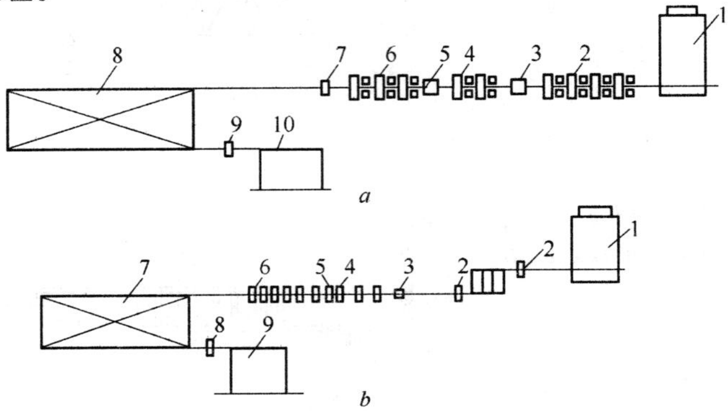

图 3-22　大、中型轧机半连续式、连续式布置

a—全连续布置：1—加热炉；2—粗轧机列；3—一号飞剪；4—中轧机列；5—二号飞剪；6—精轧机列；7—剪断机；8—冷床；9—矫直机；10—收集台架

b—半连续布置：1—加热炉；2—粗轧机；3、6—剪切机；4—水平轧机；5—立式轧机；7—冷床；8—矫直机；9—收集台架

传统的小型轧机半连续式布置，一般将轧机分成粗、中、精轧机组。粗轧机组布置成连续式，精轧机组是横列式、多机架纵列式或其他形式（图 3-23）。现代的小型轧机半连续式、连续式布置同上述的大中型轧机，国内部分（1961（第一套起）~ 2000 年）全连续式小型轧机布置概况如表 3-5 所示。

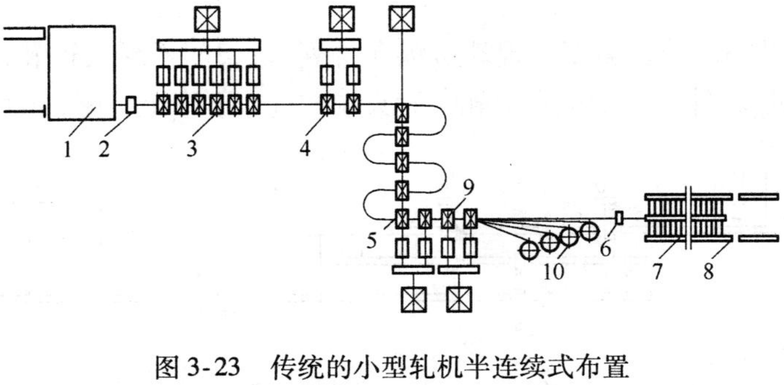

图 3-23　传统的小型轧机半连续式布置

1—加热炉；2—事故剪；3—粗轧机组；4—中轧机组；5—第一精轧机组；6—飞剪；7—冷床；8—冷剪；9—第二精轧机组；10—卷取机

表 3-5 国内部分(1961(第一套起)~2000 年)全连续式小型轧机布置概况

序号	厂名	投产日期	生产钢种	设计产量/万 t·a^{-1}	坯料尺寸		产品规格/mm	最高轧制速度/m·s^{-1}	轧机组成			备注
					方/mm	长/m			粗轧	中轧	精轧	
1	首钢第一型材厂	1961 年 5 月	碳钢、低合金钢	30	100、120	12	ϕ10~35	15	8 架二辊式,其中 1、5 号为立辊		8 架二辊式,其中 11、13 和 15 号为立辊	
2	上钢一厂	1988 年 9 月	碳钢、低合金钢	50	120、130	12	ϕ16~50	14	9 架二辊式,其中 7 号为立辊		7 架二辊式,其中 10、13、15 号为立辊	二手设备
3	包头钢铁公司	1989 年	碳钢、低合金钢	30	90、100	9	ϕ12~25	15	7 架二辊水平轧机	4 架二辊水平轧机	6 架平立交替二辊式轧机	
4	承德钢厂	1990 年 6 月	碳钢、低合金钢	30	120	6	ϕ12~25	12	6 架二辊水平轧机	6 架二辊水平轧机	4 架平立交替二辊式轧机	二手设备
5	水城钢铁公司	1990 年 10 月	碳钢、低合金钢	40	120	12	ϕ12~40	13	9 架二辊式轧机	一中轧 5 架二辊式,二中轧 4 架二辊式	A、B 两线,各 4 架二辊式	二手设备
6	无锡锡润公司	1993 年 7 月	碳钢、低合金钢	15	80、100、120		ϕ8~32	22(经无扭精轧机生产小型棒材时)	6 架二辊水平轧机	4 架二辊水平轧机	6 架二辊水平轧机两架二辊立式轧机	二手设备(棒线两用)
7	张家港永新公司	1993 年	碳钢、低合金钢	25	120		ϕ12~40		6 架二辊水平式轧机	6 架二辊水平式轧机	4 架平立交替二辊式,两架二辊水平式轧机	二手设备
8	广州钢铁公司	1994 年 3 月	碳钢、低合金钢	40	115、150	9.7	ϕ12~40	18	6 架平立交替悬臂式二辊轧机	6 架平立交替悬臂式二辊轧机	6 架短应力二辊轧机,其中 14、16 和 18 号为平立可换轧机	

续表 3-5

序号	厂名	投产日期	生产钢种	设计产量/万 t·a^-1	坯料尺寸		产品规格/mm	最高轧制速度/m·s^-1	轧机组成			备注
					方/mm	长/m			粗轧	中轧	精轧	
9	首钢第二型材厂一车间	1994 年	碳钢、低合金钢	75	140	12	ϕ14 ~ 40	15.2	7 架闭口二辊式	6 架闭口二辊式	8 架闭口二辊式	二手设备
10	首钢第二型材厂二车间	1994 年	碳钢、低合金钢	75	140	12	ϕ14 ~ 40	16	6 架闭口二辊式	6 架闭口二辊式	6 架闭口二辊式	
11	大连第二轧钢厂	1994 年	碳钢、低合金钢	12	90、120	4.9	ϕ12 ~ 25	8	6 架短应力二辊轧机		8 架短应力二辊轧机	轧经济断面
12	三明钢铁厂	1995 年 12 月	碳钢、低合金钢	24	120、150	8	ϕ12 ~ 40	17	7 架二辊水平闭口式轧机	4 架二辊水平闭口式轧机	6 架平立交替二辊闭口式轧机	
13	杭州钢铁厂	1996 年	碳钢、低合金钢	30	120、150	10	ϕ12 ~ 40	18	6 架平立交替二辊闭口式轧机	6 架平立交替短应力线轧机	6 架平立交替短应力线轧机	
14	唐山钢铁公司	1996 年 6 月	碳钢、低合金钢	60	165	12	ϕ12 ~ 40	18	6 架平立交替悬臂式	6 架平立交替短应力线轧机	6 架平和平立可换交替短应力线轧机	
15	韶关钢铁公司	1996 年 11 月	碳钢、低合金钢	55	150、200	9.6	ϕ12 ~ 40	21 24	8 架平立交替短应力线轧机	6 架平立交替短应力线轧机	4 架平立交替短应力线轧机	
16	莱芜钢铁公司	1996 年 12 月	碳钢、低合金钢	40	120、150	10	ϕ16 ~ 50 3、6 ~ 8 号角钢，5 ~ 10 号槽钢	15	6 架平立交替悬臂式轧机	6 架平立交替短应力线轧机	6 架平立交替短应力线轧机，其中 14 和 18 号为平立可换	

续表 3-5

序号	厂名	投产日期	生产钢种	设计产量/万 $t \cdot a^{-1}$	坯料尺寸		产品规格/mm	最高轧制速度/$m \cdot s^{-1}$	轧机组成			备注
					方/mm	长/m			粗轧	中轧	精轧	
17	天津轧钢三厂	1997 年 3 月	碳钢,低合金钢	30	150	6	ϕ12 ~ 36	16	7 架闭口式水平轧机	6 架闭口式水平轧机	6 架平立交替闭口式二辊轧机	
18	西安钢铁厂	1997 年 4 月	碳钢,低合金钢	30	120、150	5	ϕ12 ~ 40	15	7 架二辊闭口式水平轧机	4 架二辊闭口式水平轧机	6 架平立交替短应力线轧机	
19	大连钢铁公司	1997 年 6 月	合金钢	20	80、150	5 ~ 9	ϕ13 ~ 40	16(棒材) 110(线材)	6 架平立交替二辊闭口式轧机	6 架平立交替二辊闭口式	8 架平立交替二辊闭口式	棒线材两用
20	鄂城钢铁厂	1997 年 6 月	碳钢、低合金钢	30	150	9	ϕ10 ~ 40	18	7 架二辊式水平轧机	6 架平立交替短应力轧机	6 架平立交替短应力轧机	
21	抚顺特钢	1997 年	合金钢	20	120、150、200	5	ϕ12 ~ 75	14	6 架平立交替短应力轧机	6 架平立交替短应力轧机	12 架平立交替短应力轧机(分 3 组)	
22	新沪钢厂	1997 年	碳钢、低合金钢	30	120、130、140	8	ϕ10 ~ 40	18	6 架平立交替短应力线轧机	6 架平立交替短应力线轧机	6 架平和平立可换交替短应力线轧机	
23	新疆八一钢铁公司	1998 年 1 月	碳钢、低合金钢	30	120、150	10	ϕ10 ~ 40	18	6 架平立交替短应力线轧机	6 架平立交替短应力线轧机	6 架平立交替短应力线轧机,其中 16 号为平立可换轧机	
24	本溪京北棒材公司	1998 年 3 月	碳钢、低合金钢	30	150	7.8	ϕ12 ~ 40	15	5 架二辊闭口式水平轧机	6 架二辊闭口式水平轧机	6 架平立交替闭口式二辊轧机	

续表 3-5

序号	厂名	投产日期	生产钢种	设计产量/万 t·a^{-1}	坯料尺寸		产品规格/mm	最高轧制速度/m·s^{-1}	轧机组成			备注
					方/mm	长/m			粗轧	中轧	精轧	
25	江阴兴澄钢铁公司	1998 年 5 月	合金钢	60	180、300	9	ϕ30 ~ 100 及工、槽、角钢等	6	5 架立平交替短应力轧机	6 架平立(万能转换)交替短应力轧机	5 架平立(万能转换)交替短应力轧机	
26	马鞍山钢铁公司	1998 年 9 月	碳钢、低合金钢	60	140、150	16	ϕ12 ~ 50	18	6 架平立交替短应力轧机	6 架平立交替短应力轧机	6 架平立交替短应力轧机，其中 14 号和 16 号为平立可换轧机	
27	张家港沙钢	1999 年 4 月	碳钢、低合金钢	40	130	12	ϕ10 ~ 25	15	6 架平立交替	6 架平立交替	6 架平立交替，其中 16 号为平立可换轧机	
28	江苏淮钢	1999 年 8 月	碳钢、低合金钢	40	120、150	12	ϕ12 ~ 60	18	6 架平立交替短应力轧机	6 架平立交替短应力轧机	6 架平和平立可换交替短应力线轧机	
29	惠州大亚湾钢铁厂	1999 年 9 月	碳钢、低合金钢	40	130、150	12	ϕ10 ~ 50	14.7	6 架平立交替悬臂式轧机	5 架平立交替短应力轧机	6 架平立交替短应力轧机，其中 14 号为平立可换轧机	
30	通钢公司	1999 年 12 月	碳钢、低合金钢	35	120、150	9.5	ϕ12 ~ 40	17	7 架水平二辊式轧机	4 架水平二辊式轧机	6 架平立交替二辊式轧机	
31	石家庄钢铁厂	2000 年	碳钢、低合金钢	60	150	12	ϕ10 ~ 50	18	6 架平立交替短应力轧机	6 架平立交替短应力轧机	6 架平和平立可换交替短应力轧机	
32	合肥钢铁公司		碳钢、低合金钢	50	120、150		ϕ10 ~ 40	18	6 架悬臂式平立交替轧机	6 架平立交替短应力轧机	6 架平立交替短应力轧机	

续表 3-5

序号	厂名	投产日期	生产钢种	设计产量/万 t·a^{-1}	坯料尺寸		产品规格/mm	最高轧制速度/m·s^{-1}	轧机组成			备注
					方/mm	长/m			粗轧	中轧	精轧	
33	北满特钢		合金钢	47.5	180、240	6	ϕ16～75	18	4 架平立交替短应力轧机	6 架平立交替短应力轧机	12 架平立交替短应力轧机	

3.2.4　万能轨梁轧机的布置

图 3-24 为万能轨梁轧机的布置，其中图 3-24*a* 为串列式布置，由一架开坯机（二辊可逆）、一架粗轧机（万能）、一架中轧机（万能）和一架精轧机（万能）组成。图 3-24*b* 为连续式布置，由数架万能轧机组成并形成连轧关系。

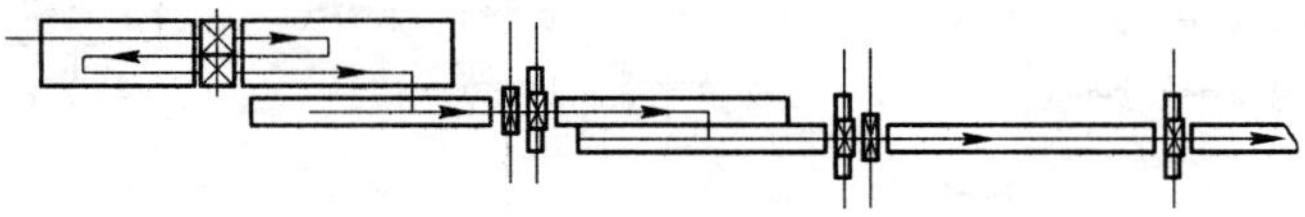

a

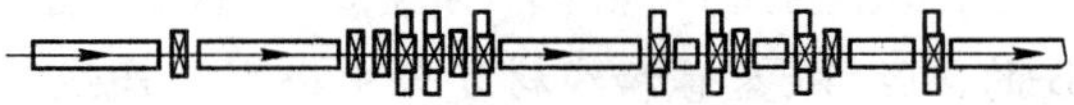

b

图 3-24　万能轨梁轧机的布置
a—串列式布置；*b*—连续式布置

3.2.5　生产车间及轧机布置形式举例

3.2.5.1　具有先进定径工艺（PSP）的轨梁型钢生产线

图 3-25 所示为达涅利最新技术具有先进定径工艺 PSP（profile sizing process）的轨梁型钢生产线。先进的轨梁型钢定径工艺（PSP）包括三机架超柔性可逆连轧机组 FUR 和独立的连续精轧单一定径机架。产品范围：IPE 梁钢 100～500mm；HE 梁钢 100～300mm；槽钢 100～400mm；角钢 100～250mm。

连铸异型坯热送至加热炉，坯出炉后经除鳞机除鳞再喂入开坯机 BD（breakdown）粗轧 5～7 道次，粗轧后轧件经金属圆盘锯切头后进入串列的超柔性可逆连轧机组 UFR（ultra-flexible reversing），经 3～15 道次轧制后进入独立定径精轧机单一定径道次轧制。最后轧件在冷床冷却，冷床入口备有锯取样和切尾，出口备有矫直机（9 或 11 辊）矫直轧件，定尺区备有两台冷锯对轧件进行倍尺、定尺剪切，收集。

UFR 机组由三个相同的 SCC（stand core concept）轧机机座组成。SCC 轧机采用 U 万能式和二辊式。独立定径精轧机采用的 SCC 轧机机架型号和尺寸与 UFR 机组相同。图 3-26 所示为先进的轨梁型钢定径工艺（PSP）生产钢梁、槽钢、钢轨孔型设计，其中 UFR 机组由三个 SCC 轧机采用 U 万能式两架 U1、U2（第 1、3 架）和二辊式一架 E1（第 2 架），UF 表示定径机。钢梁轧制孔型如图 3-26*a* 所示。槽钢轧制孔型如图 3-26*b* 所示。钢轨轧制孔型如图 3-26*c* 所示。

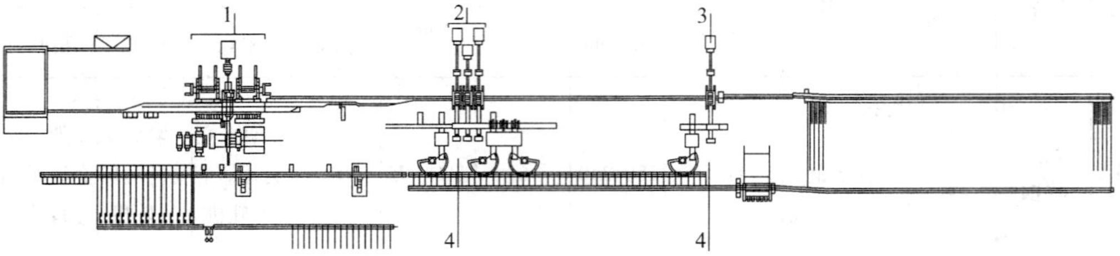

图 3-25　达涅利最新技术具有先进定径工艺 PSP 的轨梁型钢生产线

1—开坯机;2—UFR 可逆机组;3—定径机;4—SCC 机架芯准备区

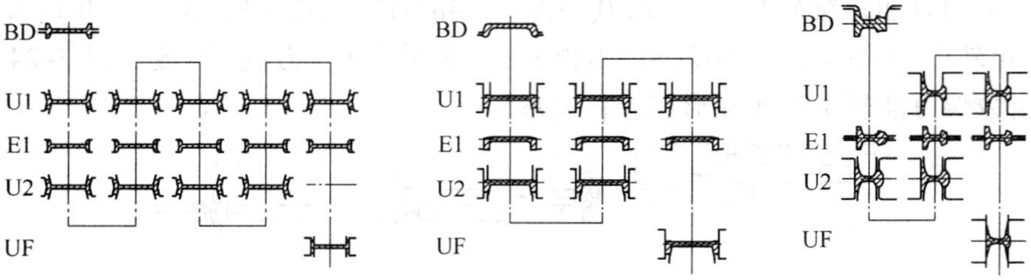

图 3-26　先进的轨梁型钢定径工艺(PSP)生产钢梁、槽钢、钢轨孔型设计

a—钢梁轧制孔型;*b*—槽钢轧制孔型;*c*—钢轨轧制孔型

3.2.5.2　带有 RSB 的柔性棒、盘卷和线材复合中小型生产线

图 4-46 所示为带有 RSB 的柔性棒、盘卷和线材复合中小型生产线。该车间灵活地布有棒、盘卷和高速线材三条生产线,生产柔性极高。直条棒材、棒卷和高线三条生产线由粗轧机组——6 机架平立交替布置的二辊轧机、中轧机组——8 机架平立交替布置的二辊轧机、精轧机组或预精轧机——4 机架 180°交替布置的三辊轧机(RSB)和后续分别由冷床、加勒特卷取机和高线精轧机组与之对应组成。

RSB(reducing sizing block)是 Kocks-Danieli 公司的三辊减径定径机组,其在此条生产线上充当了两个角色:一为直条棒材生产线和加勒特棒卷生产线作精轧机;二为高速线材生产线作预精轧机。三辊 RSB 技术理想地满足了现代棒料轧制的需求,即:确保了理想连续的高质量生产(公差、表面、冶金特性),尺寸形状高度灵活(任何时候、任何种类和尺寸)和最佳的运营经济性(产量最大化、高轧机利用性、低操作成本)。

3.2.5.3　意大利某中、小型型钢厂生产线

图 3-27 所示为意大利某中小型型钢厂生产线。坯料尺寸:120mm 方坯、坯重 550kg。成品尺寸形状:T30 ~ 100mm;U30 ~ 80mm;角钢 20 ~ 70mm;L20mm × 30mm ~ 50mm × 75mm。小时产量 60t。终轧速度 10m/s。

轧线设备组成:(1)加热炉,能力 60t/h;(2)粗轧机,由 4 架 ϕ480mmH-V 平立悬臂机架和 2 架 ϕ440mm 达涅利“红圈”轧机组成;(3)中轧机,7 架 ϕ360mm 和精轧机 3 架 ϕ360mm;(4)冷床;(5)转运装置;(6)矫直机。

该轧线的特点:轧制线固定不变;全线轧机平立布置,可实现轧件无扭转轧制;机架可平立转换;机架可快速更换;实行轧制速度微信息处理系统自动控制。

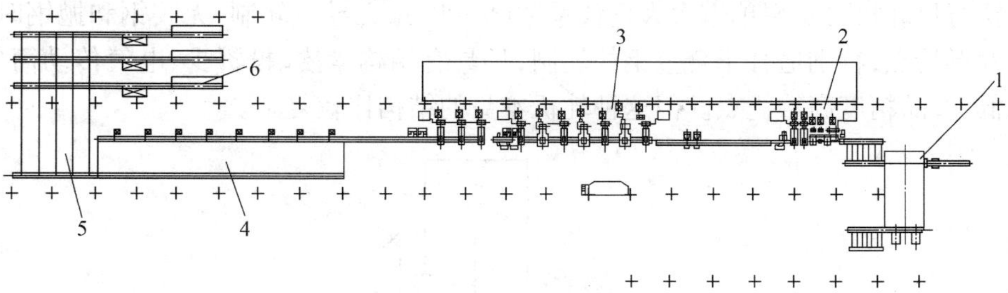

图 3-27 意大利某中小型型钢厂生产线

1—加热炉;2—粗轧机;3—中轧机;4—冷床;5—转运装置;6—矫直机

3.3 型钢轧机类型和工作原理

型钢轧机按轧机布置分有横列式、顺列式、布棋式、半连续式、跟踪(水平辊)连续式、平立交替串列连续式;按结构类型分有二辊轧机、三辊轧机、三辊行星轧机、三辊 Y 形、万能轧机、定径四辊轧机、开式机架轧机、闭式机架轧机、短应力线轧机。按用途分有轨梁轧机、大型轧机、中型轧机、小型轧机。

下面遵循按结构类型的分法逐一介绍轧机。

3.3.1 二辊轧机

二辊轧机是由两个位于同一垂直平面内的轧辊上下或左右排列组成的轧机,这种轧机应用最广,按轧辊传动方式的不同有:(1)不可逆式轧机,轧辊不能反向旋转;(2)可逆式轧机,轧辊可正反旋转,往返轧制;(3)单辊传动的不可逆式轧机。如水平二辊轧机下辊单向传动,上辊不传动,靠摩擦力带动。以前型钢二辊轧机一般特指水平二辊轧机。现在立式二辊轧机的出现使二辊轧机泛指平、立二辊轧机。

3.3.2 三辊轧机

三辊轧机是由三个位于同一垂直平面内的水平轧辊上下排列组成的轧机。三辊式型钢轧机的三个轧辊直径相等,且都是传动的,轧件在两个方向轧制,但轧辊不反向,即轧件从下、中辊之间轧过后,从上、中辊之间轧回,在一个机座上往返穿梭轧制多次。各种横列式型钢轧机及轨梁轧机多属此类。

3.3.3 三辊行星式轧机

三辊行星轧机工作原理如图 3-28 所示,其有三个圆锥形悬臂轧辊,相互呈 120°布置在回转盘上。倾斜的轧辊轴与轧制中心线构成辗轧角。轧辊与回转盘均用直流电机驱动,转速可在一定范围内调节。回转盘 5 由主电机通过主传动轴 6 驱动一对螺旋锥齿轮转动,此时轧辊除围绕轧件 3 公转外,还围绕自己的辊轴自转。轧辊 2 由辅助电机通过辅助传动轴 7、一对螺旋锥齿轮、中心套管 8、行星齿轮系统的太阳轮 4、行星轮 1、另一对锥齿轮驱动,产生叠加运动。当两台电机为适应轧制不同钢种而需要调速时,其速度配比应防止轧件产生任何转动,以适应轧件进入连轧机时构成连轧的需要。

该轧机是 20 世纪 70 年代初发展起来的一种大压下量小型轧机。

三辊行星轧机可实现单道次大延伸系数(5～12)、无导卫轧制、无咬钢和抛钢时的冲击负荷等变形特点,特别适合于合金钢的轧制,且具有结构紧凑、投资少、电气传动简单、耗电和耗水低、产品精度高等优点。但这种轧机本身的结构比较复杂。

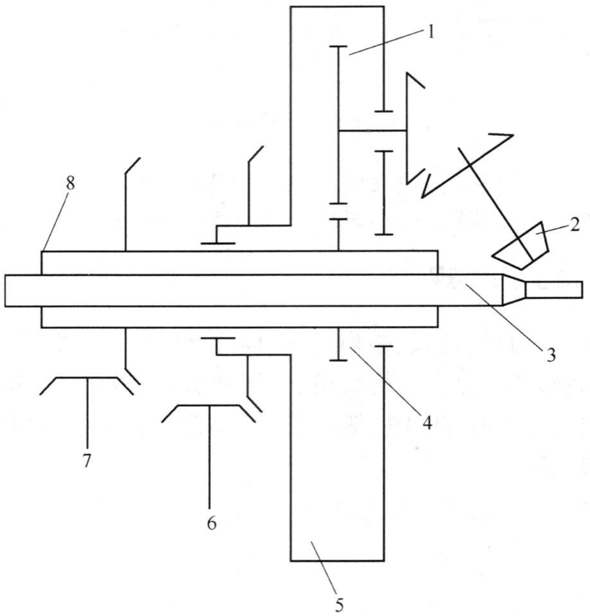

a

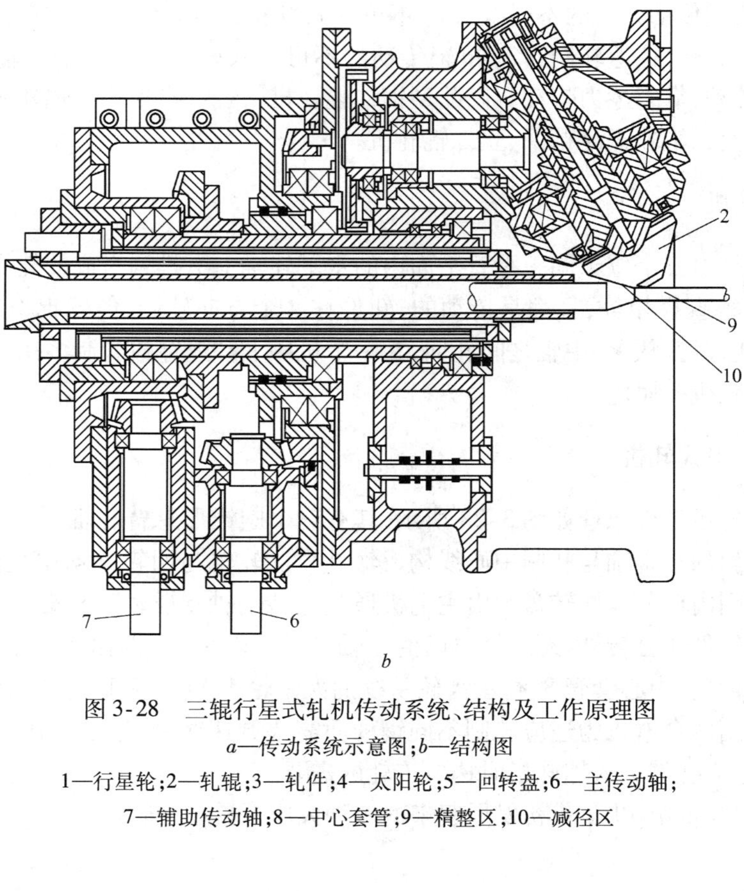

b

图 3-28　三辊行星式轧机传动系统、结构及工作原理图

a—传动系统示意图;*b*—结构图

1—行星轮;2—轧辊;3—轧件;4—太阳轮;5—回转盘;6—主传动轴;

7—辅助传动轴;8—中心套管;9—精整区;10—减径区

3.3.4 三辊 Y 形轧机

三辊 Y 形轧机的每个机架由三个互成 120°夹角的圆盘形轧辊组成，其形状如同“Y”字，故称 Y 形轧机（图 3-29）。它是 1954 年在德国考克斯（Kocks）公司首先开发出用于线材和棒材生产的三辊技术，所以又叫 Kocks 轧机。

随后，Kocks 公司 1964 年开发出精密定径机组 PSB（precision sizing block），1977 年开发出第一条具有中轧 + 预精轧 + PSB 布置的棒材轧线，1981 年开发了 80mm/s 线材精轧机组，1986 年开发减径定径机组 RSB 技术。在此基础上，1991 年由柯克斯 – 达涅利公司利用 PSB 与三辊轧机在技术上重新组合，研制成今天的最新一代的减径定径机组（RSB）。1992 年后由 RSB 取代了 PSB。RSB 目前主要用于棒材的精轧（减定径）机组和线材的预精轧机组。到 2007 年 8 月止，50 多年来已建成或已订货 122 个机组（66 个减径和/或定径机组），1800 个三辊机架。世界采用 PSB 或 RSB 的棒、线轧机总产能达 2200 万 t/a。

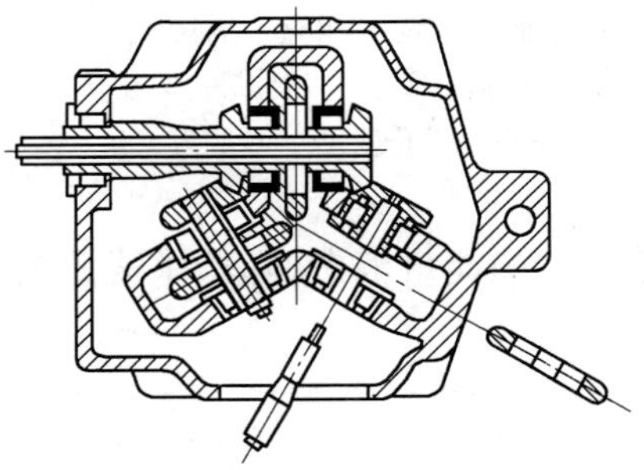

a

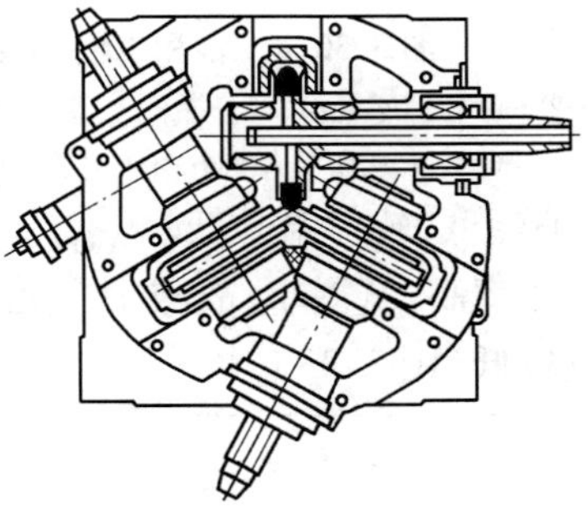

b

图 3-29 三辊 Y 形轧机

a—单轧辊驱动；*b*—三辊驱动

Y 形轧机具有以下优点：结构紧凑、能实现三向压缩、变形均匀、劈头少，对下道咬入非常有利、成品精度高、各道次延伸均匀、磨损均匀、连轧稳定好、一套孔型能适应不同钢种的轧制、可实现轧件无扭转高速轧制，因此多用于轧制有色金属、难轧金属和特殊合金。

PSB 一般采用 3 个机架，有辊缝可调和不可调两种结构，用来对包括合金钢在内的各钢种进行规圆。

RSB 由 4 架三辊 Y 形轧机组成，机架间互呈 180°，构成一个无扭轧制机组。前两机架作为减径机使用，后两机架作为定径机使用。

三辊与二辊轧机轧制原理比较：

（1）低宽展性、高变形效率和有利于控制轧件尺寸公差。

由于互呈 120°的三辊，其轧制力三面作用在轧件上（图 3-30），轧制力将宽展限制在三个非常窄的 60°楔形孔型断面处，使其宽展大大低于二辊孔型，造成一种对纵向变形（即延伸）极为有利的应力状态，从而变形效率更高（图 3-31）。由于宽展受许多因素影响，如钢种、温度、张力、轧辊与轧件直径比值等，而这些参数的任何变化，都会对产品公差及轧件单位长度内体积的一致性造成不良影响。但因三辊孔型宽展较小，对宽展因素影响变化的敏感性较低，即不同钢种、同一根钢坯（或不同钢坯）的不同温度在轧制时表现出不同宽展特性，在用三辊机组轧制棒材时，其宽展特性变化的敏感性较低；截面不同的轧件（如轧件的大头）进入三辊轧机轧制时，其敏感性较低；当定径轧机间的张力变化时，其敏感性较低，故保证了更好的、更一致的产品尺寸公差。

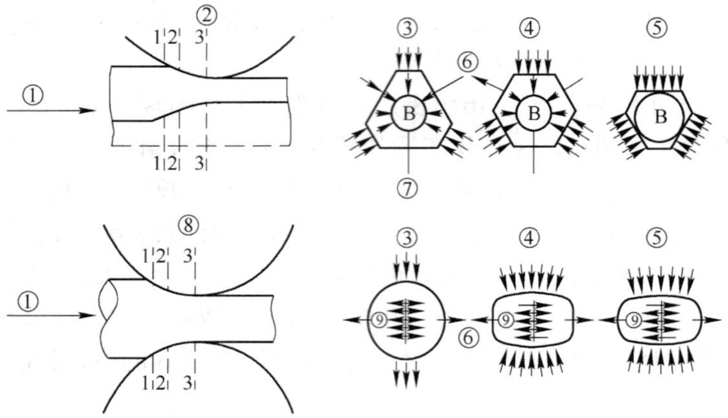

图 3-30　三辊和二辊孔型中的轧制力对宽展和应力的影响

①—轧制方向；②—三辊扁平孔型；③—断面 1；④—断面 2；⑤—断面 3；⑥—宽展；⑦—B：在垂直于轧制方向上承受从所有各个方向作用的压应力区；⑧—二辊孔型；⑨—拉应力

（2）能源消耗低、轧件温升低。

由于变形效率高，宽展小，故减少了无效宽展的能量浪费，降低了能源消耗（图 3-32），使轧件温升也较低（图 3-33）。

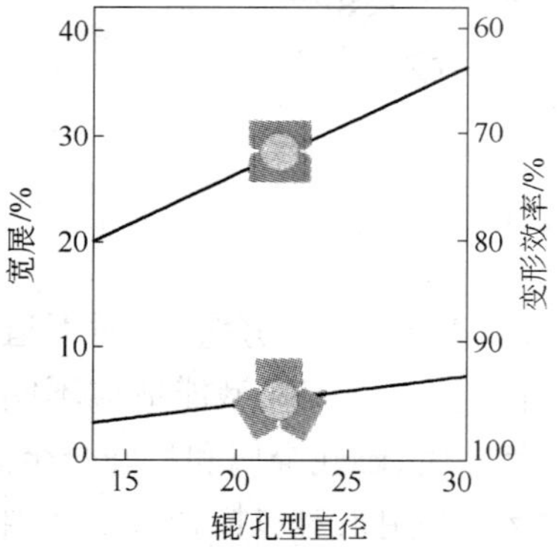

图 3-31　宽展和变形效率比

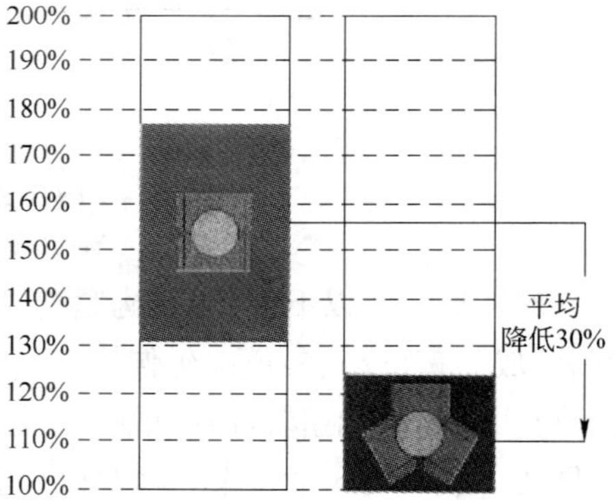

图 3-32　能源消耗比较

（3）有利于热机轧制。

三辊孔型轧制力以三个方向同时作用轧件，使棒材中心形成一个均匀压应力（垂直轧制线）的区域，整个断面表面和芯部均匀的变形，有利于热机轧制产品具有均匀、细晶粒的组织。同时温升低也是热机轧制理想的条件。

（4）可实现“单一孔型”轧制。

图 3-34 所示为 4 机架 RSB“单一孔型”、“自由尺寸”轧制的一个例子，用其来说明单一孔型轧制，即在 RSB 前的机组（粗、中轧机组）用单一

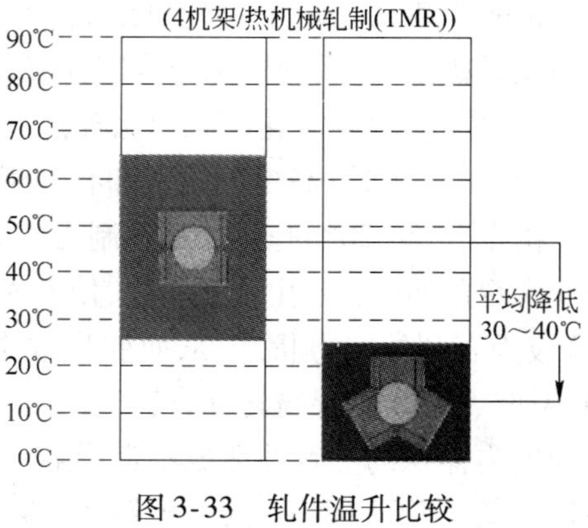

图 3-33　轧件温升比较

孔型轧制的不同断面轧件，仅需通过调节 RSB 中的孔型道次，即可得到所要的成品尺寸。由于 RSB 有较大的“自由尺寸”轧制空间，使得道次、轧辊和导卫更换最少。

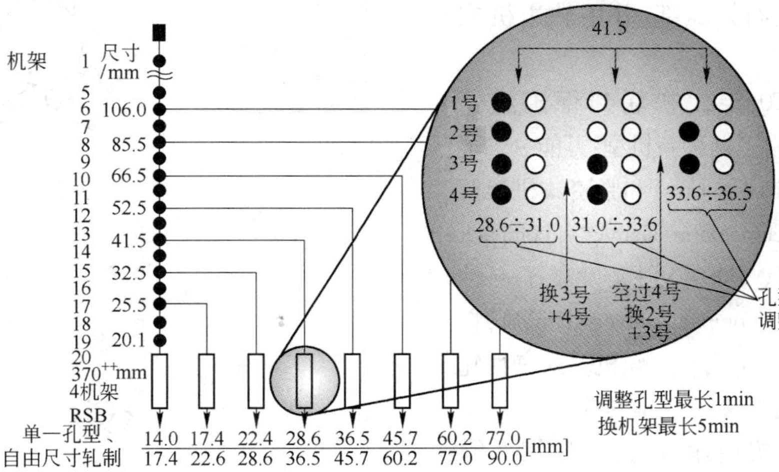

图 3-34 4 机架 RSB“单一孔型”、“自由尺寸”轧制举例

(5)有较大的“自由尺寸”轧制空间。

自由尺寸轧制(图 3-34)，即自相同的初始断面，轧制众多尺寸间隔细微的成品棒材规格，涵盖一个特定的尺寸范围，仅通过辊缝调节，所要求的紧公差不变。图 3-35 所示为 RSB 的“自由尺寸”轧制范围是最终直径的 9%、最大为 3mm 内的各规格产品，且具有同样良好的公差。“自由尺寸”轧制范围大于二辊 HV 道次调节范围。

自由尺寸轧制举例如图 3-34 所示。自单一孔型 14 号机架轧机 41.5mm 的来料喂入 RSB，自由尺寸范围 28.6 ~ 36.6mm。

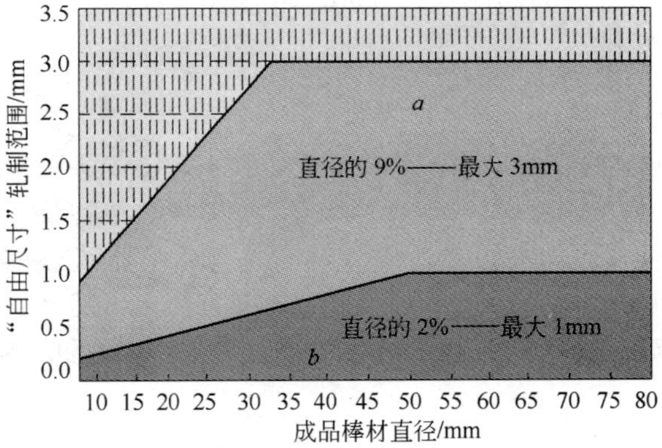

图 3-35 RSB 的“自由尺寸”轧制范围比较

a—RSB 轧机；*b*—二辊轧机

(6)孔型磨损小。

由于三辊孔型的轧辊与轧件速度差别较二辊小，使得三辊轧制不仅表面质量好，孔型磨损也小(图 3-36)。

(7)适合轧制高变形抗力的材料。

3.3.5 万能轧机

型钢万能轧机最初是用来轧制工字钢(宽边的叫 H 型钢)的，后来用于轧制轨梁。它由四个轧辊组成，有一对水平辊和一对立辊装在同一个机架上，且四个轧辊的轴线在一个垂直平面内，能实现轧件在垂直(高度)和水平(宽展)方向上的同时轧制。用万能轧制法轧制型钢是对称轧制，轧件变形均匀、残余应力小；轧辊磨损小；轧件表面质量好、尺寸精度高。图

3-37 所示为万能轧机轧制 H 型钢。用水平辊 轧制 H 型钢的腰部,同时用立辊与水平辊侧壁轧制其腿部,并用轧边机控制腿的高度。

20 世纪 70 年代初联邦德国施罗曼－西马克开发了两种新机型:万能－二辊式轧机 UD(universal duo)和紧凑式机架万能轧机 SC(schloemann siemag－compack stand)。80 年代 SMS 公司又发展了一种 CU 型万能轧机(compact universal mill),它是一种无机架紧凑式万能轧机。这三种轧机均可实现万能－二辊功能转换。

万能轧机按用途分为:H 型钢万能轧机、轨梁万能轧机、异型断面型钢万能轧机;按结构分为:普通型万能轧机、带有预应力的高刚度万能轧机和紧凑式万能轧机。

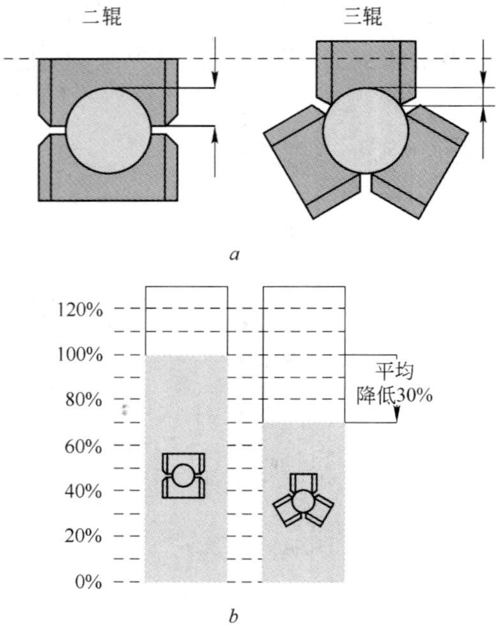

图 3-36　轧辊孔型磨损比较
a—轧辊与轧件间的速度差别;*b*—更低的孔型磨损

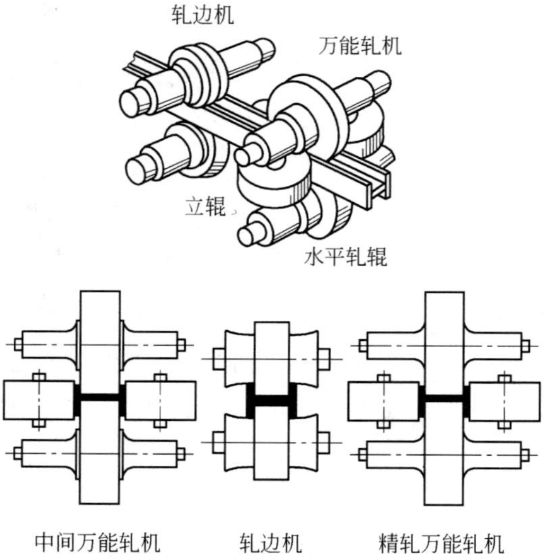

图 3-37　万能轧机轧制 H 型钢

3.3.6　开式机架轧机、闭式机架轧机

根据轧钢机的形式和生产要求,一般将有机架轧钢机分为闭式(闭口)机架和开式(开口)机架两种轧钢机。机架又称牌坊(图 3-38)是用来安装轧辊、轧辊轴承、轧辊调整装置和导卫装置等工作机座中的全部零部件,是工作机座的重要部件。由于机架要承受轧制力,且轧件尺寸精度要满足规定要求,机架必须要有足够的强度和刚度。

图 3-38*a* 所示为闭式机架。它是一个整体的框架,具有较高的强度和刚度,主要用于

轧制力较大的初轧机、板坯轧机、板带轧机和刚度要求较高的型钢机。

采用闭式机架的工作机座，在换辊时轧辊是沿其轴线方向机架窗口抽出或装入，这种轧机一般都设有专用的换辊装置，如换辊小车、平衡套筒、C形钩等。在横列式轧机上使用闭式机架，换辊较困难。

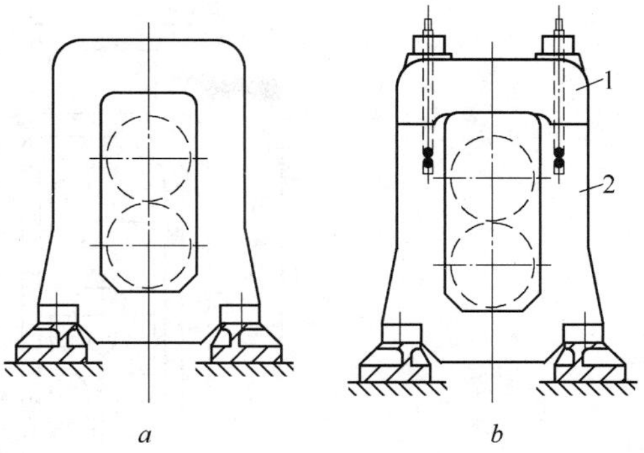

图 3-38 轧钢机机架
a—闭式机架；*b*—开式机架
1—上盖；2—本体

图 3-38*b* 所示为开式机架。它不是一个整体框架，是由机架本体和上盖两部分组成，主要用于横列式型钢轧机上，其主要优点是换辊方便。因为，如果在横列式型钢轧机上采用闭式机架，由于受到相邻机座和连接轴的妨碍，沿轧辊轴线方向换辊是很困难的。采用开式机架，只要拆下上盖，就可以很方便地将轧辊从上面吊出或装入。开式机架的主要缺点是刚度较差，且加工面多，造价高。

影响开式机架换辊速度和刚度关键是上盖的连接方式。上盖与机架本体连接方式有多种，常用的有：(1)螺栓连接(图 3-39*a*)；(2)立销和楔连接(图 3-39*b*)；(3)套环和斜楔连接(图 3-39*c*)；(4)横销和斜楔连接(图 3-39*d*)；(5)斜楔连接(图 3-39*e*)。由于第五种斜楔连接上盖弹跳值小(弹性变形小)，机架立柱横向变形小，其具有较高的刚度，故称为半闭式机架。

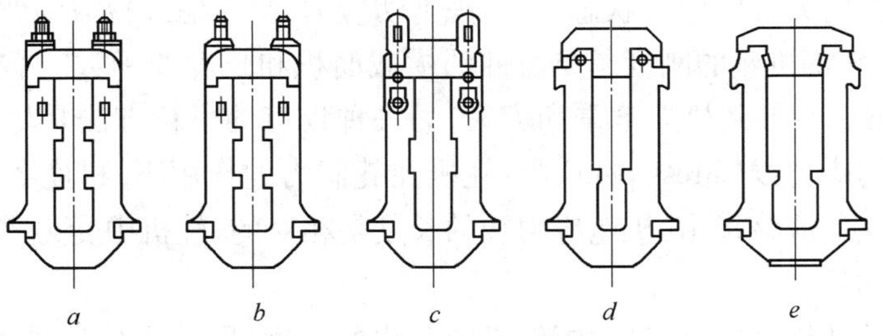

图 3-39 开式机架上盖本体连接方式
a—螺栓连接；*b*—立销和楔连接；*c*—套环和斜楔连接；*d*—横销和斜楔连接；*e*—斜楔连接

3.3.7 短应力线轧机

20 世纪 40 年代，在瑞典学者汉斯·耶丁(Hans Gedin)短应力线理论的指导下，瑞典研制出了第一代短应力线(无牌坊)轧机(the rolling mill of short stress path stands)(P500 型)，它取消了牌坊，用拉紧丝杆将两个轴承座连在一起，悬挂在三角架上。60 年代瑞典又研制出了第二代短应力线轧机(P600 型)，它取消了压下螺丝，代之以反螺纹的拉杆对称调节轧辊，应力回路更短了，轧机刚度得到进一步提高。我国北京钢铁学院于 1981 年研制出了 GY－1型短应力线轧机。1986 年北京冶金设备研究所研制出了 SY 型高刚度轧机。

提高机座刚度的途径是：(1)增加轧辊直径尺寸和机架断面尺寸，减少轧辊长度尺寸和机架横梁长度尺寸；(2)采用短应力线轧机即无牌坊轧机；(3)采用预应力轧机。

无牌坊轧机提高轧机刚度的原理(图 3-40)：

普通轧机机座中弹性变形 $\Delta\lambda$ 的表达式：

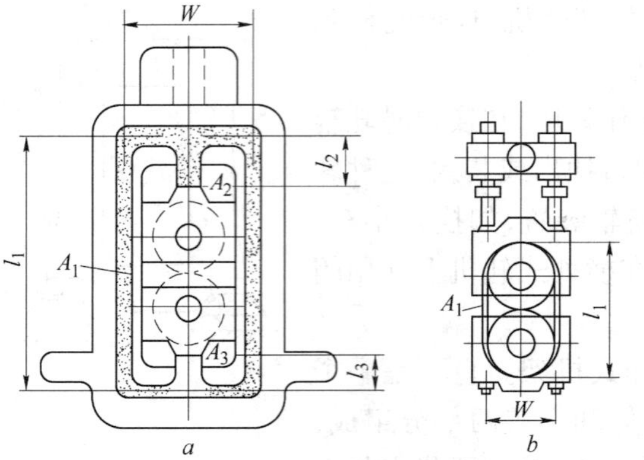

图 3-40　普通轧机应力线(a)及无牌坊轧机应力线(b)

$$\Delta\lambda = \frac{\Delta F}{E}(l_1/2A_1 + l_2/A_2 + l_3/A_3 + KW^3/I)$$

式中　ΔF——作用在单片牌坊上的轧制力；

E——弹性模量；

I——惯性矩；

l_1、l_2、l_3、W——各相应部分的长度；

A_1、A_2、A_3——各相应部分的断面积；

K——系数。

该式简化了受力元件的应力状态，不考虑剪切应力，只考虑纯拉或纯弯。

由上式可知：轧钢机座的刚度是受力件的横截面积和长度的函数。靠增加 A 和 I 来提高轧机刚度 $\Delta F/\Delta\lambda$，会导致机架笨重和庞大，另一种仅有的可行方法是尽量缩短轧机机架的应力线。轧机的应力线(stress path)为：轧机在轧制力的作用下，机座各受力件的单位应力所经路线的连线。应该指出，机座应力线的长度是相对的，轧机中受力零件长度之和就是该轧机应力回线的长度。

为了获得高的轧机刚度，尽量缩短轧机应力线的长度，即减少轧机受力零件的长度，这就是短应力线轧机的原理。

无牌坊轧机就是一种短应力线轧机，这种轧机没有牌坊(机架)，而是把两个轧辊的轴承座直接连接在一起。由于取消了高度较大的机架，缩短了应力所经路线的长度，因而使机座的弹性变形减小，刚度提高了。

3.3.8　预应力轧机

预应力轧机也是一种高刚度轧机。长期以来人们一直认为其与短应力线轧机提高刚度的原理截然不同，它是利用刚性拉杆在轧制前对机架施加预加应力，使其处于受力状态。这样在轧制时，由于预应力的作用，机架的弹性变形减少，从而提高了轧机刚度。但实际上预应力轧机在理论上是不能提高轧机刚度，机架刚度与预紧力无关，它主要取决于机架本身结构尺寸参数，其刚度系数只相当于尺寸、材质相同的闭口机架普通轧机。然而开式机架预应力轧机与老式闭口机架轧机相比，在生产实践中仍具有较高刚性的主要原因是：窗口变窄(因开式机架不用从机架窗口换辊)，横梁变短，使横梁应力线缩短，立柱应力线也缩短了一些，并且改善了拉杆材质。

一直以来，使用以下方法证明预应力轧机比老式闭口机架刚度高：图3-41所示为两辊预应力轧机的结构示意图。通过液压螺母、拉杆施加预压力，拉杆和立柱受力时发生拉伸或压缩变形，把拉伸和压缩应力、应变曲线合并得到预应力轧机的力和变形的关系曲线，如图3-42所示。

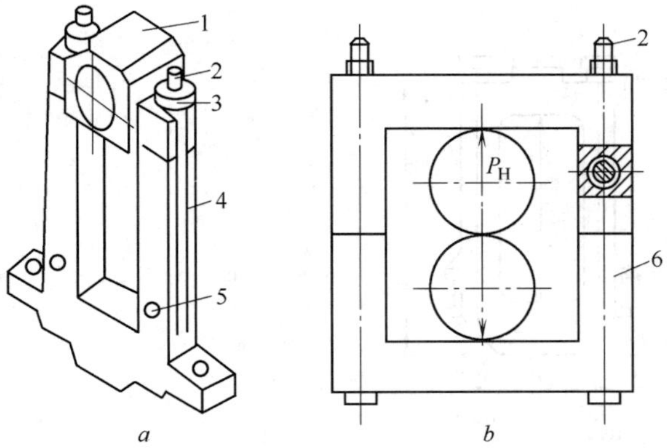

图3-41 两辊预应力轧机机架示意图

a—机架结构；b—受力图

1—上轴承座；2—拉杆；3—液压螺母；

4—半机架；5—圆柱销；6—立柱

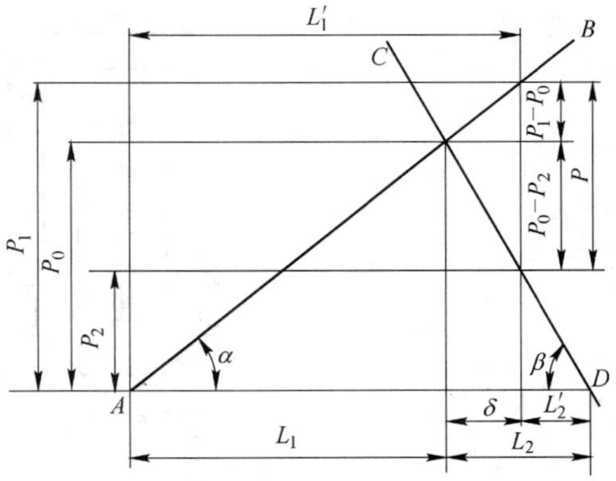

图3-42 预应力轧机的刚度曲线

P_0—预紧力；P—轧制力；L_1—机架拉杆产生拉伸变形；

L_2—受压零件产生压缩变形；K_1—拉杆的刚度系数，

$K_1=\tan\alpha$，而$\tan\alpha>0$，故$K_1>0$；K_2—受压零件的刚度系数，

$K_2=\tan\beta$，而$\tan\beta<0$，故$K_2<0$；$L_1=P_0/K_1$，$L_2=P_0/K_2$

直线AB表示拉杆受力与变形关系；

直线CD表示受压零件受力与变形关系

在轧制时，轧制力P使拉杆上的受力由P_0变为P_1，变形由L_1变为L'_1，增加了δ，使受压件的作用力由P_0变为P_2，变形由L_2变为L'_2，减少了δ。

因此：
$$\begin{aligned} P &= (P_1-P_0)+(P_0-P_2) \\ &= K_1\delta + K_2\delta \\ &= (K_1+K_2)\delta \end{aligned}$$

所以，由轧制力P引起的轧机弹性变形δ为：
$$\delta = P/(K_1+K_2)$$

此时，预应力的刚度系数为$K=K_1+K_2$。

对于一般没有预应力的轧机，在轧制力P作用下，受拉件和受压件的弹性变形之和即为轧机的弹性变形δ，即：
$$\begin{aligned} \delta &= L_1+L_2=\frac{P}{K_1}+\frac{P}{K_2} \\ &= P/(\frac{K_1K_2}{K_1+K_2}) \end{aligned}$$

故一般轧机的刚度系数为：
$$K'=\frac{K_1K_2}{K_1+K_2}$$

可见
$$\frac{K}{K'}=(K_1+K_2)/(\frac{K_1K_2}{K_1+K_2})$$

从上式可知：预应力轧机刚度比一般普通轧机的刚度系数大。但这个结论是错误的，证明如下：

从理论上说，预应力轧机并不比普通闭口机架轧机能提高刚性，这已经被德国奥尔特纳（Ortner）等人证明，其刚性只相当于尺寸、材质相同的闭口机架。其证明方法之一如下：

如图 3-43 所示，图 3-43*a* 为普通闭口机架，图 3-43*b* 为预应力机架。

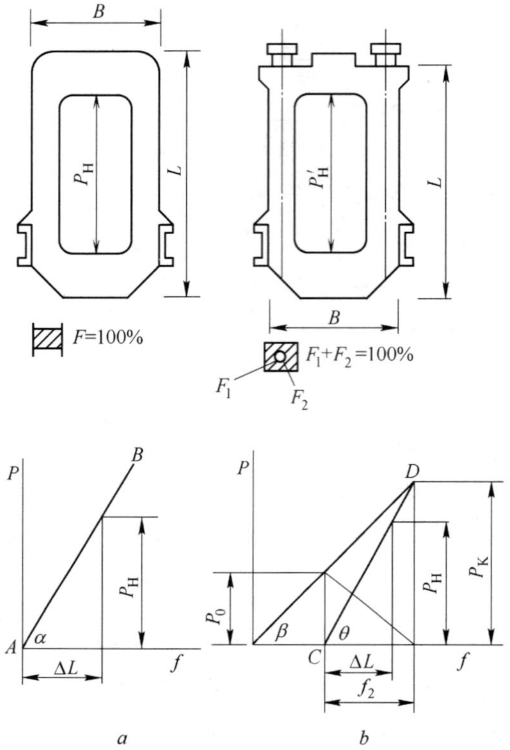

图 3-43　普通闭口机架（*a*）及预应力机架（*b*）的变形比较

设　　$F' = F_1 + F_2, L = L', P_H = P'_H, F = F'$

式中　F——闭口机架立柱的截面积；

F_1——预应力机架立柱拉杆的截面积；

F_2——预应力机架立柱被连接件的截面积；

F'——预应力轧机机架立柱和拉杆面积的和，$F' = F_1 + F_2$；

L、L'——闭口机架和预应力机架立柱高度；

P_H、P'_H——闭口机架和预应力机架所受的载荷。

假如能证明这两种机架的弹性曲线斜度相同（即 $\tan\alpha = \tan\theta$），即可证明二者的刚性是相同的。

对于闭口式机架：

因为
$$\Delta L = \frac{P_H L}{EF}$$

所以
$$\tan\alpha = \frac{P_H}{\Delta L} = \frac{EF}{L}$$

式中 ΔL ——在 P_H 作用下 L 的伸长量；

E ——弹性模量。

对于预应力轧机：

$$\tan\theta = \frac{P_K}{f_2}$$

因为

$$\frac{P_K}{f_1 + f_2} = \frac{P_0}{f_1}$$

所以

$$P_K = P_0 \frac{(f_1 + f_2)}{f_1} = \frac{P_0\left(\frac{P_0 L}{EF_1} + \frac{P_0 L}{EF_2}\right)}{\frac{P_0 L}{EF_1}} = P_0\left(\frac{F_1 + F_2}{F_2}\right)$$

式中 f_1、f_2 ——预应力机架立柱拉杆和被连接件的变形；

P_0 ——预应力机架所受的预紧力；

P_K ——被连接件中压缩力为零时的拉杆拉力。

$$\tan\theta = \frac{\frac{P_0(F_1 + F_2)}{F_2}}{\frac{P_0 L}{EF_2}} = \frac{E(F_1 + F_2)}{L} = \frac{EF'}{L}$$

因为

$$F = F'$$

所以

$$\frac{EF}{L} = \frac{EF'}{L}$$

即 $\tan\alpha = \tan\theta$

由此式完全可以证明预应力轧机在理论上是不能提高轧机刚度的，其刚度系数只相当于尺寸、材质相同的闭口机架。二者矛盾出在何处？由于普通闭式机架没有预应力，预应力机架上的受压件是不存在的，因此公式 $\delta = L_1 + L_2 = \frac{P}{K_1} + \frac{P}{K_2} = P/\left(\frac{K_1 K_2}{K_1 + K_2}\right)$ 是不成立的，公式 $\frac{K}{K'} = (K_1 + K_2)/\left(\frac{K_1 K_2}{K_1 + K_2}\right)$ 也自然不成立。

结论：

(1)预应力轧机与闭口机架普通轧机相比，在理论上是不能提高轧机刚度的，其刚度只相当于尺寸、材质相同的闭口机架。

(2)开式机架预应力轧机与老式闭口机架轧机相比，在生产实践中仍具有较高刚性的主要原因是：窗口变窄，横梁变短，使横梁应力线缩短，立柱应力线也缩短，并且改善了拉杆材质。

(3)机架刚度与预紧力无关，它主要取决于机架本身结构尺寸、材质参数等。

(4)预应力轧机与闭口机架比较刚度时，二者显著的区别是前者有受压件，而后者则没有。

3.3.9 四辊精密定径机

VAI 公司和 GFM 公司开发的精密轧制系统 PRS(precise rolling system)是一种精密定径

机。PRS 精密轧制系统一般由三个机架组成，前两个机架装普通的二辊轧机，最后一个机架装有一架四辊万能轧机（也可以安装一架普通二辊轧机）。我们通常所说的 PRS 轧机指的是最后这架四辊轧机。四辊万能轧机（图 3-44）采用四个成 90°角布置的轧辊，形成一个闭合的孔型（图 3-45），传动两个水平辊，另两个立辊靠摩擦带动。1998 年 8 月首次应用在美国得克萨斯州贾帕拉钢铁公司的棒材生产线上，已经成功地进行了生产实践。我国邢钢在 2001 年 11 月也投产了一套 PRS 轧机。

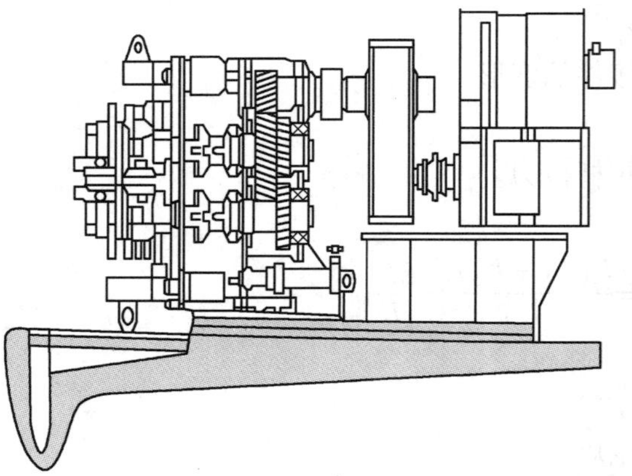

图 3-44　四辊万能轧机

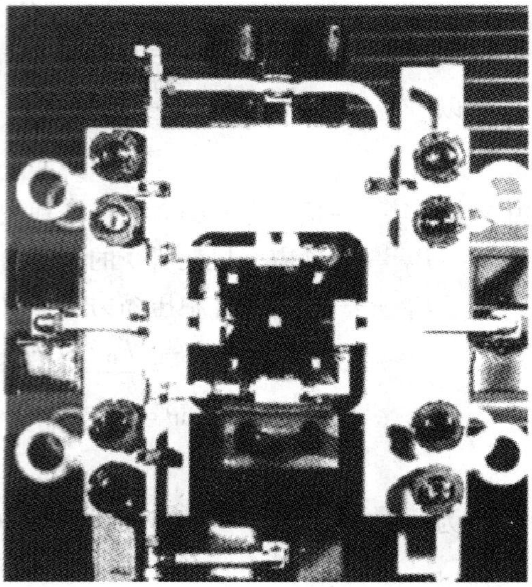

图 3-45　四辊万能轧机形成一个闭合的孔型

PRS 精密轧制系统孔型常用四角形 – 四角形 – 圆形孔型；八角形 – 八角形 – 圆形孔型（图 3-46）。邢钢采用的是后者，同时将正圆孔型改为正圆 + 双椭圆弧孔型，以轧制 ϕ26mm 规格为例，如图 3-47 所示。改进前：PRS 轧机四辊组成的孔型就是一个 ϕ26. 31mm 的正圆。改进后，PRS 轧机四辊组成的孔型是中间为 ϕ26. 21mm 的正圆，两旁为 ϕ26. 41mm 的椭圆弧。

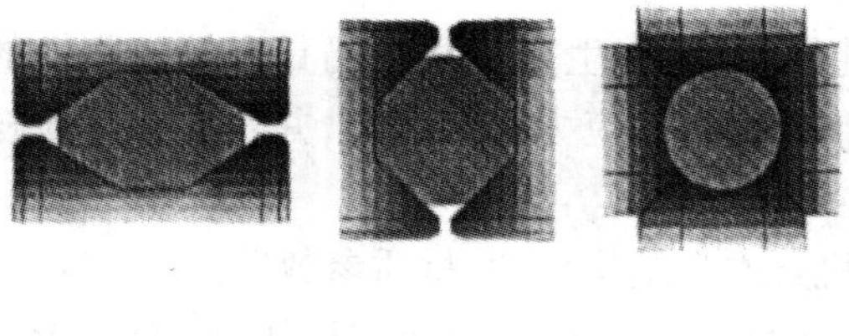

图 3-46　八角形 – 八角形 – 圆形孔型图

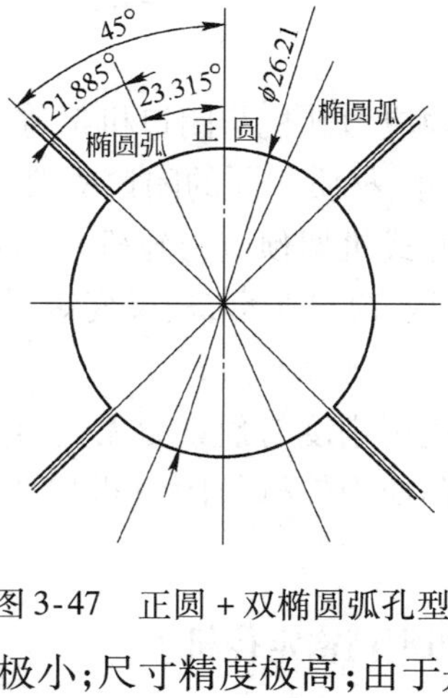

图 3-47　正圆 + 双椭圆弧孔型

PRS 轧机有如下优势：由于采用四辊进行轧制，宽展极小；尺寸精度极高；由于是四辊封闭孔型，不会出现满孔型问题；一定的来料尺寸范围可轧制较宽范围的成品尺寸，即能更好地完成“单一孔型轧制” 和“自由尺寸轧制”;由于孔型肩与孔型底之间的速度差小,因而孔型寿命长;可大大提高轧制力和轧制力矩,更适于轧制变形抗力高的钢种,且有利于采用热机轧制。

但目前,PRS 四辊万能轧机还有待在工业实践中进一步完善。

3.4 轧机结构

轨梁和大型型钢轧机工作机座可分为二辊、三辊和万能式,机架分为开式机架和闭式机架。通常二辊和万能式轧机使用闭式机架,三辊式轧机使用开式机架。中小型型钢轧机工作机座类型较多,除同轨梁和大型型钢轧机一样采用二辊、三辊和万能式机座及开式和闭式机架外,还采用平立转换轧机、无机架(牌坊)轧机、预应力轧机、三辊行星式轧机、三辊 Y 形轧机、减定径机、紧凑式轧机、WF 型扁钢轧机、悬臂式轧机等。

3.4.1 水平二辊(闭式机架)轧机

水平二辊(闭式机架)轧机是一种传统形式的轧机,轧机主机列如图 3-48 所示。

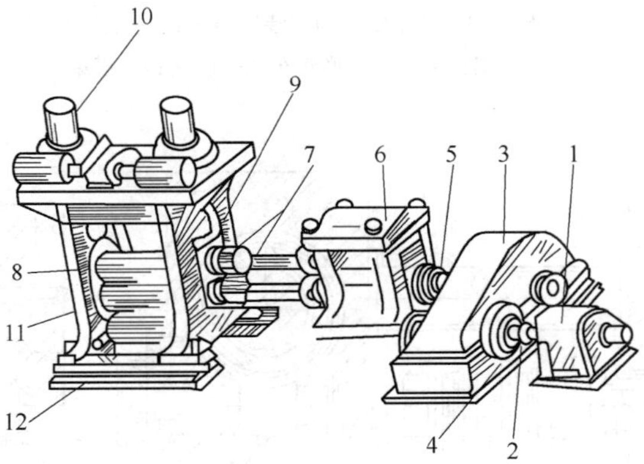

图 3-48 轧机主机列的各部组成

1—主电动机;2—电机联轴节;3—减速机;4—飞轮;5—主联轴节;6—齿轮座;7—联轴节;8—轧辊;9—轧辊轴承;10—轧辊调整装置 11—机架;12—轨座

某 550 工作机座(图 3-49),轧辊名义尺寸 ϕ550mm×900mm;最大轧制力 1850kN;最大轧制力矩 160kN·m,其结构如下:

(1)机架(牌坊)。该机架是用厚钢板经线切割窗口和外形而成(图 3-49)。两片机架 1 用横梁 9 通过焊接连接的方法连接在一起。焊接连接较螺栓连接的优势是:两片机架焊接后一起加工,以保证加工精度,同时可避免机架安装时的误差。值得注意的是在该机架上、下横梁处没有加工压下螺母孔,其压下装置 2 镶嵌在轧辊轴承座与机架上横梁之间,其作用是可避免传统机架存在的压下螺母孔处的应力集中。

(2)压下装置。该压下装置属内藏式(图 3-50),由蜗轮、蜗杆和压下丝杠、丝母组成,每侧轴承座上放置一套。手动或液压马达驱动蜗杆 3、蜗轮 5,与蜗轮组装成一体的压下螺母进而传动压下螺丝 6 做压下和提升运动。通过开或合离合器 2,可实现辊缝的单侧或同步调整。

(3)轧辊装配和轴向调整装置(图 3-51)。轧辊轴承采用四列圆柱滚子和止推轴承组

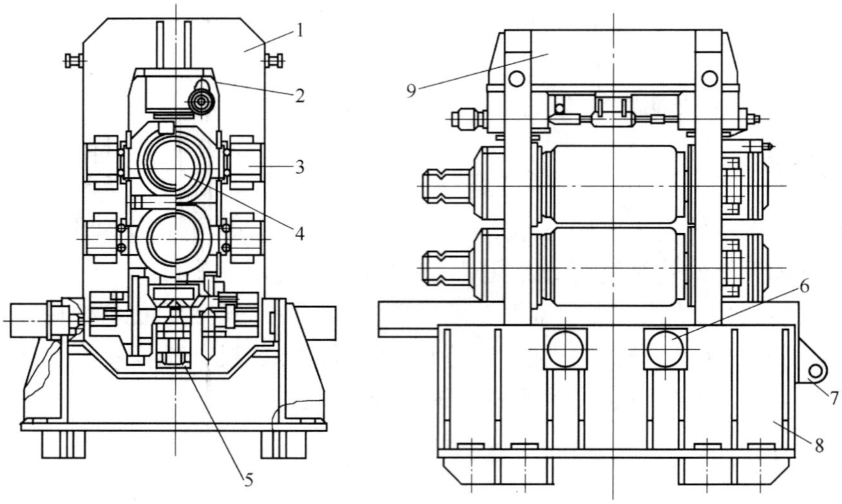

图 3-49　某 550 轧机工作机座

1—机架;2—压下装置;3—轧辊轴向锁紧装置;4—轧辊装配;5—轧辊升降缸;
6—机架锁紧缸;7—换辊车;8—底座;9—横梁

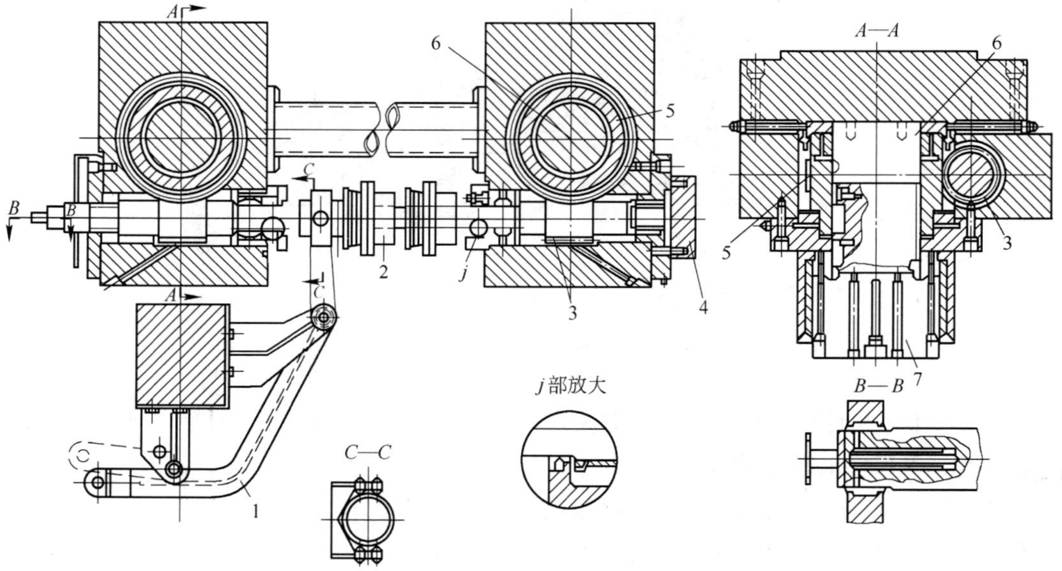

图 3-50　压下装置

1—离合器手柄;2—离合器;3—蜗杆;4—可接液压马达;5—蜗轮;6—压下螺丝;7—球面垫

合代替四列圆锥滚子轴承。轧辊轴向调节采用齿轮系和螺纹机构相结合的新方法。转动上轧辊操作侧外露的转轴,经齿轮机构转动带有外螺纹的推力轴承外套,使之带动推力轴承连同上轧辊一起作轴向运动,完成上轧辊的轴向调整。

(4)轧辊平衡装置。采用液压的平衡方式,在轴承座内部设置一个液压缸。目前还有一种方法,即采用弹性塑料代替液压缸,完成轧辊平衡。

图 3-52、图 3-53 为某 $\phi600$ 水平二辊(闭式机架)轧机机座、压下装置图。

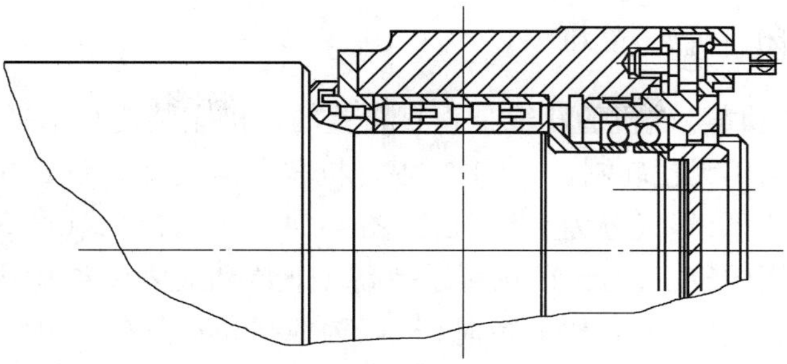

图 3-51 轧辊装配和轴向调整装置

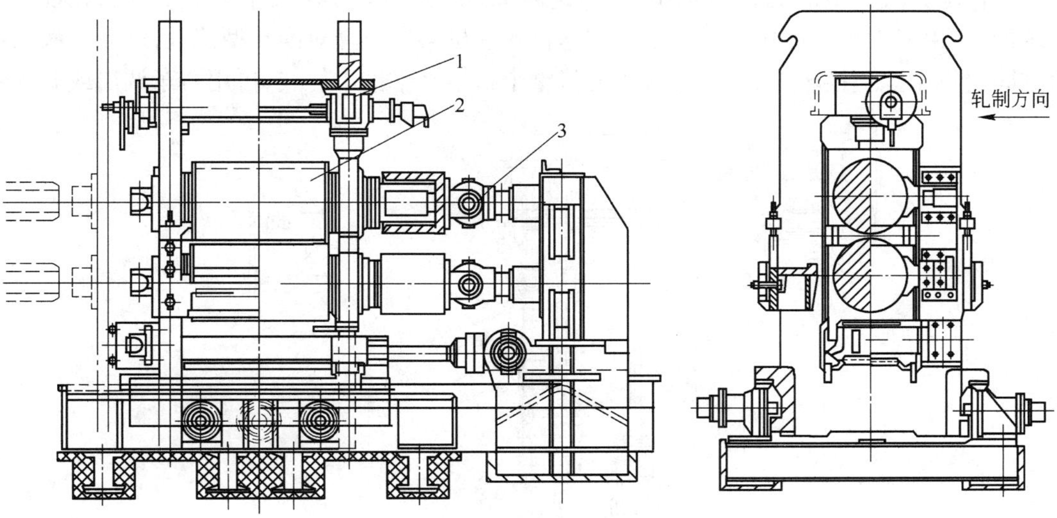

图 3-52 某 ϕ600 水平二辊(闭式机架)轧机机座

1—机架;2—轧辊;3—联轴器

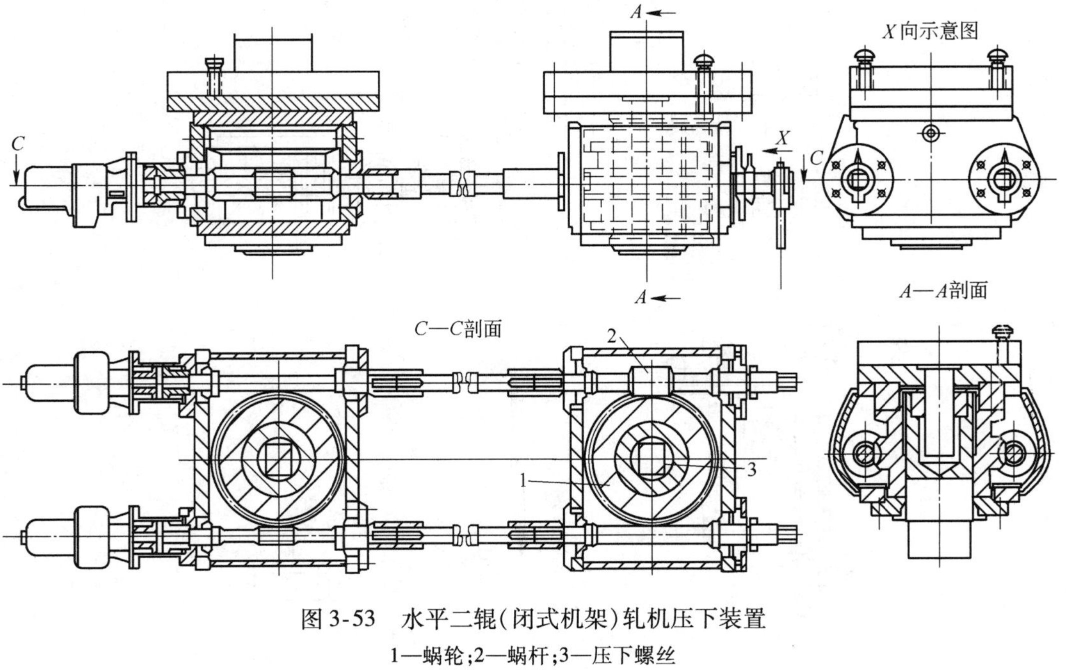

图 3-53 水平二辊(闭式机架)轧机压下装置

1—蜗轮;2—蜗杆;3—压下螺丝

3.4.2　垂直二辊(闭口机架)轧机

垂直二辊(闭口机架)轧机的轧辊是垂直布置的。机座结构与水平二辊(闭式机架)轧机基本相同。通常为了无扭轧制,与水平二辊轧机联合组成交替布置的连轧机组。根据传动系统在机座的上或下,将其分为上传动式(图3-54)和下传动式(图3-55)。上传动式因安装、维修方便,采用的较多,但天车轨面标高高。下传动式因设备基础深、维修不方便,故采用的比较少,但当轧制线为高架平台时(标高为5000mm左右),可综合考虑使用何种传动方式。

上传动方式是主电机1、传动系统(减速机2、万向接轴3)在机座4上方传动轧辊。更换轧槽时,由机架提升电机5带动蜗轮减速机6使机架升或降对准孔型位置,进而由液压锁紧缸固定机架。更换辊时,由换辊液压缸将整个机架水平推出轧线,再用吊车调出或调入轧

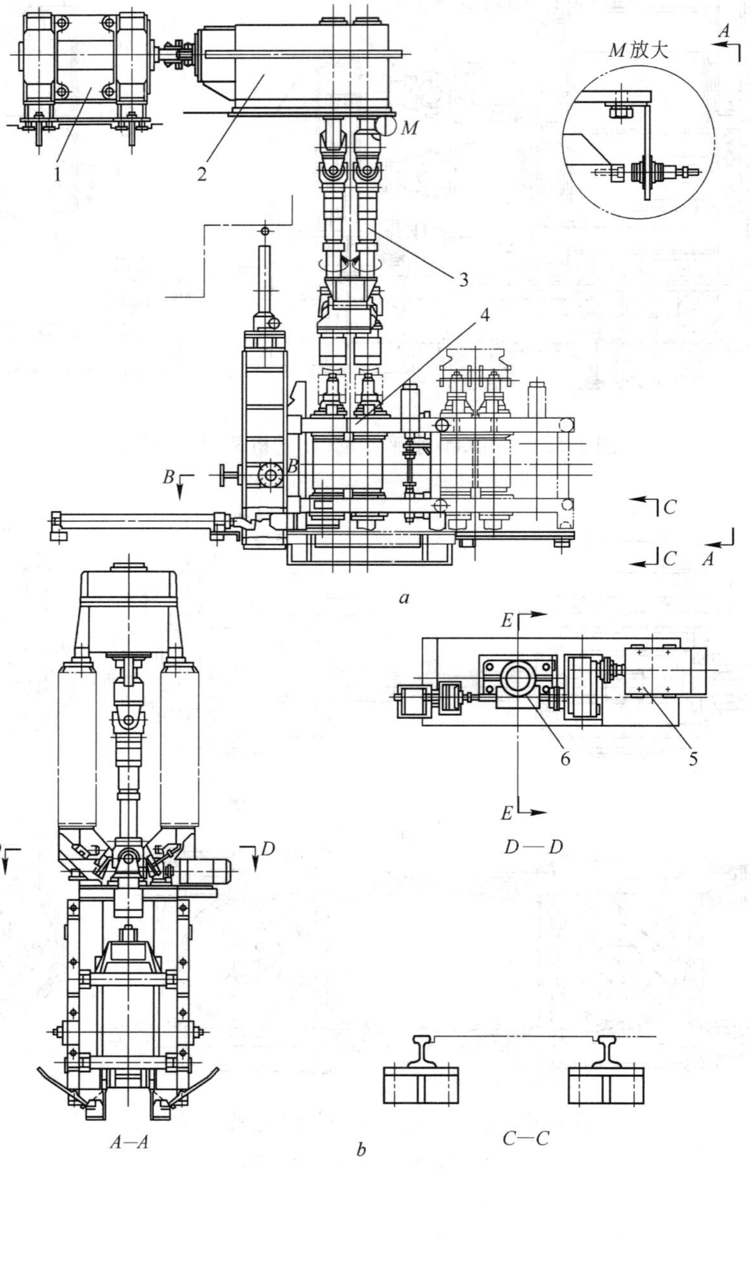

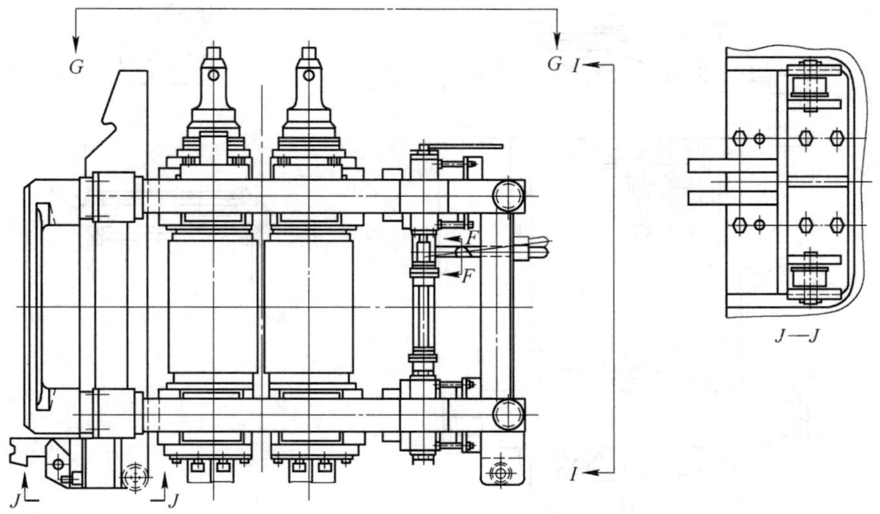

c

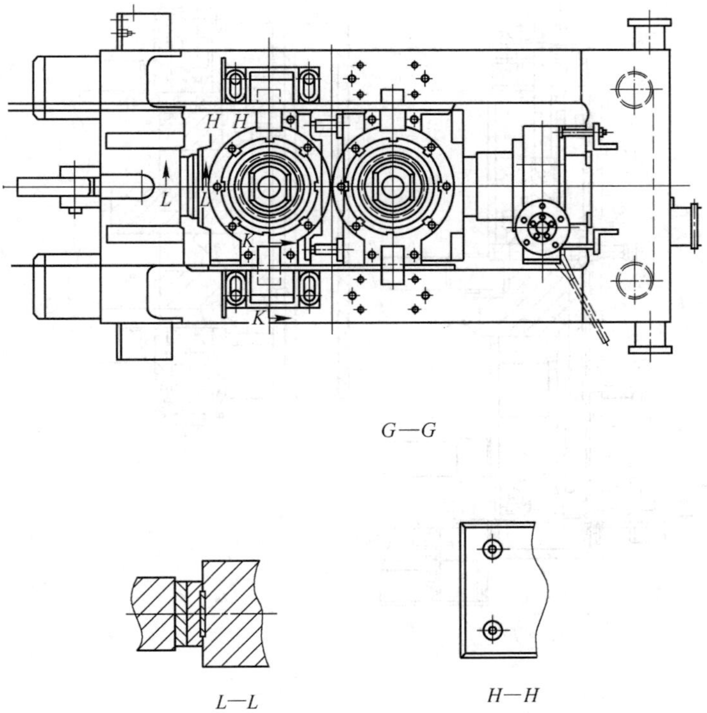

d

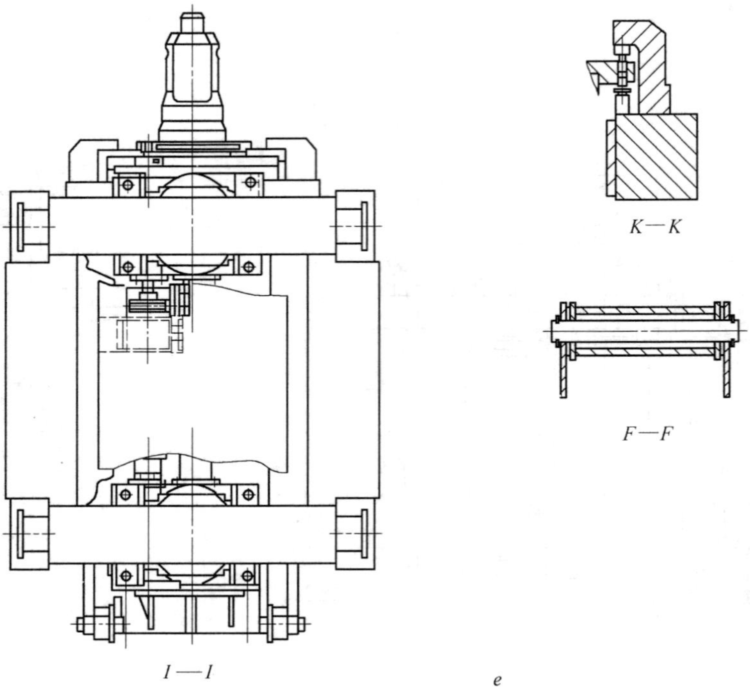

e

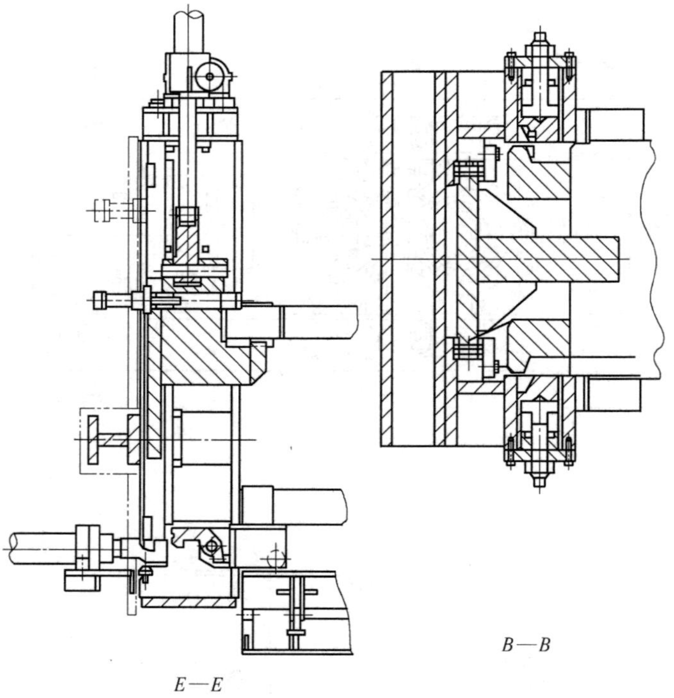

f

图 3-54　上传动方式垂直二辊(闭口机架)轧机

1—主电机;2—减速机;3—万向接轴;4—机座;5—机架提升电机;6—蜗轮减速机

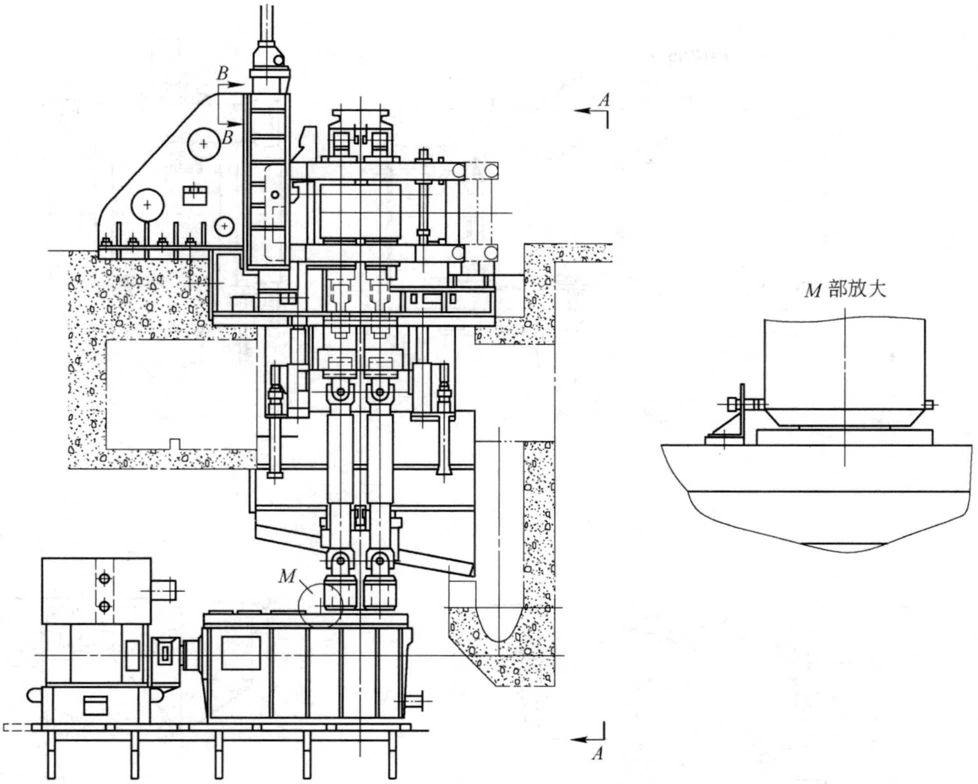

a

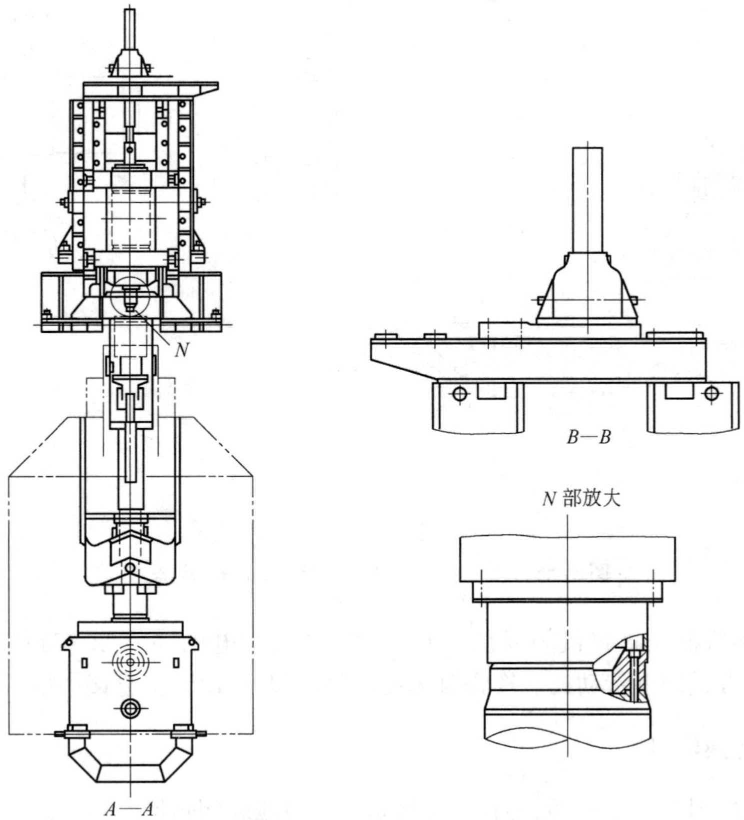

b

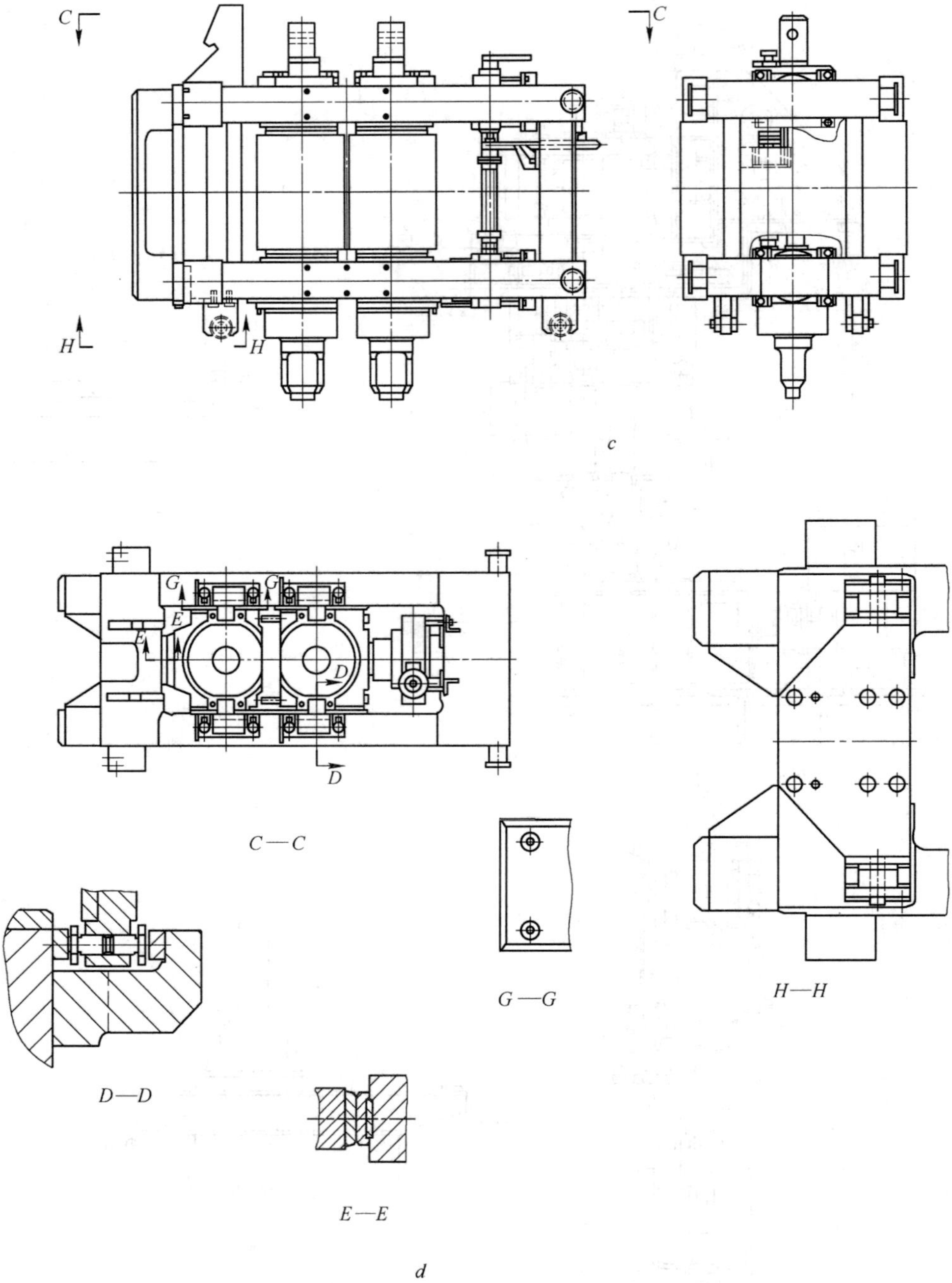

图 3-55　下传动方式垂直二辊(闭口机架)轧机

辊,最后再用换辊液压缸将机架复位。下传动方式是主电机、传动系统在机座下方传动轧辊。更换轧槽方式同上传动式。换辊时无需横移机架,可由天车直接吊换。

3.4.3　平立转换轧机

为了满足轧制工艺要求,如将轧机交替布置的单线轧制转换为多线轧制、圆钢轧制转换为扁钢轧制等,需要灵活地调整轧机的平立布置形式,使其既可水平布置又可垂直布置。平立转换轧机正好解决了这个问题。图 3-56 所示为西马克公司 ϕ550mm 平立转换轧机。机座 7 结构与普通二辊轧机基本相同,立轧时在辊系中增加止推轴承。机架可水平或转 90°放置在一个小车上,机架与小车用螺栓连接在一起。水平轧制时换孔槽是靠小车水平移动,垂直轧制时换孔槽是靠小车所在的台架垂直上下移动调整位置,之后用液压锁紧缸将机架定位。该台架由电机、蜗轮蜗母、丝杠螺母机构组成。

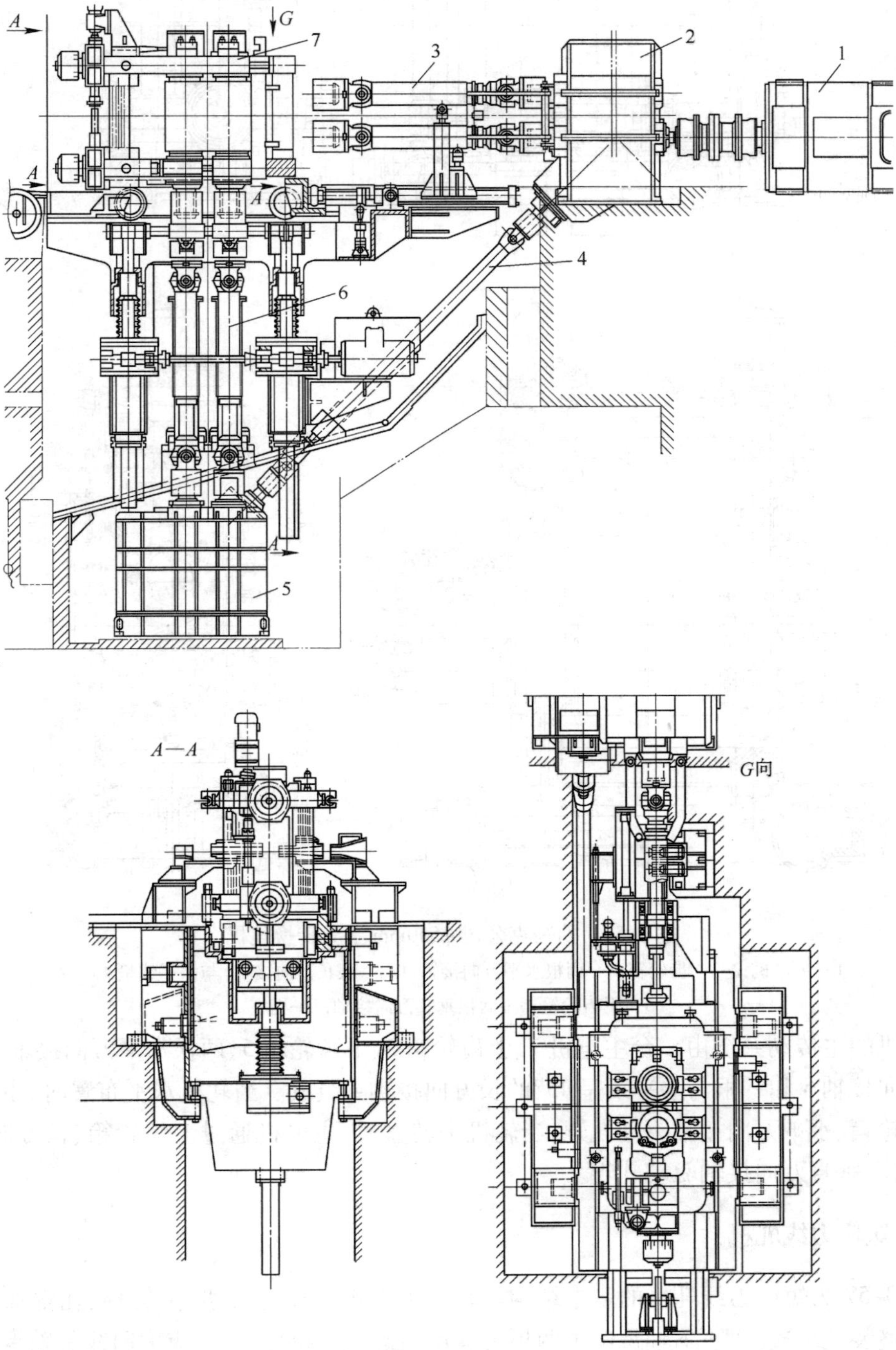

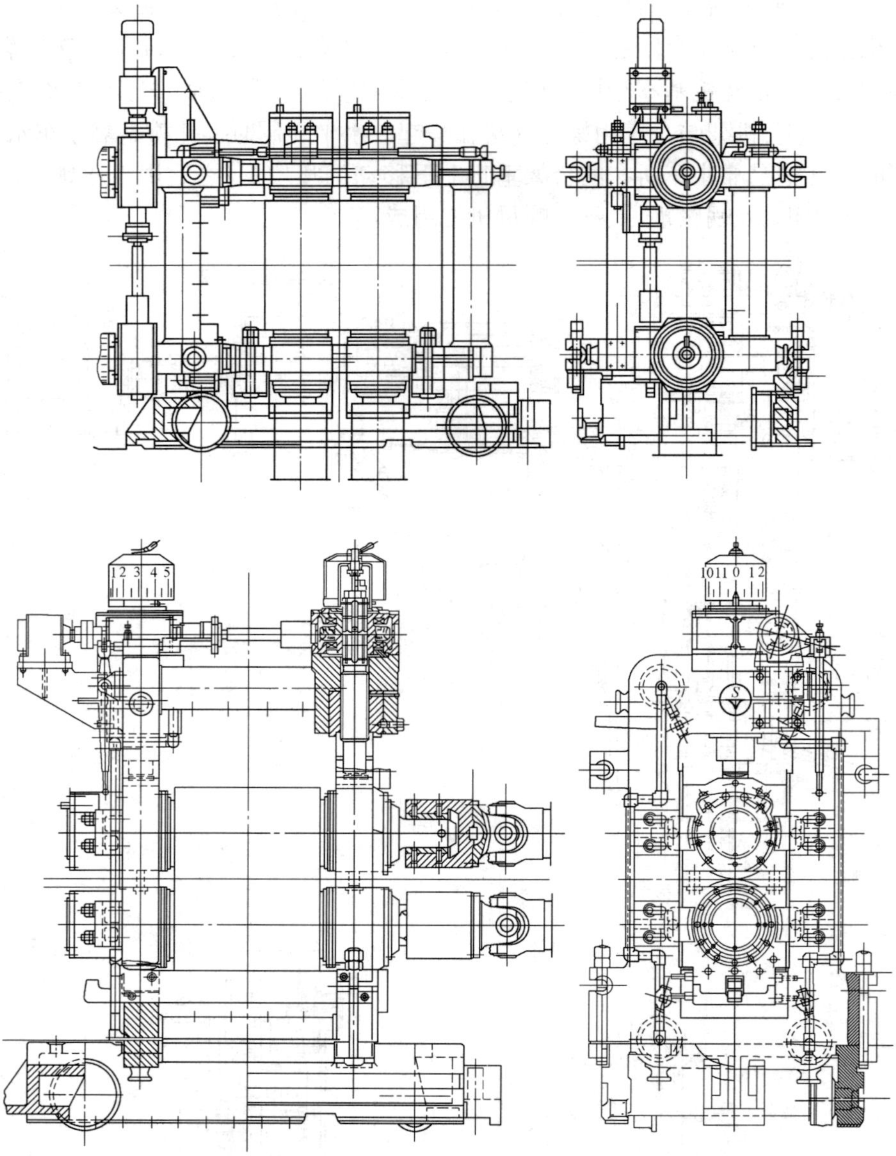

图 3-56　西马克公司 ϕ550mm 平立转换轧机

1—主电机；2—上齿轮箱；3—两根水平万向接轴；4——根长万向接轴（与水平线呈 45°）；5—下齿轮箱；6—两根垂直万向接轴；7—机座

轧机的主传动系统由一台主电机 1、上齿轮箱 2、下齿轮箱 5、两根水平万向接轴 3、两根垂直万向接轴 6 和一根与水平线呈 45°的长万向接轴 4 组成。当轧机水平布置时，主电机通过上齿轮箱、水平万向接轴驱动轧辊；当轧机平转立时，主电机通过上齿轮箱、长万向接轴、下齿轮箱、垂直万向接轴驱动轧辊。

3.4.4 短应力线轧机

图 3-57 为短应力线轧机的基本结构。轧机工作机座没有机架，由轧辊、轧辊轴承座和辊缝调整装置组成。上、下轴承座由两根带有反向螺纹的拉杆连接，应力回线是轴承座和拉

杆。辊缝由蜗轮副转动拉杆相对轧制线对称调整。

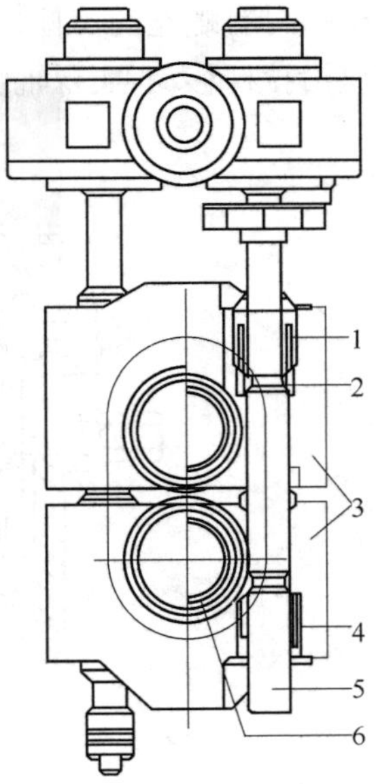

图3-57 短应力线轧机的基本结构
1、4—螺母和球面垫;2—钢环和应力传感器;3—轴承座;5—拉杆;6—圆柱滚子轴承

图3-58为国产GY型短应力线轧机。该轧机工作机座由轧辊、轧辊轴承座、轧辊轴向调整装置、轧辊径向调整装置、支架、导卫和地脚板组成。

3.4.4.1 轧辊、轧辊轴承座

图3-59为轧辊、轧辊轴承座和拉杆。每对上下轴承座均由两根带有反向螺纹的拉杆连接。轧制力的传递次序是由轧辊3—轴承2—轴承座1—球面垫6—螺母4经螺旋副传到拉杆5的,其中球面垫可使拉杆与轴承座间具有自动调位性能。图3-60为轧辊装配。其采用四列圆柱滚子轴承和向心球轴承组合,同时采用了先进的轴向定位和锁紧装置。

3.4.4.2 轧辊径向调整装置

图3-61为轧辊径向调整装置。先手动小手轮1合上离合器4,再手动大手轮2带动两根蜗杆3、5转动,每根蜗杆各自带动相应一对蜗轮6转动,四个蜗轮分别驱动与各自相连的四根拉杆7(图3-59中件号5)转动,拉杆传动螺母(图3-59中件号5),螺母带动上下辊系轧辊分合,实现辊缝相对轧制线对称调整。离合器4分开,可实现辊缝一端单独调整。

图3-58 GY型短应力线轧机

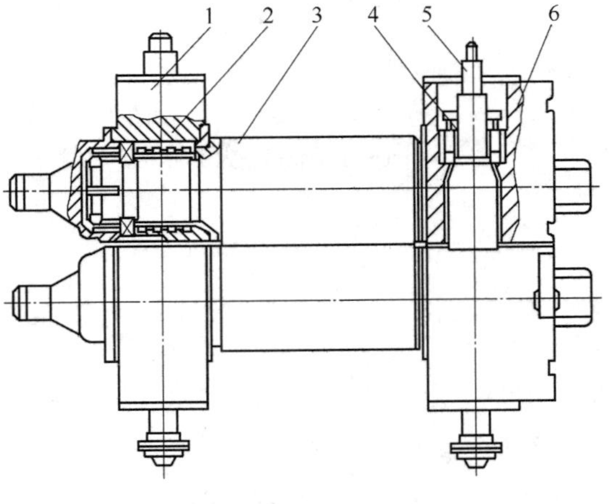

图3-59 轧辊、轧辊轴承座和拉杆
1—轴承座;2—轴承;3—轧辊;4—螺母;5—拉杆;6—球面垫

3.4.4.3 轧辊轴向调整装置

图3-62为轧辊轴向调整装置。在非传动端侧配有轴向调整端盖3和置于支架两侧的左、右调整螺栓4、6。通过转动左、右螺栓,端盖带动轴承座、轧辊左右移动,实现轴向调整。

3.4.4.4 支架

辊系装在支架上,用其承受倾翻力矩。支架有两种形式:三角架式(图3-58)、U形架式(图3-63)。

图3-64为GYL-Ⅰ型立式短应力线轧机。图3-65为达涅利公司短应力线轧机。图3-66为西马克公司短应力线轧机。图3-67为三辊式短应力线轧机,在中辊轴承座的上、下

面各伸出一对有螺丝的拉杆,上、下轴承座就套装在此拉杆上,并通过压上、压下装置使上、下轴承座沿拉杆移动,实现辊缝调整。

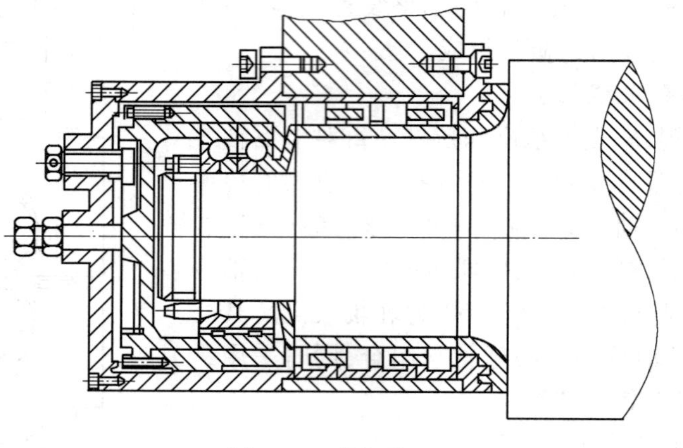

图 3-60　轧辊装配

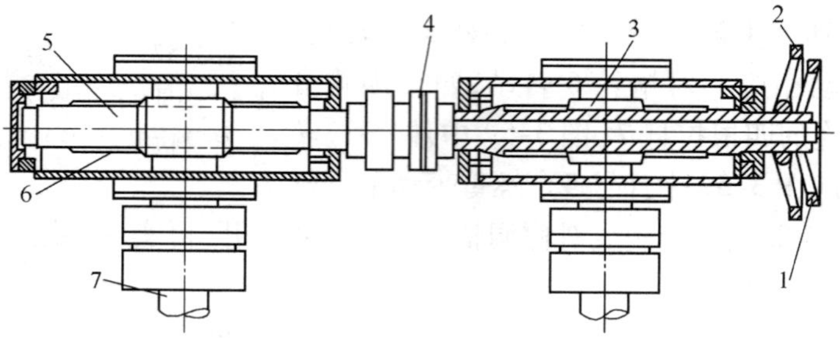

图 3-61　轧辊径向调整装置

1—小手轮;2—大手轮;3、5—蜗杆;4—离合器;6—蜗轮(四个);7—拉杆(四根)

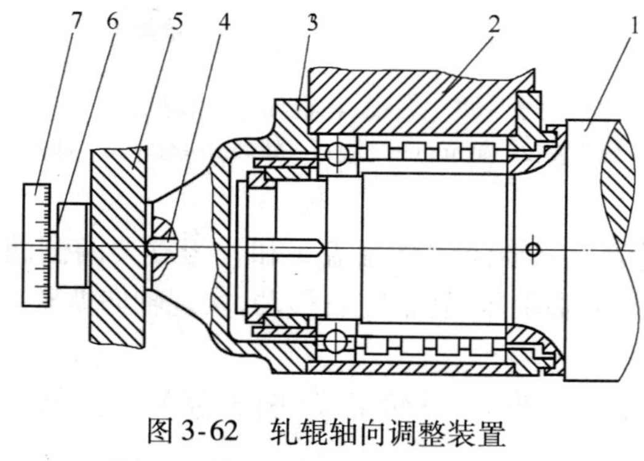

图 3-62　轧辊轴向调整装置

1—轧辊;2—轴承座;3—端盖;4—左调整螺栓;5—支架;6—右调整螺栓;7—刻度盘

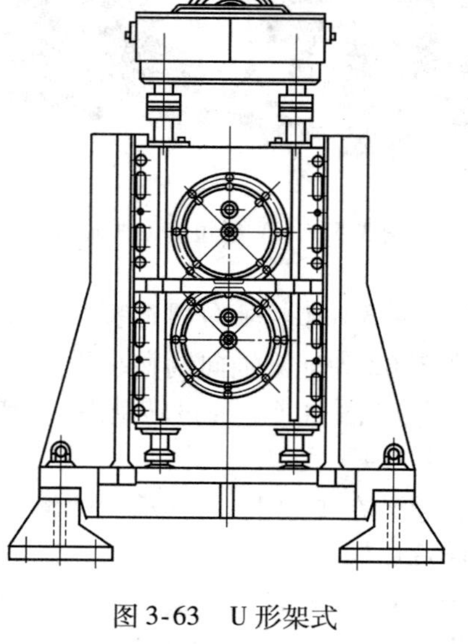

图 3-63　U 形架式

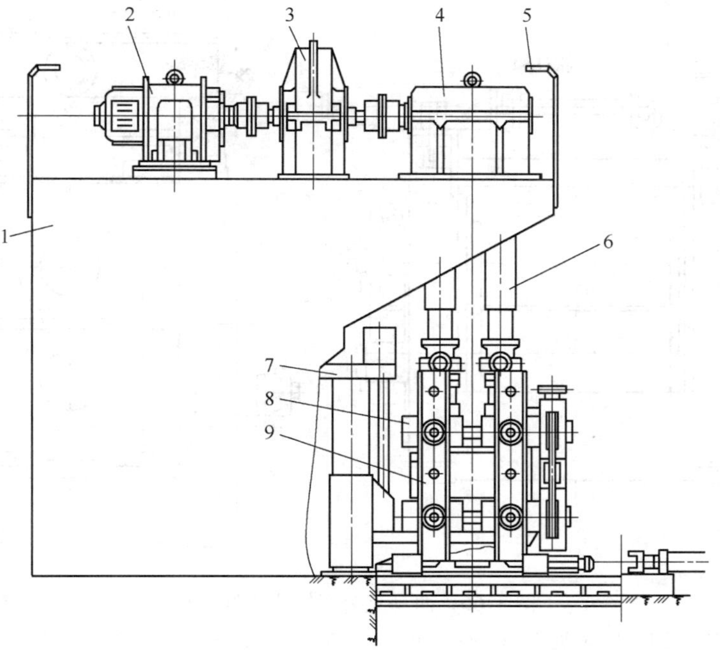

图 3-64 GYL－Ⅰ型立式短应力线轧机

1—平台;2—电动机;3—减速机;4—齿轮箱;5—护栏;6—联轴器;7—轴向调整;8—辊系;9—支架

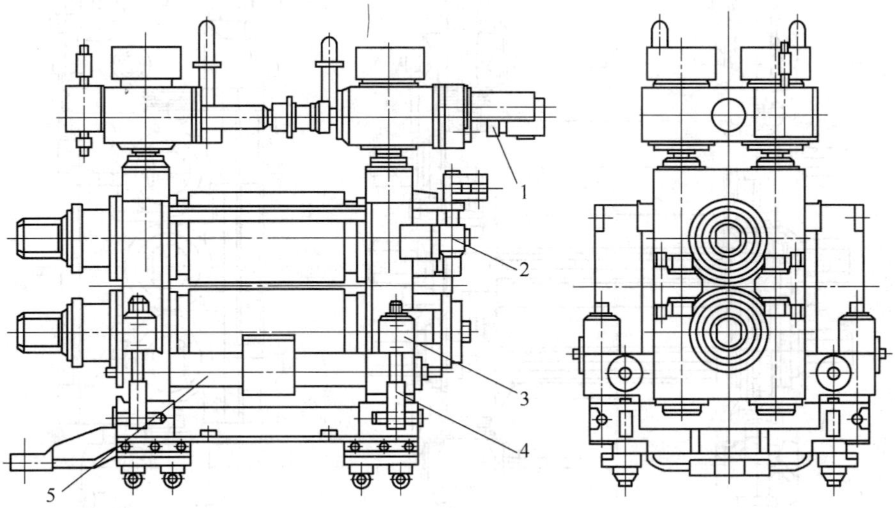

图 3-65 达涅利公司短应力线轧机

1—辊缝调节装置;2—卡具;3—锁紧装置;4—锁紧拉杆;5—横梁

3.4.5 预应力轧机

在第 3.3.8 节已经说明了预应力轧机与闭口机架相比,在理论上是不能提高轧机刚度的。但因其窗口变窄,使横梁应力线缩短,立柱应力线也缩短了一些,并且改善了拉杆材质,使其仍具有较高的刚性。在开式机架型钢轧机上采用预应力措施,还是有一定优势的。

型钢预应力轧机有多种结构形式,主要有三种:(1)偏心套筒式(图 3-68),用蜗杆传动偏心套来调整辊缝;(2)空心拉杆式(图 3-69),因拉杆是空心的,通过向其内充高压油施加

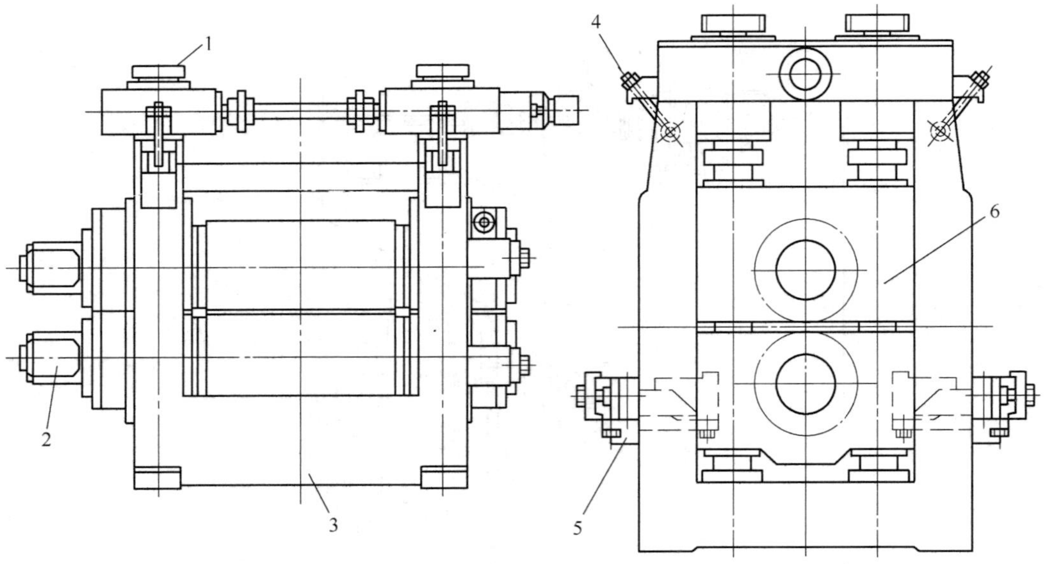

图 3-66　西马克公司短应力线轧机

1—辊缝指示仪;2—轧辊;3—机座;4—机架上盖锁紧装置;5—可调整导卫支承梁;6—轴承座

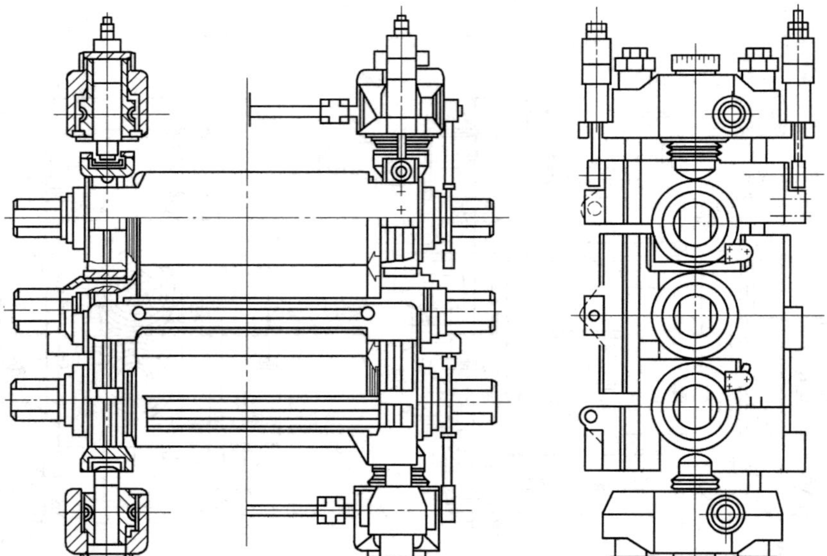

图 3-67　三辊式短应力线轧机

预应力;(3)半机架式(图 3-70),用拉杆把上下半机架连接起来。国内采用半机架式结构较多。其中(1)、(3)两种形式轧机是靠液压螺母或液压千斤顶施加预应力的。

液压螺母(图 3-71)施加预应力的方法:将高压油经油嘴 1 注入液压缸 4,活塞(中间螺母)3 被迫顶起而拉伸拉杆 2,此时锁紧螺母(外螺母)5 与液压缸之间出现间隙,然后转动锁紧螺母与液压缸靠紧,这时放松油压,机架即处于预应力状态。

液压千斤顶(图 3-72)施加预应力的方法:先拧紧拉杆上的螺母,然后将空心液压千斤

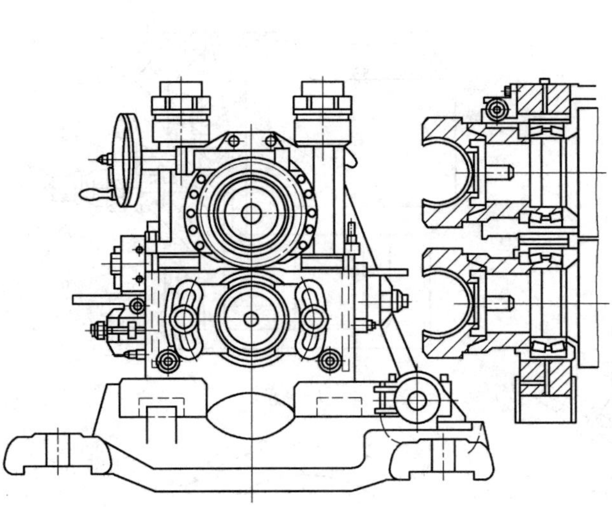

图 3-68 偏心套筒式预应力轧机

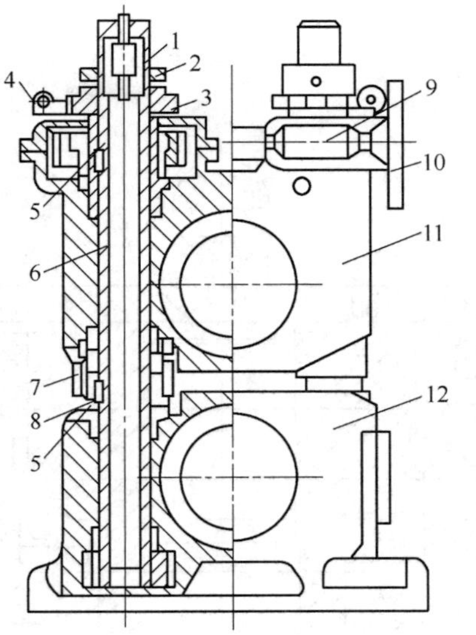

图 3-69 空心拉杆式预应力轧机

1—油嘴;2—锁紧螺母;3—套;4—蜗轮;5、6—空心拉杆;7—调整螺母;8—调整螺丝;9、10—手轮;11—上轴承座;12—下轴承座

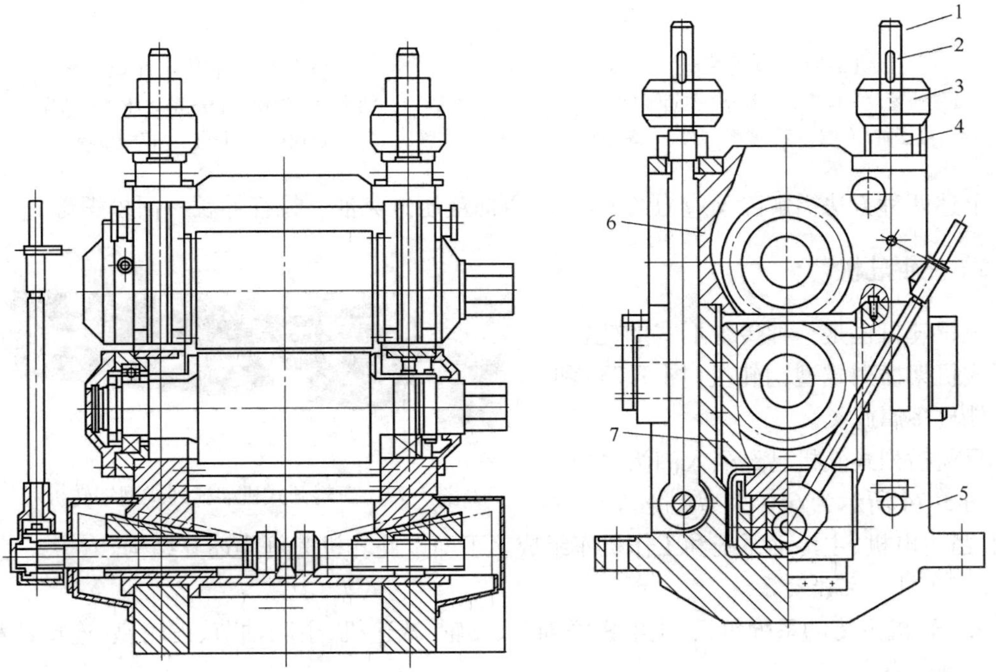

图 3-70 半机架式预应力轧机

1—拉杆;2—扁销;3—空心油压千斤顶;4—紧固螺母;5—半机架;6—上轧辊装配;7—下轧辊装配

顶套在拉杆上,并在拉杆上插上扁销,之后将高压油经油嘴 4 注入液压缸 2,活塞 1 被迫顶起而拉伸拉杆,此时进一步拧紧上述置于千斤顶下拉杆上的螺母,再将千斤顶油压卸去,机架即处于预应力状态。

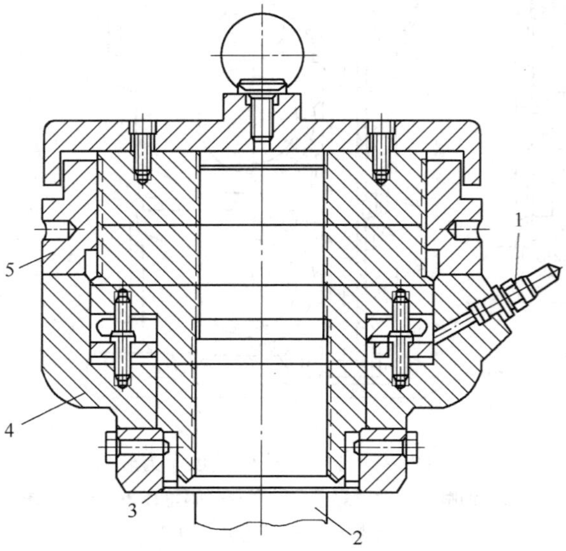

图 3-71　液压螺母

1—油嘴;2—拉杆;3—活塞(中间螺母);
4—液压缸(套圈);5—锁紧螺母(外螺母)

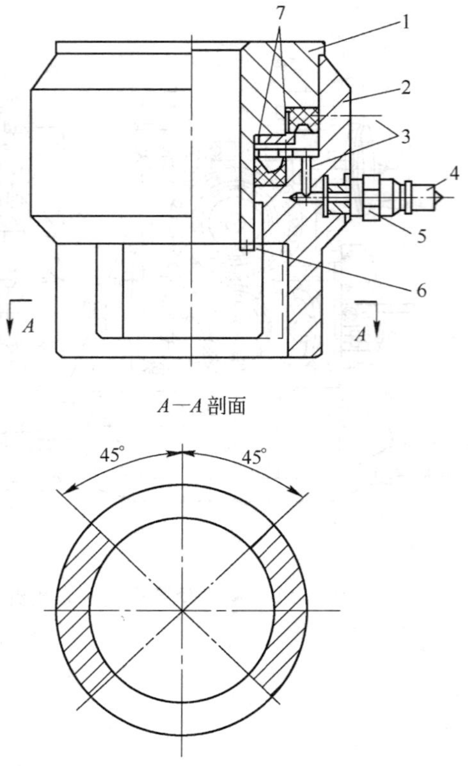

图 3-72　液压千斤顶

1—活塞;2—液压缸;3—密封环;4—油嘴;
5—快速插头;6—挡块;7—压环

上述两种方法需解除预应力的方法是:再向液压缸充油—拉杆伸长—回松螺母。

3.4.6　三辊轧机

三辊轧机也是一种传统形式的轧机,如开式机架横列式型钢轧机(图 3-73)和轨梁轧机多属此类。

图 3-73　三辊开式机架横列式型钢轧机

目前横列式轧机已经列入淘汰之列。

图 3-74 所示为 650 大型型钢轧机主机列,由主电机、主传动系统和工作机座组成。下面以此轧机为例详述其结构。

3.4.6.1　主传动系统

650 轧机主传动系统包括:主电机联轴节、飞轮、减速机、主联轴节、齿轮座、连接轴和连接轴平衡装置。

A　联轴节

联轴节包括主电机联轴节和主联轴节。前者是用来连接电动机与减速机的传动轴,而后者则用来连接减速机与齿轮座的传动轴。

联轴节的类型很多,根据内部是否包含弹性元件,可以划分为刚性联轴节与弹性联轴节两大类。刚性联轴节又分为固定式与可移动式两类,其中万向联轴节、齿轮联轴节、弹性柱

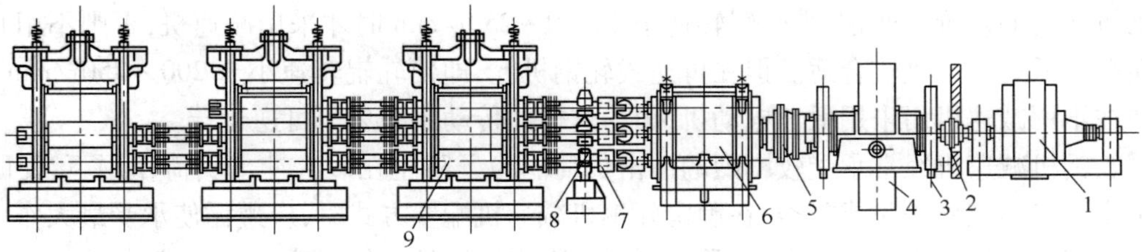

图 3-74 650 大型型钢轧机主机列

1—主电机；2—主电机联轴节；3—飞轮；4—减速机；5—主联轴节；
6—齿轮座；7—连接轴；8—连接轴平衡装置；9—工作机座

销联轴节、轮胎联轴节等被广泛地应用于轧钢机中。

三辊型钢轧机(因不可逆)在传动系统中装有飞轮。当轧制情况不正常时，由飞轮所产生的转矩可能达到很大的数值，以至损坏轧机和飞轮之间的传动零件。为了保护传动装置和轧机，在减速机低速轴和齿轮座之间安装安全联轴器，即主联轴节为安全联轴节。

图 3-75 所示为 650 型钢轧机的齿式安全联轴器。法兰盘 1 装在减速机低速轴上，减速机的扭矩通过安全螺栓 9、内齿圈 8、外齿轴套 7 传至另一个内齿圈 6，再由螺栓 5、法兰盘 4 传动齿轮座的主动齿轮。当安全螺栓 9 过载切断时，齿轮座中齿轮停止转动，而电机还在旋转。借助于双列球面滚子轴承 2 和法兰盘 1 的支承，内齿圈 8 和外齿轴套 7 不致下落造成事故。

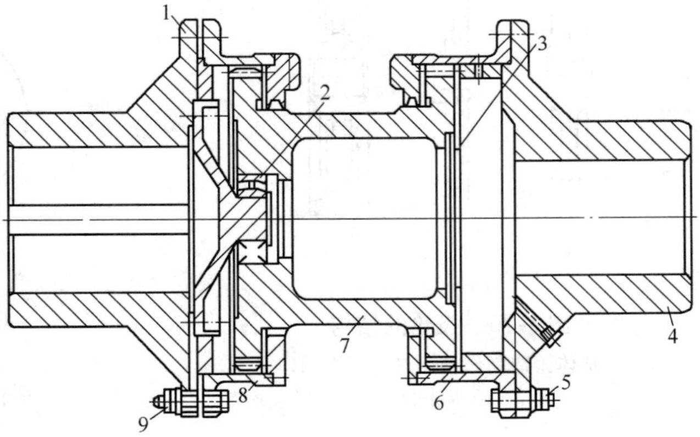

图 3-75 650 型钢轧机齿式安全联轴器

1、4—法兰盘；2—球面滚子轴承；3—盖板；5—铰孔螺栓；
6、8—内齿圈；7—外齿轴套；9—安全螺栓

这里重点需指出的是：安全螺栓(安全帽)的个数、直径大小、径向 U 形槽缺口深度、材质、热处理工艺等，需要根据轧钢实践来确定。

B 飞轮

为使主电机负荷均匀和具有较小容量，在具有短时(一般 2 ~4s)尖峰负荷的不可逆轧机主传动系统上装有飞轮。飞轮通过电机转速变化，即增大或减小来储存或释放能量。飞轮的飞轮力矩是一个重要的参数，它主要取决于主传动系统总飞轮力矩、主电机容量和尖峰负荷的降低程度等。

根据飞轮的飞轮力矩(GD_f^2)(D_f、G 分别为飞轮直径、质量)、允许的最大圆周速度，就可以确定飞轮的结构(图 3-76)及其主要参数(D_f、G)。

C 减速机

减速机可将电动机较高的转速变成轧辊所需的转速，故可以选用价格较低的高速电动

机。但是否采用减速机，则要比较减速机及其摩擦损耗的费用是否小于低速电动机与高速电动机之间的差价。通常，当轧辊转速小于 200 ~ 250r/min 时才采用减速机，否则不用减速机而采用低速电动机较合适。但在可逆式轧钢机上，即使轧辊转速小于 200 ~ 250r/min 时，也往往不用减速机而采用低速电动机，因为这样的传动系统易于可逆运转。

轧钢机减速机经常承受较剧烈的冲击负荷。为了防止在多次冲击负荷作用下，使固定轴承座上盖的螺栓松脱或断裂，在确定轧钢机减速机配置方式时，应遵循使承受最大作用力的轴承座上盖螺栓不承受拉力的原则。例如，在二级圆柱齿轮减速机上，中间齿轮轴上的作用力最大（图 3-77），故应根据中间齿轮轴轴承座上盖螺栓的受力方向，来选择确定轧钢机减速机的配置方式。以二辊轧机为例，如果将轧钢机减速机的高速轴配置在轧制线出口方向（图 3-78*a*）时，减速机中间齿轮轴的受力方向如图 3-77 所示。此时，中间齿轮轴轴承座上盖螺栓将承受拉力，易使螺栓松脱或断裂。如果将减速机的高速轴配置在轧制线入口方向（图 3-78*b*），中间齿轮轴轴承座上盖螺栓不承受拉力，这种配置是符合要求的。

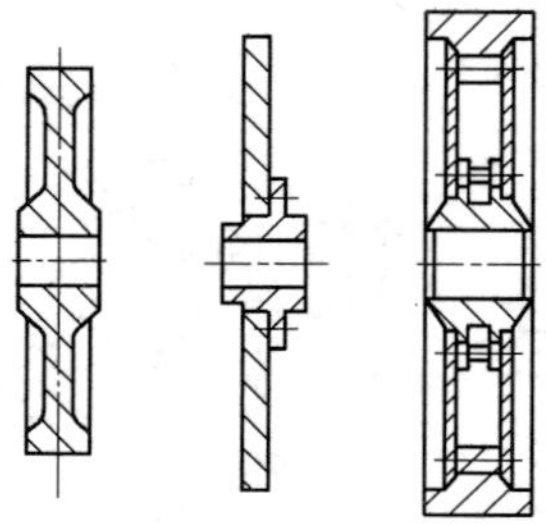

a　　*b*　　*c*

图 3-76　飞轮的结构

a—整体铸造制作；*b*—热轧钢板制作；*c*—组合式制作

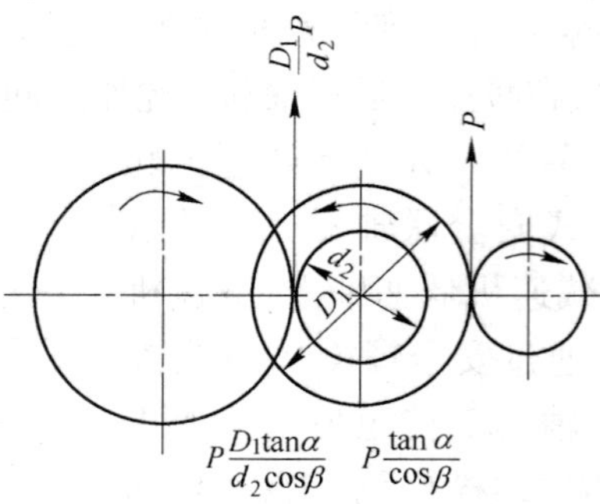

图 3-77　二级圆柱齿轮减速机中间齿轮轴受力简图

P—作用在中间齿轮轴大齿轮上的圆周力；D_1—中间齿轮轴大齿轮节圆直径；d_2—中间齿轮轴小齿轮节圆直径；α—齿轮法面压力角；β—齿轮螺旋角

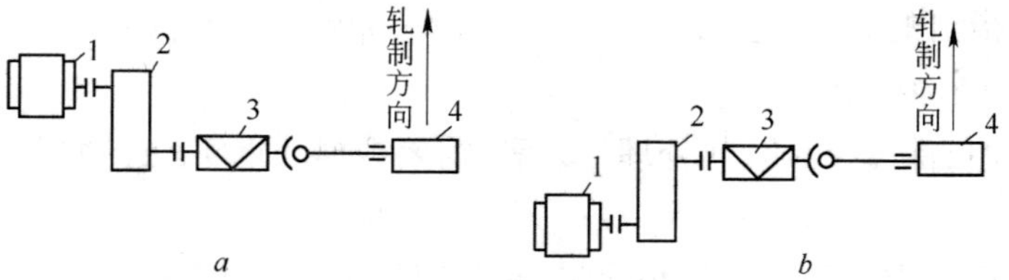

a　　*b*

图 3-78　轧钢机减速机配置方式

a—高速轴配置在轧制线出口方向；*b*—高速轴配置在轧制线入口方向

1—电动机；2—减速机；3—齿轮座；4—轧钢机

常用的减速机是一级或二级圆柱齿轮减速机。一般以速比 7 ~ 8 作为选用一级或二级减速机的分界线。轧钢机主减速机的中心距，对于一级减速机为 1000 ~ 2400mm，对于二级减速机为 2000 ~ 4200mm。在二级减速机中，为了使第一级和第二级的负荷均匀，这两级中心距的分配原则，主要是应使这两级的传动齿轮齿面接触应力近似相等，并适当考虑减速机能具有的较小外形尺寸和重量。根据上述分配原则,第二级和第一级中心距之比约为1.3~1.5。当然,在齿面接触应力允许的情况下,尽可能取小的比值,从而可以减小减速机外形尺寸和重量。还应参考有关中心距的专业标准。

图3-79为650轧机一级减速机结构,由齿轮、轴承和箱体组成。最大传递扭矩 $M=650kN\cdot m$;传动比 $i=6$;中心距 $A=1800mm$;齿形:渐开线人字齿轮;法向模数 $m_n=20mm$;端面模数 $m_s=22.3602mm$;大齿轮齿数 $Z_2=138$;小齿轮齿数 $Z_1=23$;螺旋角 $\beta=26°33'45''$;压力角 $\alpha=20°$。

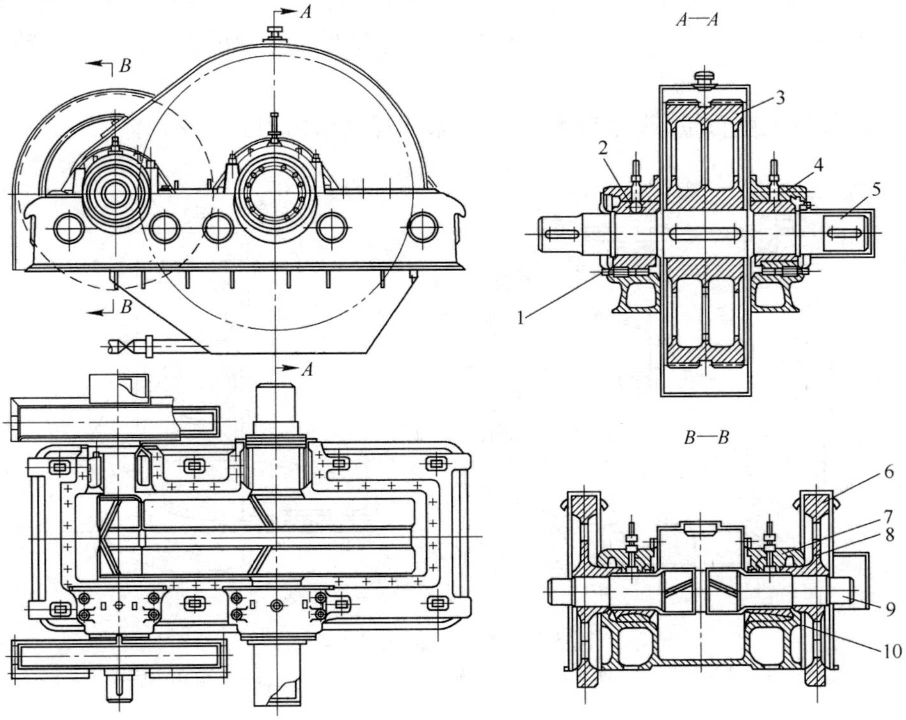

图3-79 650轧机一级减速机结构

1、10—下瓦座;2、8—上瓦座;3—大齿轮;4、7—轴承盖;5—低速轴;6—飞轮;9—齿轮轴

D 齿轮座

当工作机座的轧辊由一个电动机带动时,一般采用齿轮座将电动机或减速机传来的运动和力矩分配给两个或三个轧辊。在三辊型钢轧机上采用中间齿轮为主动。

齿轮座由齿轮轴、轴承、轴承座和箱体四部分组成。由于齿轮座传递的扭矩较大,但其中心距 A 受到轧机轧辊中心距的限制,因此,齿轮座的齿轮直径小、宽度大,往往与轴做成整体,称为齿轮轴。该齿轮一般具有少的齿数 Z、较大的模数 m_n 和宽度 B,都采用人字齿轮。齿轮轴应选用硬齿面。常用材料为:45、40Cr、32Cr2MnMo、35SiMn2MoV、37SiMn2MoV、40CrMn2MoV等。齿轮轴的轴承有滑动轴承和滚动轴承。齿轮座箱体有高立柱式、矮立柱式、水平剖分式和垂直剖分式四种形式(图3-80)。

通常齿轮座的轴承与齿轮采用一个润滑系统。

图 3-81 所示为 650 型钢轧机齿轮座的结构简图。齿轮箱体为立柱式,箱体上盖和 U 形底座用螺栓连接。由于径向尺寸的限制,齿轮轴颈采用巴氏合金浇铸的滑动轴承。在三个齿轮轴两端各有四块轴承座。其中,上齿轮的下轴承座和中齿轮的上轴承座,及中齿轮的下轴承座和下齿轮的上轴承座分别连成一体。轴承座装在箱体的立柱窗口中,在轴向则靠箱体立柱上的凸肩进行轴向固定(图 3-82)。中间齿轮轴为主动轴,它通过带有安全销的齿轮连轴器与减速机相连。齿轮座三个齿轮轴的输出端上装有万向接轴的叉头,与连接轴的扁头相连。

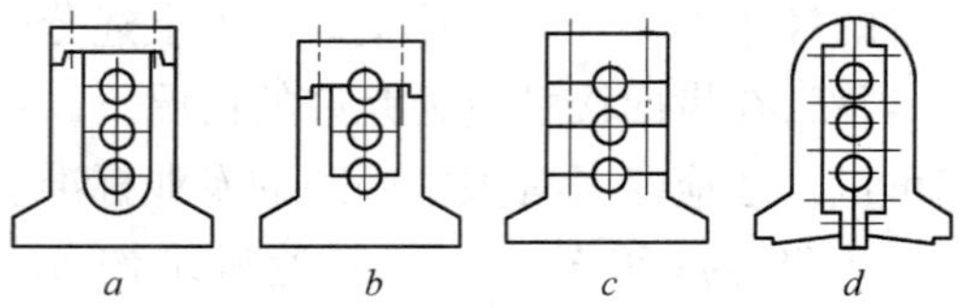

图 3-80　齿轮座箱体形式

a—高立柱式;b—矮立柱式;c—水平剖分式;d—垂直剖分式

为了减轻齿轮座重量,改善制造工艺,可采用焊接结构的齿轮座箱体。

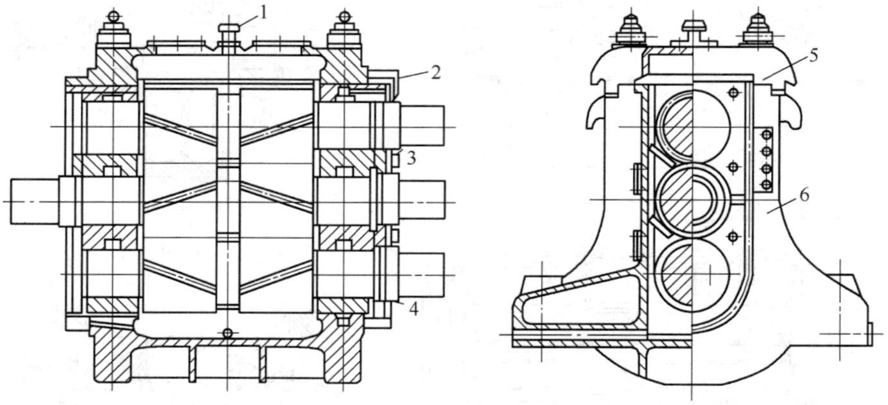

图 3-81　650 型钢轧机齿轮座

1—通风帽;2—上轴承座;3—中间轴承座;4—下轴承座;5—上盖;6—底座

E　连接轴

轧钢机齿轮座、减速机、电动机的运动和力矩,都是通过连接轴传递给轧辊的。在横列式轧机上,一个工作机座的轧辊传动另一个工作机座的轧辊,也是通过连接轴传动的。轧钢机常用的连接轴有万向接轴、梅花接轴、联合接轴和齿式接轴等。目前,轧钢机常用的连接轴有万向接轴(图 3-83、图 3-84、图 3-85)、梅花接轴(图3-86)和弧形接轴(图 3-87)等三种形式。表 3-6 所示为各种类型连接轴的特点和应用范围。

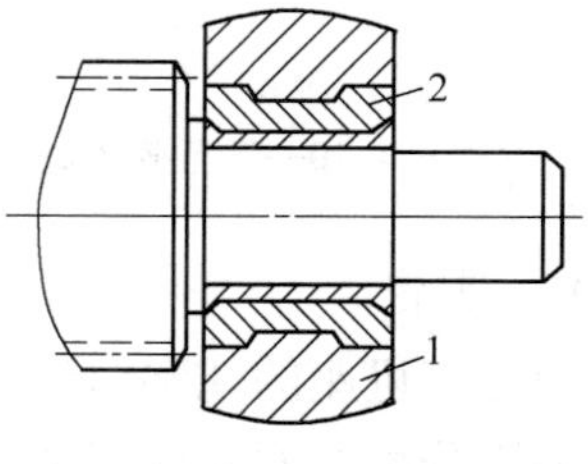

图 3-82　齿轮轴轴向固定示意图

(图 3-81 齿轮座水平剖视图)

1—箱体立柱;2—轴承座

图 3-88 所示为 650 型钢轧机采用的联合式接轴。联合式接轴,即在与齿轮机座连接的一端为万向接轴铰接,而在与轧辊连接的一端则为梅花轴头,这可改善轴与轴套的磨损情况。如此一来,齿轮座一端就能很好地维护,同时由于梅花连接易于拆卸,因而不会使换辊复杂。

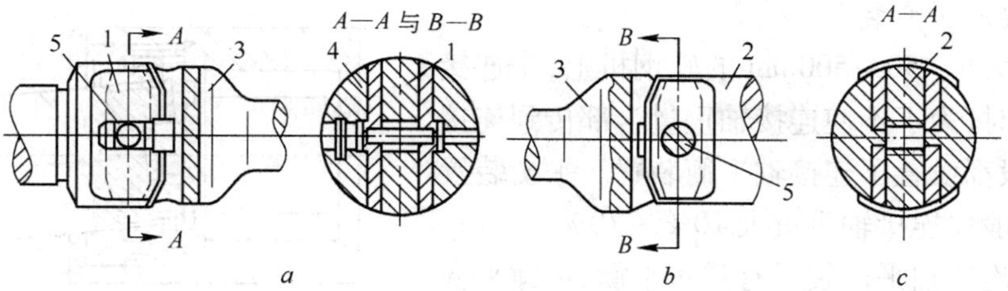

图 3-83 滑块式万向接轴的组成及其铰链的形式

a—开式铰链；*b*—闭式铰链；*c*—带筋板式铰链

1—轧辊端扁头；2—传动端扁头；3—带叉头的接轴；4—衬瓦；5—中间具有方形或圆形的销轴

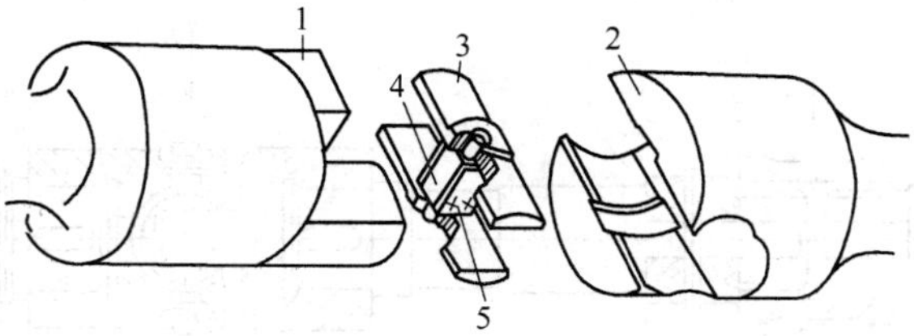

图 3-84 万向接轴开式铰链立体简图

1—扁头；2—叉头；3—月牙形滑板；4—小方轴；5—青铜滑板

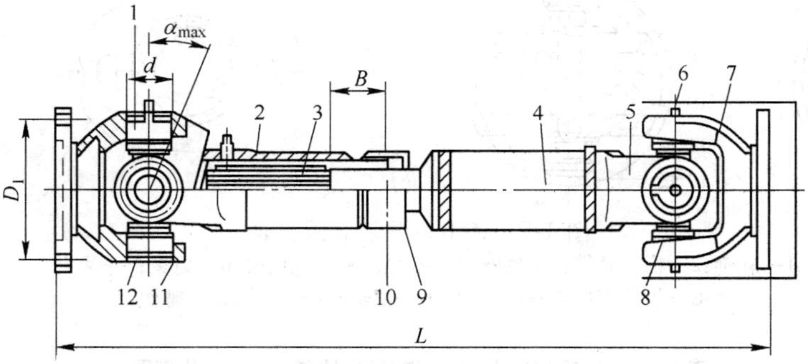

图 3-85 双接头十字轴式万向接轴结构图

1—滚针轴承；2—花键叉头；3—花键轴；4—套管；5—套管叉头；6—油杯；7—法兰叉头；8—油封；9—防尘器；10—密封圈；11—挡圈；12—十字轴；α_{max}—最大夹角；*B*—可伸缩距

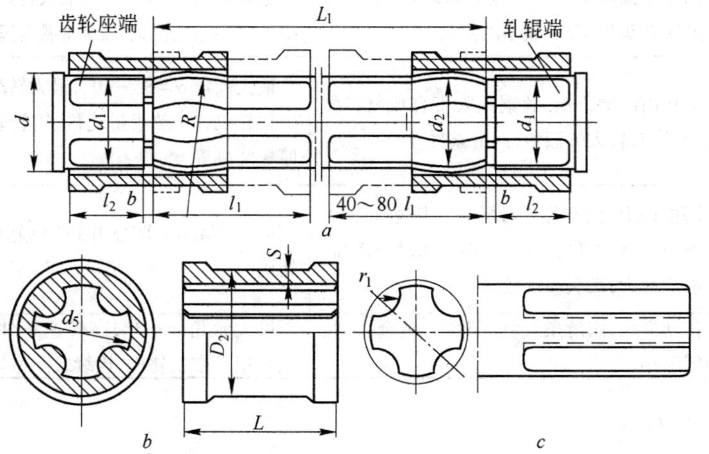

图 3-86 梅花接轴与套筒

a—弧形梅花头；*b*—梅花套筒；*c*—普通的梅花头

F　连接轴平衡装置

在直径大于 450 ~ 500mm 的轧钢机上，当连接轴重量较大时，为了不使连接轴重量全部传到连接铰链上，一般都设置了连接轴平衡装置。平衡装置的平衡力一般比连接轴重量大 10% ~30% 。

常用的连接轴平衡装置有弹簧平衡、重锤平衡和液压平衡三种形式，其特点、用途如表 3-7 所示。接轴托架分为单臂式（图 3-89）和双臂式（图 3-90）。

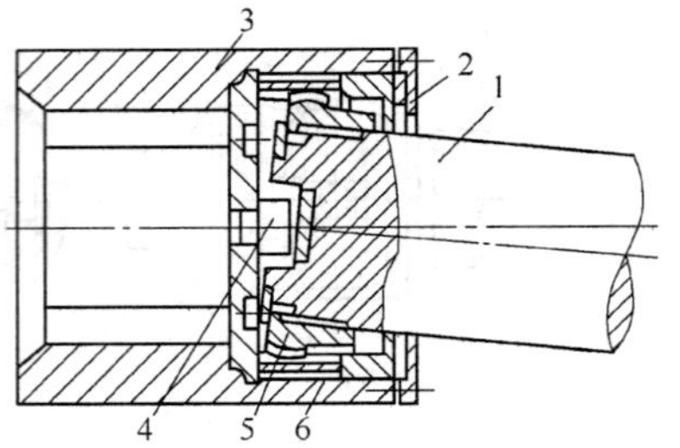

图 3-87　弧形齿接轴
1—中间接轴；2—密封圈；3—连接套；4—球面顶头；5—弧形外齿轴套；6—内齿圈

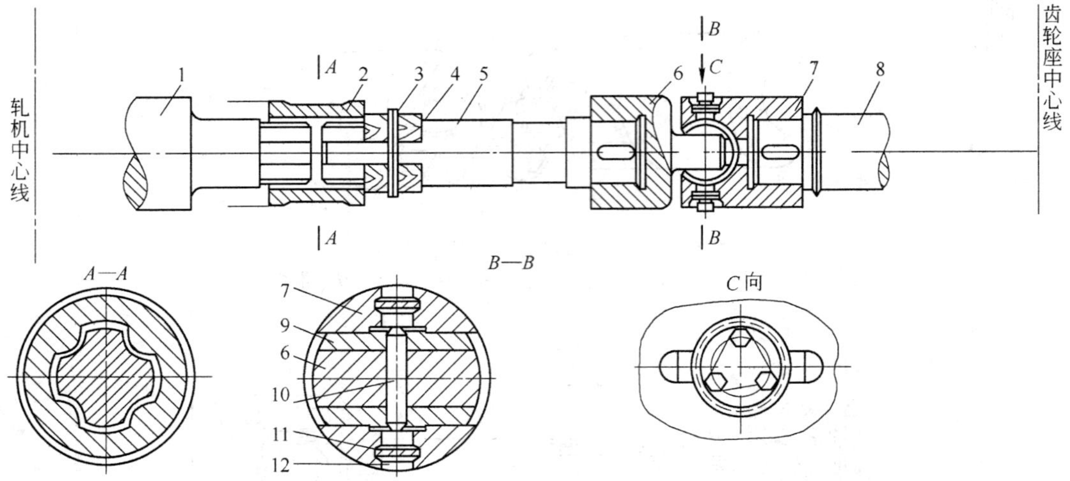

图 3-88　650 轧机联合式接轴
1—轧辊；2—梅花套筒；3—铁丝；4—木块；5—梅花接轴；6—扁头；7—叉头；8—齿轮辊出轴；9—滑块；10—销轴；11—垫块；12—螺丝

表 3-6　轧钢机各种类型连接轴的特点和应用范围

类　型		特　点	应　用　范　围
梅花接轴		由四个或多个凸瓣组成，凸瓣有弧形的或普通梅花头型，允许较小的倾角	最大倾角 $\alpha = 1° \sim 2°$，最大转数 $n = 400$r/min，用于横列式型钢轧机，轧辊调整距离很小
万向接轴	滑块式	衬板由耐磨青铜、黄铜或人工合成材料做成，允许有较大的倾角，润滑条件差	最大倾角 $\alpha = 8° \sim 10°$，最大转数 $n = 1000$r/min，用于初轧机，冷、热板带轧机，钢管轧机，钢球轧机，中、厚板轧机等
	十字头式	磨损件少（没有月牙形滑块），因滚动轴承间隙小，工作平稳，润滑条件好，传动效率高，外形尺寸大，叉头强度较弱	最大倾角 $\alpha = 15°$，用于带钢轧机、钢管轧机和立辊轧机
弧形齿接轴		传动平稳，润滑条件好，节省有色金属，径向间隙小	最大倾角 $\alpha = 3°$，高转速条件下不适用（因磨损大），用于带钢轧机、连续式小型轧机和线材轧机等

3.4.6.2　工作机座

图 3-91 为 650 轧机工作机座，包括轧辊、机架、轧辊轴承、轧辊调整装置、导板和固定横梁、地脚板等。

表 3-7 连接轴平衡装置形式

平衡装置形式	优缺点	使用场合
弹簧平衡	结构简单,但平衡力随连接轴的移动而变化	用于连接轴移动量小于 50 ~ 100mm 处,例如,型钢轧机、钢板轧机以及初轧机的下连接轴等
重锤平衡	结构简单,工作可靠,但其结构复杂,设备重量大	用于连接轴移动量较大处,例如,初轧机和劳特式钢板轧机的上连接轴等
液压平衡	工作平稳,换辊时易于调整连接轴位置,但需要液压系统,占车间面积大	在现代带钢车间和钢板车间应用较广

A 轧辊及轧辊轴承

图 3-92 为 650 轧机轧辊。型钢轧辊的辊身上有轧槽,根据型钢轧制要求,安排孔型及尺寸。

图 3-93 为 650 轧机轧辊轴承。为便于轧辊和衬瓦的更换,它采用非金属衬(如胶木衬)瓦开式轴承结构,因作用在下辊的轧制力和重力总是向下的,故不需要下辊上瓦座。轴瓦在轴承中的配置如图 3-94 所示。上辊上瓦座 4 通过垫块与压下螺丝端部接触,下瓦座 7 通过拉杆 6 穿过机架盖 2 挂在平衡弹簧上。为便于换辊,中辊上瓦座 5 是 H 形或鞍形瓦座(也称 H 架),它的侧面与机架窗口配合,它向下的两条腿的内侧有凹槽,用于容纳并轴向固定中辊下瓦座 8;它向上伸出的两条腿通过嵌于机架上盖燕尾槽中的斜楔支撑在机架上,当中辊衬瓦磨损时,可通过中辊轴承调整装置(斜楔)3 进行调整,使 H 形瓦架始终压在中辊辊颈上。当中辊的下瓦座 8 直接支靠在机架立柱的凸肩上,下轧辊只有下瓦座 9,它通过垫块 11 直接支在压上螺丝上,瓦座的两侧面与镶在机架立柱表面的滑板相配合。

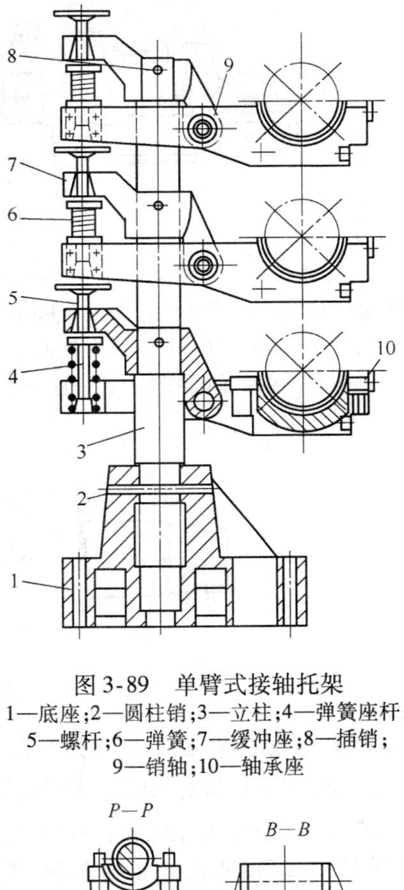

图 3-89 单臂式接轴托架
1—底座;2—圆柱销;3—立柱;4—弹簧座杆;5—螺杆;6—弹簧;7—缓冲座;8—插销;9—销轴;10—轴承座

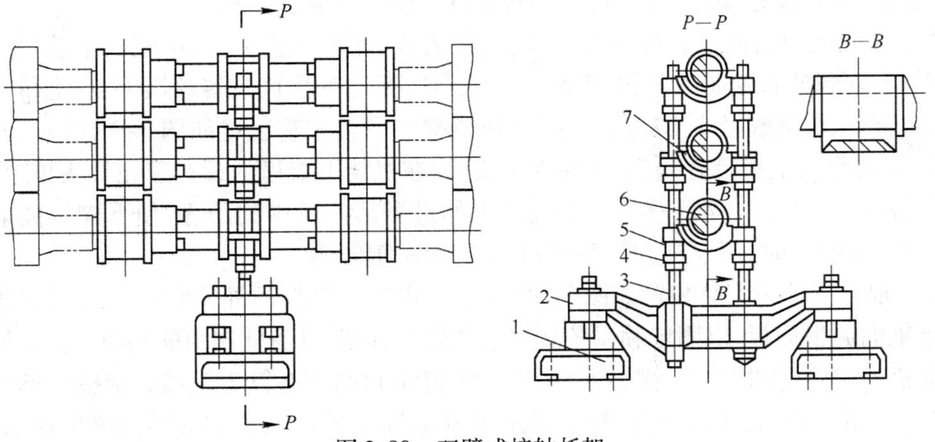

图 3-90 双臂式接轴托架
1—地脚板;2—底座;3—立柱;4—螺帽;5—弹簧;6—接轴;7—轴承座

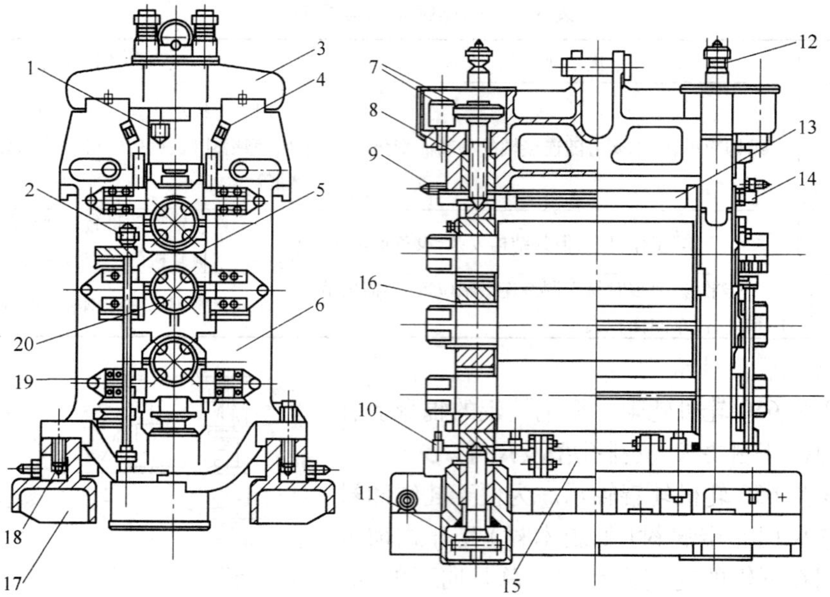

图 3-91　650 三辊式型钢轧机工作机座

1—压下螺丝调整手柄;2—压上螺丝调整手柄;3—机架盖;4—斜楔;5—H 形架;6—机架;7—压下传动齿轮;8—压下螺丝;9—调整 H 形架的斜楔;10—压上螺丝;11—压上传动齿轮;12—平衡弹簧;13—机架上横梁;14—拉紧螺栓轴承;15—机架下横梁;16—轴承;17—轨座(地脚板);18—固定螺丝;19—轴向调整压板;20—轧辊

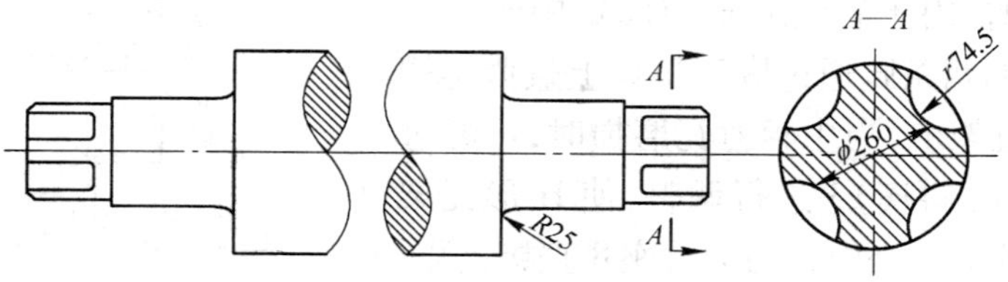

图 3-92　650 轧机轧辊

B　轧辊调整装置及上辊平衡装置

轧辊调整装置按移动方向分为:轴向调整装置和径向调整装置。

650 三辊轧机径向调整装置分为:上辊调整装置、下辊调整装置、中辊调整装置。上辊调整装置、下辊调整装置如图 3-91 所示:手动压下、压上手轮 1、2,转动压下、压上传动齿轮 7、11,带动压下、压上螺丝 8、10,实现上、下辊调整。中辊调整装置如图 3-93 所示:两块楔铁中(*K*—*K* 剖面),上楔带有钩头,一端为扁头,卡在机架上盖里的螺钉装在钩头楔上,当拧动此螺钉螺帽时,则钩头楔前移。下楔底部有伸进鞍形座槽中的凸缘,使下楔不能前后移动,因此当上楔前移时,压下楔,使楔形座向下压紧中辊辊颈。

650 三辊轧机轴向调整装置如图 3-95 所示。在两个机架的外侧装有三套结构相同的上、中、下轴向调整压板,以固定和调整轧辊轴向位置,同时承受轧制力的轴向分力。调整压板由卡在机架内侧的两根锤头螺钉 5、压板 1、销钉 4 和调整螺钉 3 组成。调整压板相当于以销钉为支点的一根杠杆,调整轧辊时,先打开对面轴承座的压板,拧动调整螺钉向前,压板的前端就向前推轴承座,使轧辊产生轴向移动。

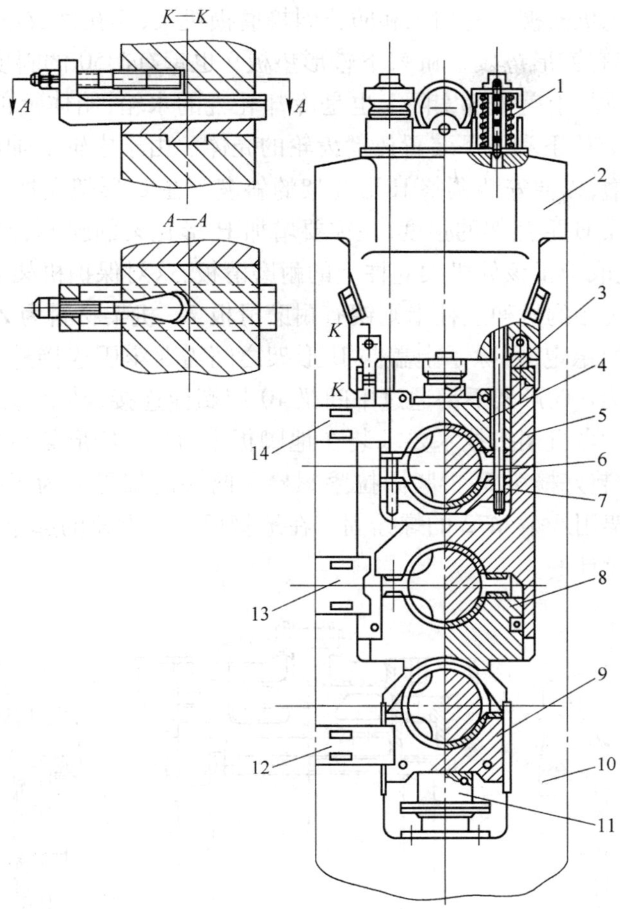

图3-93 650型钢轧机的轧辊轴承

1—上辊平衡弹簧;2—机架上盖;3—中辊轴承调整装置;4—上辊上瓦座;5—中辊上瓦座;6—拉杆;
7—上辊下瓦座;8—中辊下瓦座;9—下辊下瓦座;10—机架立柱;
11—压上装置垫块;12、13、14—轧辊轴向调整压板

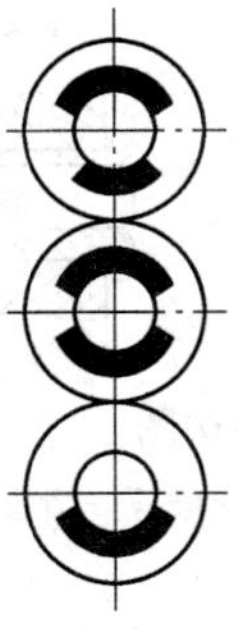

图3-94 三辊轧机轴瓦配置

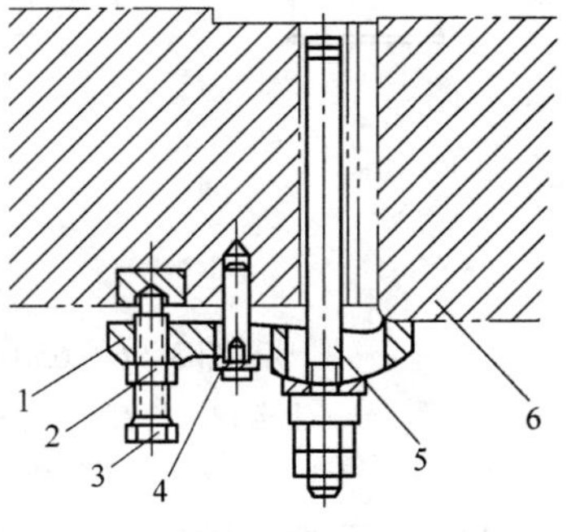

图3-95 650型三辊轧机轴向调整装置

1—调整压板;2—螺母;3—调整螺钉;
4—销钉;5—锤头螺钉;6—轴承座

C 机架及轨座

图3-96 所示为650型钢轧机斜楔连接的开式机架结构图。

机架是由两个U形架3、12和一个上盖1组成,上盖与U形架之间用斜度为1:50的斜楔4连接。为了简化机架楔孔的加工和防止斜楔磨损机架，楔孔做成不带斜度的长方孔，其上、下两个承压面带有鞍形垫板8和9，下鞍形垫板9也带有1:50的斜度。上盖与U形架立柱用销钉2轴向定位。上盖中部实际上也是冷却轧辊的水箱，箱体上部有喷水小孔。上盖和U形架上部有安装压下和压下装置传动齿轮的壳体。由于中辊上轴承座采用H形瓦架，上盖下部开有燕尾槽，以便安装调整H形瓦架的斜楔。在U形架立柱上有支承中辊下轴承座的凸台。为了加强H形瓦架的强度，往往要增加H形瓦架的腿厚，而又要不使U形架窗口尺寸过于增大，就取消了该处机架立柱上的耐磨滑板，这对保护机架立柱免于磨损不太有利。与下辊轴承座接触的机架立柱上则镶有耐磨滑板7。机架材料为ZG35。

为了增加机架的稳定性，除了上盖与U形架之间需要牢固连接外，两片U形架下部和上部也要牢固地连接。U形架下部通过中间梁10用螺栓连接，其上部通过两根铸造横梁6和拉紧螺栓5连接。当机架按技术要求装在地脚板上，两片U形架位置彼此找正后，将拉紧螺栓5加热，同时装好横梁6，再紧固拉紧螺栓5两端的螺母。为了换辊方便，上盖是整体铸造的。整个机架用八个M72的螺栓固定在地脚板上。上盖的起重销轴11是按可以吊起整个工作机座来设计的。

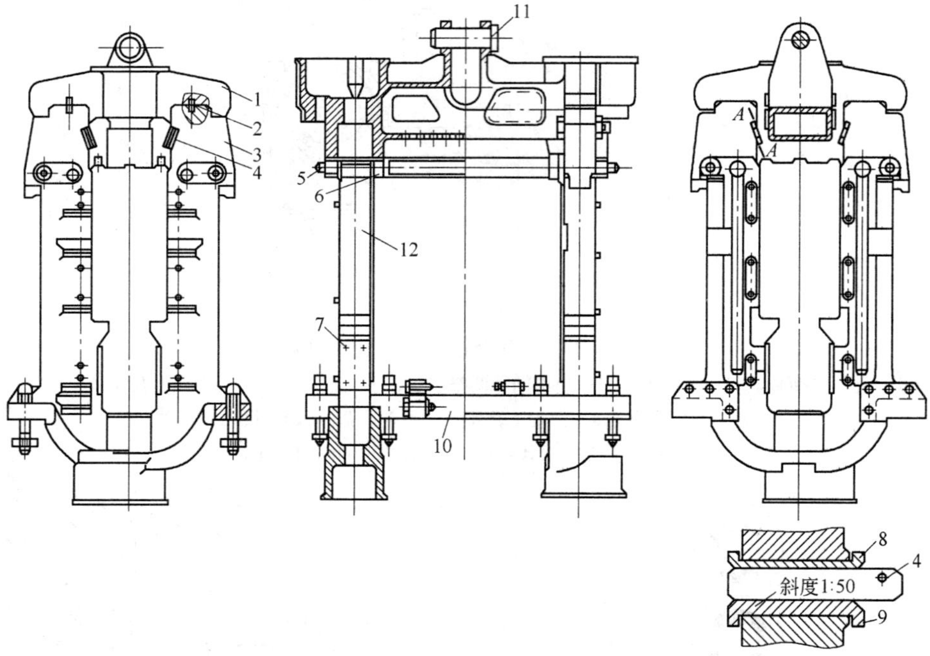

图3-96　650型钢轧机斜楔连接的开式机架结构图

1—上盖；2—销钉；3、12—U形架；4—斜楔；5—拉紧螺栓；6—横梁；7—滑板；
8—上鞍形垫板；9—下鞍形垫板；10—中间梁；11—销轴

图3-97*a*所示为一种用于型钢轧机的轨座。在轨座上部与机架底脚接触处，有两个与垂直线近似呈15°的斜面，便于机架安装。轨座中部有凹槽，用来放置地脚螺栓。由于凹槽沿轨座轴线方向是贯通的，地脚螺栓位置可以根据需要移动，即机架位置可以在轴向调整。当采用更换整个工作机座的换辊方式时，也便于安装。在两个轨座之间，一般是用刚性较好的铸造横梁或撑管用螺栓把它们连接在一起。在轧辊直径小于400～450mm的小型钢轧机上，两个轨座可浇铸整体（图3-97*b*）。

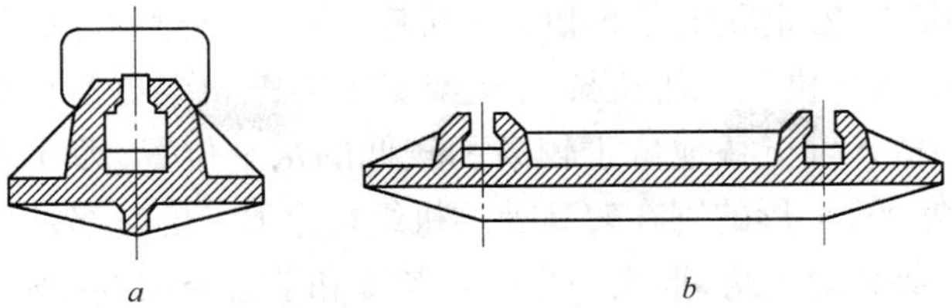

图 3-97 型钢轧机的轨座
a—单轨座；*b*—两个轨座浇铸成整体

3.4.7 三辊 Y 形轧机

图 3-98 为具有三辊 Y 形轧机 5 机架的减定径机组 RSM。机架间互呈 180°，及 Y－倒 Y－Y－倒 Y－Y 布置，可实现轧制线不变，无扭轧制。每一架三辊轧机单独由一台主电机经各自的 C－模块齿轮系统驱动。主机列如图 3-99 所示：其由主电机 1、接轴和联轴器2、减

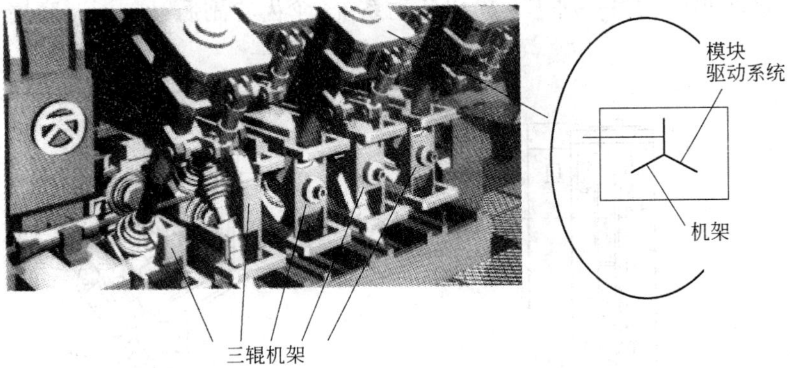

图 3-98 具有三辊 Y 形轧机 5 机架的减定径机组 RSM

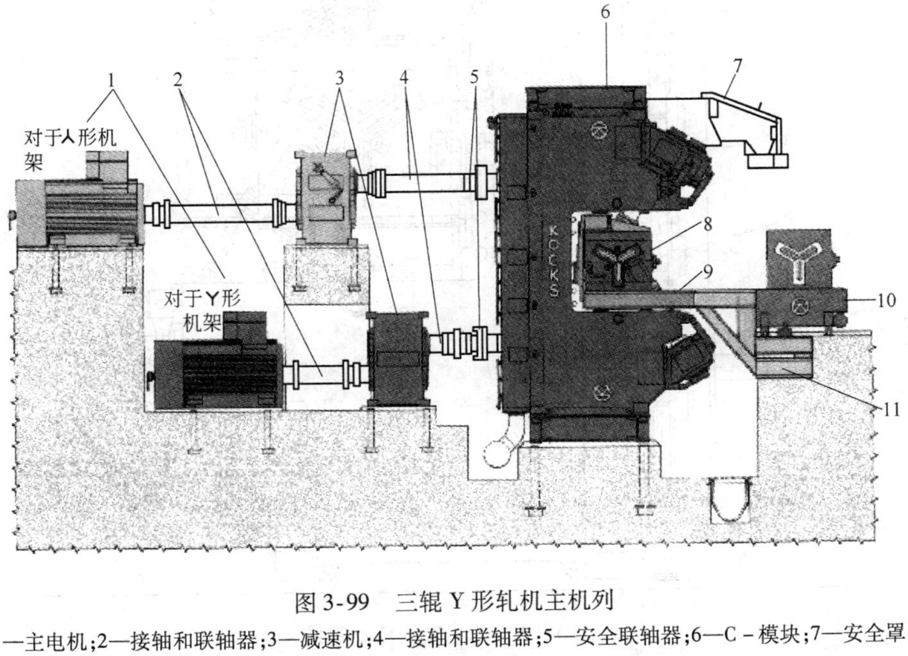

图 3-99 三辊 Y 形轧机主机列
1—主电机；2—接轴和联轴器；3—减速机；4—接轴和联轴器；5—安全联轴器；6—C－模块；7—安全罩；
8—三辊机架；9—机架支撑架；10—更换小车；11—机组前方平台

速机3、接轴和联轴器4、安全联轴器5和工作机座（含C－模块6、安全罩7（包括用于机架远程控制的齿轮式伺服电机）、三辊机架8、机架支撑架9、机架更换小车10和机组前方平台11）等组成。模块的输入轴交替地位于较高和较低的水平位置，即Y形轧辊机架主电机和主传动系统在较低处，倒Y形的则在较高处。机组每个C－模块都是相同的，并安装在共用顶架和底架上，以形成紧凑机组，形成一个非常紧凑和节省空间的布局。

Y形、倒Y形轧辊机架交替地配置在C－模块中，安放在一个公用的支撑架上，其上还安有液压机架夹紧和机架更换系统。当快速更换机架时（不超过5min），用一套液压横移装置将机架（单机架或全部机架）从支撑架中移到更换小车上，再将该小车移出，之后将载有欲更换新机架的另一台小车移至机组前，用横移装置将新机架推入支撑架，并对准轧线夹紧。

C－模块传动系统如图3-100所示。Y形轧辊机架主传动系统在较低处驱动输入轴1，经几对直齿轮副2和轴3、4、12及4、12上的伞齿轮副5、11，进而驱动轧辊轴6、10和辊环7、8、9转动。图3-101为另一种C－模块传动系统（伞齿轮副后又加了一套惰轮5）。

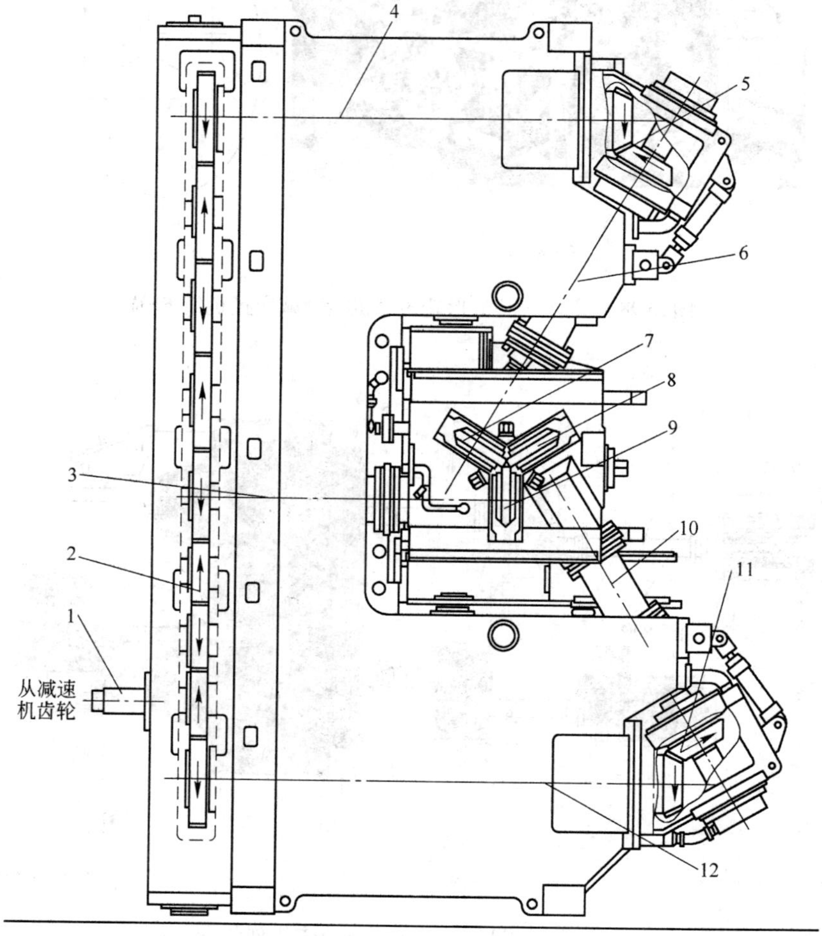

图3-100　C－模块传动系统

1—较低处驱动输入轴；2—数对直齿轮副；3、4、12—轴；5、11—伞齿轮副；6、10—轧辊轴；7、8、9—辊环

三辊机架及轧辊调整如图 3-102、图 3-103 所示。轧辊围绕轧线互呈 120°布置。机组

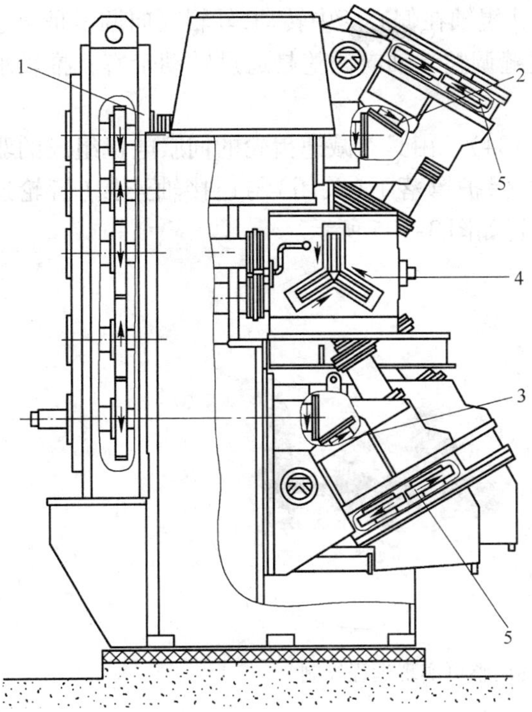

图 3-101　另一种 C-模块传动系统
1—主中心齿轮；2—顶传动齿轮；3—下传动齿轮；
4—三辊机架；5—惰轮

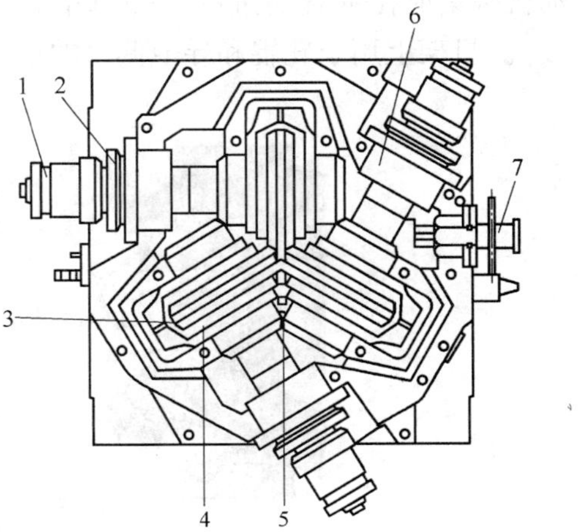

图 3-102　三辊机架及轧辊调整示意图
1—轧辊轴；2—轴向调整；3—辊环；4—法兰；5—齿轮式
偏心套连接；6—偏心套；7—径向调整

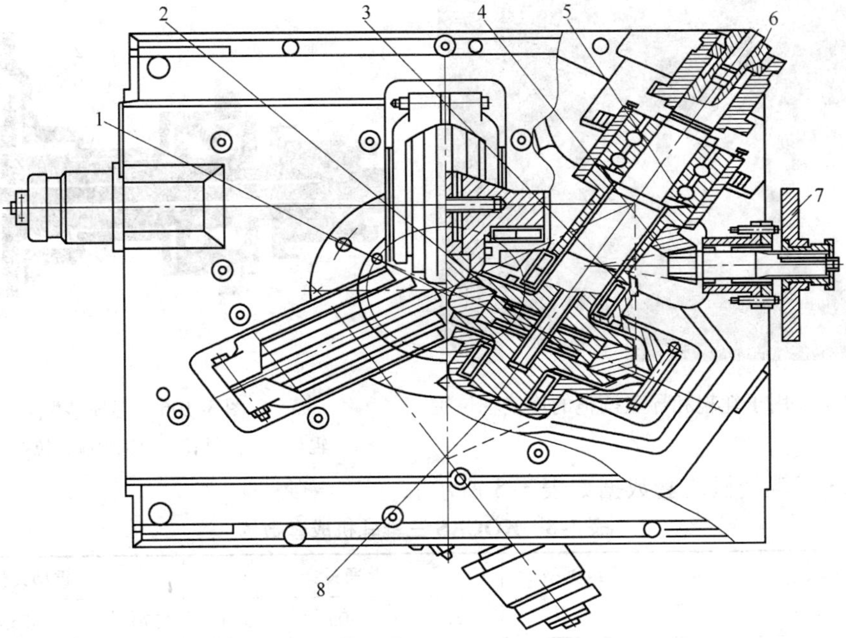

图 3-103　三辊机架及轧辊调整结构图
1—轧制线；2—辊环；3—双列圆柱滚子轴承；4—偏心套；5—推力球轴承；6—轴向调整；7—径向调整；8—轧辊轴

中所有机架均是相同的，且可互换。3 个轧辊全是主动辊，并可作轴向和径向调整。轧辊轴由两个双列圆柱滚子、两个推力球轴承支撑。轧辊轴在偏心套中转动，轧辊径向调整是通过手动或遥控螺杆，3 个偏心套同步转动，实现辊缝调整。轴向调整是通过转动带有止推轴承的螺线套筒来实现的。

轧辊和导卫的调整可实现远程控制（图 3-104）。由具有减速齿轮的伺服电机组成的驱动机构集成在垂直缩进的保护罩中。工作时，保护罩落下（关闭）与连接轴连接（齿轮连接）。机架上用于轧辊和导卫调整的连接轴位置如图 3-105 所示。

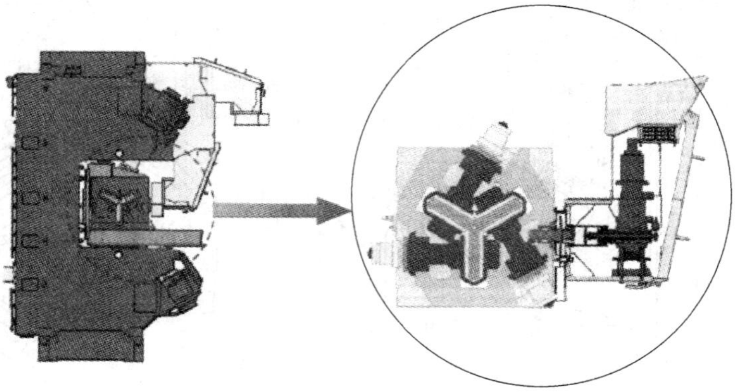

图 3-104　轧辊和导卫的调整可实现远程控制

辊环装配如图 3-106 所示。用液压预应力拉杆 3、螺母 4 将辊环 1 夹紧在两片法兰 2 之间，这样可避免碳化钨辊环径向受力。辊环不需要特殊车床，可以在标准车床上独立加工，或者用磨床（碳化钨的情况）加工。

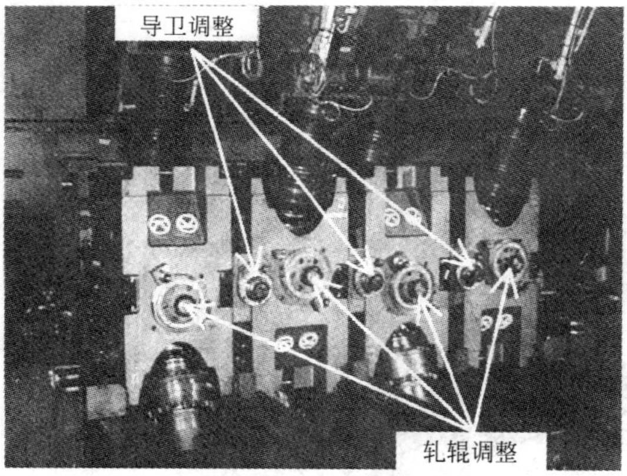

图 3-105　机架上用于轧辊和导卫调整的连接轴位置

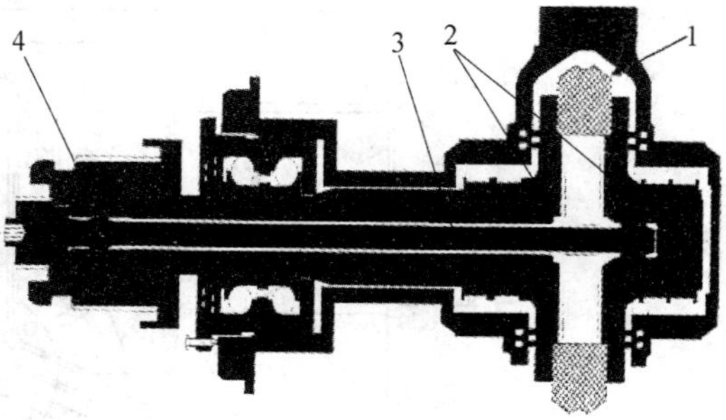

图 3-106　辊环装配

1—辊环；2—法兰；3—液压预应力拉杆；4—螺母

KOCKS 三辊轧机成套数据如表 3-8 所示。

表 3-8　KOCKS 三辊轧机成套数据

特征 \ 机组类型		普通设计			重型设计		
		215	300	370	370^{++}	425	490
轧辊直径/mm	最小	210	305	370	370	425	490
	最大	220	315	380	380	440	505

续表 3-8

特征 \ 机组类型		普通设计			重型设计		
		215	300	370	370⁺⁺	425	490
轧辊宽度/mm	最小	—	22	40	40	40	65
	最大	25	50	75	90	100	125
机架间隔/mm		520	620	720	720	880	960
轧制速度/$m \cdot s^{-1}$	最大	25	25	25	25	25	15
辊缝调整/mm	径向	10	10	10	10	15	15
	轴向	±0.5	±0.5	±0.5	±0.5	±0.5	±0.5
机架单重（包含轧辊和导卫）/kg		550	1660	2810	3120	4500	5740
入口尺寸（热态）/mm	最大	25	53	85	110	138	152
成品规格（冷态）/mm	最小	5	12	15	15	17	25
	最大	23	50	80	100	127	140
轧辊装配		轴向夹紧型			液压/收缩装配型		

3.4.8 紧凑式轧机

紧凑式轧机在国外兴起于20世纪80年代，是一种结构紧凑、压下量大的高刚度短应力线轧机。轧机均为平－立交替布置，单独电机传动，可实现无扭微张力轧制。

该轧机分成双支撑轧机和悬臂式轧机两大类，又有集框式、机架式两种结构。

该轧机特点：将几套轧辊的辊系紧凑底排列在一个机座中，构成一个连轧系统；由于机架密集排列间距离较短，可实现前一架轧机对后一架轧机产生推力咬入强迫轧制（指咬入角 α > 摩擦角 ρ），总压下率大；轧机刚度高，易获得高精度产品；可使用无活套张力控制技术、平辊轧制技术（如 HRC 轧机）等；还可使用整体换辊技术，如摩根公司1981年设计制造的康派克特四机架紧凑轧机（图3-107），其首尾机架的中心距仅为3m，咬入角可达40°～50°，其四机架轧机的总延伸系数可达5～6；美国伯兹伯勒公司的摩根型紧凑式粗轧机组（图3-108）的每个机架，用单独轨道小车换辊；而瑞典摩哥斯哈玛公司的HRC紧凑式轧机（图3-109、图3-110）是集框式，整个机组置于一个台上进行整体换辊。两种换辊方式的换辊时间均较短，作业率高。

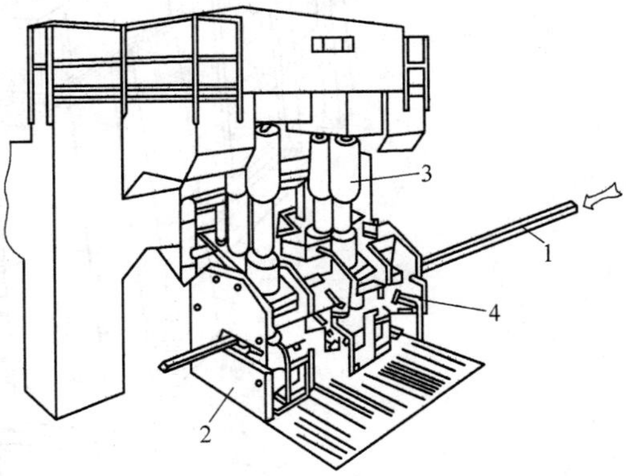

图3-107 康派克特四机架紧凑轧机
1—轧件；2—机架；3—立式轧机；4—水平辊轧机

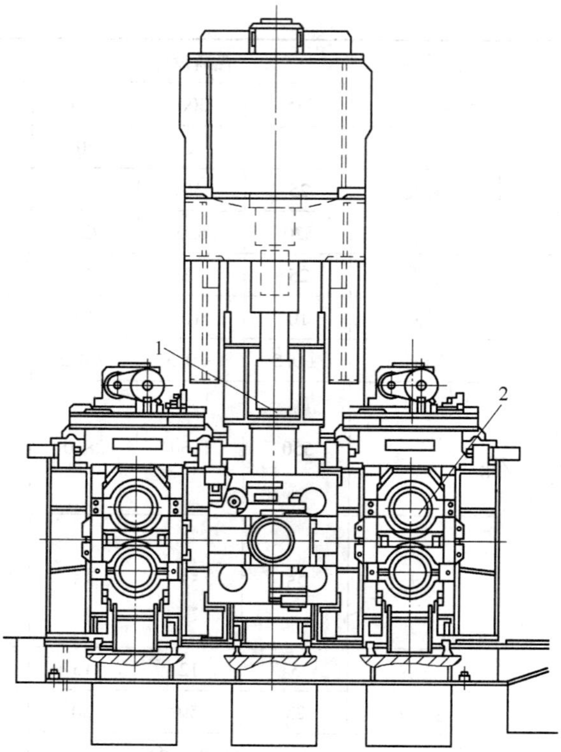

图 3-108　美国伯兹伯勒公司的摩根型紧凑式粗轧机组

1—立式轧机;2—水平轧机

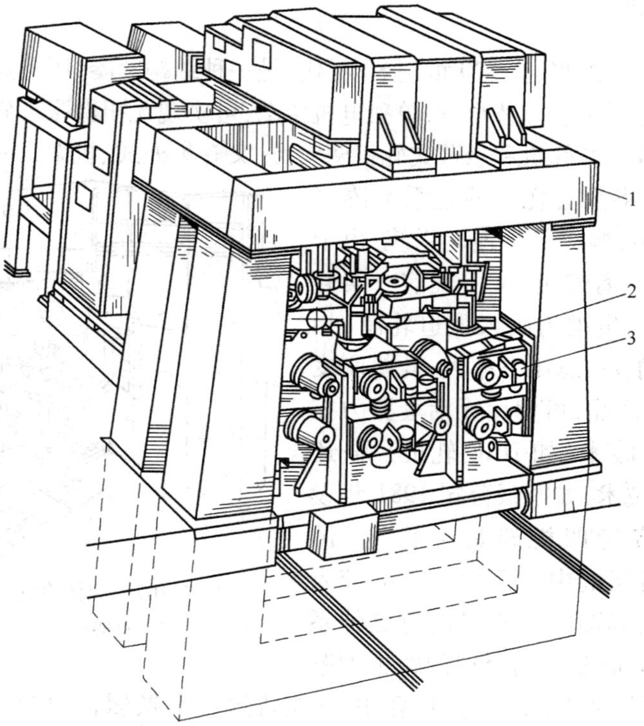

图 3-109　瑞典摩哥斯哈玛公司的 HRC 紧凑式轧机

1—机架;2—水平辊;3—立辊

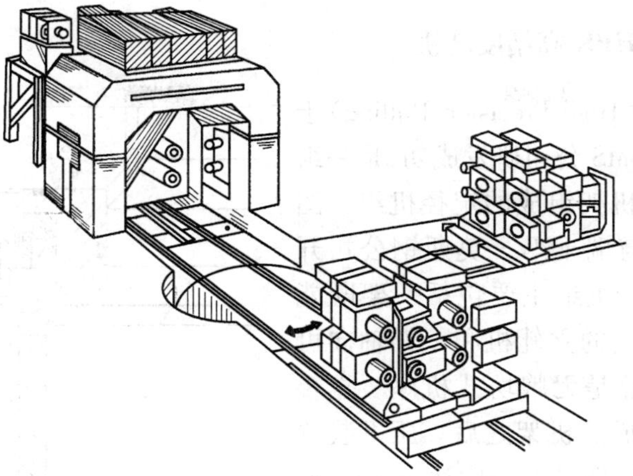

图3-110 瑞典摩哥斯哈玛公司的HRC紧凑式轧机换辊状态

3.4.9 悬臂式轧机

悬臂式轧机是达涅利公司于20世纪80年代初首先推出的，其与短应力线轧机一样，均是当今世界上广泛应用且具有广阔发展前途的机型。但与短应力线轧机不同处有两点：一是单支点式，可使用辊环而不是一般轧辊；二是无连接轴，轧机机座与齿轮箱连在一起。图3-111、图3-112所示为达涅利公司轧机结构、辊环装配和特殊的迷宫式密封。图3-113、图3-114、图3-115所示为摩根公司水平悬臂轧机机列及齿轮传动示意图、垂直悬臂轧机机列及齿轮传动示意图、辊箱示意图。

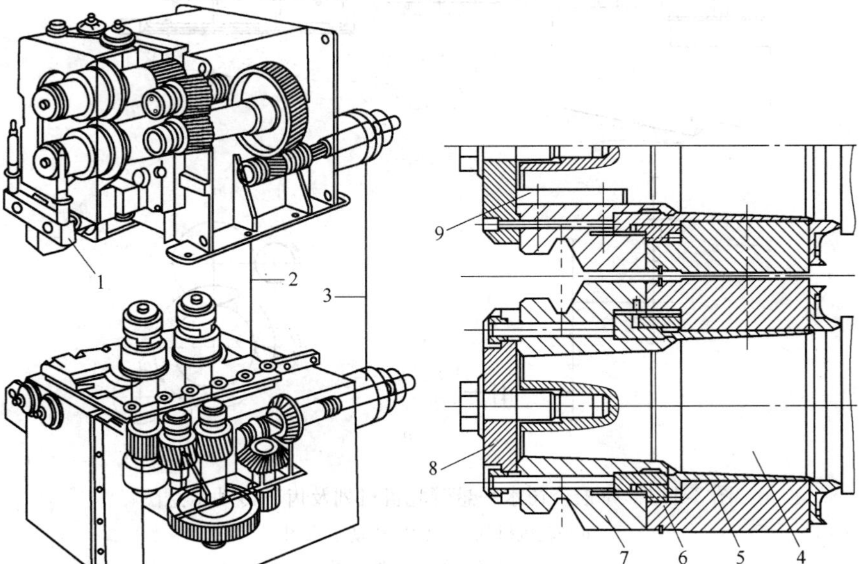

图3-111 达涅利公司轧机结构、辊环装配

1—液压换辊装置；2—箱体；3—联轴器；4—轧辊轴；5—锥形轴套；6—隔板环；7—辊环；8—压板；9—法兰盘

3.4.10　定径机—— HPR 高精度轧机

HPR 高精度轧机(High Precision Rolling)于20世纪90年代初由SMS公司研发成功,是一组平立交替布置的两个机架组成的定径机组。图3-116所示为西马克与瑞士冯·莫斯钢公司开发的 HPR 轧机。HPR 机组主要包括一架既能径向调整又能轴向调整的立轧机和一架轴向可调的水平轧机,两者都是无牌坊式机座。立辊在前,平辊在后,置于成品机架之后。压下装置定位精度达0.01mm,轧件尺寸精度达±0.1mm,成材率提高1.5%,产量提高10%。这种轧机除对圆钢进行定径外,也可对线材、型材(方、六角、扁、T形、球扁钢及其他复杂断面)进行精密轧制。HPR 采用整体方式换辊。

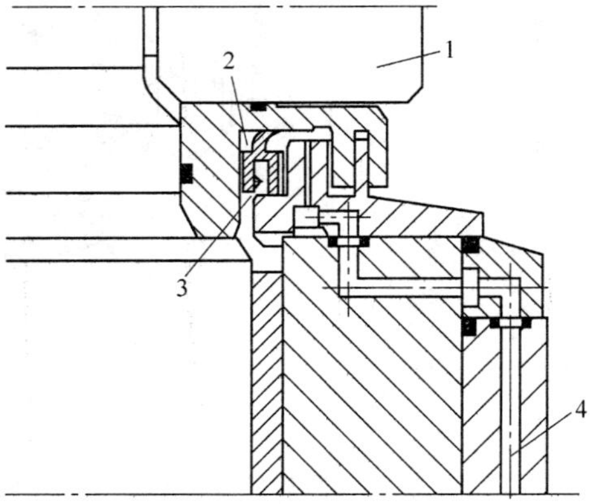

图 3-112　达涅利轧机辊环特殊的迷宫式密封

1—辊环;2—脂;3—油封;4—压缩空气入口

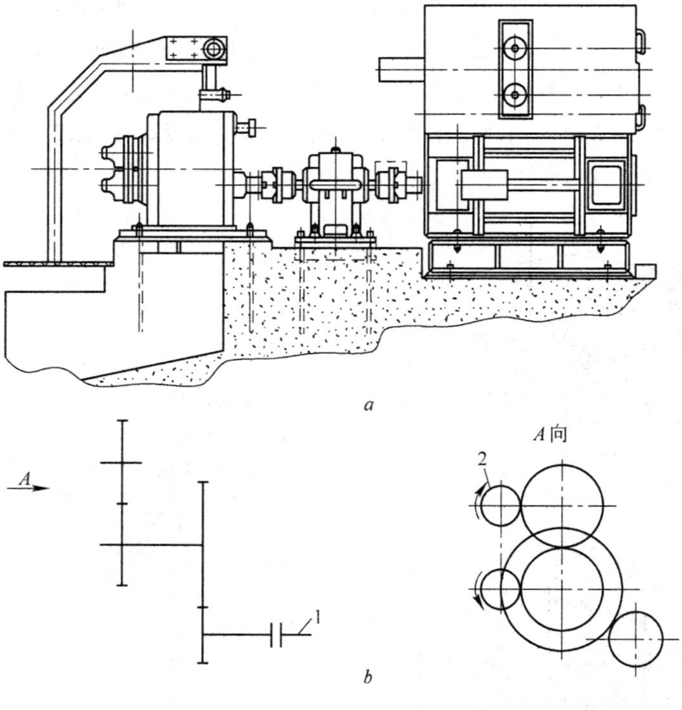

图 3-113　摩根公司水平悬臂轧机机列及齿轮传动示意图

a—轧机机列;*b*—齿轮传动示意图

1—接减速箱;2—轧辊轴

现今装备的普通轧机已无法保持在可接受的生产成本内,轧制大规格或通条尺寸严于DIN1013标准1/2精度的产品,这需要特殊的装备才能实现,即使现代的微张力控制技术也不能把连轧机组控制到完全无张力轧制。成品机架的液压压下装置也是在一定的延迟之后起到有限作用,因此线棒断面尺寸沿长度方向上总存在偏差。很难在长时间的停轧或更换

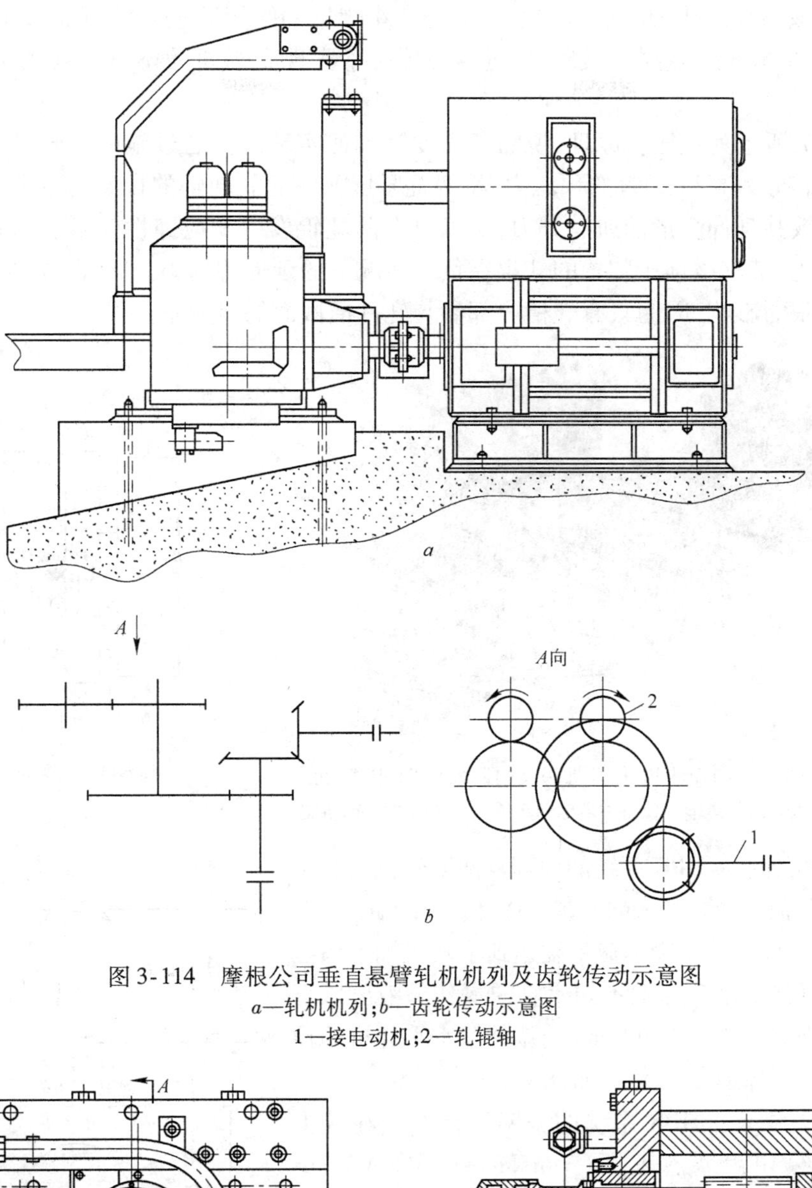

图 3-114 摩根公司垂直悬臂轧机机列及齿轮传动示意图

a—轧机机列;*b*—齿轮传动示意图

1—接电动机;2—轧辊轴

图 3-115 摩根公司悬臂轧机辊箱示意图

钢种之后使第一根线棒就完全达到公差要求。基于上述现状,SMS 不断改进 HPR(高精度轧制)系统,该系统的典型特点首先在于能生产小规格的线棒并且轧件宽展微小。其次,断面压缩比小,也减小了宽展。最后,通过辊环预压紧实现高刚度,消除轧辊热膨胀对轧件的影响。

图3-117所示为预压力原理,说明高刚度是如何实现的。通过施以比轧辊在轧制过程中预期的轧制分力高约20%的预压力,将两辊紧压在一起。轧辊的预压力抵消了作用在普通机架上导致其延伸变形的所有分力,所以只有两轧辊发生相应弹性变形。与普通机架的延伸变形相比,带有该预压装置的轧辊在负载情况下的延伸特别小。同理,立轧机的预压紧抵消了热膨胀的影响,因为只有轧槽底部参与轧件横截面的热膨胀。

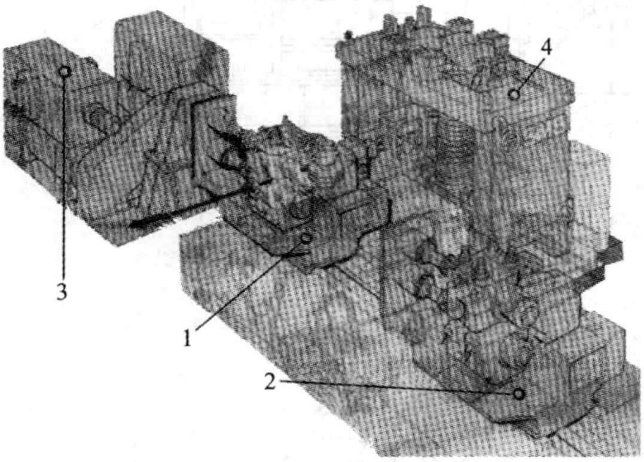

图3-116　西马克与瑞士冯·莫斯钢公司开发的HPR轧机
1—在线HPR机组;2—换辊装置;3—主传动系统;4—HPR轧机前机架

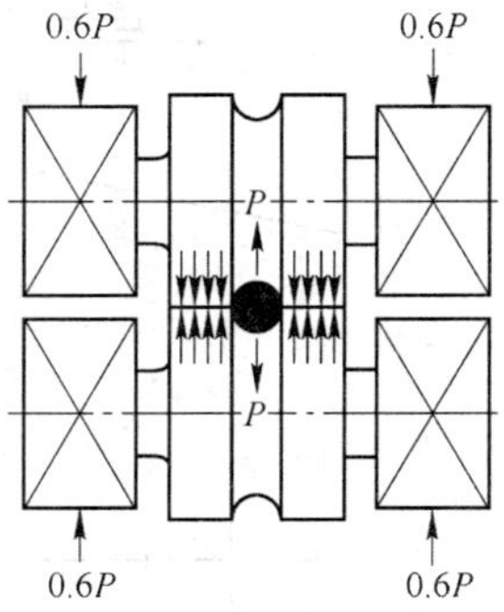

图3-117　预压力原理

图3-118所示为HPR系统的原理。两架轧机均配备了冷装配在轴上的ϕ260mm辊环。机架间距只有265mm,特殊设计的轧辊喇叭口精度达到了轧机轴承系统的水平。精确保证轴向移动不妨碍轴向操作。液压压下装置能够实现立轧机在1/100mm内调整。水平轧机的预压力保证了在线棒通条长度上轧槽深度恒定不变。

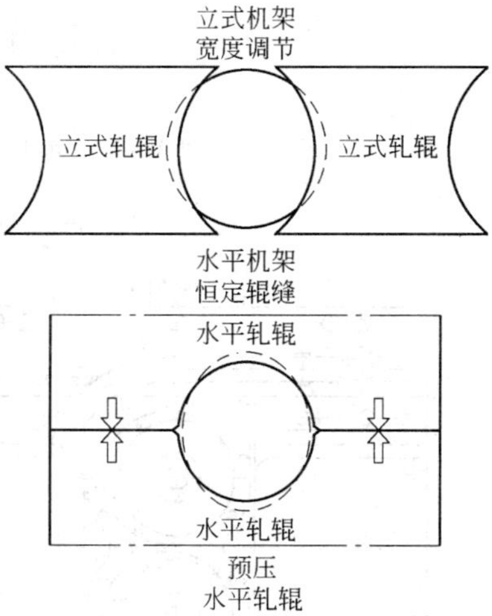

图3-118　HPR系统工作原理

图3-119显示了HPR系统的紧凑设计及其在瑞士冯·莫斯钢公司卢塞恩工厂(Von Moos Stahl AG Lucerne)线棒轧机的位置。整架机组只有1m长,因此可以安装在空间有限的轧线上。整套PHR系统的全部设备在车间内准备、安装完毕,嵌入轧线既可投入使用。每架一台直流电机单独驱动。理论上建议将HPR系统直接安装在最后一架成品轧机之后,以最大限度地减少该架轧机与HPR系统之间堆拉钢的影响。

轧辊的材质和磨损对公差要求严格、外形精度要求高的产品的断面尺寸有着决定性影响。根据实践经验,HPR系统装配了高合金工具钢辊环,即使大规格线棒也能确保其表面质量良好。

轧辊孔型设计:HPR系统特别优选的平立轧机结构,能够适应多种不同类型的轧辊孔型设计。这种特别的孔型设计在于其压缩小进而展宽最小,从而能够轧制出纯圆截面。由

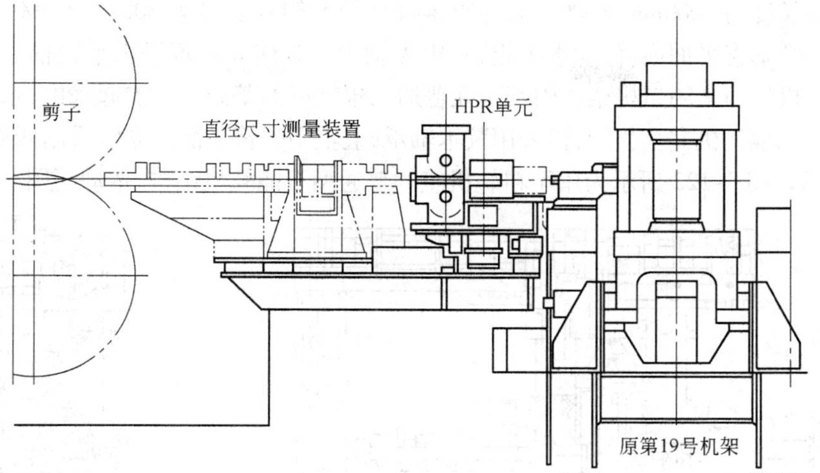

图 3-119 安装在轧线中的 HPR 系统

于轧机间距短,立轧机的椭圆孔型不存在导卫问题。实际操作表明轧机间仅需简单的管形导卫。所有的实心型材,如圆钢、方钢、六角钢、扁钢、八角钢以及其他断面的型材,都可以用 HPR 系统优越的 HV 布置实现。

3.4.11 万能轧机

3.4.11.1 普通型万能轧机

图 3-120 所示为用于精轧机座的 1000mm × 600mm 普通型万能轧机结构。水平辊辊身

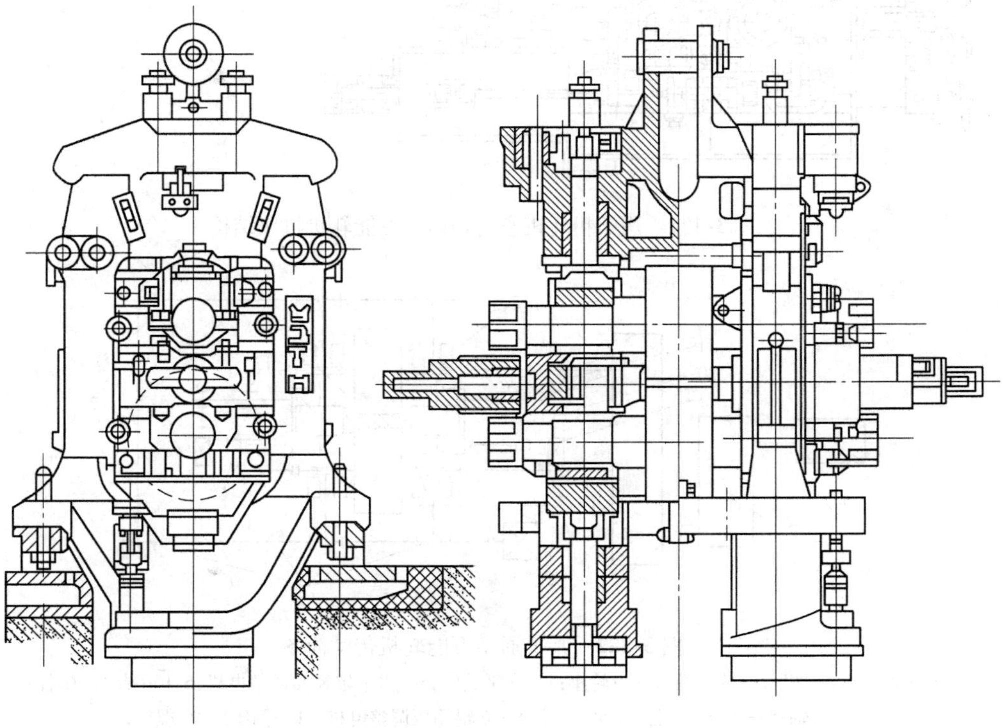

图 3-120 用于精轧机座普通型万能轧机机座结构

直径×辊身长度为1000mm×600mm，立辊辊身直径×辊身长度为800mm×300mm，水平辊与立辊在同一个垂直平面内，传动水平辊，立辊无动力。为使立辊置于水平辊轴承座间，水平辊辊径很小。机架为半闭口机架。因其是在普通二辊轧机的基础上发展起来的，水平辊的压上、压下装置与二辊轧机完全相同，仍采用胶木轴承，上辊用弹簧平衡。立辊采用四列圆锥滚子轴承。图3-121、图3-122所示为用于粗轧机座的普通型万能轧机结构、传动简图。

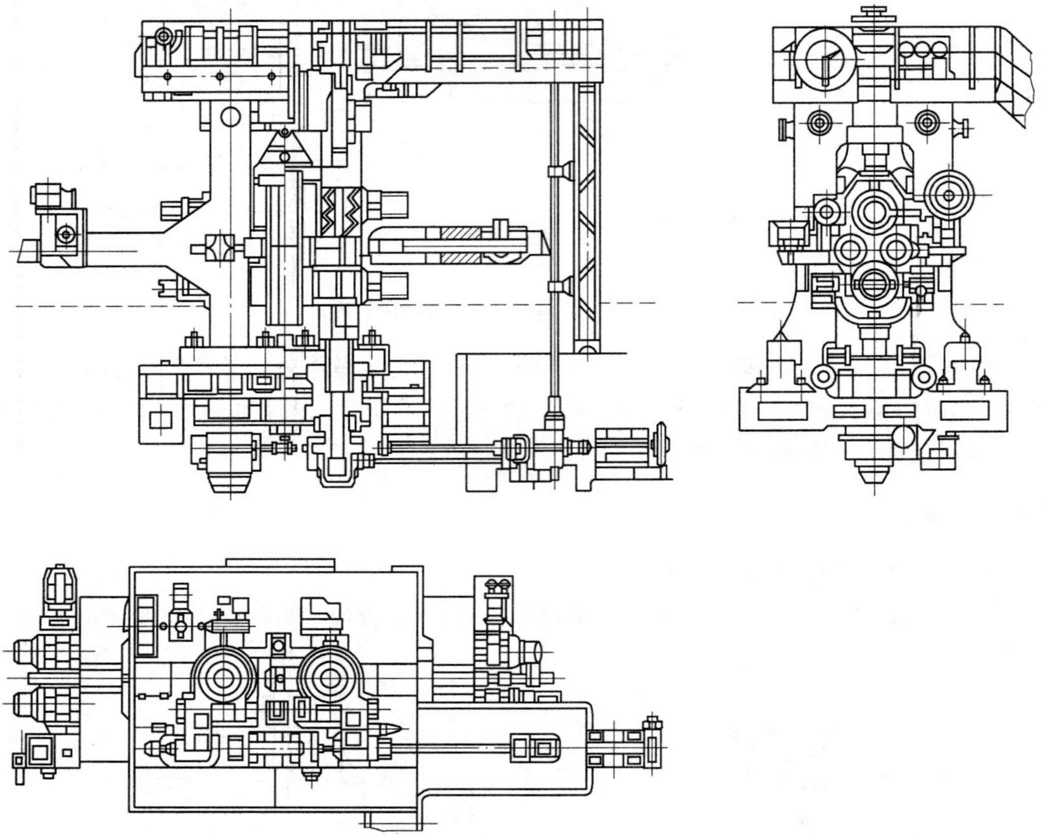

图3-121　用于粗轧机座的普通型万能轧机机座结构

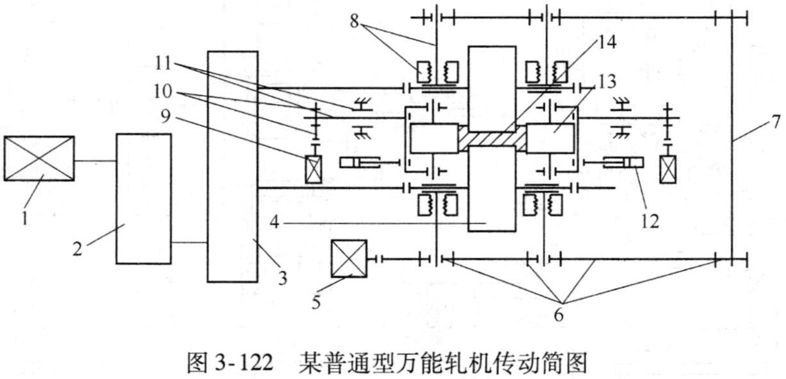

图3-122　某普通型万能轧机传动简图

1—水平辊主电机；2—减速机；3—齿轮座；4—水平轧辊；5—水平辊径向调整电机；6、10—蜗轮、蜗杆；
7—轴；8—压下（压上）螺丝、螺母；9—立辊侧压调整电机；11—侧压螺丝、螺母；
12—液压平衡缸；13—立轧辊；14—轧件

3.4.11.2 SC型万能轧机

图3-123为SC型万能轧机工作机座结构图。布置在轧辊一前一后的两片相同机架6,经横梁相互连接,它不像普通轧机的两片牌坊布置在轧辊的一左一右。牌坊和水平辊组(含横梁)1用连接板3连起来。连接板设在牌坊内,并且由偏心销轴5与牌坊连接,用可移动式销轴2与水平辊组1连接。立辊轴承座与牌坊的连接也采用此法。如此连接板有自动调位功能。通过蜗轮副4转动偏心销轴5,改变上、下水平辊间的开口度,以达到调整压下量的目的。水平辊和立辊均可实现对称调节,使轧制线不变。

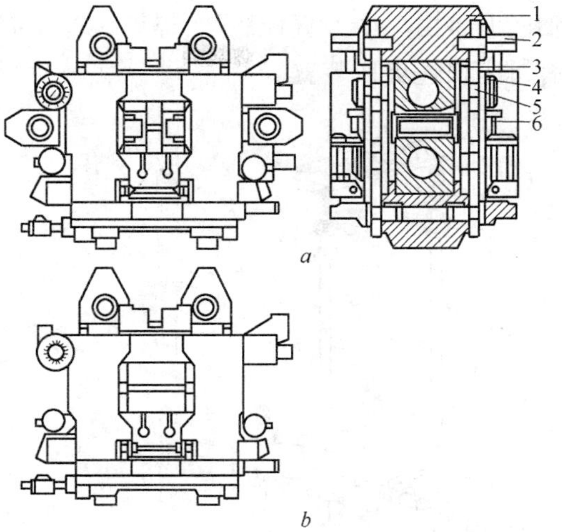

图3-123 SC型万能轧机工作机座结构图

a—万能式机座;*b*—二辊式机座

1—水平辊组(含横梁);2—可移动式销轴;3—连接板;4—蜗轮副;5—偏心销轴;6—轧机机架

3.4.11.3 CU型万能轧机

图3-124所示为CU型万能轧机的结构。其结构特点是无牌坊,使用预应力拉杆。它由上、下水平轧辊系统(含上、下水平轧辊轴承座3、13,上、下水平轧辊6、11,偏心套4、12等),中间牌坊装置(含立辊7及立辊轴承座8等)和预应力拉杆(含梁1及拉杆2等)系统组成。

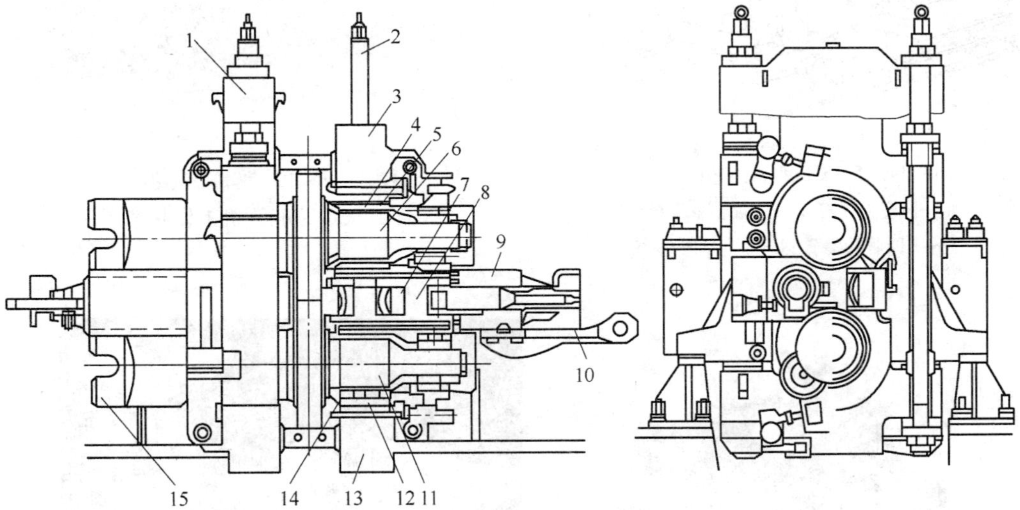

图3-124 CU型万能轧机的结构图

1—预应力梁;2—预应力拉杆;3—上水平轧辊轴承座;4、12—偏心套;5—滚子轴承;6—上水平轧辊;7—立辊;8—立辊轴承座;9—中间牌坊装置;10—机座移动臂;11—下水平轧辊;13—下水平轧辊轴承座;14—下水平轧辊轴承;15—轧辊接头

上、下水平轧辊系统、中间牌坊装置(牌坊水平放置),这三个系统部件由四根预应力

（预应力大于轧制力）拉杆连接（图 3-125）。水平辊辊缝控制由偏心套和垫块完成。水平辊轴向调整由一个大直径螺丝、螺母装置完成。拆除中间牌坊，即可成为预应力二辊轧机，配有机座快速更换装置。

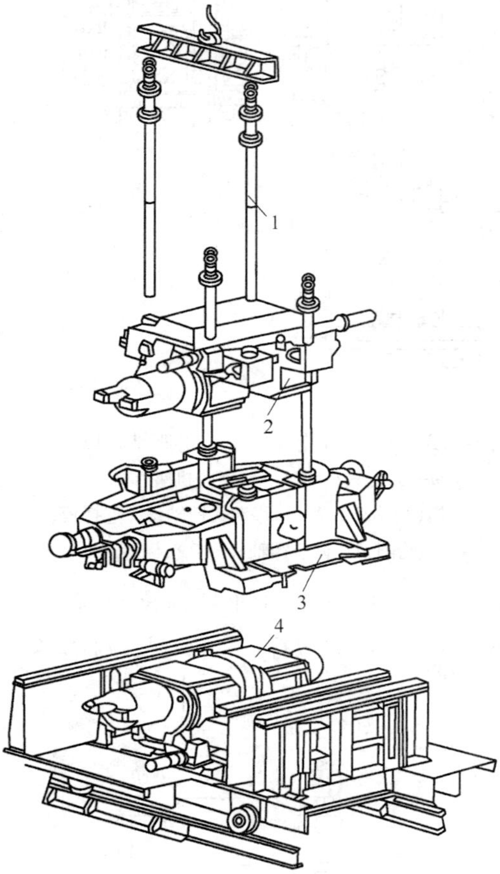

图 3-125　CU 型轧机分解图
1—预应力拉杆；2—上辊轴承系统；
3—中间牌坊装置；4—下辊轴承系统

3.4.11.4　SCC 万能轧机

SCC（stand core concept）万能轧机是自 1948 年达涅利摩加沙玛公司开始开发的机架芯概念的最新一代超大型机座型钢轧机（图 3-126、图 3-127）。

其技术特点是：采用了短应力线技术，机座钢度高；具有可带负荷调节的全液压调整系统；具有自动厚度控制系统；机架可以万能式或二辊式变换；全自动导卫和辊组更换程序仅需要 20min；可实现快速可逆轧制；机架可移动，保持轧制线不变。

图 3-126　达涅利摩加沙玛公司
SCC 万能轧机工作状态图

图 3-127　达涅利摩加沙玛公司 SCC 万能轧机机架芯解剖图

3.5 型钢轧机举例——中型高精度扁钢和圆钢复合生产线的 FW5－4 型扁钢轧机

3.5.1 车间布置及生产工艺

图 3-128 所示为抚顺特殊钢集团公司中型高精度扁钢和圆钢复合生产线。抚钢于 1996 年 11 月成功投产了一套由奥地利 GFM 公司提供的 WF5－40 型高精度方/扁钢轧机。年产 5 万 t；钢种：碳结钢、碳工钢、合结钢、合工钢、模具钢、弹簧钢、轴承钢、高速钢、不锈钢。代表钢种有 718、P20，M2，D2，45，T7，9SiCr，60Si2Mn，2Cr13，1Cr18Ni9。规格：扁钢（40～310）mm×（10～80）mm；方钢（40×40）mm～（100×100）mm；圆钢 ϕ50～80mm。4～8m 定尺，可按 DIN 标准尺寸公差的 1/2 值交货，矩形断面的角部极尖（$R\leqslant 0.5$mm）。高合金钢全部使用初轧坯和锻造坯。规格：方坯 120mm×120mm、150mm×150mm；扁坯（210～310）mm×（100～120）mm；长度 1700～3000mm。

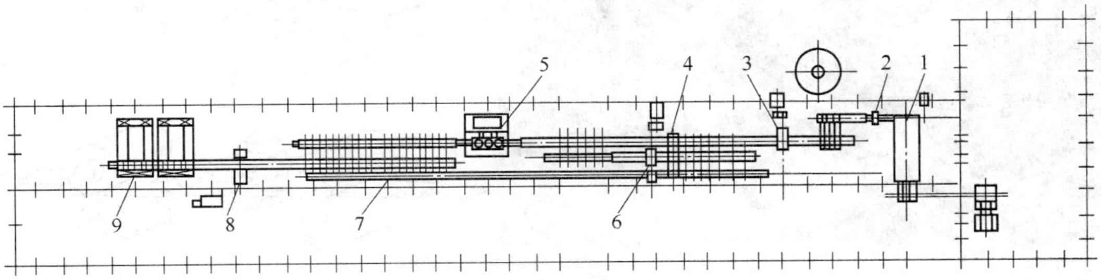

图 3-128 抚钢中型高精度扁钢和圆钢复合生产线

1—步进底式加热炉；2—高压水除鳞装置；3—650 三辊式轧机；4—摆式飞剪；5—5 机架可逆式方、扁钢轧机；6—2 机架 500 轧机；7—移钢台架；8—摩擦锯；9—冷床

该车间是对一个老车间改造而成，布有方、扁钢和圆钢两条生产线。两条生产线由一架直流传动的 650 三辊轧机（闭式机架）作为共用的粗轧机（穿梭轧制）。650 轧机＋5 架 400 轧机平立交替布置机组（可逆连轧）组成方、扁钢生产线，650 轧机＋2 架 500 轧机横列式布置（前架三辊轧机（闭式机架、穿梭轧制），后架短应力线二辊轧机）组成圆钢生产线。

工艺流程：由锻造厂或 850 初轧厂提供的锻坯或初轧坯经检查清理后运至本厂。坯料经上料台架由链式移钢机、运输辊道、推钢机进入端进侧出步进底连续（3 段式）加热炉内加热至出钢温度，再由可横向移动的出钢机将坯料推出加热炉，经炉前运输辊道将其运入高压水除鳞机，坯料经除磷后由辊道、移钢机和 ϕ650mm 三辊粗轧机机前辊道、机后升降台往复送往 650 轧机进行 3～7 道次的轧制，再经摆式切头剪切去头尾，方、扁坯送往 WF5—40 精轧机组（5 机架平立布置）进行 5～15 道次可逆、无扭、微张力控制的连续轧制制成方、扁材，圆坯送往 500 轧机组进行 5～7 道次轧制制成圆钢。

轧件经链式移钢机、辊道运至直径 ϕ1000mm 摩擦锯（砂轮片）进行头尾切除并切成定尺。定尺材根据要求进入热收集槽收集后送退火（或进入缓冷坑缓冷），或进入保温箱缓冷，或经齿条式步进冷床进入冷收集装置进行收集。

对于需要热处理的钢材经过垮台车运往热处理间热处理炉（两台蓄热式罩式炉、两台台车式室式炉）进行处理。后部精整线布有一台八辊（立辊）大扁钢矫直机、两台五辊小扁钢矫直机、两台液压压力矫直机，矫直后的轧件被运至抛丸机内进行表面清理，再经吊车运至检查台架上，由人工肉眼检查表面、超声波探伤仪检查内部质量后，经挑选、修磨清理和锯切等工序后将合格产品包装入库。

该条生产线的核心设备是 WF5 -40(5 机架可逆连轧方、扁钢机组)轧机，下面做重点介绍。

3.5.2　WF5 -40 轧钢机

WF5 -40 机组(5 机架可逆连轧方、扁钢机组)(图 3-129)，即 5 机架二辊轧机呈平-立-平-立-平布置，轧辊名义直径 400mm。轧制过程如图 3-130 所示，轧机传动系统如图 3-131 所示。

图 3-129　WF5 -40 机组(5 机架可逆连轧方、扁钢机组)

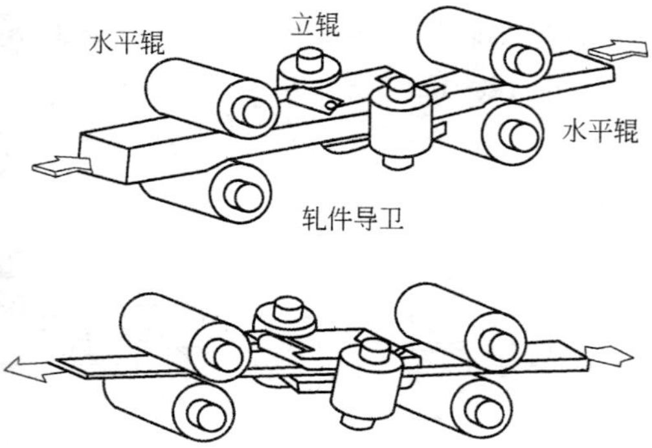

图 3-130　WF5 -40 机组轧制过程示意图

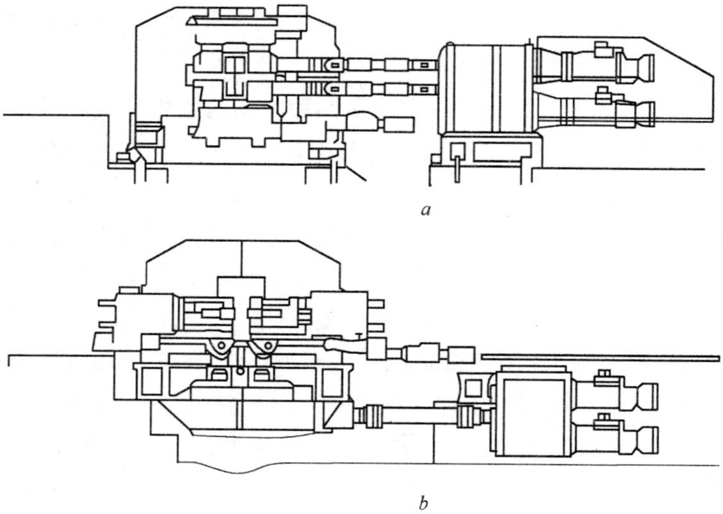

图 3-131　WF5 -40 机组传动系统示意图
a—水平机架；*b*—立式机架

3.5.2.1　轧机

每架轧机主传动由四台(水平机架)或三台(立式机架)液压马达并联驱动。因可逆轧制调速范围大，为缩小液压马达调速范围，配有双变速齿轮座。水平机架齿轮座与轧辊之间用两根高承载能力的万向接轴连接。立式机架齿轮座与变向伞齿轮箱之间由一根主轴连接，伞齿轮箱将传动方向改变90°后也是由两根高承载能力的万向接轴同轧辊连接。

牌坊采用闭式机架，轧辊由滚动轴承支承，全部轧辊由液压缸平衡。WF 机组最高轧制速度 4.5m/s。水平轧机名义轧制力 2000kN，名义轧制力矩 180kN·m。立式轧机名义轧制力 1800kN，名义轧制力矩 135kN·m，该机组具有过载保护功能。

3.5.2.2 导卫装置

水平轧机轧辊出入侧有两对立式辊子导卫及两对卫板。

立式轧机轧辊出入侧装有两个导卫支架，其上有两对水平辊式导卫，另装有两对卫板。

立式辊子导卫以引导轧件在轧制线上，水平辊式导卫除引导作用外，还防止立轧道次时轧件弯曲。卫板用来防止轧件贴辊。

3.5.2.3 导入辊道

在 WF5－40 机组出入侧安有导入辊道，辊道的速度随轧机速度可调，两辊道在轧辊端的高度随轧制线（轧辊辊缝）可调，辊道上带有对中矫直（轧件）导板且有冷料拒入功能。

3.5.2.4 主液压系统

由三台主驱装置组成，其中三台主电机（交流 1400kW），每台主电机带两台复式泵，向液压马达提供高压油。

3.5.2.5 电控系统

电控系统如图 3-132 所示。

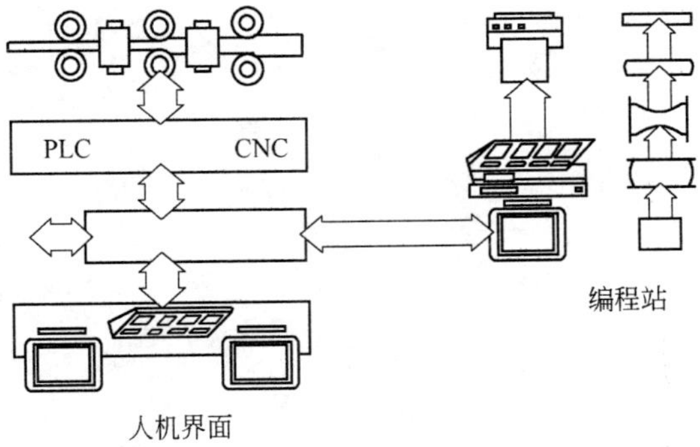

图 3-132 电控系统示意图

每架轧机主传动由液压马达驱动，每架轧机每一道次都可以单独调整轧制速度。一个微信息处理器控制轧制速度，以获得在轧机间轧件内的微张力。轧辊调正、立式辊子导卫调整和水平导卫支架调整均由交流伺服电马达实现。由数控轴按照轧制程序相对轧制线同步调整。

导入辊道的速度、高度及对中矫直导板开口度，都由数控轴按照轧制程序控制调整。

视成品尺寸不同，所有扁钢从合适的方、扁坯开始，可用 1、3 或 5 个可逆道次轧成。对大部分成品规格仅需要 3 个可逆道次，即：15 次压缩即可。这些程序编入 PC 后同数控计算机（CNC）联网。在程序转换 2s 和机组 5s 内可逆转准备下道轧制。

3.5.3 WF5－40 扁钢轧机的特点

由于该轧机具有无孔型（平辊）、数字控制、可调整导卫装置、液压马达驱动（与电机比有响应快等特点）、计算机自动生成轧制程序、微张力控制和 CNC 控制对轧辊的精确调整等功能，其特点如下：

（1）由于辊身无孔型，就可实现短辊身，最大程度地提高轧机刚度。

（2）轧辊平立布置。广义讲平立辊形成了空间矩形孔。由于水平轧机、立轧机轧辊辊缝尺寸是连续无级调整的，因此该空间矩形孔尺寸也是连续无级变化的，即可以得到在辊缝极限尺寸范围内的任何尺寸规格产品(轧件截面长×宽尺寸的任何组合),如 201.1mm×39.1mm。

(3)使连轧机在极短时间里进行可逆轧制成为可能,导致机架数少、占地少、控制容易等,这样就可以使投资大大减少。

(4)可实现轻压下和多道次轧制。使轧件尺寸精度高(尺寸公差可达到1/2DIN 标准)、形状准确和角部极尖(角部半径小于0.5~1mm),既使高合金钢也不会产生角裂。

(5)无需换辊、换孔型、换导卫,不需要试验轧件。

(6)主传动采用液压马达,具有良好的响应特性。

(7)利用先进的计算机控制系统进行轧制工艺参数的设定和控制,可进行无人化操作,既使没有工人的操作,正常情况下也能顺利轧制。

(8)能更好地实现微张力控制。

(9)该轧机只能生产方和扁(矩形断面)钢。

4 线材轧机

线材是热轧材中断面尺寸最小的一种,因其在轧钢厂热轧后卷成盘状交货,故又称为盘条(rod)。横截面通常为圆形、椭圆形、方形、矩形、六角形、八角形、半圆形或其他形状,盘条的公称直径不小于 5mm。目前高线盘条直径范围在 ϕ5.0 ~ 26mm,理想的直径范围在 ϕ5.5 ~ 20mm,盘重 2000 ~ 2500kg。应注意的是大棒卷(bar in coil)生产工艺可使棒材成卷,成卷的方法不是用吐丝机,而是用加勒特卷取机或工字轮卷取机。目前卷取的棒材直径上限在 60mm。通常认为直径范围在 5.5 ~ 20mm 的线材在高速线材轧机上生产,直径 16 ~ 60mm 的线材多用小型线材联合机组生产成棒卷。

线材品种多、用途广(表 4-1),被广泛应用在国民经济各个部门,且用量大,2006 年、2007 年中国线材产量分别为 7063.45 万 t 和 8038.21 万 t,占当年钢产量的 16.8%、16.4%。

表 4-1 线材钢种及用途

钢 种	用 途
低碳钢	混凝土配筋,镀锌低碳钢丝、钢钉、螺丝、金属网、电缆、通讯线
中、高碳钢	螺丝、自行车辐条、胶管钢丝、发条、钢丝床、伞骨、衣架、钢丝绳、预应力钢丝、钢绞线
焊接用钢	焊条、焊丝
弹簧钢	弹簧、钢丝
滚珠轴承钢	滚珠、滚柱
冷顶锻用钢	铆钉、螺栓、螺帽
不锈钢	防腐金属网、不锈钢焊条、耐热及非磁弹簧、高级铆钉、医用缝合针
工具钢	量具、刀具、模具、制针、钟表用钢丝、工具、琴弦
低合金钢	螺纹钢筋

线材轧机始建于 17 世纪。19 世纪中叶,随着大工业发展,对小型线棒材的需求日益增加,碱性转炉炼钢法的出现为大规模轧钢生产创造了条件,因此小型线棒材轧机得到迅速发展。1860 年前后出现了比利时式线材轧机(Belgian looping mill),即横列式线材活套轧机(图 4-1)。用一台电机带动一列三至五架轧机,人工围盘实行活套轧制,轧制速度可达 4.6m/s。为提高轧制速度,并尽量减少活套长度,逐渐形成多列横列式轧机。1870 年有人将比利时式线材轧机分为两段,各用一台电机传动。至 1882 年出现四列横列式轧机,即加林特式轧机(图 4-2)。它的终轧速度可达 8 ~ 9m/s。

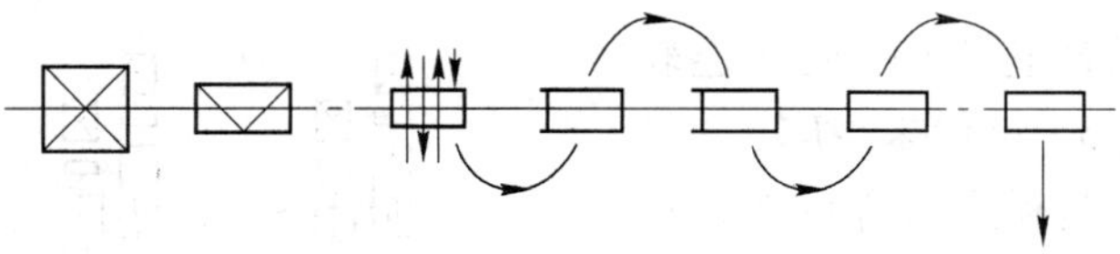

图 4-1 比利时式线材轧机

几乎在同时，在跟踪式轧机基础上串列式水平连轧机或平立交替的连轧机也在发展。但平/立交替的无扭转连轧机发展并不顺利，1862年英国曾试验平/立交替的连轧机，当时轧机与导卫均不完善，尤其是立辊的安装及传动较困难，因此未成功。

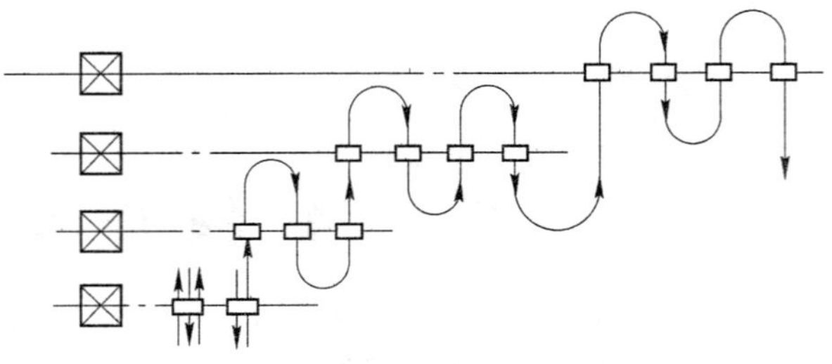

图 4-2　加林特式轧机

1878年建立了十六架串列式水平连轧机（旧摩根式轧机），由蒸汽机成组传动，以轧辊直径变化来调节各架轧机速度，扭转导管翻钢。终轧速度可达15m/s。为提高生产效率，实行在一架轧机上双条或多条轧制。此后若干年，工艺布置上没有新的突破，但在轧机完善上有较大进步，如滚动轴承的应用，精轧机座单独传动的采用等，使轧制速度接近20m/s，盘重增至200kg。

值得提出的是：横列式轧机易于调整、无张力、速度控制要求不严，因此出现了粗轧为旧摩根式水平连轧机。精轧机为横列式或复二重式（又称苏埃科式轧机，轧制速度16～20m/s）的半连续式轧机。

第二次世界大战后，由于控制技术、机械制造技术的发展，小型轧机技术水平又得到了进一步提高。为改变横列式轧机活套无控制的状况，逐渐向更多列乃至单机传动发展。20世纪50年代，瑞典推出法格斯塔型轧机（图4-3）。精轧机组每两架一个直流电机传动，用光电系统测定小活套位置来控制各列转速。每列两架间以不同的轧辊直径来获得不同的轧制速度，以减少大活套长度。轧制速度可达20～27m/s，实际上它仍属于半连续轧制范围。60年代初又发展为莫格沙玛型轧机（图4-4），即所谓的“活套连轧机组”。其各架均有一台直流电机拖动，用围盘连接，可精确控制活套长度，实现连轧，特别适合小批量、多品种轧制，至70年代中期仍活跃在世界线材生产中，直至高速摩根轧机问世才转向合金钢领域。

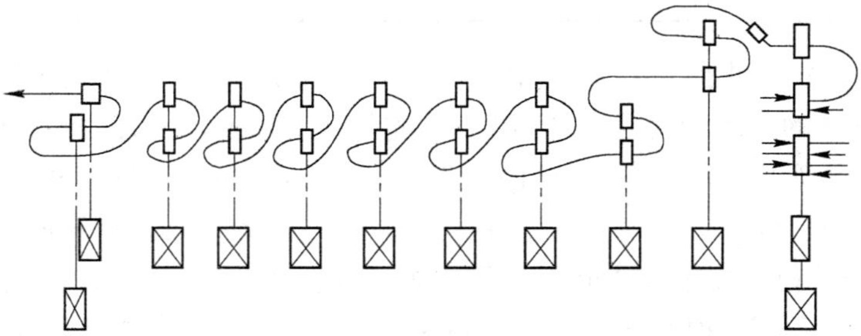

图 4-3　法格斯塔型轧机

与此同时，跟踪式连轧机（串列式连轧机）也在发展，20世纪50年代末，扭转导管改为辊式扭转装置，达涅利式组合机架取代了独立机架，使串列水平连轧机速度达到了40m/s，而平立交替式串列连轧机由于轧机

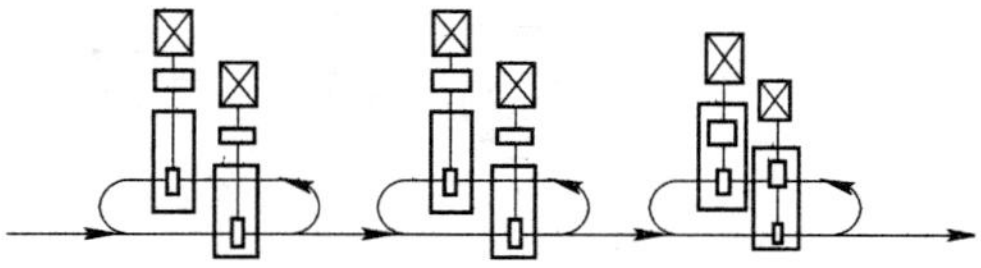

图 4-4　莫格沙玛型轧机

振动问题与电机动态性能所限，速度也停顿在 40m/s 左右。加之造价过高不能大量建造。由此可见，一般线材轧机的最大轧制速度提高到 40m/s 以后就无法再提高了，故称轧制速度大于40m/s的轧机为高速线材轧机。

轧制速度进一步的提高是 20 世纪 60 年代中期，美国摩根（Morgan）公司结合了组合式轧机结构与平立连轧机布置形式，采用了微张力轧制工艺，发明了世界最早的高速线材轧机机型之一——摩根式轧机，即 45°轧机。1966 年 9 月美国摩根公司设计的第一套二辊悬臂式轧机，投产于加拿大钢铁公司斯哈密尔顿厂。该型轧机是多机架连轧（8 架）且组合式轧机结构。轧辊轴线与地面成 45°角，相邻机架两对轧辊轴线交叉呈 90°角，故称为 45°轧机。由于避免了轧件进入下一道次时的扭转翻钢，它们又以螺旋齿轮直接啮合取代了轧辊前的传动连接轴，因而消除了振动，实现了无扭、振动小，使轧制速度突破 35 ~ 40m/s，达到 50m/s。后期为进一步提高轧制速度，就要进一步降低传动轴的高度，在侧交 45°轧机的基础上又推出了顶交 45°轧机。为控制轧件温升还加大了轧机间距，以便配置水冷喷嘴。这种轧机一问世便获得 50m/s 的轧制速度（第一代）。70 年代初 60m/s（第二代），70 年代中、后期 75m/s（第三代），70 年代末 80 年代初 90m/s（第四代），80 年代中期 100m/s（第五代），80 年代末至今，重负荷和超重负荷精轧机组、减径定径机组、高速飞剪等技术在线使用，使轧制速度达到 120m/s（设计速度达 140m/s），保证速度达到 110 ~ 115m/s（第六代）。自 1966 年至今相继出现了摩根、德马克、阿希洛、达涅利、施罗曼、克虏伯和摩哥斯哈玛等机型。

综上所述，线材轧机的发展经历了横列式、顺列式、布棋式、半连续式、跟踪式（水平辊）连续式、平立交替串列连续式和 45°或 Y 形高速连续式等阶段。横列式和复二重线材轧机已明令淘汰并禁止新建。

当今高速线材轧机的主要特点是：

（1）产品规格 ϕ5 ~ 26mm；

（2）因可使用较大断面坯料，如 200mm × 200mm、240mm × 180mm，能与连铸合理匹配；

（3）生产钢种包括碳素钢、优质碳素钢、合金钢、高合金钢等几乎所有钢种，且可实现热机轧制；

（4）最大设计轧制速度达 140m/s，能实现的最大经济轧制速度 115m/s 左右；

（5）年产量达 60 ~ 80 万 t；

（6）各种高速无扭精轧机组安装方式趋向改为顶交 45°结构，同时辊环在加大，从 150mm 加大到 200mm 左右；

（7）轧机主传动电机均改为交流变频电机；

（8）在精轧机前设预精轧机，在精轧机后设减径定径机组；

（9）可实现“单一孔型”轧制和“自由尺寸”轧制，自由定径范围 ±0.3mm；

（10）可保证极高的尺寸公差，如 ±0.1mm，或更小。

4.1 线材生产工艺流程

线材生产工艺流程如图 4-5 所示。

4.1.1 坯料

线材坯料一般为轧制坯和连铸坯。横列式和复二重线材轧机一般用（65mm × 65mm）~

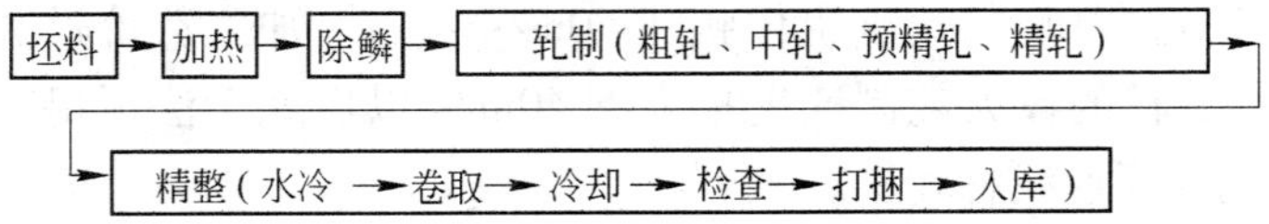

图 4-5　线材生产工艺流程

(120mm × 120mm)小方坯；高速线材轧机用 150mm × 150mm 以上方坯。为解决某些钢种大变形比的需求，必须采用大断面坯料，其方式有三种：一是由初轧机或开坯机二次开坯；二是加大粗轧机尺寸，增加第 2 中轧机组；三是在粗轧机组前增加 2 架平立二辊可逆粗轧机。

4.1.2　加热

加热通常在推钢式或步进式连续加热炉中进行。出钢方式：端进侧出或侧进侧出。对加热的要求是加热温度均匀，减少氧化，避免过热、过烧、脱碳、裂纹等加热缺陷。

4.1.3　轧制

根据轧机的组合或轧件断面尺寸的大小，通常采用以下四种基本轧制方法：穿梭轧制、跟踪轧制、活套轧制和连续轧制（详见第 3.1.3 节）。

线材生产道次多，通常将轧制分几个阶段，即粗轧、中轧（可细分为一中轧和二中轧或分中轧和预精轧）、精轧等。相应段轧机分组为粗轧机组、中轧机组（分一中轧机组和二中轧机组或中轧机组和预精轧机组）、精轧机组（或精轧机组加减径定径机组）等。由于将精轧段分为精轧机组和减径定径机组，故可实现单一孔型轧制和自由尺寸轧制。

各机架轧辊直径随着轧件断面尺寸的减小而减小。横列式使用正、反围盘活套轧制。复二重线材轧机采用正围盘活套轧制，同时机架内采用扭转管翻钢和微拉轧制。高速线材无扭轧机轧件不翻转，而是相邻轧机相互扭转，同时采用滚动导卫，微张力轧制和活套无张力轧制，此外还需除鳞、切头、水冷等。

4.1.4　精整

横列式和复二重轧机轧出的热状态的线材经导管进入卷取机卷成圆盘，成品卷经运输机边运输边冷却，收集、检查、打捆、入库。高速线材轧机轧出的热状态的线材经水冷控制冷却后，经吐丝机吐出呈螺旋形立式线圈，逐渐倒向运输机上，进行散卷冷却（斯太尔摩或施洛曼控制冷却法），集卷，P/F 冷却运输线冷却，检查，打捆，入库。

4.1.5　线材生产工艺流程实例

例 1　最现代的带有减径定径机组的高速线材生产工艺。

某年产 60 万 t 高速线材厂，产品规格：ϕ5 ~ 26mm 的光面圆钢盘条，生产的主要钢种有：优质碳素结构钢、冷镦钢、弹簧钢、焊条钢、易切削钢和低合金钢等。

线材尺寸公差：

直径公差：　　ϕ5 ~ 26mm ±0.1mm

椭圆度：　　ϕ5 ~ 26mm ≤0.12mm

盘卷的尺寸为：ϕ1250mm/ϕ850mm；盘卷压紧打捆后高度：约 2200mm（圆钢）；盘卷标准

重量:约2200kg。

连铸坯尺寸:180mm×240mm×7000mm,单重:2300kg。

该工艺流程是目前最先进的,如图4-6所示。

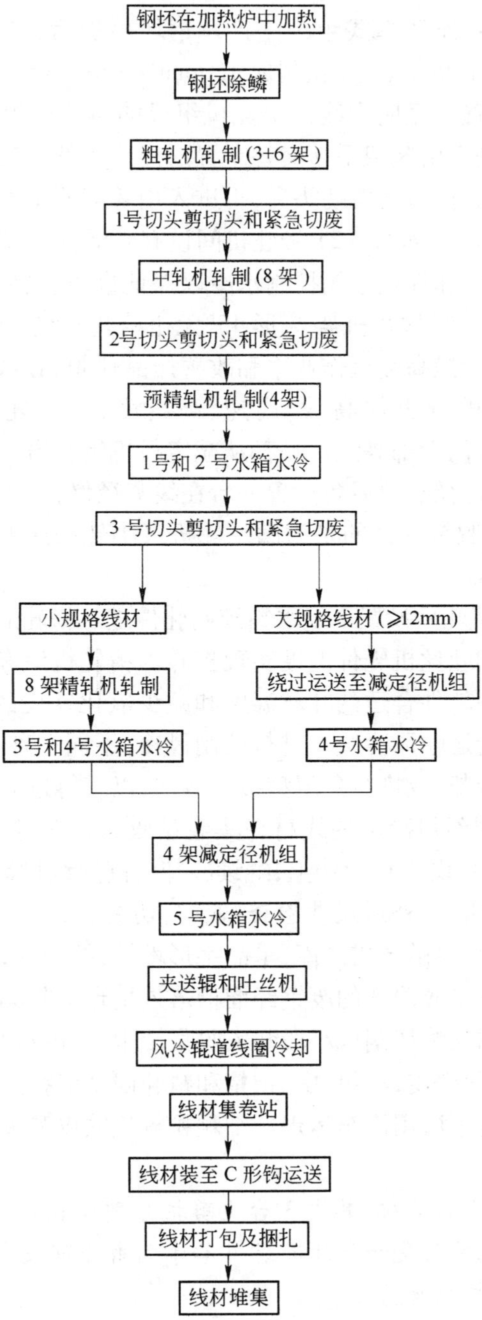

图4-6　最现代的高速线材生产工艺

(1)加热。正常生产时,炼钢连铸热坯通过热送辊道从连铸出坯跨直接送往轧钢车间,经钢坯提升机提升到5m平台上,经入炉辊道直接送进加热炉进行加热。使用冷坯时,由电磁盘吊车吊至冷坯上料台架，经入炉辊道运送入炉加热。根据不同钢种的加热制度和加热要求，钢坯在步进梁式炉内加热到开始轧制的温度：950 ~ 1150℃，由出炉辊道送往粗轧机组进行轧制。

（2）除鳞。为提高轧件表面质量，在粗轧机组前设置高压水除鳞装置。

（3）轧制。采用跟踪连轧方式组织生产。钢坯出炉后，经辊道将轧件送入由 3 机架（立 - 平 - 立）组成的粗轧机组（Ⅰ）轧制成 150mm × 150mm 坯料。轧后脱头，由中间辊道送至由 6 架平立交替布置的短应力线二辊轧机组成的粗轧机组（Ⅱ）进行轧制。轧件出粗轧机组经飞剪切头后，进入由 8 架平立交替布置的短应力线二辊轧机组成的中轧机组继续轧制。中轧机组轧出的轧件经飞剪切头后，再进入由 4 架平立交替布置的悬臂辊环轧机组成的预精轧机组继续轧制。14 号 ~ 21 号轧机间设有立活套，对轧件进行无张无扭轧制。

从预精轧机组轧出的轧件经水箱控制水冷以保证进线材精轧机组所需的轧件温度，经侧活套器、飞剪切头、进入线材 8 机架 V 形 45°无扭精轧机组。精轧机组对轧件进行高速、单线、微张、无扭轧制。为提高轧机作业率和改善产品质量，在线材精轧机组后设置 4 机架减定径机组，可对轧件进行更加高效、高速、高精度、无扭轧制，终轧最大保证速度为 112m/s。ϕ5.0 ~ ϕ26mm 的全部高线产品都从减定径机组轧出。

在精轧机组和减径定径机组后各设置一台在线测径仪，以连续监测轧件尺寸。

粗轧机组（Ⅰ）轧后脱头的目的是为满足轧机最小轧制速度不小于 0.1m/s，轧机最大轧制速度不大于 115m/s。

（4）控制冷却。预精轧后设置 2 组水箱控制轧件进入精轧的温度，减定径机组前后共 3 个水箱，控制减定径机和吐丝机轧件温度实现控轧。精轧机组和减径定径机组后设置水冷段采用闭环控制，以控制轧件合适的吐丝温度和减少氧化铁皮的生成。轧件经夹送辊进入吐丝机，成线环落到散卷运输风冷线上进行控制风冷，不同钢种、规格的线材按不同程序冷却，或进行大风量快速冷却，或进行延迟型缓慢冷却，以获得适应于不同用途要求的线材。

（5）精整。高速线材经风冷后的线材在集卷站收集成盘卷后，经芯棒旋转、翻平，再由挂卷小车将盘卷挂至 P/F 线的 C 形钩上，继续冷却。高速线材盘卷在 C 形钩上继续进行冷却的同时还要进行外表质量、外形尺寸检查；取样；切头、切尾 及修剪；经压紧打捆后称重、标记、卸卷，再由吊车将盘卷吊至成品库，呈品字形堆放，按合同计划发货。

飞剪切下的头、尾及事故碎断的废钢经溜槽落入平台下收集筐中，由叉车送至堆料场整理存放；其他轧制废品用火焰切割成小段装入收集筐中，再由汽车运出。

落入铁皮沟中的氧化铁皮，经粗、中、预精和精轧四个清扫点水冲至沉淀池中，定期用抓斗抓出放到滤水池中，滤干后用汽车运走。细颗粒氧化铁皮和废油在水处理站凝结沉淀，制成泥饼，由汽车外运。

（注：整条轧线共设 7 台剪机，其中 3 台飞剪机分别设在粗轧组（Ⅱ）后、中轧机组后和精轧机组前，用于剪切轧件头尾和事故碎断；4 台卡断剪分别设在 4 号轧机前、18 号轧机前、精轧机组前和减径定径机组前。）

例 2 双线轧制的高速线材生产工艺

某年产 80 万 t 高速线材厂，坯料规格：150mm × 150mm × 12000mm 连铸坯，单重 2065kg。生产品种：优质碳素钢、碳素结构钢、合金结构钢、焊条、焊丝钢、冷镦钢和弹簧钢等。产品规格：ϕ5.5 ~ 16mm 光面高速线材。

该双线轧制的高速线材生产工艺流程如图 4-7 所示。

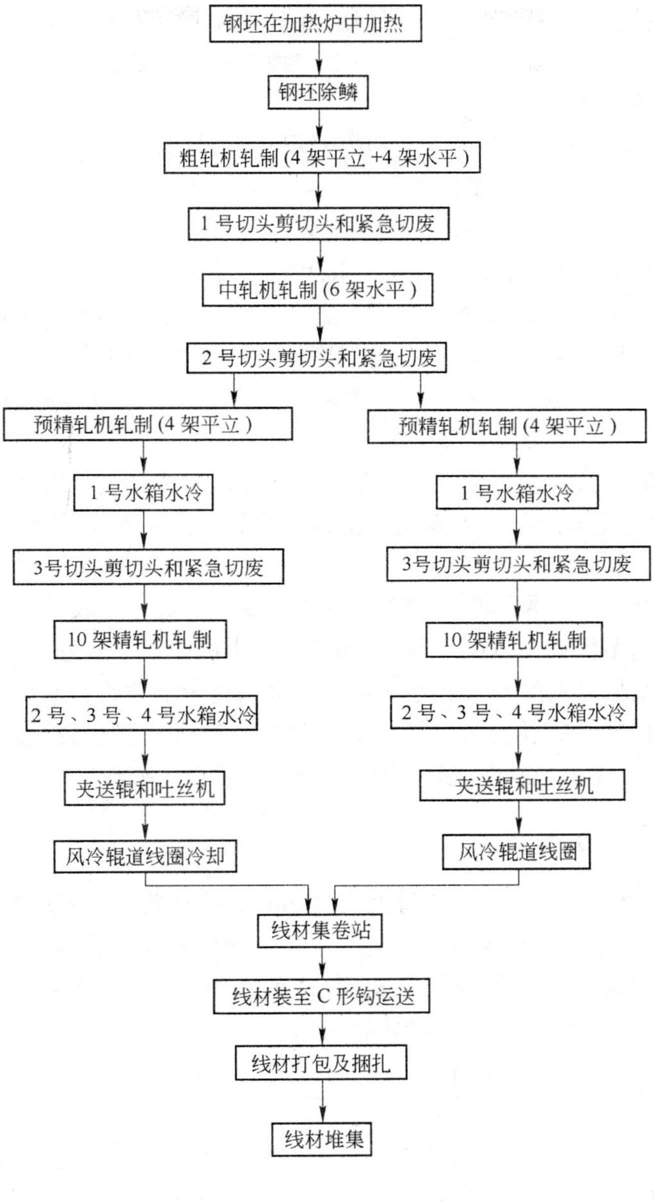

图 4-7 双线轧制的高速线材生产工艺流程

(1)加热。铸坯由连铸车间经保温辊道直接送入加热炉。线材厂配有一座采用蓄热式燃烧技术的侧进侧出步进梁式加热炉加热钢坯。在连续加热及出料的条件下,钢坯从室温加热到 950 ~ 1080℃,炉子的加热能力为 160t/h,最高加热温度可达 1200℃。

(2)轧制。轧线主轧机由粗轧机组 8 架(ϕ550mm × 6 + ϕ450mm × 2)、中轧机组 6 架(ϕ450mm × 4 + ϕ350mm × 2)、预精轧机组 8 架(ϕ285mm × 4 × 2,双线,每线 4 架)和精轧机组 20 架(ϕ212mm/ϕ191mm × 10 × 2 双线,每线 10 架),共由 42 架轧机组成。粗、中轧机组按单线布置,其余机组按双线布置。粗轧机组共 8 架,其中 1 ~ 4 架为平立交替布置,5 ~ 8

架为水平布置，钢坯在粗轧机组前4架中单根轧出后，与粗轧机组脱开，由一台分钢器导入双线轧制线中的A线或B线位置，由辊道送入后4架粗轧机进行双线轧制；中轧机组共6架呈水平布置。粗轧机组前4架为单线轧制，粗轧机组后4架和中轧机组双线轧制。预精轧机组双线布置，每线各4架（共8架），平立交替布置。精轧机组双线布置，每线各10架（共20架），45°顶交布置。

轧机机型：粗、中轧机为闭口式轧机；预精轧机组为悬臂辊式轧机，轧辊采用平立交替布置；精轧机组为顶交V形45°无扭轧机。

轧线上共设6台切头飞剪和碎断剪。

（3）控冷。在预精轧机组后设一组水冷箱，用于控制进入线材精轧机机组的轧件温度，防止因变形热造成的轧件温升过大，破坏产品组织结构和性能；在精轧机组后设三组水冷箱，用于控制轧件温度，为下一步的散卷冷却做好温度和组织准备，同时减少氧化铁皮的生成。

（4）精整。线材夹送辊选用悬臂式夹送辊，上下辊驱动，夹紧力可调。吐丝机选用卧式吐丝机。

散卷控制冷却运输线，选用延迟型散卷控制冷却运输线。运输机采用辊道式，在辊道下方设有大风量、高风压离心风机，对辊道上的线材进行强迫风冷；辊道设有保温罩，可实现线卷保温，进行缓冷。

集卷站由集卷筒、盘卷收集装置和盘卷移送装置等三部分组成。

盘卷运输机，选用积放式（P&F）钩式运输机，运输机有双层轨道，上层是牵引链轨道，下层为承载轨，装载线材盘卷的C形钩小车由上层牵引链上的宽推杆牵引沿承载轨运行。

压紧打捆机由打捆机机体、两个侧压板、穿线道、送线装置、扭结装置、切断装置、液压站、自动控制系统、对焊机和砂轮机等组成，可用全自动程序操作。

4.2　生产车间及轧机布置

线材车间一般分普通线材车间和高速线材车间。线材轧机的布置形式归纳起来基本有三种：多阶横列式、半连续式和连续式。生产车间内的轧机通常根据工艺流程编成若干组，各组轧机的规格、型式基本一致，如粗轧机组、中轧机组（一中轧机组＋二中轧机组或中轧机组＋预精轧机组）、精轧机组（或加减定径机组）等。

4.2.1　横列式布置

由若干架轧机工作机座横向布置成一列、二列、三列、多列（又通常称列为阶）。每一列工作机座由一台电机带动或由两台电机分两侧带动。线材轧机常用三阶式或三阶以上的布置形式（图4-8），一般不超过15架。

粗轧机组的布置形式：一般为三辊轧机或二辊交替式轧机。

中轧机组的布置形式：一般为3～5机架横列式布置。

精轧机组的布置形式：一般为5～7机架横列式布置。可以是一台电机传动或由两台电机从两侧传动，相邻机架的轧制速度靠轧辊直径的匹配来控制。

4.2.2　半连续式布置

半连续式轧机一般分两组布置，一组是连续式，另一组是横列式、多机架纵列式或其他

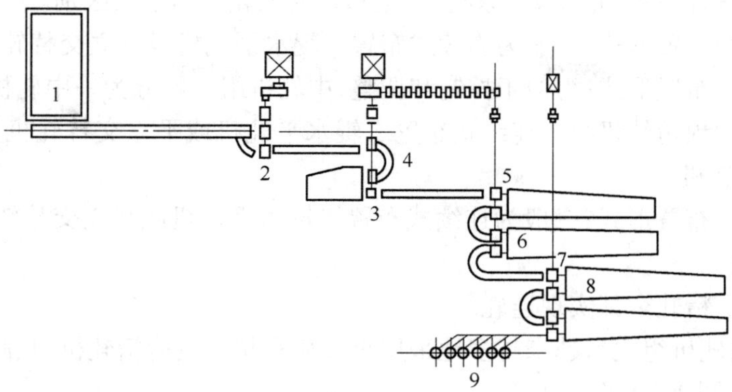

图 4-8 横列式线材轧制车间平面布置

1—加热炉;2—粗轧机组;3—第一中轧机组;4—围盘;5—第二中轧机组;6—夹钳操作部位;7—精轧机组;8—活套坑;9—卷线机

形式。通常是粗轧机组布置成连续式,中、精轧机组布置成横列式或复二重式(图 4-9)。这种方案主要考虑粗轧与精轧机组轧件断面不同,粗轧机组轧件断面简单,连续轧制比较容易;精轧机组轧件断面形状复杂,连轧比较困难。为了便于调整,将精轧机组布置成横列式或复二重式。

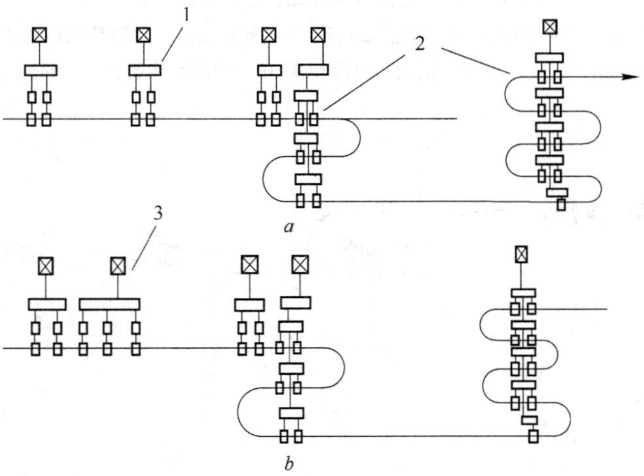

图 4-9 半连续式线材轧机示意图

a—粗轧为跟踪连续式(1),精轧为复二重式(2);*b*—粗轧为连续式(3),精轧为复二重式(2)

粗轧机组的布置形式:一般为连续式或跟踪式。

中轧机组的布置形式:一般为横列式或复二重式。

精轧机组的布置形式:一般为复二重式。

4.2.3 连续式布置

连续式布置类似顺列式,各工作机座沿轧制线依次排列,工作机座个数既是轧制道次,各工作机座间距比相应的轧件长度小,一根轧件同时在数个工作机座中轧制,各个工作机座的轧制速度应符合“秒流量相等”原则，这是和顺列式轧机的本质区别。

粗轧机组的布置形式：一般为连续式布置二辊水平轧机或平立交替轧机。

中轧机组的布置形式：为便于控制和调整，中轧机组一般分为一中轧机组和二中轧机组或分中轧机组和预精轧机组。连续式布置二辊水平轧机或平立交替轧机。另外，预精轧机组也采用Y形轧机。

精轧机组的布置形式：一般为连续式布置二辊水平轧机或平立交替轧机或45°轧机，均采用集体传动。

粗轧、中轧、精轧全部实现连轧。

当今，在精轧机组之后越来越多地采用重负荷和超重负荷精轧机组、减径定径机组等高精度精轧机组（图4-10、图4-11）。

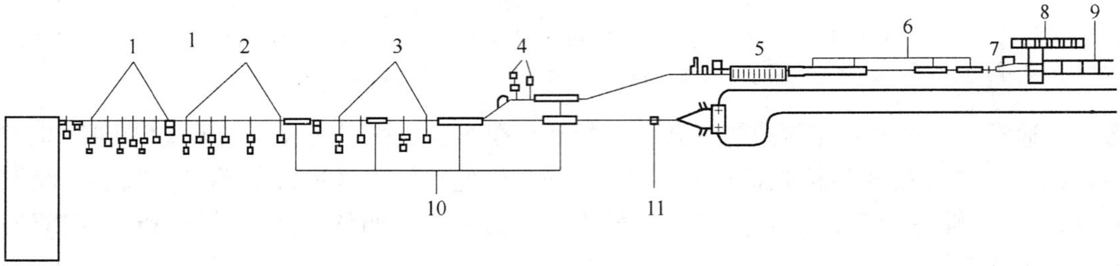

图4-10　现代化高速轧机的组成及其平面布置

1—粗轧机组；2—中轧机组；3—二中轧机组；4—预精轧机组；5—无扭精轧机组；6—水冷段；7—减定径机组；8—慢冷线；9—斯太尔摩冷却线；10—中间水冷箱；11—加勒特式卷取机

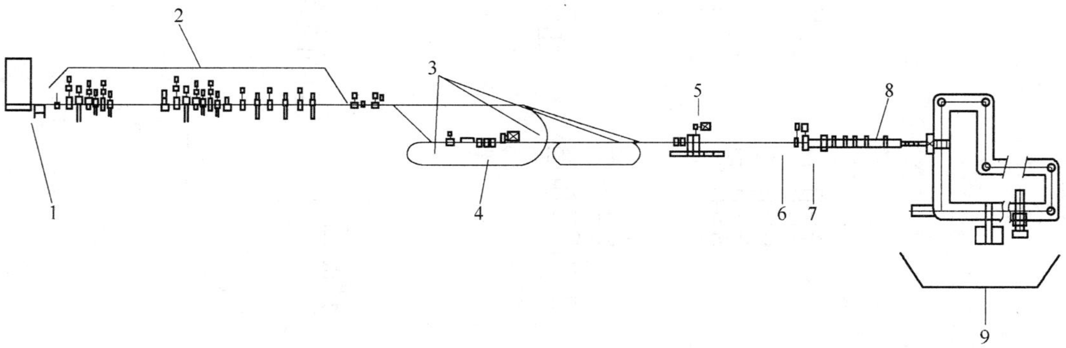

图4-11　SMS公司复线活套高速线材轧机布置图

1—加热炉；2—粗、中轧机组；3—复线活套；4—8架精轧机组；5—4架FRS减定径机；6—水冷线；7—加送辊；8—冷却线；9—线卷装卸线

4.3　轧机类型和工作原理

线材轧机种类较多，根据轧制方法可分为横列式线材轧机、复二重线材轧机、高速线材轧机等。

4.3.1　横列式线材轧机工作原理

横列式轧机是由若干架工作机座横向排列的轧机且每一列工作机座由一台电机带动或

由两台电机分两侧带动。在横列式轧机上轧制线材是采用活套轧制法,即轧制时始终以一根轧件一端作为头部,在同一列的几架轧机中同时进行轧制,且各机架之间用围盘连接,因同一列上各架轧机轧制速度大致相同,使前架的秒流量大于后架的秒流量,故在轧制中轧件形成金属堆积,且堆积量不断变化,即形成“活套”(图4-9)。

围盘是在横列式、活套连轧式线材轧机上轧件由前道次被送入后道次,由前架次被送入后架次以及由上轧制线送到下轧制线或下轧制线送到上轧制线所依靠的工艺设备。正围盘是轧件在运行中能使其自行翻转45°或不翻转的围盘,轧件在导槽内始终处于稳定状态。反围盘是轧件在运行中需要借助扭转装置和导槽侧壁才能翻转90°的围盘,轧件在导槽内始终处于不稳定状态。

4.3.2 复二重式线材轧机工作原理

复二重式轧机又称苏埃科式轧机(图4-12),实际相当于近距离并排布置的二辊机座的横列式,但与横列式轧制有本质的不同是:轧件在前、后机座间形成张力水平连轧关系,扭转导卫翻钢轧制,而在左右相邻两对机座间实行围盘活套轧制,即不可控套连轧,故复二重式本身工艺特性为半连续轧制。复二重式是在横列式轧机基础上,把轧机组的机座分成若干对,每对的两个机座由同一传动轴通过一个变速机传动,使每对前后两个机座转速不同,实行连轧,同时,取消了横列式的反围盘,避免了轧件横向传递时的反围盘不稳定轧制。这样既发挥了横列式的优点,又缩短了活套。提高了产品的质量和作业率,减少了生产事故,它是我国线材轧机应用较广的一种机型。

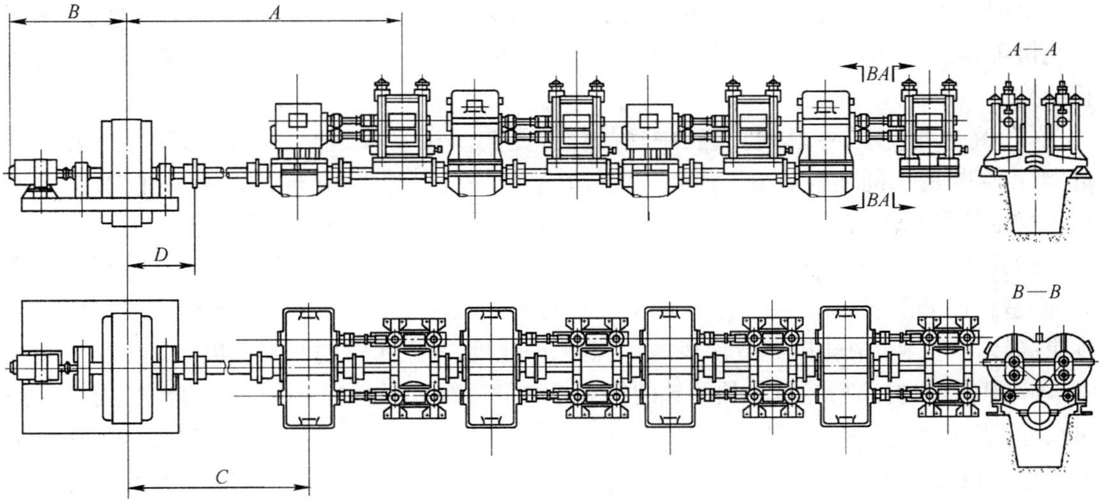

图4-12 复二重式轧机

4.3.3 连轧机工作原理

线材连续轧制是一种先进的轧制方法。连续式轧制是在若干架轧机上实现的,轧制时,一根轧件同时在数个工作机座中轧制,各个工作机座的轧制速度应符合“金属体积秒流量相等原则”。工作机座个数既是轧制道次，各工作机座间距比相应的轧件长度小。在连轧过程中要想保持各架轧机的秒流量绝对相等是做不到的，只能处于动态平衡中。秒流量相等的条件一旦被破坏，就破坏了变形的平衡状态，即造成堆钢或拉钢，堆钢可造成工艺和设备事故；拉钢时，张应力 σ 在弹性变形极限范围内，即 $\sigma<\sigma_s$；张应力在塑性范围内，即 $\sigma_b>\sigma>\sigma_s$ 可使轧件横断面收缩；张应力超过强度极限，即 $\sigma>\sigma_b$ 可使轧件断裂。

轧制方法分为张力轧制和无张力轧制。张力轧制又分为微张力、小张力和大张力轧制。无张力轧制是靠自由活套来实现的。张力轧制是靠调整相关轧机速度来实现的。较为成熟的控制方法是“轧制电流－轧制速度”法。同时在轧制过程中的前滑和后滑，可以削弱张力变化，对张力有补偿作用。活套无张力轧制是靠活套拉伸缩量来动态贮存轧件量完成的。当轧件受拉时，活套量减少避免产生张力；当轧件不受拉时，活套量增加防止产生堆钢。实践证明，合适的活套量为 300～400mm。

通常水平布置的粗轧和中轧连轧机组，机架间轧件扭转的同时存在着一定张力；平立布置的中轧和预精轧连轧机组，机架间轧件无扭转的同时利用活套进行无张力轧制；45°布置的精轧连轧机组（集体传动），机架间轧件无扭转的同时进行微张力轧制。

这里要指出的是：(1)横列式和复二重式线材轧机采用围盘活套轧制，前者使用正、反围盘，后者只使用正围盘活套轧制，同时后者机架内采用扭转管翻钢和微拉轧制；(2)连续轧制的活套无张力轧制与活套连轧具有本质的不同，尽管都可以达到无张力轧制，但前者遵循“秒流量相等原则”，活套量是极有限的，并且是可控的。

4.4　轧机结构

早期的横列式和复二重式线材轧机是开式机架结构，后期也采用了短应力线轧机、预应力轧机等，轧机结构（除复二重式线材轧机外）在第 3 章中已述。本节重点介绍高速线材轧机结构。

(1)高速线材粗、中轧机。粗、中轧的任务是初步压缩和延伸坯料，得到尺寸、表面质量、温度合格的中间坯料。由于粗轧阶段较精轧阶段轧制速度低，轧件断面尺寸大，进而可实现稳定轧制工艺，普遍采用微张力轧制。中轧机后几道则采用活套无张力轧制。

随着线材轧制速度的不断提高，坯料断面不断增大、轧制线数减少，使粗、中轧机结构增大、制造精度和刚度提高、布置形式由平－平向平－立转化、传动方式向单独传动和传动精度更高转化等，粗、中轧机类型较多，如二辊水平轧机、平立布置的二辊轧机等。

(2)高速线材预精轧机。预精轧的任务是继续压缩和延伸粗、中轧来的坯料，为精轧提供尺寸、表面及内部质量、温度合格的中间坯料。预精轧机由二中轧机组演化而来，提高了供给精轧机坯料精度，进而提高了成品线材精度，同时也减少了精轧机的故障。预精轧机常采用平－立悬臂式轧机交替布置。在预精轧阶段轧件断面已较小，故采用活套无张力轧制。预精轧机组前后各设一个侧活套，机架间设有立活套。辊环直径一般为 ϕ250～350mm。

(3)高速线材精轧机。精轧的任务是继续压缩和延伸预精轧来的坯料，控制质量，以保证线材成品尺寸精度、表面及内部质量、温度、性能等合格。精轧机组是高速线材轧制的关键设备，其追求的目标是高速、精确。多年来人们一直在解决轧机高速运转引起的振动问题。通过降低轧机高度和运转部位、减少传动系统部件、提高制造精度等方法有效解决了振动问题，同时产生了多种不同形式的高速精轧机组，如摩根型、德马克型、达涅利型和阿希洛型等。

在精轧机后设减径定径机组。精轧机组和减径定径机组采用微张力轧制。减径定径机组结构与精轧机结构相同。

粗轧、中轧、预精轧机组结构与小型轧机几乎相同,这里不赘述,详见第3章。下面仅讲述精轧机组和减径定径机组的结构。

4.4.1 精轧机

一般将轧制速度大于40mm/s的轧机称为高速轧机。精轧机是具有代表性的高速轧机,是高速线材轧机的关键设备之一。机型可分为:(1)按轧辊辊径分两种,大辊径(ϕ250~290mm)、小辊径(ϕ150~210mm);(2)按轧辊轴线与地面夹角分三种,15°/75°、45°、0°/90°(平立交替)式。(3)按轧辊支撑结构分两种,双支撑、悬臂式;(4)按传动结构分两种,内齿传动、外齿传动式。(5)按轧辊数量分两种,二辊、三辊(Y形)。(6)按结构安装方式分三种,侧交、顶交和平-立交替的机型。侧交是指两对轧辊中心线的交叉点在其传动系统的同一侧(或右侧如图4-13*a*所示,或左侧如图4-13*b*所示)。顶交是指两对轧辊中心线的交叉点在其传动系统的顶部(如图4-13*c*所示)。平-立交替是指其中一对轧辊呈水平布置,另一对轧辊呈垂直水平布置(如图4-13*d*所示)。

美国摩根、德国德马克、意大利达涅利和英国阿希洛四个类型轧机(原创期)主要结构及参数的比较如表4-2所示。目前各种类型的高速无扭线材精轧机组的结构、参数在逐渐趋同。

三辊(Y形)轧机目前已不作为高速线材精轧机使用,通常用于高速线材预精轧机组和棒材精轧机组(详见第3章)。目前Kocks公司已研制成功了设计轧制速度为135mm/s的三辊高速线材减定径机组,但还没有投入工业性生产。

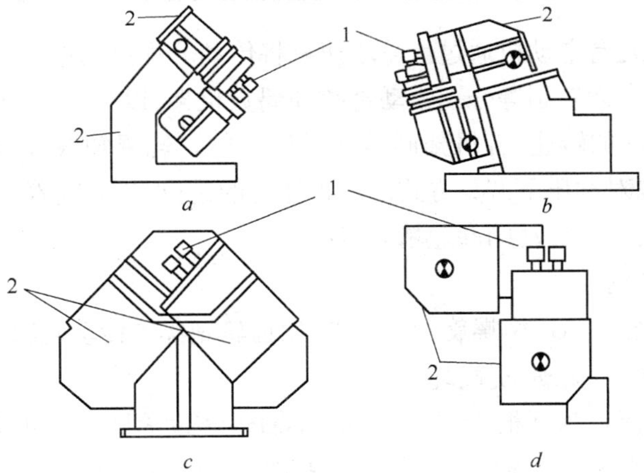

图4-13 高速线材轧机精轧机组的安装方式

a—侧交45°型;*b*—侧交15°/75°型;*c*—顶交45°型;*d*—平-立交替型

1—辊环;2—辊箱

高速线材精轧机组与传统的老式轧机比,在传动和结构上有很大的区别,图4-14所示为10机架V形无扭精轧机。为实现高速无扭轧制,一般是将几个机架固接为一组(组合结

表 4-2 摩根等四个类型轧机(原创期)主要结构及参数的比较

序号	结构与参数	主导机型			
		摩根型	德马克型	达涅利型	阿希洛型
1	工作机座布置形式	侧交 45°,1987 年后改为顶交 45°(即 VEE 型)	侧交 45°,1980 年后改为侧交 15°/75°	平立交替	顶交 45°
2	辊环直径	ϕ203.2×2+ϕ152.4×8 ϕ203.2×3+ϕ152.4×7 ϕ203.2×4+ϕ152.4×4 ϕ203.2×5+ϕ152.4×5	1980 年为 ϕ210mm×2+ϕ170mm×8 1980 年后改为 ϕ210mm×10	ϕ210mm×2+ϕ165mm×8	ϕ210mm×10
3	辊缝调整机构	偏心套式调整系统	带液压平衡的摆臂式调整系统,1990 年后改为偏心套式调整系统	偏心套式调整系统	带液压平衡的摆臂式调整系统
4	机架中心距	700mm 及 635mm 后改为 800mm 及 750mm	侧交 45° 为 800mm 及 700mm 侧交 15°/75° 改为 800mm	700mm 及 650mm	920mm
5	传动装置	主电机驱动机组圆柱齿轮增速箱,增速箱的两根相同速度的输出轴分别驱动奇数和偶数机架的分齿轮箱,每架轧机的分齿轮箱通过伞齿轮对变速并将传动方向变换 90°后带动两对分配圆柱齿轮将动力传给轧辊轴	主电机驱动机组圆柱齿轮增速箱,增速箱两根不同速度的输出轴分别驱动奇数和偶数机架的分齿轮箱,每架轧机分齿轮箱通过 1:1 伞齿轮对将传动方向变换 90°后经一对圆柱齿轮变速再经两对圆柱齿轮将动力传给轧辊轴	与摩根型相同	与摩根型相同

构),由一台或串联的几台电动机通过齿轮增速机将传动分配给两根主传动长轴(同速或不同速),两根长轴通过伞齿轮副等分别驱动奇数和偶数机架,以伞齿轮副或另加圆柱齿轮副的不同速比来获得不同的转速,各机架间速比是固定的。轧辊轴线互呈 90°交角。为保证轧制线不变,轧辊采取对称压下调整方式。值得注意的是,近年来随着电机及其控制技术的发展,又出现了各机架独立传动的高速精轧机组。

4.4.1.1 传动系统

精轧机组传动系统采用精密螺旋伞齿轮副、斜齿轮副集中传动轧辊,代替普通轧机的接轴、联轴器等,以减少轧机振动,提高轧制速度。

图 4-15、图 4-16 所示为摩根 45°轧机传动示意图、传动简图。图 4-15 中电动机经圆柱齿轮增速机 1、增速机两根输出轴(原创期速度相同,现期驱动偶数架的高于奇数架的速度)分别连接长轴 2(两根长轴,侧交时分上下,顶交时在同一水平面),长轴分别驱动若干伞齿轮副 3,各伞齿轮副在改变传动方向、增速的同时速比不同,通过分配(或同步)斜齿轮副 4 带动轧辊 5 转动。该机组通常由 8 ~ 10 架轧机组成,每根长轴通过传动 4 ~ 5 对不同速比的伞齿轮,以 8 ~ 10 种速比将电动机传动分配到 8 ~ 10 架轧机上,即各机架间的转速差由长轴上的伞齿轮配速。

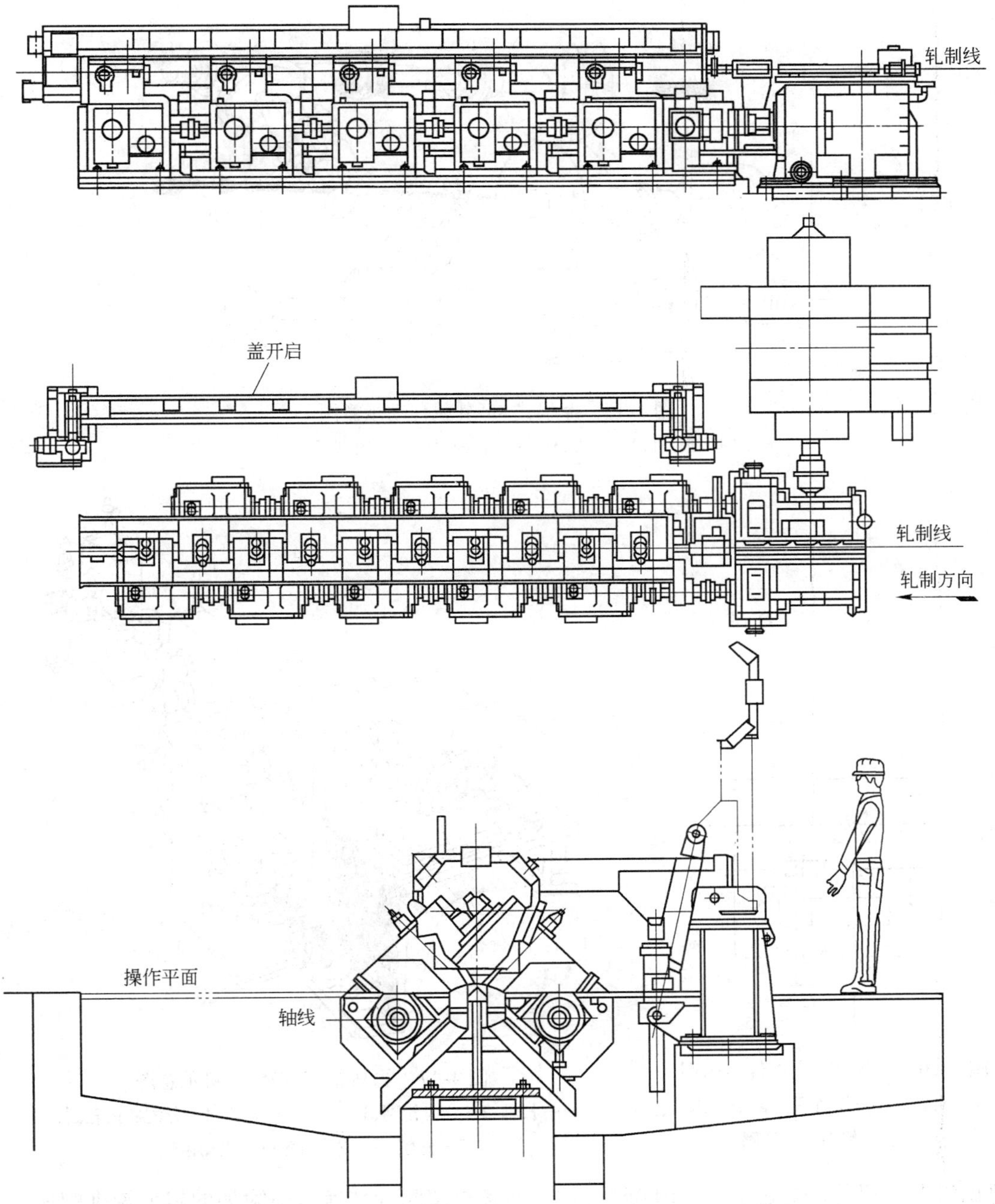

图 4-14 10 机架 V 形无扭精轧机组

达涅利 45°轧机传动系统与摩根 45°轧机类似，也是通过各伞齿轮副的速比不同获得各机架间的转速差，增速机两根输出轴的速度不相同。

图 4-17、图 4-18 所示为德马克 15°/75°轧机示意图、传动示意图。图 4-17 中电动机经圆柱齿轮增速机、增速机两根不相同速度的输出轴分别连接长轴 1，长轴分别驱动若干伞齿轮副 2，各伞齿轮副速比相同(1:1)只改变传动方向不变速，变速是通过各附加的不同速比斜齿轮副 3 来完成的，再通过分配(或称同步)斜齿轮副 4 带动轧辊 5 转动。该机组通常由 8 ~ 10 架轧机组成，每根长轴通过传动 4 ~ 5 对相同速比的伞齿轮，通过附加的斜齿轮副以 8 ~ 10 种

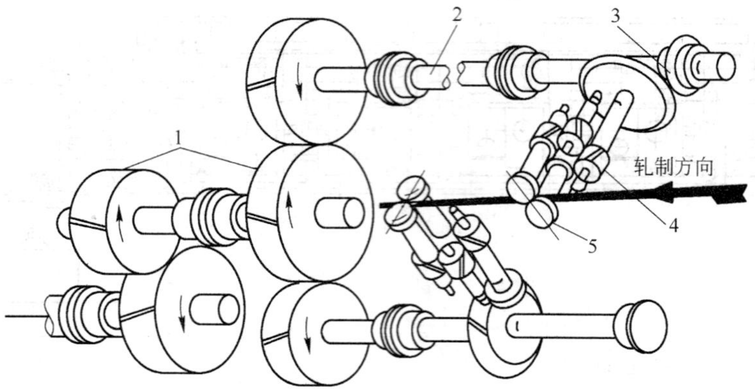

图 4-15　摩根式 45°轧机传动示意图
1—增速机；2—长轴；3—伞齿轮副；4—斜齿轮副；5—轧辊

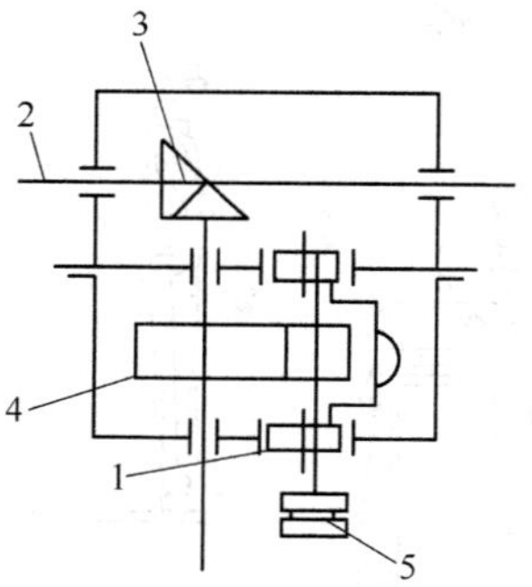

图 4-16　摩根 45°轧机传动简图
1—偏心套；2—长轴；3—伞齿轮副；
4—斜齿轮副；5—轧辊

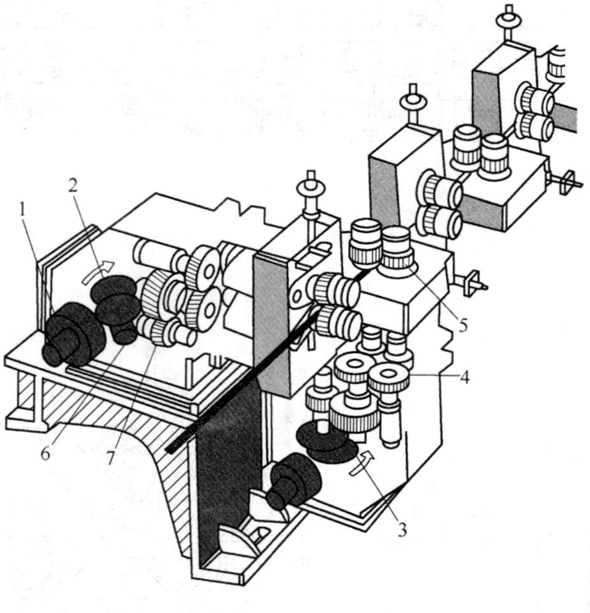

图 4-17　德马克 15°/75°轧机示意图
1—长轴；2—伞齿轮副；3—变速斜齿轮副；4—分配斜齿轮副；
5—轧辊；6—被动齿轮；7—主动齿轮

速比将电动机传动分配到 8 ~ 10 架轧机上，即各机架间的转速差由附加的斜齿轮副配速。

所谓内齿传动（图 4-19）或外齿传动（图 4-15、图 4-17）是指轧辊辊轴采用内齿传动或外齿传动。图 4-19、图 4-20 所示为克虏伯内齿传动的 45°轧机结构图、传动简图。该轧机采用了偏心套机构调整辊缝、内齿传动。图 4-19 中各机架间的转速差由长轴上的伞齿轮 1 配速，通过内齿轮副 3 传动轧辊辊轴 4。轧辊辊系安装在一个与压下机构相连的偏心轴套 2 内，由于偏心轴套的旋转中心轴与内齿轮的中心轴在一个轴线上，因此，在调整辊缝时，内齿轮副的中心距不变，不改变齿隙。

各种类型轧机传动系统的区别：（1）各机架间的转速差是通过长轴传动的若干不相同速比伞齿轮副实现，或是通过长轴传动的若干相同速比伞齿轮副及各附加的不同速比斜齿

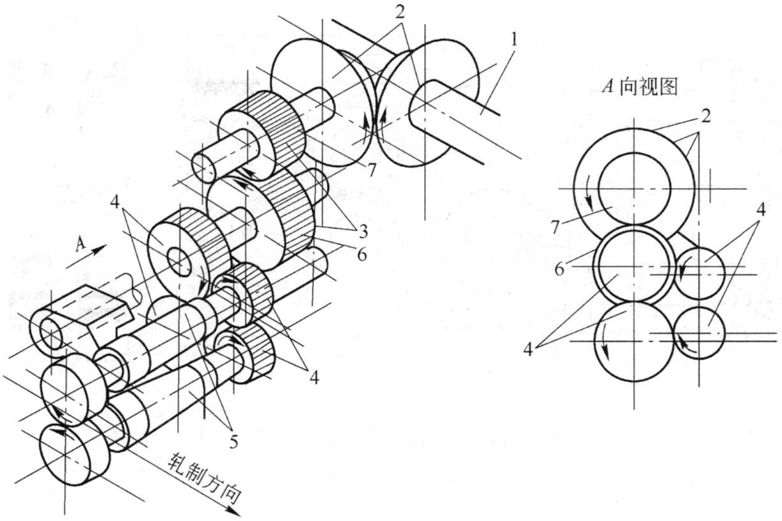

图 4-18 德马克 15°/75°轧机传动示意图

1—长轴;2—伞齿轮副;3—变速斜齿轮副;4—分配斜齿轮副;5—轧辊;6—被动齿轮;7—主动齿轮

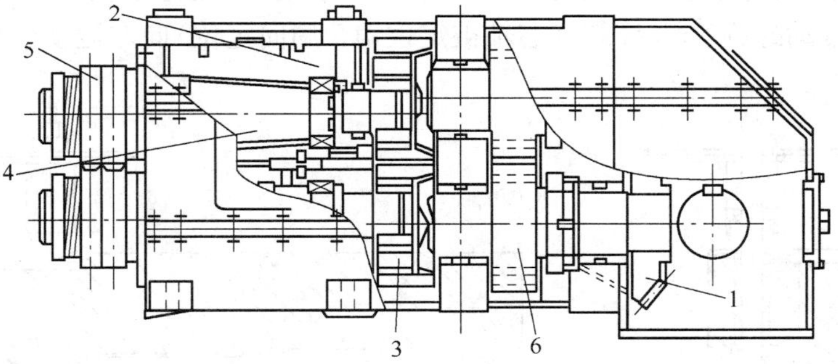

图 4-19 克虏伯内齿传动的 45°轧机结构图

1—伞齿轮;2—偏心轴套;3—内齿轮副;4—轧辊辊轴;5—辊环;6—同步齿轮

轮副实现的。后者解决了伞齿轮规格多、备件多的问题。但由于多了一对圆柱斜齿轮,使轧机结构增大,机组重心增高,稳定性减弱。(2)增速机两根输出轴的速度相同或不相同。但目前应用的是后者,即两根输出轴驱动偶数架的速度高于奇数架的速度。(3)内齿传动与外齿传动比较:前者在调整辊缝时不改变齿隙(而后者则有微小变动)。但机架结构较大,内齿轮难以研磨,影响加工精度,限制了轧制速度(50m/s 左右)的进一步提高,故内齿传动机型未能得到发展。

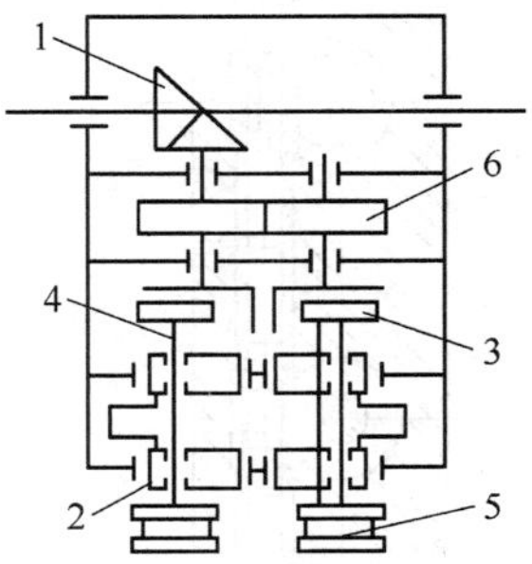

图 4-20 克虏伯内齿传动的 45°轧机传动简图

1—伞齿轮;2—偏心套;3—内齿轮副;4—轧辊辊轴;5—辊环;6—同步齿轮

4.4.1.2 辊缝调整机构

图 4-21 为偏心套式辊缝调整机构图。轧辊辊系安装在偏心轴套 3 内,偏心轴套与压下机构相连,通过压下机构螺杆 5 相对轧制线对称调节偏心轴套以调整辊缝。螺杆被做成对

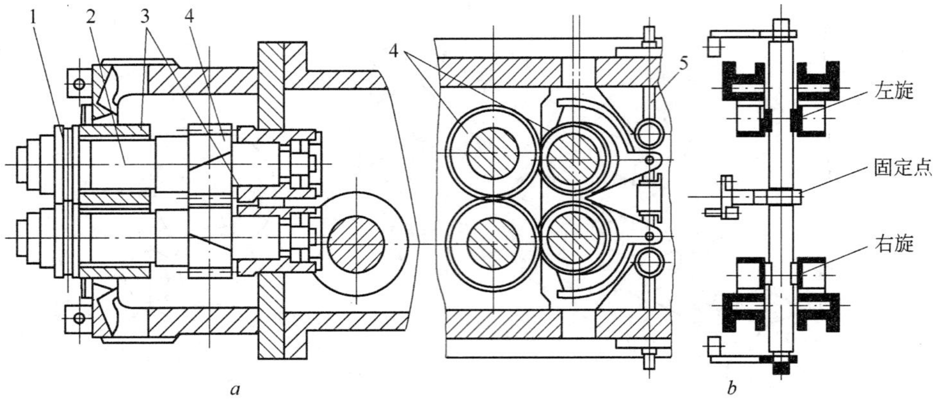

图 4-21　偏心套式辊缝调整机构图

a—偏心套式辊缝机构图；*b*—螺杆 5 调节偏心套示意图

1—辊环；2—辊轴；3—偏心轴套；4—外齿轮；5—螺杆

称的左旋螺纹和右旋螺纹。若采用外齿传动，则在调整辊缝时要引起轧辊轴齿轮啮合状态有微小变动。

图 4-22 为摇臂式辊缝调整机构图（用于德马克机型）。通过手柄 1 旋转螺杆 2、螺旋齿轮 3，螺旋齿轮带动螺旋芯轴 4（螺旋芯轴被定位销 5 周向定位）向左运动推动调整楔 6 压紧

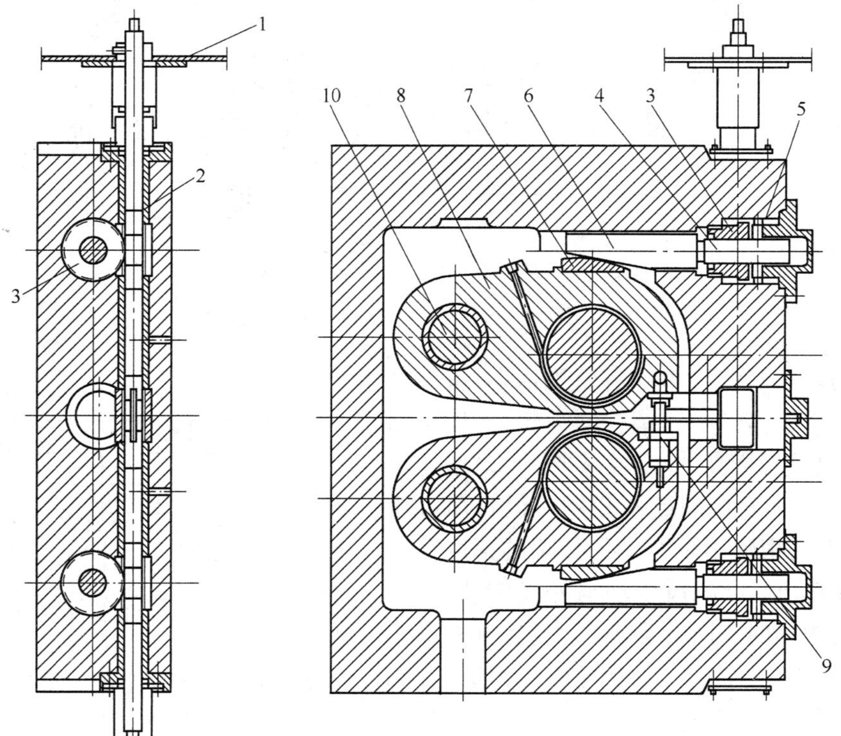

图 4-22　摇臂式辊缝调整机构图（用于德马克机型）

1—手柄；2—旋转螺杆；3—螺旋齿轮；4—螺旋芯轴；5—定位销；6—调整楔；

7—滑块；8—摇臂；9—液压平衡装置；10—摇臂支撑轴

滑块7,使摇臂8克服液压平衡装置9的平衡力绕摇臂支撑轴10转动,使辊缝变小。反之,螺旋齿轮带动螺旋芯轴、调整楔向右运动,平衡力使摇臂绕摇臂支撑轴反向转动,使辊缝变大。因此,实现辊缝调整。

目前仅使用上述的偏心套式、摇臂式两种辊缝调整机构。前者,在长期脉动载荷下引起冲击和扭振(尤其在高速时),且易于磨损,使配合松动,但结构简单、紧凑;后者,液压平衡装置使摇臂、调整楔及滑块始终压紧,可消除冲击和扭振。但目前使用偏心套式居多。

4.4.1.3 轧辊

图4-23为达涅利精轧机组轧辊装置图。通过螺杆对称轧制线调节辊缝,辊轴安装在油

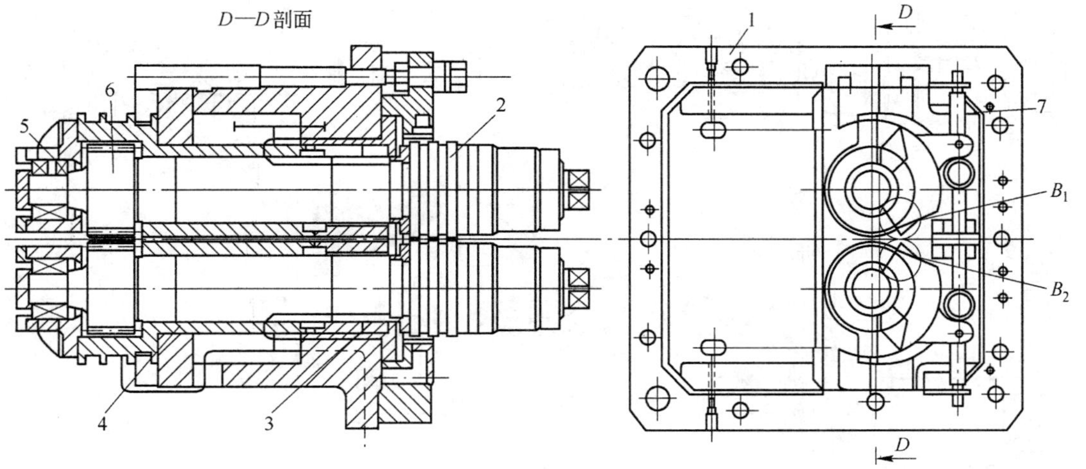

图4-23 精轧机组轧辊装置图
1—辊轴A;2—辊轴B;3—前油膜轴承;4—后油膜轴承;5—止推轴承;
6—辊轴齿轮;7—偏心套式辊缝调整机构

膜轴承、止推轴承上。齿轮轴及辊轴上所有的轴承都配有传感器,对温度进行连续监测。碳化钨辊环安装在辊轴上。

图4-24为达涅利精轧机组辊环安装图。用机械的方法将辊环4锁紧在辊轴上,通过锥形套3进行径向对中,通过环形螺母1进行轴向对中;环形螺母紧压弹簧垫片2实现楔固,使用这种独特的辊环安装系统来保证碳化钨辊环不受径向应力。这个卡紧是一个理想的轴向高压夹紧方式,它可使得轧辊破损率达到最低。

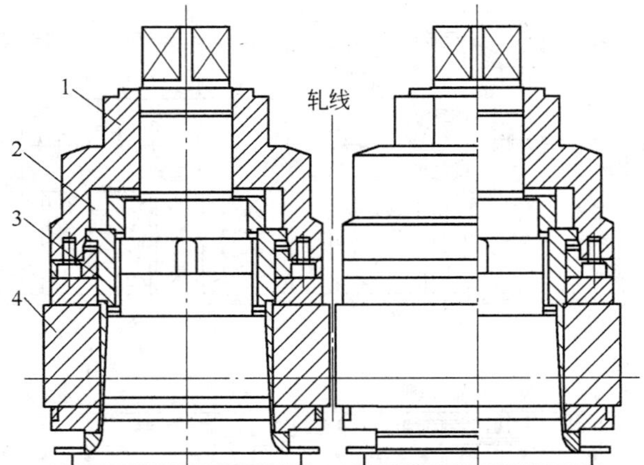

图4-24 精轧机组辊环安装图
1—环形螺母;2—弹簧垫片;3—锥形轴套;4—辊环

4.4.1.4 实例介绍——达涅利精轧机组

图4-25为达涅利8机架45°顶交精轧机组装置图。实现轧制速度为115m/s。主电动机1通过增速机2(含齿轮分配箱)的两根输出轴,分别驱动置于长

轴伞齿轮箱 3 内两根长轴，把转矩通过长轴、伞齿轮副、辊箱 4 中的斜齿轮副等直接传送给轧辊 5。最后一个机架与齿轮分配箱之间(输出轴与长轴)装有带安全过载保护的齿轮联轴器。

图 4-26 为增速机(含齿轮分配箱)装置图。增速机分上下两层，下层输入轴 6 上的主动齿轮 10、齿轮 11、12、13 为惰轮，上层两输出轴 1、2 上的被动齿轮 14、15，共六个齿轮。齿轮 10、11、12、13、14、15 的齿数分别为：105、79、79、83、58、46。可见两输出轴均增速，但转速不同，$i_{14、10}=1.81035$、$i_{15、10}=2.28261$、$i_{15、14}=1.26087$。

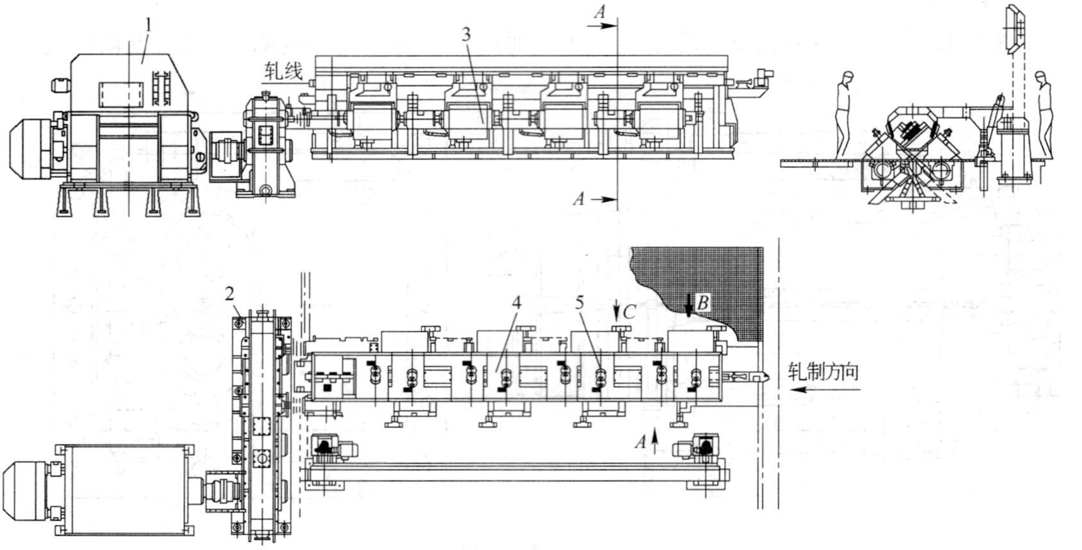

图 4-25　达涅利 8 机架 45°顶交精轧机组装置图

1—电动机；2—增速机；3—长轴伞齿轮箱；4—辊箱；5—轧辊

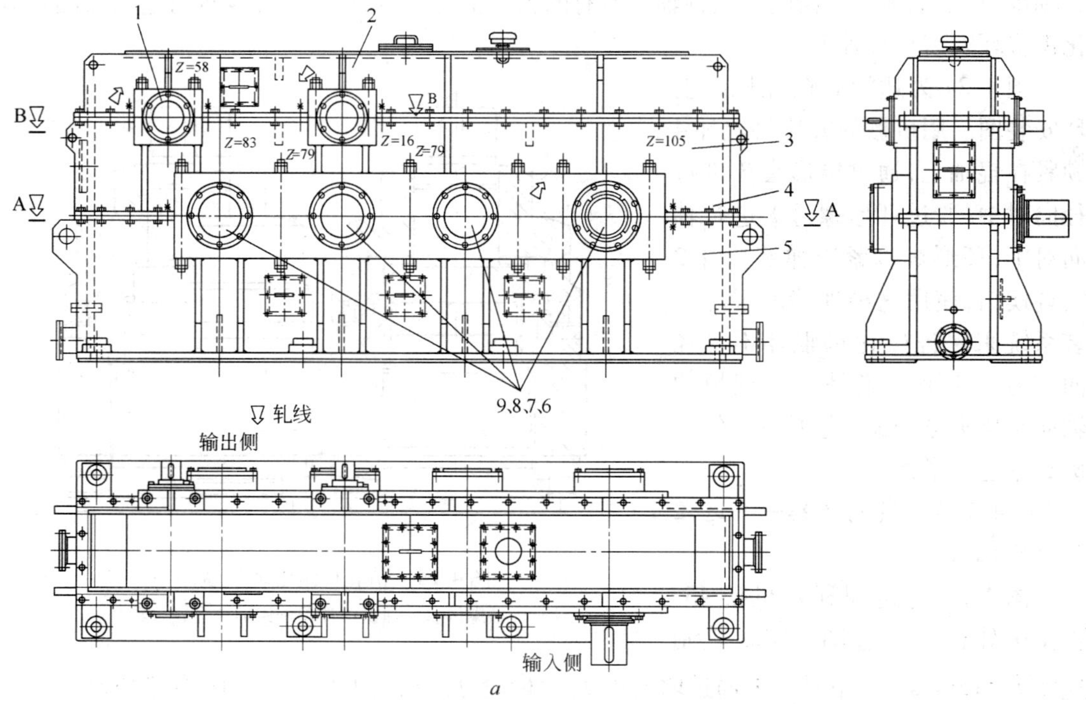

a

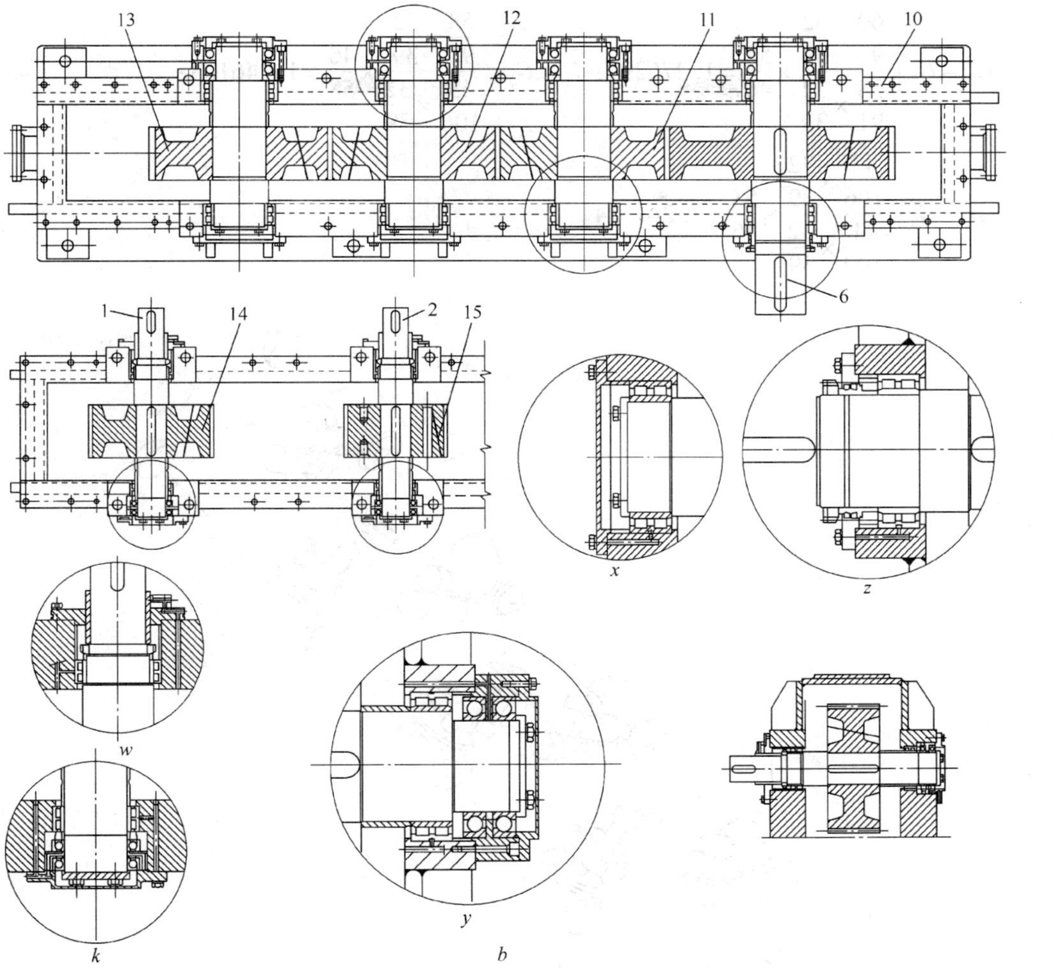

图 4-26 增速机装配图

1、2—输出轴；3、4、5—箱盖、体、座；6—输入轴；7、8、9—中间轴；10—主动齿轮；11、12、13—惰轮；14、15—被动齿轮

图 4-27 为长轴驱动轧辊传动示意图。从上游第 1 架轧机 G_1 到第 8 架轧机 G_8 各架轧机速度递增，其中偶数架长轴 A 速度高于奇数架长轴 B，速比为 58/46 = 1.26087。以第 1 架轧机 G_1 为例说明运动传递关系：通过长轴 B 伞齿轮 1－1（$Z=58$）传动伞齿轮 1－2（$Z=93$），与伞齿轮 1－2 同轴的斜齿轮 1－3（$Z=39$）同时传动斜齿轮 1－4（$Z=39$）和斜齿轮 1－5（$Z=32$），斜齿轮 1－4 传动斜齿轮 1－6（$Z=32$），斜齿轮 1－5、斜齿轮 1－6 分别带动轧辊 1－1、轧辊 1－2 转动。

每相邻两架轧机后架与前架速比 i 为：

$$G_1-G_2:\frac{\frac{93}{58}\times\frac{32}{39}}{\frac{95}{60}\times\frac{32}{39}}\times\frac{58}{46}=1.27689;G_2-G_3:\frac{\frac{95}{60}\times\frac{32}{39}}{\frac{69}{68}\times\frac{32}{39}}\times\frac{46}{58}=1.23755;$$

$$G_3-G_4:\frac{\frac{69}{68}\times\frac{32}{39}}{\frac{74}{74}\times\frac{32}{39}}\times\frac{58}{46}=1.279412;G_4-G_5:\frac{\frac{74}{74}\times\frac{32}{39}}{\frac{60}{93}\times\frac{32}{39}}\times\frac{46}{58}=1.229310;$$

$$G_5-G_6:\frac{\frac{60}{93}\times\frac{32}{39}}{\frac{58}{91}\times\frac{32}{39}}\times\frac{58}{46}=1.276297;G_6-G_7:\frac{\frac{58}{91}\times\frac{32}{39}}{\frac{43}{106}\times\frac{32}{39}}\times\frac{46}{58}=1.246103;$$

$$G_7-G_8:\frac{\frac{43}{106}\times\frac{32}{39}}{\frac{41}{100}\times\frac{32}{39}}\times\frac{58}{46}=1.247524。$$

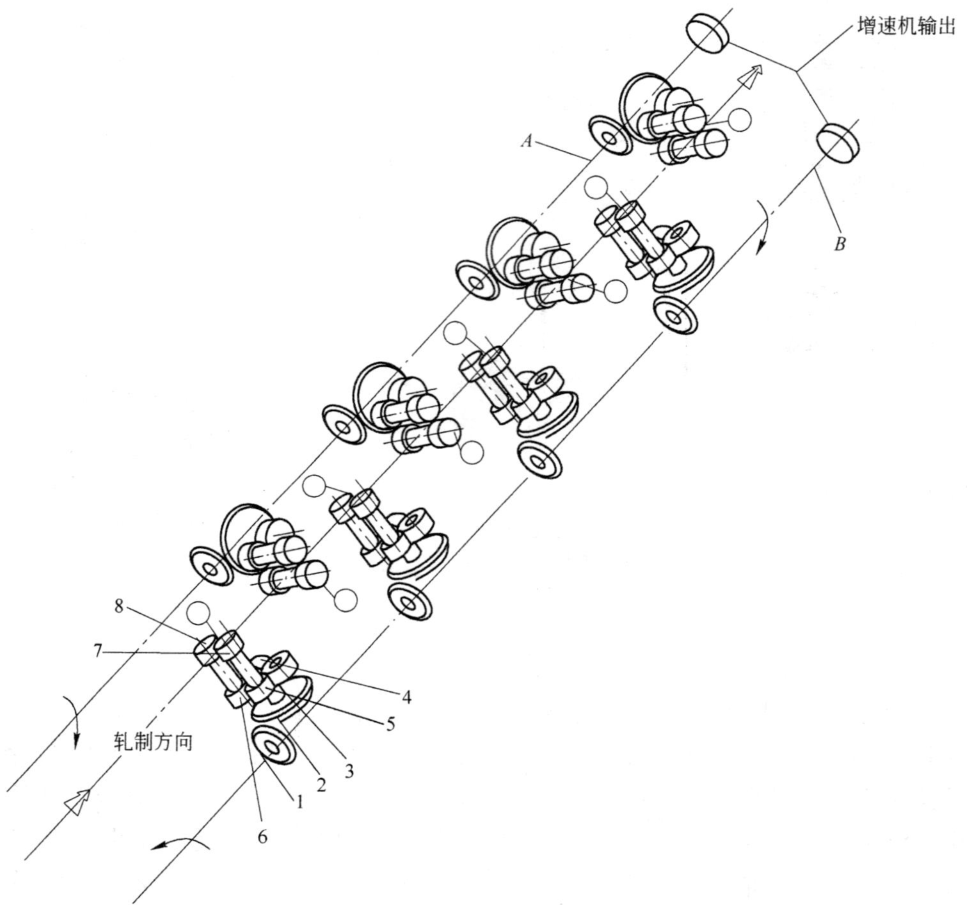

图 4-27　长轴驱动轧辊传动示意图

A—偶数架长轴；*B*—奇数架长轴；

1—伞齿轮 1－1(*Z*＝58)；2—伞齿轮 1－2(*Z*＝93)；3—斜齿轮 1－3(*Z*＝39)；4—斜齿轮 1－4(*Z*＝39)；

5—斜齿轮 1－5(*Z*＝32)；6—斜齿轮 1－6(*Z*＝32)；7—轧辊 1－1；8—轧辊 1－2

图 4-28 为长轴伞齿轮传动示意图。图 4-29 为长轴驱动轧辊装配图。图 4-30 为轧辊、辊缝调整装配图。图 4-31 辊环装配图。

4.4.2　减径定径轧机组

减径定径技术，即在精轧机组后独立增设双机架减径机和双机架定径机，其实质是将传

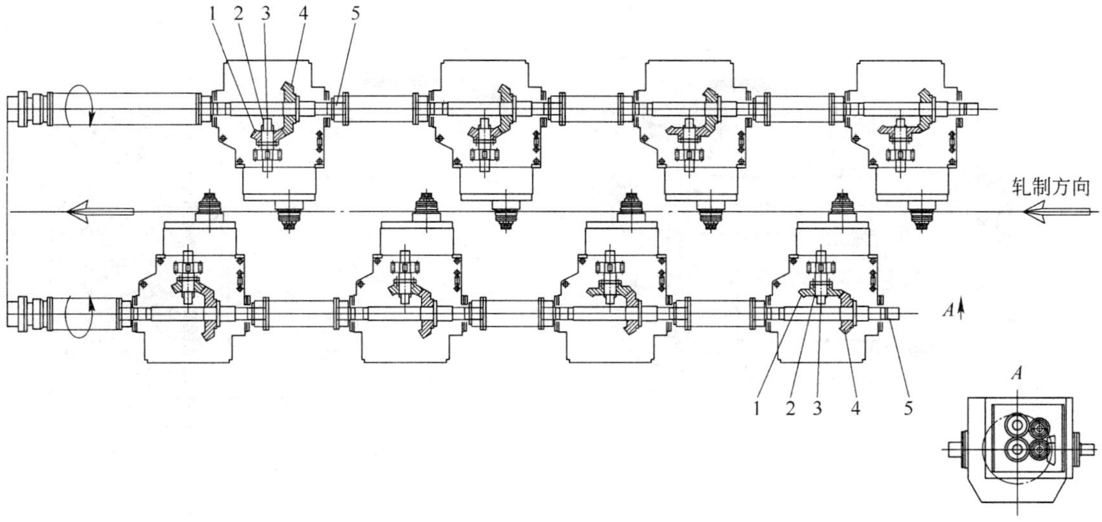

图 4-28 长轴伞齿轮传动示意图

1—伞齿轮;2—环形螺母;3—轴;4—伞齿轮;5—长轴

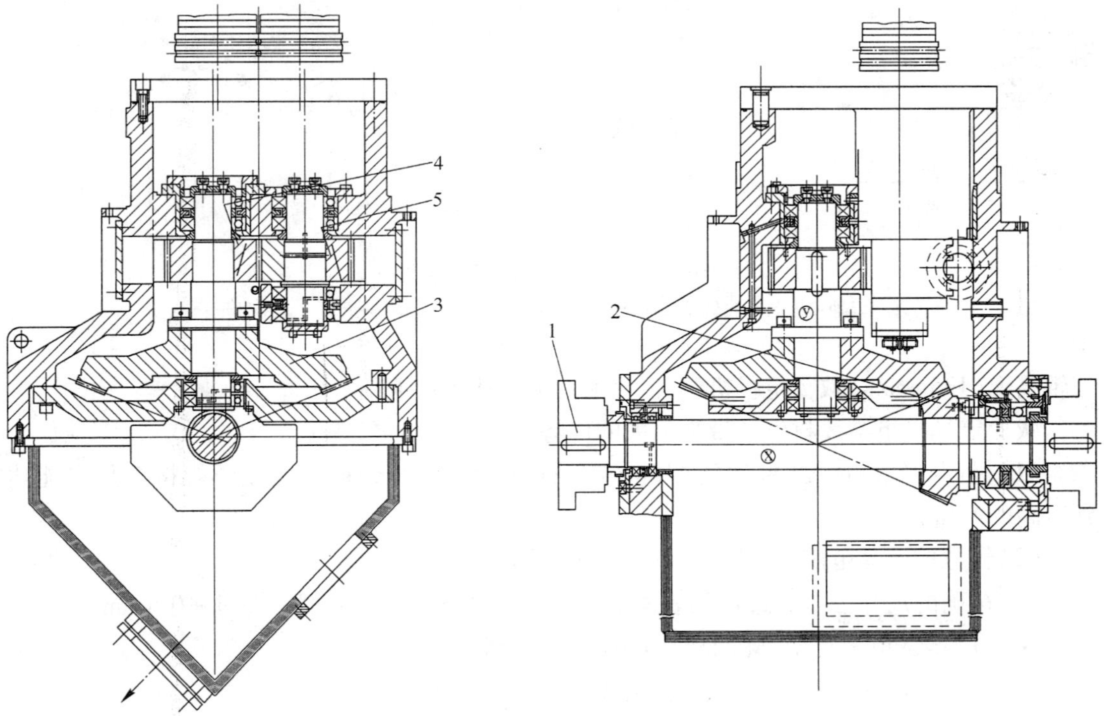

图 4-29 长轴驱动轧辊装配图

1—长轴;2、3—伞齿轮;4、5—斜齿轮

统多机架精轧机组分开,使其生产更加灵活,且在精轧机组与减径定径机组之间加水冷装置,使低温终轧成为可能。减径定径机组是未来高速线材技术发展的重要方向。自 20 世纪 90 年代初以来,高速线材减径定径机组技术飞速发展且日臻成熟。具有代表性的机组主要有:摩根 RSM 减定径机组;柯克斯 – 达涅利的减定径机组 RSB;达涅利公司的减定径机组 – 双模块机组 TMB;SMS 公司的减径定径机组 FRS;2007 年柯克斯 – 达涅利研制了 HS – RSB

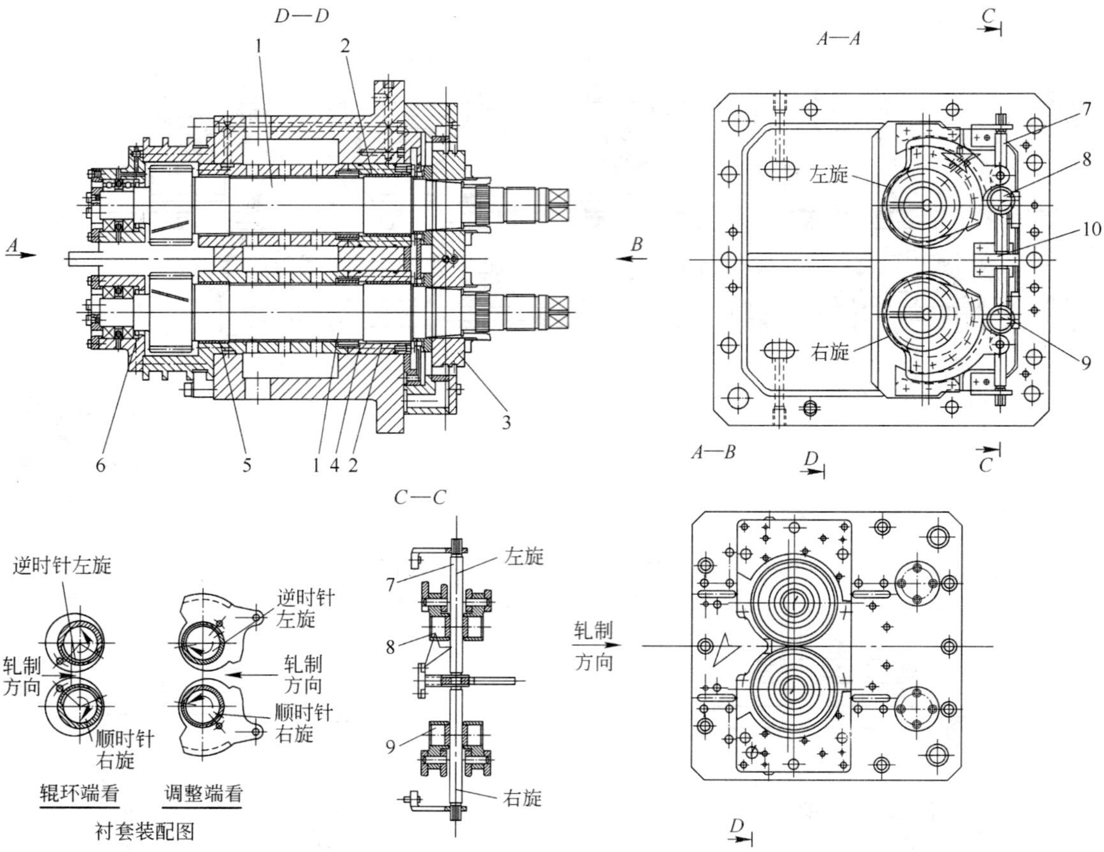

图 4-30　轧辊、辊缝调整装配图

1—辊轴；2—前油膜轴承；3—辊环；4—偏心套；5—后油膜轴承；6—止推轴承；

7—螺杆；8—左旋螺母；9—右旋螺母；10—固定环

三辊高速（135mm/s）减径定径机组，但目前尚无工业生产业绩。

减径定径机组给线材生产带来巨大的优势：

(1) 极高的轧制速度，可达到 115m/s 左右，目标为 140m/s，即使是小规格产品也能达到很高的产量；

(2) 较宽的产品范围，可轧制 4.0 ~ 26mm 的各种直径；

(3) 精确的尺寸公差和最佳的表面质量。各种规格尺寸产品都不超过 ±0.1mm。

(4) 可实现"单一孔型"轧制和"自由尺寸"轧制。

(5) 可实现低温终轧工艺，其轧制温度对所有产品可降到 750℃。

(6) 极高的轧机利用效率。

(7) 大大提高了成材率。

(8) 若某公司需要上几条高线生产线，则可根据产品组距的需求量，将生产线按小规格线材（5.0 ~ 12mm）、大规格线材（12 ~ 26mm）专业配置。因减径定径机组的加入，可使大规格线材的生产不需要精轧机组，即可省去。

4.4.2.1　RSM 减径定径机组

1988 年美国摩根公司与日本大同钢厂共同开发了棒材 TEKISUN™ 二辊式定径机。在

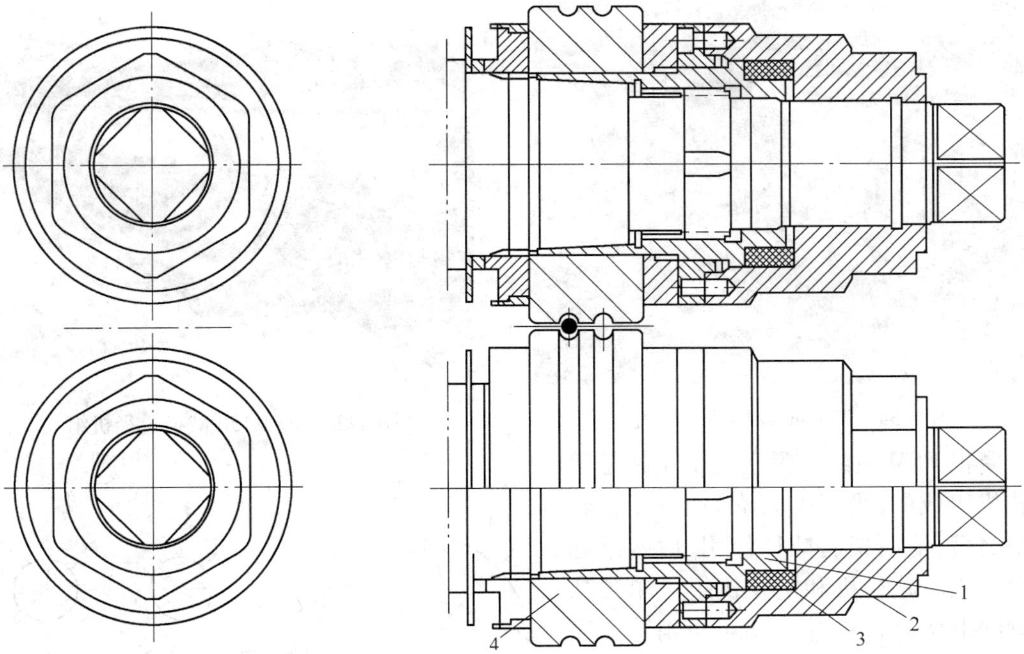

图 4-31 辊环装配图

1—锥形轴套；2—环形螺母；3—弹簧垫圈；4—辊环

此基础上，摩根公司又设计制造了 V 形布置的两机架紧凑型线材定径机（辊环直径 150mm），即 150CSM 单元。之后，摩根和大同一致认为将两套双机架 150CSM 单元串联布置更佳。原因是，轧件可通过四机架或任意一个双机架 150CSM 单元定径，同时任意一个单元均可单独、快速地移进或移出轧制线。1991 年、1992 年大同在星崎、知多线材厂各安装了两套串联的紧凑型线材定径机（图 4-32、图 4-33）。

在摩根和大同测试 150CSM 的原型机的同时，摩根为提高产能、扩展尺寸范围（5.5 ~ 25mm）和实现热机轧制，还开发了置于精轧机之后的双机架 V 形迷你精轧机组（MFB）。图 4-34 所示为 1990 年用于西班牙的 Orbegozo 双线线材生产线上的 230mm 迷你精轧机组。

1993 年摩根将 MFB 精轧机和 CSM 定径机技术结合起来，使前者作为减径机，后者作为定径机，发明了减径定径机组 RSM（reducing/sizing mill），并与 1995 在俄亥俄州 USS/Kobe 线材厂成功安装（图 4-35）。

图 4-32 星崎线材厂 150CSM

图 4-33 知多线材厂 150CSM

图 4-34　230mm 迷你精轧机组

图 4-35　230/150 减径定径机组

摩根 RSM 机组实际上是由 4 架悬臂式轧机组成的，采用 V 形布置，置于精轧机组之后，前两架起减径作用，后两架起定径作用。减径机和定径机组可单独从轧制线上移出和移进。RSM 机组除了满足尺寸精度外（产品精度 ±0.01mm），全线单一孔型系列，实现自由尺寸轧制。图 4-36 为 RSM 减定径轧机的孔型系统。

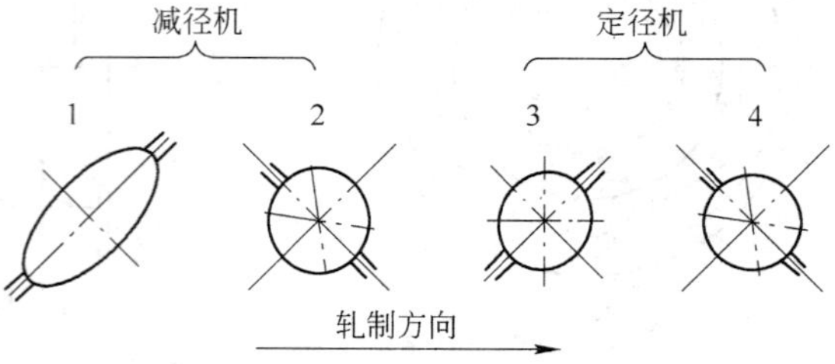

图 4-36　RSM 减定径轧机的孔型系统

机组紧凑布置，前两架减径机辊径为 ϕ230mm，其中第一架孔型为椭圆，第二架孔型为圆，金属减面率为 10% ~20%，后两架定径机组无导卫，辊径 ϕ150mm，中心距非常小，孔型为近似圆 - 圆。成品最小可到 ϕ5.0mm。精轧后的在线测径仪与辊缝调节系统配合，可精确调整成品尺寸。

图 4-37 所示为整条轧线的有、无 RSM 机组的孔型系统。

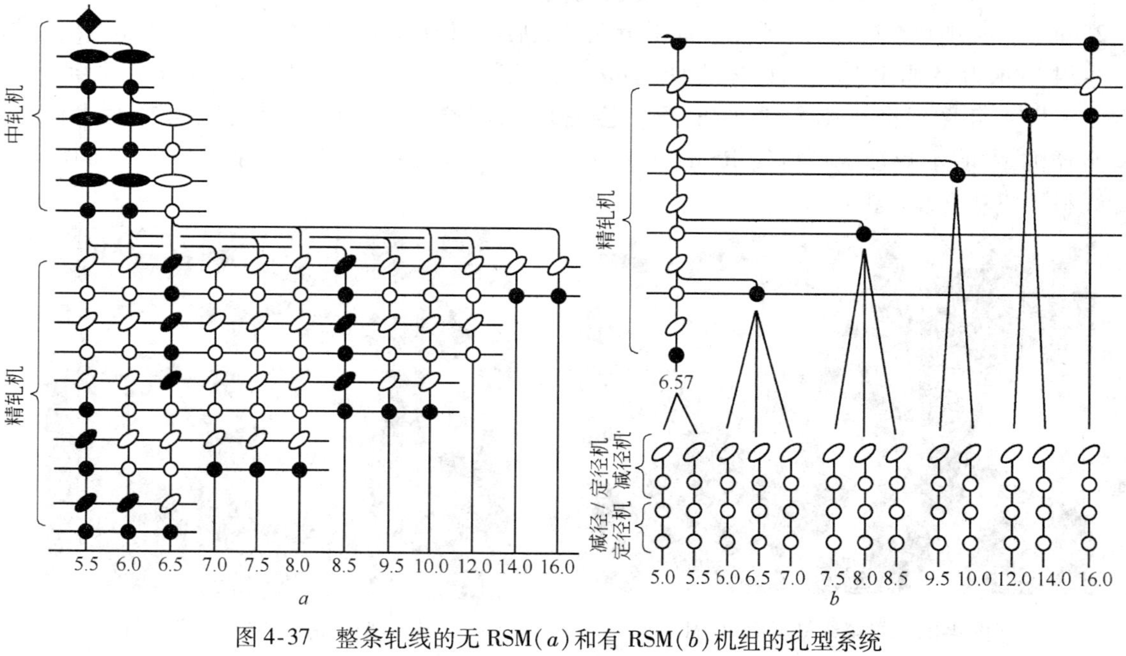

图 4-37　整条轧线的无 RSM（a）和有 RSM（b）机组的孔型系统

从图4-37可看出，在无RSM的情况下，产品规格要发生变化时，精轧机上要做换辊、调整导卫、调整辊缝等工作，通常需要花费至少20～60min。而采用RSM情况就大不相同了，精轧机组只采用单一系列孔型，大多数的产品规格孔型变化匀由RSM来实现，通常需要花费最多10～20min，这样大大地提高了轧机利用率。

采用RSM后，单一孔型系统除在换规格时节省停机时间、减少辊环的库存量外，同时也减少开轧事故，避免了堆钢，减少或免除试轧料且易于操作。更重要的是产品尺寸精度得到提高，全长尺寸精度均一性更好了，金属收得率也有提高。

表4-3所示为用150mm方坯生产5～22mm线材，轧线采用28机架传统配置与采用加RSM减径定径机组所需孔型数比较:118:132。虽然后者孔型数增加了14个，但在预精轧机和精轧机上并没有增加，即实现单一孔型系统。

单一孔型系统另一显著优点是，只要简单地略为调整RSM各架的辊缝，就能生产出比名义尺寸略大或略小的产品，可以为特殊用户提供满意产品，即自由尺寸轧制。产品尺寸范围扩展到5～25mm，每隔0.1mm生产一种产品。但在传统轧线(无RSM)上只能生产每0.5mm晋级的规格。

表4-3 采用28机架传统配置与加RSM机组所需孔型数比较

项 目	传统线材轧线 孔型数/机架数	加RSM减定径机组轧线 孔型数/机架数
粗轧机(1～6号)	6/6	6/6
中轧机(7～12号)	8/6	6/6
预精轧机(13～18号)	26/6	6/6
精轧机	78/10(19～28号)	8/8(19～26号)
减定径机	0	106/4(27～30号)
总 计	118	132

注:(1～30号)指机架号。

230/150减定径机(RSM)包括下列设备:

(1)2机架ϕ230mm减径轧机;2机架ϕ150mm定径轧机;轧机与电机之间的传动箱。

(2)2机架轧机组装件:所有驱动惰性小齿轮、伞齿轮和轴承均采用油封、防尘和预制的重型外壳构造。

减径机的惰性小齿轮轴采用油膜轴承支承径向负荷，成对双联向心推力球轴承支承推力负荷。所有其他小齿轮和齿轮则使用向心和推力滚动轴承作为支承。

定径机的惰性小齿轮轴和其他小齿轮与齿轮由向心和推力滚动轴承支承。

所有滚动轴承均包括振动监测系统设备。

安装用于辊轴径向支撑的油膜轴承，成对双联向心推力球轴承用于推力负荷。减径机没有轴向调整。定径轧机牌坊则有轴向调整。

辊轴的密封:每根辊轴采用专用型双唇密封，与抛油环接触，用于防止水进入和油渗出轧机机座。

轧辊间隙调整:由每根辊轴的偏心装置完成。旋转调节螺杆，完成两根轧辊的同时、对称调整。

驱动装置布置:机组驱动装置使用单输入轴、两组双输出轴的组合型多离合式齿轮箱。

所有齿轮和小齿轮均采用滚动轴承提供径向和轴向支承。所有小齿轮、齿轮和轴承均封闭在油封、防尘的壳体内。离合器由伺服电机驱动。电机通过挠性齿轮联轴节与传动箱连接。接入轧机的输出轴，由于采用快拆式齿轮联轴节，可以实现在线/离线和以后的快换操作。传动箱内各个重要位置均装有振动监测设备和接线，各滚动轴承均装有热电偶设备和接线。

由于 RSM 安装在精轧机组和吐丝机之间，这可以战略性地设置水冷段和均温段，为进入 RSM 提供较低的控制入口温度，使它能比常规的 V 形无扭轧机（NTM）轧制方法形成的晶粒更细。通过控制晶粒尺寸和吐丝温度，促进相变或延迟相变，从而利用斯泰尔摩（Stelmor）运输机的最佳冷却能力，可以处理范围很宽的钢种如轴承钢、冷镦钢等而省略后续热处理工序。再者，由于采用热机轧制可以达到一般微合金化一样的产品性能，因而可以替代微合金化工艺，进而节省大量昂贵的合金料。

RSM 不仅为棒线材生产厂提供很多好处，而且为丝材拉拔厂提供了优质产品，如有利于机械除鳞、改进丝材拉拔工艺等。

机械除鳞的主要问题之一是保证除鳞的均匀性，如果丝材不圆，当围绕它的短轴旋转并通过机械除鳞设备的辊子时，会留下一窄条没有破碎的氧化铁皮，如图 4-38 所示。在拉拔时，由于残余氧化铁皮刮擦模具而引起局部发热，这不仅破坏模具，且扩散在表面形成马氏体，使丝变脆，易于拉断。而用 RSM 生产的棒线材的公差小于 ±0.1mm，椭圆度 0.1mm 或更好，能保证沿棒线材圆周方向均匀除鳞。

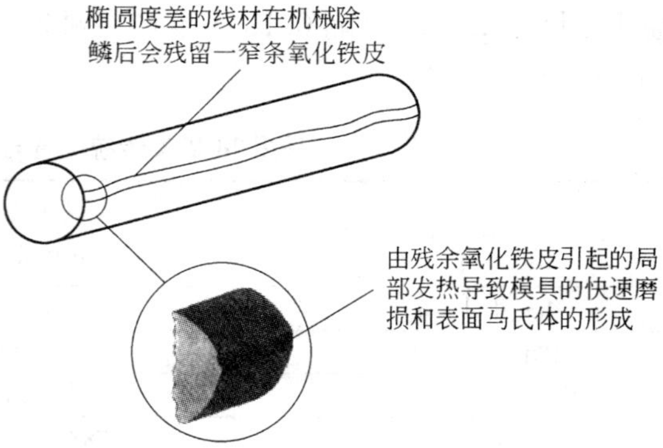

图 4-38　机械除鳞的问题

由于“自由定径”的棒线材有精确的公差和经低温轧制得到细化的晶粒结构，这样在拉拔冷镦钢和优质轴承钢时，可减少一次酸洗浸涂、拉拔和退火过程，可以节省很多原料。图 4-39 为采用常规无扭精轧机组 NTM 与在

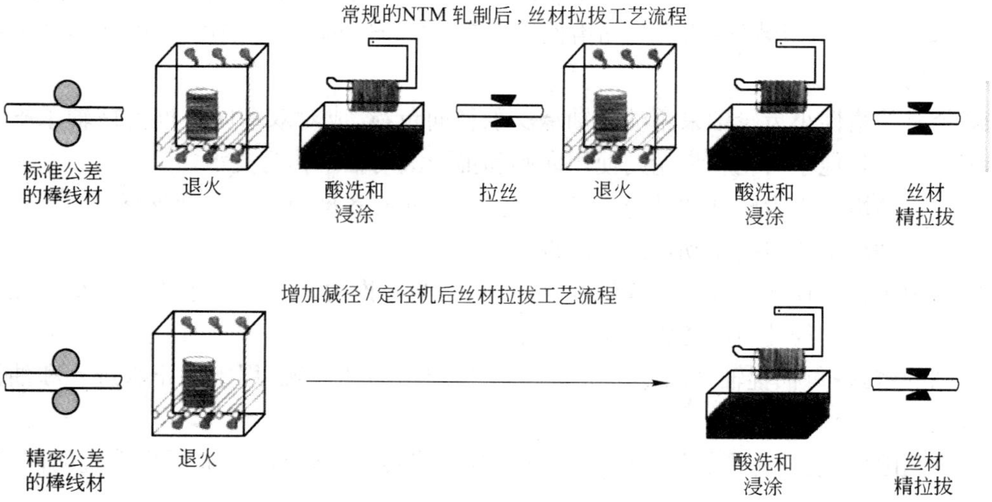

图 4-39　采用 RSM 技术使拉丝工艺得到改进

其后加 RSM 技术对拉丝工艺改进比较。

拉拔线材抗拉强度均匀性的波动是直接受整个线材盘卷抗拉强度的波动影响的。鉴于线材圈间抗拉强度的均匀性是受空气沿斯泰尔摩运输机的分布控制的，线材圈圆周方向抗拉强度的波动是受其表面的均匀的热传导影响的，因此也受线材椭圆度的影响，另外，整个线材盘卷椭圆度的波动引起线材拉拔过程中压下量的被动，导致了线材圆周不均匀加工，并再一次影响最终线材的抗拉强度。可见只要线材通过 RSM，就可使其椭圆度最小并达到好的椭圆度均匀性，就可减少同一盘卷内和同一炉号内盘卷与盘卷之间成品线材抗拉强度的波动。

4.4.2.2 减定径机组－双模块机组 TMB

达涅利－摩格沙玛公司开发的双模块高速精轧机 TMB（twin module block）是线材轧制最新技术。TMB 同上述的 RSM 一样，把传统的精轧机组分成两组连续的三角形（同 V 形）机组，之间配有冷却水箱（图 4-40）。每对相邻轧辊相互交叉成 90°角，同时与地面呈 45°角。第一组精轧机组 FB（finishing block）（注：FB（finishing block）与 DWB/WRB（delta wire rod block）是指同一轧机组。）为固定式，由 8 或 10 架轧机组成，对 TMB 精轧机言相当于预精轧机组。可实现单一孔型轧制（图 4-41），给 TMB 提供生产所有规格成品所需的来料尺寸。第二组精轧机组，即双模块机组 TMB 安装在水冷线及头尾高速剪后面，吐丝机前面，还有一套完整的双模块机组备用且装有快速更换系统。双模块机组安装在滑板（小车）上为移动式。图 4-42、图 4-43 为 TMB 实物图、总图。双模块机组整体作为一个机组包括两个独立模块，每个模块由各自的电动机传动，两个电机以电气的方法相互连接，并通过小张力控制系统与上游精轧机组 FB 的电机连接。每个模块由两架轧机组成，共 4 架轧机组成。4 孔型采用椭圆－圆－椭圆－圆系统，目前也采用椭圆－圆－圆－圆系统。在 4 道次的 TMB 中提供可变压下量，以生产所有规格成品（4.5～25mm）。

每个模块传动：由各自的电动机 1 通过带有两个输出轴的增速机 2（速比可变），两个输出轴再通过每个模块 3 的伞齿轮副、斜齿轮副等分别传动两个轧辊辊环 4。

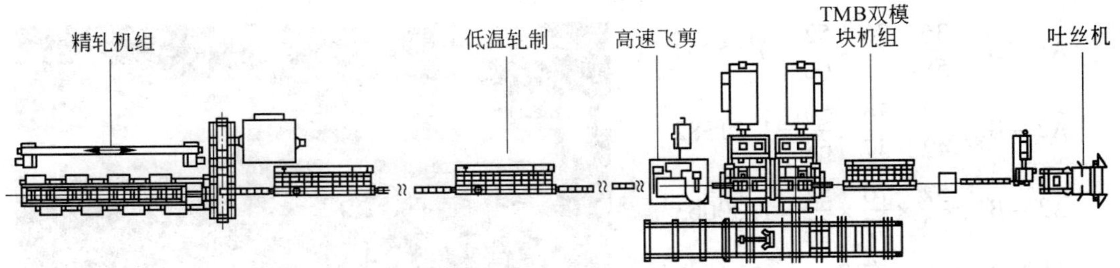

图 4-40 带有双模块精轧机 TMB 的高速线材生产线

图 4-44 为增速机装配图。输入轴 A 带有两个齿轮 A1、A2，中间轴 C 带有三个齿轮 C1、C2、C3，中间轴 D 带有三个齿轮 D1、D2、D3，第 1 输出轴 B 带有两个齿轮 B1、B2，第 2 输出轴 E 带有一个齿轮 E1。

第 1 架速比 i 有 4 个，A1－B2：$\dfrac{36}{58}\times\dfrac{76}{57}\times\dfrac{68}{50}=0.60825$

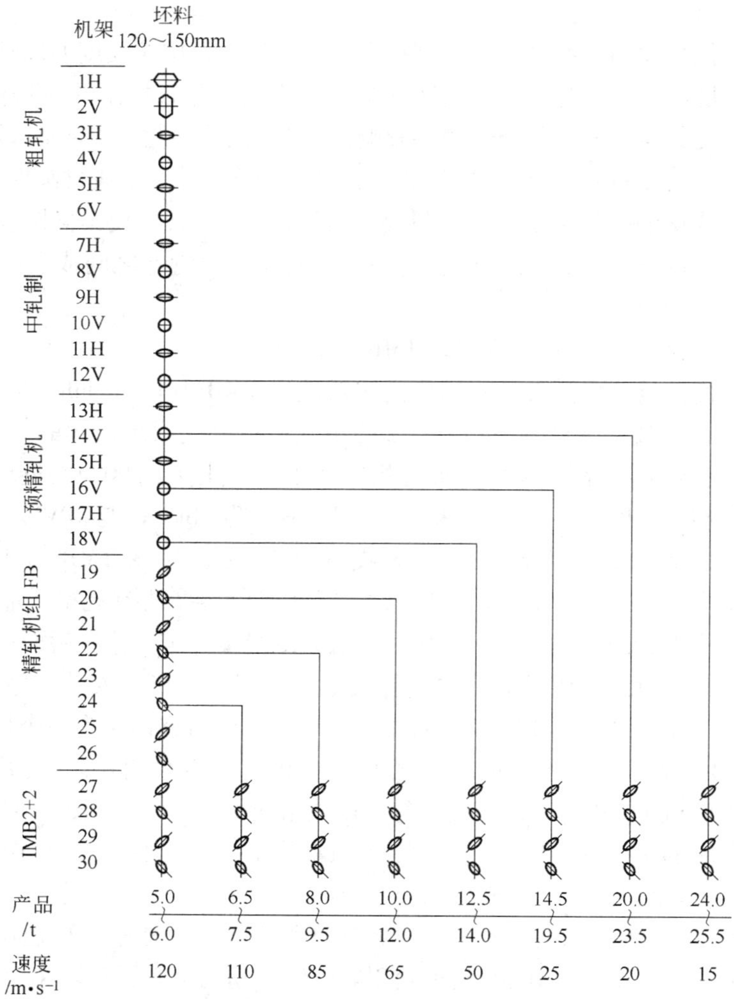

图 4-41　TMB 可实现单一孔型轧制的典型孔型设计

$$A1-B1:\frac{36}{58}\times\frac{76}{57}\times\frac{52}{66}=0.65204$$

$$A2-B2:\frac{52}{42}\times\frac{76}{57}\times\frac{50}{68}=1.21382$$

$$A2-B1:\frac{52}{42}\times\frac{76}{57}\times\frac{52}{66}=1.30063$$

第 2 架速比 i 有 2 个，A1 － E1：$\frac{36}{58}\times\frac{76}{57}\times\frac{44}{68}=0.53550$

$$A2-E1:\frac{52}{42}\times\frac{72}{57}\times\frac{44}{68}=1.06816$$

图 4-42　TMB 实物图

图 4-45 为单个模块装配图。各机架伞齿轮、斜齿轮齿数相同(齿轮 1 ~ 6 的齿数为：$Z_1=86$、$Z_2=35$、$Z_3=53$、$Z_4=54$、$Z_5=39$、$Z_6=39$)，但齿轮旋向不同，主动伞齿轮轴长度不同。

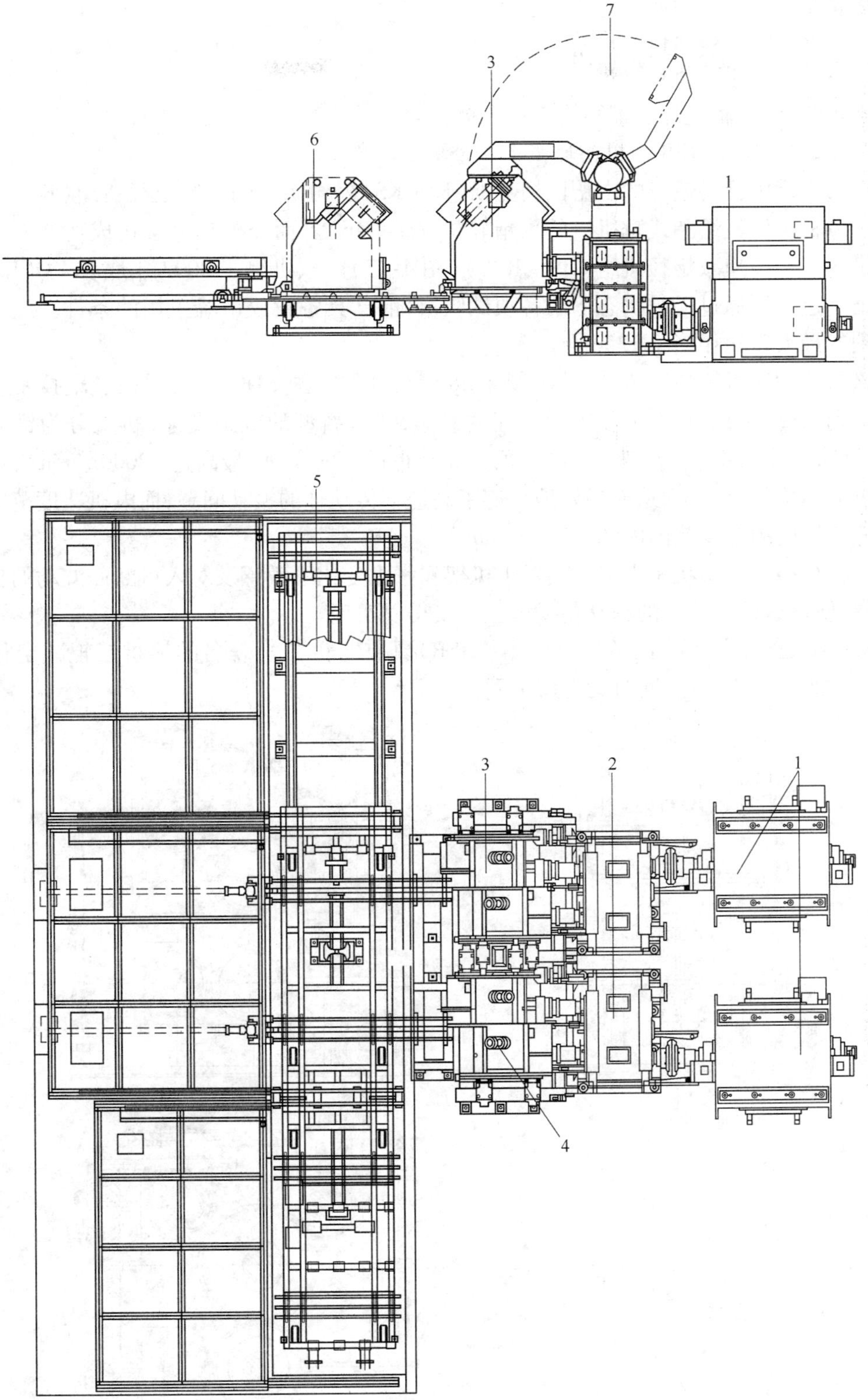

图 4-43 TMB 总图

1—交流电机;2—增速机;3—运行模块;4—辊环;5—快速更换模块机;6—备用模块;7—盖板装置

齿轮 1－5、1－6 的速比 i_{1-5}、i_{1-6}为：

$$i_{1-5}=i_{1-6}=\frac{35}{85}\times\frac{54}{53}\times\frac{39}{39}=0.41953$$

轧辊装配、轧辊辊环装配结构与精轧机相同。

4.4.2.3　HS－RSB 三辊高速减径定径机组

在第 3 章中已讲述过的由德国柯克斯（KOCKS）公司研制的减径定径机组（RSB），它主要用于棒材精轧机组和线材机组的预精轧机（图 4-46）。而今柯克斯公司成功开发出了用于线材的三辊高速减定径机组（HS－RSB）（图 4-47）。该机组于 2007 年底在 KOCKS 公司不莱梅制造工厂通过无载状态下的各项试验，目前已具备投放市场应用的条件。试验过程中达到的最大转速相当于 135m/s。

该机组为四机架独立传动配置（图 4-48），结合了德国 KOCKS 公司在三辊技术和意大利达涅利（Danieli）公司在油膜轴承方面的经验，通过新型的机架设计（机架分为锥齿轮侧和辊环侧，见图 4-49）。机架内部 1∶3 的速比获得最终的高速（最高达 12000r/min），也就是通过机械结构获得高速，从而巧妙地规避了高速下传动轴的振动问题，而电机速度范围处于棒材轧机采用的速度范围内（0～2000r/min）。

三辊孔型几何形状所决定的其对于机架间张力变化不敏感及对入口断面波动的自动补偿能力，使得这种高速下的独立传动配置方案得以实现。

KOCKS 公司高速减定径机组（HS－RSB）具有与该公司著名的棒材三辊减定径机组（RSB）类似的一些优点，同时又有所不同：

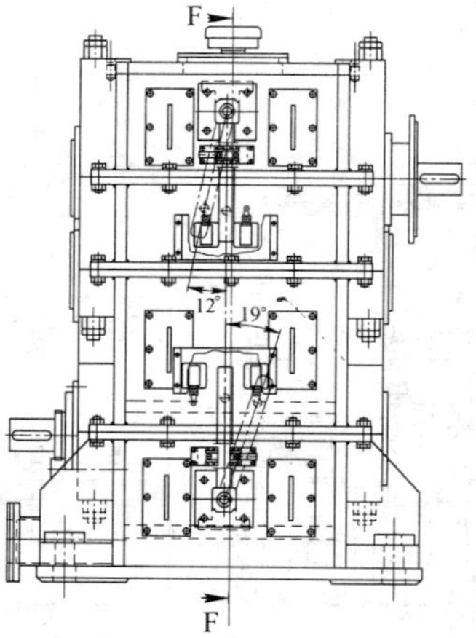

调整速度开关位置及支架

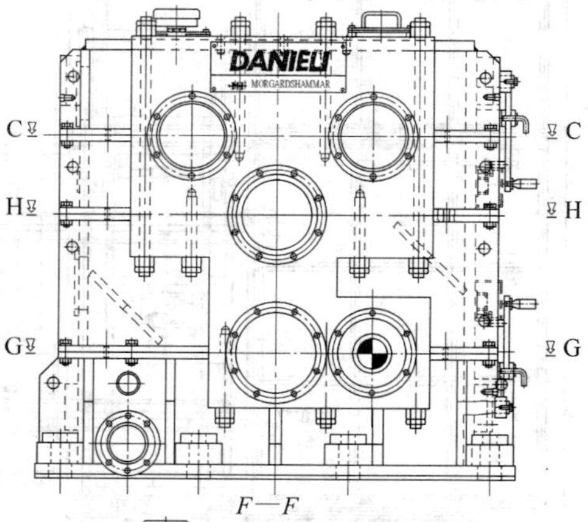

F—F

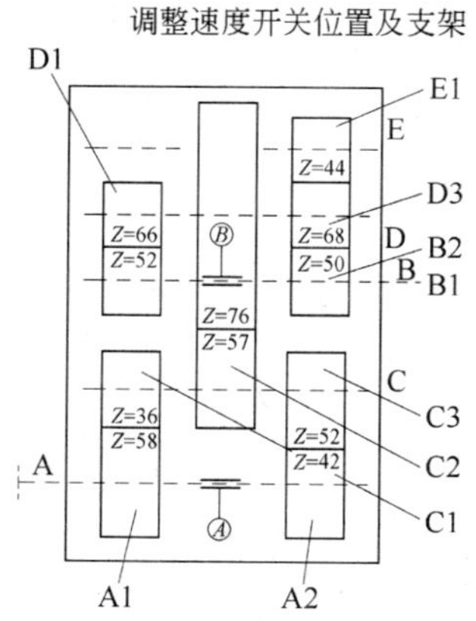

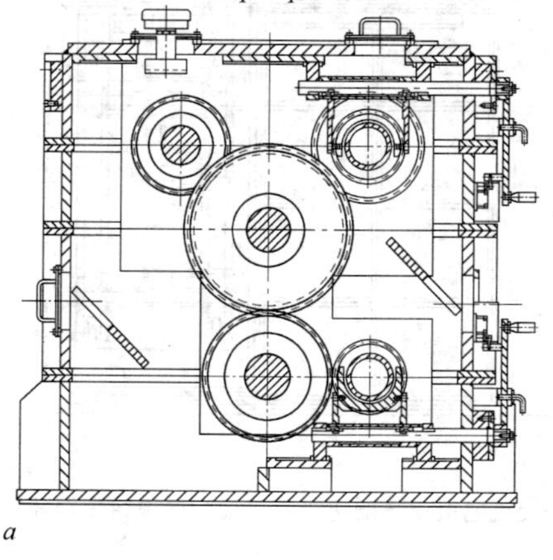

a

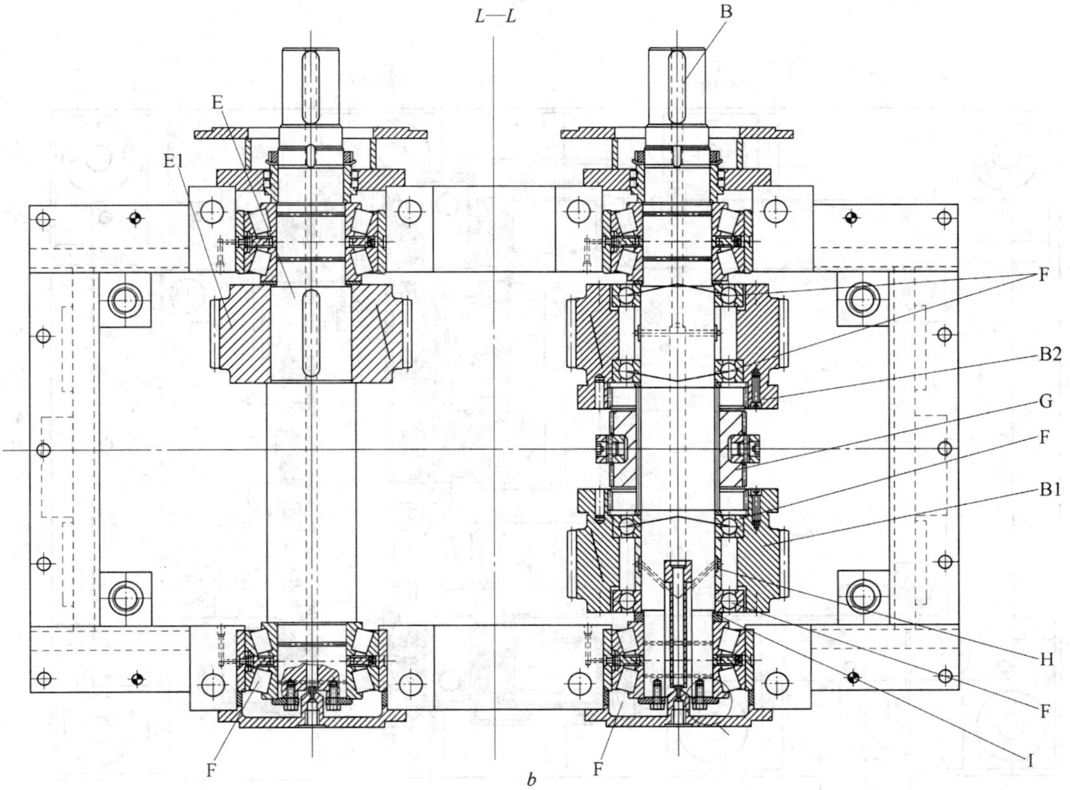

b

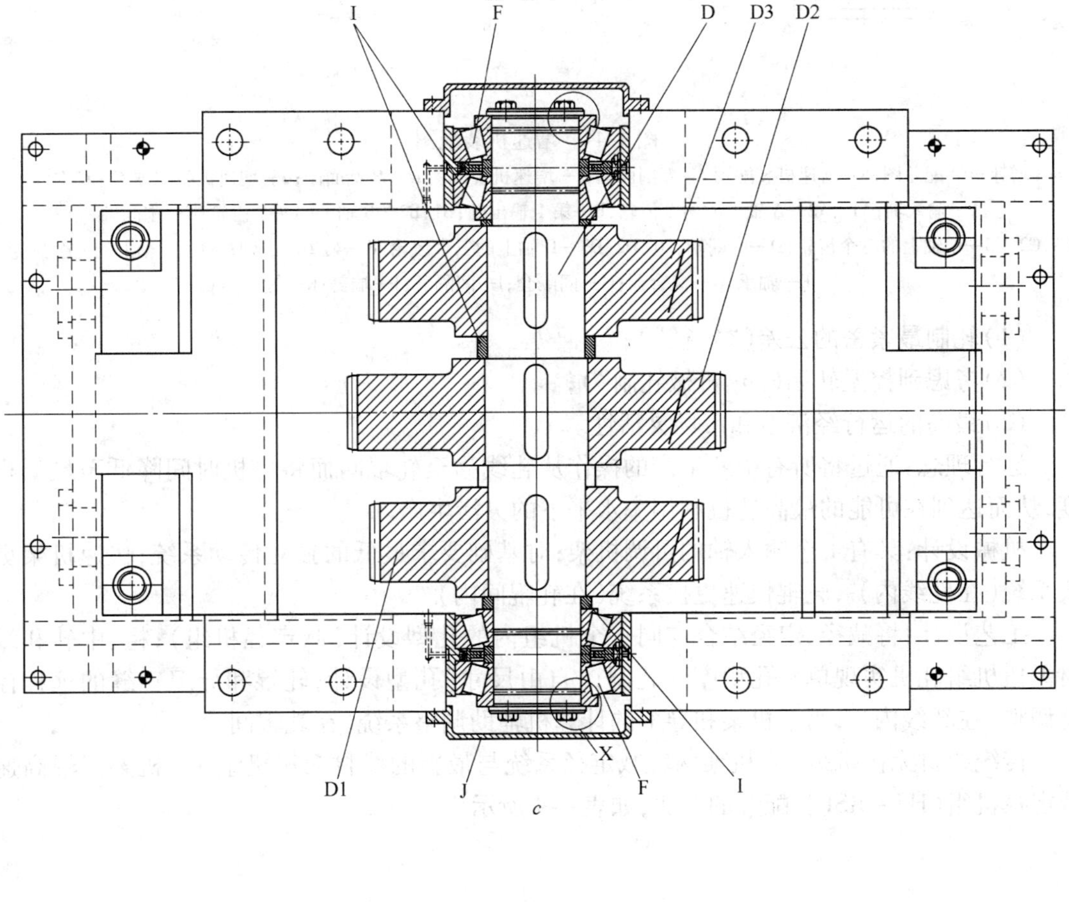

c

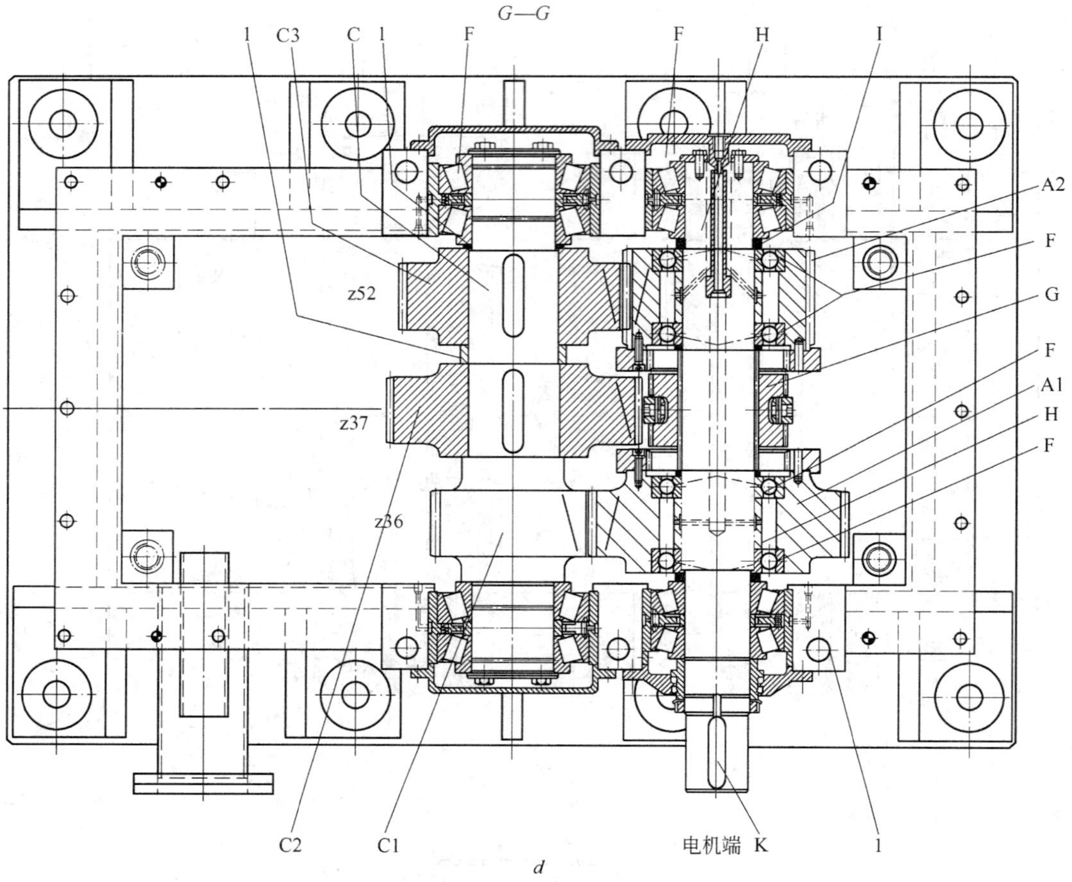

图 4-44　增速机装配图

a—增速机装配总图；*b*—增速机装配图 *L*–*L* 剖面图；*c*—增速机装配图 *H*–*H* 剖面图；*d*—增速机装配图 *G*–*G* 剖面图
A—输入轴；A1、A2—A 轴上的两个齿轮；B—第 1 输出轴；B1、B2—B 轴上的两个齿轮；C—中间轴；
C1、C2、C3—C 轴上的三个齿轮；D—中间轴；D1、D2、D3—D 轴上的三个齿轮；E—第 2 输出轴；E1—E 轴上的一个齿轮；
F—轴承；G—离合器；H—间隔套；I—间隔环；J—端盖；K—键

(1) 轧制最紧密的公差（“定径”）；

(2) 考虑到控温轧制（“热机械轧制”）；

(3) 最高的运行经济性和市场灵活性。

运行理念：通过将所有中断生产的操作从轧线移至轧辊间而将停机时间降低至最低程度，从而达到在可能的最高轧机利用率水平下的灵活生产。

机械设计：具有 1 个输入轴的可调机架；对基础要求最低的独立传动系统；快速机架更换系统（在轧线内）；轧辊快速更换系统（在轧辊间内）。

工艺设计：将减径、定径结合与同一个机组内的孔型设计（减定径机组）；粗、中轧和线材无扭机组轧机实现单一孔型序列轧制；“自由尺寸”孔型设计；轧辊和导卫辊缝的远程控制调整（在轧线内）；用于机架和导卫的计算机辅助调整系统（在轧辊间内）。

传统线材无扭机组 +4 机架两辊减定径系统与最新的线材无扭机组 +4 机架三辊高速减定径机组（HS–RSB）配置的对比，如表 4-4 所示。

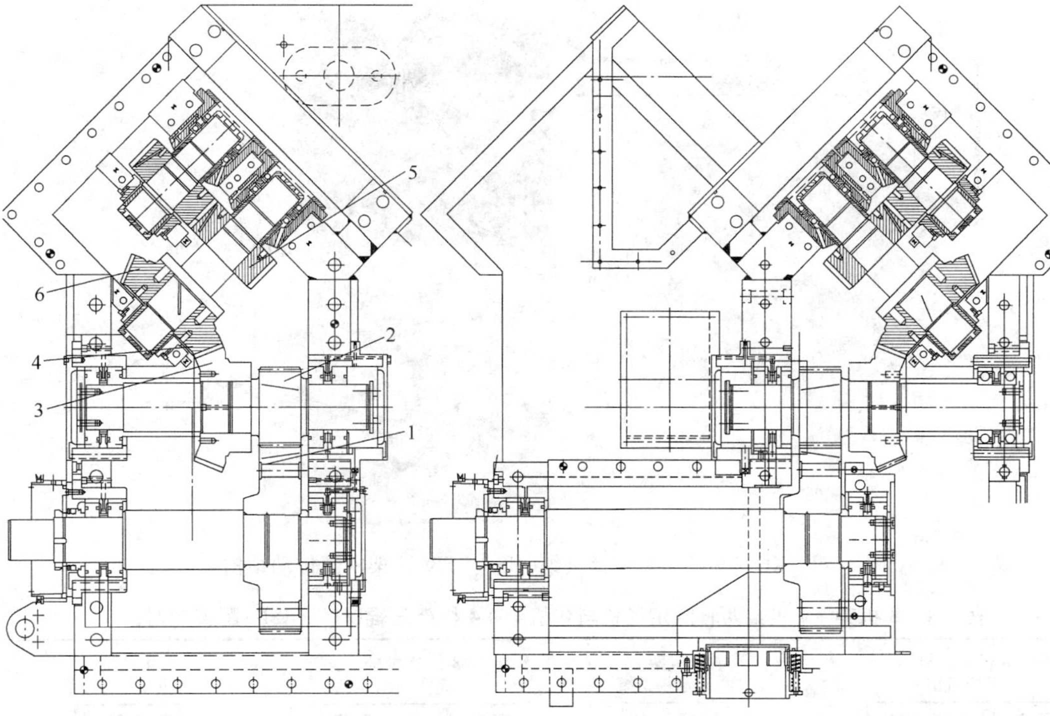

图 4-45 单个模块装配图

1—齿轮($Z_1=86$);2—齿轮($Z_2=35$);3—伞齿轮($Z_3=53$);4—伞齿轮($Z_4=54$);5—齿轮($Z_5=39$);6—齿轮($Z_6=39$)

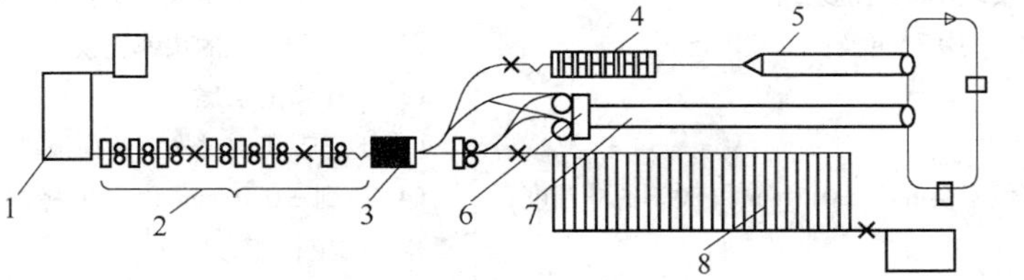

图 4-46 KOCKS 公司 RSB 的应用

1—加热炉;2—粗、中轧机组;3—RSB(棒材精轧/线材预精轧);4—精轧机组;
5—线材线;6—加勒特卷取机;7—大棒卷线;8—棒材线

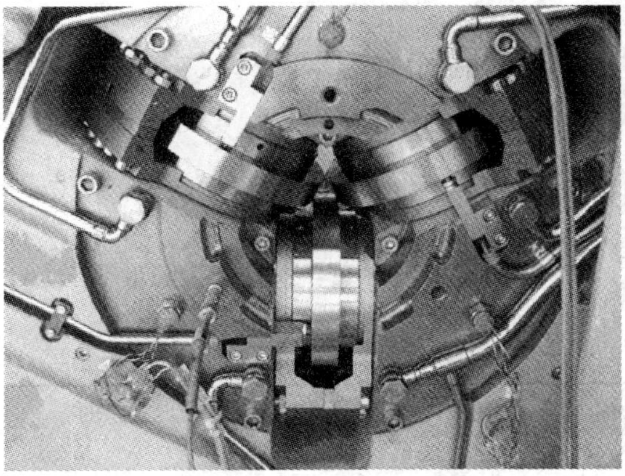

图 4-47 KOCKS 高速减定径机组(HS - RSB)机架辊环侧

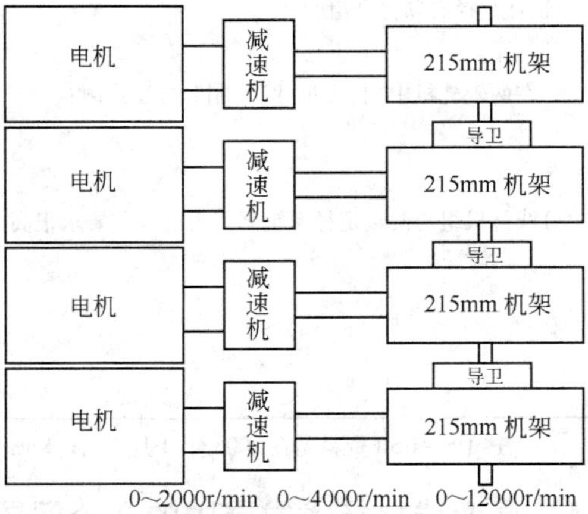

图 4-48 KOCKS 高速减定径机组(HS - RSB)的传动原理

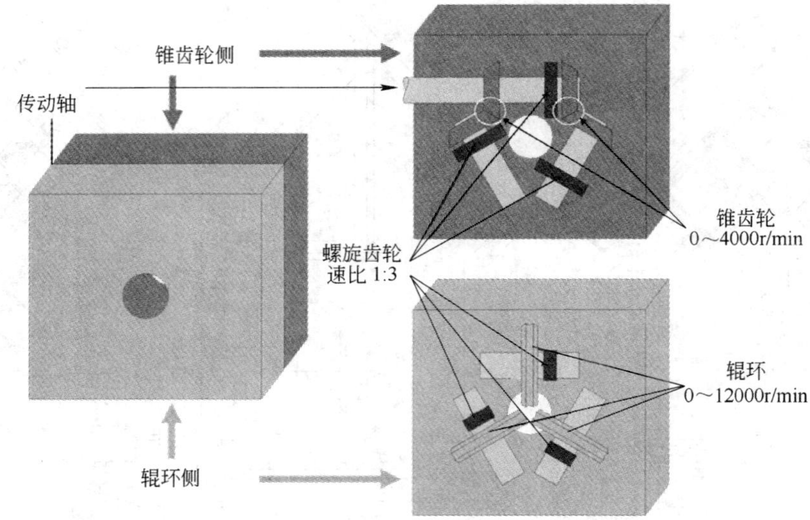

图 4-49　KOCKS 高速减定径机组(HS－RSB)机架内部传动结构

表 4-4　8 机架 +4 机架两辊减定径机与 8 机架 +4 机架三辊(HS－RSB)配置的对比

8 机架线材无扭机组 → 4 机架两辊定径系统 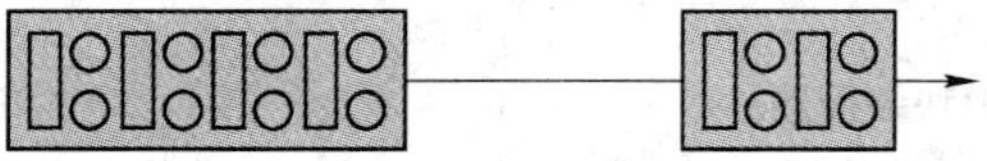	8 机架线材无扭机组 → 4 机架高速减定径系统 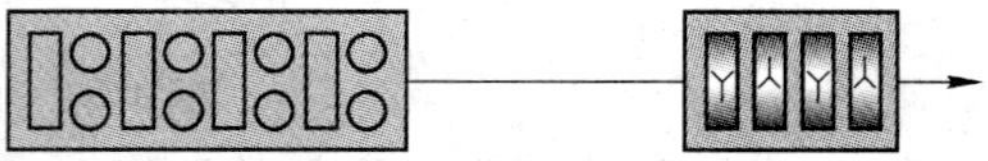
(1)线材机组中实现单一孔型系列;	(1)线材机组中实现单一孔型系列;
(2)整个轧制单元的快速更换;	(2)机架和导卫的快速更换;
(3)长的切尾;	(3)短得多的切尾(由于三辊孔型对入口断面波动的均衡作用);
(4)更好的公差但不会好于 ±0.1mm 和 80% 的椭圆度;	(4)达到 ±0.07mm 和 70% 椭圆度,好得多的公差(三辊孔型的定径能力);
(5)集体传动:	(5)独立传动:
1)两辊定径系统中为各机架不同压下量服务的复杂的减速系统(极大的维护量!);	1)没有复杂的减速系统;
2)辊环直径必须符合组距;	2)辊环直径"自由";
	3)机架件可以实现任何压下量。
(6)在两辊轧机中"自由尺寸"轧制非常受局限;	(6)"自由尺寸"轧制:
	1)轧线和轧辊间内更少的更换;
	2)更少的辊环。
(7)线材机组与两辊定径系统间张力的控制要求很高	(7)更低的轧制温升→非常适合热机械轧制;
	(8)更低的孔型磨损;
	(9)对张力不太敏感→更容易控制线材机组与高速减定径机组之间的张力,控制难度更低;
	(10)不能轧制螺纹钢筋

注:上述 HS－RSB 资料是在 2008 年 4 月 24 日,Kocks 公司贡特施 · 耐尔先生、和前进先生技术交流时提供的。

4.5　高速线材技术发展中的几个问题

近年来高速线材技术发展中的几个值得注意的问题是:(1)随着电机及其控制技术的

发展，又出现了独立机架单独传动的高速精轧机组（含减定径机组）；(2)精轧机组传动系统布置在上游；(3)减定径机组孔型系统的趋同性；(4)用于轧件控制轧制的温度恢复、均匀段的活套；(5)棒材成卷技术使盘条直径增大，棒卷与线材、盘条的关系。

4.5.1 独立传动的高速精轧机组（含减定径机组）

通过线材生产技术发展历程可以知道：为获得高速轧制，将精轧机组由传统的独立机架单独传动改为组合机架集体传动。而近来正好相反，随着电机及其控制技术的发展，重新出现了单独传动的高速精轧机组（含减定径机组）。图 4-50、图 4-51 为 SMS 公司为巴西 SIMARA 轧钢厂提供的 10 机架单独传动的高速精轧机组，轧制速度为 80m/s，年产 25 万 t 螺纹钢（ϕ8 ~30mm）、线材（ϕ5.5 ~12mm）。

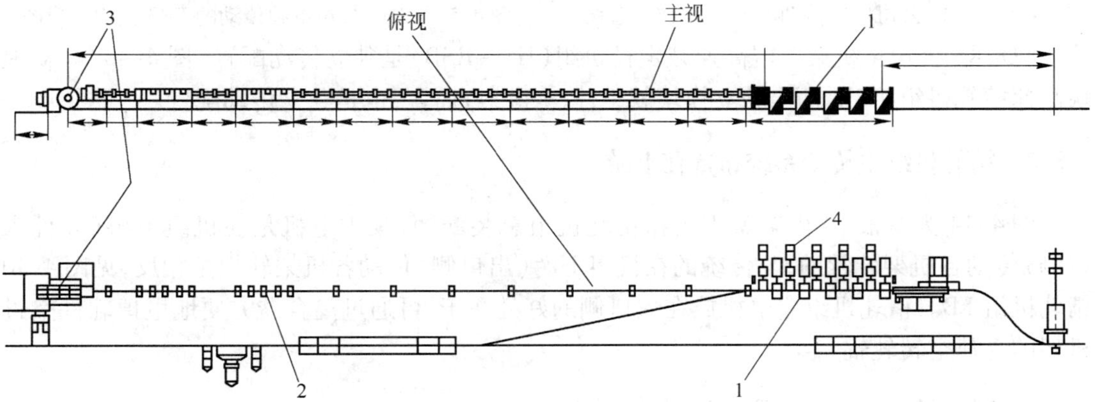

图 4-50 巴西 SIMARA 轧钢厂高速线材生产线

1—精轧机组；2—水冷装置；3—吐丝机；4—10 台电动机

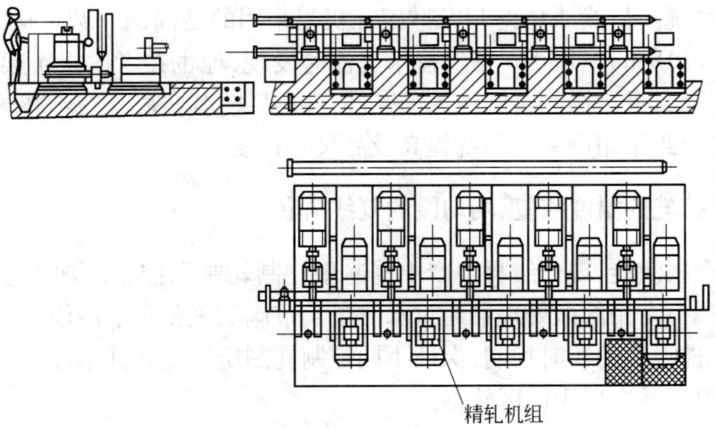

图 4-51 SMS 公司 10 机架单独传动的高速精轧机组

图 4-52、图 4-53 所示为 SMS 公司单独传动的减径定径机组 FRS（flexible reduction and sizing system）。

（注：图 4-50、图 4-51、图 4-52、图 4-53 为 2008 年 5 月 10 日 SMS 公司 Dietmar Budde 先生提供的。）

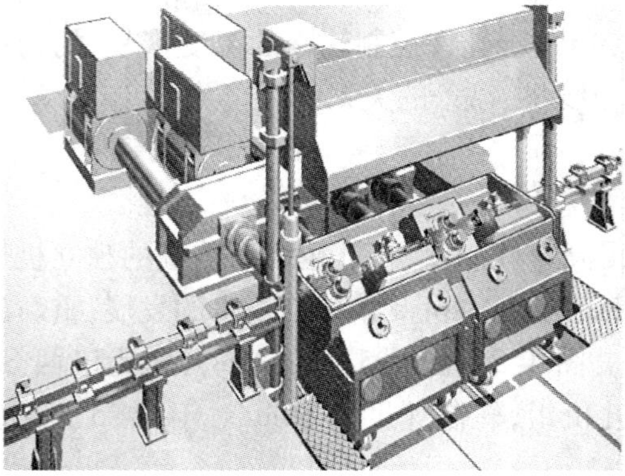

图 4-52　SMS 公司单独传动的 FRS 整体示意图

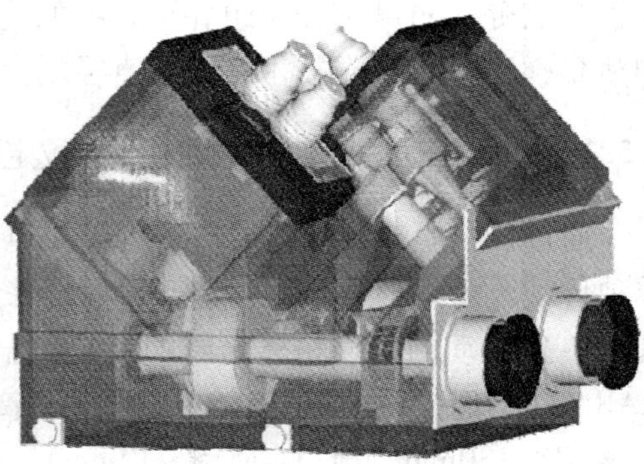

图 4-53　SMS 公司单独传动的 FRS 机构示意图

KOCKS 公司 4 机架三辊高速减定径机组（HS－RSB）是独立传动配置（图 4-48）。双模块高速精轧机组 TMB，两个独立模块就整体（4 机架）而言，也是独立传动配置。

4.5.2　精轧机组主传动系统布置在上游

图 4-14 为摩根 10 机架 V 形无扭精轧机组总装配图，其主电机是在机组上游（轧件入口侧）传动各机架轧辊的，与传统的在机组下游（出口侧）传动各机架轧辊正相反，见图 4-40 精轧机组 FB。精轧机组主电机放在入口侧的好处在于，可通过离合器方便地甩掉轧件空过机架的高速空转轧辊。

4.5.3　减定径机组孔型系统的趋同性

近年减定径机组孔型系统有统一的趋向，继摩根 RSM 之后达涅利 TMB 也采用椭圆－圆－圆－圆系统（定径机组为圆－圆系统）。图 4-36 所示为摩根 RSM 减定径轧机的椭圆－圆－圆－圆孔型系统。虽然西马克 FRS 减定径机组采用的是椭圆－圆－椭圆－圆系统，但作者在与 SMS 公司 Dietmar Budde 先生技术交流时发现，他也在考虑将 4 架 FRS 减定径机组再加一架变成 5 架，采用椭圆－圆－椭圆－圆－圆系统，其实质是在不减弱机组大压下能力的情况下，定径机组采用圆－圆系统提高成品尺寸精度。

4.5.4　用于轧件控轧的温度恢复、均匀段的复线活套

为充分发挥金属潜能，现代线材生产中普遍用控制轧制和控制冷却工艺来提高其力学性能。在轧制过程由专用的微处理器通过水流量调节阀实现各个水冷段入口水流量的连续调节，从而达到轧件温度的实时控制，保证不同控制轧制所需的轧件温度。

常规的轧制温度是在奥氏体区轧制。

低温精轧（low temperature rolling）是指在最后几道次的形变发生在正火轧制亦称常化轧制（normalizing rolling）工艺或热机械轧制（thermo mechanical rolling）工艺对应的温度范围内，如图 4-54 所示。正火轧制是一种通过控制热轧时的温度、压下量等条件使其最佳化，从而在最终轧制道次完成时得到与正火相同的微细奥氏体组织的省略热处理的一种轧制技术；热机轧制是指轧制变形处在低温奥氏体区或两相区的温度范围内，轧制变形被破碎细化的晶粒不发生再结晶，轧后冷却时的相变产物组织细化，从而使材质的强度及韧性同时

提高。

由于置于精轧机组之后的 RSM、FRS、TMB 等减定径精轧机的问世，轧件进吐丝机机前可多进行一次低温轧制（750 ~ 900℃），故使控轧更加灵活。图 4-55 所示为线材热机轧制机理，由于水冷是自轧件表面施加的，为达到轧件断面温度均匀，必须给予温度恢复、均匀的时间，再进行低温轧制。因此，水冷后必须给予温度均衡区（即温度恢复、均匀段）。温度均衡区的能力与均衡区长度成正比。通常温度均衡区与轧制线重叠，因其受轧制线长度的限制，均衡区长度不可能太长，使得均衡区足够长度受限。因此，SMS 公司提供了温度恢复、均匀的复线活套技术。

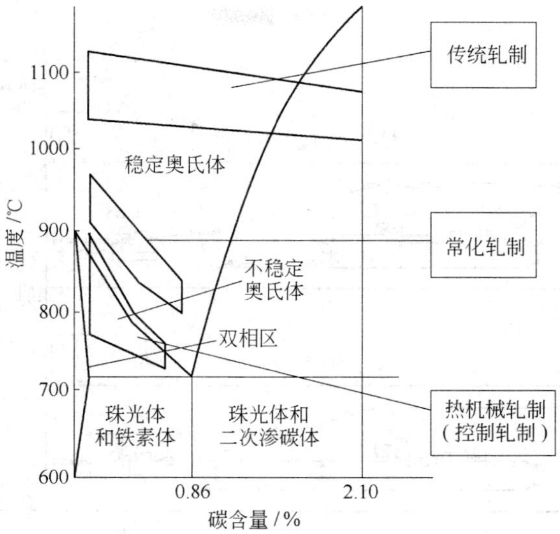

图 4-54 低温精轧工艺的温度范围

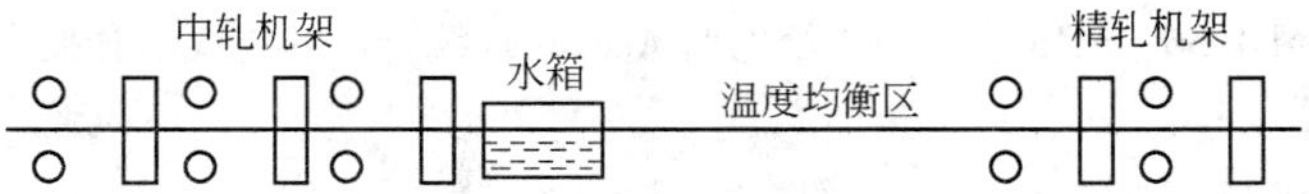

图 4-55 热机轧制机理

图 4-56 所示为 SMS 公司提供给巴西 Acominas 线材厂的复线活套技术。出自预精轧机经水冷箱冷却的轧件，其外表与芯部温度梯度较大，若此时进行轧制，则达不到低温轧制的真正目的。由于复线活套的加入，温度均衡区足够长度不受限制，使得经活套恢复段的轧件断面温度均匀后，再进入精轧机、减定径机轧制或直接减定径机轧制。

图 4-57、图 4-58 所示为 SMS 公司提供的某高速线材复线活套技术、轧件断面温度与温度恢复均衡区长度的关系。粗轧机 9 架（(3 +6)1 ~9 号），中轧机 6 架（10 ~15 号）、预精轧机 4 架（16 ~19 号）、3 段水冷、复线活套、精轧机 8 架（20 ~27 号）、2 段水冷、减定径机 4 架（28 ~31 号）。钢种 50CrV4，坯料：240mm × 180mm，成品尺寸：10.0mm，轧制速度105.0m/s。预精轧机组后 3 段水冷相距约 50m，第 3 段水冷距精轧机约 100m。在 150m 处轧件外表与芯部温度差约 3 ~400℃，在 230m 处温度差约 50℃。

4.5.5 棒卷与线材、盘条的关系

现行我国标准《钢产品分类》（GB/T15574—1995）中，轧制成品列有盘条（rod）而没有线材。定义盘条为“热轧后卷成盘状交货的成品。横截面通常为圆形、椭圆形、方形、矩形、六角形、八角形、半圆形或其他形状，盘条的公称直径不小于 5mm”。在《热轧盘条尺寸、外形、重量及允许偏差》（GB/T15574—1995）中，列出盘条公称直径为 5 ~40mm。

一直以来人们习惯将线材独立地列于轧制成品分类中，并定义线材是“热轧材中断面

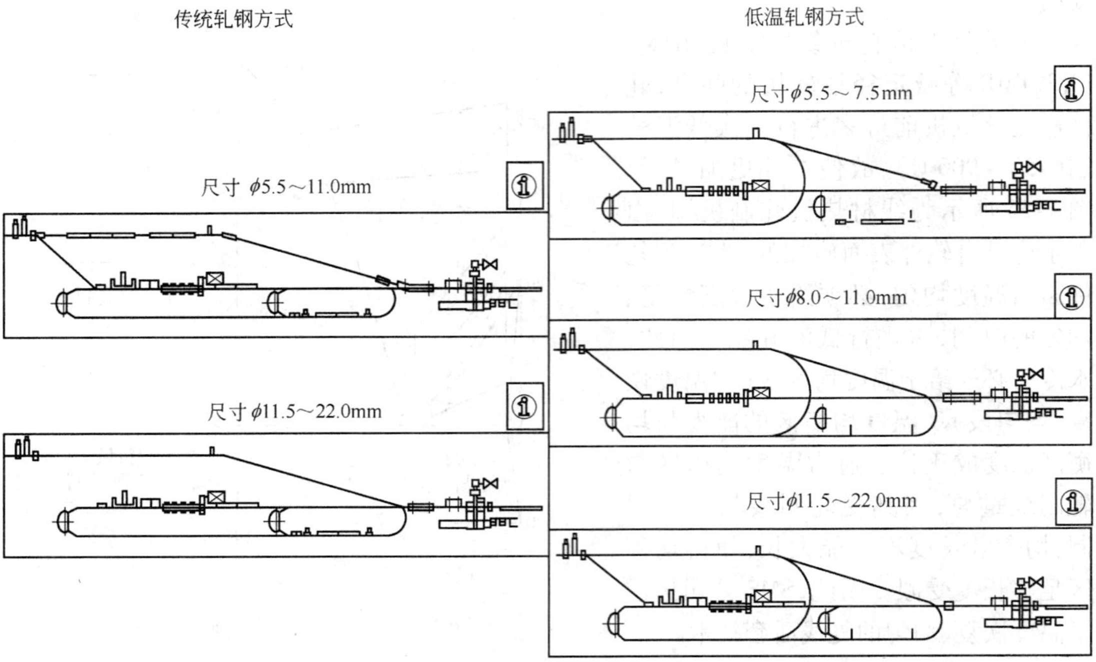

图 4-56　SMS 公司提供给巴西 Acominas 线材厂的复线活套技术

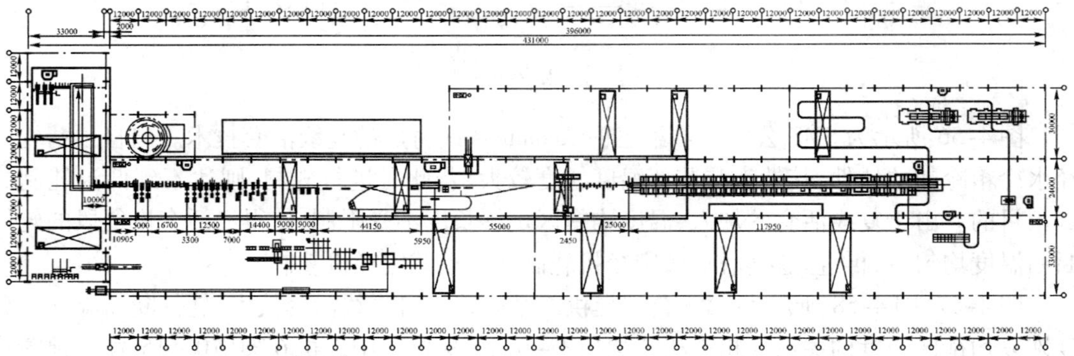

图 4-57　SMS 公司提供的某高速线材复线活套技术

尺寸最小的一种(直径 φ5.5～9mm),因其在轧钢厂热轧后卷成盘状交货,故又称为盘条”。

目前高线盘条直径范围在 φ5.0～25mm,理想的直径范围在 φ5.5～20mm,盘重 2000～2500kg。应注意的是大棒卷(bar in coil)生产工艺可使棒材成卷,成卷的方法不是用吐丝机,而是用加勒特卷取机或工字轮卷取机(图 4-59)。目前卷取的棒材直径上限在 60mm。通常认为直径范围在 5.5～20mm 的盘条在高速线材轧机上生产,直径为 16～60mm 的盘条多用小型－线材联合机组生产。

盘条、线材、棒卷三者的关系如下:

盘条(rod)包括两部分,一部分是线材,另一部分是棒卷。用线材轧机——吐丝机生产的盘条为线材(wire),而用中小型轧机——加勒特卷取机或工字轮卷取机生产的盘条为棒卷(bar in coil)。

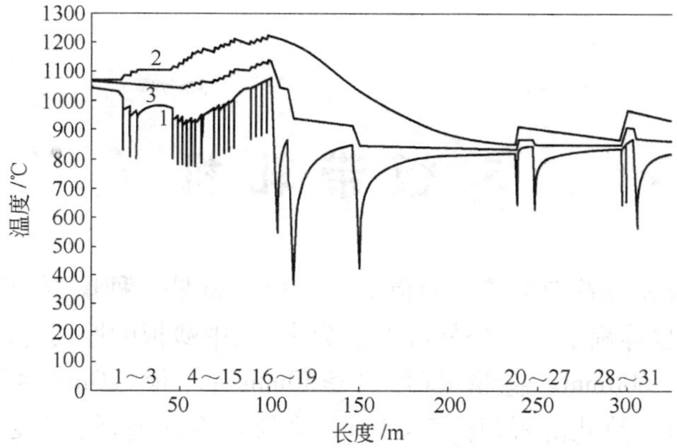

图 4-58 图 4-57 复线活套技术之轧件断面温度与温度恢复均衡区长度的关系
1—轧件表面温度;2—轧件中心温度;3—轧件平均温度

a *b*

图 4-59 大棒卷(bar in coil)卷取机
a—加勒特卷取机;*b*—工字轮卷取机

5 板带轧机

一般将单张钢板和成卷带钢统称为板带钢。板带材是一种厚度与宽度、长度比相差较大的扁平断面钢材，也称扁平材。新标准产品分类：其中薄板的厚度界限为 3 mm，窄带钢与宽带钢的宽度界限为 600mm。特厚板（厚度≥50mm）；厚板（20mm≤厚度 < 50mm）；中板（3mm≤厚度 < 20mm）；热轧薄板（厚度 < 3mm，单张）；冷轧薄板（厚度 < 3mm，单张）；中厚宽钢带（3mm≤厚度 < 20mm，宽度≥600mm）；热轧薄宽钢带（厚度 < 3mm，宽度≥600mm）；冷轧薄宽钢带（厚度 < 3mm，宽度≥600mm）；热轧窄钢带（宽度 < 600mm）；冷轧窄钢带（宽度 < 600mm）；镀层板（带）；涂层板（带）；电工钢板（带）。由于板带材有单位体积的表面积大、易成形加工等特点，被称为“万能钢材”，故广泛用于轮船舰艇、航空、航天器、锅炉、压力容器、汽车、火车、起重机、金属制品、金属结构、屋面板、各种管线等。

我国 2007 年各种板带产量（万 t/a）：特厚板 431；厚板 1772；中板 3037；热轧薄板 900；冷轧薄板 1564；中厚宽钢带 6300；热轧薄宽钢带 1453；冷轧薄宽钢带 1740；热轧窄钢带 3938；冷轧窄钢带 628；镀层板（带）1755；涂层板（带）317；电工钢板（带）416。合计 24250，占钢材总产量的 43%。

要求板带产品具有：尺寸精确、板形良好、表面光洁、性能较高。但由于板带的断面特点，在轧制过程中产生极大的轧制力，轧件与轧机同时变形。要满足上述产品要求，就必须发展轧件的变形而控制轧机的变形。发展轧件的变形主要有两个途径：（1）降低轧件的变形抗力，如加热轧件、退火轧件等；（2）改变轧件轧制时的应力状态，如减少摩擦力、增加张力，采用小直径轧辊、异步轧制等。控制轧机的变形主要有两个途径：（1）提高轧机刚度，如增加机架断面尺寸、缩小轧机应力线长度等；（2）板形控制、厚度和宽度自动控制，如板形控制主要是通过变更轧辊的凸度来控制，基本有三种：一种是横移工作辊，如：HC 轧机、CVC 轧机。另一种是调整工作辊间交叉角度来形成不同凸度辊缝，如 PC 轧机。第三种是在支撑辊中间设置液压油腔，在其中注入高压油从而调整支撑辊凸度的 VC 轧辊。以提高产品强度、韧性、焊接性能为目标的控制轧制、控制冷却技术得以广泛应用。

自 18 世纪初西欧出现了二辊周期式薄板轧机，1850 年美国建成了用蒸汽机驱动的二辊可逆式厚板轧机（辊身长 2m），1864 年美国首创三辊劳特式轧机，1870 年四辊轧机，1891 年四辊可逆厚板轧机，1907 年带立辊机架的万能轧机诞生，1925 ~ 1930 年、1932 年又先后出现了 W. 罗恩（Rohn）多辊轧机、T. 森吉米尔（Sendzimir）多辊轧机，20 世纪 40 年代以后人们又开始了行星轧机的试验研究，1923 美国阿什兰工厂首先实现了薄板热连续轧制，1926 年美国首次建成带钢冷轧机……至今板带轧机已发展了 200 多年。

5.1 热轧中厚板轧机

热轧板带钢生产通常分为热轧厚板带钢生产和热轧薄板带钢生产。一般热轧厚板带钢生产的产品是定尺长度的单张钢板，而热轧薄板带钢生产的产品既有板又有卷。因此，把热轧厚板带钢生产称为热轧中厚板生产。钢板可以直接轧制，也可以由轧制的带钢剪切而成。

1918 年美国、1940 年德国、1941 年日本先后建成了 5230、5000、5280，超过 5m 宽的厚板四辊轧机。我国于 1936 年在鞍钢建成第一套 2300 中板轧机（三辊劳特式）。新中国于 1958 年和 1966 年先后建成了鞍钢 2800/1700 半连续钢板轧机和武钢 2800 中厚板轧机、太钢 2300/1700 炉卷轧机。1978 年建成了舞钢 4200 宽厚板轧机，宝钢 5000 宽厚板轧机于 2005 年建成投产。

就我国中厚板轧机现状而言，目前可以分为三类，A 类：4.3m 和 5m 的主轧机，轧制压力大，在 8000 ~ 10000t 左右；B 类：以 3.5m 为代表的中等水平主轧机，轧制压力居中偏高，在 5000 ~ 7000t；C 类：2.3 ~ 2.8m 老旧主轧机，主要是一些老企业和部分新兴的民营企业，以生产传统的中低档产品为主。

根据统计预测，未来几年我国中厚板轧机的分布产能将达到：5000 轧机 4 套，产能 740 万 t/a；4000 ~ 4900 轧机 7 套，产能 993 万 t/a；3500 ~ 3800 轧机 19 套，产能 2025 万 t/a；2800 ~ 3000 轧机 13 套，产能 1239 万 t/a；2300 轧机 16 套，产能 769 万 t/a。共 59 套，产能 5766 万 t/a。表 5-1 为我国部分中厚板轧机简况。

表 5-1 我国部分中厚板轧机简况

序号备注	省（市）	企业名称	轧机型式与尺寸	设计能力/万 t	投产/改造日期
1	北京市	首钢中板厂	3500 × 4	60	1987 年/2003 年
2	天津市	天钢中厚板厂	3500 × 4/3500 × 4	100	2006 年
3		天津天盾中板厂	2400 × 4/2400 × 4	32	
4	河北省	首钢秦皇岛板材公司	3454 × 4	60	1993 年 3 月
5		首钢秦皇岛金属材料公司	4300 × 4	150	2006 年 10 月
6		邯钢中板厂	2800 × 4	90	1974 年 1 月
7		文丰中板厂	2800 × 2/3000 × 4	80	2004 年
8		普阳中板厂	3500 × 4	100	2006 年
9		唐钢中板厂	3500 × 4/3500 × 4		2006 年
10	上海市	宝钢中厚板厂	5100 × 4	140	2005 年
11		浦钢中板厂	2350 × 3/2350 × 4	47	1959 年/1970 年
12		浦钢厚板厂	4200 × 4 + 3500 × 4	143	1991 年
13		上钢一厂	2350 × 2/2350 × 4	10	1972 年
14		宝钢罗泾	4200	160	2008 年
15	山东省	济钢中板厂	2350 × 3/2350 × 4	60	1960 年/1989 年/2005 年
16		济钢厚板厂	3200 × 4/3500 × 4	115	1998 年 2 月
17		淄博中板厂	3400 × 4	100	2005 年
18		莱　钢	4300	180	2008 年
19	河南省	安阳中板厂	2800 × 4	80	1974 年/1996 年
20		舞阳中板厂	4200 × 4	100	1978 年 9 月/2003 年
21		安阳永兴中板厂	3500 × 4	80	2005 年

续表 5-1

序号 备注	省(市)	企业名称	轧机型式与尺寸	设计能力/万 t	投产/改造日期
22		安阳炉卷轧机	3500×4	80	2005 年
23	辽宁省	鞍钢厚板厂	4300×4	100	1993 年 7 月/2003 年
24		鞍钢中板厂	2500×2/2450×4	80	1956 年/2003 年 6 月
25		鞍钢宽厚板厂	5500×4	200	2008 年 9 月
26		营口中板厂	2450×4	94	1972 年/2003 年 4 月
27		营口中板厂	5000	150	2009 年
28		本溪北台	3500×4	150	
29	湖北省	武钢中板厂	2800×2/2800×4	57	1966 年 8 月
30		鄂　钢	4300	120	2008 年 8 月
31	江苏省	南钢中板厂	2300×3/2500×4	110	1975 年/1995 年
32		南钢炉卷	3800×4	100	2004 年
33		无锡锡金中板厂	2300×3	18	1995 年 1 月
34		无锡兆顺不锈钢		20	
35		沙钢宽厚板	5000×4(一)	150	2006 年
36		沙钢宽厚板	5100×4(二)	140	2009 年
37		江阴中板厂	2800×4		
38	安徽省	马钢中板厂	2350×2/2300×4	80	1975 年/1997 年
39	山西省	太钢五轧厂	2300×2/2300×4	16	1966 年 8 月
40		临　钢	2300×3	24	1989 年 5 月
41		临钢厚板厂	3000×4+(3000×4 预留)	70	2005 年
42	广西壮族自治区	柳钢中板厂	2800×4/2800×4	80	1974 年 9 月/2004 年
43	江西省	新余中板厂	2300×3/2500×4	80	1978/1994 年
44		新余厚板厂	3800×4	80/150	2005 年
45	甘肃省	酒钢中板厂	2800×4	80	1998 年
46	云南省	昆钢中板厂	2300×4	18	1971 年 5 月
47	广东省	韶钢中板厂	2500×4	90	
48		韶钢中厚板卷厂	3500×4	100	2005 年
49	湖南省	湘钢中板厂	3800×4	150	2006 年
50	重庆市	重钢中板厂	2800×2/2450×4	80	1965 年/2004 年
51	福建省	福鼎龙安中板厂	2800×2/2350×4	120	2006 年
52		三明中板厂	3000×4	80	2006 年
53	浙江省	宁波建龙中板厂			正在建设中
54	内蒙古	包　钢	4100	120	2007 年

5.1.1　热轧中厚板生产工艺流程

热轧中厚板生产工艺流程(图 5-1)一般包括坯料准备、加热、轧制和精整。

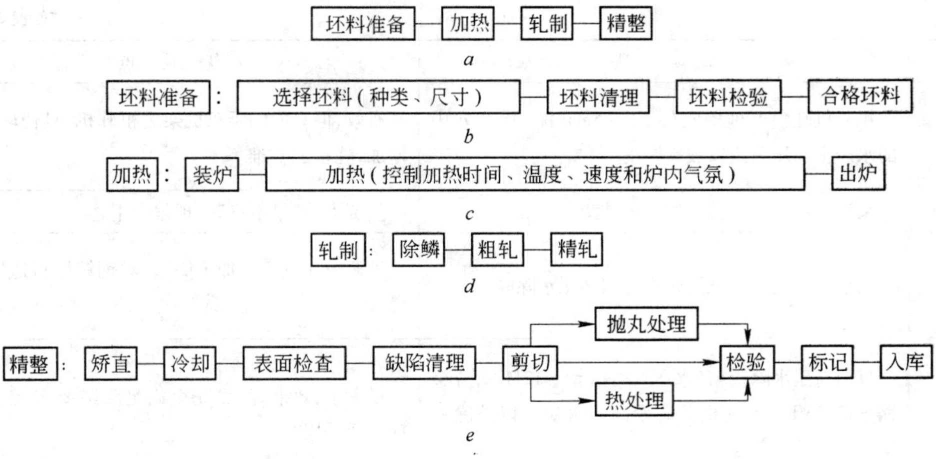

图5-1 热轧中厚板生产工艺流程图

a—热轧中厚板生产工艺流程；*b*—坯料准备工艺流程；*c*—加热工艺流程；*d*—轧制工艺流程；*e*—精整工艺流程

5.1.1.1 坯料准备

热轧中厚板坯料有扁钢锭、初轧板坯、连铸板坯和锻坯。优选连铸板坯，特殊情况用锻坯、扁钢锭、初轧板坯。

坯料尺寸（长、宽、厚度）对轧机的生产率、坯料的成材率和钢板的力学性能有直接影响。坯料尺寸选择原则是厚度在保证压缩比的前提下，应尽可能小，宽度应尽可能大，长度应尽可能接近坯料的最大允许长度。

坯料在加热前，要对其表面缺陷进行清理，如坯料热状态下的火焰清理、冷状态下的火焰清理、机械加工清理、风铲铲削、电弧清理和砂轮研磨等。

5.1.1.2 加热

加热坯料的目的是提高轧件塑性、降低轧件变形抗力。此外，加热高合金钢可以使钢中化学成分得到均匀扩散。加热温度一般在1150～1300℃，视钢种不同、控制轧制要求不同而异。合理的加热工艺制度能保证轧机效率，钢不过热、过烧、脱碳，防止轧低温钢造成材料缺陷和断辊事故等。

热轧中厚板生产所使用的加热炉有连续炉、室式炉和均热炉。

5.1.1.3 轧制

轧制是钢板成形阶段，分除鳞、粗轧、精轧三个阶段。粗轧、精轧划分并没有明显界限，一般把双机架轧机的第一架称为粗轧机，第二架称为精轧机。一般将单机架轧机前期道次称为粗轧、后期道次称为精轧。

（1）除鳞是利用某种方法将坯料在加热时生成的鳞，即氧化铁皮除掉，以免压入钢板表面形成表面缺陷。除鳞方法很多（表5-2），目前使用最多的方法是高压水除鳞箱。

表5-2 几种除鳞方法

序号	除鳞方法	优缺点
1	往钢板表面投掷箬条、竹枝、食盐等物以爆破清除铁皮	简单有效，但不易除净，劳动条件差，环境脏
2	采用机械破碎机（如齿式辊压机、钢丝刷等）及压缩空气或蒸汽吹扫	对碳钢有效，但不易清除净

续表 5-2

序号	除鳞方法	优缺点
3	粗轧机轧辊上刻槽穴（约 1～5mm 深）借凹穴中的水产生高压蒸汽以破除铁皮	有效，但只能用于双机架之粗轧机，且使轧机负荷增加，轧辊加工难
4	采用一台二辊式机架加高水破鳞	投资大，效果不显著，现很少用之
5	采用一台大立辊机架轧边并用高压水除鳞	可调板坯宽度及加工侧边，对钢锭原料适用，但投资大
6	只用高压水除鳞箱（水压对普碳钢 >12MPa，合金钢 >17.5MPa）及轧机前后设高压水喷头以破除铁皮	投资小，效果好，可完全满足除鳞要求，新建轧机现广泛采用

（2）粗轧是将除鳞后的坯料展宽到所需要的宽度，同时进行大压缩延伸。粗轧有四种常用方法，全纵轧法、全横轧法、横轧－纵轧法和角轧－纵轧法。

全纵轧法是指钢板延伸方向与坯料纵轴方向相一致的轧制方法。

全横轧法是指钢板延伸方向与坯料纵轴方向相垂直的轧制方法。此法与初轧开坯相结合，可改善钢板的各向异性。

横轧－纵轧法是指三步轧制，先纵轧 1～2 道次，即成形轧制，然后转 90°进行横轧宽展，即宽展轧制，第三步再转 90°进行纵轧，即延伸轧制。此法优点是坯料宽度不受钢板宽度的限制。

角轧－纵轧法（图 5-2）是指将坯料纵轴与轧辊轴线方向成一定角度送入轧辊的轧制方法。送入角 δ 在 15°～45°范围内。每一对角线轧制 1～2 道次后即更换到另一对角线轧制。每轧一道次，轧件得到一定延伸、宽展，且变成平行四边形。当更换到另一对角线轧制时，轧件又得到了一定延伸、宽展，且又从平行四边形回到矩形。此法只用在用钢锭作坯料的三辊劳特式轧机上。

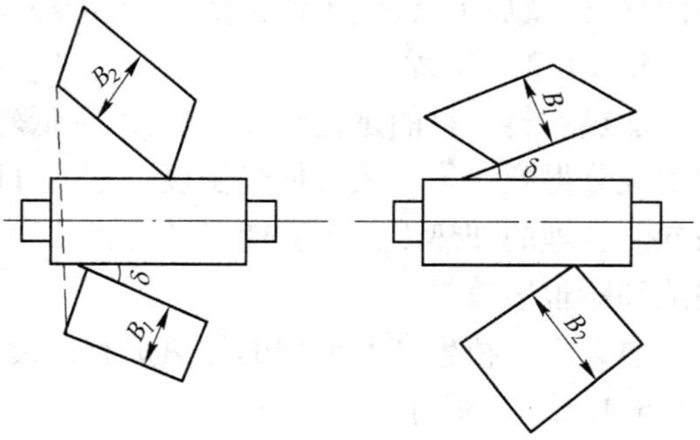

图 5-2　角轧－纵轧法

要注意的是这里提到的纵轧、横轧、角轧与在第 1 章中提到的“纵轧”、“横轧”概念不同，这里提到的纵轧、横轧、角轧均属“纵轧成形”范畴。

（3）精轧除将粗轧后的轧件继续延伸外，主要是控制质量，包括厚度、板形、表面质量、性能等的控制。由于在传统轧制时，轧件前后端产生宽展，轧制后钢板不会成为矩形。为此，人们成功研制了许多精轧法，如 MAS 轧制法（图 5-3）；狗骨轧制法（DBR）如图 5-4 所示，图中 DB 量是指轧件前后端加厚部分的长度和少压下量；咬边返回轧制法（图 5-5）；差厚展宽轧制法（图 5-6）和立辊法（图 5-7）等，较有效地解决了这个问题。这些方法共同特征是采用横轧－纵轧法，横轧前一道的纵轧使轧件纵向厚度不等，或纵轧前一道的横轧使轧件横向厚度不等，如 MAS 轧制法：调节轧件端面形状的原理见图 5-3，为控制轧件侧面形

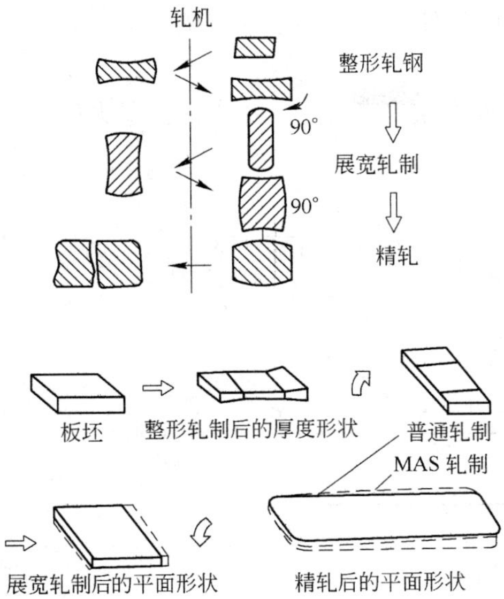

图 5-3 整形 MAS 轧制法

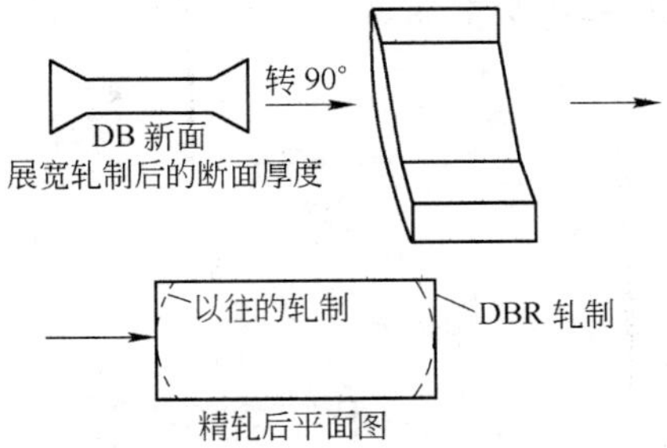

图 5-4 狗骨轧制法

状，在最后一道延伸时用水平辊对展宽面施以可变压缩。若侧面形状凸出，则轧件中间部分的压缩大于两端，如图 5-3 中情况；若侧面形状凹入，则轧件中间部分的压缩应小于两端。将这种不等厚的轧件旋转 90°后轧制，即可得到侧面平整的轧件，称整形 MAS 法。同理，若在横轧最后一道次上对延伸面施以可变压缩，将这种不等厚的轧件旋转 90°后轧制，即可控制前、后端切头，称宽展 MAS 法。

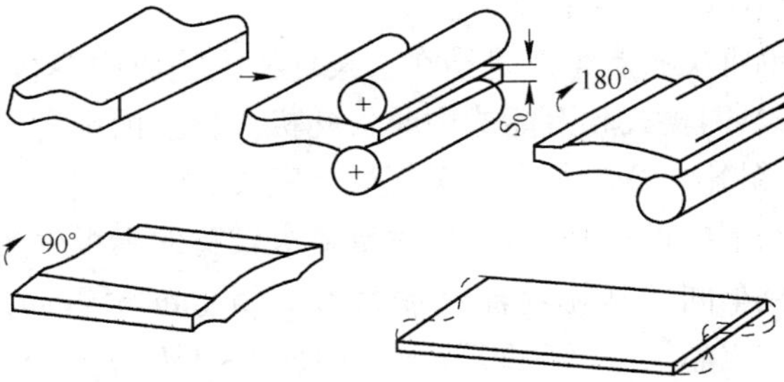

图 5-5 咬边返回轧制法

（虚线为未实施咬边返回轧制法轧制的成品钢板平面形状）

5.1.1.4 精整

精整工艺随钢种不同而异，可大体分两类：一类是碳素钢、低合金钢精整工艺，通常有轧后冷却、矫直、翻钢（下表面检查）、画线、剪切、修磨、标识、分类、堆垛等工艺。另一类是中、高合金钢精整工艺，除上述工艺外还有热处理、酸洗、碱洗、探伤等工序。

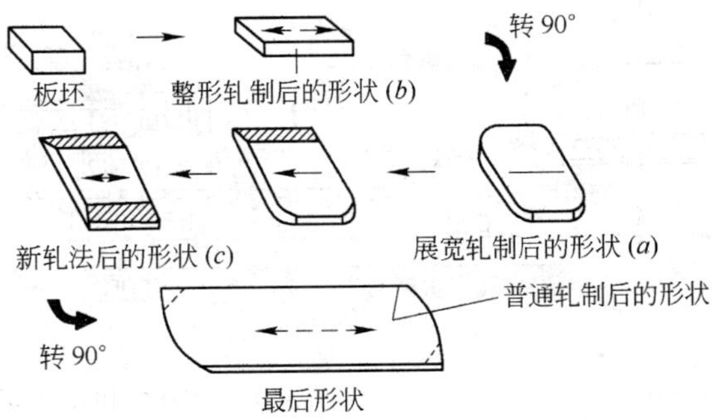

图 5-6 差厚展宽轧制法

冷却方式有自然冷却、强化冷却、缓慢冷却等多种方式。

矫直有热矫直和冷矫直。一般热矫直在轧后、冷却前在线进行，冷矫直在冷却或热处理后离线进行。中厚板矫直使用辊式矫直机和压力矫直机。

中厚板剪切使用斜刃剪、滚切剪、圆盘剪。特厚板使用火焰切割法或刨床切断。

酸、碱洗或抛丸的目的是清除氧化铁皮。

中厚板除采用控轧、控冷工艺外,常用的热处理方法有常化、淬火、回火、退火四种。常用的热处理炉有辊底炉、步进炉、车底炉等。

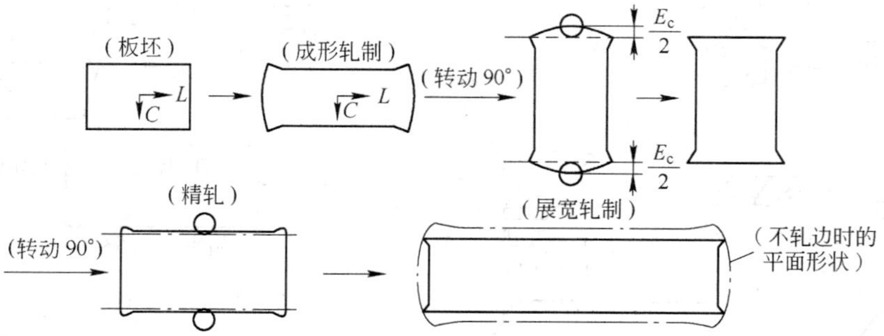

图 5-7　立辊法

5.1.2　热轧中厚板车间及轧机布置

中厚板车间轧机布置有三种形式,即单机架布置、双机架布置和连续式多机架布置。

5.1.2.1　单机架布置

单机架布置生产是指在一架轧机上完成中厚板的轧制。轧机可选用二辊可逆式、三辊劳特式、四辊式和万能式中厚板轧机。目前前两种轧机已被四辊式轧机取代。由于单机架轧制,粗轧与精轧都在一架轧机上完成,产品质量较差、规格受限、产量较低。但投资省,适于对产量要求不高、对产品质量要求较宽的钢板生产。图 5-8 为 2300 单机架三辊劳特式轧机中板车间。其轧辊直径 ϕ850mm/550mm/850mm,坯料:厚 175 ~ 300mm、重 630 ~ 2000kg 扁锭。成品尺寸(5 ~ 20)mm × (1500 ~ 1800)mm × (5000 ~ 9000)mm,年产量 20 万 t。图 5-9为 4200 单机架四辊万能式轧机厚板车间,其水平轧辊直径 ϕ980mm/1800mm,立辊辊径 ϕ1000mm、辊身长 1100mm。坯料可是钢锭或钢坯,成品尺寸(20 ~ 250)mm × (1500 ~ 3900)mm × (3000 ~ 18000)mm,产品以合金钢为主,年产量 40 万 t。

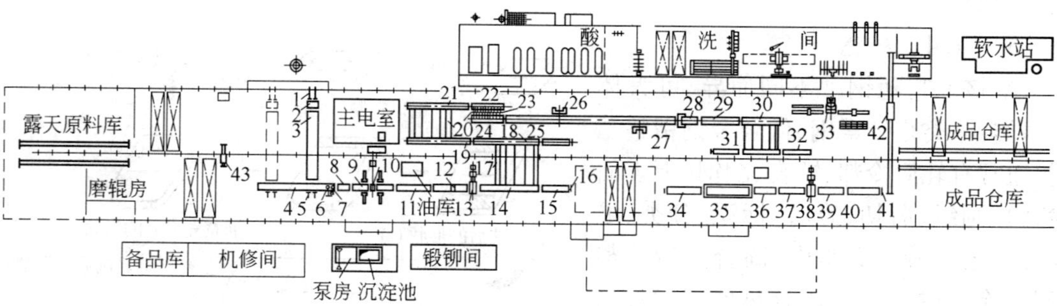

图 5-8　2300 单机架中板车间设备平面布置

1—推钢机;2—装料台架;3—连续式加热炉;5—缓冲器;6—上氧化铁皮刷;7—下氧化铁皮刷;9—升降台;10—三辊劳特式轧机;12—压头机;13—11 辊矫正机　16、41—缓冲器;17—1 号冷床;20—2 号冷床;23—翻板机;26—剪断机;31—检查台架;33—剪断机;35—常化炉;38—矫正机;42—20t 平车;43—5t 平车;4、8、11、14、15、18、19、21、22、24、25、27、28、29、30、32、34、36、37、39、40—辊道

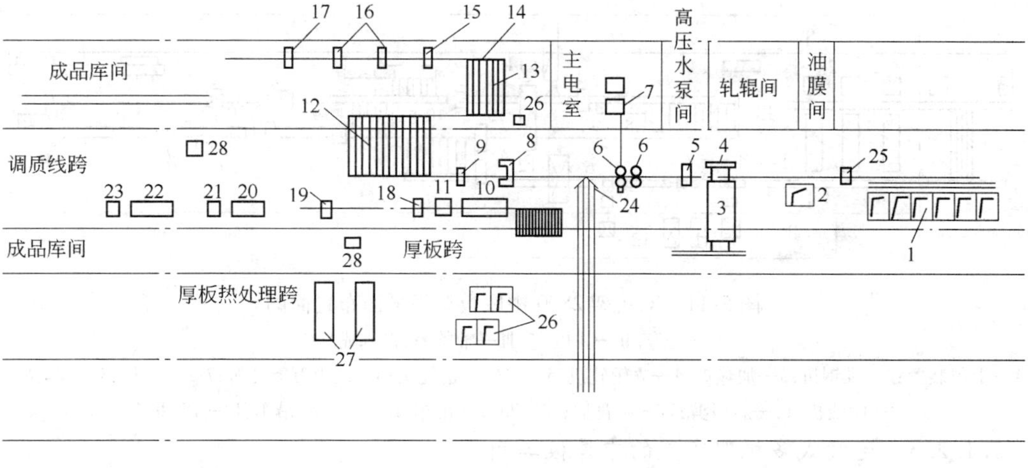

图 5-9 单机架 4200 厚板车间平面布置简图

1—均热炉;2—车底式炉;3—连续式炉;4—出料机;5—高压除鳞箱;6—4200mm 万能式钢板轧机;7—发电机 - 电动机组;8—热剪;9—垫矫直机;10—常化炉;11—压力淬火机;12—冷床;13—翻板机、检查修磨台;14—辊道;15—双边剪;16—定尺剪;17—打印机;18—热矫直机;19—冷矫直机;20—淬火炉;21—淬火机;22—回火炉;23—淬火机;24—收集装置;25—运锭小车;26—缓冷坑;27—外部机械化炉;28—翻板机

5.1.2.2 双机架布置的中厚板车间

双机架布置生产是指在两架轧机上完成中厚板的轧制,将粗轧与精轧分到两个机架上分别完成。由于双机架轧制,产品质量较好,产量也较高。粗轧机可选用二辊可逆式或四辊可逆式轧机。而三辊劳特式轧机被选用是改造单机架三辊劳特式轧机中板车间的产物。精轧机一律选用四辊可逆式轧机。图 5-10 为 2300 双机架中板车间,它是在原 2300 单机架三辊劳特式轧机中板车间基础上,增建了四辊可逆精轧机架改造而成,年产量 30 万 t。图5-11 为 2800 双机架中厚板车间。粗轧机选用二辊可逆式轧机,辊径 ϕ1150mm,辊身长 2800mm。精轧机选用四辊可逆式轧机,轧辊直径 ϕ800mm/1400mm,辊身长 2800mm。坯料可是扁钢锭或板坯,成品尺寸(10 ~ 60)mm × (1500 ~ 2500)mm × 约 16000mm,产品钢种为碳素钢、合金钢,年产量 60 万 t。

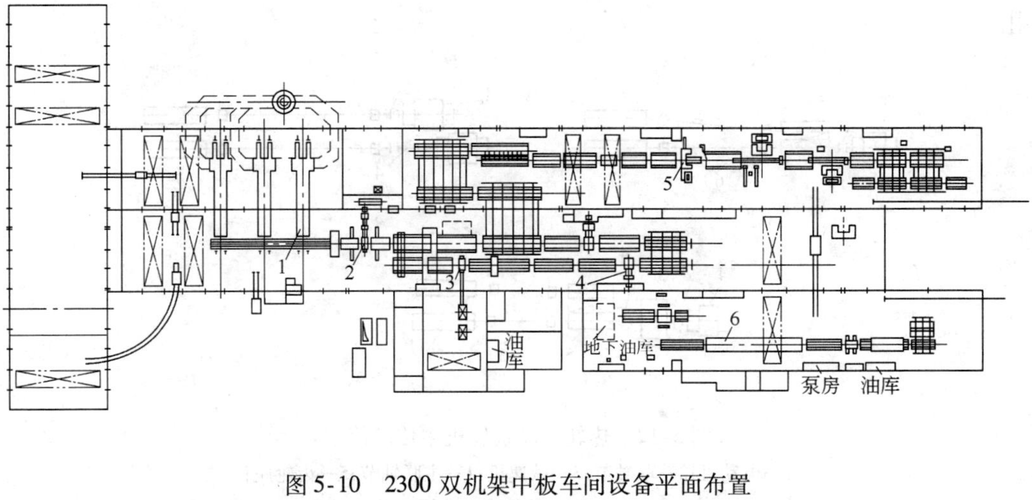

图 5-10 2300 双机架中板车间设备平面布置

1—加热炉;2—三辊劳特式轧机;3—四辊可逆式精轧机;4—11 辊矫正机;5—侧刀剪;6—常化炉

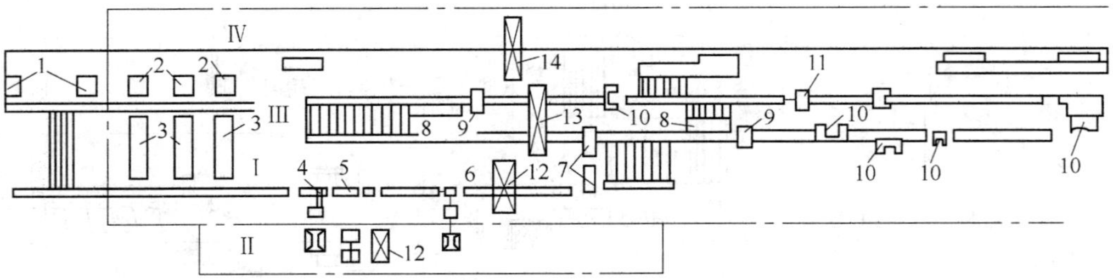

图 5-11 双机架 2800 中厚板车间平面布置简图

Ⅰ—主跨;Ⅱ—主电室;Ⅲ—轴整跨;Ⅳ—成品库

1—上料装置;2—推钢机;3—加热炉;4—立辊轧机;5—二辊可逆轧机;6—四辊万能轧机;7—矫直机;8—翻板机;9—画线机;10—斜刃剪;11—圆盘剪;12—75/15t 吊车;13—20/15t 吊车;14—15t 吊车

5.1.2.3 连续式多机架布置的中厚板车间

连续式多机架布置生产是指在全连续式、半连续式、3/4 连续式布置的多架轧机上完成中厚板的轧制。它是一种生产宽带钢的高效轧机,也可看作是一种中厚板轧机。带卷厚度已达 25mm 或以上,这几乎有 2/3 的中厚板可在连轧机上生产,但其宽度一般不大。用可以轧制更薄产品的连轧机生产较厚的中板,这在技术上和经济上都不太合理。对于半连续轧机,其粗轧部分由于轧机布置灵活,可以满足生产多品种钢板的需要,但精轧机部分的作业率就低了,这是中厚板轧机很少发展的主要原因。

5.1.3 热轧中厚板轧机类型和工作原理

中厚板轧机有四种类型:二辊可逆式轧机、三辊劳特式轧机、四辊可逆式轧机和万能式轧机。

5.1.3.1 二辊可逆式轧机

二辊可逆式轧机由一台(图 5-12*a*)或两台(图 5-12*b*)直流电机驱动,采用可逆、调速轧制,通过上辊调整压下量(轧制中心线改变了),得到每道次的压下量 Δh(图 5-13)。因其低速咬钢、高速轧钢,则具有咬入角大、压下量大、产量高的特点。但二辊轧机辊系刚性较差,板厚公差较大。目前二辊可逆式轧机已不再单独兴建,而只是有时作为粗轧机或开坯机之用。

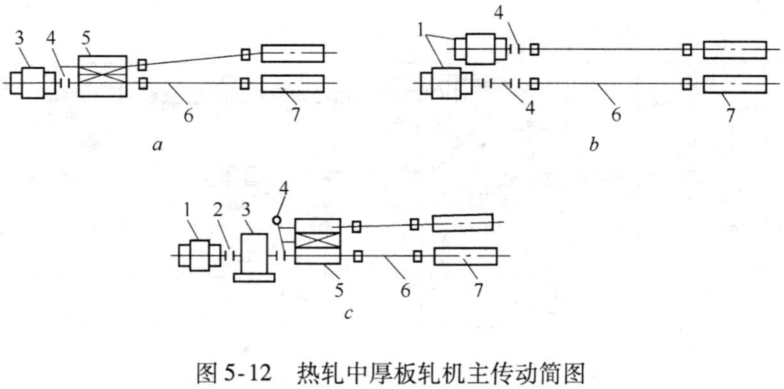

图 5-12 热轧中厚板轧机主传动简图

1—电动机;2—联轴节;3—减速机;4—主联轴节;5—齿轮座;6—万向接轴;7—轧辊

5.1.3.2　三辊劳特式轧机

三辊劳特式轧机由上、下两个大直径轧辊和一个小直径的中间轧辊组成。由一台交流电动机1（图5-12c）通过减速机3、齿轮座5、万向接轴6传动上下两个大直径轧辊。中间轧辊无动力（惰辊）且可上下移动（升降），其转动是靠上、下辊摩擦带动的。通过中辊升降和轧机前、后升降台（图5-14），实现轧件的往复轧制。轧辊的旋转方向不变，轧件在中、下辊之间朝一个方向通过，返回时则在中、上辊之间通过。通过上辊调整压下量，得到每道次的压下量。三辊劳特式轧机由二辊轧机发展而来，利用减小中辊直径的办法来减小轧制压力，并使轧件更易压延。但该轧机不能变速，中间轧辊无动力且直径小，它的咬入能力较弱。辊系刚性较二辊轧机好、较四辊轧机差，故这种轧机常用来生产中板而不适用于宽厚板生产。目前三辊劳特式轧机已不再兴建。

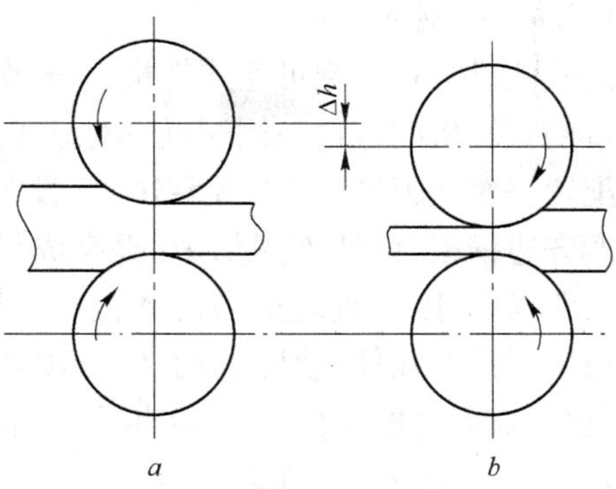

图5-13　二辊可逆轧机轧制过程示意图

a—第一道轧制；b—第二道轧制

5.1.3.3　四辊可逆式轧机

四辊可逆式轧机由一对小直径的工作轧辊和一对大直径分别位于工作辊上、下的支撑轧辊所组成。由直流电机驱动工作辊的四辊厚板轧机如图5-12b所示。轧制过程（图5-15）与二辊可逆式轧机相同。由于具有强大的支撑辊，可以承受较大的轧制力、减少工作辊变形以及驱动工作辊，因此，工作辊直径可以比三辊劳特式轧机的中辊直径更小，可进一步减小轧制压力，提高辊系刚性及咬入能力，故这种轧机是生产中厚板的首选轧机。

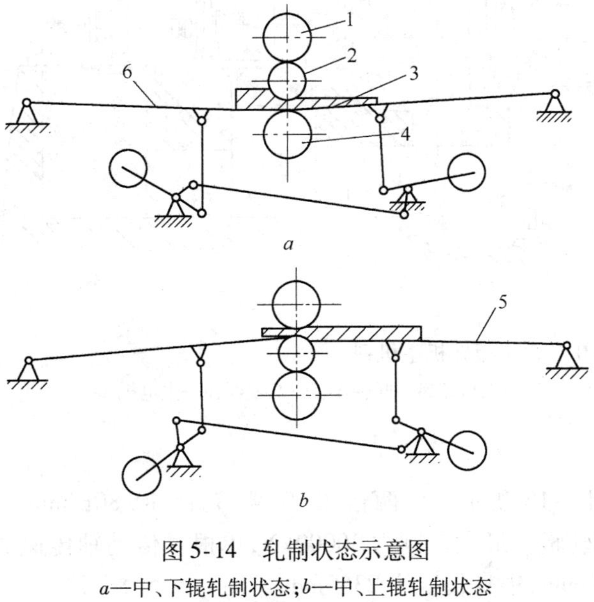

图5-14　轧制状态示意图

a—中、下辊轧制状态；b—中、上辊轧制状态

1—上轧辊；2—中间轧辊；3—轧件；4—下轧辊；

5、6—轧机前、后升降台

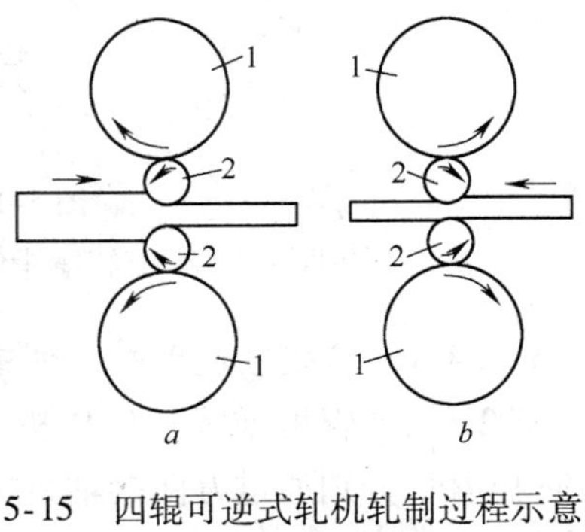

图5-15　四辊可逆式轧机轧制过程示意图

a—第一道轧制；b—第二道轧制

1—支撑辊；2—工作辊

5.1.3.4　万能式轧机

万能式轧机是在二辊可逆式轧机、三辊劳特式轧机和四辊可逆式轧机的进口一侧配置一对立辊或进、出口两侧各配置一对立辊的轧机(图5-16)。设置立辊的原意是生产齐边钢板,后续不用切边,提高成材率和生产率。但实践表明,因立辊轧边易使钢板产生横向弯曲,立辊轧边生产只在轧件宽厚比小于60~70时才能起作用,而不适于宽而薄的轧件。近30年来,以板坯为坯料的新建轧机已不采用立辊机架。

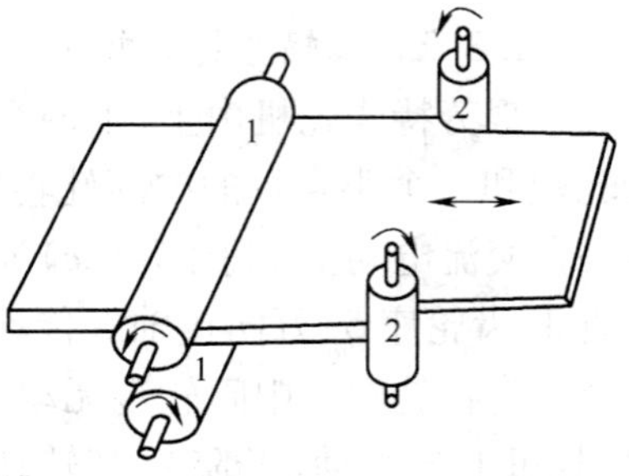

图5-16　万能式轧机示意图
1—水平辊;2—立辊

综上述,中厚板轧机的发展趋势是:二辊可逆式轧机将被淘汰,三辊劳特式轧机落后不再兴建,四辊可逆式轧机广泛应用。在机架布置上,则双机架布置是主要形式。

5.1.4　热轧中厚板轧机结构

中厚板轧机也是由主电机、主传动装置和工作机座几部分组成(图5-17)。主传动装置使轧辊转动,由主减速机、齿轮座、联轴器、连接轴等组成。工作机座由轧辊、轧辊轴承、轧辊调整机构、轧辊平衡装置和机架等几部分组成。

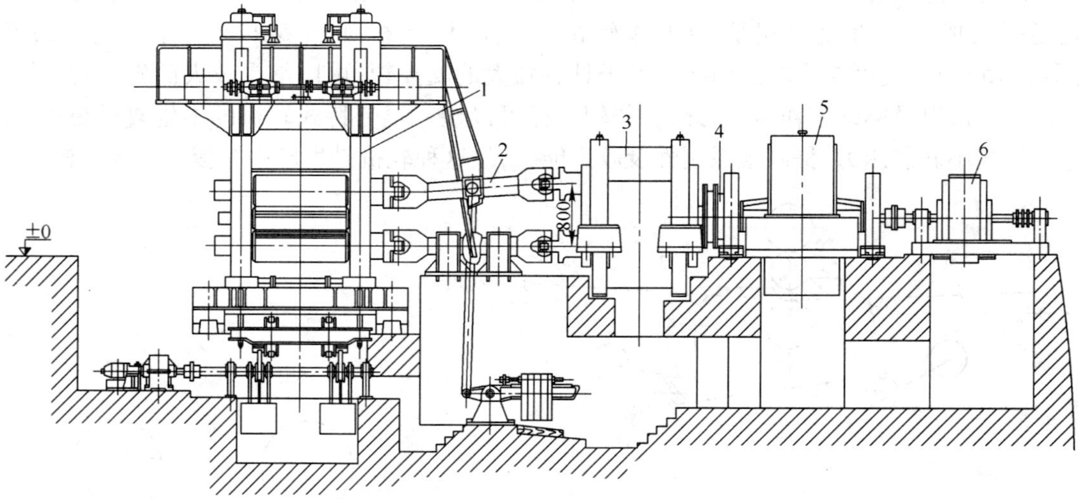

图5-17　2300三辊中板轧机主机列
1—工作机座;2—万向接轴及平衡装置;3—人字齿轮机座;4—联轴器;5—减速器;6—主电机

5.1.4.1　二辊可逆式轧机机座

某2300二辊可逆式粗轧机机座如图5-18所示。由两台2500kW、转速40/80r/min的直流电动机,分别通过万向接轴直接传动轧辊。最大轧制力20000kN,单根主传动轴传递的最大扭矩1250kN·m。轧辊直径为ϕ1100mm,辊身长度为2350mm。

A　轧辊与轧辊轴承

2300二辊轧机轧辊装配如图5-19所示。轧辊1的一端带有与万向接轴联结的扁头,

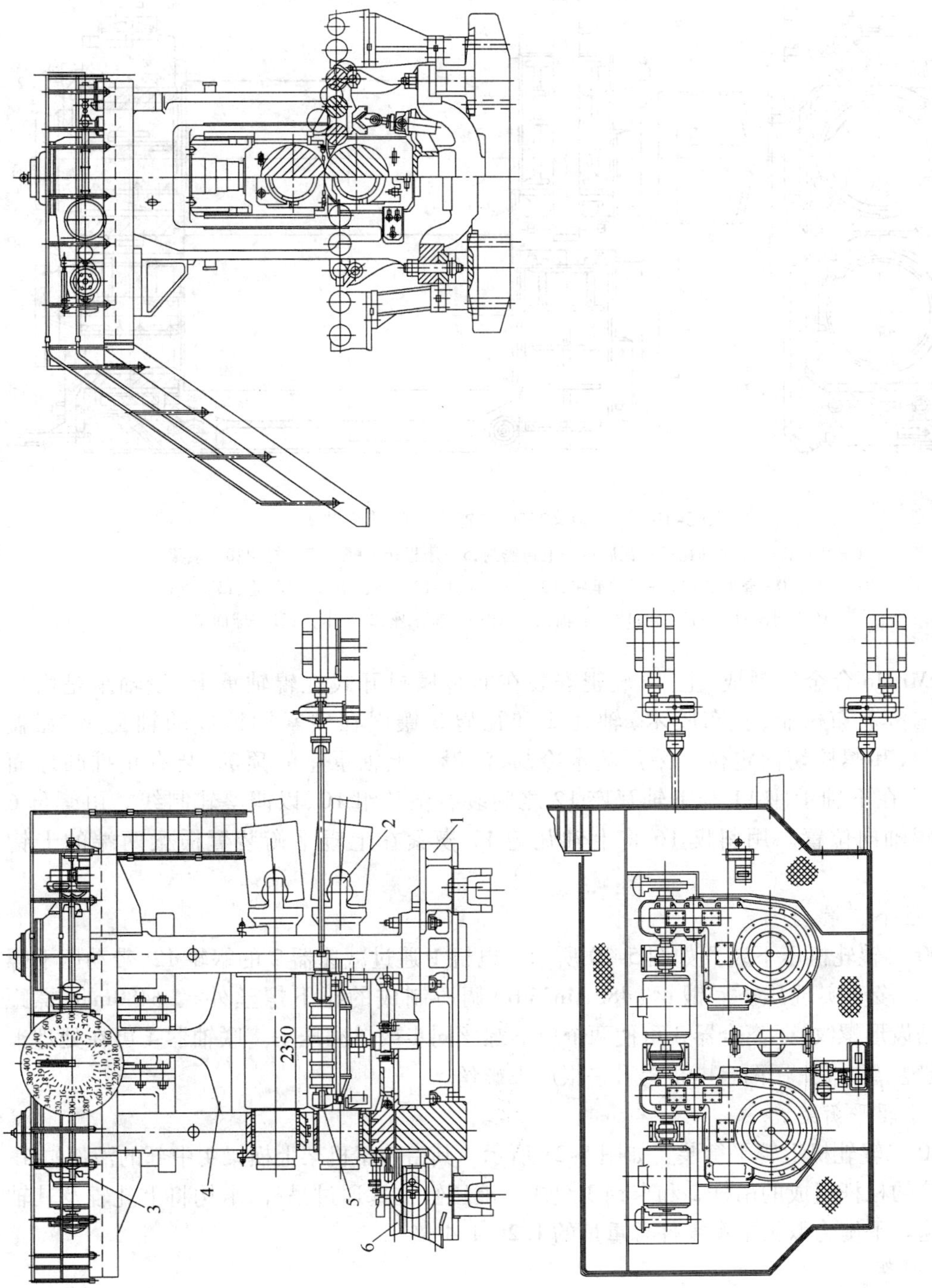

图 5-18 φ1100mm×2350mm 二辊可逆式粗轧机座

1—机架；2—轧辊；3—压下装置；4—轧辊平衡装置；5—机架辊；6—换辊装置

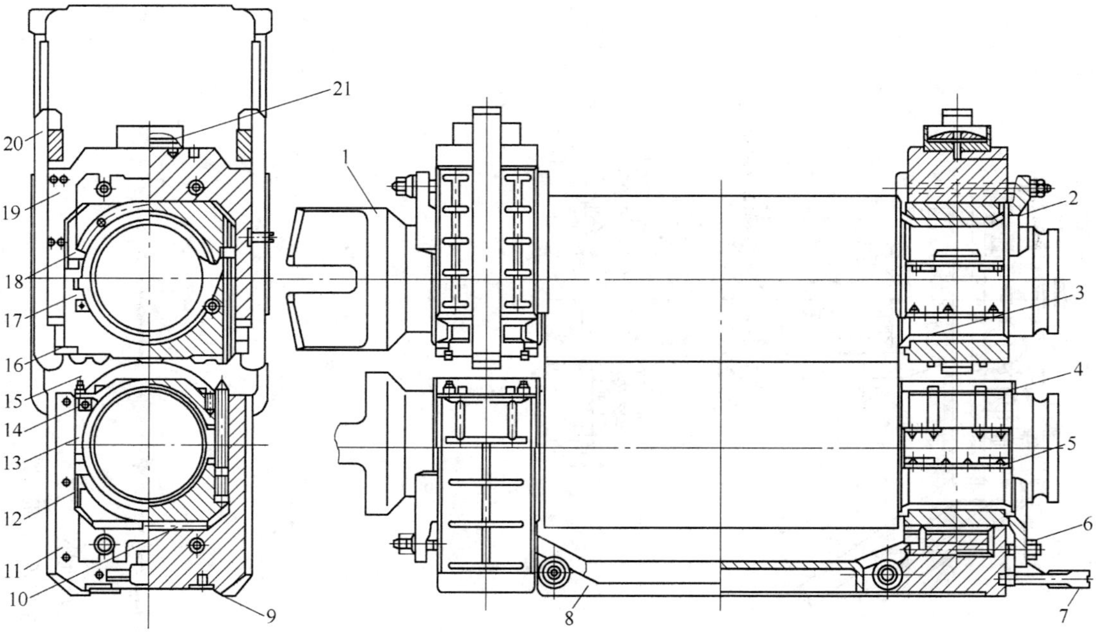

图 5-19　$\phi1100 \times 2350$ 二辊机座的轧辊装配

1—轧辊;2—径向轴瓦;3—瓦肩;4—毛毡密封;5—压板;6—螺母;7—托架;8—横梁;
9—衬垫;10—垫片组;11—下轴承座;12—下轴瓦座;13—下瓦盖;14—集管;15—支柱;
16—斜楔;17—上瓦盖;18—上轴瓦座;19—上轴承座;20—卡钩;21—球面垫

用60CrMnMo合金钢锻成,上、下轧辊安装在非金属衬开式轧辊轴承上,该轴承是由半圆柱形酚醛夹布树脂(夹布胶木)轴瓦2和瓦肩3镶嵌在碳素钢铸成的轴瓦座、瓦盖中,用压板和螺栓切向定位。采用喷水冷却、润滑。上轴承座的顶部,装有止推凸球面铜垫21。在下轴承座11与下轴瓦座12之间装有垫片组10,以调整轧制线。由螺母6调整轧辊轴向位置。用斜楔16将上轴瓦盖17楔紧在上辊平衡装置横梁两端的卡钩20上。

B　压下装置

2300二辊轧机压下装置如图5-20所示。电机1通过减速器2的蜗轮12,带动压下螺丝10上下移动实现压下。锻钢(48SiMn2VB)调质制成的压下螺丝外径ϕ480mm、螺距48mm(锯齿形螺纹)。离合器3可使两个压下螺丝同步或单独压下。联轴器4可在处理卡钢或“坐辊”事故时,用两台电机提升一根压下螺丝。

C　上辊平衡装置

2300二辊轧机上辊平衡装置如图5-21所示。其由装于机架上横梁4中部的液压缸1、一组铰接的杠杆组成的吊杆2和卡钩3组成。液压缸柱塞通过吊杆、卡钩将上轧辊及其轴承座吊起。平衡力取被平衡零件总重量的1.2～1.4倍。

D　机架

2300二辊轧机机架如图5-22所示。该机架由两片形状相同的闭式机架(牌坊)1、上连接横梁2(可装上辊平衡装置液压缸)、下连接横梁7、轧座5、底座15等零件,通过双头螺栓3、斜楔4、14、中间衬板6和地脚螺栓等彼此连接而成。机架由碳素钢(ZG35)铸造而成。为

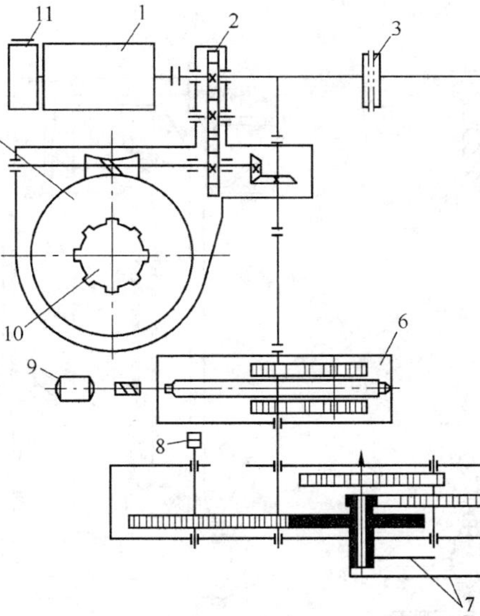

图 5-20 $\phi1100 \times 2350$ 二辊机座压下装置

1—直流电动机;2—减速器;3—电磁离合器;4—释放式联轴器;5—主令控制器;6—行星齿轮减速器;7—轧辊开度指示器;8—自整角机;9—电动机;10—压下螺丝;11—制动器;12—蜗轮

保护机架窗口和间隙调整,窗口两侧装有可换钢质滑板10,机架窗口底面放有衬垫8。换辊侧窗口宽度比传动侧宽10mm。用压板9轴向定位下轧辊。每片机架窗口顶部的镗孔中,装有铜质的压下螺母11,并用压板12固定。轴承座13用于装配机架辊辊道座的回转轴。

E 机架辊

2300二辊轧机机架辊如图5-23所示。位于轧机前、后各有一组机架辊,两组结构相同,均由三只辊子组成。辊子1是花辊,辊径500mm/380mm,辊身长度1500mm,辊距480mm,靠近轧辊的第一只辊子与轧辊间距715mm。辊子由35CrMo钢锻成。由一台直流电动机,通过减速机,经万向接轴传动(图中未示出)。辊子之间用直齿轮传动,辊子均采用双列圆锥辊子轴承支撑,同装在一个齿轮箱2和轴承箱3中。齿轮箱和轴承箱底座用横梁5联结起来成为整体机架辊,横梁铰接在置于机架下

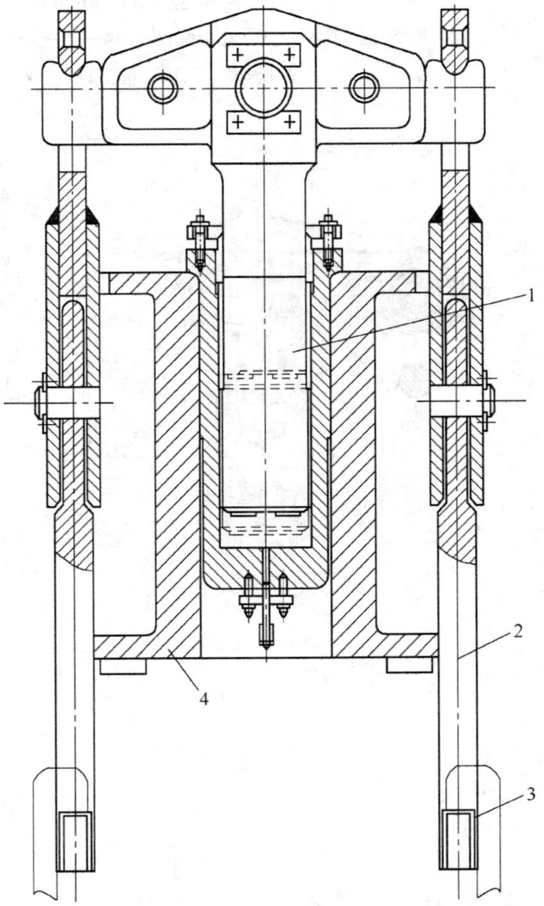

图 5-21 $\phi1100\text{mm} \times 2350\text{mm}$ 二辊机座的轧辊平衡装置

1—液压缸;2—吊杆;3—卡钩;4—上横梁

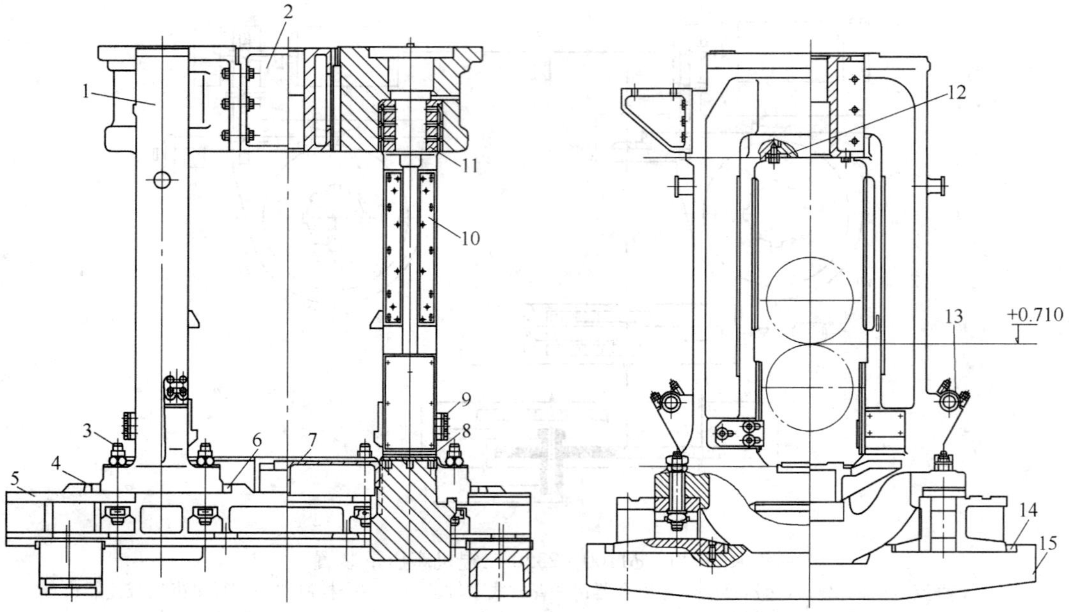

图 5-22　ϕ1100mm × 2350mm 二辊机座

1—机架；2—上横梁；3—双头螺栓；4、14—斜楔；5—轨座；6—中间衬板；7—下横梁；8—衬垫；9、12—压板；10—滑板；11—螺母；13—轴承座；15—底座

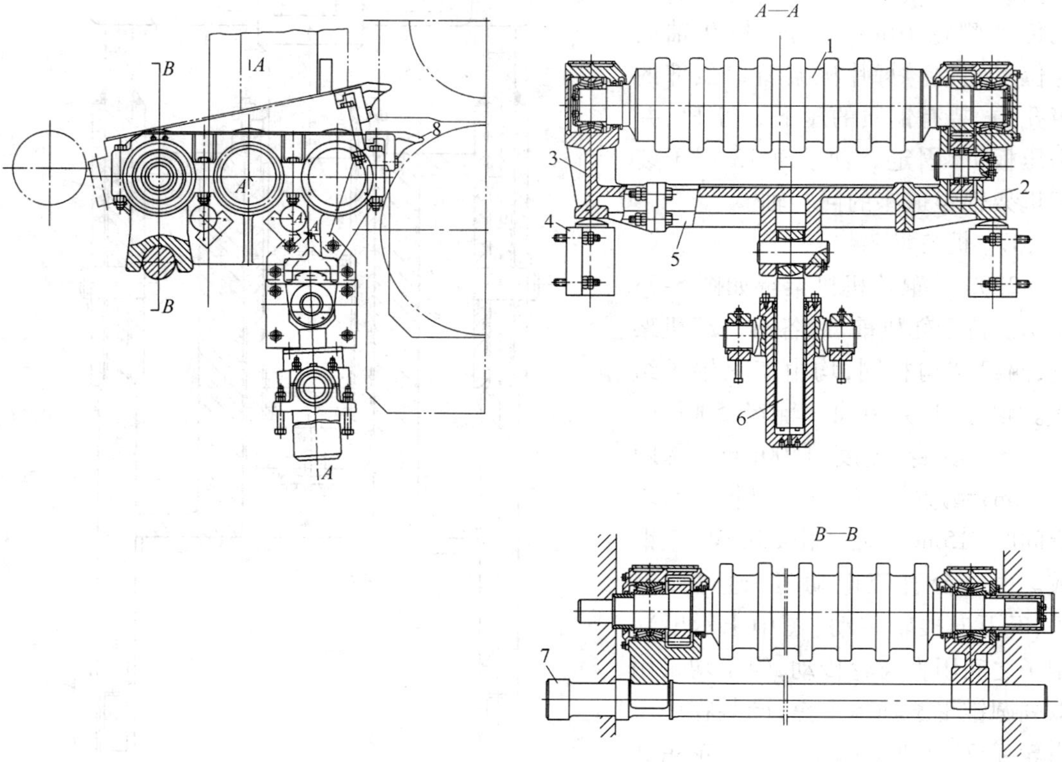

图 5-23　ϕ1100mm × 2350mm 二辊轧机机架辊

1—辊子；2—齿轮箱；3—轴承箱；4—缓冲器；5—横梁；6—柱塞；7—支撑轴；8—导板

横梁的柱塞6上。整体机架辊靠近轧辊一端,支撑在缓冲器4上,另一端支撑在置于机架上轴承座内(图5-22件号13)的支撑轴7上。导板8用螺栓固定在齿轮箱和轴承箱的箱盖上。换轧辊时,柱塞升起,推动整体机架辊绕支撑轴7旋转(转角约12°),使靠近轧辊一端抬起,拆出导板后,才能移动轧辊。

5.1.4.2 三辊劳特式轧机机座

2300三辊劳特式轧机机座如图5-24所示。一台2500kW、转速495r/min的交流电动机,带有飞轮、转差率调节器。轧制力15000kN,轧制扭矩1200kN·M。轧制速度2.62m/s。轧辊尺寸,上、中、下辊径ϕ850 mm、ϕ550 mm、ϕ850mm,辊身长度2350mm,轧辊开口度400mm。机座结构较二、四辊轧机不同点是具有一个惰性中辊,且具有一套中辊升降机构。

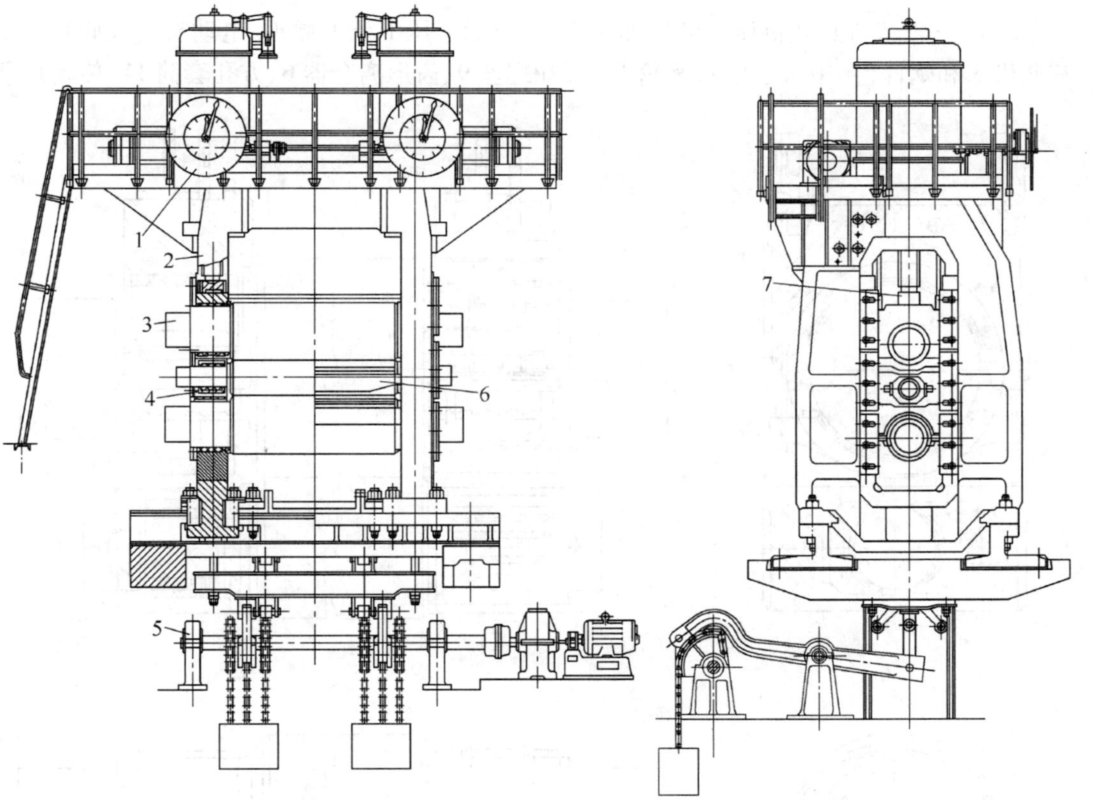

图5-24 工作机座

1—压下装置;2—机架;3—轧辊;4—轧辊轴承;5—中辊升降机构;6—导卫板;7—安全装置

A 轧辊与轧辊轴承

三辊劳特式轧机的三个轧辊中,上、下轧辊既是工作辊也是支撑辊,同时也是驱动辊,传动端做成梅花形,通过梅花套筒与接轴连接。常用的轧辊材料有铸铁、铸钢和锻钢。常用的辊型配合有两种方案,一种是中辊凸型,一种是中辊凹型,如图5-25所示。

图 5-25　轧辊的辊型及配合

a—中辊凸型；b—中辊凹型

轧辊轴承装配如图 5-26 所示。该轴承是由酚醛夹布树脂轴瓦和铸钢轴瓦座组成的，轴瓦结构如图 5-27 所示。

B　压下装置

2300 三辊劳特式轧机压下装置如图 5-28 所示。压下调整原理：电动机 1 经联轴器 2、减速机 3 和蜗杆（图中未示出）、蜗轮 12、反扣螺丝 9、齿形离合器 6、方孔套筒 11，传动压下

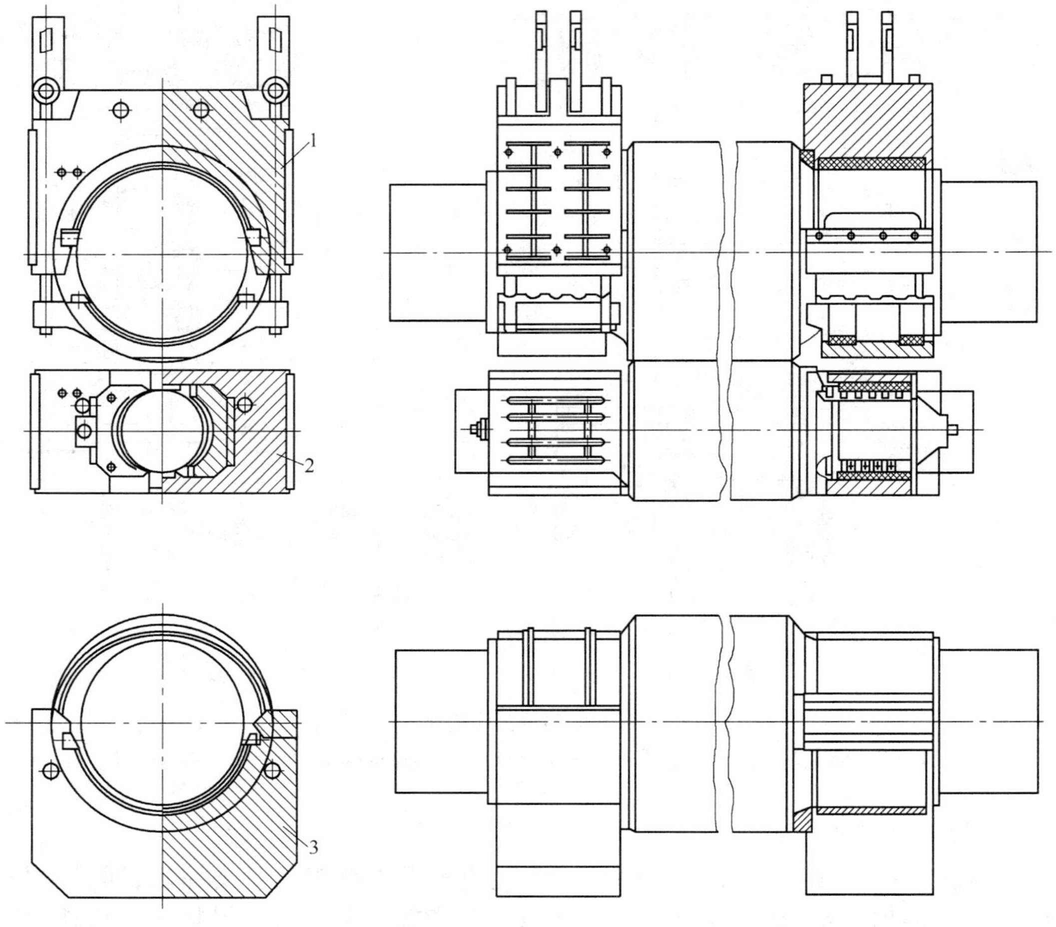

图 5-26　轧辊轴承装配

1—上辊轴承；2—中辊轴承；3—下辊轴承

螺丝 13 在压下螺母 14 中转动并上下移动，实现轧辊调整，其中蜗轮 12 固装在反扣螺丝 9 上。

C 上辊平衡装置

上辊平衡装置（见图 5-28）采用弹簧 7 和反扣螺母 8 进行轧辊平衡并保证平衡力恒定。其工作原理如下：弹簧置于反扣螺母上，反扣螺母可以沿反扣螺丝上下移动，反扣螺丝与压下螺丝的螺距相等、方向相反。当调整上轧辊时，反扣螺母（不转动）与压下螺丝做同向、等速移动，即两者相对位置不变。因此，不论上辊上升还是下降，平衡力都是不变的。当然有的也采用了重锤平衡机构。

D 中辊升降机构

中辊升降机构（图 5-29）是用来升降中辊，使其交替地与

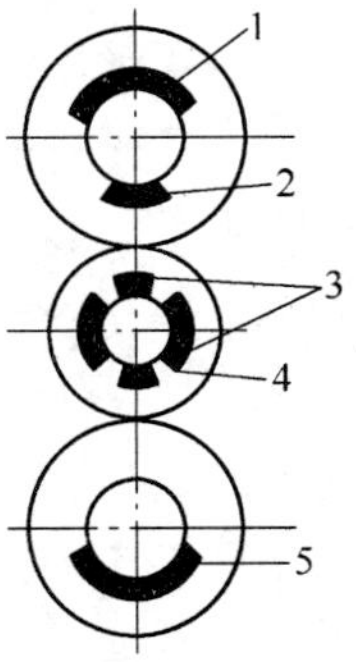

图 5-27 轴瓦结构
1—上辊上瓦；2—上辊下瓦；3—中辊上、下瓦；4—中辊侧瓦；5—下辊下瓦

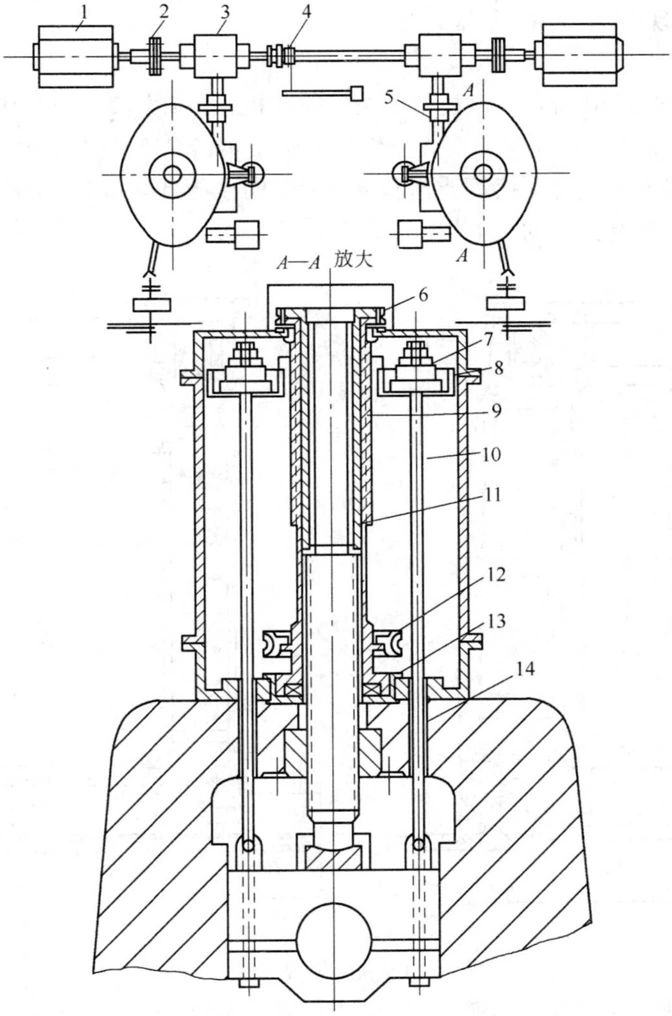

图 5-28 三辊轧机压下装置
1—电动机；2—安全联轴器；3—锥齿轮减速机；4—手动离合器；5—联轴节；6—齿形离合器；7—弹簧；8—反扣螺母；9—反扣螺丝；10—拉杆；11—套筒；12—蜗轮；13—压下螺丝；14—压下螺母

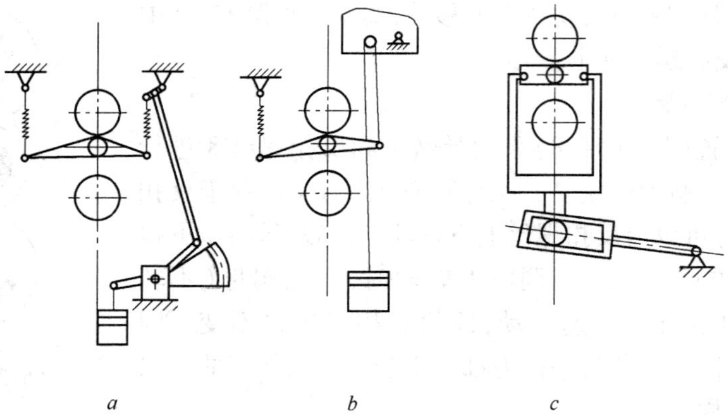

图 5-29　中辊升降机构示意图

a—下传动式；*b*—上传动式；*c*—曲柄联杆式

上、下辊靠紧，实现中、上或中、下辊轧制。

E　机架

机架装配如图 5-30 所示。该机架由两片闭式机架（牌坊）2、上连接横梁 1、下连接横梁 3、轨座 5、底座 4 等零件彼此连接而成。机架由碳素钢（ZG35）铸造而成。为保护机架窗口和间隙调整，窗口两侧装有可换钢质滑板 8。用侧向压板 6 对轧辊轴向定位。每片机架窗口顶部的镗孔中，装有铜质的压下螺母 7。

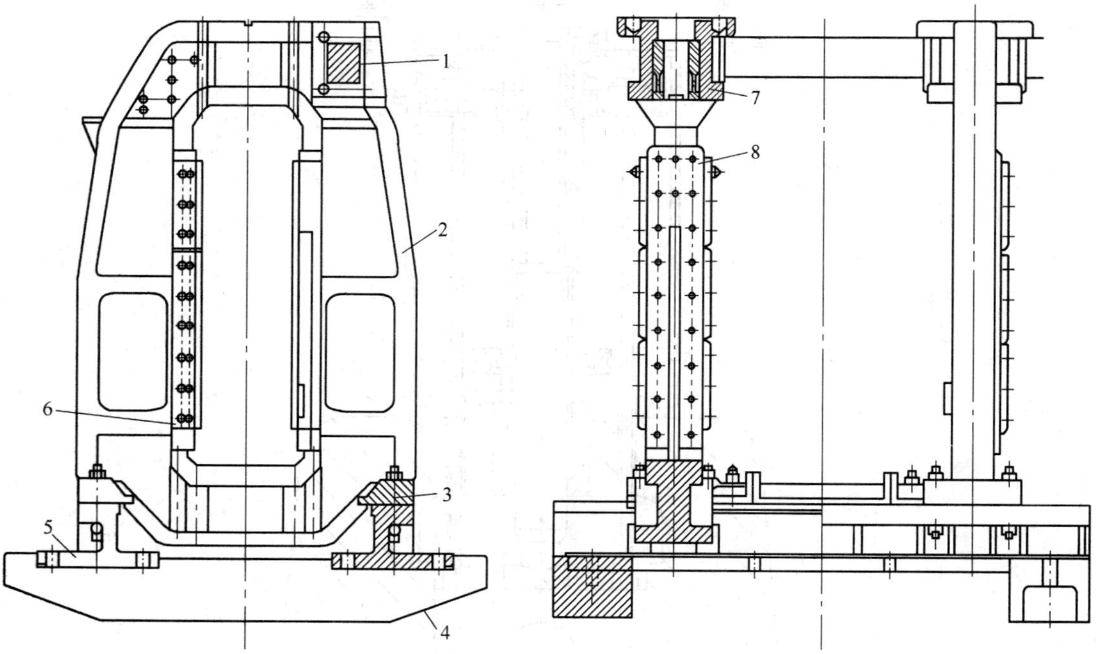

图 5-30　机架装配

1—上横梁；2—机架；3—下横梁；4—底座；5—轨座；6—侧向压板；7—压下螺母；8—滑板

5.1.4.3　四辊可逆式轧机机座

某 2300 四辊可逆式轧机机座如图 5-31 所示。由两台 2050kW、转速 60/120r/min 的直

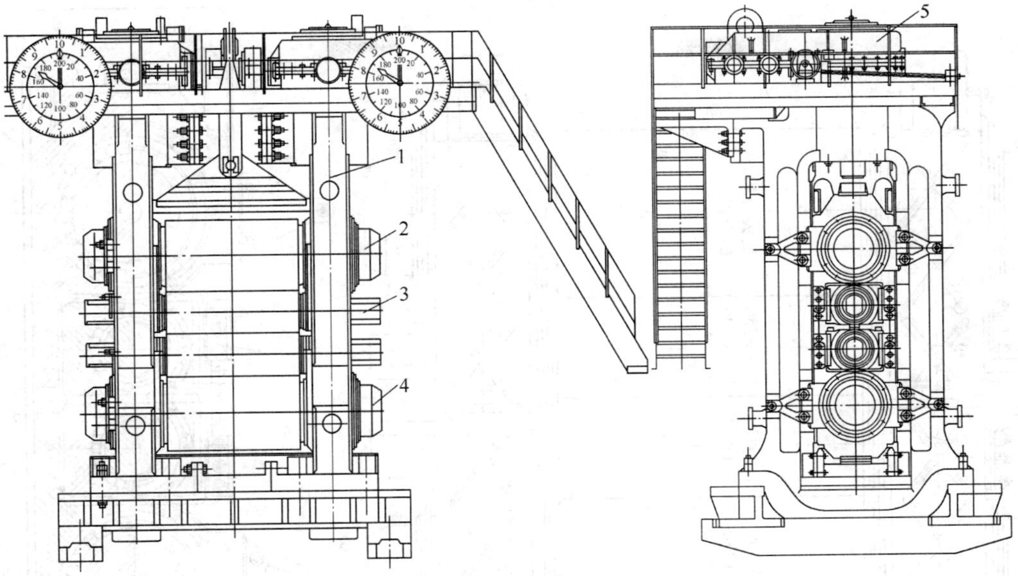

图 5-31　750/1300mm × 2350mm 四辊可逆式精轧机座

1—机架;2—上支撑辊;3—工作辊;4—下支撑辊;5—压下装置

流电动机,分别通过万向接轴直接传动工作辊。最大轧制力 20000kN,单根主传动轴传递的最大扭矩 600kN · m。轧辊尺寸,工作辊径 ϕ750mm、支撑辊径 ϕ1300mm,辊身长度 2350mm,轧辊开口度 200mm。

A　轧辊与轧辊轴承

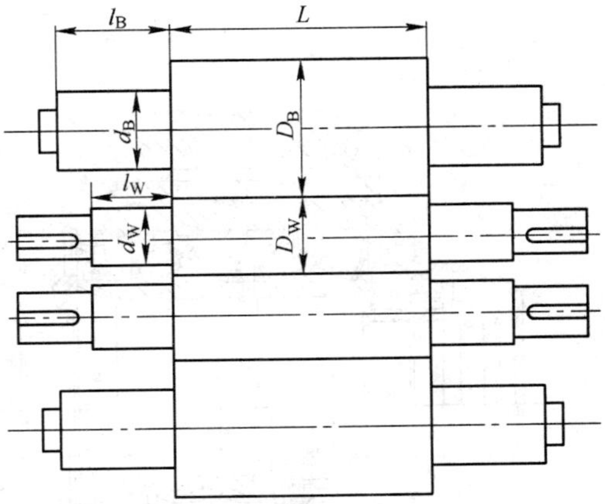

图 5-32　四辊轧机工作辊及支撑辊

工作辊、支撑辊相互位置关系及形状尺寸如图 5-32 所示。l_B、d_B、D_B 分别代表支撑辊辊颈长度、辊颈直径、辊身直径,l_W、d_W、D_W 分别代表工作辊辊颈长度、辊颈直径、辊身直径,L 代表轧辊辊身长度。轧辊材料一般采用冷硬铸铁、合金铸铁和合金铸钢,下述的 2300 四辊轧机的工作辊和支撑辊均是用 60CrMo 铸钢制成。

2300 四辊可逆式轧机轧辊轴承装配如图 5-33 所示。该轧机工作辊和支撑辊均是采用四列圆锥滚子轴承支承。轴承的游隙可以调整,根据使用情况,四列圆锥滚子的各列游隙可相等或不相等配置。近年来,多采用四列圆柱滚子轴承与止推轴承组合的方法,代替四列圆锥滚子轴承。这样,可在不改变轴承径向尺寸的情况下,提高轴承轴向和径向承载能力。工作辊和支撑辊轴承座均由碳素钢铸成。上、下工作辊轴承座,分别装在上、下支撑辊轴承座的 Π 形开口内。上、下支撑辊轴承座,装在机架窗口内。工作辊轴承座和支撑辊轴承座的轴向定位,分别由置于换辊侧支撑辊轴承座和机架上的压板 7、挡板 8 完成。上支撑辊轴承座的顶部,装有止推凸球面铜垫 9。

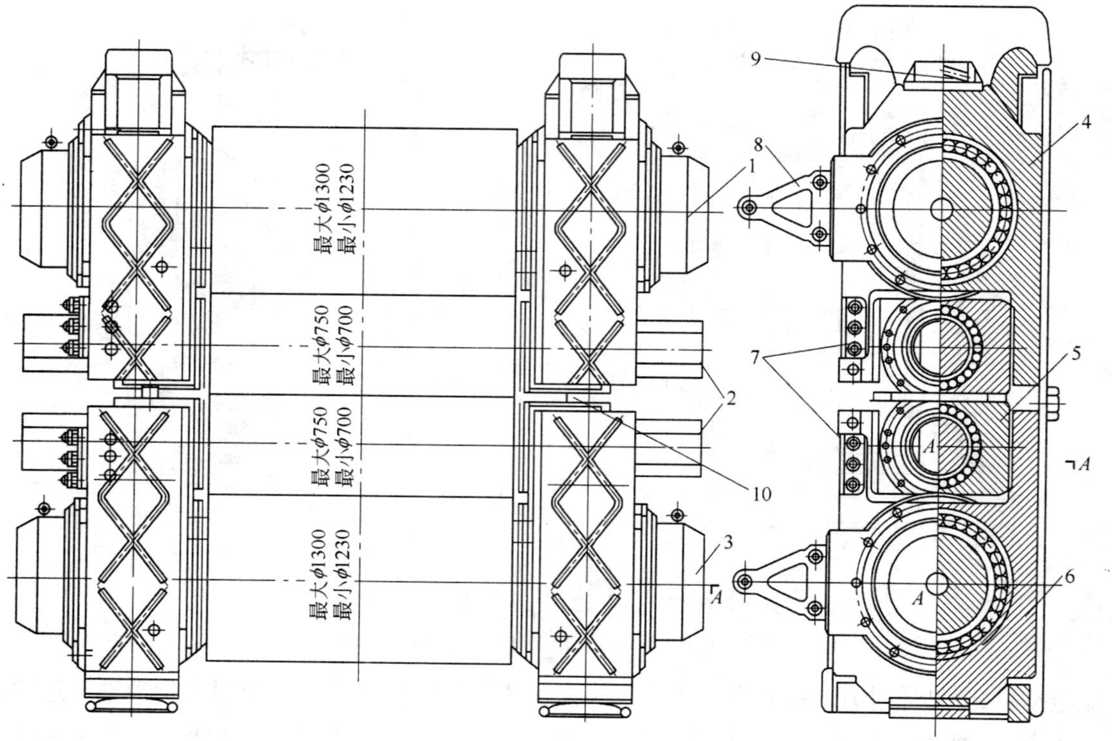

A — A 放大

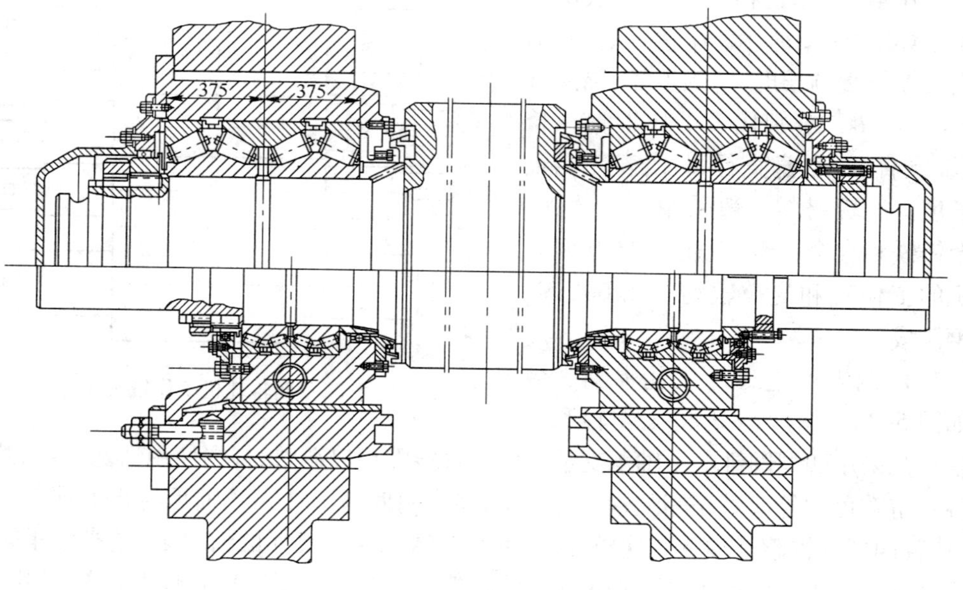

图 5-33　750/1300mm × 2350mm 四辊精轧机座的轧辊装配

1—上支撑辊;2—工作辊;3—下支撑辊;4—上支撑辊轴承座;5—工作辊轴承座;6—下支撑辊轴承座;7—压板;8—挡板;9—球面垫;10—液压缸

为使工作辊紧压到支撑辊上，在工作辊轴承座上各设有两个液压缸10。

为保证板形控制，除将轧辊磨成凸或凹的辊形外，在有的轧机上还采用液压弯辊系统。

B 压下装置

2300 四辊可逆式轧机压下装置如图5-34所示。由两台直流电动机2（116kW）经联轴器3、减速机4和蜗杆6、蜗轮9传动压下螺丝7，在压下螺母8中转动并上下移动，实现轧辊调整。锻钢（48SiMn2V）制成的压下螺丝外径 ϕ450mm、螺距10mm（锯齿形螺纹）。离合器5可使两个压下螺丝同步或单独压下。无处理卡钢或"坐辊"事故装置，若有事故出现，则用天车盘动联轴器回松。有的轧机，将压下螺丝上端做的长一些，能伸出压下蜗轮箱上盖，用以回松处理事故，也有的轧机另装了一套回松装置。

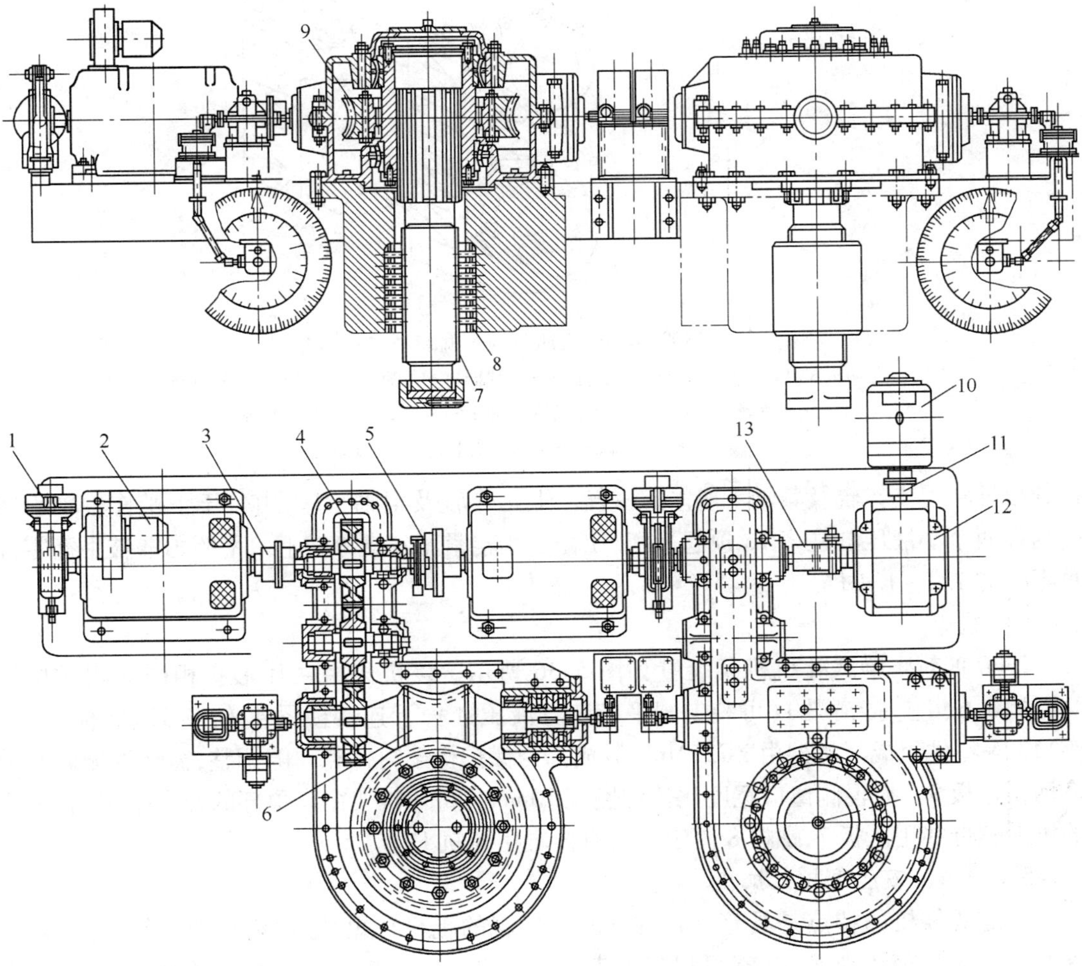

图5-34 2300四辊轧机的压下装置

1—制动器；2—电动机（压下用）；3—齿式联轴器；4—减速机；5—电磁离合器；6—蜗杆；7—压下螺丝；8—压下螺母；9—蜗轮；10—电动机（松压用）；11—齿式联轴器；12—蜗轮减速机；13—离合器

C 上辊平衡装置

2300 四辊可逆式轧机压下装置如图5-35所示。其由装于机架上连接横梁中部的大液压缸（图中未示出）、大柱塞15、一组铰接的杠杆12、13、14组成。液压缸柱塞，通过一组铰

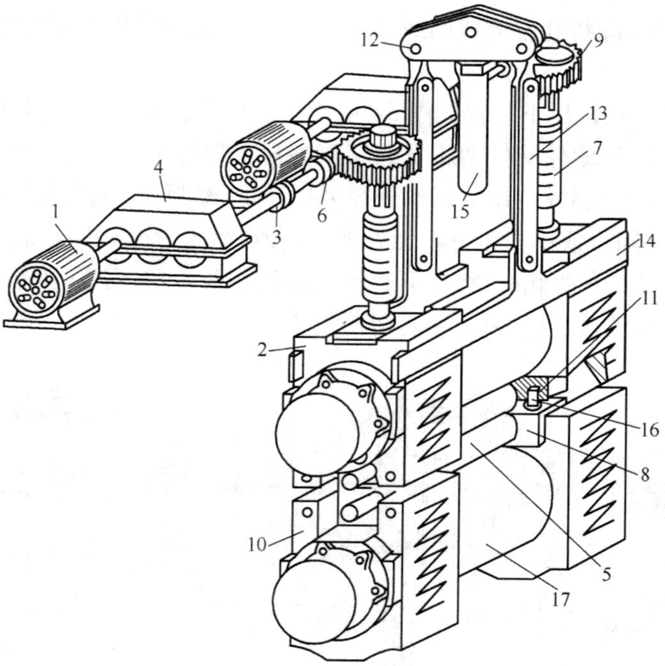

图 5-35　2300 四辊轧机压下与平衡装置立体示意图

1—电动机;2、10—上、下支撑辊轴承座;3—联轴器;4—减速机;5—工作辊;6—蜗杆;
7—压下螺丝;8、11—上、下工作辊轴承座;9—蜗轮;12、13、14—杠杆;
15—大液压缸柱塞;16—小液压缸柱塞;17—支撑辊

接的杠杆将上支撑辊及其轴承座吊起平衡。上工作辊及辊轴承座,由位于下工作辊轴承座内的各两个小液压缸柱塞 16 顶起平衡,使得工作辊紧压到支撑辊上。平衡力取被平衡零件总重量的 1.2 ~1.4 倍。

D　机架

2300 四辊可逆式轧机机架装置如图 5-36 所示。该机架由两片形状相同的闭式机架(牌坊)3、6、上连接横梁 1(可装上辊平衡装置液压缸)、下连接横梁 4、轨座 12、底横梁(底座)13 等零件组成。机架由 ZG25MnV 制成。为保护机架窗口和间隙调整,窗口两侧装有可换钢质衬板 9。换辊侧窗口宽度比传动侧宽 10mm。每片机架窗口顶部的镗孔中,装有铜质的压下螺母并用压板 7、螺栓 8 固定。装有换辊用导轨 11。

5.1.4.4　万能式轧机机座

万能式轧机的特点是具有立辊的轧机。立辊的辊身较短,除做成框架式外,还可做成悬臂式。根据使用要求,立辊可以安在其独立的机架上,也可与水平辊合拼在一个机座上。将合拼立辊和水平辊的这个机座称为万能机座。万能式轧机立辊传动原理如图 5-37所示。

5.1.4.5　中厚板轧机主传动装置

二辊可逆式轧机、三辊劳特式轧机、四辊可逆式轧机主传动装置(图 5-12),由减速机、齿轮座、连接轴和联轴节(联轴器)等部件组成,其中四辊可逆式轧机主传动装置,只有连接轴和联轴节组成(图 5-12*b*),主传动是由电动机直接传动轧辊的。

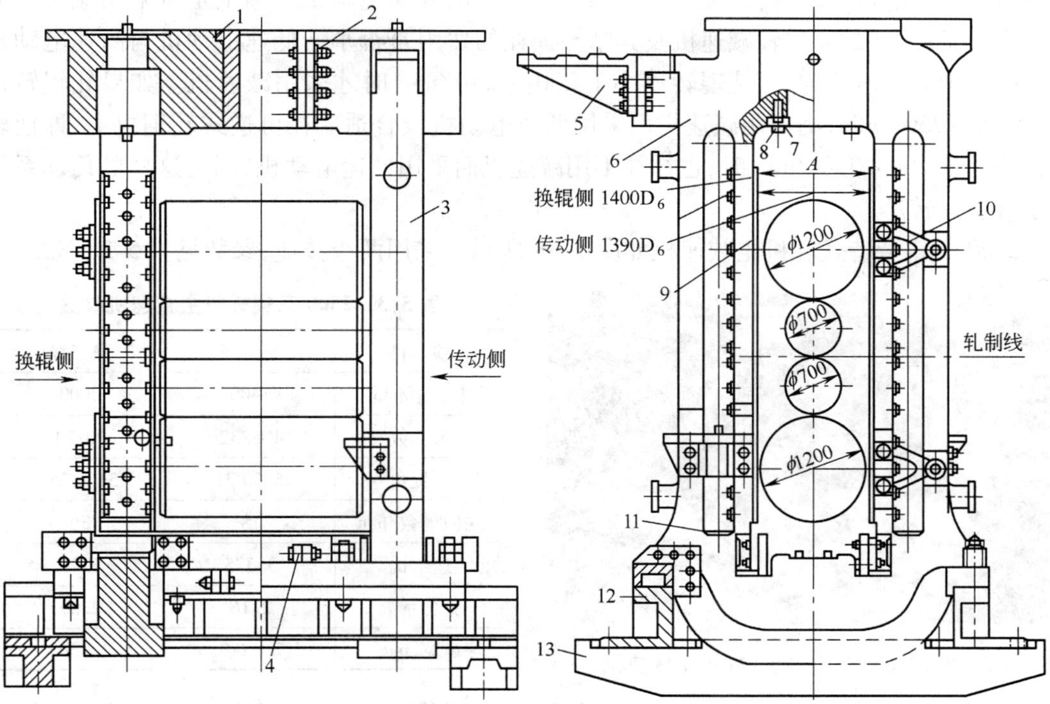

图 5-36 2300 四辊热轧钢板轧机工作机架的装配图

1—上连接横梁;2—螺栓;3—传动侧机架;4—下连接横梁;5—托架;6—换辊侧机架;7—压板(固定压下螺母用);8—螺栓;9—机架衬板;10—轴向固定压板;11—导轨(换辊用);12—轨座;13—底横梁

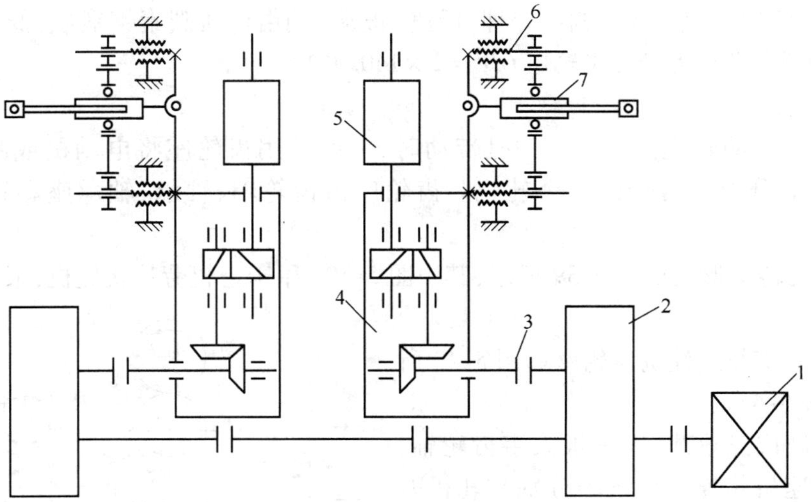

图 5-37 框架式下传动立辊传动简图

1—电动机;2—减速机;3—万向接轴;4—立辊箱;5—立辊;6—侧压螺丝;7—平衡缸

A 减速机

在轧钢机中,主传动减速机(简称主减速机)的作用是将电动机较高的转速变成轧辊所需的转速,这就可以在主传动装置中选用价格较低的高速电动机。确定是否采用减速机的一个主要条件,就是要比较减速机及其摩擦损耗的费用是否小于低速电动机与高速电动机之间的差价。一般认为,当轧辊转速小于 200 ~ 250r/min 时才采用减速机。如果轧辊转速大于 200 ~ 250r/min,则不用减速机而采用低速电动机较合适。在可逆式轧钢机上,即使轧辊转速小于 200 ~ 250r/min 时,也往往不用减速机而采用低速电动机,因为这样的传动系统易于可逆运转。

2300 三辊劳特式轧机主减速机如图 5-38 所示。采用两级减速,参数见表 5-3。

图 5-38　2300 三辊劳特式轧机主减速机

表 5-3　2300 三辊轧机主减速机参数

项　目	第一级	第二级
中心距/mm	1400	2000
齿　数	108/32	90/24
螺旋角	25°50′31″	31°4′25″
法向模数/mm	18	30
速　比	3.375	3.75
重合系数	2.16	2.09
齿宽/mm	2 × 280	2 × 385

减速机由箱体、箱盖、高速(主动)齿轮轴、中间齿轮轴、中间大齿轮、低速(被动)轴、低速大齿轮及各轴的滑动轴承、润滑系统等组成,其主动轴上装有飞轮。

箱体由 HT28 - 48 铸铁整体铸造,油箱、箱盖由钢板焊接而成,滑动轴承是在铸钢体的轴承盒上,浇铸一层 ChSnSb11 - 6 合金,经刮研而成。箱体下部装有油箱,剖分面处装有轴承,上部装有箱盖。高速(主动)齿轮轴、中间齿轮轴用 50SiMnMoB 钢锻制并调质处理,中间大齿轮由 ZG35SiMn 钢铸成并调质处理,低速(被动)轴由优质碳素钢锻成,低速大齿轮由 35SiMn 钢锻成并调质处理。飞轮矩 $GD^2 = 2 \times 140.9\text{kN} \cdot \text{m}^2$。

B　齿轮座

当工作机座的轧辊由一个电动机带动时,一般采用齿轮座将电动机或减速机传来的运动和力矩分配给两个或三个轧辊。齿轮座由齿轮轴、轴承、轴承座和箱体四部分组成。

齿轮座的传动形式如图 5-39 所示,其中图 5-39*b* 用于三辊劳特式轧机,采用中间齿轮为主动。

2300 三辊劳特式轧机齿轮座如图 5-40 所示,参数见表 5-4。

齿轮座做成三重式,有三根人字齿轮轴、中间轴与减速机相连,上、下轴分别与轧机万向接轴相连,传动上、下轧辊。上、中、下轴承座分四层嵌入底座,底座由铸钢整体制成,三对滑动轴承也是在铸钢轴承盒上,浇铸一层 ChSnSb11 - 6 合金,经刮研而成。稀油集中润滑。

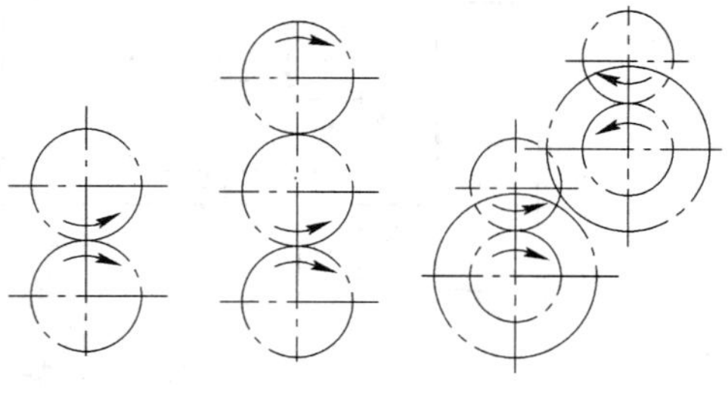

a　　*b*　　*c*

图 5-39　齿轮座的传动形式简图

a—用于二辊或四辊轧机;*b*—用于三辊轧机;*c*—用于复二重式轧机

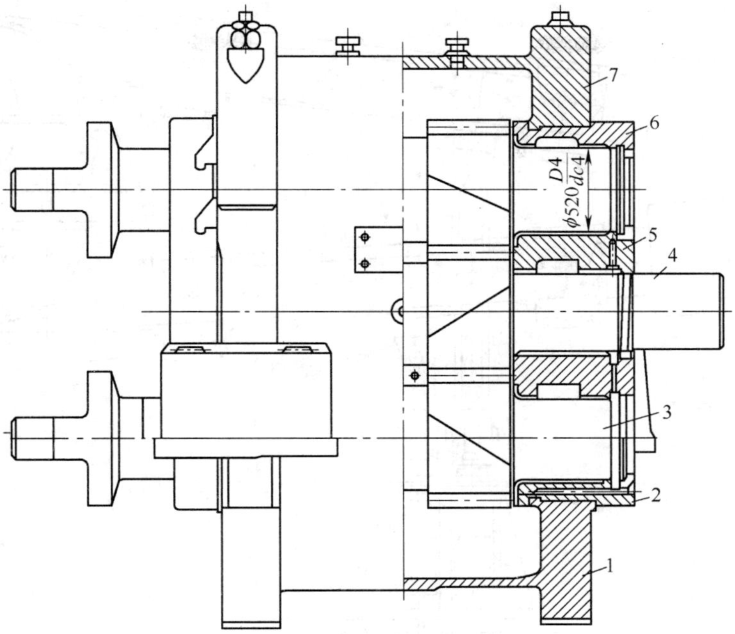

图 5-40 三辊劳特式轧机的 800 齿轮机座

1—底座;2—下轴承座;3—从动齿轮轴;4—主动齿轮轴;5—中轴承座;6—上轴承座;7—机盖

表 5-4 2300 三辊轧机齿轮座参数

中心距/mm	800 × 2
齿　数	$Z_1 = Z_2 = 22$
螺旋角	34°24′42″
法向模数/mm	30
齿宽/mm	2 × 560
齿　型	圆弧齿轮
齿轮材质及制造	50SiMnMoV 钢 锻造、调制处理

C 连接轴

轧钢机齿轮座、减速机、电动机的运动和力矩,都是通过连接轴传递给轧辊的。2300 中厚板轧机使用万向接轴。当连接轴重量较大时,为了不使连接轴重量全部传到连接铰链上,一般都设置了连接轴平衡装置。平衡装置的平衡力一般比连接轴重量大 10% ~ 30%。

2300 中板二辊轧机万向接轴及平衡装置如图 5-41 所示。三辊劳特式轧机万向接轴及平衡装置如图 5-42 所示。图 5-43 为万向接轴开式铰链的立体简图。

D 联轴节

联轴节包括电动机联轴节和主联轴节。电动机联轴节的作用是连接电动机与减速机的传动轴,而主联轴节则用来连接减速机与齿轮座的传动轴。

联轴节的类型很多,中厚板轧机主要使用以下几种:弹性联轴节、齿轮联轴节和安全联轴节。

应用最广的主联轴节(器)是齿轮联轴器。它能传递很大的扭矩,能承受频繁的正反向冲击负荷,并可允许较大的偏移量,安装精度要求不高。但制造困难,不能缓冲减振。2300 中板三辊劳特式轧机主机列使用的 CL14 型齿轮联轴节如图 5-44 所示。

齿轮联轴器中,所用齿轮的齿廓为渐开线,啮合角通常为 20°,齿一般为 30 ~ 80 个,材料一般用 45 号钢或 ZG45。联轴器的啮合应在油浴内工作。

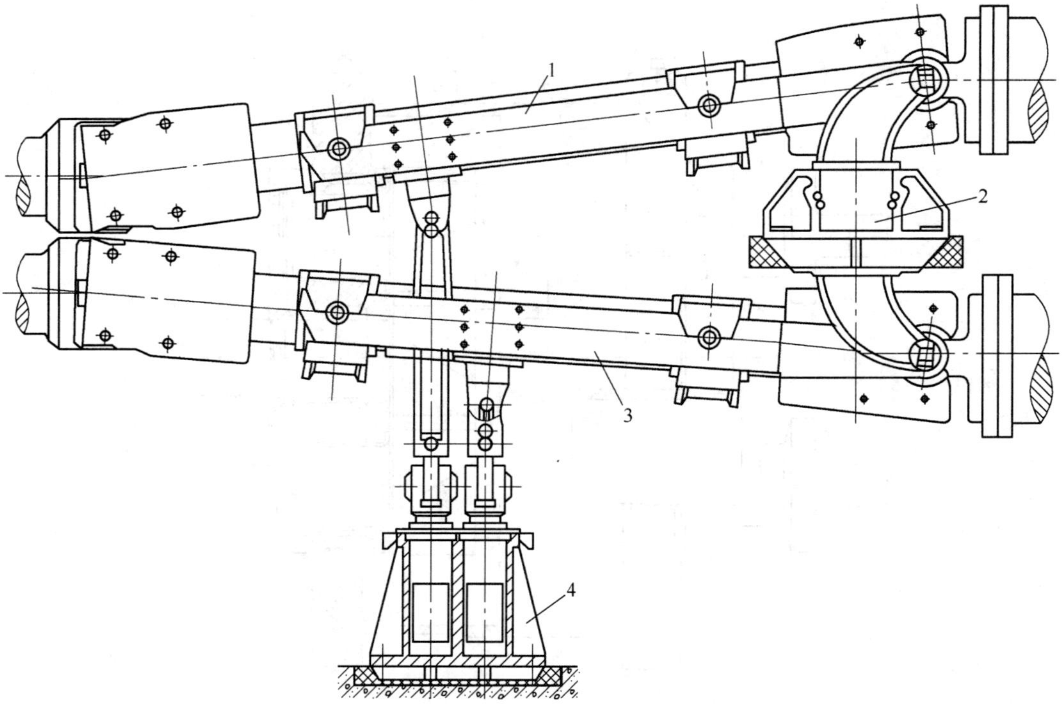

图 5-41　二辊粗轧机座用万向接轴及其平衡装置

1—上接轴；2—支座；3—下接轴；4—上、下接轴液压平衡装置

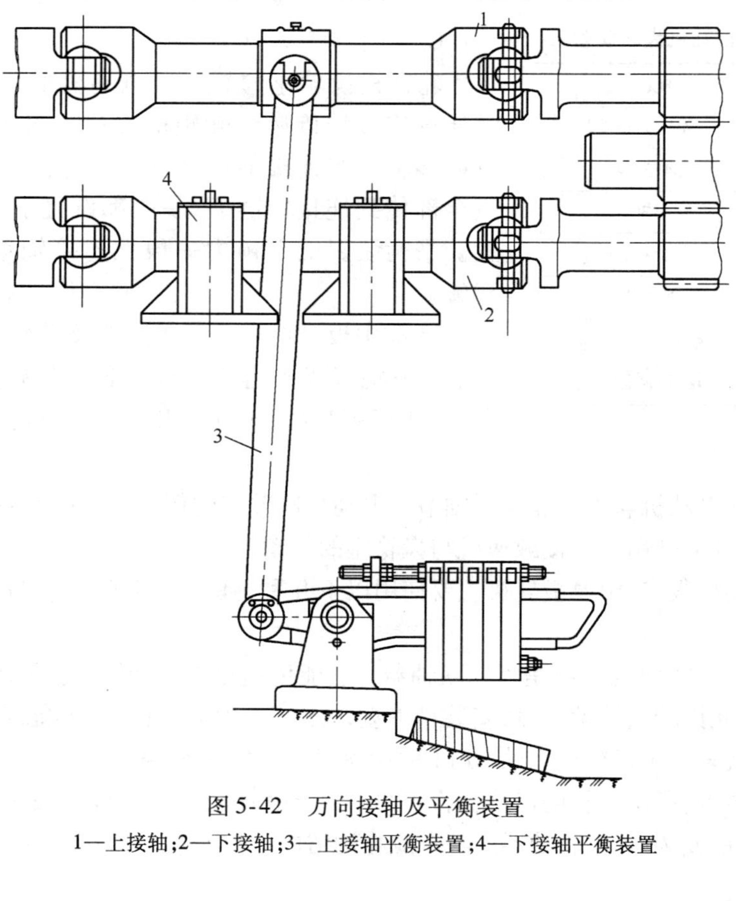

图 5-42　万向接轴及平衡装置

1—上接轴；2—下接轴；3—上接轴平衡装置；4—下接轴平衡装置

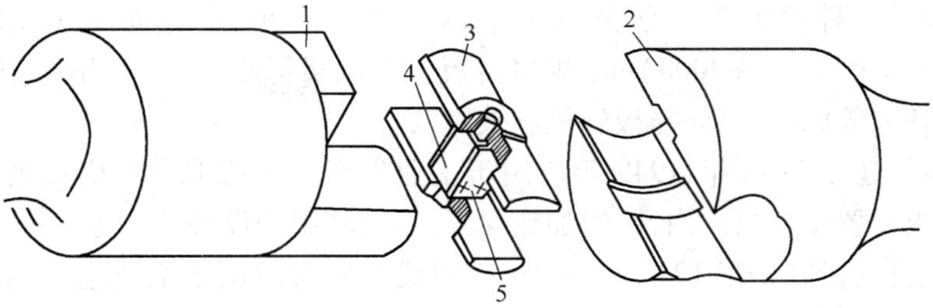

图 5-43 万向接轴开式铰链立体简图

1—扁头;2—叉头;3—月牙形滑板;4—小方轴;5—青铜滑板

在传动系统中装有飞轮的轧机上应采用安全联轴器。当轧制情况不正常时,由飞轮所产生的转矩可能达到很大的数值,以致损坏轧机和飞轮之间的传动零件。为了保护传动装置和轧机,在减速机低速轴和齿轮座之间安装安全联轴器。

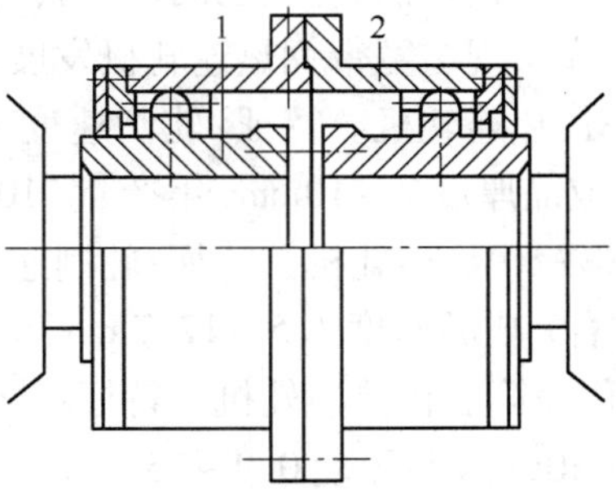

图 5-44 CL 型齿轮联轴器

1—外齿轴套;2—内齿圈

图 5-45 为某 2300 中板三辊劳特式轧机主机列使用的齿式安全联轴器。当安全销 1 过载切断时,齿轮座中齿轮停止转动,而电机还在旋转。这里重点指出的是:安全销的个数、直径大小、径向 U 形槽缺口深度、材质、热处理工艺等,需要根据轧钢实践来确定。

5.2 热轧薄板带轧机

薄板生产从锻造过渡到轧制后,开始都是采用二辊式轧机。当轧制宽度大、厚度小的薄板时,为增加轧辊的强度,需增加轧辊直径。这样金属变形抗力增加,轧辊弹性压扁严重,影响产品质量。后来采用了小直径的工作辊,减少与金属接触的面积,用大直径的支撑辊增加强度和刚度,于是便出现了三辊劳特式、四辊轧机、多辊轧机和行星轧机等薄板轧机。

热轧薄板带钢的主要生产方法有热连轧带钢生产、叠轧薄板生产、炉卷轧机带钢生产和行星轧机带钢生产等。热连轧适合于批量大、品种少的大规模生产,而其他方法则适用于批量小、品种多的中小企业生产。

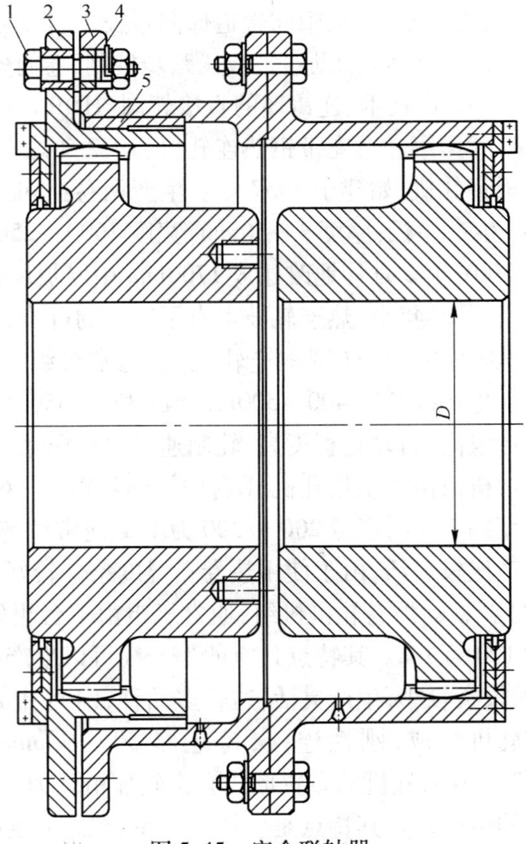

图 5-45 安全联轴器

1—安全销;2—内齿外套;3—半接手套;4—套筒;5—衬筒

叠轧薄板是一种较古老的方法，使用二辊不可逆轧机，进行周期式轧制。用来生产(750～1000)mm×(1500～2000)mm 规格薄板。单机架年产量 2～3 万 t。因其产量低、质量差、金属损耗大等原因，叠轧薄板轧机已被淘汰。

炉卷轧机始建于 1932 年，1949 年应用于工业生产。所谓炉卷轧机就是为便于轧制过程中保温，将板卷置于加热炉内，一边加热保温，一边轧制的设备。

对行星轧机的研究始于 1941 年，1950 年建成第一台应用于工业生产的轧机。其优点是：由于工作辊直径很小，可使轧制压力很小，变形率较大，升温轧制，提高生产率等。一台 700～1200mm 行星轧机，年产约 15～25 万 t 热轧板卷。

热连轧带钢轧制，经美国阿母科公司 8 年(1913～1921)的研究实验，于 1923 年在阿什兰工厂首先实现。宽带钢热连轧机发展可分为三个阶段：第一阶段，1960 年以前建的轧机，称为第一代热连轧机。特征：轧制速度 10～12m/s，单位宽度卷重 5～12kg/mm，钢卷重量 10～15t，成品厚度 2～10mm，年产量(100～200)×10^4t。第二阶段，1960～1969 年建的轧机，称为第二代热连轧机。特征：轧制速度 15～21m/s，单位宽度卷重 16～22kg/mm，钢卷重量 30t 左右，成品厚度 1.5～12.7mm，年产量(250～350)×10^4t。第三阶段，1969 年以后建的轧机，称为第三代热连轧机。特征：轧制速度 23～30m/s，单位宽度卷重 19～28.5kg/mm，钢卷重量 30t，成品厚度 0.9～25.4mm，年产量(350～600)×10^4t。近 30 年以来，由于发达国家板带材供过于求，带钢热连轧机技术的发展，从大盘重、高速度向高质量、高成才率和低成本方向转向，如在线调宽技术、宽度自动控制(AWC)技术、厚度液压自动控制(AGC)技术、板形控制技术、中间辊道保温罩技术、带坯边部加热技术、控制轧制、控制冷却技术、卷取机的改进技术(如助卷辊液压踏步控制、卷筒多级胀缩等)、无头轧制技术、连铸坯的直接热装(DHCR)技术、连铸坯的直接轧制(HDR)技术和薄(中厚)板坯连铸连轧技术等。

我国第一套宽带钢热连轧机(1972 年之前也是唯一的)——鞍钢 2800/1700mm 半连续式板带轧机，始建于 1957 年。生产钢卷：厚度 1.8～8.0mm，宽度 600～1500mm，卷重 7.5～10t；生产厚板：厚度 4～50mm，宽度 1000～2500mm。到 2000 年 8 月停产，共生产了 43 年。于 2001 年 2 月移地改建成 1700mm 中厚板坯带钢连轧机。

近 20 年来，热连轧技术有了很大的进步，在热轧带钢轧机布置形式上有以下五种形式：(1)典型的传统热带钢连轧机组，通常机组由 2 架粗轧机，7 架精轧机，2 台地下卷取机组成。生产线长度 400～500m，产量 350～550 万 t/a，通常铸坯厚度为 200～250mm。其特点是产量高，自动化程度高，轧制速度高(20m/s 以上)，产品性能好；(2)紧凑型的热连轧机。通常机组由 1 架粗轧机，1 台中间热卷箱，5～6 架精轧机，1～2 台地下卷取机组成。生产线长度约 300m，产量 200～300 万 t/a，通常铸坯厚度为 200mm 左右。其特点是投资比较少，生产比较灵活，由于使用热卷箱温度条件较好，可以不用升速轧制(轧制速度 14m/s 左右)；(3)新型的炉卷轧机机组，通常机组由 1 台粗轧机，1 台炉卷轧机，1～2 台地下卷取机，产量约 100 万 t/a。其特点是有的生产线可以生产中板也可以生产热轧板卷，主要用于不锈钢生产，投资较小，生产灵活，适合多品种；(4)(中)薄板坯连铸连轧，机组由薄板坯铸机、加热炉和轧机组成，刚性连接，铸坯厚 50～90mm 或 100～150mm(中薄板坯)，产量 120～200 万 t/a，轧机的布置形式有粗轧加精轧为 2+(5～6)布置，1+6 布置，也有 7 架精轧机组成的生产线。其特点是生产周期短、产品强度高、温度与性能均匀性好，但是表面质量、洁净度控制方面比传统厚板坯的难度大；(5)薄带直接连铸并轧制的技术，它是将钢水在 2 个辊中铸成5~6mm的带钢，经过1架或2架轧机进行小变形的轧制和平整，生产出热带钢卷。此技术正在开发中。

近年我国宽带钢热连轧技术和装备能力取得巨大发展，现有和在建的宽度在1250mm以上的带钢热连轧机组共计46套（截至2006年），分为4种类型：(1)总体引进国外先进技术的常规热带钢轧机，共11套；(2)采用引进技术建设的薄板坯连铸连轧机组，共9套；(3)引进国外二手设备或国产机组，经国外承包商用现代化技术改造的常规热带钢轧机，共6套；(4)总体采用国内先进成熟技术，国内企业总承包建设的中薄板坯和常规板坯热连轧机组，共20套。

我国部分宽带钢热连轧机概况见表5-5。

表5-5 我国部分宽带钢热轧机概况一览表

序号			项目名称	机组配置	设计产能/万t·a^{-1}	成品规格/mm×mm	投产日期	技术来源	备注
一、传统宽带钢热连轧机	2000mm以上轧机	1	宝钢2050mm轧机	4R+7F	410	(1.2~25.4)×(600~1900)	1989年10月	西马克-德马格	
		2	武钢2250mm轧机	SSP+2R+7F	450	(1.2~25.4)×(800~2130)	2003年4月	西马克-德马格	
		3	首钢2250mm轧机	1R+CB+6F(F7)	450	(1.5~19.0)×(750~2130)	2006年12月	西马克-德马格	
		4	马钢2250mm轧机	SSP+2R+(CB)+7F	550	(1.2~25.4)×(800~2130)	2007年	西马克-德马格	
		5	太钢2250mm轧机	1R+CB+7F	380	(1.2~25.4)×(1000~2130)	2006年6月	西马克-德马格	
		6	邯钢2250mm轧机	SSP+2R+7F	450	(1.2~25.4)×(800~2130)	2007年	西马克-德马格	
		7	柳钢2032mm轧机	2R+6F	350	(2.0~25.4)×(600~1840)	2005年		二手设备改造
		8	京唐2250mm轧机		550		2008年	西马克-德马格	
		9	本钢2300mm轧机		515		2007年	西马克-德马格	
		10	海城2030mm轧机		200		2007年		二手设备改造
	1700~2000mm轧机	11	本钢1700mm轧机	2R+7F	340	(1.2~20)×(700~1550)	1980年/2002年	原为国产	2002年改造后数据
		12	武钢1700mm轧机	4R+7F	410	(1.2~12.7)×(750~1550)	1978年	三菱、石川岛	2005年产631万t
		13	宝钢1880mm轧机	SSP+2R+7F	370	(1.2~19.0)×(700~1730)	2007年	三菱、日立	

续表 5-5

序号			项目名称	机组配置	设计产能/万 t · a^{-1}	成品规格/mm × mm	投产日期	技术来源	备注
一、传统宽带钢热连轧机	1700 ~ 2000mm 轧机	14	宝钢一钢公司 1780mm 轧机	1R + CB + 7F	350	(1.2 ~ 12.7) × (750 ~ 1630)	2003 年 12 月	三菱、日立	
		15	鞍钢 1780mm 轧机	SSP + 2R + 7F	450	(1.2 ~ 19.0) × (900 ~ 1630)	1999 年	三菱、日立	在原有车间基础上全面更新
		16	沙钢 1700mm 轧机	2R + 6F	450	(1.2 ~ 20) × (900 ~ 1550)	2005 年		德国二手设备改造后建设
		17	八钢 1750mm 轧机	1R + CB + 6F (7F)	300	(1.2 ~ 16.0) × (750 ~ 1600)	2006 年	二重	自主集成，部分引进
		18	天铁 1750mm 轧机	1R + CB + 6F	380	(1.2 ~ 16.0) × (730 ~ 1650)	2007 年	二重	自主集成，部分引进
		19	京唐 1780mm 轧机		400		2008 年	西马克 - 德马格	
		20	张家港浦项热轧机		80		2005 年		
		21	联众不锈钢 1727mm 轧机		80/150		2007 年	石川岛	
		22	安阳 1780mm 轧机	2R + 7F	400	(1.2 ~ 19.0) × (800 ~ 1650)	2007 年	国产	一重
		23	北台 1780mm 轧机	2R + 7F	400	(1.2 ~ 19.0) × (800 ~ 1630)	2007 年	国产	大重总承包
		24	宁波 1780mm 轧机		250/400	(1.5 ~ 12.7) × (900 ~ 1630)	2008 年 3 月	国产	一重
		25	承德 1780mm 轧机	1R + CB + 7F	330	(1.2 ~ 19.0) × (800 ~ 1630)	2008 年	达涅利	
		26	河北纵横 1780mm 轧机		400		2009 年	国产	
		27	宁波建龙	2R + 7F	400	(1.2 ~ 19.0) × (900 ~ 1630)	2007 年	国产	一重
	1200 ~ 1700mm 轧机	28	梅山 1422mm 轧机	5R + 7F	300	(1.2 ~ 12.7) × (650 ~ 1300)	1994 年/2002 年/2006 年		原为日本二手设备，后经改造
		29	太钢 1549mm 轧机	1R + 7F	135	(1.5 ~ 12.7) × (900 ~ 1320)	1994 年/2003 年	奥钢联	原为日本二手设备，后经改造
		30	攀钢 1450mm 轧机	2R + CB + 6F	260	(1.5 ~ 12.0) × (750 ~ 1300)	1992 年	国产	后经三期改造

续表 5-5

序 号			项目名称	机组配置	设计产能 /万 t · a^{-1}	成品规格 /mm × mm	投产日期	技术来源	备 注
一、传统宽带钢热连轧机	1200~1700mm轧机	31	新余 1580mm 轧机		300		2009 年	国产	
		32	宝钢 1580mm 轧机	SSP + 2R + 7F	278	(1.5~12.7) × (600~1430)	1996 年	石川岛、三菱	
		33	武钢 1580mm 轧机	2R + 7F	280	(1.2~12.7) × (730~1430)	2007 年		一重
		34	莱钢 1500mm 轧机	1R + CB + 6F	200	(1.2~20) × (800~1350)	2005 年	国产	大重总包轧制线
		35	鞍钢鲅鱼圈 1580mm 轧机	2R + 7F	300	(1.2~12.7) × (700~1430)	2008 年 9 月	国产	一重
		36	唐山不锈钢 1580mm 轧机	1R + CB + 6F	220	(1.2~12.7) × (900~1430)	2007 年	国产	二重提供机械设备，西门子提供电气设备
		37	江西新余 1580mm 轧机		300		2009 年	国产	西门子及三菱提供电气及自动化设备
		38	河北港陆 1500mm 轧机		200	(1.8~12.7) × (900~1350)	2008 年	国产	二重
		39	河北国丰 1450mm 轧机	1R + CB + 7F	200		2008 年	达涅利	
		40	河北纵横 1250mm 轧机	1R + 6F	200	(1.5~18) × (600~1100)	2007 年	国产	一重
		41	河北新金 1250mm 轧机	1R + 6F	200	(1.5~18) × (600~1100)	2008 年	国产	一重
		42	河北普阳 1250mm 轧机	1R + 6F	200	(1.5~18) × (600~1100)	2007 年	国产	一重
		43	四川达州 1250mm 轧机	1R + 6F	200		2007 年	国产	一重
		44	吉林钢铁 1450mm 轧机		300			自主集成	二重提供机械设备
		45	河北港陆 1250mm 轧机		150		2006 年	国产	二重制造，中冶集团总承包
		46	邢台德龙 1250mm 轧机		120/240	(1.5~18) × (600~1100)	2007 年	国产	部分电气、自动化部件引进

续表 5-5

序号			项目名称	机组配置	设计产能/万 t·a⁻¹	成品规格/mm×mm	投产日期	技术来源	备注
二、中薄板坯连铸连轧宽带钢热连轧机	2000mm以上轧机	47	鞍钢 ASP2150 轧机	1R+7F	500	(1.8~25.4)×(1000~2000)	2005 年	自主集成	鞍钢一重
	1700~2000mm 轧机	48	邯钢 1900mm 机组(CSP)	1R+6F	250	(1.2~20)×(900~1680)	1995 年/2003 年	西马克-德马格	
		49	唐钢一热轧 1700mm 机组	2R+5F	250	(0.8~12.7)×(850~1680)	2003 年/2004 年	三菱、日立	铸机由达涅利提供
		50	包钢 1750mm 机组(CSP)	6F	250	(1.2~20)×(980~1560)	2001 年	西马克-德马格	
		51	马钢 1800mm 机组(CSP)	7F	250	(0.8~8)×(900~1600)	2003 年	西马克-德马格	
		52	本钢 1910mm 机组	2R+5F	280	(0.8~16)×(850~1750)	2005 年	三菱、日立	铸机由达涅利提供
		53	通钢 1780mm 机组	2R+5F	140/250	(0.8~12.7)×(900~1560)	2007 年	三菱、日立	铸机由达涅利提供
		54	涟钢 1800mm 机组(CSP)	7F	220	(0.8~12.7)×(850~1680)	2003 年	西马克-德马格	
		55	酒钢 1830mm 机组(CSP)		200	(1.0~12.7)×(850~1600)	2006 年	西马克-德马格	
		56	鞍钢 1700mm 机组(ASP)	2R+CB+6F	250	(1.5~8.0)×(800~1550)	2004 年	自主集成	铸机由奥钢联提供
		57	济钢 1700mm 机组(CSP)	2R+6F	200	(0.8~12.7)×(800~1600)	2006 年	自主集成	铸机由奥钢联提供
		58	武钢 1580mm 机组(CSP)		250	(0.8~12.7)×(850~1680)	2008 年	西马克-德马格	
		59	朝阳 1700mm 机组(CSP)		200	(0.8~12.7)×(900~1600)		自主集成	
		60	唐钢二热轧 1700mm 机组(CSP)	1R+CB+6F (F7)	250	(1.5~12.7)×(850~1550)	2005 年	国产	唐钢、上重、大重
	1200~1700mm 轧机	61	珠钢 1450mm 机组(CSP)	6F	180	(1.2~12.7)×(1000~1380)	1999 年/2003 年	西马克-德马格	
		62	河北国丰一热轧 1450mm 机组(ASP)	1R+CB+7F	200		2006 年	自主集成	工艺国内，主机设备达涅利

续表 5-5

序 号			项目名称	机组配置	设计产能 /万 $t \cdot a^{-1}$	成品规格 /mm × mm	投产日期	技术来源	备 注
二、中薄板坯连铸连轧宽带钢热连轧机	1200 ~ 1700mm 轧机	63	迁安联钢 1250mm 机组(ASP)		200	(1.5 ~ 18) × (600 ~ 1100)	2007 年	国产	一重
		64	山东日照 1580mm 机组(ASP)		200		2007 年	国产	二重
		65	陕西汉中 1500mm 机组(ASP)		220		2007 年	国产	大重
		66	山西海鑫 1500mm 机组(ASP)		220		2008 年	国产	
三、炉卷轧机		67	太钢 1700mm 炉卷轧机		10	(1.5 ~ 6) × (600 ~ 1500)	1967 年	前苏联	
		68	昆明钢铁 1725mm 炉卷轧机		60		2002 年	梯平斯	双机架炉卷轧机
		69	酒钢 1700mm 炉卷轧机		50	(1.6 ~ 12.7) × (900 ~ 1600)	2003 年	奥钢联	
		70	宝钢五钢 2800/2000mm 炉卷轧机		28	(1.8 ~ 12.7) × (600 ~ 1300)	2009 年	西马克、二重	

注:表中 SSP 板坯定宽压力机,R 粗轧机架,CB 热卷箱,F 精轧机架。

5.2.1 热连轧带钢生产工艺流程

热连轧带钢生产工艺流程(图 5-46)包括:原料准备、加热、粗轧、精轧、冷却及卷取、精整等。

5.2.1.1 坯料准备

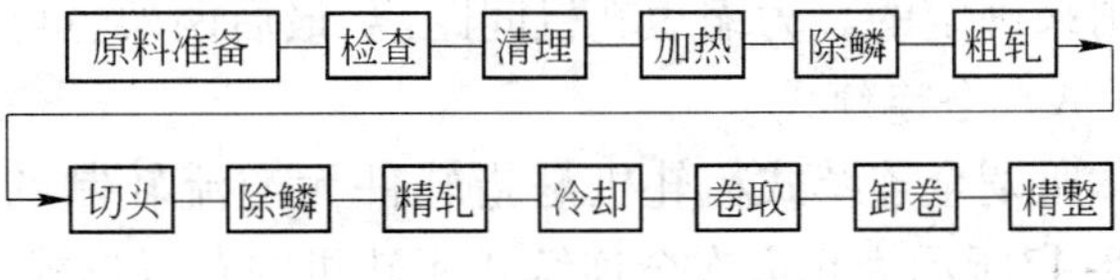

图 5-46 热连轧带钢生产工艺流程图

热连轧带钢坯料有初轧板坯和连铸板坯。优选连铸板坯,坯料厚度一般为 150 ~ 300mm,最厚达 350mm。为加大坯料长度,采用全纵轧法,所以坯料宽度要比成品宽度大,一般为 800 ~ 2200mm。坯料长度受限于加热炉宽度和所需坯重,一般为 3500 ~ 13000mm。坯料在加热前,要对其表面缺陷进行清理,如坯料热状态下、冷状态下的火焰清理并用机械清理毛刺。

5.2.1.2 加热

加热工艺与中厚板类似,只是近年来发展了热装和直接轧制技术。热轧带钢生产所使用的加热炉是连续炉,如推钢式和步进梁式炉。

5.2.1.3 轧制

轧制同中厚板一样也分除鳞、粗轧、精轧三个阶段。只是在粗轧阶段的坯料不但不展宽,相反要用一对大立辊对宽度进行压缩。一来控制板坯宽度,二来可提高除鳞效果。

(1)除鳞除利用高压水除鳞箱外,同时采用大立辊轧边除鳞。

(2)粗轧是指用一架或几架轧机(带有小立辊),将除鳞后的坯料轧到所需要的宽度,同时进行大压缩延伸。板坯宽度的控制主要是粗轧机。粗轧机组布置形式有全连续式、半连续式、3/4 连续式和其他形式。

(3)精轧是指用几架轧机(一般 6 ~ 8 架),除将粗轧后的轧件继续延伸外,主要是控制质量,包括厚度、板形、表面质量、性能等控制。精轧机组布置形式简单,只有全连续式。轧件进入精轧机前要切头、除鳞。中间坯厚度一般在 50 ~ 60mm 以下。

5.2.1.4　冷却及卷取

带钢终轧温度一般是 800 ~ 900℃, 卷取温度通常是 550 ~ 650℃。为缩短精轧机末架到卷取机之间的距离及带钢控制冷却工艺,需要冷却带钢。常用的冷却装置有层流冷却、水幕冷却、高压喷水冷却等。

经冷却后的带钢由辊道送至卷取机卷取。一般卷取机设置 2 ~ 3 台交替使用。

5.2.1.5　精整

精整工序包括:继续冷却热卷到所需温度,根据要求将卷加工成板,最后将成品板卷包装入库。精整设备有:用于平正分卷的平整线、用于生产剪切板的横切线、用于生产切分窄带钢、切边重卷带卷、分卷的纵切线等。

5.2.2　热连轧板带车间及轧机布置

热连轧板带车间轧机布置形式,主要取决于粗轧机的布置形式。因现代热连轧板带轧机的精轧机组大都是由 6 ~ 8 架组成,呈全连续布置。而粗轧机组的组成与布置却不相同,这正是热连轧带钢轧机的主要特征。

5.2.2.1　粗轧机的布置

粗轧机组布置形式有全连续式、半连续式、3/4 连续式和其他形式。其实,板坯在粗轧机组上并没有形成连轧,因为粗轧阶段轧件较短,厚度较大,温降较慢,难以实现连轧,实际也不必进行连轧。因此,各机架之间的距离,是根据轧件走出前一架以后再进入下一机架的原则来确定的。为缩短轧机间距离,最后两架也可采用连续式布置。

A　全连续式

所谓全连续式粗轧机是指轧件无逆流轧制的道次,通常由 4 ~ 6 架不可逆轧机组成。图 5-47所示为 6 道次全连续式粗轧机的布置形式。6 架粗轧机 R_1 ~ R_6 呈跟踪式布置,最后两架采用了连续式布置。虽然,全连续式粗轧机产量高,但由于其占地面积大、设备多、投资大、对板坯厚度范围的适应性差、粗轧机利用率低等原因,近年来粗轧机已不采用全连续式。

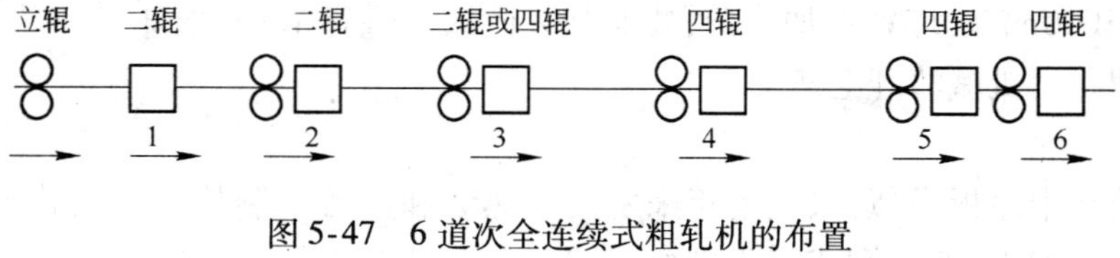

图 5-47　6 道次全连续式粗轧机的布置

B　半连续式

半连续式粗轧机由 1 ~ 2 架可逆轧机或一架可逆轧机和一架不可逆轧机组成。

图 5-48a为由 1 架四辊可逆轧机组成的半连续式粗轧机。图 5-48b 为由 2 架可逆轧机组成的 6 道次半连续式粗轧机，R_1 也可由 1 架四辊可逆轧机担任。图 5-48c 为 1 架不可逆二辊轧机和 1 架可逆四辊轧机组成。由于占地面积小、设备少、对板坯厚度范围的适应性好，且既可生产板卷又可生产中、厚板等原因，近年来半连续式粗轧机发展很快。不足点是产量低、精轧机利用率低等。

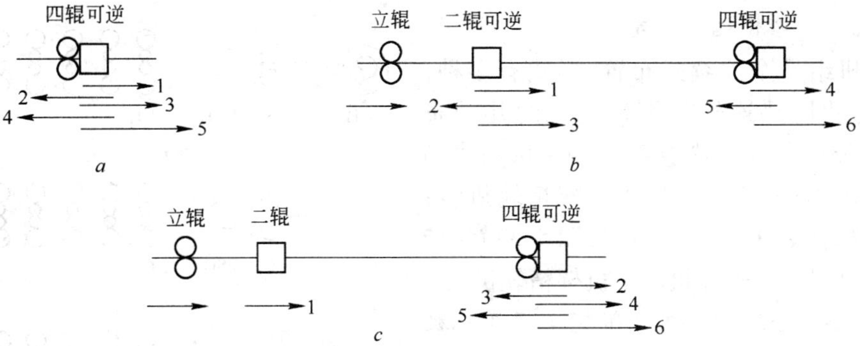

图 5-48 半连续式粗轧机的布置

a—1 架四辊可逆轧机组成；b—1 架可逆二辊轧机和 1 架可逆四辊轧机组成；c—1 架不可逆二辊轧机和 1 架可逆四辊轧机组成

C 3/4 连续式

20 世纪 60 年代，在发展全连续式的同时，还发展了一种在半连续式基础上改进的布置形式——3/4 连续式，即在半连续式粗轧机的 1 ~ 2 架可逆轧机后，增加一组双机座连轧机，使可逆机座减少了两个最长的轧制道次，这样，就较半连续式大大减少了粗轧机的轧制时间。另一种说法是 3/4 连续式把全连续式粗轧机由 6 架缩减为 4 架，在粗轧机内设置 1 ~ 2 架可逆轧机，大大提高了粗轧机的利用率。

图 5-49、图 5-50 为 3/4 连续式粗轧机布置方案。可逆轧机可以放在第一架或第二架。由于占地面积小、设备少、对板坯厚度范围的适应性好，生产能力不低等原因，3/4 半连续式粗轧机也有较快发展。

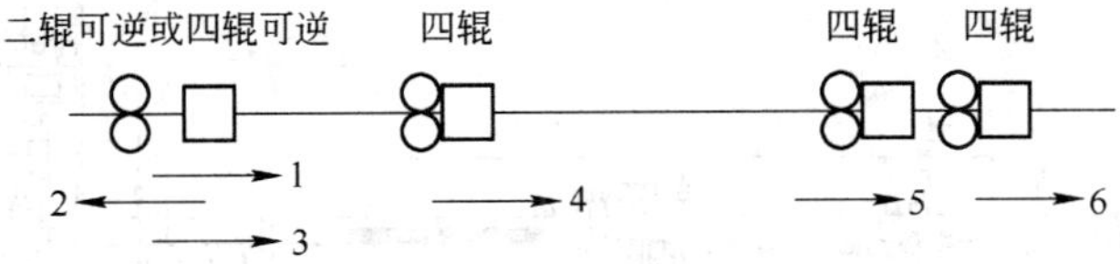

图 5-49 6 道次 3/4 连续式粗轧机布置方案（可逆轧机放在第一架）

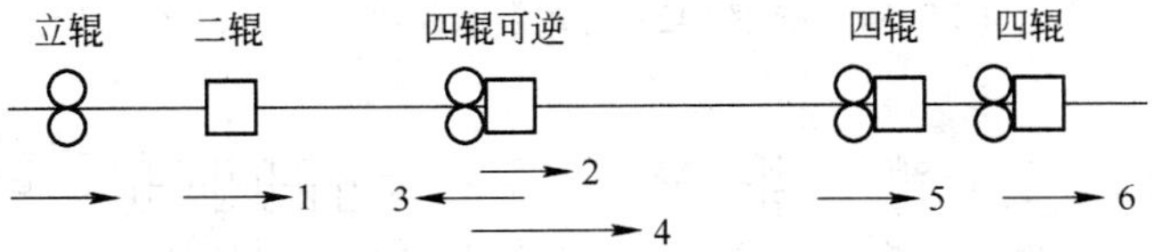

图 5-50 6 道次 3/4 连续式粗轧机布置方案（可逆轧机放在第二架）

D 其他形式

图 5-51 为粗轧机空载返回式布置，图 5-52 为粗轧机紧凑式布置。

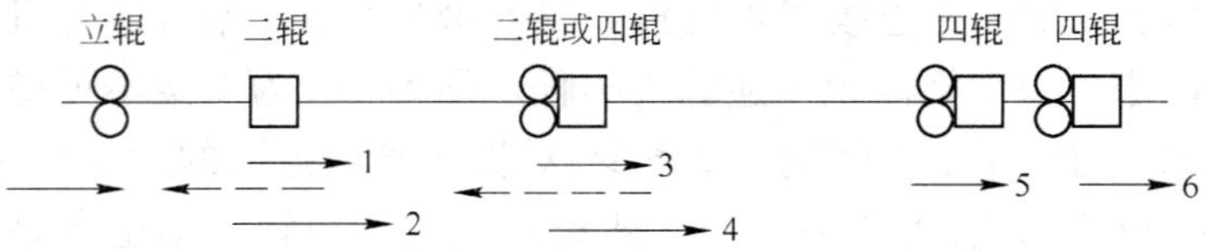

图 5-51　空载返回式

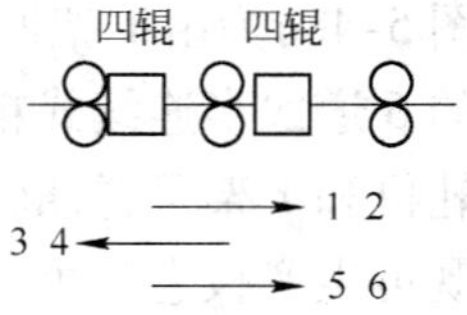

图 5-52　紧凑式

5.2.2.2　精轧机的布置

精轧机组呈全连续式布置，形式有多种，图 5-53 为我国热连轧带钢精轧机的几种布置。图 5-53*a* 为带有热卷箱（coil－box）的 6 机架精轧机组；图 5-53*b* 为 7 机架精轧机组；图 5-53*c* 为增设 F0 的精轧机组；图 5-53*d* 为带有边部加热器和立辊轧机的 7 机架精轧机组。

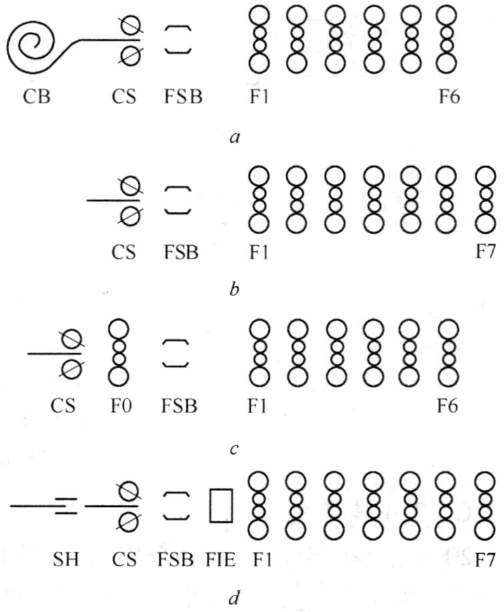

图 5-53　热连轧带钢精轧机组的几种布置
CB—热卷箱；CS—飞剪；FSB—除鳞箱；
SH—边部加热器；FIE—立辊轧机

5.2.2.3　全连续式热轧带钢车间及轧机布置

图 5-54 为我国梅钢 1422 全连续式热轧带钢轧机平面布置图。图 5-55 为梅钢 1422 全连续式热轧带钢轧机设备配置图。该套轧机（1994 年建成）是从日本引进的二手设备，是我国唯一一套全连续式热轧带轧机。粗轧机组由 1 架一般立辊轧机（VSB）和 5 架 R1、R2、R4、R5、R6 粗轧机呈全连续式布置，精轧机组为 7 架精轧机 F0、F1 ~ F6，3 台地下卷取机。

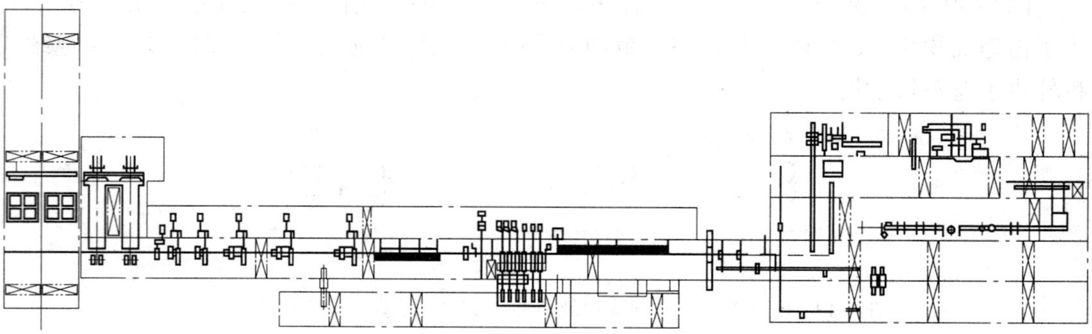

图 5-54　梅钢 1422 热轧带钢轧机平面布置图

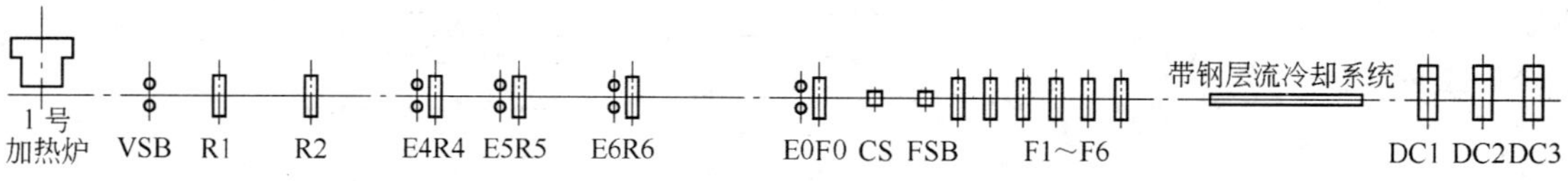

图 5-55　梅钢 1422 热轧带钢轧机设备配置图

5.2.2.4　半连续式热轧带车间及轧机布置

图 5-56 为我国宝钢 1580 半连续式热轧带钢轧机平面布置图。图 5-57 为宝钢 1580 半

连续式热轧带钢轧机设备配置图。该套轧机(1996 年建成)是从日本引进的设备,由 2 架粗轧机 R1、R2 和 7 架精轧机 F1 ~ F7 组成,采用了二辊水平除鳞机(HSB)、板坯定宽压力机(SP)、2 台卷取机。

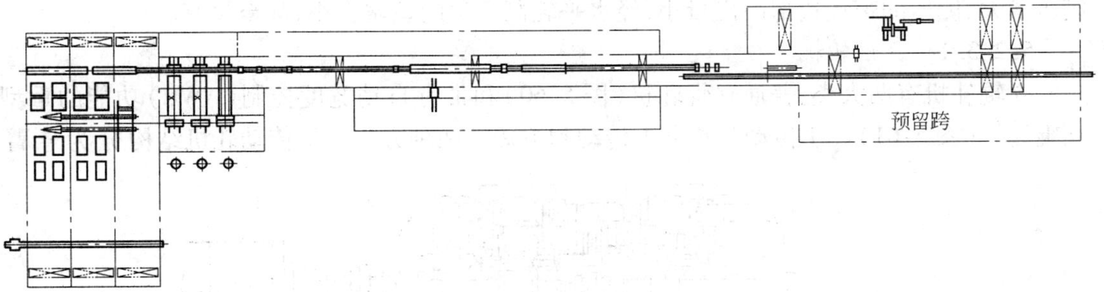

图 5-56 宝钢 1580 热轧带钢轧机平面布置图

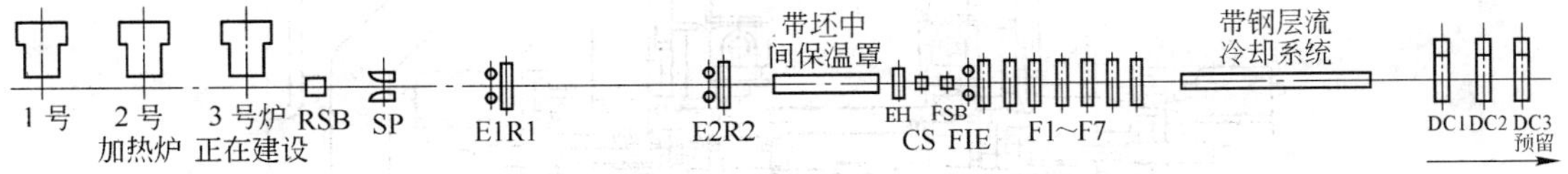

图 5-57 宝钢 1580 热轧带钢轧机设备配置图

5.2.2.5 3/4 连续式热连轧板带车间及轧机布置

图 5-58 为我国武钢 1700 3/4 连续式热轧带钢轧机平面布置图。图 5-59 为 3/4 连续式热轧带钢轧机设备配置图。该套轧机(1978 年建成)是从日本引进的设备,粗轧机组由 1 架一般立辊轧机(VSB)和 4 架 R1、R2、R3、R4 粗轧机呈 3/4 连续式布置,精轧机组为 7 架精轧机 F1 ~ F7,3 台卷取机。

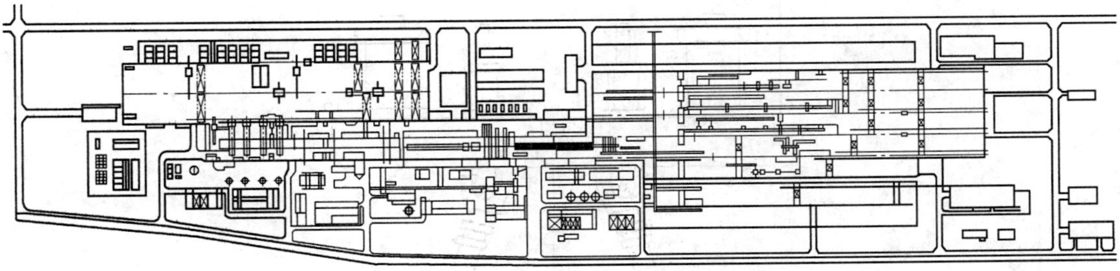

图 5-58 武钢 1700 热轧带钢轧机平面布置图

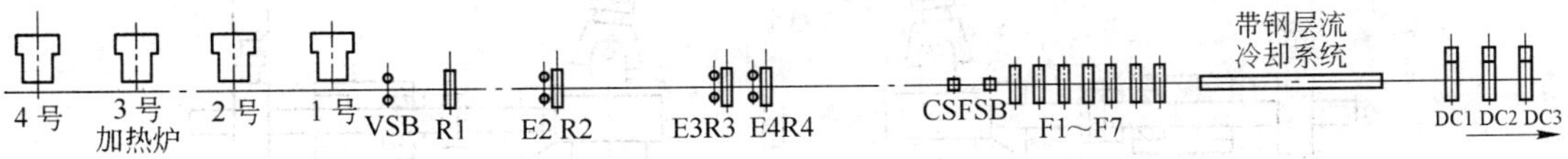

图 5-59 武钢 1700 热轧带钢轧机设备配置图

5.2.3 热轧带钢粗轧机结构

粗轧机的水平轧机结构一般为二辊或四辊式,其结构与中厚板轧机基本相同。二辊轧机因轧辊直径大,咬入角大,布置在机组前面,可实现大压下量,而四辊轧机因工作辊直径小,刚度大,布置在机组后面,可轧制较薄的、厚度均匀的中间坯。工作方式有可逆和不可逆两种。

本节重点叙述板坯宽度侧压设备。随着连铸坯比例的增加,要求粗轧机具有调节板坯宽度的功能,即要有板坯宽度侧压设备,因此,发展了立辊轧机和调宽压力机。后者比前者侧压量大、侧压的带坯边部凸出量小,经水平轧制产生的鱼尾也小,甚至没有。

5.2.3.1　立辊轧机

立辊轧机有两大类:普通立辊轧机(图5-60)和带有自动宽度控制(AWC)功能的重型立辊轧机(图5-61)。主传动装置分上传动和下传动两种方式。下传动轧机结构分为悬臂

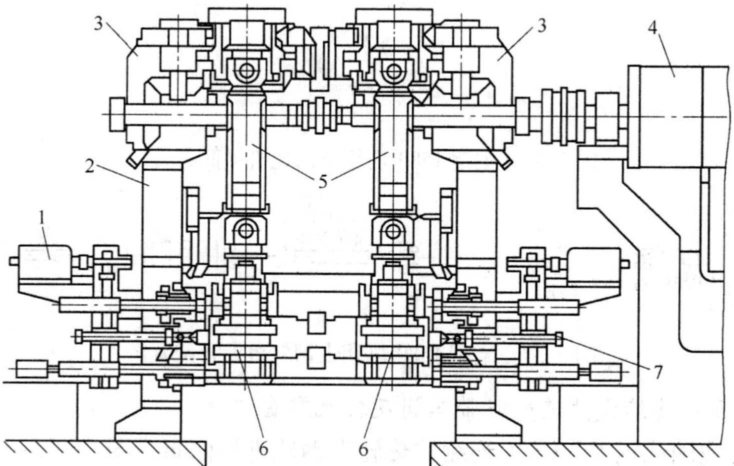

图5-60　普通立辊轧机

1—压下机构;2—牌坊;3—齿轮箱;4—主传动马达;5—接轴;6—轧辊;7—平衡液压缸

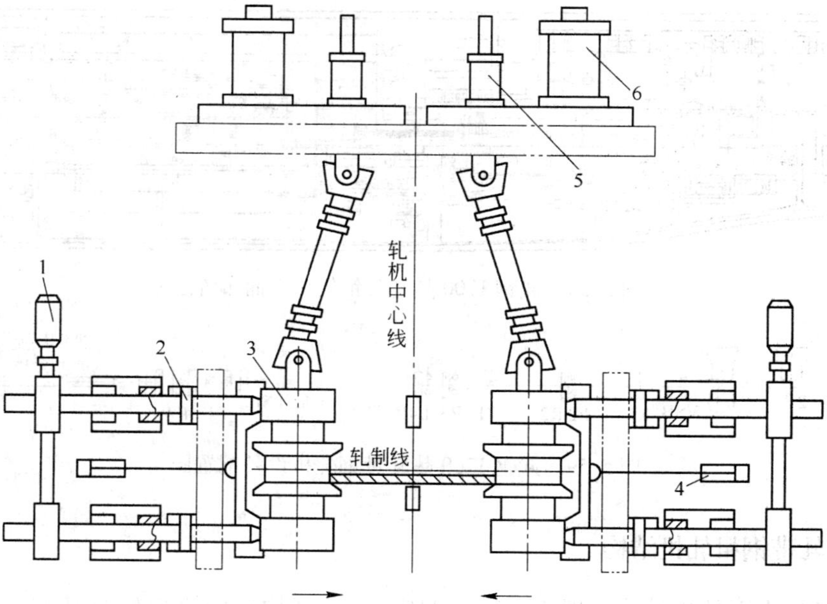

图5-61　有AWC功能的重型立辊轧机

1—电动侧压系统;2—AWC液压缸;3—立辊轧机;4—回拉缸;5—接轴提升装置;6—主传动电机

式和框架式两种。普通立辊轧机结构简单、功率小、侧压力小、辊缝不能在线调整；重型立辊轧机结构先进、功率大、侧压力大、辊缝能在线调整。目前大部分板坯通过立辊轧机减宽。用于减宽工件的立辊轧机也叫立式轧边机，若布置在加热炉后，就叫立式除鳞机。立辊轧机进行的侧压过程总是与水平轧机组合完成，图 5-62 为立式(V)和水平(H)轧机几种主要布置形式。图 5-63 为立辊轧机轧辊的四种类型。

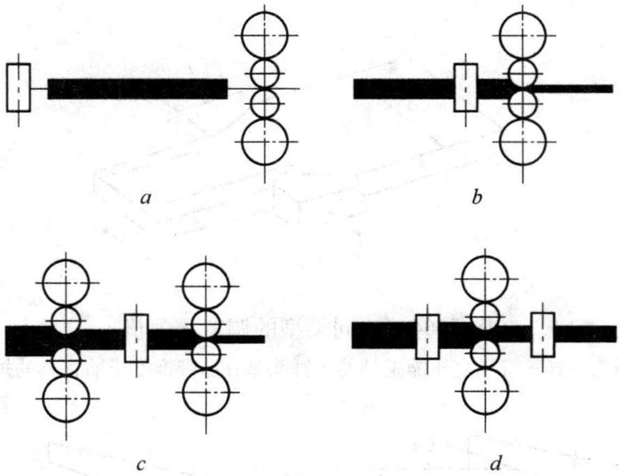

图 5-62 立式与水平轧机的主要布置方式

a—开式布置；*b*—VH；*c*—HVH；*d*—VHV

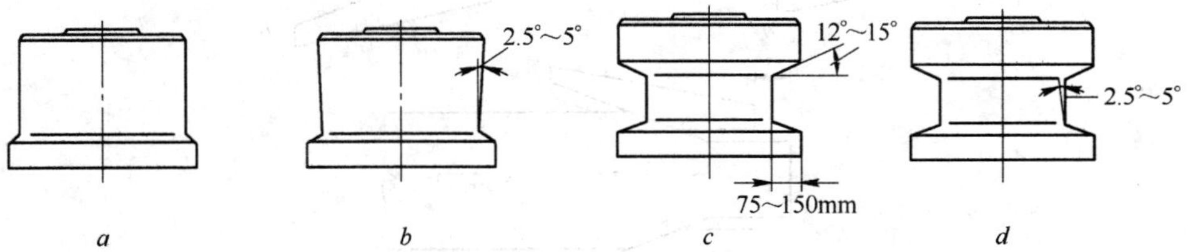

图 5-63 四种类型的立辊

a—平辊；*b*—锥形辊；*c*—带平或凸槽底表面的孔型辊；*d*—带斜槽底表面的孔型辊

5.2.3.2 调宽压力机

调宽压力机通过压缩工具在与板坯平面平行的平面上往复运动，对板坯进行全长的宽度侧压。调宽压力机有两个基本类型，即长锤头调宽压力机(图 5-64*a*)和短锤头调宽压力机(图 5-64*b*、*c*)。前者锤头长度 L_t 比板坯原始长度长，锤头压缩工件通常只用一个行程；而后者锤头长度 L_t 比板坯原始长度短，锤头压缩工件则需要一系列的往复运动，从板坯的头部至尾部依次快速进行挤压。短锤头调宽压力机又可分为启－停式、连续式和摆动式。在启－停式短锤头调宽压力机中，如图 5-65 所示，工件是在静止位置被压缩，压缩后压缩工具撤回，工件运动到下一个工位静止，待下一次压缩。在连续式短锤头调宽压力机中，对工件的压缩与工件的前进是同步的。摆动式短锤头调宽压力机对工件的压缩方式与启－停式短锤头调宽压力机类似，如图 5-66 所示，不同的是摆动式的压缩工具对板坯压缩后(图 5-66*a*)，压缩工具在水平面内转动(图 5-66*b*)，由压缩工具尾部对板坯进行压缩，即实现摆动压缩。

图 5-67 所示的是一种液压长锤头调宽压力机，其压缩工具 6 之间的初始间隙(略大于

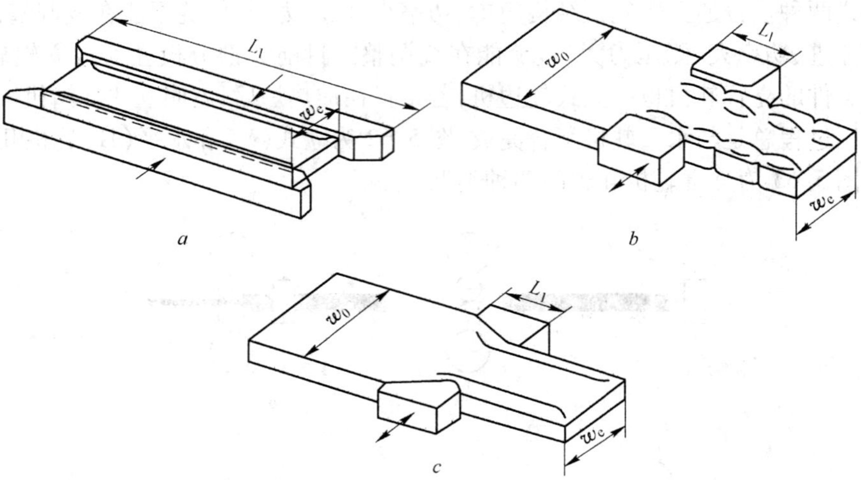

图 5-64　不同类型的调宽压力机

a—长锤头型；*b*—带平直压缩工具的短锤头型；*c*—带锥度压缩工具的短锤头型

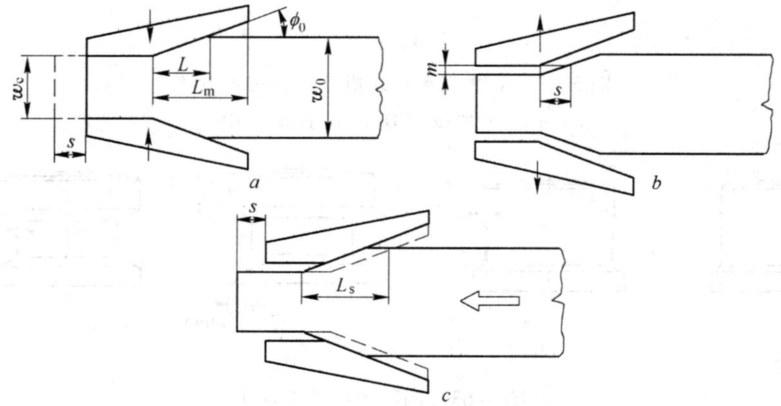

图 5-65　短锤头调宽压力机的工作原理

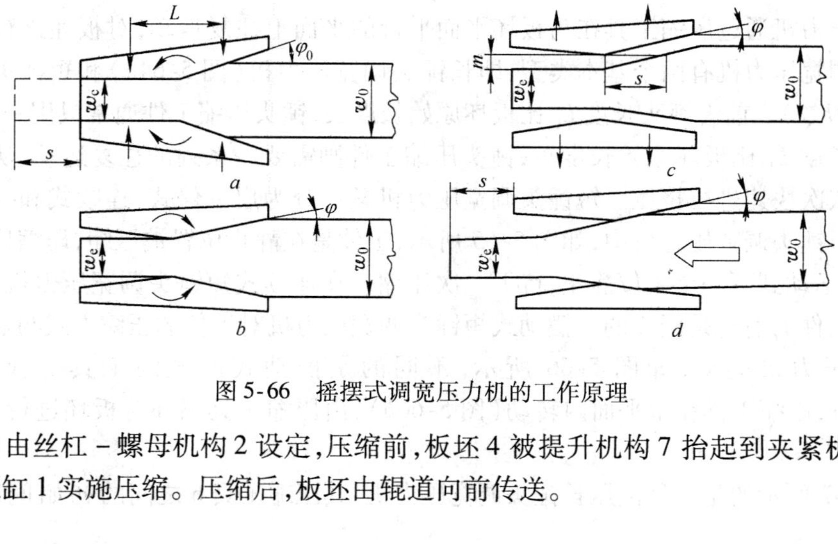

图 5-66　摇摆式调宽压力机的工作原理

板坯宽度）由丝杠－螺母机构 2 设定，压缩前，板坯 4 被提升机构 7 抬起到夹紧机构 3 的挡板，由液压缸 1 实施压缩。压缩后，板坯由辊道向前传送。

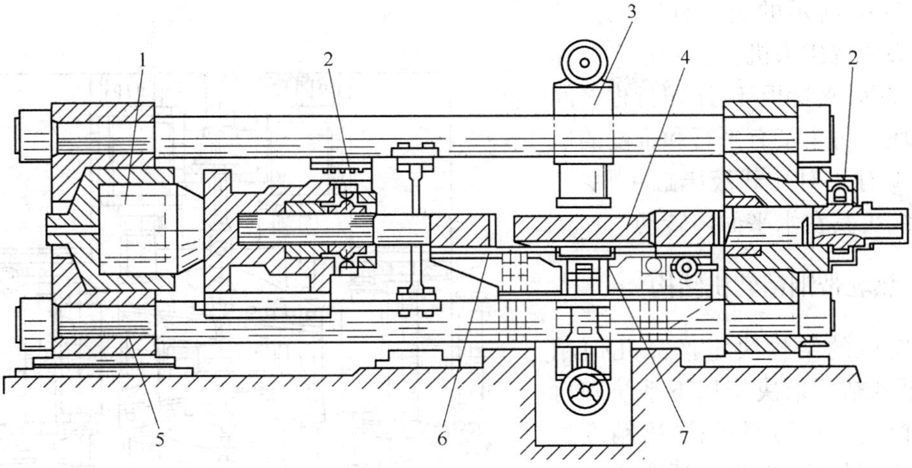

图 5-67 长锤头液压驱动的调宽压力机
1—液压缸;2—丝杠－螺母机构;3—夹紧机构;4—板坯;5—主框架;
6—压缩工具;7—板坯提升机构

图 5-68 所示的是一种液压启－停式短锤头调宽压力机。压缩前,其压缩工具 4 之间的初始间隙(略大于板坯宽度)由丝杠－螺母机构 7 设定,板坯 2 由入口夹持辊 3 向前传送,头部进入压缩工具,由液压缸 6 的往复运动和板坯的适量前进运动实施压缩。当板坯尾部离开入口夹持辊时,板坯则由出口夹持辊接替送进工作。

图 5-69 所示的是一种连续式短锤头调宽压力机。压缩工具 2 在横向机构 5 和纵向机构 7 协调驱动下,产生了椭圆压缩轨迹 1,实现连续压缩。它可消除在启－停式短锤头调宽压力机压缩过程中,可能出现的表面缺陷。

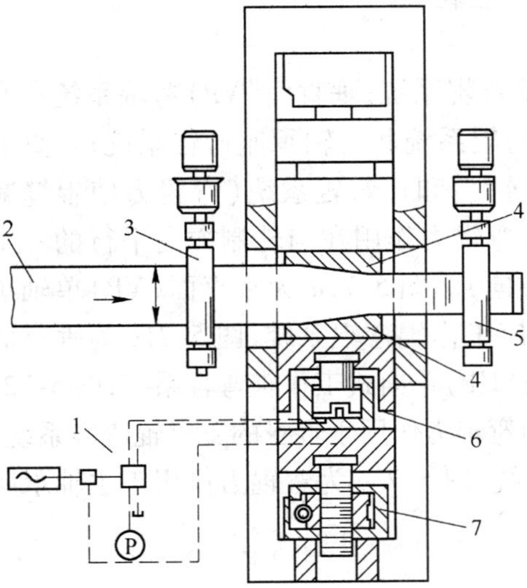

图 5-68 液压启－停式调宽压力机的简图
1—液压系统;2—板坯;3—入口夹持辊;4—压缩工具;
5—出口夹持辊;6—液压缸;
7—丝杠－螺母机构

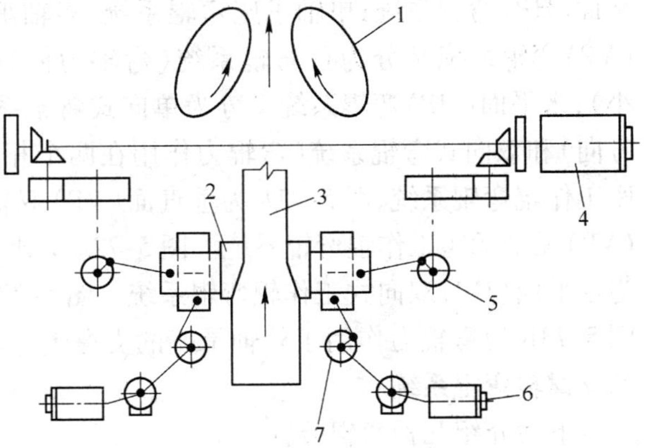

图 5-69 连续式调宽压力机机构简图
1、2—压缩工具;3—板坯;
4—横向驱动电机;5—横向曲柄机构;
6—纵向驱动电机;7—纵向曲柄机构

图5-70所示的是一种液压摆动式短锤头调宽压力机。夹持辊2的作用是:压缩时夹持板坯,压缩行程之间送进板坯。每个带有平行和锥度的压缩工具1有一对加载液压缸4驱动,以便压缩工具在水平面内转动。

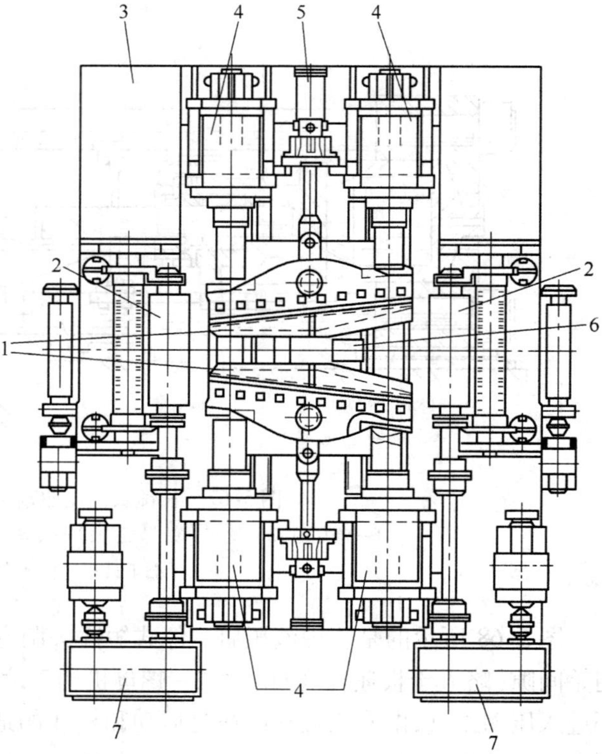

图5-70　液压摆动式调宽压力机的平面图
1—压缩工具;2—夹持辊;3—基本框架;4—加载液压缸;5—平衡液压缸;6—板坯支撑辊;7—夹送辊传动

5.2.4　热轧带钢精轧机结构

精轧机的结构决定产品几何精度,如厚度精度取决于压下系统和自动厚度控制(AGC)系统;宽度精度虽然取决于粗轧机,但最终还要通过精轧机前立辊(具有AWC功能)和精轧机间活套来保持;板形质量取决于精轧机的板形控制手段,如改变轧辊凸度、弯辊等。100多年前出现的四辊轧机,至今依然是精轧机的主力机型。20世纪40~80年代,由美国、日本、德国、英国、瑞士、前苏联、法国等国家发明了弯辊系统、轧辊横移和交叉系统、特殊辊型轧辊(如柔性辊身轧辊、柔性边部轧辊等)等,因此,在四辊轧机的基础上也出现了许多新型轧机。本节将重点介绍这些轧机。

5.2.4.1　精轧机的弯辊装置

弯辊方式很多,可分为工作辊弯辊系统和支撑辊弯辊系统;垂直面(VP)弯辊系统和水平面(HP)弯辊系统;单轴承座弯辊系统、多轴承座弯辊系统和无轴承座弯辊系统;垂直面(VP)弯辊系统又分为正弯辊系统(弯辊力使辊缝增大)和负弯辊系统(弯辊力使辊缝减小);水平面(HP)弯辊系统又分为单向式弯辊系统(弯辊力作用在与轧制方向平行的一个方向)和双向式弯辊系统(弯辊力作用在两个相反方向)。图5-71*a*为垂直面(VP)单轴承座工作辊弯辊系统,图5-71*b*为垂直面(VP)双轴承座工作辊弯辊系统,图5-71*c*为垂直面(VP)无轴承座工作辊弯辊系统。图5-72*a*为水平面(HP)单向式工作辊弯辊系统,图5-72*b*为水平面(HP)双向式工作辊弯辊系统。图5-73*a*为弯辊力作用于辊身的支撑辊弯辊系统,图5-73b为弯辊力作用于外轴承座的支撑辊弯辊系统,图5-73*c*为弯辊力作用于主轴承座的支撑辊弯辊系统。

下面介绍几种弯辊装置:

(1)工作辊轴承座嵌于支撑辊轴承座的VP正弯工作辊弯辊装置(图5-74)。工作辊弯辊液压缸1、2置于下工作辊轴承座3内,对上工作辊轴承座4施压,完成弯辊功能。下、上工作辊轴承座3、4分别嵌于支撑辊轴承座5、6内,上支撑辊轴承座5由支撑辊平衡液压缸7、8支承。

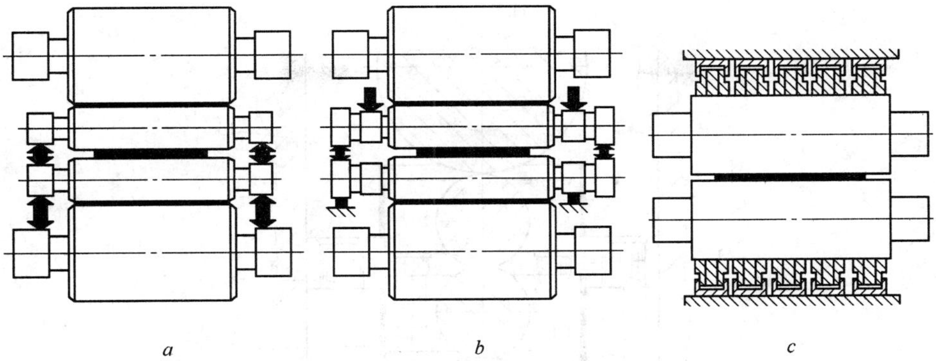

图 5-71 垂直面(VP)工作辊弯辊系统
a—单轴承座弯辊系统;b—双轴承座弯辊系统;c—无轴承座弯辊系统

(2)带凸块的 VP 工作辊正负弯辊装置(图 5-75)。与上述装置不同的是,除正弯辊外还有负弯辊、装有油缸的凸块 5、6(嵌在牌坊立柱 7 上),省去了工作辊轴承座内部液压缸。

(3)双向液压缸 VP 工作辊正负弯辊装置(图 5-76)。固定在上、下支撑辊轴承座 7、8 上的双向液压缸 1~4,通过其边部凸起 18~21 与上、下工作辊轴承座 16、17 相连接,完成双向弯辊功能。双向液压缸 1~4 活塞杆的末端 12~15 分别作用在上、下支撑辊轴承座 7、8 上。

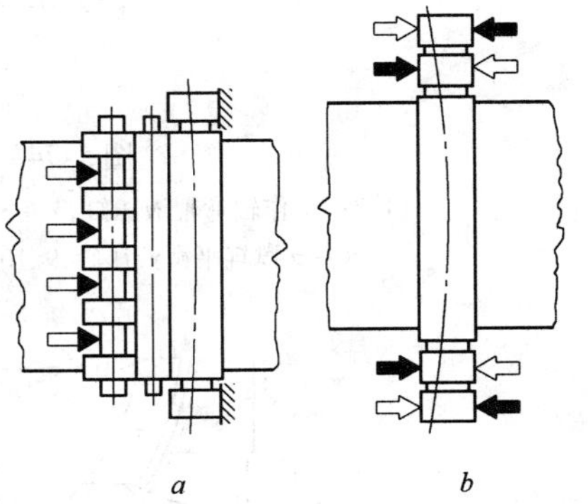

图 5-72 水平面(HP)工作辊弯辊系统
a—单向式弯辊系统;b—双向式弯辊系统

(4)VP 双轴承座工作辊弯辊装置(图 5-77)。该装置特点是有较大的弯辊力、弯辊力矩。

(5)外轴承座的支撑辊弯辊装置(图 5-78)。置于牌坊 10 内的双向液压缸 6~9,通过活塞杆 11 和安有球轴承 20 的支撑辊外轴承座 12~15,产生弯辊力,完成支撑辊正负弯辊功能。

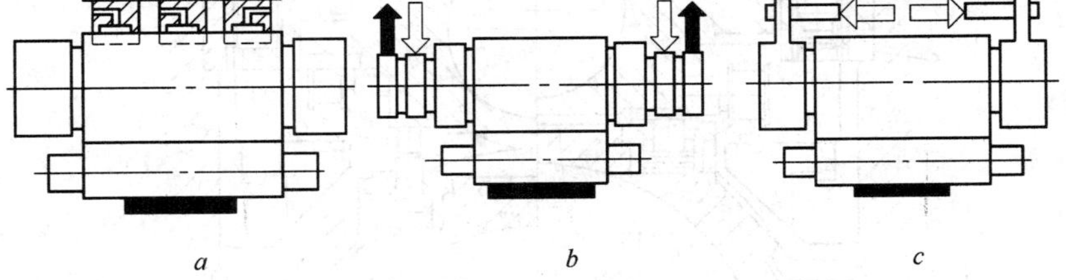

图 5-73 支撑辊弯辊系统
a—弯辊力作用于辊身;b—弯辊力作用于外轴承座;c—弯辊力作用于主轴承座

5.2.4.2 轧辊横移轧机

轧辊横移的目的主要有三个:扩大带钢凸度的控制范围、减少带钢横断面上的边部减薄和重新分布带钢边缘附近的轧辊磨损。轧辊横移方式可分为三类:(1)轴向移动圆柱形轧辊(图 5-79),其中常用的是双向工作辊横移和双向中间辊横移;(2)轴向移动非圆柱形轧

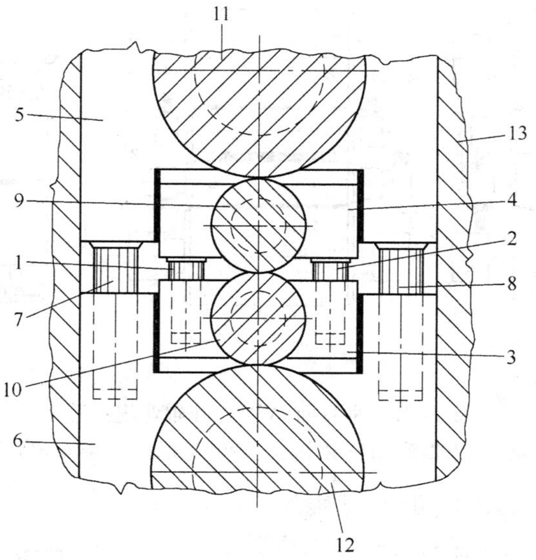

图5-74　VP正弯工作辊弯辊装置

1、2—工作辊弯辊液压缸；3、4—下、上工作辊轴承座；5、6—上、下支撑辊轴承座；7、8—支撑辊平衡液压缸；9、10—上、下工作辊；11、12—上、下支撑辊；13—牌坊

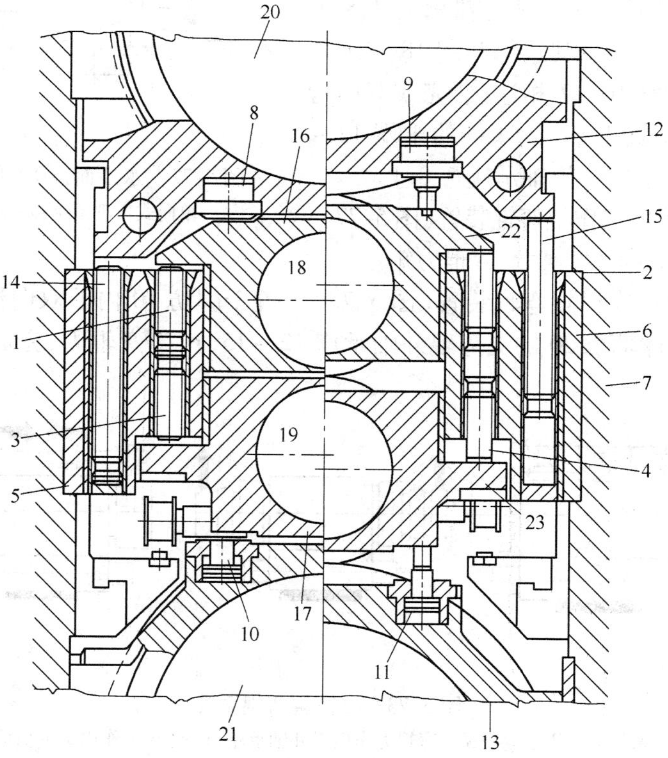

图5-75　带凸块的VP工作辊正负弯辊装置

1～4—工作辊正弯辊液压缸；5、6—凸块；7—牌坊；8～11—工作辊负弯辊液压缸；12、13—上、下支撑辊轴承座；14、15—支撑辊平衡液压缸；16、17—下、上工作辊轴承座；18、19—上、下工作辊；20、21—上、下支撑辊；22、23—上、下工作辊轴承座突出部分

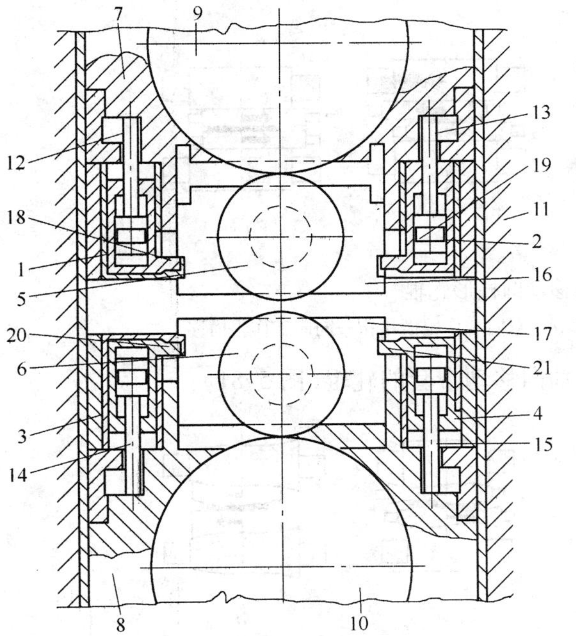

图 5-76 双向液压缸 VP 工作辊正负弯辊装置

1～4—工作辊正负弯辊双向液压缸；5、6—上、下工作辊；7、8—上、下支撑辊轴承座；9、10—上、下支撑辊；11—牌坊；12～15—双向液压缸 1～4 活塞杆的末端；16、17—上、下工作辊轴承座；18～21—双向液压缸 1～4 边部凸起

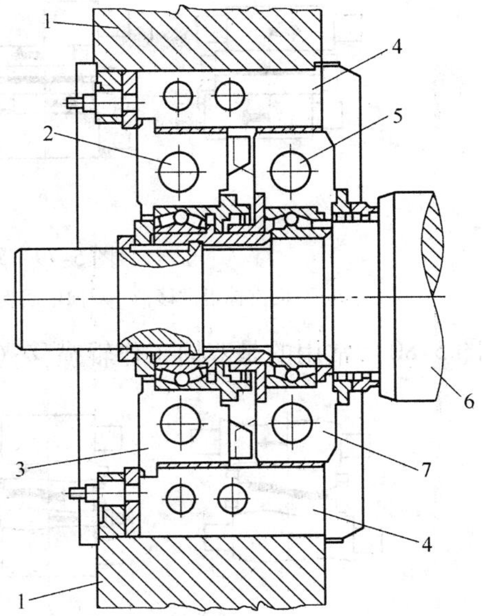

图 5-77 VP 双轴承座工作辊弯辊装置

1—牌坊立柱；2—外弯辊液压缸；3—外轴承座；4—牌坊凸块；5—内弯辊液压缸；6—工作辊；7—内轴承座

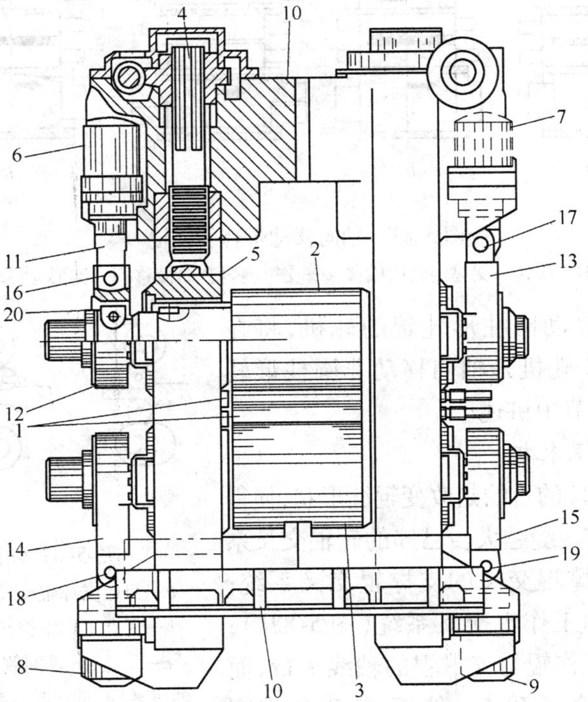

图 5-78 外轴承座的支撑辊弯辊装置

1—上、下工作辊；2、3—上、下支撑辊；4—压下螺丝；5—支撑辊内轴承座；6～9—双向液压缸；10—牌坊；11—活塞杆；12～15—支撑辊外轴承座；16～19—销；20—球轴承

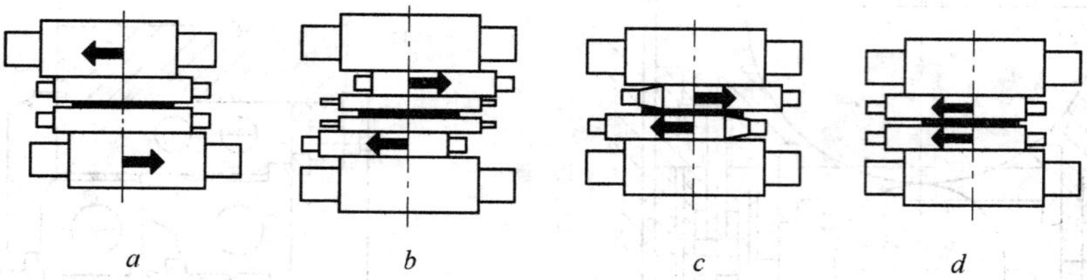

图 5-79　轴向移动圆柱形轧辊

a—双向支撑辊横移；*b*—双向中间辊横移；*c*—双向工作辊横移；*d*—同向工作辊横移

辊（图 5-80），常用的是双向工作辊横移；(3)轴向移动带套的轧辊（图 5-81）。

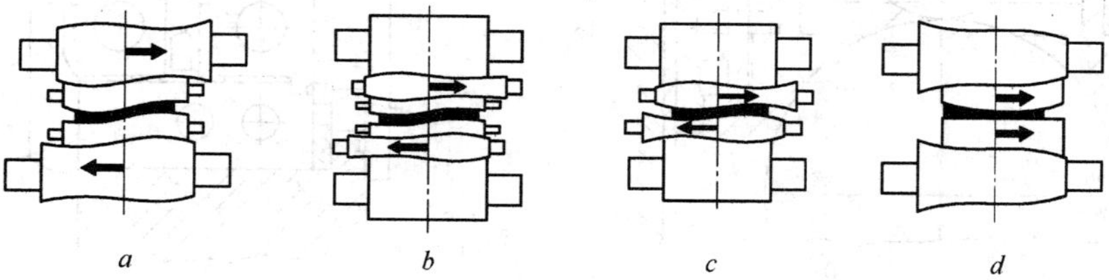

图 5-80　轴向移动非圆柱形轧辊

a—双向支撑辊横移；*b*—双向中间辊横移；*c*—双向工作辊横移；*d*—同向工作辊横移

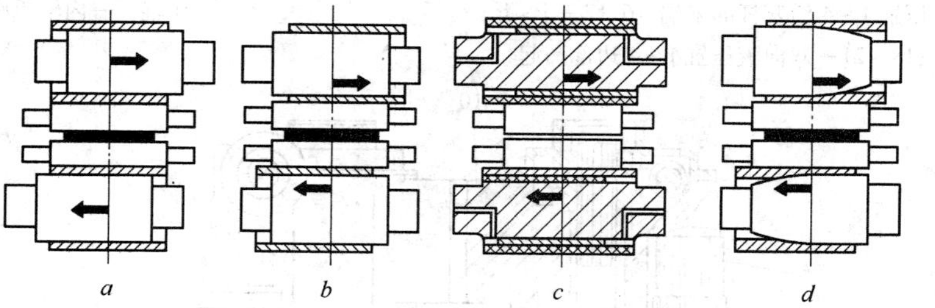

图 5-81　轴向移动带套的轧辊

a—支撑辊芯轴横移；*b*—支撑辊套筒横移；*c*—支撑辊内套筒横移；*d*—锥形支撑辊套筒横移

HC 轧机是轴向移动圆柱形轧辊的轧机，将在 5.2.5 节中讲述。CVC 轧机是轴向移动非圆柱形轧辊的轧机，将在 5.2.6 节中讲述。

5.2.4.3　轧辊交叉轧机

轧辊交叉（图 5-82）的目的是改变辊缝形状，使得距轧辊中心越远的地方辊缝越大。已知的轧辊交叉系统有三种：(1)只有支撑辊交叉的支撑辊交叉系统；(2)只有工作辊交叉的工作辊交叉系统（图 5-82*b*）；(3)每组（轧件同侧）工作辊与支撑辊的轴线平行，而上下辊系交叉的对辊交叉系统。然而，由于轧辊磨损、工作辊与支撑辊之间相对滑动造成的能损，比较而言，“对辊交叉”布置效率最高，只有对辊交叉系统实用，实际应用的 PC 轧机是采用“对辊交叉”布置的。PC 轧机将在 5.2.7 节

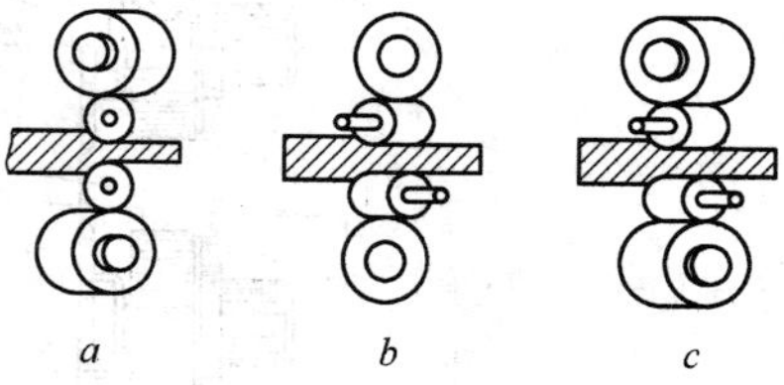

图 5-82　轧辊交叉系统

a—只有支撑辊交叉的支撑辊交叉系统；

b—只有工作辊交叉的工作辊交叉系统；

c—每组（轧件同侧）工作辊与支撑辊的轴线平行，而上下辊系交叉的对辊交叉系统

中讲述。“成对轧辊”是指轴线相互平行的上工作辊和上支撑辊为一对，而下工作辊和下支撑辊为一对。

5.2.4.4 特殊辊型轧辊

一般轧辊的外表面或者是平的或者是一个轻微的抛物线形凸度。特殊辊型分以下几种：(1)不可调的阶梯形轧辊。图5-83为四辊轧机阶梯形支撑辊工作原理，若相邻轧辊辊身全长接触(图5-83*a*)，有害接触区*A*将额外弯辊力从支撑辊传到工作辊上，造成带钢凸度增大。若采用阶梯形轧辊(图5-83*b*)，可消除有害接触区*A*。但当带钢宽度接近通常一般支撑辊辊身长度时，此法效果不明显。BCM轧机就是安装有阶梯形轧辊的四辊轧机；(2)可调的阶梯形轧辊。图5-84为辊身长度可变支撑辊的工作原理，轧辊每一端至少有一对外环可收缩(图5-84*a*)或扩张(图5-84*b*)，外环的运动是靠向A、B、C腔内注入高压油，推动内环水平运动所致；(3)锥形辊。锥形支撑辊(图5-85*a*)较阶梯形支撑辊的优点是应力集中少。配对工作辊磨损减少，锥形工作辊(图5-85*b*)可降低带钢凸度和边部减薄；(4)柔性辊身可调凸度轧辊(图5-86)。它是利用置于轧辊内的液压或机械装置，对轧辊外壳产生径向压力，来改变轧辊外形凸度；(5)柔性边部不可调凸度轧辊。如图5-87所示，带有内锥形的辊套2热装在带有外锥形的辊轴1上，故轧辊两端形成环形的空腔3、4。自补偿(SC)支撑

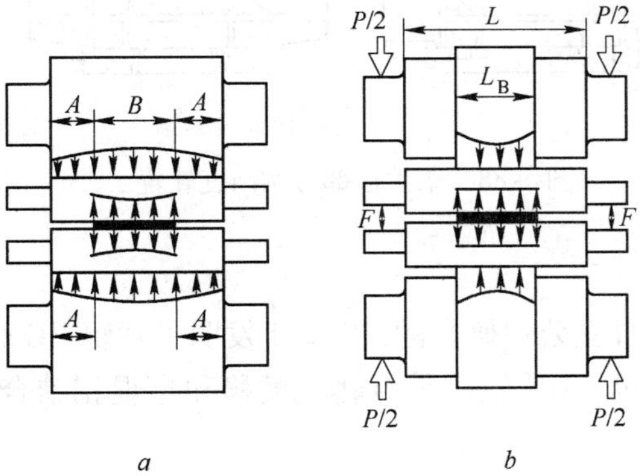

图5-83 阶梯形支撑辊的工作原理

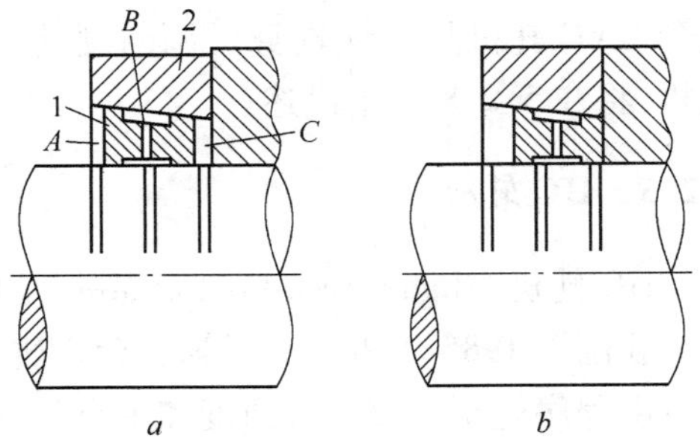

图5-84 辊身长度可变(VBL)支撑辊的工作原理

1—内环；2—外环；*A*、*B*、*C*—油腔

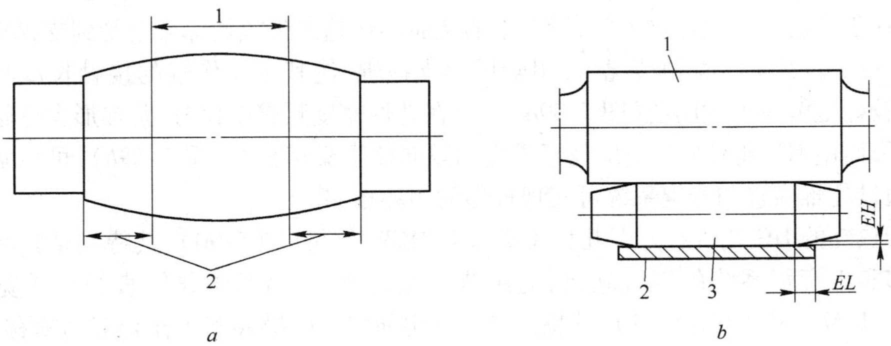

图5-85 锥形支撑辊

a—锥形端部的带凸度的支撑辊；*b*—锥形(梯形削肩)工作辊

a:1—凸度区；2—锥度区 *b*:1—支撑辊；2—带钢；3—工作辊；

EL—有效锥长；*EH*—有效锥高

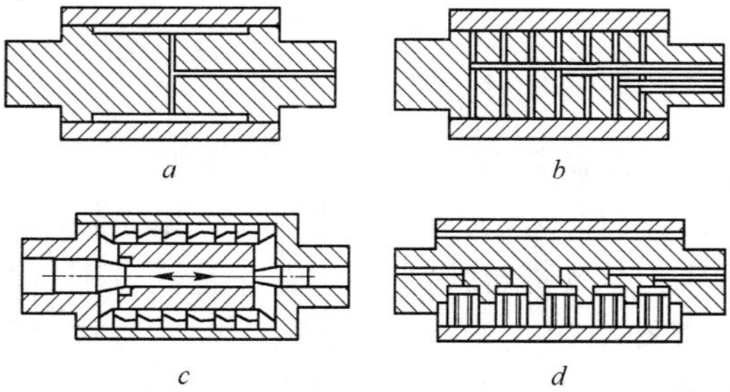

图 5-86　柔性辊身可调凸度轧辊

a—辊身中部有一个液压腔；*b*—辊身上有多个液压腔；*c*—带有楔形装置；*d*—带有分段流体静压轴承

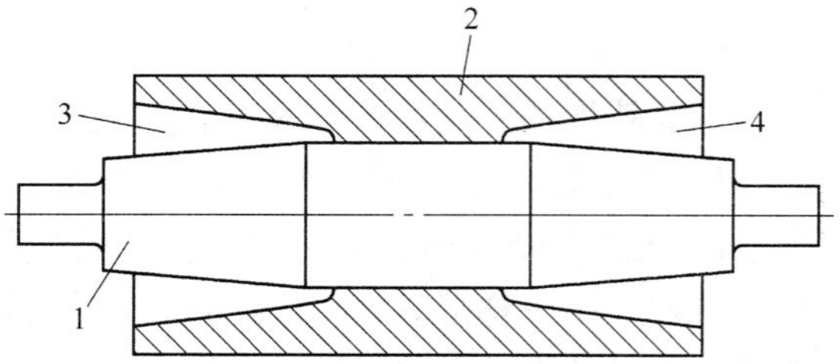

图 5-87　柔性边不可调凸度轧辊

1—辊轴；2—内锥形辊套；3、4—轧辊两端环形空腔

辊就是据此原理研制的。此外，还有在轧辊边部洗槽、钻孔的等；(6)柔性边部可调凸度轧辊。它是在轧辊的端部有一个可调的刚度，用某些方法得到可调的刚度，如图 5-88所示。图 5-88*a*、*b* 调整腔内压力；图 5-88*c* 调整腔内楔；图 5-88*d* 移动两端辊套。VC 轧机是柔性辊身可调凸度轧辊轧机，将在 5.2.8 节中讲述。

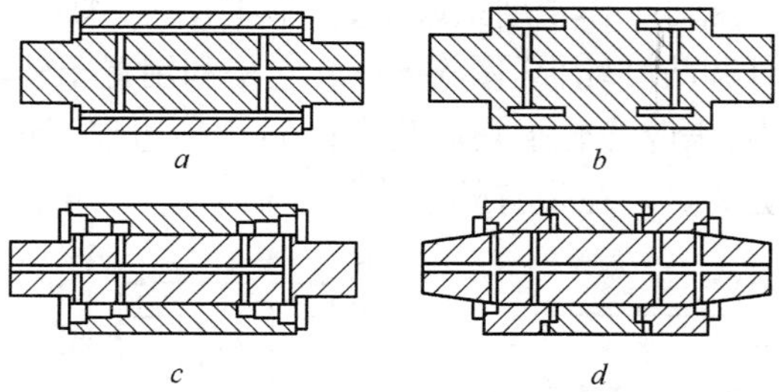

图 5-88　柔性边部可调凸度轧辊

5.2.5　HC 轧机

HC 轧机(High Crown Control Mill)是由日本日立公司研发的，1972 年发明了六辊 HC 轧机。我国于 1985 年也建成了第一台六辊 HC 轧机。HC 轧机是将轧辊横移和弯辊相结合，在自由程序轧制中改善板凸度和平直度的控制。

5.2.5.1　HC 轧机的原理及分类

人们通过对四辊轧机轧辊挠曲的分析知道，工作辊与支撑辊之间的超出板宽区域的有害接触，导致了轧辊的过度挠曲。这个挠曲大小，不仅取决于轧制力，还取决于轧件的宽度。此外，若在工作辊上施以弯辊力时，所产生的挠曲会在超出带宽的部分上受到支撑辊的约束(图 5-83*a*)。在给定带宽的情况下，用阶梯形支撑辊，使其于工作辊的接触长度与带宽相等，可以较好地解决上述问题(图 5-89*a*)。但在轧件宽度频繁变化时，阶梯形支撑辊的方法就不行了，而用 HC 轧机采用适应任意带宽的双向轧辊横移技术(图 5-89*b*)，可以解决这个问题。通过轧辊横移和弯辊系统可实现板形的闭环控制。

适于热轧的 HC 轧机有以下几种类型：(1)HCW 轧机(图 5-90)，其特点是具有工作辊双向横移和正弯辊系统的四辊轧机，适用范围是轧制低碳钢，工作辊直径与带宽比小于 0.30；(2)HCMW 轧机(图 5-91)，其特点是具有中间辊双向横移和工作辊双向横移、正弯辊系统的六辊轧机，适用范围是轧制低碳钢和合金钢，工作辊直径与带宽比小于 0.25，兼备了 HCW 轧机和 HCM 轧机。适于冷轧的 HCM 轧机是一种六辊 HC 轧机，具有中间辊双向横移和工作辊正弯辊系统的主要特点；(3)UCMW 轧机(UCMW 轧机(Universal Crown Control Mill)基本上是一台 HC 轧机，主要增加了中间辊弯辊装置。)(图 5-92)。特点是除具有 HCMW

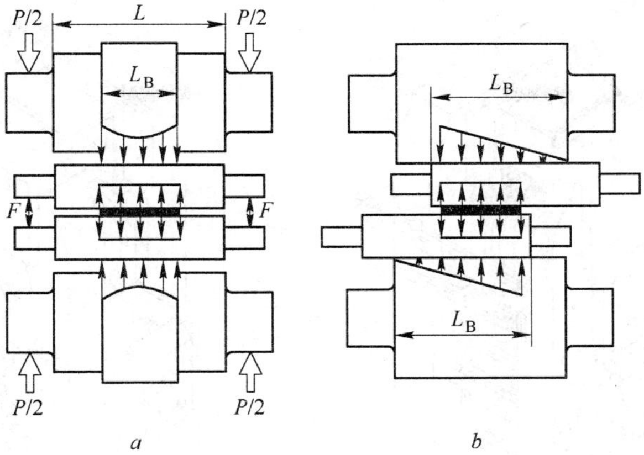

图 5-89 四辊轧机的应力分布

a—阶梯形支撑辊；*b*—双向移动工作辊

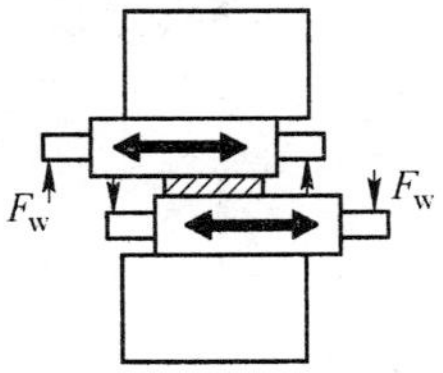

图 5-90 HCW 轧机

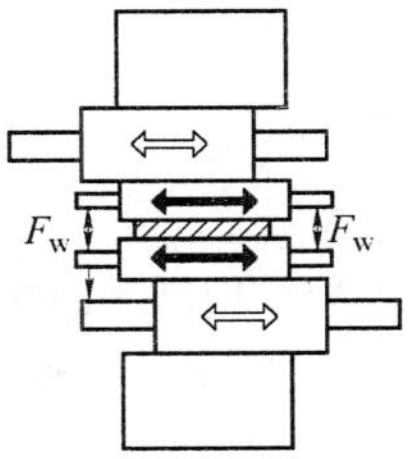

图 5-91 HCMW 轧机

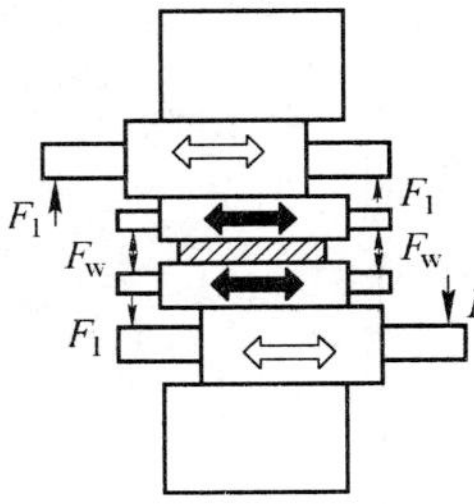

图 5-92 UCMW 轧机

轧机的特点外，还具有中间辊弯辊系统，适用范围是轧制低碳钢、合金钢和超薄钢，工作辊直径与带宽比小于 0.20。

5.2.5.2 HC 轧机结构

HC 轧机结构（图 5-93）与四辊轧机无多大区别，不同的是 HC 轧机有轧辊轴向移动装置。将传统四辊轧机改造成 HC 轧机的方案有两种，一种是在工作辊和支撑辊间加入中间辊，使 6 个轧辊呈一列布置，做成六辊 HC 轧机（用于冷轧机改造）。另一种是在原四辊轧机上，加一套工作辊轴向移动装置，将其做成四辊 HCW 轧机（用于热轧机改造）。本节主要介绍 HC 轧机的适于轧辊轴向移动的弯辊液压缸安装形式和轧辊横移（轴向移动）机构。

A 适于轧辊轴向移动的弯辊液压缸安装形式

以轴向移动工作辊的弯辊液压缸安装形式为例：（1）弯辊液压缸安装在工作辊轴承座 1、2 内（图 5-94*a*），并与工作辊一起进行轴向移动。Mae West 凸台 3、4 固定在机架立柱上；（2）弯辊液压缸安装在 Mae West 凸台 3、4 内（图 5-94*b*）；（3）弯辊液压缸安装在中间梁内（图 5-95）；（4）在传统四辊、六辊轧机中，为了延长轴承寿命，工作辊弯辊力总是通过轴承的中线作用于工作辊轴承座。在轴向移动工作辊系统中，上、下轴承座沿相反方向移动，这使得弯辊力仍要通过轴承中线遇到了问题。下面的方案可以解决这个问题。图 5-96 为轴向移动工作辊系统的可摆动弯辊液压缸。工作辊 3、4 两端的弯辊液压缸 1 与上、下轴承座轴都相连，并能在移动工作辊的过程中，随轴承座一起向前或向后摆动。不足的是产生轴向力。图 5-97 所示为轴向移动工作辊系统的带有滑块的弯辊液压缸。工作辊 1、2 每一端有

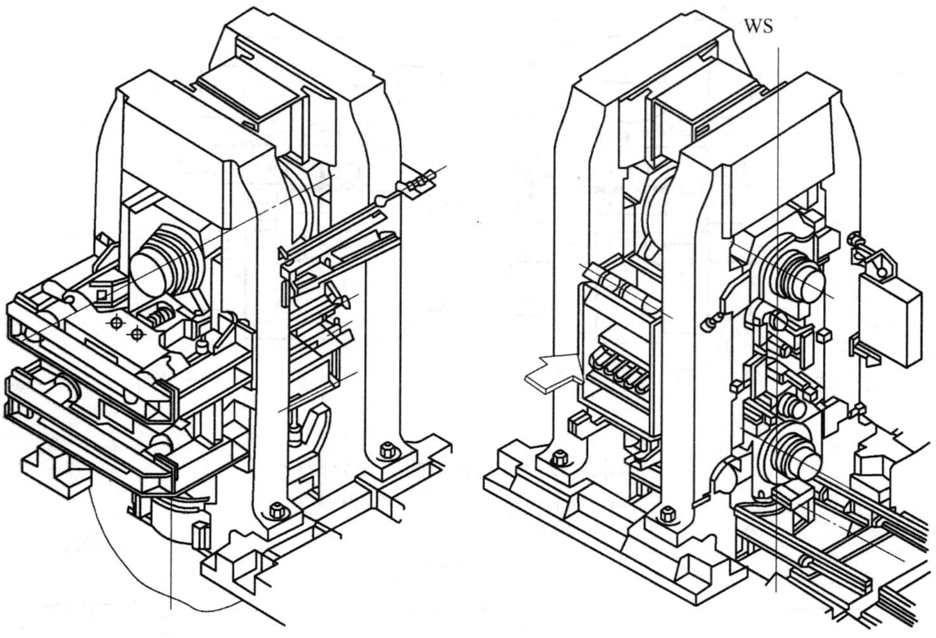

图 5-93　HC 轧机的结构简图

a—传动侧；*b*—操作侧

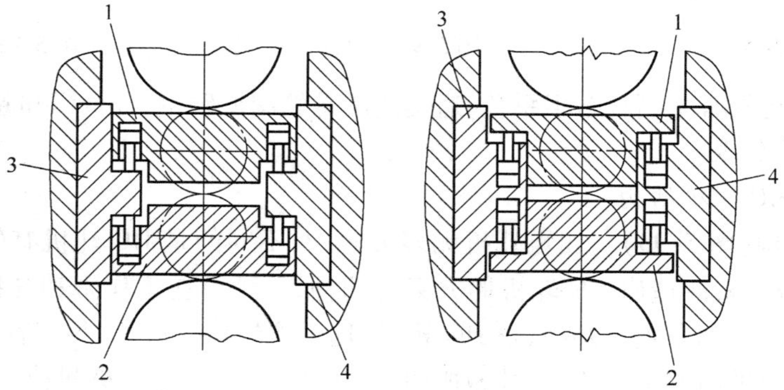

图 5-94　与轧辊横移配合时弯辊液压缸的安装形式

1、2—工作辊轴承座内；3、4—Mae West 凸块内

四个弯辊液压缸 5，弯辊力通过 T 形滑块 4、7 分别作用在每个轴承座 3、8 上。滑块的中柱由一个套固定在 Mae West 凸块 6 内，防止弯辊液压缸的不均匀偏移。

B　轧辊横移机构

图 5-95 为带中间梁的轧辊横移机构。上工作辊 1 的轴承座 2、3，轴承座 2 安装于驱动侧的两个 E 形托架 4、5 之间。E 形托架 4、5 分别固定在机架立柱 6、7 上，轴承座 3 安于操作侧的两个 E 形托架 8、9 之间。E 形托架 8、9 分别固定在机架立柱 10、11 上。四根上、下中间梁 13 ~ 16 支撑在四个 E 形托架上。弯辊液压缸 17 ~ 20 安装在驱动侧中间梁 13 ~ 16 内，在操作侧也有一组同样的弯辊液压缸（图中未示出）。轧辊移动液压缸 22、23 安装在中间梁 13、14 驱动侧，液压缸一端和梁连接，另一端分别与托架 4、5 相连。因为轴承座 2、3 将

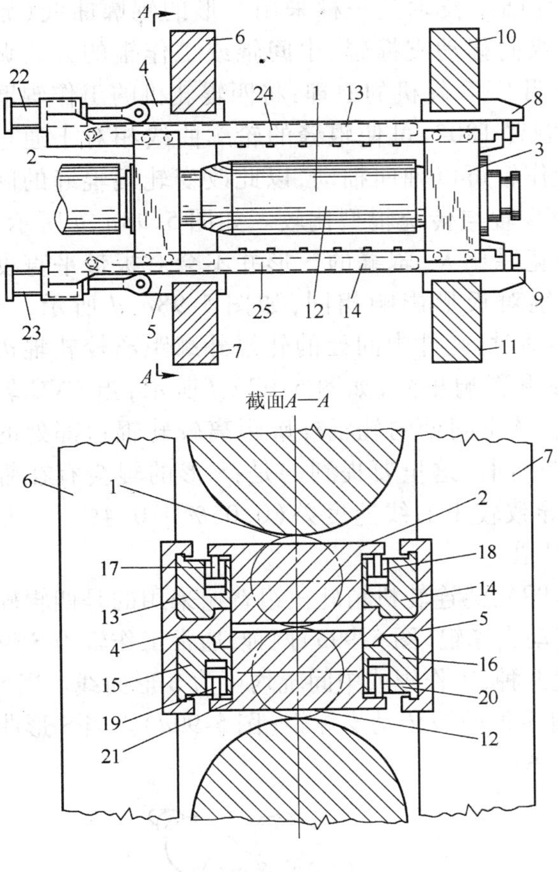

图 5-95 带中间梁的轧辊横移机构且弯辊液压缸安装在中间梁内

1—上工作辊;2、3—轴承座;4、5、8、9—托架;6、7、10、11—机架立柱;12—下工作辊;13~16—中间梁;17~20—弯辊液压缸;21—下工作辊轴承座;22、23—移动液压缸;24、25—设于中间梁(13~16)内的轧辊冷却水集管管孔

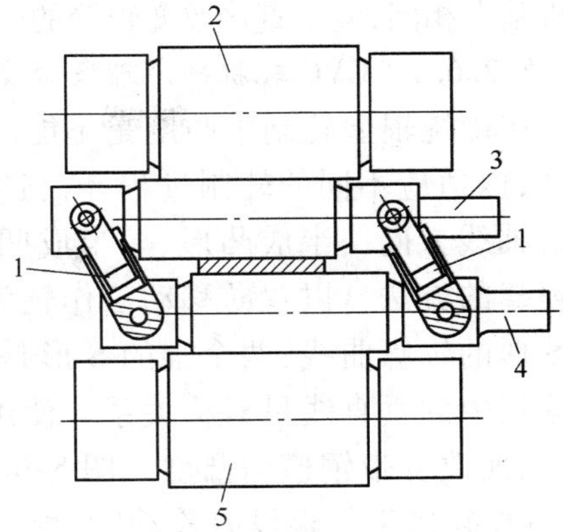

图 5-96 石川岛播磨公司提出的具有可摆动弯辊液压缸的轧辊横移系统

1—弯辊液压缸;2—上支撑辊;3—上工作辊;4—下工作辊;5—下支撑辊

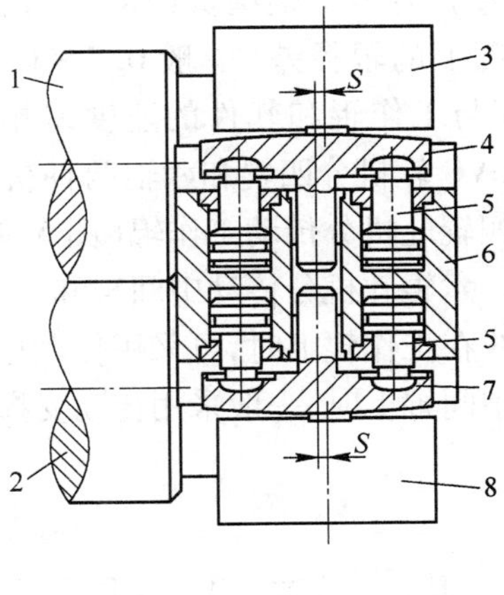

图 5-97 施罗曼 · 西马克公司提出的轧辊横移系统中的弯辊机构

1—上工作辊;2—下工作辊;3—上工作辊轴承座;4—上滑块;5—弯辊液压缸;6—Mae West 凸块;7—下滑块;8—下工作辊轴承座

中间梁与工作辊 1 相连,所以通过液压缸 22、23 的作用,可以使通过轴承座 2、3 与梁连在一起的工作辊 1 以及中间梁 13、14 同时沿轧辊轴向运动。与此同时,下工作辊 12 由下面一组轧辊移动液压缸推动沿相反方向移动。因载有弯辊液压缸的中间梁与工作辊轴承座一起运动,所以弯辊力总是通过轧辊轴承的中心。

5.2.6 CVC 轧机和 WRS 轧机

CVC(continuously variable crown)轧机是由德国施罗曼 · 西马克公司(SMS)1982 年创建的,是一种连续可变凸度轧机,具有轧辊备辊少,轧辊凸度无极调节,调节范围较大,板形控制能力强的特点,适用于热连轧机的上游机架。WRS(work roll shifting)轧机与四辊 CVC

轧机基本相同，但不直接改变辊缝的凸度，适用于热连轧机的下游机架。

5.2.6.1 CVC轧机的原理及分类

在传统辊型轧制中凸度是不能改变的，只有依靠弯辊和喷水等手段来有限地改变凸度，以适应不同的轧制过程。而连续可变凸度技术是一种采用S形的辊廓曲线（辊身沿轴线方向一半成凸形、一半成凹形），双向移动支撑辊、中间辊或工作辊的方式调节辊缝的方法。以双向移动工作辊为例说明CVC轧机的原理：将四辊轧机的工作辊磨成S形的辊廓曲线，两个辊的S形是互相倒置180°，可使辊缝的轮廓曲线相对于通过辊缝正中的垂直线呈对称关系。使用时工作辊可以轴向抽动，以此改变轧辊辊缝的间距，从而改变带钢横向凸度。图5-98为CVC辊与传统辊型比较。如图5-98*a*、*b*所示，当CVC轧机工作辊没有移动时，由于板带宽厚比大，辊缝的S形并不会对板带平直度造成可以检测到的影响。与传统辊型平辊对板形影响相同；如图5-98*c*、*d*所示，当CVC轧机上、下工作辊分别向右、左对称移动时，轧件中间处的轧辊外廓距离较轧辊边部处的辊缝小。与传统辊型正凸度辊对板形影响相同；如图5-97*e*、*f*所示，当CVC轧机上、下工作辊分别向左、右对称移动时，轧件中间处的轧辊外廓距离较轧辊边部处的辊缝大。与传统辊型负凸度辊对板形影响相同。这里要提到的是：S形的辊会有在辊身长度上的辊径差（一般0.3～0.8mm），导致较小的线速度差（0.05%～0.4%）。然而，其与工作辊和轧件的速度差相比微不足道。

CVC轧机分四辊和六辊两种机型（图5-99），热连轧机精轧机组普遍采用的是四辊轧机。四辊轧机分传动工作辊（图5-99*a*）和传动支撑辊（图5-99*b*）两种，通常工作辊为S形曲线。六辊轧机分传动中间辊和传动支撑辊两种，工作辊或中间辊均可为S形曲线。当S形曲线在工作辊上时，可采用传动中间辊（图5-99*c*）或传动支撑辊（图5-99*d*）。当S形曲线在中间辊上时，一般采用传动支撑辊（图5-99*e*）。

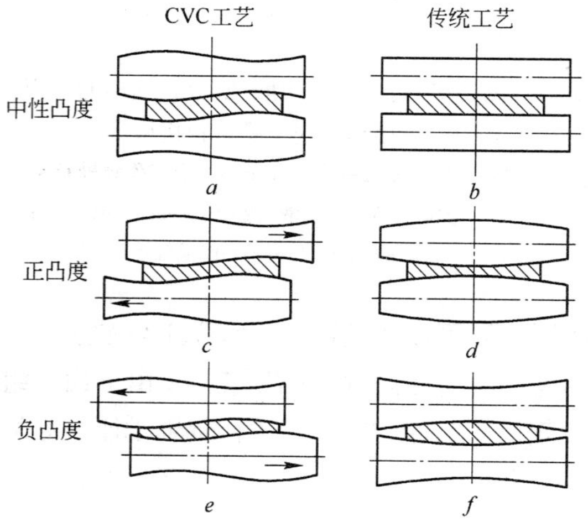

图5-98　CVC与传统辊型比较

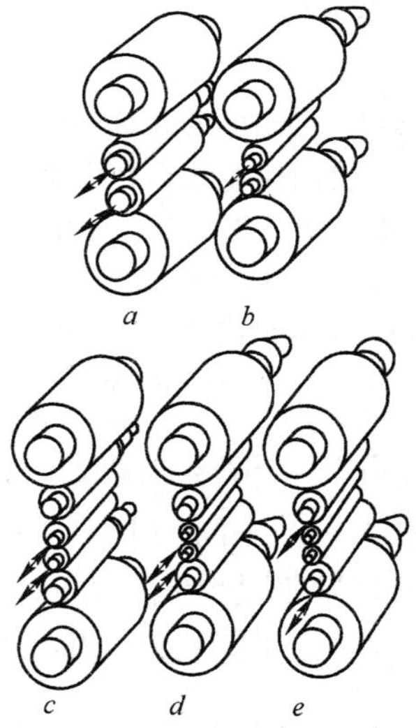

图5-99　CVC轧机类型

a—传动工作辊的四辊轧机；*b*—传动支撑辊的四辊轧机；
c—工作辊为S形曲线辊时，传动中间辊的六辊轧机；
d—工作辊为S形曲线辊时，传动支撑辊的六辊轧机；
e—中间辊为S形曲线辊时，传动支撑辊的六辊轧机

5.2.6.2 CVC 轧机结构

本节主要介绍 CVC 轧机的轧辊弯辊和轧辊横移(轴向移动)机构。可参考 HC 轧机的适于轧辊轴向移动的弯辊液压缸安装形式和轧辊横移(轴向移动)机构。

A 轧辊平衡与弯辊机构

图 5-100 为某热轧厂 CVC 四辊轧机轧辊平衡与弯辊机构。将工作辊液压缸体 5(兼上辊平衡、下辊压紧、正弯辊功能)等零件组成一个共同的套装缸体,装在嵌于牌坊 1 上的凸块 2 中,便于工作辊及其轴承座能在机架中轴向移动。缸体 5、下部缸套 7 可与上隔离套 4、内隔离套 16、中间隔离套 6、下隔离套 8 相对滑动。缸体内装有活塞杆 15,上腔为无杆腔。当上腔进油时,下腔回油,此时上部缸体上升,同时活塞杆 15 通过挺杆 11 带动下部缸套 7 下降,完成上辊平衡、下辊压紧、正弯辊功能。

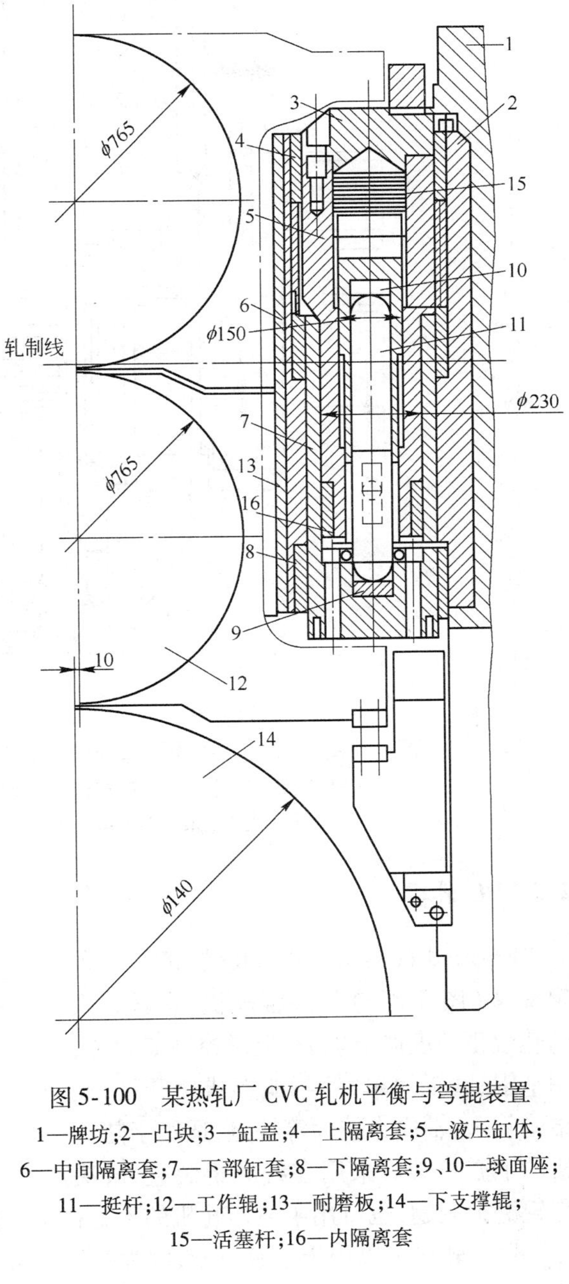

图 5-100 某热轧厂 CVC 轧机平衡与弯辊装置

1—牌坊;2—凸块;3—缸盖;4—上隔离套;5—液压缸体;6—中间隔离套;7—下部缸套;8—下隔离套;9、10—球面座;11—挺杆;12—工作辊;13—耐磨板;14—下支撑辊;15—活塞杆;16—内隔离套

B 轧辊横移机构

图 5-101 为某热轧厂 2050 轧机 CVC 轧辊横移机构。工作辊横移液压缸体 3 装在操作侧牌坊上的凸块 2 中。活塞杆 9 的头部通过法兰盘和螺栓与外衬套盖 8、外衬套 1 固接。外衬套内壁上装有两个隔离套和一个中间套,可与缸体作相对滑动。当活塞两侧有压差时,活塞杆带动外衬套盖、外衬套及工作辊一同作轴向移动。圆柱销 4、能作旋转运动的锁紧块 6 用于外衬套及工作辊定位。

5.2.6.3 WRS 轧机简介

WRS 轧机(work roll shifting)与四辊 CVC 轧机基本相同,上、下工作辊也可以沿周向按相反的方向移动,移动量较大(一般 ±150 ~ 250mm)。不同的是:(1)工作辊辊身长度等于支撑辊辊身长度与轴向移动总行程之和,轴向移动时工作辊与支撑辊接触长度不变(图 5-102);(2)工作辊采用平辊或传统凸辊;(3)工作辊轴向移动的目的不是直接改变辊缝的凸度,而是使轧辊热凸度、磨损分散和平缓。

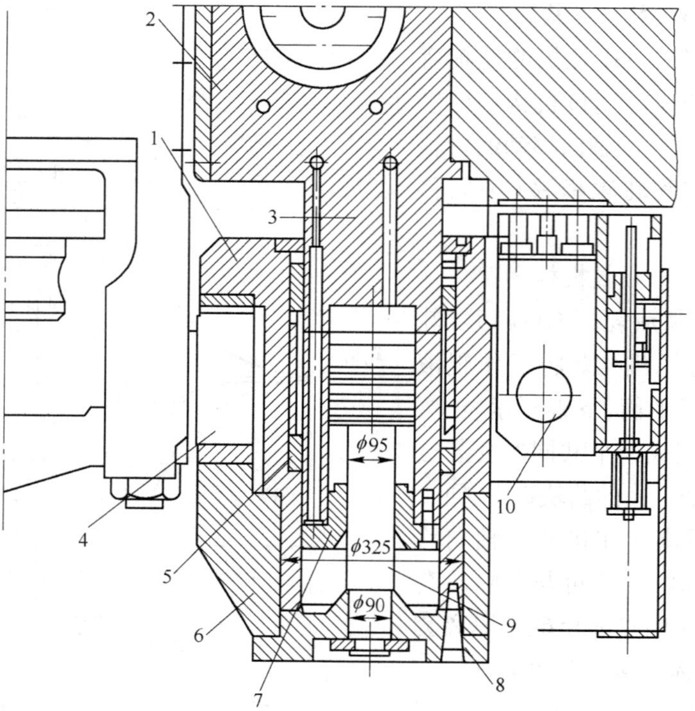

图 5-101　某热轧厂 2050 轧机 CVC 轧辊的轴向移动装置

1—CVC 移动缸外衬套；2—牌坊凸块；3—液压缸体；4—圆柱销；5—隔离套；6—锁紧块；7—液压缸盖；8—外衬套盖；9—活塞杆；10—定位销

5.2.7　PC 轧机

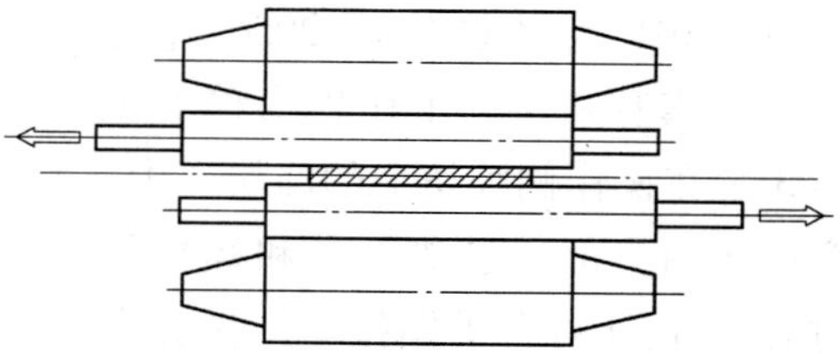

图 5-102　WRS 轧机

PC(paired crossed roll mill)轧机是一种对辊交叉(图 5-82*c*)的四辊轧机，它具有很强的轧辊正凸度调节能力，板形控制能力强，使用平辊、磨辊简单，但不能形成负凸度，设备结构复杂，轴向力较大等特点，适用于热连轧机的上游机架。采用在线磨辊装置，解决工作辊磨损问题，也可用于热连轧机的下游机架。此外，对辊交叉与工作辊横移相结合的轧机——PCS 轧机可以用于下游机架，因为对辊交叉保证凸度控制，工作辊横移使轧辊辊面磨损均匀。

1932 年美国就把轧辊成对水平交叉技术用于轧辊截面的控制上，但当时没有解决轧辊交叉产生轴向力的问题。日本新日铁和三菱重工业公司联合开发了 PC 轧机。

5.2.7.1　PC 轧机的原理

PC 轧机与一般四辊轧机的不同是将平行布置的轧辊改变成交叉布置，只要改变交叉角，就能改变轧辊凸度。在轧制过程中，当离开中心的距离越大时，辊缝也增大，与工作辊凸度变化等效控制板带凸度(图 5-103)。最大交叉角为 1.5°。当交叉角为 1°时，轧辊凸度可达 1000μm。

5.2.7.2 PC 轧机结构

PC 轧机结构与一般四辊轧机相比，仅增加了轧辊交叉和止推支承两套机构。

图 5-104 为 PC 轧机结构简图。上、下工作辊轴承座 3、4 分别装在上、下支撑辊轴承座 7、8 中，上工作辊 1 与上支撑辊上 5 轴线保持平行。上、下支撑辊轴承座的位置设定机构 9、10 固定在机架 11 的两侧。上支撑辊轴承座通过摩擦力减小机构 12 由平衡梁 13 来支承，轧制力通过平衡梁和压下螺丝 14 传给机架。下面一对轧辊承受的轧制力，则通过摩擦力减小机构、换辊台车 15、液压千斤顶 16 传给机架。上、下工作辊轴承座的位置设定机构 17、18。

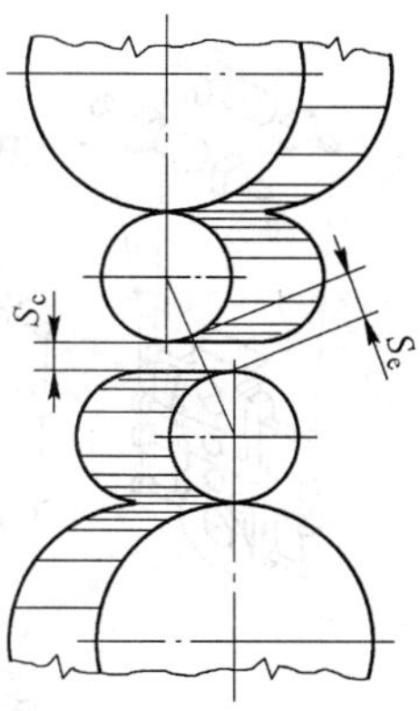

图 5-103 PC 轧机的等效轧辊凸度

S_c—轧辊中部辊缝；S_e—轧辊边部辊缝

图 5-105*a* 为轧辊交叉机构。电机 1 通过蜗轮蜗杆 3、叉头 4 推动各组轧辊，调节交叉辊。图 5-105*b* 为每个工作辊的止推支承机构。在工作辊的操作侧，有一个带有止推轴承的工作辊轴承座 6，一个四连杆机构 8 及一组轮子 7 结构。它们将工作辊产生的轴向推力传给轧机牌坊。

5.2.8 VC 轧机

VC 轧机(variabl crown roll)是日本住友金属公司 1974 年研制的柔性辊身可变凸度轧辊轧机，始用于二辊平整机，后用于四辊轧机的支撑辊，即可变凸度支撑辊。

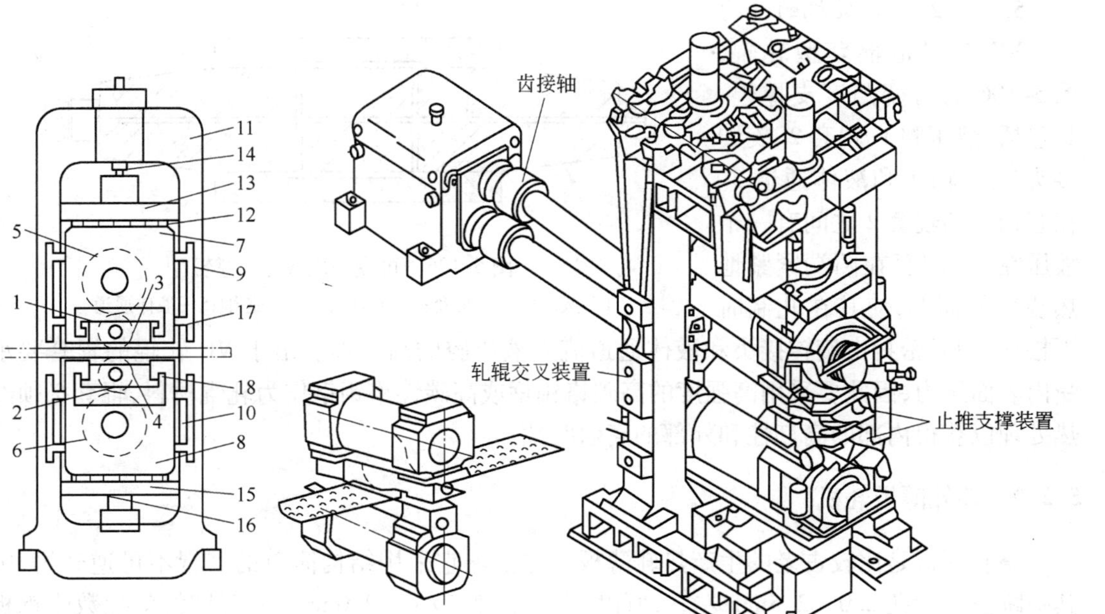

图 5-104 PC 轧机的结构简图

1—上工作辊；2—下工作辊；3，4，7，8—轴承座；5—上支撑辊；6—下支撑辊；9，10，17，18—设定机构；11—机架；12—摩擦力减小机构；13—平衡梁；14—压下螺丝；15—换辊台车；16—千斤顶

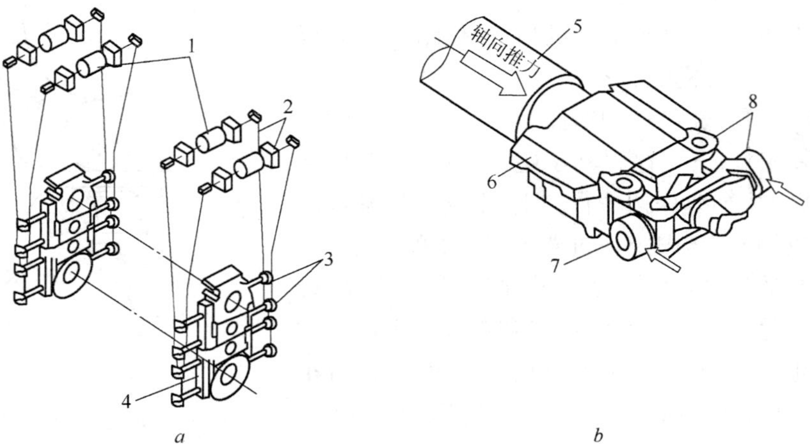

图 5-105　PC 轧机的轧辊交叉、止推支承机构

a—轧辊交叉机构;*b*—止推机构

1—电机;2—离合器;3—蜗杆;4—叉头;5—工作辊;6—工作辊轴承座;7—轮子;8—四连杆机构

5.2.8.1　VC 轧机的原理

VC 轧辊是利用置于轧辊内的液压或机械装置,对轧辊外壳产生径向压力,来改变轧辊外形凸度。辊套膨胀产生的凸度和内部压力成正比,最大凸度取决于轧辊设计。VC 轧辊与工作辊弯辊结合使用,会导致带钢板形出现从边浪到中间浪的变化,因此,可对带钢板形的中间浪和边浪进行控制。

5.2.8.2　VC 轧机的结构

VC 轧辊是辊套型轧辊,图 5-106 为可变凸度支撑辊,其包括:液压腔 1、辊套 2、旋转接头 3、芯轴 4 和液体通道 5。在芯轴 4 和辊套 2 之间有一个液压腔 1。辊套在两端紧紧地热装在芯轴上,使其在轧制时不松动,同时密封由旋转接头和液体通道流入液压腔的高压油。由于 VC 轧辊的辊套要承受内表面压力,因此要采用高强度的高碳铬钼钢或高碳镍铬钼钢作为轧辊材料,辊套必须经热处理以获得内部的高韧性和外部的高耐磨性。

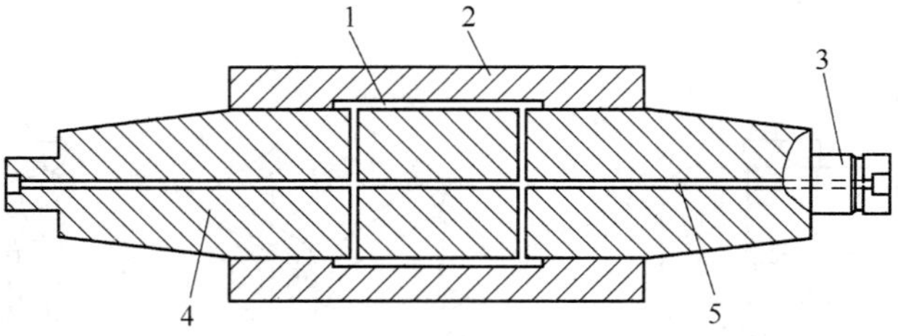

图 5-106　可变凸度 VC 支撑辊

1—液压腔;2—辊套;3—旋转接头;4—芯轴;5—液体通道

5.2.9　叠轧薄板轧机

叠轧薄板是比较古老的生产热轧薄板的方法。它采用结构简单的二辊不可逆轧机,因其弹跳值一般在 2.0 ~ 2.5mm 左右,所以,当轧制厚度小于 2.0mm 的产品时,就把数张钢板叠放在一起送进轧机进行轧制,否则就无法轧出。如轧制厚度为 0.6 ~ 0.5mm 的产品时,就需要 4 ~ 6 片叠轧。一般叠轧薄板成品规格:(0.35 ~ 2) mm × (750 ~ 1000) mm × (1500 ~ 2000) mm。

叠轧薄板是周期式轧制,即钢板每轧一道次后,利用摆动台将钢板从轧辊上方送回,反复进行轧制，如图 5-107 所示，主要产品工艺流程如图 5-108 所示。通常的叠轧薄板车间平面布置如图 5-109 所示。叠轧薄板车间设备布置形式有两种：纵列式布置（图 5-110*A*）和横列式布置（图 5-110*B*）。

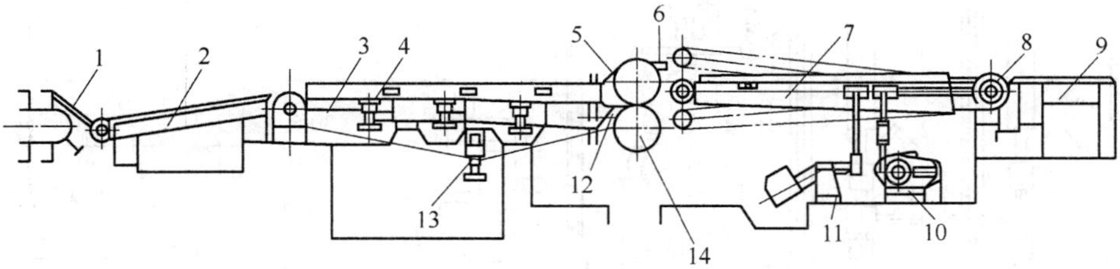

图 5-107 叠轧薄板周期式轧制过程

1—出炉滑架；2—炉前链条；3—机前固定台；4—拍摄机；5—前滑架；6—上滑架；7—机后摆动台；8—缝轮装置；9—垛板台；10—升降传动装置；11—重锤平衡装置；12—前导板；13—重锤张紧装置；14—轧辊

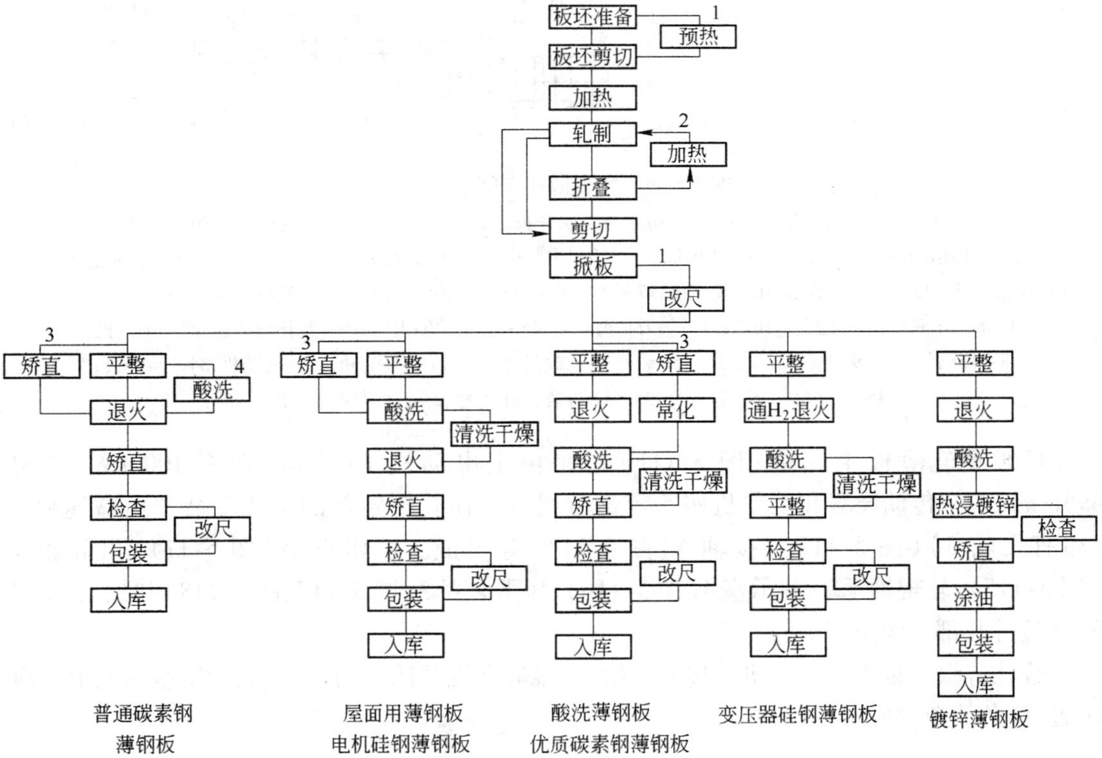

图 5-108 主要产品工艺流程

1—生产高硅钢时的流程。预热及操作时，板温应为 200～300℃；

2—生产厚度 $H \leqslant 0.6$mm 的薄钢板流程；

3—生产厚度 $H \geqslant 1.2$mm 的薄钢板流程；

4—在用户提出要求时的流程

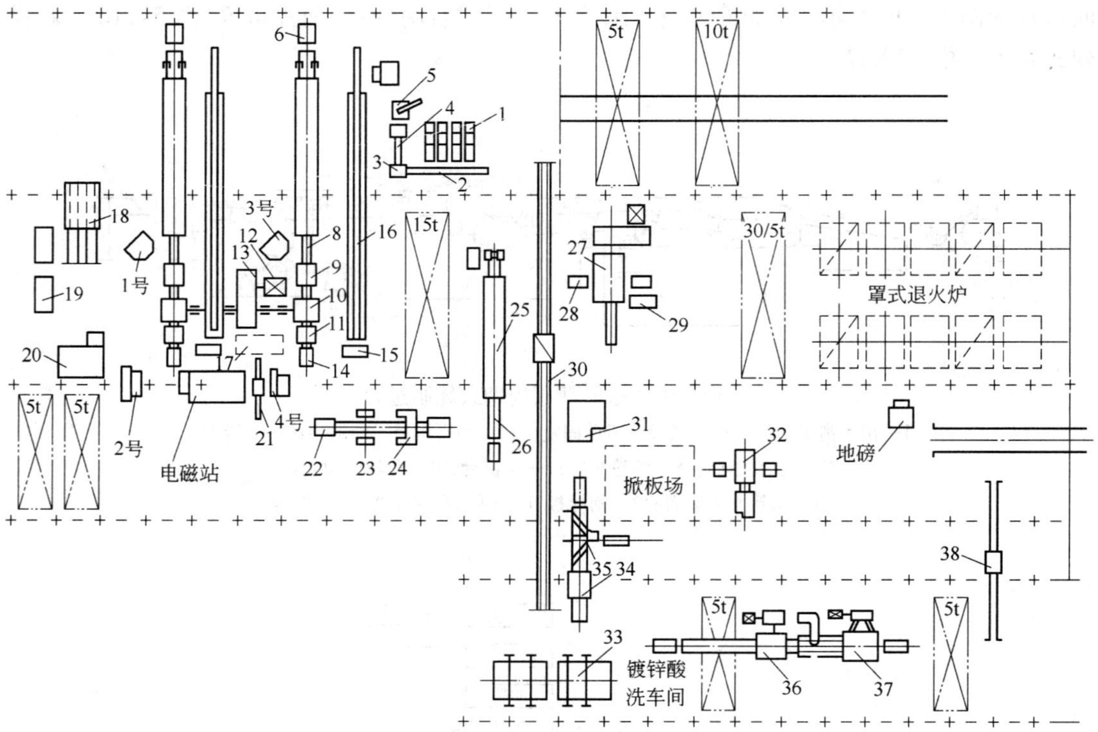

图 5-109　叠轧薄板车间平面布置

1—板坯上料台架；2—输入辊道；3—70t 板坯剪；4—板坯输出链；5—板坯提升机；6、22—5t 升降台；
7—链式加热炉；8—炉后输出链；9—机前固定台；10—主轧机；11—机反被动台；12—主电动机；13—主减速机；
14—机后台架；15—地上折叠机；16—返回链；17—地下油库；18—电感应加热器；19—轧辊台架；20—轧辊缓冷坑；
21、38—5t 平车；23—圆盘剪切机；24—斜刀片剪切机；25—常化炉输出链；26—常化炉底链；27—平整机；
28—15t 升降台；29—检查台架；30—15t 平车；31—改尺剪；32—21 辊矫直机；33—酸洗机；34—清洗机；
35—干燥机；36—镀锌机；37—13 辊矫直机；1 号、2 号、3 号、4 号—操作台

1200 叠轧薄板主轧机（图 5-111）也是由主电动机 1（交流、功率 1000kW、转速 495r/min）、主传动装置和工作机座 5 等部分组成。使轧辊转动的主传动装置由减速机 2（带有飞轮 3）（图 5-112）、接轴 4（图 5-113）等组成。工作机座（图 5-114）由轧辊 1（图 5-115）、轧辊轴承 2、轴承座 4（图 5-116）、压下装置 3（图 5-117、图 5-118）和机架 5（图 5-119）等几部分组成。

叠轧薄板二辊不可逆轧机只传动下辊，上辊靠下辊摩擦带动，所以无齿轮座和上辊平横装置，设备简单、经济。

5.2.10　炉卷轧机

第一台炉卷轧机 1932 年创于美国，1949 年用于工业化生产。炉卷轧制是将板卷放置在加热炉内，边加热边轧制的方法。它可解决薄板带降温快的问题，同时可用较少的设备生产热轧板卷，适合中小企业生产板卷。但是此种轧制的产品质量差、消耗高、工艺复杂。

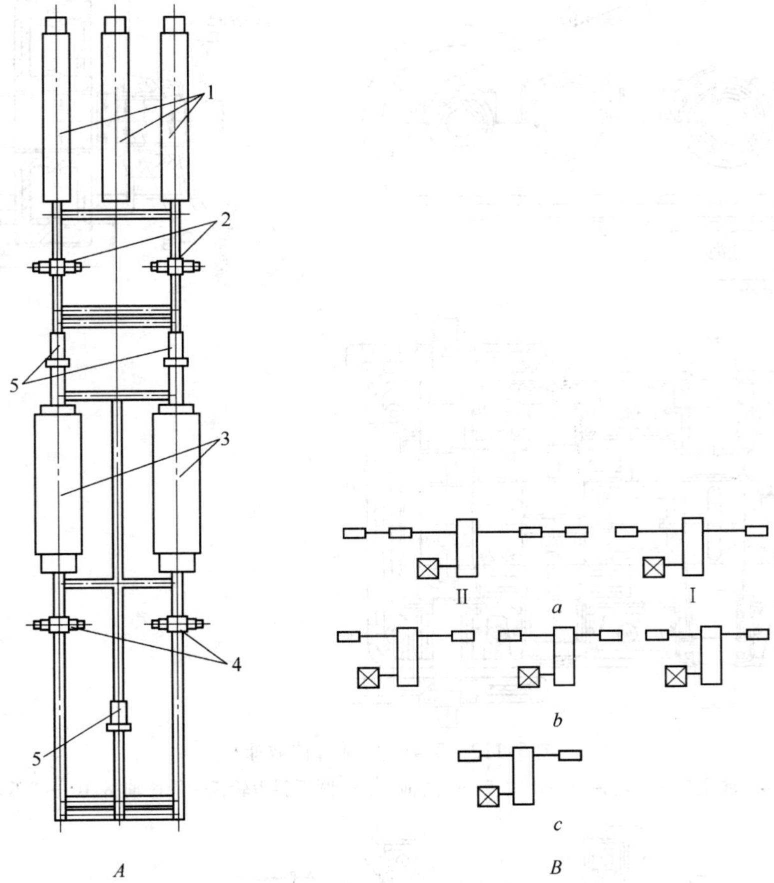

图 5-110 叠轧薄板车间设备布置的两种形式

A—纵列式布置：
1—板坯加热炉；2—三辊劳特开坯机；3—叠板加热炉；4—二辊叠轧机；5—折叠机

B—横列式布置形式：
a—三辊劳特轧机开坯（Ⅰ）、二辊轧机精轧（Ⅱ）；*b*—六机座布置；*c*—两机座布置

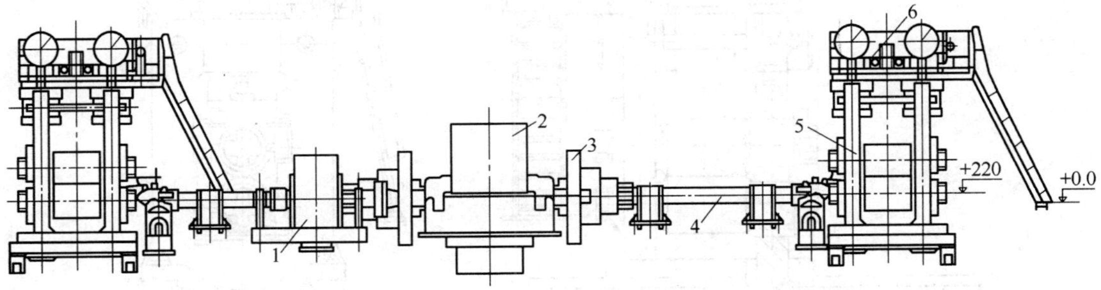

图 5-111 主机列

1—电动机；2—减速器；3—飞轮；4—接轴；5—工作机座；6—压下装置

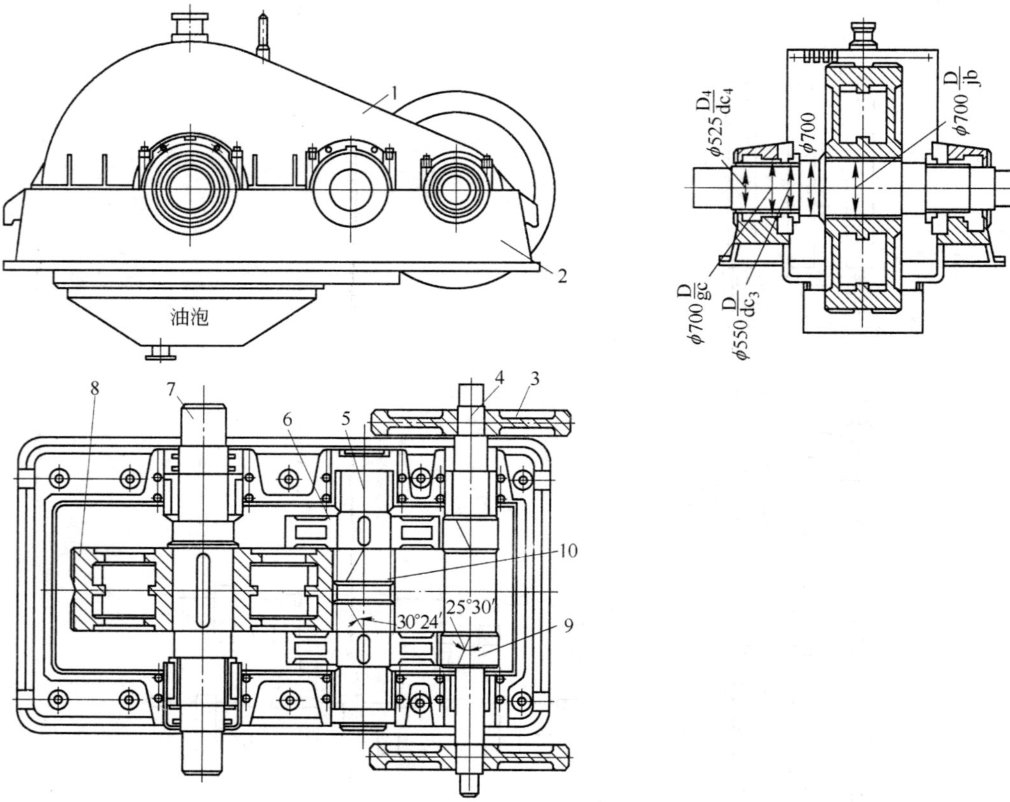

图 5-112　3.4m 圆弧齿轮减速机

1—箱盖;2—底座;3—飞轮;4—高速轴;5—中间轴;6、9—圆弧斜齿轮;7—低速轴;8、10—圆弧人字齿轮

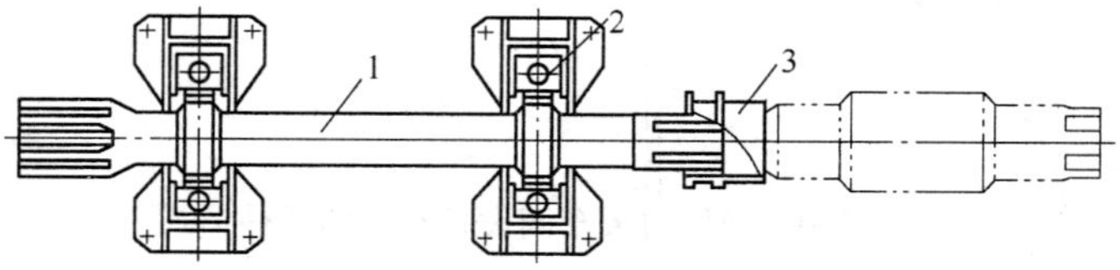

图 5-113　接轴

1—接轴;2—托架;3—梅花套

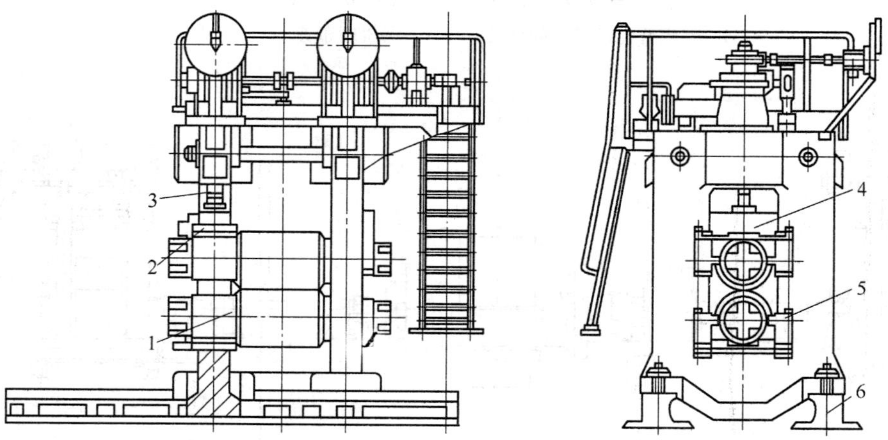

图 5-114　工作机座

1—轧辊;2—轴承;3—压下装置;4—轴承座;5—机架;6—地脚板

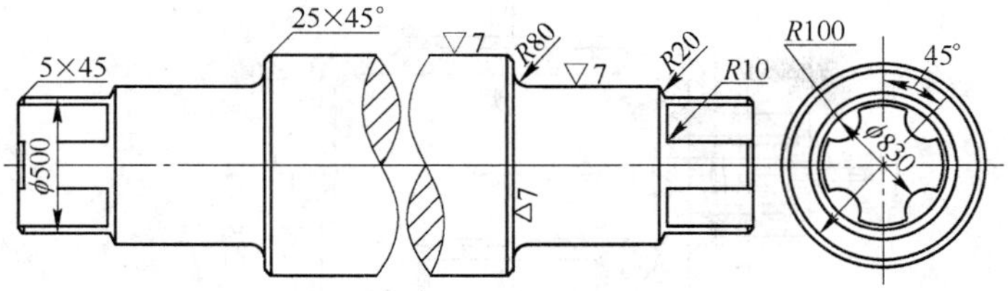

图 5-115 轧辊

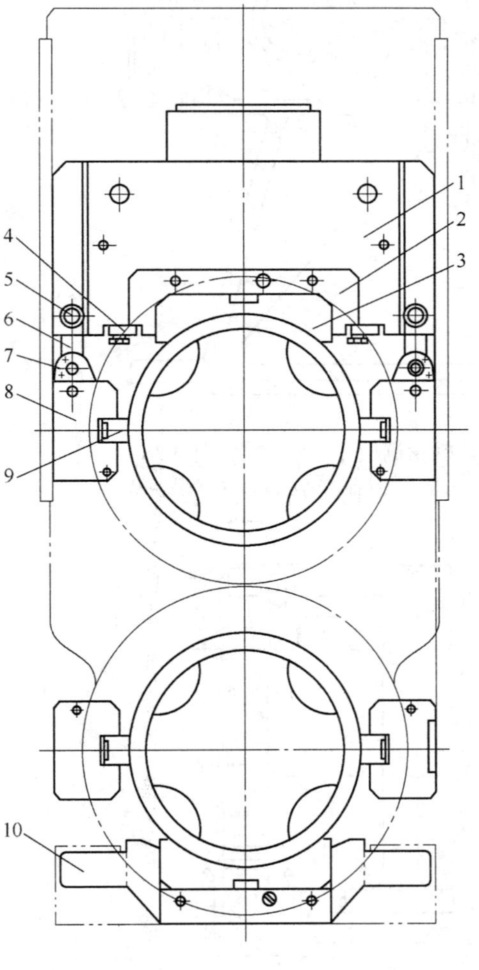

图 5-116 轧辊轴承

1—上轴承座;2—轴承盒;3—主瓦;4—压板;5、7—轴;6—拉杆;8—侧瓦座;9—侧瓦;10—下轴承座

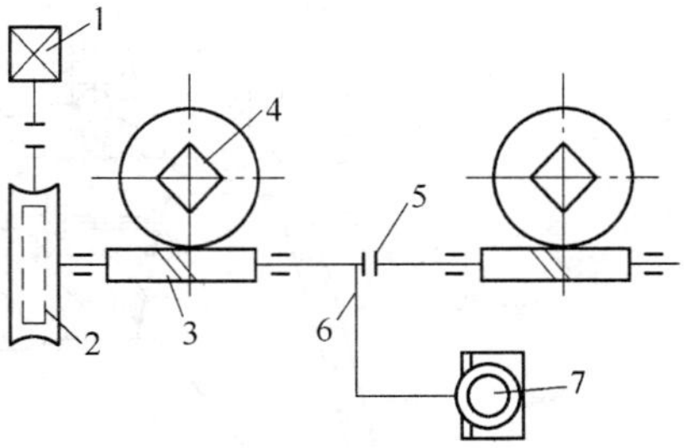

图 5-117 两级蜗轮蜗杆传动

1—电动机;2、3—蜗轮蜗杆;4—压下螺丝;5—离合器;6—拨叉;7—电磁铁

日本新日铁周南工厂炉卷轧机车间平面布置如图 5-120 所示。热轧设备有四辊可逆初轧机（ϕ914/1370mm × 1470mm，立辊 ϕ1240mm × 505mm）一架和四辊炉卷轧机（工作辊 ϕ600mm × 1500mm，支撑辊 ϕ1240mm × 1470mm）一架。其初轧机具有将钢锭轧成板坯、轧制中厚板和轧制钢卷的粗轧机三个功能。年产 18 万 t。钢锭尺寸厚度 × 宽度：540mm ×（625 ~ 1330）mm，重 7900kg；连铸坯尺寸厚度 × 宽度 × 长度：（130 ~ 155）mm ×（850 ~ 1330）mm ×（4350 ~ 10000）mm。成品尺寸，钢卷（2.7 ~ 9）mm ×（625 ~ 1300）mm，卷重 7.5t，中厚板（15 ~ 45）mm ×（625 ~ 1250）mm × 3050mm。

2300/1700 炉卷轧机主轧线设备布置如图 5-121 所示。该车间由两架粗轧机，即二辊可逆轧机（ϕ1100mm × 2300mm）3、四辊万能轧机（ϕ750/1400mm × 2300mm）4 和 1 架四辊炉卷轧机（ϕ750/1400mm × 1700mm）10 组成，除生产板卷外，还生产中板。由粗轧机轧成的 15 ~ 20mm 带坯，送入炉卷轧机反复轧制 3 ~ 7 道，随后进入卷取机 11 卷取。

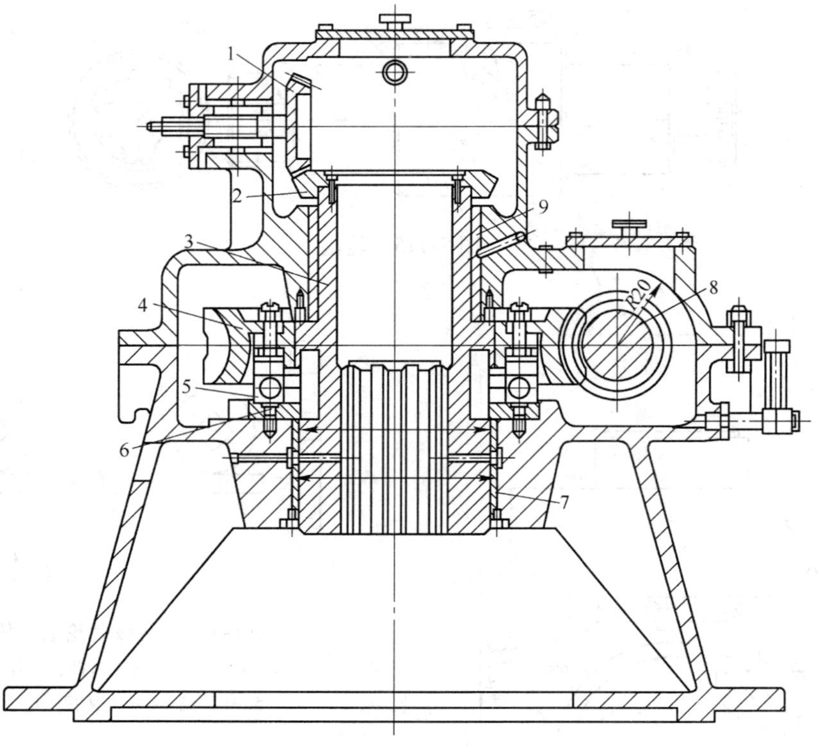

图 5-118　压下螺丝蜗轮机构

1、2—圆锥齿轮；3—蜗轮轮毂；4—蜗轮轮缘；5—推力轴承；6—轴承垫；7、9—衬套；8—蜗杆

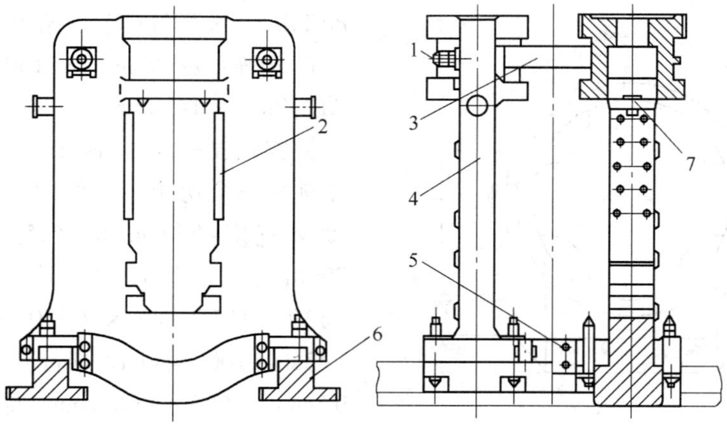

图 5-119　机架装配图

1—拉杆；2—滑板；3—上横梁；4—机架；5—下横梁；6—地脚板；7—压板

炉卷轧机轧制过程如图 5-122 所示。当第一道带坯头部出炉卷轧机后(向左)，左边升降导板 4 抬起，引头部入左边炉内卷取机中卷取。带坯在炉卷轧机和卷取机间有一个不大的张力。当第一道带坯尾部出炉卷轧机后，左边拉辊 2 下降，机组反转，开始第二道轧制，此时右边拉辊、降导板抬起，将带坯导入右边炉内卷取机中进行卷取，如此往复。

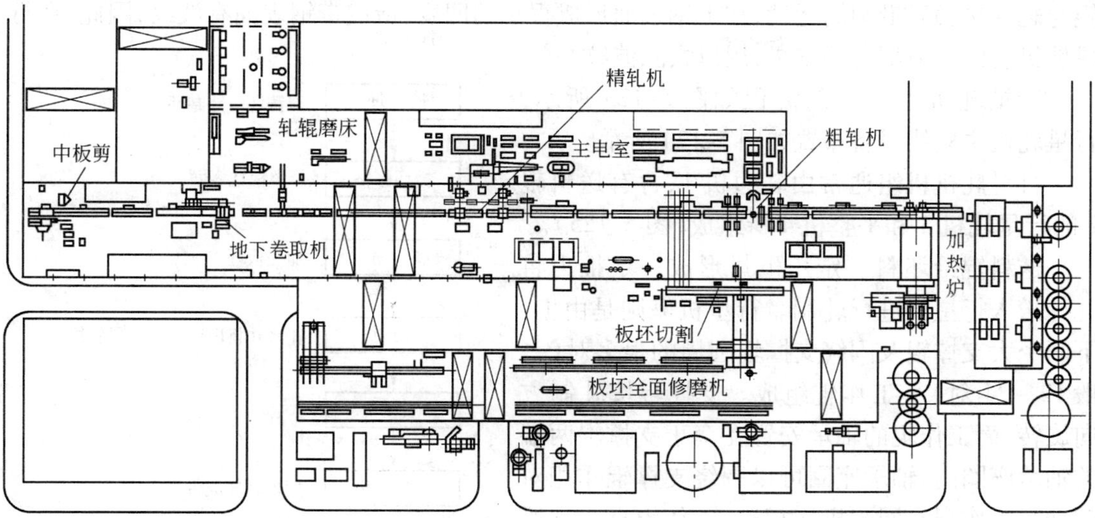

图 5-120 周南工厂炉卷轧机车间平面图

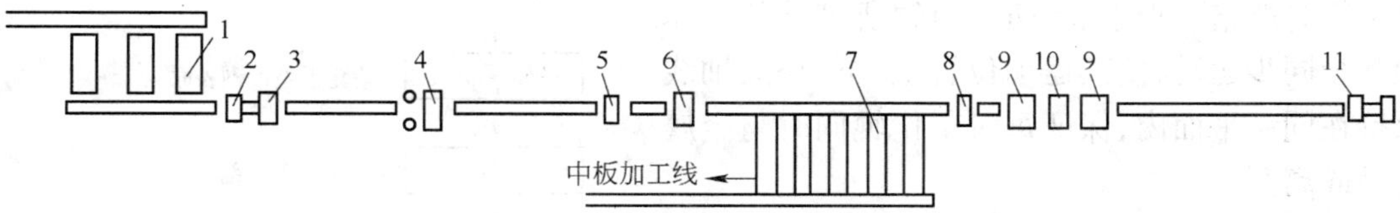

图 5-121 2300/1700 炉卷轧机主轧制线设备布置图

1—加热炉;2—高压水除鳞;3—二辊可逆式轧机(ϕ1100mm × 2300mm);4—四辊万能轧机(ϕ750/1400mm × 2300mm);5—斜刃剪;6—矫直机;7—冷床;8—飞剪;9—炉内卷取机;10—四辊炉卷轧机(ϕ750/1400mm × 1700mm);11—卷取机

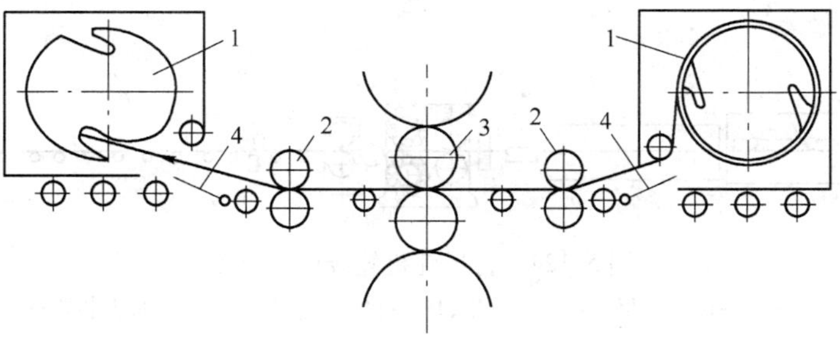

图 5-122 炉卷轧机轧制过程

1—卷取机;2—拉辊;3—工作辊;4—升降导板

5.2.11 行星轧机

行星轧机设计思想始于 20 世纪 40 年代初,1950 年建成第一台行星式轧机,它具轧制压力小、压下量大(压下率 ε 达 90% ~95%)、生产过程简单等特点。用于生产热轧带钢卷,国外多用于不锈钢带生产。行星轧机是在大直径支撑辊周围安装多个小直径工作辊,通过驱动支撑辊使工作辊既绕本身轴线自转,又绕支撑辊轴线公转,形成行星运转。因行星辊没有自动咬入轧件的能力,需送料辊以 15% ~20% 的压缩率送板坯进入行星轧机。由于行星辊与轧件接触后沿圆周运动,在带钢表面形成很小的凹度,造成带钢表面有波纹,因此,在行星轧机后面一般配有平整机,用以去除波纹。

行星轧机生产工艺流程如图 5-123 所示。行星轧机主轧线设备布置如图 5-124 所示。

行星轧机机组通常由轧边机 1、含有送料辊 2 的行星轧机 3 和平整机 4 所组成(图 5-125)。

送料辊给坯料一定压下量形成一定推力将轧件送入行星辊进行轧制。行星机座则是由上、下两个大支撑辊及围绕支撑辊圆周的很多对(一般 12 ~24 对)小工作辊组成。支撑辊按轧制方向旋转,而工作辊的轴承安置在套于支撑辊两端的轴承座圈内,轴承座圈可以围绕支撑辊作相对转动。工作辊有同步机构相连,工作辊靠与支撑辊间的摩擦力带动,可绕支撑辊作行星运转。轧机工作时严格要求上、下两支撑辊所带动的工作辊互相同步运转,使其运动位置上、下对称,轴线保持在同一平面内,保证每对工作辊同时与金属接触或离开。

单辊行星轧机(图 5-126)只采用一个下辊是行星辊,而上辊与普通轧机一样,是一个平辊,板坯在大直径的上辊和小直径的行星工作辊之间进行轧制。

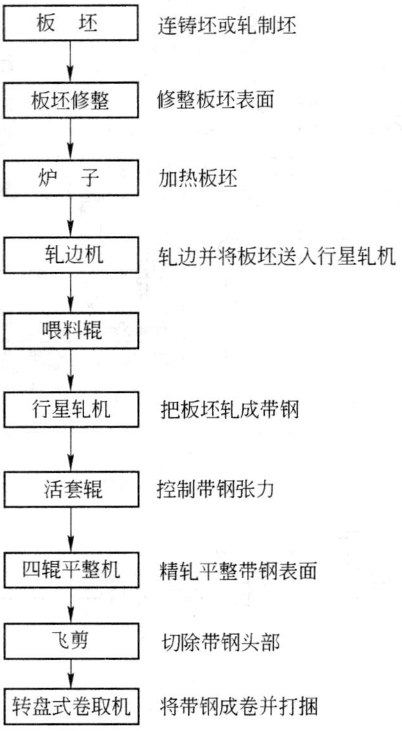

图 5-123　行星轧机生产工艺流程

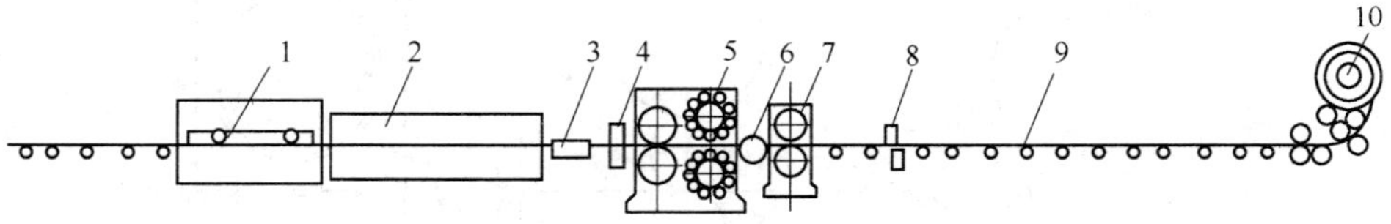

图 5-124　行星轧机轧线设备布置

1—加热炉;2—保温炉;3—立辊;4—除鳞;5—行星轧机;6—张力装置;7—平整机;8—飞剪;9—辊道;10—卷取机

5.3　冷轧板带钢轧机

冷轧板带钢生产始于 20 世纪 20 年代,20 年代初美国先后在不可逆轧机、单机可逆轧机上轧出宽板,于 1924 年、1926 年相继建成了世界上第一套 3 机架四辊式冷连轧机、第一套 4 机架四辊式冷连轧机,随后又于 20 世纪 50 年代、60 年代建成了 5 机架冷连轧机、6 机架冷连轧机。1925 ~1930 年、1932 年先后出现了 W. 罗恩(Rohn)多辊轧机、T. 森吉米尔(Sendzimir)多辊轧机。为灵活调控板形又出现了 1953 年由联邦德国施罗曼公司建成的偏八辊式(MKW)轧机、1971 年美国出现了泰勒(TayLor)轧机、1972 年由日本日立公司发明的

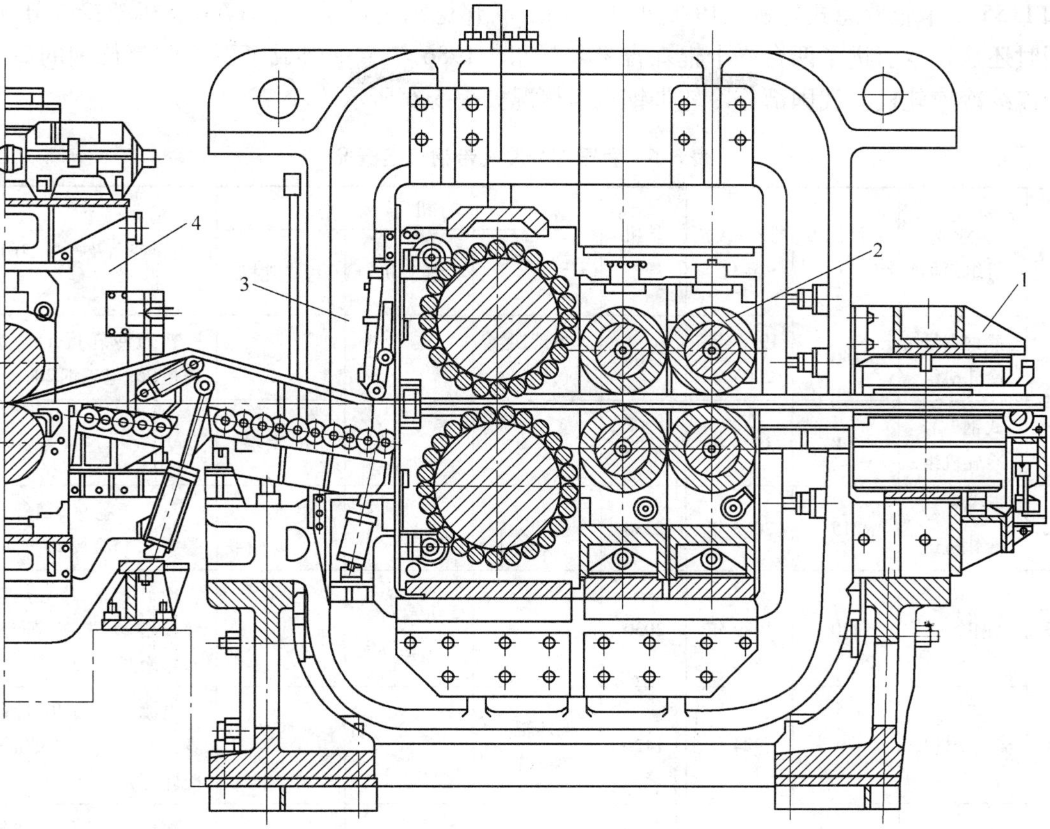

图 5-125 行星轧机

1—轧边机；2—送料辊；3—行星轧机；4—平整机

六辊 HC 轧机、1984 年获得专利的德国 SMS 公司创建的 CVC 轧机、1982 年日本钢管公司和石川岛播磨重工研制了 FFC(flatness flexible control mill)轧机、1990 年日本 ME(minimum edge drop)轧机等新型轧机。自 20 世纪 50 年代起，世界各国开始研究异步轧制理论和技术。1971 年日本 NKK 公司建成的 1425 5 机架四辊式全连续冷轧机（无头轧制式冷轧机）是世界上第一套全连续冷轧宽带钢轧机。1981 年新日铁君津厂出现了酸洗 - 冷轧联合机组。1987 年新日铁广畑厂又出现了世界上第一套酸洗 - 冷轧 - 退火 - 平整全连续联合机组。

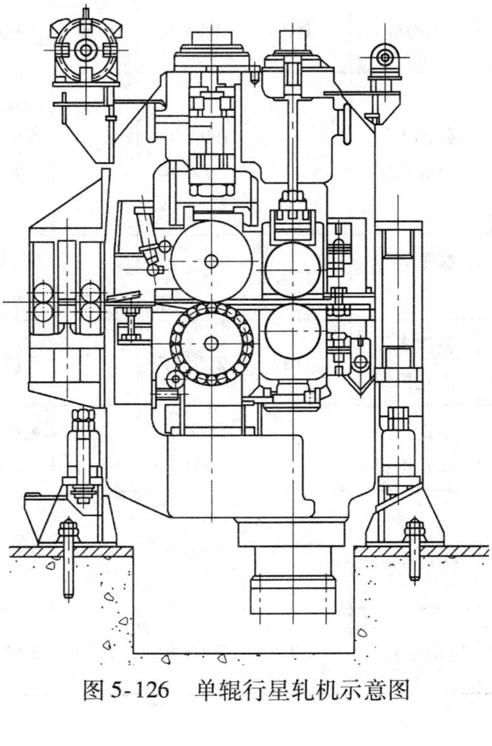

图 5-126 单辊行星轧机示意图

我国冷轧宽带钢生产始于 20 世纪 60 年代，在鞍钢先后建了 1700、1200 两台四辊可逆冷轧机，在太钢建了 2300 可逆冷轧机。70 年代，太钢引进联邦德国 1400 八辊(MKW)轧机和1155二十辊罗恩式轧机。1978年初武钢从联邦德国引进了一套1700 5机架冷连轧机，同时还从日本引进了两台二十辊森吉米尔轧机。1986年宝钢建成了引进联邦德国的2030全连续冷连轧机。我国部分冷轧带钢机组概况如表5-6所示。

表5-6　我国部分冷轧带钢机组概况

序号	企业或机组简称	设计能力/万t·a^{-1}	投产/改造年份	轧机规格	轧机形式			主要产品及产量/万t
					酸-轧联合机组	连轧机	可逆轧机	
1	武钢1号冷轧机组	160	1978年/2003年	1700	5机架四辊（改造）			普通冷轧板115，镀锌板25，电工钢20
	武钢1号冷轧机组	14	1990年	1250			HC六辊	
2	武钢2号冷轧机组	215	2005年	2230	5机架六辊			汽车板卷90，镀锌板卷105，彩涂板20
3	宝钢冷轧厂	210	1989年	2030		5机架四辊全连续		冷轧产品150，热镀锌产品29，电镀锌产品9，彩涂产品22
4	宝钢冷轧厂	70	1994年	1420	3架四辊+2架六辊			电镀锌产品40，冷硬卷产品30（送1550mm冷轧厂）
5	宝钢冷轧厂	110+30	2000年	1550	5机架六辊			冷轧产品45，热镀锌产品35，电镀锌产品25，电工产品35
6	宝钢冷轧厂	160	2005年	1850	5机架六辊			冷轧产品90，热镀锌产品80
7	鞍钢1号冷轧机组	150	1990年/2000年		1机架六辊，4机架四辊（二手设备改造）			冷轧产品110，热镀锌产品40
8	鞍钢2号冷轧机组	150	2003年		2机架六辊，3机架四辊			冷轧产品70，热镀锌产品80
9	鞍钢3号冷轧机组	110	2005年		5机架六辊			电工钢产品80，冷硬卷产品30
10	本钢1号冷轧机组	110	1995年/2004年	1700	4机架四辊（改造）			冷轧产品50，热镀锌产品43，彩涂产品17
11	本钢2号冷轧机组	190	2006年	1870	5机架六辊			冷轧卷90，热镀锌卷60，彩涂卷20，冷硬卷20
12	包钢冷轧厂	130	2005年	1700	5机架六辊			冷轧产品90，热镀锌产品43，彩涂产品10

续表 5-6

序号	企业或机组简称	设计能力/万 t·a^{-1}	投产/改造年份	轧机规格	轧机形式			主要产品及产量/万 t
					酸－轧联合机组	连轧机	可逆轧机	
13	攀钢冷轧厂	100	1995 年/2003 年	1220	4 机架六辊（改造）			冷轧产品 50，热镀锌产品 50
14	益昌冷轧薄板公司	70	2000 年	1219		5 机架四辊全连续（改造）		冷轧产品 35，电镀锡 15，冷硬产品 20
15	马钢 1 号冷轧机组	150	2004 年	1750	4 机架六辊			冷轧产品 80，热镀锌产品 70
16	涟钢冷轧厂	150	2005 年	1750	4 机架六辊			冷轧产品 80，热镀锌产品 55，彩涂板 15
17	邯钢冷轧厂	130	2005 年	1750	5 机架六辊			冷轧产品 90，热镀锌产品 30，彩涂产品 10
18	唐钢冷轧厂	200	2006 年	1750	5 机架六辊		单机架可逆	冷轧产品 35，热镀锌产品 135，彩涂产品 30
19	浙江龙盛冷轧厂	60	2005 年	1500			双机架六辊	冷轧产品 30，热镀锌产品 30
20	天津里碑冷轧厂	60	2005 年	1400			单机架四辊轧机	冷轧产品 40，冷硬卷产品 20
21	江阴长发 1420mm 冷轧厂	60	2005 年	1450			双机架四辊	冷轧产品 40，热镀锌产品 20
22	江南冷轧厂	30	2005 年	1450			单机架六辊轧机 ×2	热镀锌产品 30
23	江苏丹阳冷轧厂	30	2005 年	1450			单机架六辊轧机 ×2	热镀锌产品 30
24	济钢冷轧厂	100	2005 年	1780			双机架六辊	冷轧卷 40，冷硬卷 20，热镀锌产品 20，酸洗卷 20
25	海南冷轧厂	10	1995 年/2004 年	1420			单机架四辊	冷轧产品 10
26	昆钢冷轧厂	40	2004 年	1725			单机架四辊 ×2	冷轧产品 40
27	沈阳薄板厂	10		1200			单机架四辊	冷轧产品 10
28	天津三轧厂	15		1200			单机架四辊	冷轧产品 15

续表 5-6

序号	企业或机组简称	设计能力/万 t·a^{-1}	投产/改造年份	轧机规格	轧机形式			主要产品及产量/万 t
					酸-轧联合机组	连轧机	可逆轧机	
29	无锡冷轧厂	15		1200			单机架四辊	冷轧产品 15
30	南京凤凰山冷轧厂	10		1200			单机架四辊	冷轧产品 10
31	三水捷力公司	50	2005 年	1430			单机架四辊×2	热镀锌产品 20,冷硬卷 30
32	唐山恒通冷轧厂	100	2003 年	1450		5 机架四辊（二手设备）		冷轧产品 15,热镀锌产品 65, 彩涂产品 20
33	无锡新大中薄板有限公司	50	2005 年	1450		5 机架四辊（二手设备）		热镀锌产品 42, 彩涂产品 8
34	佛山高明基业冷轧厂	60	2005 年	1500			单机架可逆×2	热镀锌产品 50, 彩涂产品 10
35	佛山南方广恒钢铁有限公司	68	2000～2004 年					热镀锌产品 60, 彩涂产品 8
36	鞍 钢	213	2006 年	2130				
37	鞍 钢	100	2006 年	1450				
38	凌源钢铁	15	2006 年	900			六辊 VCMC	(0.2～1.25) mm × 750mm 碳结、低合金钢
39	通 钢	20	2006 年					(0.2～2) mm × (700～1050) mm
40	莱 钢	20	2006 年				六辊	
41	首 钢	150	2007 年					

5.3.1 冷轧板带钢生产工艺流程

冷轧单张板使用的坯料是热轧板坯,冷轧带钢使用的坯料是热轧带钢卷。坯料在进入冷轧车间时要进行质量检查。依各钢种的要求其生产工艺流程有所区别,冷轧板带钢生产工艺流程如图 5-127 所示。

5.3.1.1 酸洗

为了避免冷轧时坯料的氧化铁皮压入带钢表面和轧辊的加速磨损,应首先进行除鳞。除鳞的方法有化学除鳞(如酸洗)、机械除鳞(如拉伸矫直机、平整机)和化学除鳞与机械出鳞组合。在实际生产中,主要采用酸洗法。酸洗的质量取决于酸洗液的浓度、温度和酸洗时间。酸洗机组有深槽式、浅槽式、湍流式和喷流式等。图 5-128 为神户制钢加古川厂喷流式酸洗线。

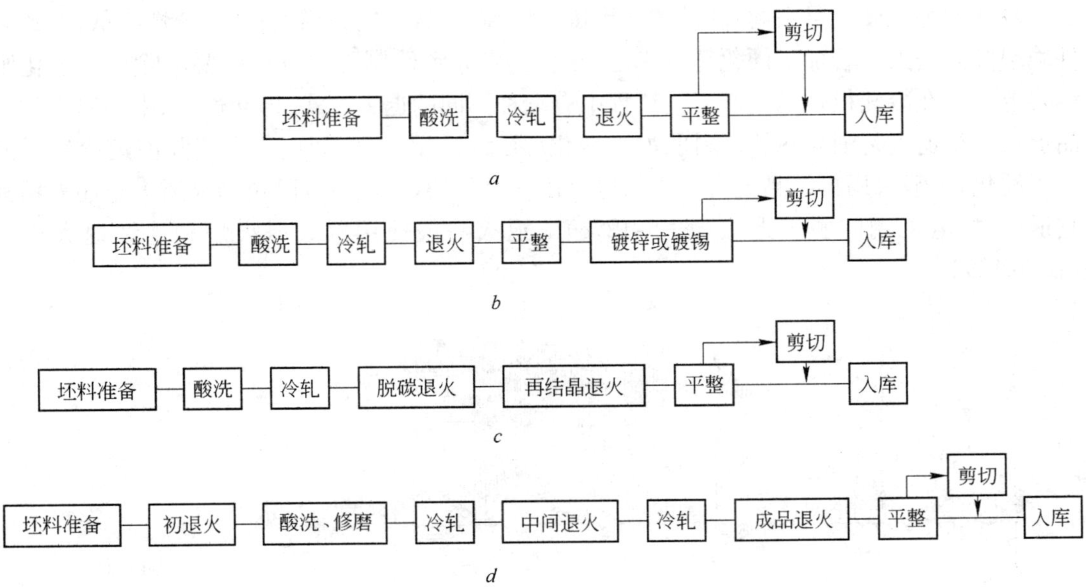

图 5-127 冷轧板带钢生产工艺流程

a—普通板；*b*—镀锌或镀锡板；*c*—电工钢板；*d*—不锈钢板

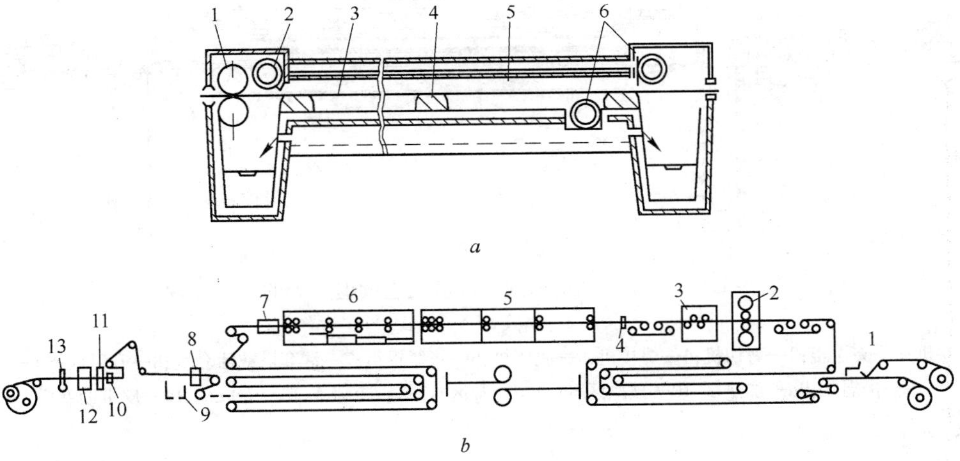

图 5-128 神户制钢加古川厂喷流式酸洗线

a—喷流式酸洗槽的构造：

a：1—挤干辊；2—喷嘴；3—带钢；4—垫；5—酸液；6—喷嘴

b—喷流式酸洗线设备布置示意图：

b：1—焊机；2—平整机；3—拉矫机；4—测宽计；5—酸洗槽；6—清洗槽；7—干燥装置；8—圆盘剪；9—废边卷取机；10—测厚仪；11—超声检测仪；12—涂油机；13—飞剪

5.3.1.2 冷轧

冷轧是在再结晶温度下将热轧板带坯轧制成所要求质量的薄板带。板带钢冷轧生产方法有单张板单机架可逆轧机和带卷单（双）机架可逆轧机、常规连轧机、全连续连轧机、酸洗—冷连轧联合机组、酸洗—冷连轧—连续退火—平正全连续联合机组。

5.3.1.3　退火

冷轧的加工硬化可引起:轧件的变形抗力增高,导致轧制力增大;轧件塑性降低,导致轧件脆裂倾向增大。若加工硬化超过一定程度后,可导致轧制无法进行。要消除加工硬化则需要退火。在冷轧板带钢生产工艺流程中有三种不同的退火方式,即初退火、中间退火和成品退火。初退火是消除热轧坯料的加工硬化(图 5-127*d*)。中间退火是消除前道冷轧后的加工硬化,一般采用再结晶退火。成品退火依各钢种的要求而定,除再结晶退火外还采用其它退火,如电工钢的脱碳退火(图 5-127*c*)。退火一般使用罩式退火炉和连续退火机组(图 5-129)。

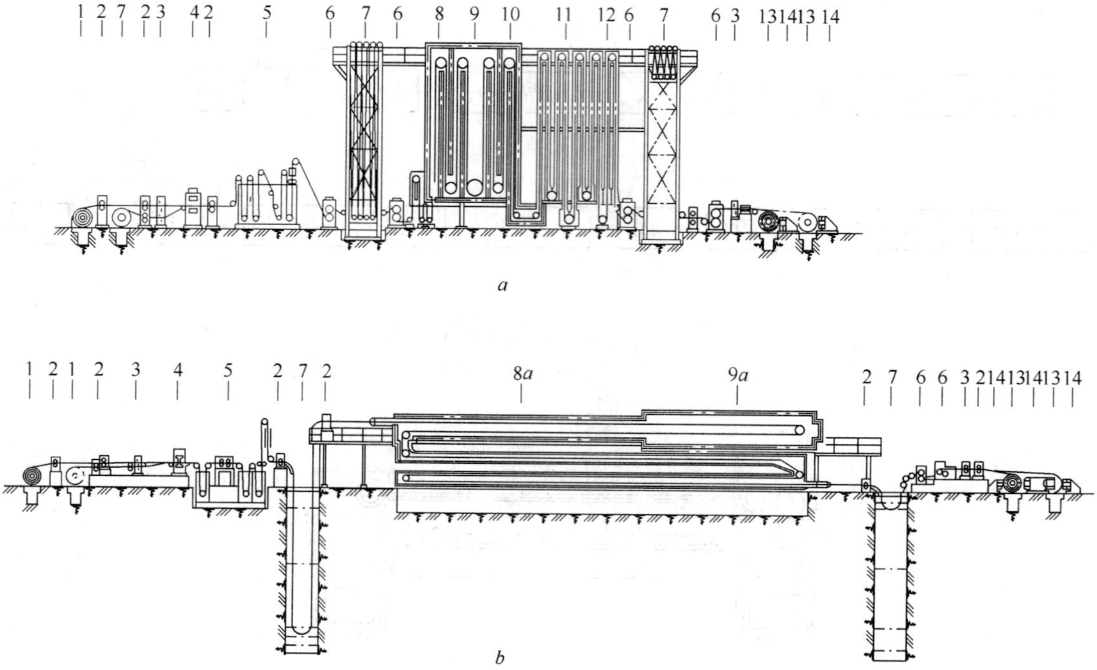

图 5-129　产量相同的塔式炉和卧式连续退火炉的结构比较

a—塔式炉;*b*—卧式炉

1—开卷机;2—夹送辊;3—剪切机;4—焊接机;5—脱脂机;6—张紧辊组;7—活套塔或活套坑;8—升温区;8*a*—换热区;9—保温区;9*a*—加热区;10—预冷区;11—主冷却区;12—后冷却区;13—卷取机;14—皮带助卷机

5.3.1.4　平整

经成品退火后的板带钢一般都需要平整。平整的目的有三个:改善板带钢的平直度、使板带钢达到要求的表面形态(包括粗糙度、洁净度和花纹的形态)和消除板带钢屈服平台以及由此产生的滑移线的倾向。平整与冷轧的主要区别是压下量很小,一般不超过 3%。

5.3.1.5　精整

平整后的板带钢,需要经过剪切、矫直、涂油及分类包装等精整工序,有的需要进行涂层,如锡、锌、塑料、绝缘漆等。剪切分为横切(切成钢板)、纵切(切成窄带钢卷)和分卷(切成小卷)三种。

5.3.2　冷轧板带钢车间及轧机布置

冷轧板带钢车间布置可分为两种:(1)厂房跨间互相平行布置,图 5-130 为生产工艺流程为 Z 形的平行布置;(2)厂房跨间互相垂直布置,图 5-131、图 5-132 分别为生产工艺流程为工形、U 形的垂直布置。

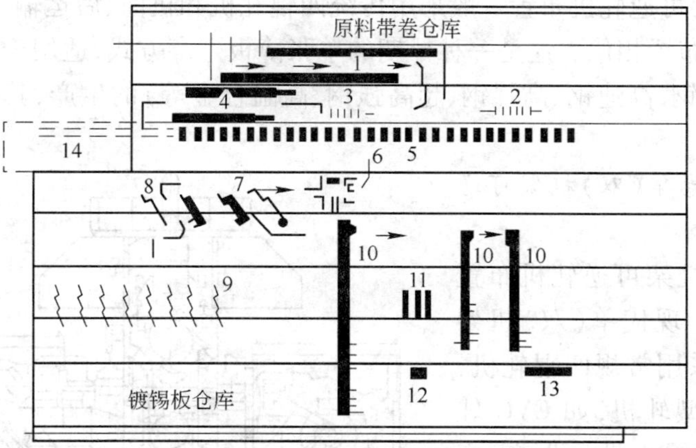

图 5-130 厂房跨间平行布置的冷轧车间平面图

1—酸洗机组;2—4 机架冷连轧机;3—5 机架冷连轧机;4—电解清洗机组;5—罩式退火炉;6—双机架平整机;7—切边重卷组;8—横切机组;9—热镀锡机组;10—电镀锡机组;11—薄板检查线;12—翻卷机;13—包装输送机;14—连续退火线

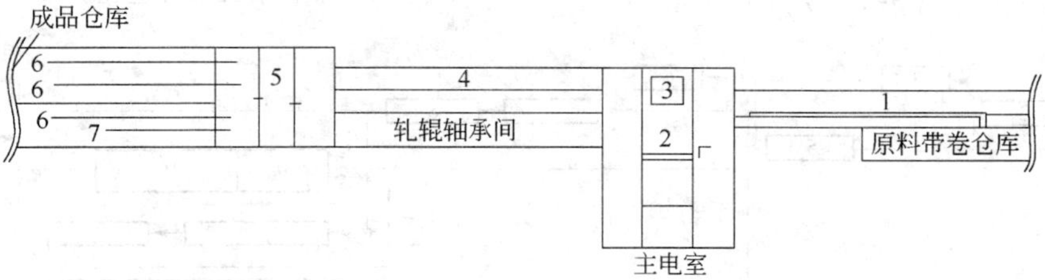

图 5-131 工字形工艺流程冷轧车间实例

1—酸洗机组;2—5 机架冷连轧机;3—乳化液站;4—罩式退火炉车间;5—平整机;6—横切机组;7—纵切机组

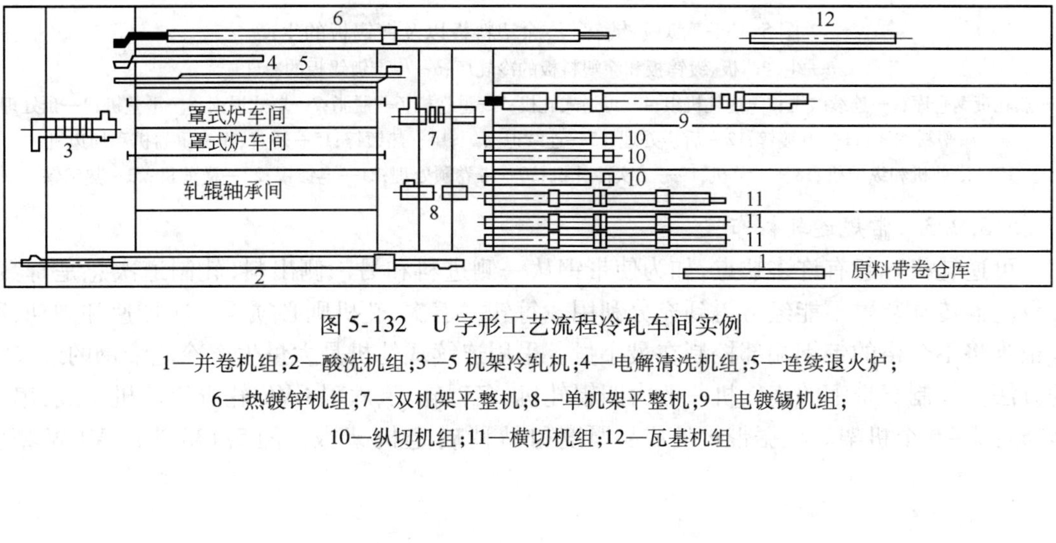

图 5-132 U 字形工艺流程冷轧车间实例

1—并卷机组;2—酸洗机组;3—5 机架冷轧机;4—电解清洗机组;5—连续退火炉;6—热镀锌机组;7—双机架平整机;8—单机架平整机;9—电镀锡机组;10—纵切机组;11—横切机组;12—瓦基机组

轧机布置形式有单张板单机架可逆轧机和带卷单机架可逆轧机、常规连轧机、全连续连轧机、酸洗－冷连轧联合机组、酸洗－冷连轧－连续退火－平正全连续联合机组。

5.3.2.1　单张板单机架可逆轧机布置

单张板单机架可逆轧机布置一般采用传统四辊轧机和机前、后运输皮带，其与中厚板四辊轧机（图5-15）布置相似。这是一种早期的单张薄板生产方式，适用于多品种、小批量、难变形钢种（如不锈钢、高速钢、高强钢、超高强钢、高温合金等）的生产，其产品质量不高且成材率和产量极低。

5.3.2.2　带卷单（双）机架可逆轧机布置

带卷单（双）机架可逆轧机布置如图5-133所示。现代单（双）机架可逆轧机已不再采用常规四辊轧机，而是采用一些新型轧机，如CVC轧机。适用于多品种、小批量生产，产品质量较高且成材率和产量有所提高。现代单（双）机架可逆轧机已不再用于生产普通带钢，而是和规模生产的连轧机配合起来，专门用于多品种、小批量生产（图5-134）。

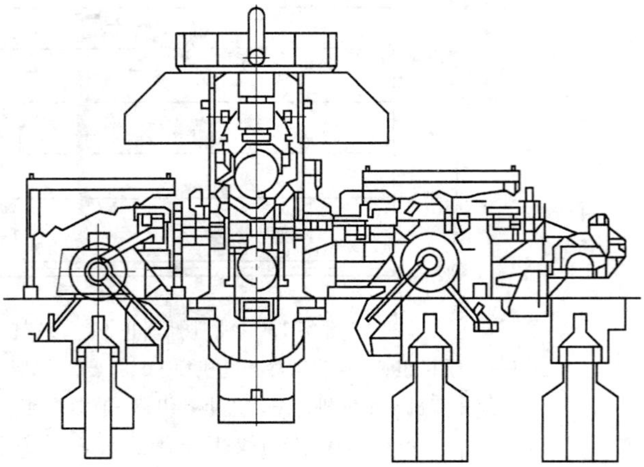

图5-133　带卷单机架可逆轧机布置

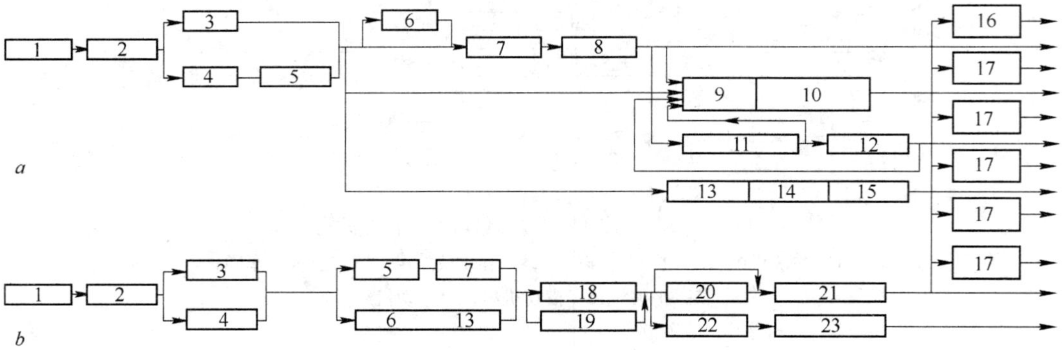

图5-134　薄板、镀锌板、涂塑料板以及镀锡板的生产

a—生产薄板、镀锌板和涂塑料板的冷轧厂；*b*—生产镀锡板的冷轧厂

1—热轧带钢仓库；2—连续酸洗；3—连轧机组；4—可逆式轧机；5—重卷机；6—脱脂；7—罩式退火；8—平整机；9—预处理；10—涂塑料或漆；11—电镀锌；12—后步处理；13—连续退火炉；14—热镀锌；15—矫直；16—重卷机和切边机；17—横剪机和纵剪机；18—平整机；19—二次冷轧机；20—带卷预处理；21—电镀锡；22—横剪机；23—热镀锡

5.3.2.3　常规连轧机布置

可逆轧机一般有许多缺点，如为使带钢从一侧进料和另一侧出料，轧制道次总是奇数，导致电器传动装置不能经常得到充分利用。每轧一道次，轧机则必须再一次加速和制动，所以很难将不合格的带钢端部控制在最小量。采用连续式轧机是大量生产冷轧带钢的最经济的方法。轧制宽带钢的连轧机一般由四辊轧机、多辊轧机、六辊CVC轧机等轧机组成，串列地布置2～6个机架。根据带钢的成品厚度和品种确定机架数。图5-135为由MKW型轧

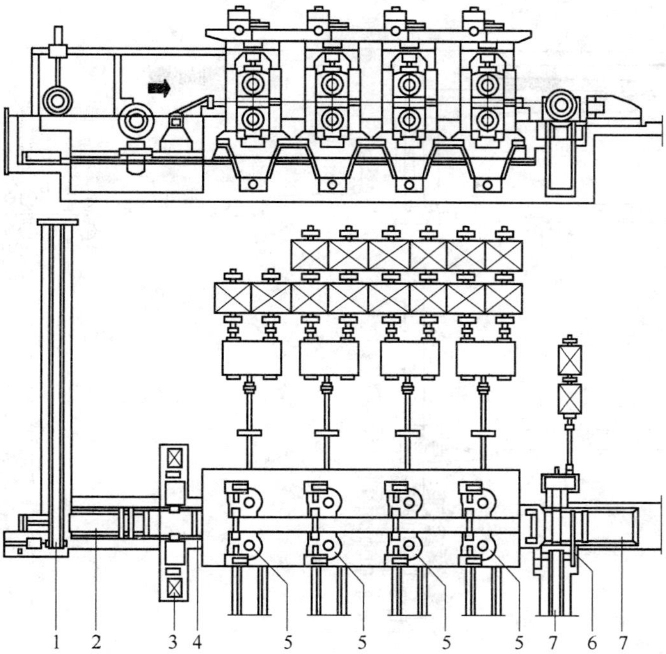

图 5-135 由 MKW 型轧机组成的 4 机架连轧机

1—带钢运输机;2—带钢直头机;3—双头开卷机;4—夹送辊;
5—MKW 型轧机;6—卷取机;7—皮带助卷机

机组成的 4 机架连轧机。

5.3.2.4 全连续连轧机布置

常规连轧机是单卷生产,即每卷须要完成穿带、升速、稳定轧制、减速、甩尾等操作。由于升速、减速形成的不稳定轧制会使带钢的头尾出现一段厚度超差段。穿带、甩尾时极易损伤工作辊面,使产品表面质量受影响。全连续连轧机(所谓的无头轧制)布置就是针对上述问题而产生的,它是将上一卷的尾部与下一卷的头部在轧制前进行焊接,坯料(热轧带钢)不间断(无头)地进入冷连轧机。图 5-136 为一套 5 机架全连续冷轧机组。

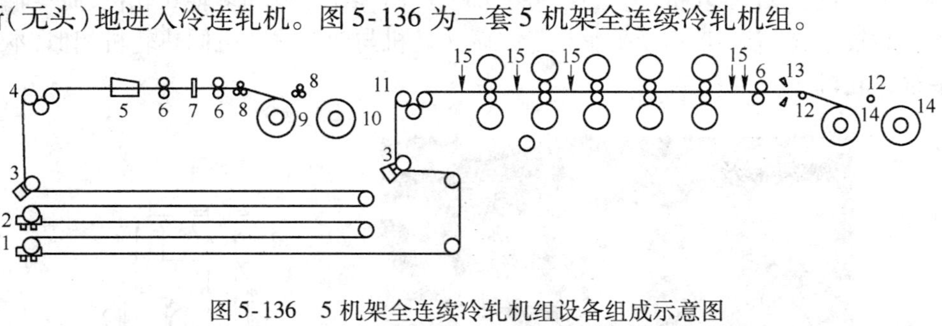

图 5-136 5 机架全连续冷轧机组设备组成示意图

1、2—活套小车;3—焊缝检测器;4—活套入口勒导装置;5—焊接机;6—夹送辊;7—剪断机;8—三辊矫平机;
9、10—开卷机;11—机组入口勒导装置;12—导向辊;13—分切剪断机;14—卷取机;15—X 射线测厚仪

5.3.2.5 酸洗 - 冷轧机联合机组布置

酸洗—冷轧机联合机组(图 5-137)是酸洗机组和冷轧机组联合起来形成的,是由法国于齐诺公司蒙塔泰雷厂和日本新日铁君津厂于 20 世纪 80 年代初同时开发成功的。为使酸洗 - 冷轧机联合机组稳定运行,要做到:酸洗、冷轧机工序能力匹配,轧机前应设置合理的缓

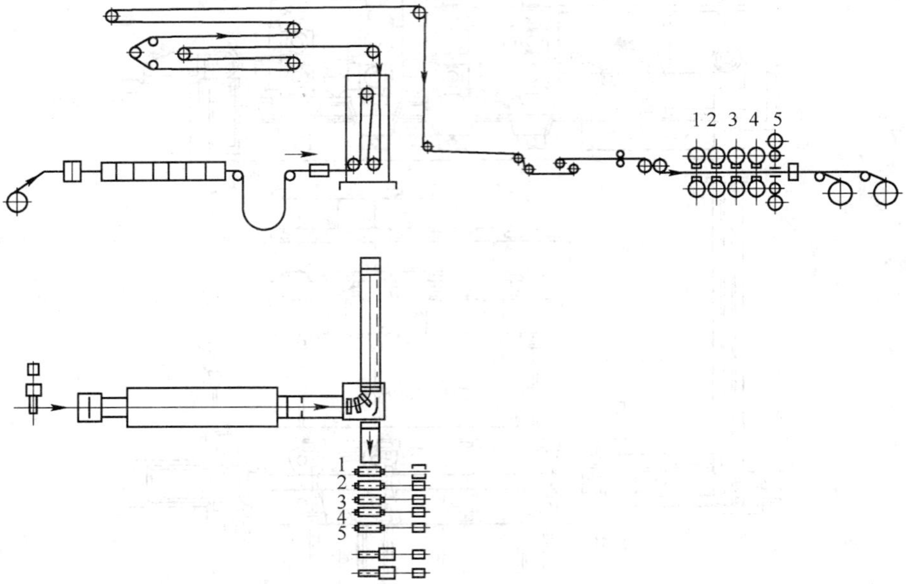

图 5-137　酸洗－冷连轧联合机组示意图

冲活套，酸洗槽前增设拉矫机，减少设备事故等。

5.3.2.6　酸洗－冷连轧－连续退火－平正全连续联合机组

1987 年新日铁广烟厂投产了世界上第一套酸洗－冷轧－退火－平整全连续联合机组，但连续退火生产能力比连轧机相差很多，使轧制速度受限制且生产的品种也较窄。

5.3.3　冷轧板带钢轧机类型、工作原理与结构

冷轧板带钢轧机有三种类型：(1) 二辊式轧机（图 5-138）；(2) 四辊式轧机（图 5-139）；(3) 多辊式轧机，如 FFC 轧机、CBS 轧机、泰勒（Taylor）轧机、HCW 轧机、CVC 轧机、MKW 轧机、八辊、十二辊、二十辊轧机等。目前一般都使用四辊式轧机和多辊式轧机，而二辊式轧机只用于轧制较厚、较窄的带钢及平整机。二辊式轧机与四辊式轧机同热轧机相似，本节重点介绍多辊式轧机。

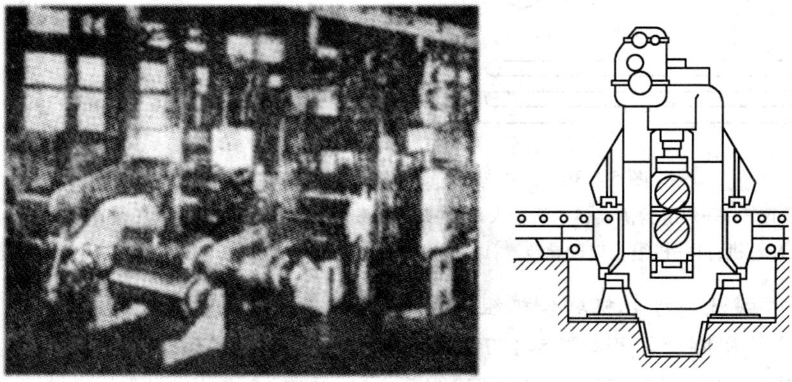

图 5-138　二辊式轧机

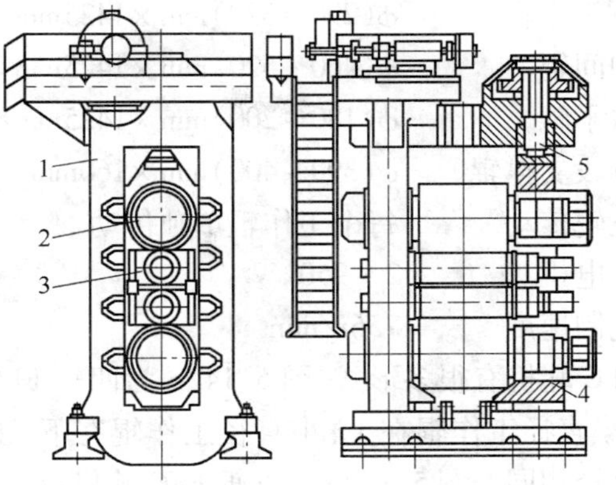

图 5-139 轧制薄板的四辊式轧机

1—牌坊;2—支撑辊;3—工作辊;4—轧辊轴承;5—压下螺丝

5.3.3.1 FFC 轧机

日本钢管和石川岛播磨重工业公司共同开发了一种可灵活控制钢板平直度的 FFC 轧机,可实现大压下量、箔材和高强度钢轧制。它是一个五辊轧机(图 5-140),采用不同辊径工作辊,其中一个工作辊的辊径与传统四辊轧机的相当,另一个工作辊辊径较小,同时工作辊间有大的偏移量。中间辊安在小直径工作辊和支撑辊之间。在中间辊和大直径工作辊间配备有双轴承座立弯装置。因工作辊直径较小,受轧制力作用易造成水平弯曲,使板形变差,故装有一个结合有双轴承座弯辊装置的水平弯辊机构。小直径工作辊的水平弯辊机构(图 5-141)包括一个水平弯辊 7、分段支撑辊 6、液压缸 5、支承桥 4。分段支撑辊上安有 6 个带厚外轴承座圈的滚针轴承,且以一定间隔布置。每个轴承间有可移动式板,在支承桥的导轨上滑动。支承桥有 7 个液压缸,给可移动式板施加单独的水平弯曲力。支承桥紧固在轧机牌坊的立柱上。

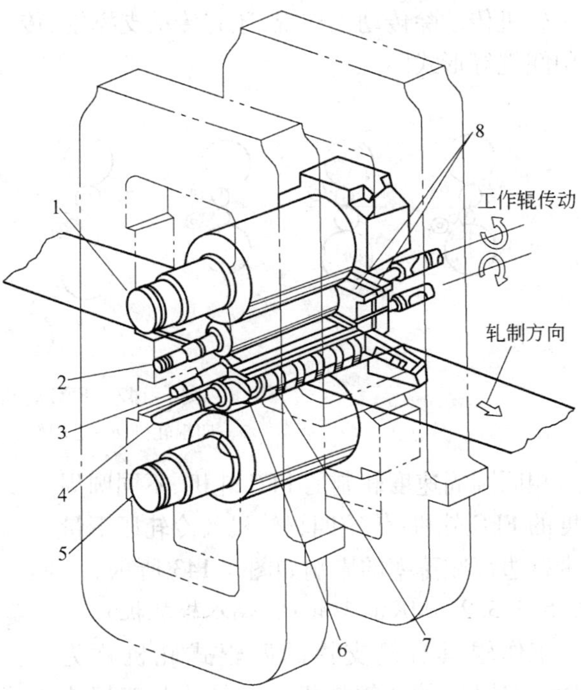

图 5-140 FFC 轧机结构

1—上支撑辊;2—上工作辊(大直径);3—下工作辊(小直径);
4—中间辊;5—下支撑辊;6—水平弯辊;
7—分段支撑辊;8—双轴承座弯辊

传动工作辊,每个轧辊有一个单独的电机传动,两个工作辊的圆周速度不相同,具有异步轧制的功能。

日本钢管公司福山厂 FFC 轧机技术特性:

上工作辊 $\phi(460\sim520)$mm × 1425mm

下工作辊	$\phi(290\sim320)$mm × 1425mm
中间辊	$\phi(460\sim520)$mm × 1425mm
水平辊	$\phi(180\sim200)$mm × 1425mm
分段支撑辊	$\phi(390\sim400)$mm × 160mm
轧辊传动	每个工作辊单独传动
主电机	2 ~ 950kW
轧制速度	756r/min

FFC 轧机有很多形式，图 5-142*a* 为四辊 FFC 轧机：小直径工作辊在上；小直径工作辊在下；工作辊直径相同。图 5-142*b* 为五辊 FFC 轧机：小直径工作辊在下；小直径工作辊在上；小直径工作辊具有两套水平弯辊机构。图 5-142*c* 为六辊 FFC 轧机：工作辊直径相同。

轧机传动除传动工作辊，还有传动支撑辊、传动中间辊等形式。

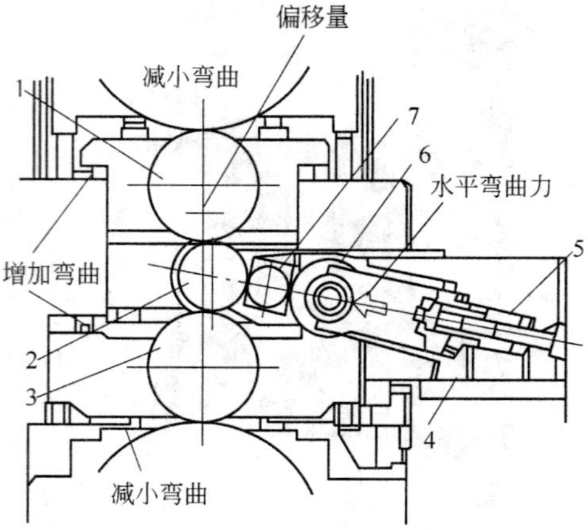

图 5-141　水平弯辊装置

1—上工作辊(大直径)；2—下工作辊(小直径)；3—中间辊；4—支承桥；5—液压缸；6—分段支撑辊；7—水平弯辊

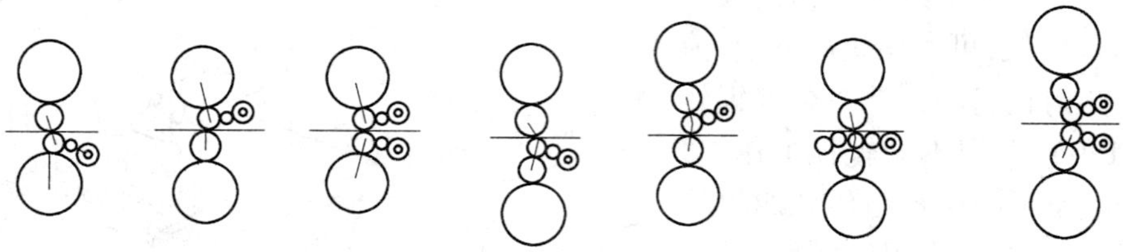

a　　　*b*　　　*c*

图 5-142　FFC 轧机的类型

a—四辊轧机；*b*—五辊轧机；*c*—六辊轧机

相同圆周速度轧制的 FFC 轧机、不同圆周速度的 FFC 轧机、传统四辊轧机及冷轧压下量对带钢边部减薄率的影响如图 5-143 所示。

5.3.3.2　MKW 型轧机(偏八辊轧机)

工作辊具有侧支撑的四辊式轧机称为 MKW 型轧机(偏八辊轧机)，其结构与四辊式轧机相似，轧辊布置如图 5-144 所示，传动大支撑辊。为减少工作辊弯曲，工作辊从支撑辊中心线垂直面向外移，并用一个中间辊和一列侧支撑辊来支撑每个工作辊，使在轧制方向改变和带钢张力变化时，所产生的压紧合力 R 始终将工作辊压在支撑辊上(图 5-145)。通过调整个别侧支撑辊来调整轧辊凸度。

5.3.3.3　二十辊轧机

二十辊轧机是多辊轧机的一种，这种轧机

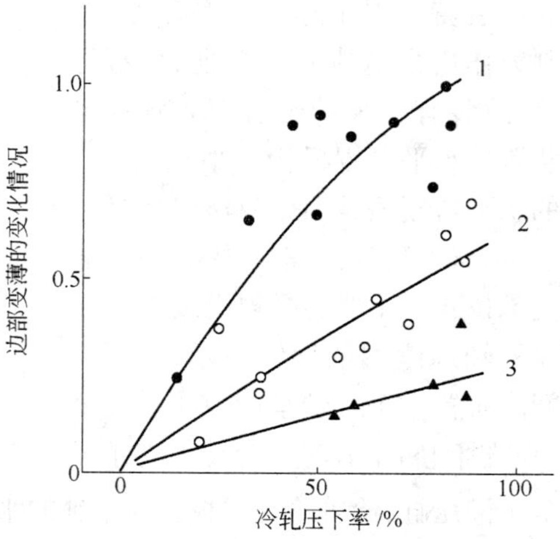

图 5-143　FFC 轧机和四辊轧机使带钢边部减薄的差别

1—四辊轧机；2—FFC 轧机(相同圆周速度轧制)；3—FFC 轧机(不同圆周速度轧制)

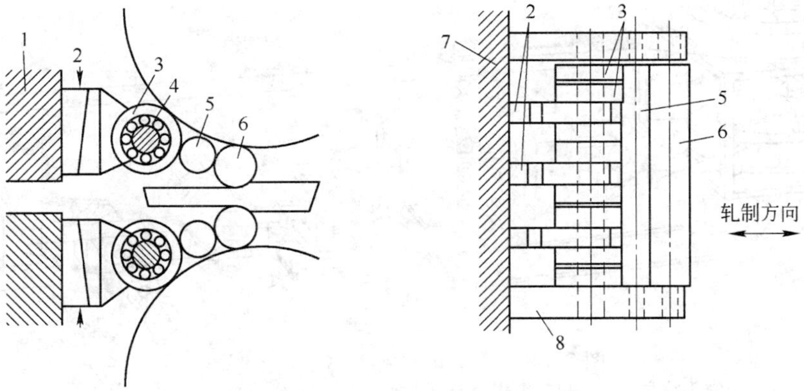

图 5-144　Schloemann 型偏八辊轧机的轧辊凸度调节装置

1—支撑梁（牢固连接机架）；2—调节阀；3—侧支撑辊；4—固定轴；5—中间辊；6—工作辊；7—支撑梁；8—夹板

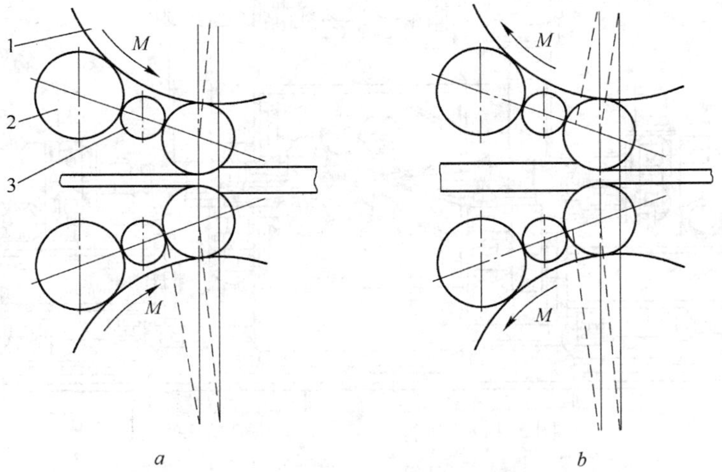

图 5-145　Schloemann 型偏八辊轧机工作辊外移

a—轧制方向从右到左；*b*—轧制方向从左到右

1—支撑辊；2—侧支撑辊；3—中间辊；*M*—转动力矩

的结构可以消除工作辊沿轧制方向的挠度，而且在保持工作辊有较大的横向刚度的条件下，可使工作辊采用最小的许用直径，主要用来轧制非常薄的高强度带钢。新型森吉米尔二十辊轧机在连轧生产线上的应用如图 5-146 所示。

1930 年，W. 罗恩（Rohn）获得了第一台多辊轧机的专利权，之后罗恩的发明被山德维克（Sundwig）公司买去并加以完善，图 5-147 为山德维克二十辊轧机机座。辊系配置是：前一列的每一个轧辊自由地靠在后一列的两个轧辊上。工作辊没有辊径，中间辊是传动辊，支撑辊由装在固定心轴上的滚柱轴承组成。工作机座由铰接的上、下两个块体组成。

1932 年，T. 森吉米尔（Sendzimir）制造了第一台多辊轧机，工作机座如图 5-148 所示。工作机座为一个内部装有成套轧辊的整体结构，机座刚度较高。同时又配有工作辊辊形控制机构，因此，可以轧制厚度公差极窄的带材。RZ 型二十辊轧机技术参数见表 5-7。前苏

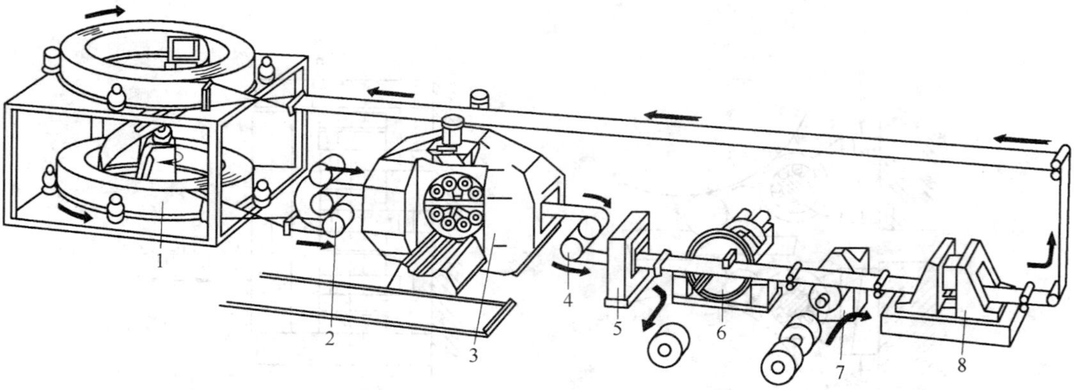

图 5-146　新型的森吉米尔连轧生产线
1—螺旋活套;2—入口张力辊;3—森吉米尔轧机;4—出口张力辊;5—剪切机;
6—圆盘双轴卷取机;7—开卷机;8—对焊机

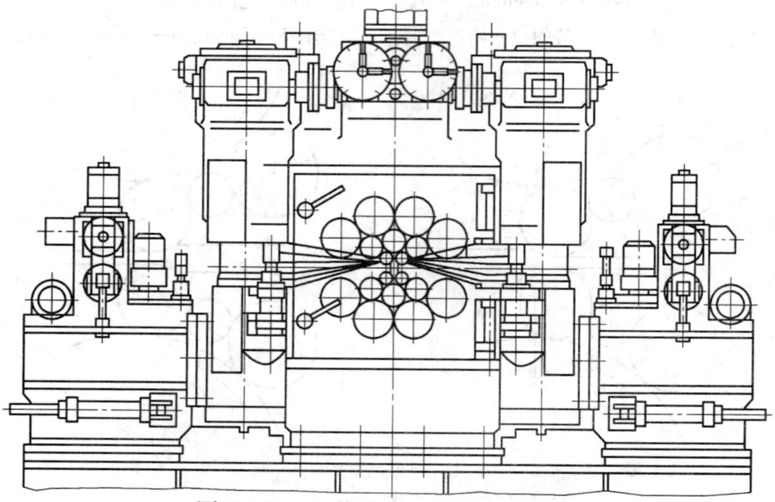

图 5-147　山德维克二十辊轧机机座

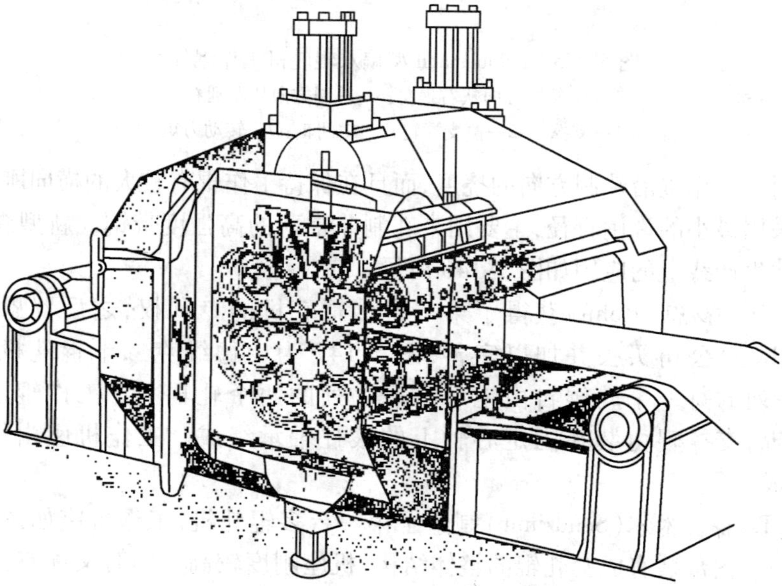

图 5-148　森吉米尔型二十辊轧机

表 5-7 RZ 型二十辊轧机技术参数

型号		RZ 型二十辊轧机								
		ZR32	ZR34	ZR24	ZR33	ZR23	ZR23M	ZR22	ZR22B	ZR21
工作辊直径		6.25	10.2	21.4	28.6	40	61.2	54	63	86
第一中间辊直径		13.5	21.6	39.7	52.4	71.4		102		138
第二中间辊直径		27.4	43.8	68.7	91.4	127.8		173		235
支撑辊轴承直径		47.6	76.2	120	160	225	225	300	300	406.4
工作辊长度	窄轧机	142	228	290	405	532	532	748	748	962
	宽轧机	256	480	570	1205	1625	1625	3140	3140	
带钢最大宽度	窄轧机	110	190	210	330	480	480	860	660	840
	宽轧机	220	445	500	1200	1550	1550	3000	3000	3900
最大坯料厚度		1	1.6	2	3	4.5		6		3
最小成品厚度		0.0025 ~ 0.005	0.01	0.02	0.025 ~ 0.03	0.05	0.063	0.08	0.088	0.1
最大轧制速度/$m \cdot min^{-1}$		90	120	240	320	450		600		800

联的全苏冶金机器制造科学研究设计院生产的二十辊轧机，工作原理与森吉米尔轧机类似。

近年，达涅利佛罗林公司（Danieli Fröhling）设计的二十辊轧机，工作机座如图 5-149 所示。在森吉米尔轧机基础上增加了 AGC 调整装置，即支撑辊的凸度调整；第二中间辊弯曲；第一中间辊弯曲；第一中间辊移动；上辊轴承座倾动和调整。

图 5-149 达涅利佛罗林公司二十辊轧机工作机座

A—凸度调节；B—中间辊外弯；C—中间辊内弯

下面重点介绍森吉米尔轧机。

A 辊系

轧辊布置形式一般为 1—2—3—4 结构（图 5-150）。数字表示轧辊的数量和排列顺序。每个工作辊 2 由两个第一中间辊 3 和三个第二中间辊 4、5 来支撑；三个第二中间辊由四个支撑辊 6 ~ 8 支撑，支撑辊装在位于机架内的轴承鞍座中。通常传动第二中间辊 4。支撑辊 7 装有内、外偏心套，通过扇形齿轮或扇形齿轮片分别进行压下或辊形控制。支撑辊 8 装有内偏心套，通过扇形齿轮进行压上。

支撑辊 7 结构如图 5-151 所示。它是由一组带加厚外圈的专用轴承 1 和位于轴承之间并安装在固定心轴 3 上的鞍座 2 组成。支撑辊 7 鞍座分解结构如图 5-152 所示。它具有双重偏心环，内偏心环 4 用键固定在心轴上，外偏心环 5 套在内偏心环与鞍座 7 之间。在内、外偏心环之间、外偏心环与鞍座之间装有滚针轴承6，以减小摩擦力。在外偏心环的两侧，固定有偏心的扇形齿轮片3，置于芯轴两端的扇形齿轮1用键与心轴连接。

B　压下（压上）调整装置

多辊轧机与四辊轧机压下装置有很大区别，整体牌坊压下（压上）调整装置如图5-150所示。两套相同的压下调整机构配置在机座的上、下部分，其中下部压上机构用于保持恒定的轧制水平线，并在断带时快速分开轧辊。上部压下机构用于辊缝控制。

上部压下机构工作原理：如图5-150所示，固定在中间支撑辊7心轴上的扇形齿轮9靠齿条10传动，齿条与液压缸11的活塞杆刚性连接。电机15带动滑阀13移动，液压缸11的活塞杆上下移动受滑阀13控制。由于支撑辊7与其心轴具有一定的偏心，故可实现辊缝调节。在轧制过程中，当出口带材厚度大于该道次要求的设定厚度时，指令齿条10向下移动带动扇形齿轮9转动，带动心轴转动，心轴带动支撑辊内偏心套转动，支撑辊偏心量向下，从而推动全部中间辊和工作辊向下位移，减少辊缝。反之，辊系上升，增大辊缝。

下部压上机构工作原理同上。

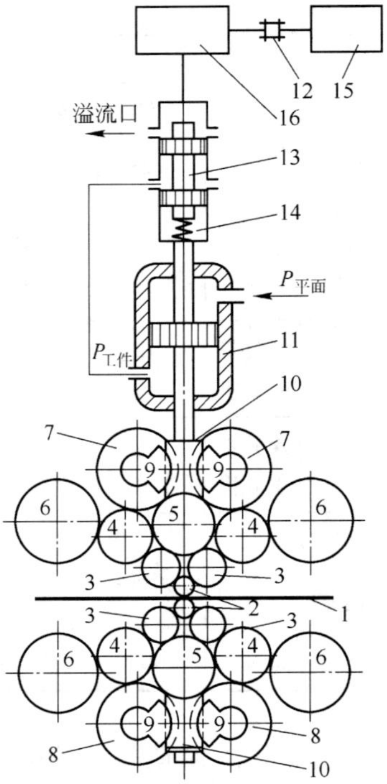

图5-150　二十辊轧机压下装置示意图

1—钢带；2—工作辊；3—第一列中间辊；4、5—第二列中间辊；6～8—支撑辊；9—扇形齿轮；10—齿条；11—液压缸；12—联轴器；13—多边缘单缝隙滑阀；14—活动轴套；15—电机；16—减速机

C　径向辊型调整机构

该机构（图5-153）与压下调整装置相似，但一共六组，置于机架顶部，对应六个鞍座。六根双面齿条穿过机架，分别与支撑辊扇形齿轮片相啮合。由液压马达3带动蜗杆4、蜗轮5，蜗轮旋转带动丝杠6上下移动，进而带动连接在丝杠端部的双面齿条7上下移动，双面齿条传动图5-150中支撑辊7扇形齿轮片9，带动外偏心环转动，实现轧制过程中辊形调整。

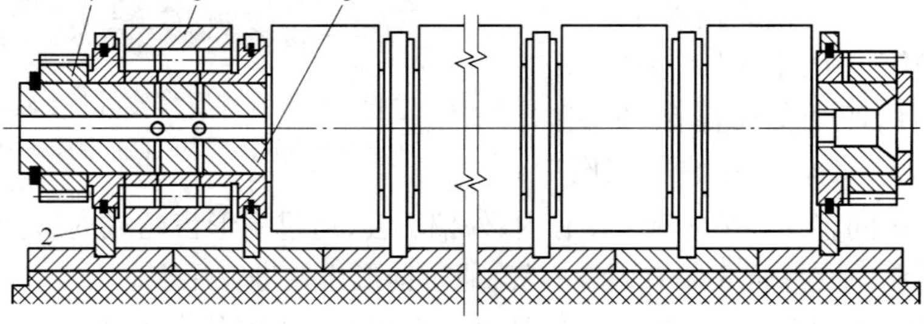

图5-151　多辊轧机的支撑辊

1—带加厚外圈的轴承；2—鞍座；3—心轴；4—扇形齿轮

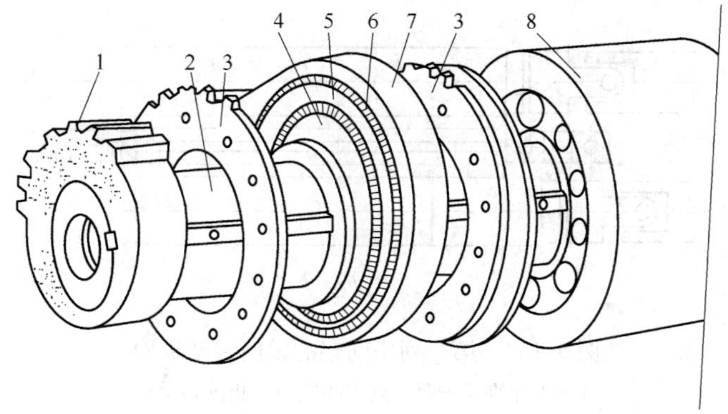

图 5-152 图 5-150 中支撑辊 7 鞍座分解的结构图
1—偏心扇形齿轮;2—心轴;3—偏心扇形齿轮片;4—内偏心环;
5—外偏心环;6—滚针轴承;7—鞍座环;8—滚柱轴承

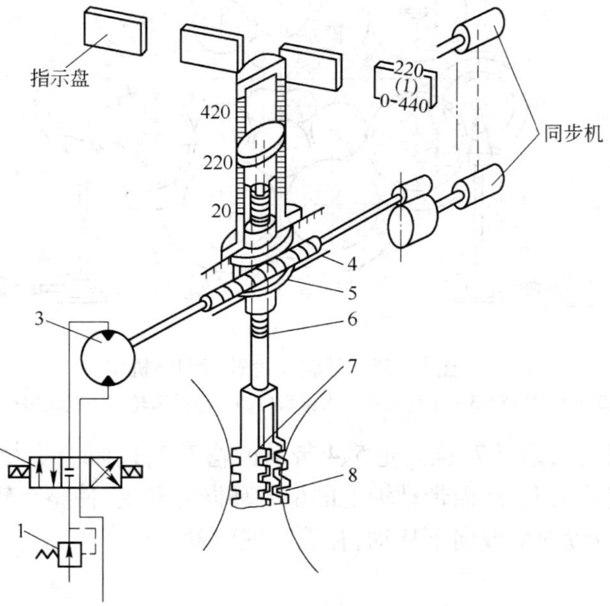

图 5-153 径向辊型调整机构传动原理图
1—减压阀;2—换向阀;3—液压马达;4—蜗杆;5—蜗轮;6—丝杠;
7—双面齿条;8—图 5-150 中支撑辊 7 扇形齿轮片

D 轴向辊型调整机构

为防止钢带产生边浪等缺陷,森吉米尔轧机都装有第一列中间辊轴向移动机构(图 5-154)。第一列中间辊作成截锥形。上下两个第一中间辊各用一个液压马达驱动,液压马达通过链轮带动螺母旋转,螺母带动丝杠作轴向移动,丝杠带动第一列中间辊轴向移动。

E 轧辊位置补偿调整机构

为补偿辊径减小产生的间隙,设有轧辊位置补偿调整机构,工作原理如图 5-155 所示。

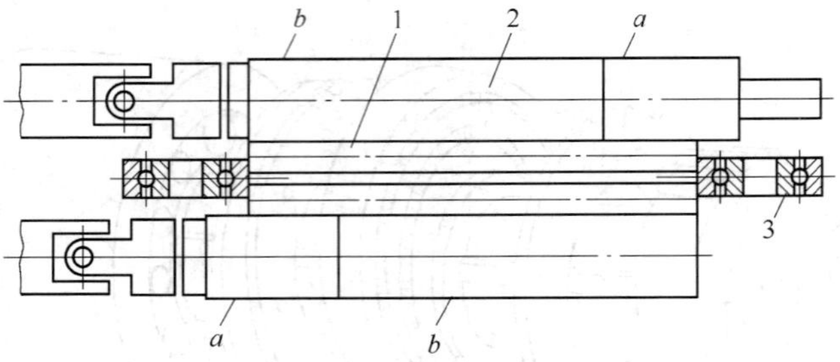

图 5-154　第一列中间辊的轴向移动机构
1—工作辊;2—第一列中间辊;3—止推轴承;
a—锥形部分;b—圆柱体部分

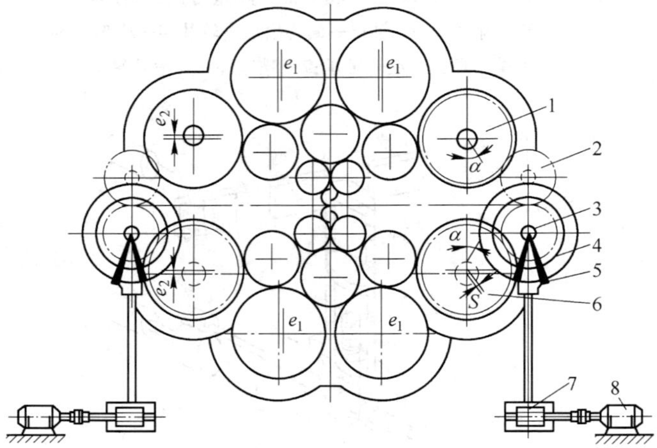

图 5-155　轧辊位置补偿调整机构
1、6—大齿轮;2—中间齿轮;3—小齿轮;4—大锥齿轮;5—小锥齿轮;7—蜗轮蜗杆减速器;8—电动机

由电动机 8 通过蜗轮减速机 7、锥齿轮 5、4 带动齿轮 3、2,进而传动大齿轮 1、6 转动,因大齿轮 1、6 置于支撑辊轴头上,从而带动轴上的偏心环同时转动,使整个辊系向里靠近或向外分开,使得工作辊的位置向上或向下移动,补偿轧辊位置。

F　齿轮座

前苏联生产的二十辊轧机两边的第二中间辊传动是通过齿轮座(图 5-156)来传递的。在齿轮座上装有一个主动齿轮轴、四个输出齿轮轴,它们在垂直面上成对地相互啮合。通常速比小于 1。

5.3.3.4　异步轧制轧机——PV 轧机

世界各国对异步轧制理论和技术的研究始于 20 世纪 50 年代初。异步轧制是指两个辊的线速度不相同的轧制。由于两个工作辊线速度不同,将引起变形区中性角、前滑区、后滑区、摩擦力、单位轧制压力、应力状态、总轧制力等参数和力矩分配的明显变化,可导致轧件上、下表面的轧制中性点错开,消除变形区的中部区段的摩擦峰,以降低轧制力。

异步轧制时变形区内的变化如图 5-157 所示。当上轧辊速度 v_1 与下轧辊速度 v_2 相同时,即 $v_1 = v_2$,中性角 $\gamma_1 = \gamma_2$,中性面为 CC'。当上轧辊速度 v_1 与下轧辊速度 v_2 不同时,如 $v_1 > v_2$,轧件与上轧辊接触的中性点 C 移至 D,中性角 γ_1 减小为 γ_1',轧件与下轧辊接触的中

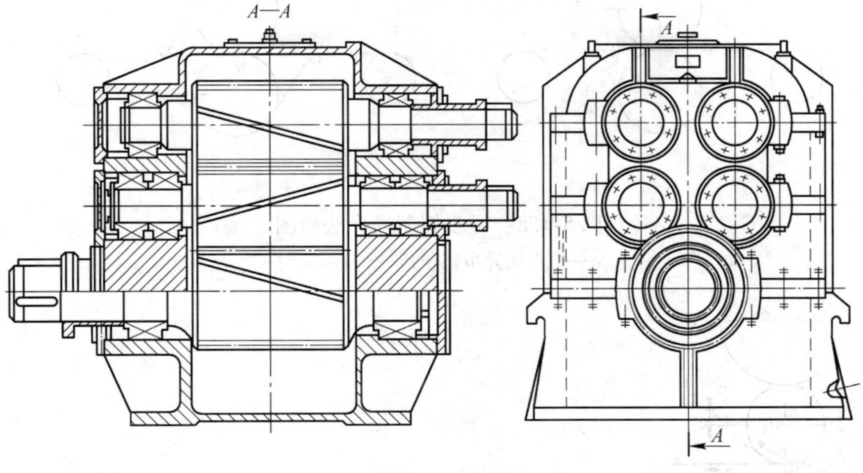

图 5-156 1200 轧机的齿轮机座

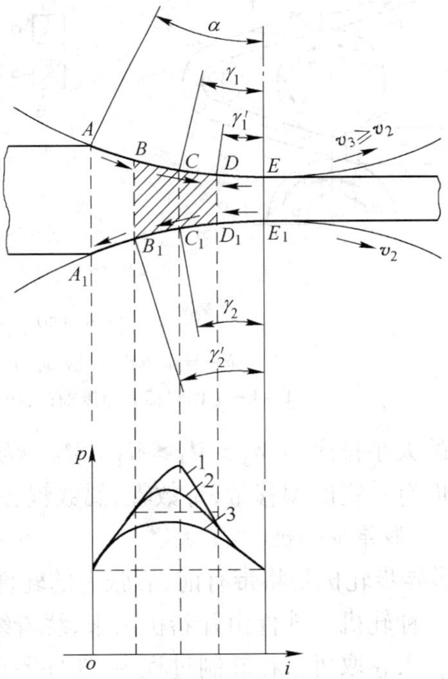

图 5-157 两工作辊线速度不同时变形区内的变化

性点 C_1 移至 B_1，中性角 γ_2 增大为 γ_2'。此时，$\gamma_1' < \gamma < \gamma_2'$。轧件与上轧辊接触面的摩擦力方向自变形区入口和出口指向 D 点。轧件与下轧辊接触面的摩擦力方向自变形区入口和出口指向 B 点。可见，在变形区形成三个区域，即前滑区 DD_1E_1E、后滑区 BB_1A_1A、搓轧区 BB_1D_1D。在搓轧区，轧件与上、下轧辊接触面的摩擦力方向相反，因而轧件所受摩擦力抵消了，轧制力较普通轧制明显减小。使变形区成为由前滑区、后滑区、搓轧区三个区域所组成的轧制，称为不完全异步轧制或半异步轧制。

当 v_1 增大到一定的时候，可使 $\gamma_1 = 0$；当 v_2 减小到一定的时候，可使 $\gamma_2 = \alpha$（咬入角）。此时，变形区全部为搓轧区。使变形区只有搓轧区的轧制，称为全异步轧制。

在异步轧制的操作上分为拉直式异步轧制和 S 异步轧制，如图 5-158 所示。

PV 轧机（peculiar velocity mill）是一种异步轧制轧机。目前主要有两种轧机形式：异步单机连轧机和 S 形异步轧机。

A 异步单机连轧机

异步单机连轧机如图 5-159 所示。由电机 6、7 通过齿轮对 8、9 和连接轴 5，分别传动工作辊 1 ~ 4。四个工作辊的圆周速度自下而上逐个提高，即 $v_4 > v_3 > v_2 > v_1$。四个工作辊传

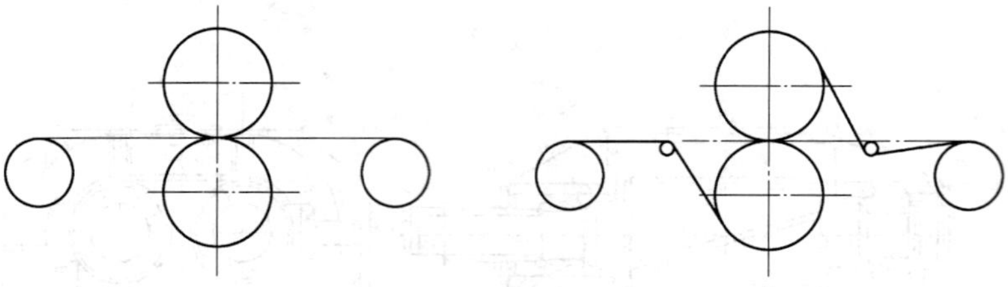

图 5-158　异步轧制操作法简图

a—拉直式异步轧制；*b*—S 异步轧制

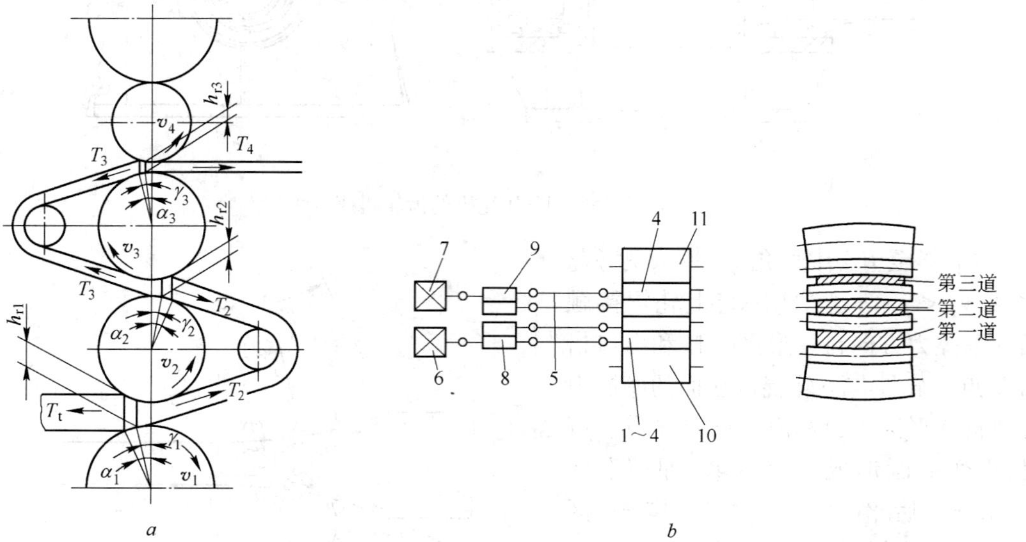

图 5-159　异步单机连轧机

a—异步单机连轧机原理；*b*—异步单机连轧机传动形式

1～4—工作辊；5—连接轴；6、7—电机；8、9—齿轮对；10、11—支撑辊

动力矩的大小排序为 $M_3 > M_4 > M_2 > M_1$。为保持工作辊位置稳定，故使工作辊位置对辊系名义平面有一定的偏移量，奇数辊、偶数辊各偏向一侧。

B　S 形异步轧机

S 形异步轧机是将带有前、后张力的轧件，绕着具有轧辊线速差的一对轧辊呈 S 形异步轧制的一种轧机。轧件由开卷机出来，绕着线速度较小的轧辊喂入轧机，再绕着线速度较大的轧辊进入卷取机。在轧制过程中，轧件要具有一定的张力且轧件与轧辊在包角区不发生滑动。

5.3.3.5　异径轧制轧机

异径轧制是指在板带材生产中，两个工作辊的线速度基本相同而直径与转速相差很大的轧制状态。

苏联 20 世纪 50 年代初，制造了复合式多辊异径轧机（图 5-160）。美国 1971 年出现了泰勒轧机。日本 1982 年研制了 FFC 轧机，1985 年研制了 NMR 轧机（多辊异径轧机），1990 年出现 ME（mininmum edge drop）轧机（图 5-161）。我国东北大学 1984 年研制了单辊传动的异径四辊和五辊轧机。

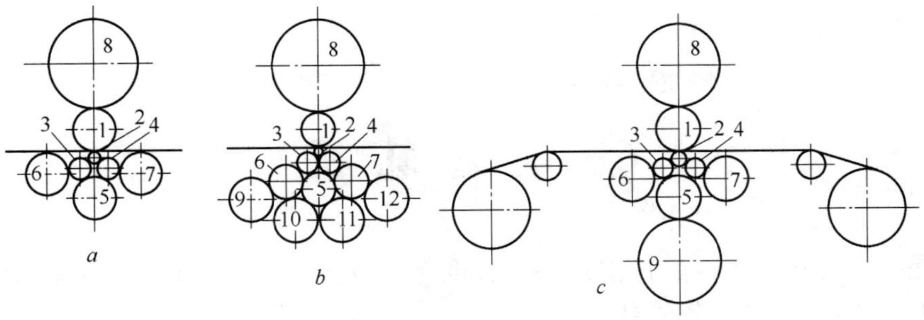

图 5-160 复合式异径多辊轧机

a—八辊异径轧机；*b*—十二辊异径轧机；*c*—九辊异径轧机

在相同的轧制条件下，随着异径比 $X(X=D_{大}/D_{小})$ 的增大，异径轧制和对称轧制的变形区长度比 $L_{异}/L_{对}$ 减小，单位轧制力和接触面积均减小。

总之，异径轧制利用一个靠摩擦传动的小直径工作辊，以减小接触面积和单位压力来降低轧制力和能耗。利用另一个大直径工作辊，以传递轧制力矩和提高咬入能力。为控制板形可采用侧弯辊。可见，异径轧制有能增大压下量，减少道次，提高产品质量（如厚度精度、板形等）、轧机效率和轧薄能力的功能。

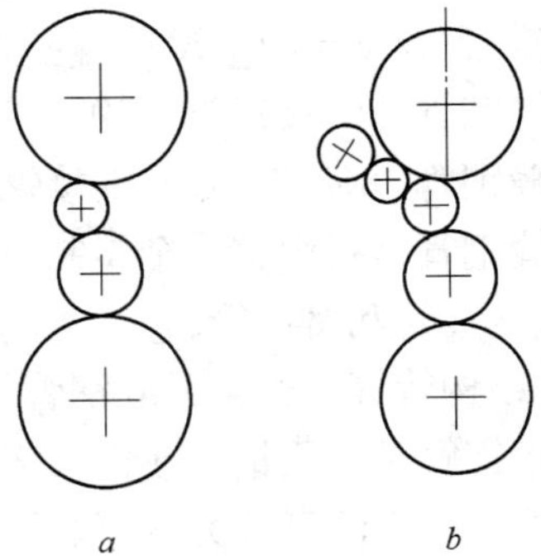

图 5-161 异径单辊传动轧机

a—异径四辊轧机；*b*—ME 轧机

6 钢管轧机

钢管是指两端开口并具有中空断面,其长度与周边之比较大的钢材。在钢材的总产量中,钢管约占10% ~15%。钢管被广泛用于管道(水、煤气、蒸汽、石油管)、热工设备(锅炉管)、机械工业(轴承钢管,航空、汽车结构管)、石油地质勘探(石油钻铤、钻杆,石油套管、油管,石油、地质勘探管)、容器、化学工业(石油裂化管)和特殊用途。钢管的规格用外形尺寸(外径 D 或边长)及壁厚 S 表示。按外径和壁厚之比 D/S 不同,将钢管分为特厚管($D/S \leqslant 10$)、厚壁管($D/S = 10 \sim 20$)、薄壁管($D/S = 20 \sim 40$)和极薄壁管($D/S \geqslant 40$)。按生产方法分为无缝钢管和焊接钢管。2007 年中国钢管产量为 4224.07 万 t,占钢材总产量的 7.5%,其中无缝钢管 1863.33 万 t、焊接钢管 2360.74 万 t。

无缝钢管是指由整块金属制成的表面上没有接缝的钢管。按生产方法可分为热轧管、冷轧管、冷拔管和挤压管,它主要用作石油、地质勘探管、石油裂化管、锅炉管、轴承钢管和航空、汽车结构管等。通常无缝钢管的最大/最小直径达 650mm/0.3mm。

焊接钢管是指用钢带或钢板弯曲变形为圆形、方形等形状后再焊接成的表面有接缝的钢管。按焊接方法可分为电弧焊管、高频或低频电阻焊管、气焊管、炉焊管和邦迪管等。按焊缝形状可分为直缝焊管和螺旋焊管。

用于轧制钢管的轧机称为钢管轧机。它以能轧制钢管的最大外径来表示(标称),例如 100 轧管机,是指这套轧机能生产外径最大为 ϕ100mm 的钢管。无缝钢管机组是生产无缝钢管工艺装备的总称,它是以轧管机类型和该机组产品规格——最大外径来表示,例如 100 自动轧管机组是指这套轧机能生产外径最大为 100mm 的钢管、轧管机为自动轧管机组。本章主要介绍无缝钢管轧机。

管子从古代已经被应用了,据记载 1650 年左右法国开始用铸铁管作水道。随着石油开采量急剧增加,对钢管需求增多。在第二次世界大战中,大量钢管用于舰船用锅炉管和飞机制造用结构管。特别是现在对钢管的巨大需求,发明了许多钢管的制造方法。从 1812 年亨利·奥斯博恩(Hener Osborn)发明了"用枪身和圆筒物体进行搭接焊接的制管法",首次获得了制管机械的专利权。该方法是将带钢加热到可能焊接的温度,中心放置芯头在锤砧上依次进行焊接。至今用焊接方法制造钢管已有 200 年历史。大约在 19 世纪中叶,随着大规模炼钢生产的开始,无缝钢管的制造方法得到了迅速发展。1854 年,斯达利恩(Stirling)将铸钢管用锤打延伸加工钢管的外径和长度的方法取得了专利。1885 年 1 月,曼内斯曼兄弟发明了由圆钢直接得到中空毛管的重大方法,即曼内斯曼制管法(图 6-1*a*)。1891 年,曼内斯曼兄弟又发明了皮尔格轧管机(Pilger Process),又称周期式轧管机(图 6-2),这种轧机的工作方式类似于巡礼者(Pilger)走步一样,因此以其名字命名。1891 年艾尔哈德(Ehrhardt)将方形钢锭用水压机穿孔,成功地穿出了中空圆形毛管(图 6-1*b*)。斯蒂菲尔(Stiefel)在美国于 1895 年、1899 年,先后发明了斯蒂菲尔盘式穿孔机(图 6-3)、斯蒂菲尔圆锥式穿孔机(图 6-4)。1906 年斯蒂菲尔又发明了近代的自动轧管机、均整机和定径机(图6-5)。1931年狄塞尔(Diescher)发明了狄塞尔轧管机(图6-6)。1936年阿塞尔(Assel)发明了三辊阿塞尔轧管机(图6-7)。1967年英法两国又发明了三辊特朗斯瓦尔(Transval)轧管机。1843年发明了在两个机架组成的连轧机上轧制铸造管坯,之后经历了100年法国、美国、比利时、俄国等国的努力研究和生产试验,于1949年美国钢公司洛雷恩厂投产了一套9机架连轧管机组,现代化连轧管机从此开始。首台工业三辊斜轧穿孔机投产于1965年。1977年施罗曼-西马克公司用三辊行星斜轧机(PSW)(图6-8)将空心坯轧制成钢管,成功研制出了三辊行星轧管机。1932年复式二辊冷轧管机(周期式冷轧管机)诞生。

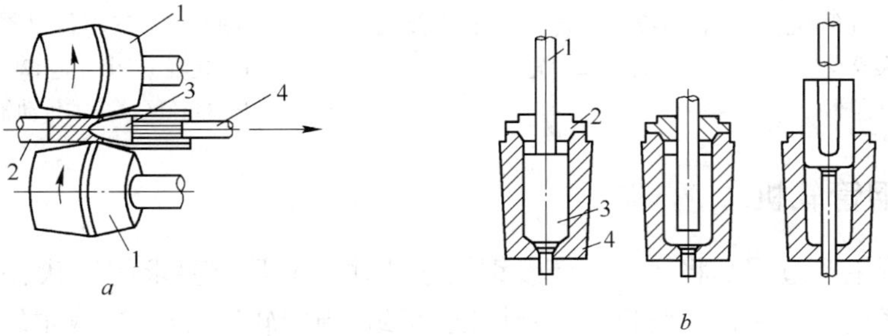

图6-1 曼内斯曼制管法(穿孔机)(*a*)及艾尔哈德穿孔法(*b*)
a:1—轧辊;2—管坯;3—顶头;4—顶杆
b:1—挤压杆;2—导向板;3—方钢锭;4—挤压缸

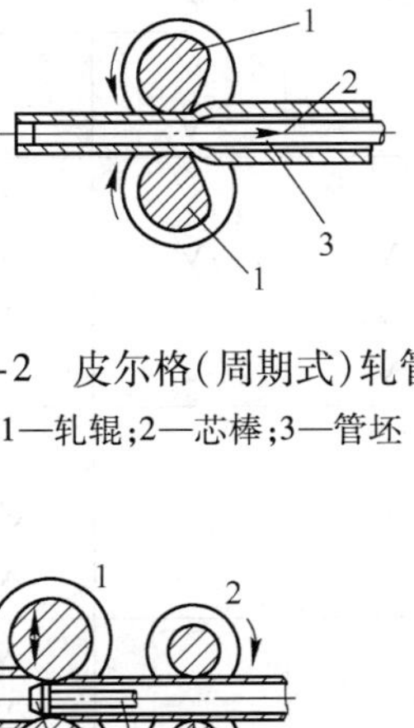

图6-2 皮尔格(周期式)轧管机
1—轧辊;2—芯棒;3—管坯

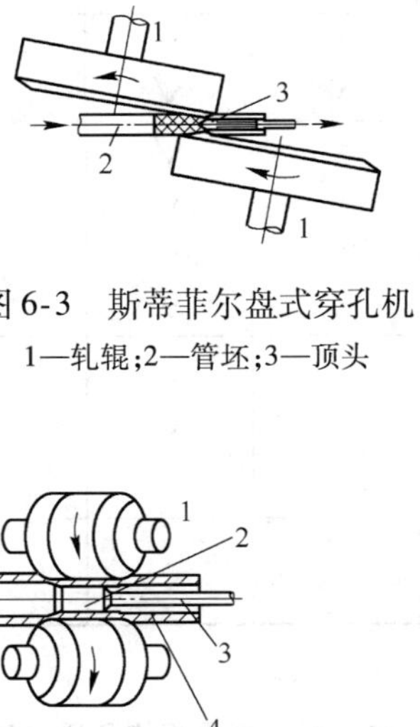

图6-3 斯蒂菲尔盘式穿孔机
1—轧辊;2—管坯;3—顶头

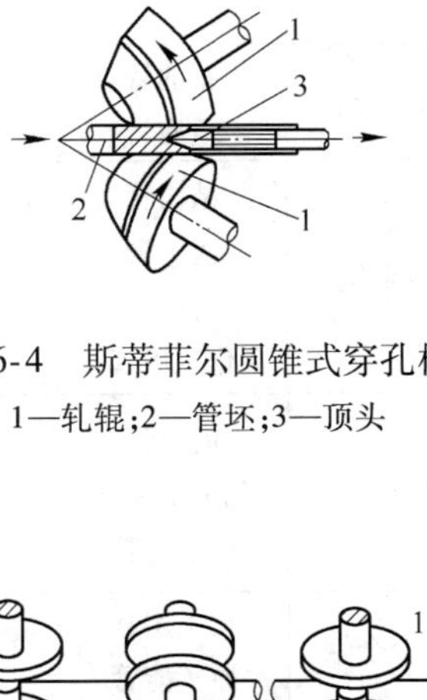

图6-4 斯蒂菲尔圆锥式穿孔机
1—轧辊;2—管坯;3—顶头

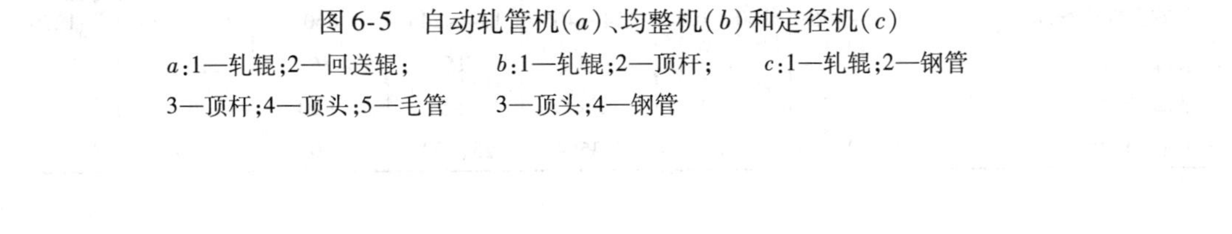

图6-5 自动轧管机(*a*)、均整机(*b*)和定径机(*c*)
a:1—轧辊;2—回送辊;3—顶杆;4—顶头;5—毛管
b:1—轧辊;2—顶杆;3—顶头;4—钢管
c:1—轧辊;2—钢管

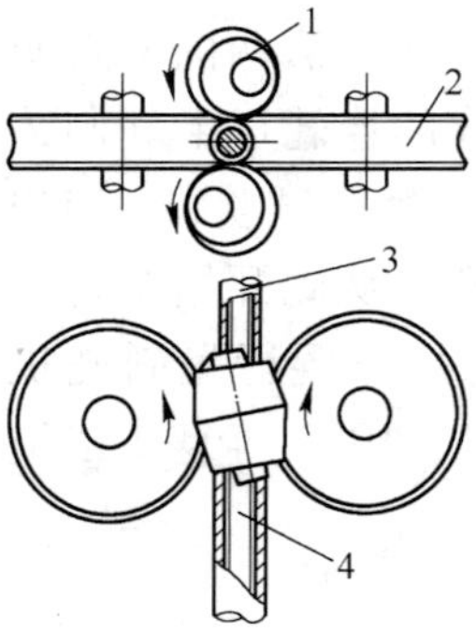

图 6-6　狄塞尔轧管机
1—轧辊；2—大导盘；
3—轧件；4—芯棒

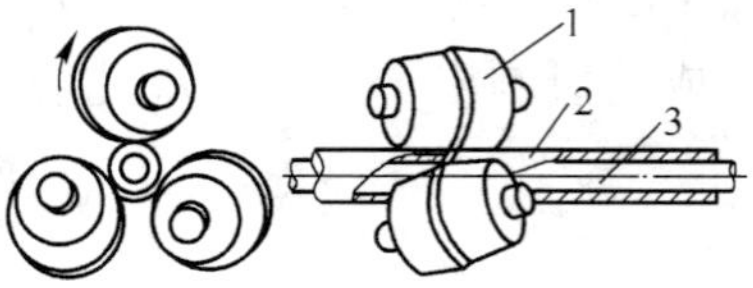

图 6-7　三辊阿塞尔轧管机
1—轧辊；2—轧件；3—芯棒

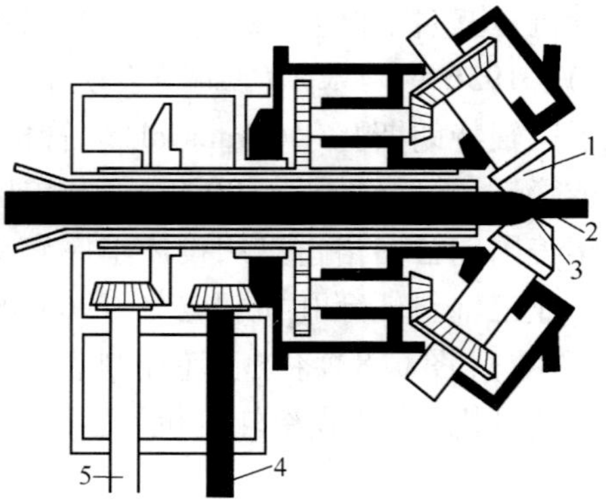

图 6-8　三辊行星斜轧机（PSW）
1—轧辊（三个互呈 120°）；2—精轧区；
3—减径区；4—主传动轴；5—辅传动轴

6.1　热轧钢管轧机

热轧钢管生产过程是将实心管坯或钢锭穿孔并轧成具有要求的形状、尺寸和性能的钢管。热轧无缝钢管是由连轧管机组、自动轧管机组、周期轧管机组、狄塞尔轧管机组、三辊轧管机组、减径或扩径机组等机组生产的。各种轧管机与其所适应生产的钢管品种如表 6-1 所示。各种轧管机产品规格和质量等指标比较如表 6-2 所示。

表 6-1　各种轧管机与其所适应生产的钢管品种

钢　种	品　种	连轧管机（MPM）	自动轧管机	Accu - Roll 轧管机	三辊轧管机	周期式轧管机	顶管机（CPE）	挤压机
碳　钢	石油管	√	√	√		√	√	
	地质管	√	√	√		√	√	
合金钢	结构管	√	√	√	√	√	√	√
	锅炉管	√	√	√	√	√	√	√
	输送管	√	√	√	√	√	√	√
	化工用管	√	√	√	√	√	√	√
不锈钢	锅炉管				√			
	化工耐蚀管		√	√		√		√①
	原子能管	√						√
高合金钢	化工用管							√
	原子能管							√

①主要提供冷（轧）坯料。

表 6-2　各种轧管机产品规格和质量等指标比较

指　标	连轧管机	自动轧管机	Accu - Roll	三辊轧管机	皮尔格轧机	顶管机	挤压机
生产最大规格/mm	114 ~ 406	100 ~ 406	114 ~ 406	114 ~ 245	660	114 ~ 245	1270
最大管长/m	30	15	18	15	36	21 ~ 24	
壁厚偏差/%	±6 ~ 7	±10	< ±5	±5	±10	±6 ~ 7	±10
D/S 比（不大于）	40	40	35	25（40）	40	40	

续表 6-2

指　标	连轧管机	自动轧管机	Accu－Roll	三辊轧管机	皮尔格轧机	顶管机	挤压机
(平均)生产率/m·min^{-1}	60	36	44	26	12	63	16
表面质量	好	差	好	好	差	好	差
成材率	高	中	高	中	低	中	低
投资	高	中	低	低	中	低	中

注：不包括大顶管。

6.1.1 热轧无缝钢管生产工艺流程

常用的热轧无缝钢管生产方法如表 6-3 所示，其生产工艺流程如图 6-9 所示。

表 6-3 常用的热轧无缝钢管生产方法

生产方法		原料（管坯）	主要变形工序用设备：穿　孔	主要变形工序用设备：轧　管	产品范围：外径 D_c /mm①	产品范围：壁厚 δ_c /mm	产品范围：D_c/δ_c	产品范围：轧管机轧后最大长度/m
热轧	自动式轧管机组	圆轧坯	二辊式斜轧穿孔机（曼内斯曼式）或菌式穿孔机	自动式轧管机	ϕ12.7～600.4②	2～60	6～48	10～16
		连铸方坯	推轧穿孔机（PPM）和斜轧延伸机		ϕ165～406	5.5～40.5		
	皮尔格轧管机组	圆　锭	二辊式斜轧穿孔机(曼内斯曼式)	皮尔格轧管机	ϕ50～1000	2.25～170	4～40	16～28
		方锭或多角形锭	压力穿孔机和斜轧延伸机					
		连铸方坯	推轧穿孔机和斜轧延伸机					
	连续式轧管机组	圆轧坯	二辊式斜轧穿孔机(曼内斯曼式)	长心棒连轧管机（MM）	ϕ16～168.3	1.75～25.4	6～30	20～33
		圆连铸坯①	狄舍尔穿孔机或三辊斜轧穿孔机					
		连铸方坯①	推轧穿孔机和斜轧延伸机	多机架可控心棒连轧管机（MPM）	ϕ48～340	3～25	7～30	
	三辊轧管机组	圆轧坯	二辊斜轧穿孔机（曼内斯曼式）或三辊斜轧穿孔机	三辊式轧管机	ϕ21～240	2～45	4～12（～50）	8～10
	狄舍尔轧管机组	圆轧坯	二辊斜轧穿孔机（曼内斯曼式）	狄舍尔轧管机（带主动导盘的斜轧机）	ϕ51～108（ϕ39～203）	2～8	4～35	约 15
顶制	顶管机组	方轧坯或方连铸坯	压力穿孔机和斜轧延伸机	顶管机顶制	ϕ17～1070	3～200	5～30	14～16
挤压	热挤压机组	圆锭或圆坯	压力穿孔机穿孔或钻孔后压力穿孔机扩孔	挤压机挤压	ϕ25～1425	约 2	4.5～25	约 25

①各机组 ϕ50mm 以下的管是通过减径机或张力减径机生产的；②自动式轧管机组正常最大外径为 ϕ426mm，ϕ660.4mm 的管是用扩径机生产的。

6.1.1.1 管坯及加热

管坯种类的选择包括：(1)管坯钢的冶炼方法，如电炉、转炉或电渣重熔等；(2)管坯的加工方法，如铸钢锭、连铸坯、轧制、锻制等；(3)管坯断面形状，如方形、圆形、多角形等。对上述三者的选择，主要取决于钢管的品种和穿孔的方法。

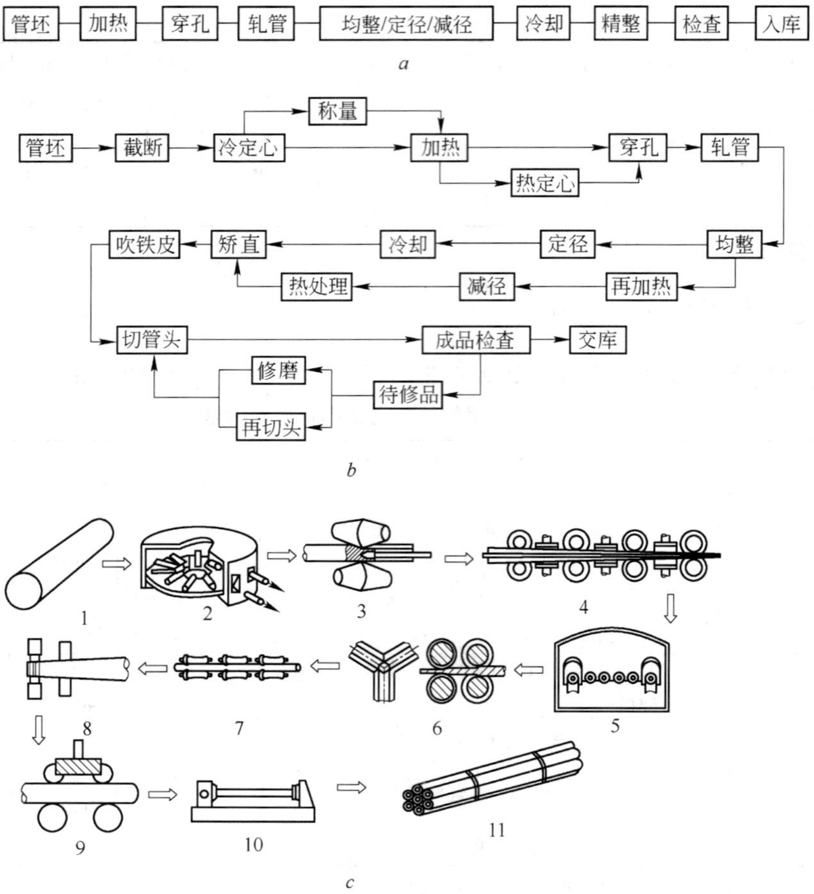

图 6-9　热轧无缝钢管生产工艺流程

a—通用的生产工艺流程；*b*—自动轧管机生产工艺流程；*c*—连续轧管机生产工艺流程

1—管坯；2—加热炉；3—穿孔机；4—连轧管机；5—再加热炉；6—张力减径机；

7—矫直机；8—切管机；9—无损探伤；10—水压试验机；11—成品包装入库

对管坯的表面要严格地进行检查和清理。将管坯切成轧制时需要的定尺长度。管坯穿孔前，为改善穿孔时的咬入条件、防止穿孔时穿偏，圆管坯要进行定心，即在前端端面中心钻孔或冲孔。

对管坯加热有三点要求：温度准确、加热均匀、烧损少。管坯加热一般在环形炉中进行，也有采用步进炉的。

6.1.1.2　轧制

钢管的轧制包括穿孔，轧管，均整和定、减径（或张力减径）等工序。穿孔工序是先将实心管坯（锭）穿制成空心毛管，相当于一般热轧中的开坯工序。轧管工序是将毛管减壁延伸，使其壁厚接近或等于成品尺寸，相当于一般热轧中的毛轧（延伸）工序。均整和定、减径（或张力减径）相当于一般热轧中的精轧工序。均整是将轧后的钢管内外表面磨光和均匀壁厚。定径是使钢管外形尺寸精确化，达到更高的尺寸精度和真圆度。减径工序除具有提高钢管外表面质量外，还用于用大管坯生产小口径管；用同一规格的管坯生产多种规格的成品管。各种热轧管机组的轧制工序示例如表 6-4 所示。

表 6-4 各种热轧管机组的轧制工序示例(○表示设此工序)

机组	→开								坯→					毛轧(延伸)→								精轧→					
	水力除鳞	管坯定型	涂玻璃粉	二辊斜轧穿孔	压力穿孔	三辊斜轧穿孔	狄舍尔穿孔	再加热	推轧穿孔	再加热	二辊斜轧延伸	再加热	涂玻璃粉	自动式轧管	皮尔格式轧管	长心棒连轧管	可控心棒连轧管	三辊式轧管	狄塞尔式轧管	预制管	挤压	锯头	脱棒	均整	再加热	定径	减径
自动式				○										○										○	○	○	○
				○							○	○		○										○	○	○	○
	○	○						○	○		○			○										○		○	
皮尔格式				○											○							○			○	○	○
					○			○			○				○							○			○	○	○
	○	○							○	○	○				○							○			○	○	○
连轧				○												○							○		○	○	○
						○		○								○							○		○		○
							○									○							○		○	○	○
	○	○							○		○						○								○	○	○
三辊式				○														○					○		○	○	○
						○												○					○		○	○	○
狄尔舍式				○															○				○			○	
顶管		○			○					○	○									○			○		○	○	○
挤压			○		○							○	○								○	○					
			○		○							○	○								○	○			○		○

6.1.1.3 冷却和精整

热轧后的钢管温度在 700 ~ 900℃,为便于以后的精整,须将其冷却。冷却一般在冷床上进行。冷却工艺视钢种而异。

钢管在各生产工序中可能产生缺陷,为去除这些缺陷,则需要对冷却后的钢管进行精整,有些品种还需要作进一步加工处理。几个典型钢种钢管的精整和加工工序如图 6-10 所示。

6.1.1.4 示例

图 6-11 为法国圣索尔夫厂连轧钢管机组生产流程及顶杆(芯棒)循环示意图。将长 12m、ϕ120mm 和 ϕ160mm 连铸圆管坯切断成 1.5 ~4m 定尺长度。定尺管坯经步进炉加热、液压定心机热定心、高压水除鳞、带有大导盘的卧式二辊穿孔机穿孔成荒管。荒管连同穿孔顶杆一起送入 7 机架连轧管机轧制,顶杆用作连轧时的芯棒。连轧管机轧制时芯棒由链式控制装置控制其速度,限动芯棒操作。但当轧制结束时芯棒与限制装置脱开,随钢管一起轧出,因此,是半限动芯棒操作。脱去芯棒的钢管经锯端头、另一座步进炉再加热、高压水除鳞、24 机架张力减径机(三辊式)减径、齿条式冷床冷却、锯切成定尺 5 ~ 16m。之后再经精整、检查、包装、入库等工序。成品管尺寸:ϕ27 ~ 127mm、壁厚 2.3 ~ 16mm、最大长度 110m。

6.1.2 生产车间及轧机布置

图 6-12 为日本钢管公司京滨厂 400 自动轧管机组车间平面布置图。产品规格:钢管外

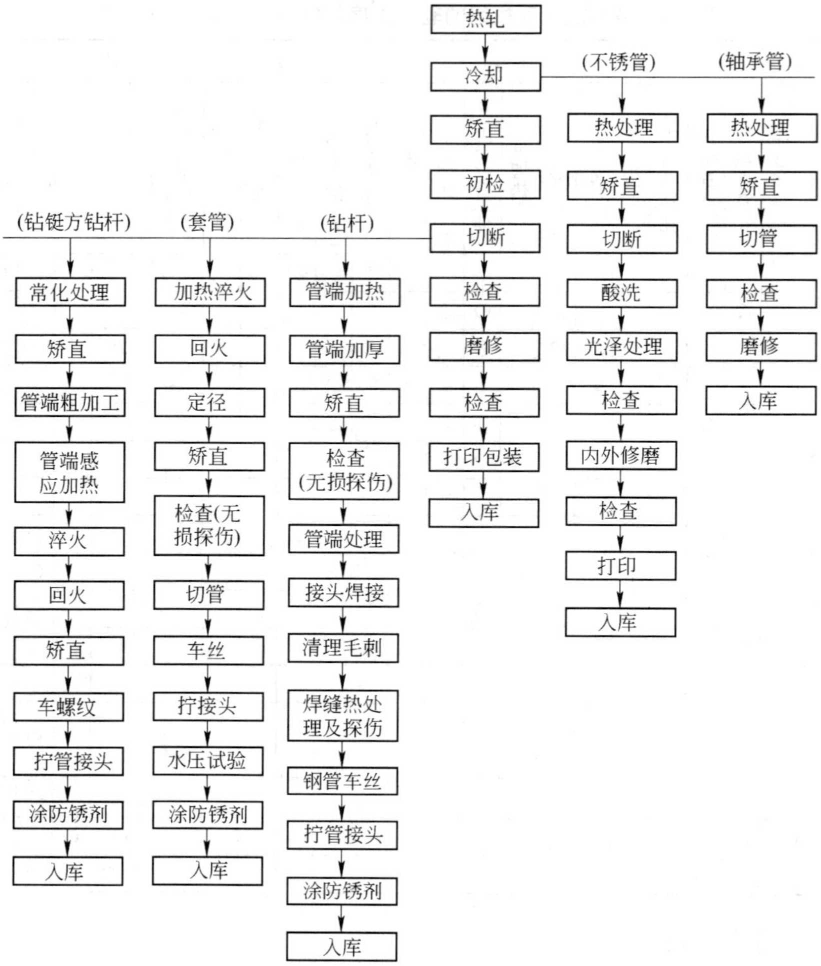

图 6-10　几个典型钢种钢管的精整和加工工序

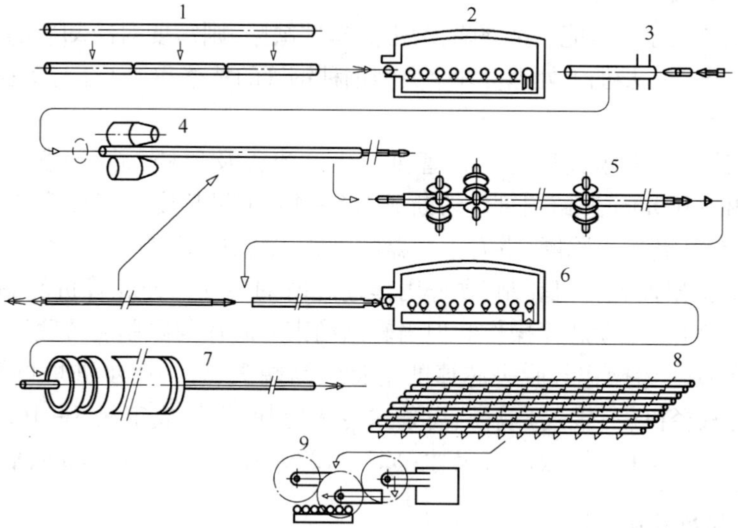

图 6-11　圣索尔夫厂连轧管机组生产过程及顶杆(芯棒)循环示意图

1—管坯切断;2—管坯加热;3—热定心;4—穿孔;5—连轧管;6—再加热;7—张力减径;8—冷却;9—锯断

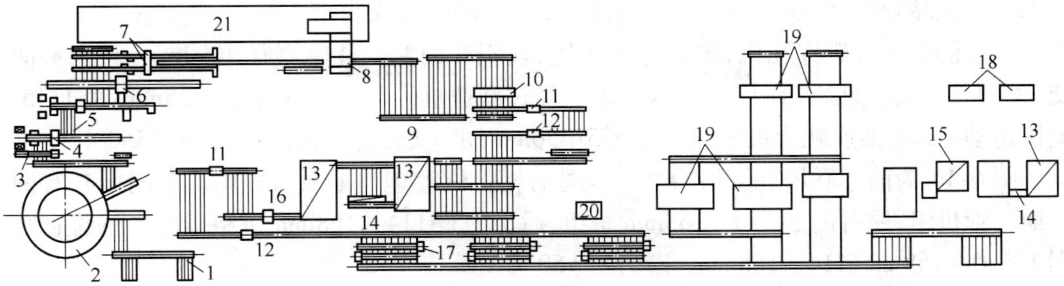

图 6-12　日本钢管公司京滨厂 400 自动轧管机组车间平面布置图

1—上料台架；2—环形加热炉；3—热定心机；4—穿孔机；5—延伸机；6—自动轧管机；7—均整机；8—定径机；9—冷床；10—冷却水槽；11—矫直机；12—磁力探伤机；13—淬火炉；14—淬火槽；15—回火炉；16—定径机；17—切管机；18—车丝机；19—水压试验机；20—磁粉探伤机；21—轧辊间

径 152 ~ 406mm、壁厚 4.5 ~ 40mm、最大长度 15m。年生产能力 70 万 t。穿孔机和延伸机是一样的，均采用卧式二辊穿孔机。轧辊最大直径 1400mm、辊身长度 900mm，由两台 3000kW 同步电机传动。轧辊倾斜角可调，最大 15°。自动轧管机是一个单孔型轧管机。轧辊最大直径 1050mm、辊身长度 560mm，由一台 3500kW 交流电机传动。回送辊最大直径 660mm、辊身长度 500mm，由一台 410kW 电机传动。均整机是二辊式的，轧辊直径 1000mm、辊身长度 860mm，由两台 370kW 直流电机传动。轧辊倾斜角固定为 6°。定径机为 7 机架交叉布置，由 150kW 直流电机单独传动，均采用二辊式机架。

图 6-13 为法国圣索尔夫厂连轧钢管车间平面布置图。连铸圆管坯 ϕ120mm 和 ϕ160mm、

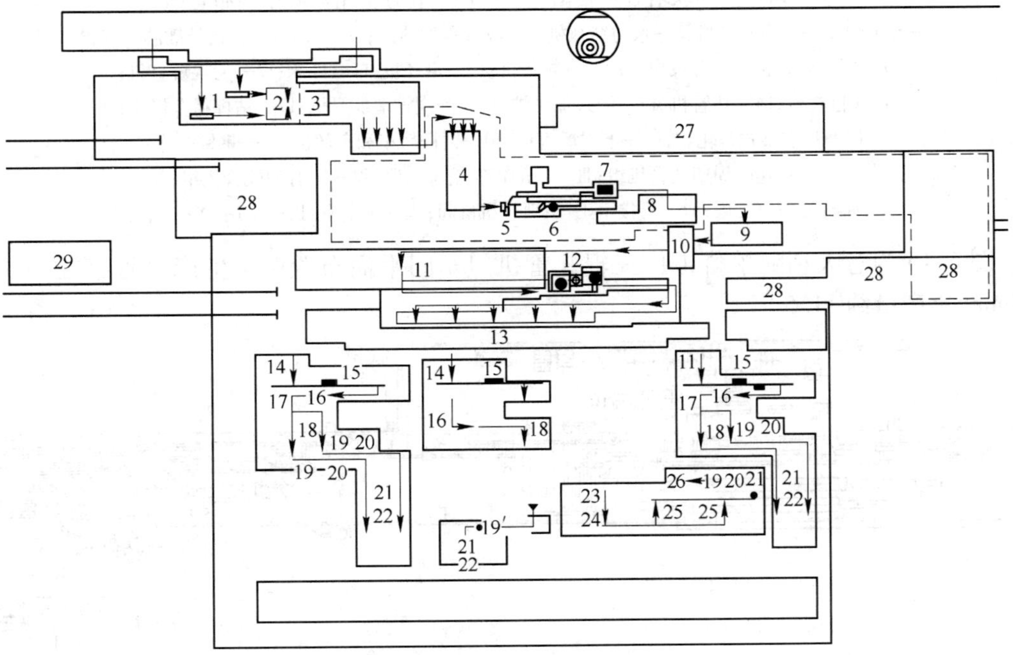

图 6-13　法国圣索尔夫厂连轧钢管车间平面布置图

1—管坯测长；2—管坯称重；3—管坯锯断；4—步进式加热炉；5—定心机；6—穿孔机；7—连轧管机；8—脱棒机；9—再加热炉；10—张减机；11—冷床；12—锯；13—中间仓库；14—切头；15—矫直机；16—无损探伤；17—切定尺；18—检查；19—测长；20—打印；21—称重；22—打捆；23—倒棱；24—水压试验；25—用户检查；26—涂油；27—变电站；28—机修间；29—水处理

长12m。成品管尺寸：$\phi27 \sim 127$mm、壁厚2.3～16mm、最大长度110m。年产量33万t。带有大导盘的卧式二辊穿孔机，导盘上下布置，轧辊在两侧。轧辊直径1092mm，与水平面相交5°～17°。每一轧辊由两台1470kW电机经过减速机传动。导盘直径2235mm，由1115kW电机传动。7机架连轧管机轧辊直径555/450mm，由10台电机传动，总容量13500kW。

图6-14为前苏联塔甘罗格冶金工厂周期轧管机组车间平面布置图。车间内布有两套周期轧管机组，原有的是140～168mm机组，后上的是114～168mm机组。生产钢管直径分别为140～168mm、114～168mm，年产量约50万t。

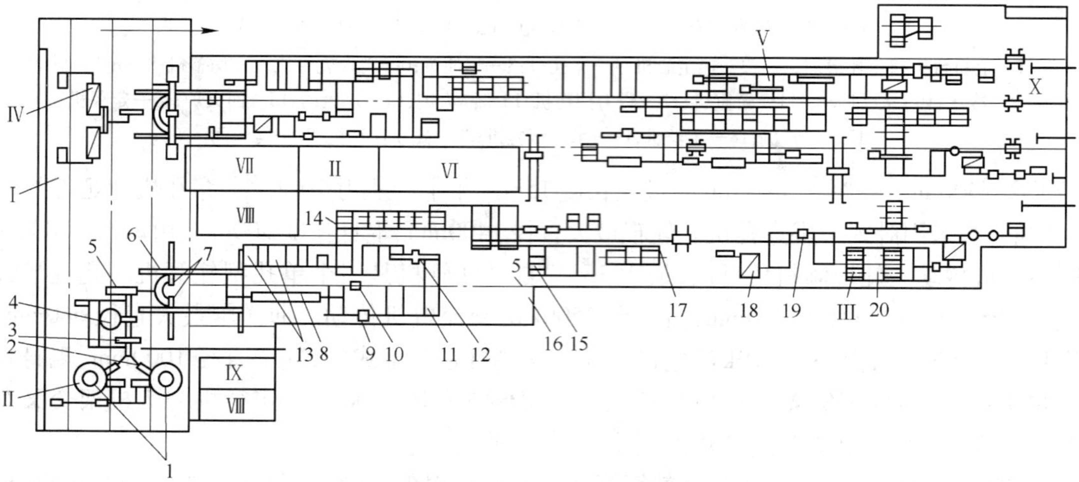

图6-14　前苏联塔甘罗格冶金工厂周期轧管机组车间平面布置图

1—环形炉；2—水力除鳞机；3—水力穿孔机；4—盘式再加热炉；5—延伸机；6—机外插芯棒装置；7—周期轧管机；8—分段快速炉；9—减径机；10—定径机；11—冷床；12—七辊矫直机；13—检查台；14—切管机；15—缝式加热炉；16—卧式管端加厚机；17—钻杆粗车机床；18—步进梁式常化炉；19—七辊矫直机；20—钻杆精车和车丝机；Ⅰ—钢锭仓库；Ⅱ—新建的周期轧管机组；Ⅲ—新的钢管精整工段；Ⅳ—原有的轧管机组；Ⅴ—原有的精整工段；Ⅵ—管接手工段；Ⅶ—机修间；Ⅷ—主电室；Ⅸ—泵站；Ⅹ—成品库

图6-15为意大利阿尔科雷厂三辊轧管机组车间平面布置图。生产钢管直径为44～203mm，年产量约11.5万t。

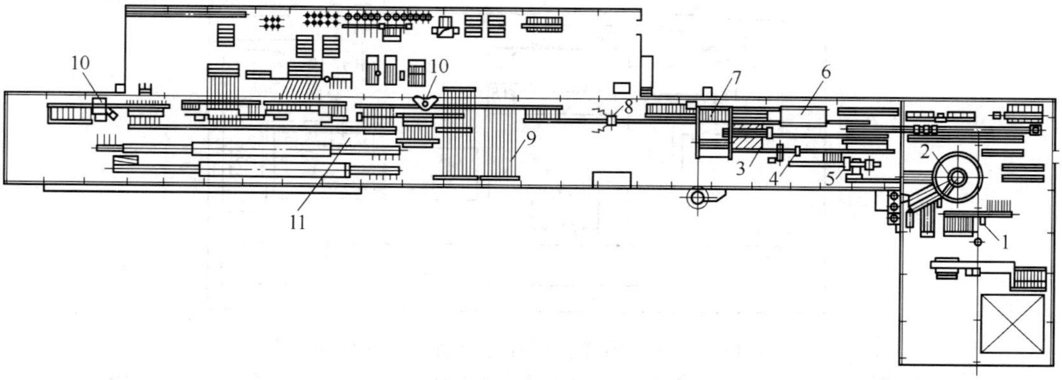

图6-15　意大利阿尔科雷厂的三辊轧管机组平面布置图

1—冷锯；2—环形加热炉；3—穿孔机；4—三辊轧管机；5—脱棒机；6—再加热炉；7—减径机；8—回转定径机；9—冷床；10—矫直机；11—球化退火炉

6.1.3 钢管轧机类型和工作原理

热轧无缝钢管的轧制工序是穿孔，轧管，均整和定、减径（或张力减径）等。

穿孔方法分为斜轧穿孔、压力穿孔和推轧穿孔等，其中斜轧穿孔分为菌式穿孔机穿孔、盘式穿孔机穿孔和辊式穿孔机穿孔。辊式穿孔机又分为三辊式、二辊式（分卧式——轧辊左右放置；立式——轧辊上下放置）。各种穿孔方法的比较如表6-5所示。

轧管方法分为自动轧管机轧管、连续轧管机轧管、三辊轧管机轧管、周期轧管机轧管、狄塞尔轧管机轧管、三辊行星轧管机轧管等。

表6-5 各种穿孔方法的比较

项　目	曼式穿孔机	压力冲孔	推轧穿孔	三辊穿孔	狄塞尔穿孔	菌式穿孔
原料种类	轧坯	钢锭、连铸坯	轧坯、连铸坯	轧坯、连铸坯	轧坯、连铸坯	轧坯、连铸坯
原料断面形状	圆	方、圆	方	圆	圆	圆
是否需配延伸机（二次穿孔）	≥200 轧机需要	要	要	不要	不要	不要
最大变形量（包括延伸机）	3.5	2	3.5	3.5	5	6
最大生产率/$m \cdot min^{-1}$	24	10	20	30	50	55
壁厚不均/%	8	10	20	5	5	5

我国部分无缝钢管生产厂设备情况如表6-6所示。我国热轧无缝钢管轧机水平发展不平衡，就好像是一个轧机博物馆，既有比较落后的精度差、产量低的周期式轧管机组和老式自动轧管机组，也有当代最先进的高精度、高产量的连轧管机组（MPM）、精密轧管机组（accu roll）和阿塞尔（Assel）轧管机。

表6-6 我国部分无缝钢管生产厂设备情况

单　位	机　型	年产能力/万 t	产品规格/mm	备　注
宝　钢	ϕ140mm 连轧管机组	50	ϕ32～159	浮动芯棒
天　管	ϕ250mm 连轧管机组（MPM） ϕ168mm 连轧管机组（PQF）	50	ϕ114～273	限动芯棒 三辊、限动芯棒
衡　管	ϕ89mm 连轧管机组 ϕ273mm 连轧管机组（MPM）	40 50	ϕ25～127 ϕ140～361	半浮动芯棒 限动芯棒
包　钢	ϕ180mm 连轧管机组（MINI－MPM） ϕ400mm 自动轧管机组	10 50	ϕ60	限动芯棒 5 机架
鞍　钢	ϕ159mm 连轧管机组 ϕ140mm 自动轧管机组 ϕ100mm 狄塞尔机组	 10 8.5	 ϕ57～180 ϕ70～114	限动芯棒 限动芯棒
成都无缝	ϕ180mm 精密轧管机组（accu roll） ϕ216mm、ϕ318mm 周期式（皮尔格（Pilger））轧管机组 ϕ340mm 连轧管机组（MPM）	 50	 ϕ25～406	 限动芯棒
烟台鲁保	ϕ114mm 精密轧管机组（accu roll）	10	ϕ65～118	限动芯棒
大冶钢厂	ϕ170mm 三辊轧管机组（assel）			
武汉 471	ϕ1100mm 顶管机组			管坯为八角钢锭

6.1.3.1 二辊斜轧穿孔机

二辊斜轧穿孔机按其辊形不同可分为桶式、菌式和盘式三种。

图 6-16 为桶式二辊斜轧（曼内斯曼）穿孔机工作原理图。该轧机由两个桶形的同向旋转的主动轧辊 1、两个固定不动的导板 2 或随动导辊和一个位于中间的顶头 3 构成一个环形封闭孔型。两个轧辊轴线相对轧制线倾斜一个角度 α，称此角为送进角。两个轧辊轴线相对轧制线的倾角方向相反。由于存在送进角，两个轧辊又同向旋转，故使夹在两个轧辊中间的管坯 5 一边旋转，一边前进（螺旋前进）。在管坯被轧辊曳入到和置于两个轧辊之间在顶杆 4 的支持下的顶头前端相遇为止的一段变形区内，管坯被轧辊在半径方向压缩和在导板方向拉伸，因而在管坯中心形成疏松状态。在此部位放置顶头，靠轧辊和顶头的作用将管坯穿成毛管 6。变形过程如图 6-17 所示。二辊穿孔中管坯的受力情况如图 6-18 所示。图 6-18a 为穿孔中管坯遇到顶头前的剖面。管坯受到压缩，直径减小，导致在中心部分产生交变压应力和拉应力。在此种应力状态下，会出现管坯中心产生孔腔的趋势。图 6-18b 为管坯已被穿成荒管的剖面。荒管外表面与轧辊和导板接触，而内表面同顶头接触。

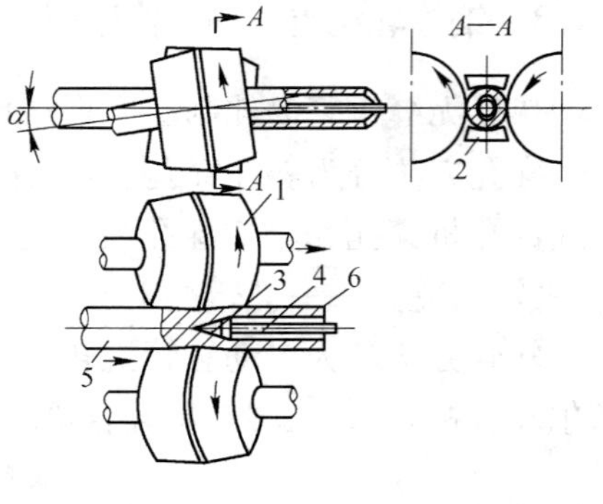

图 6-16 桶式二辊斜轧（曼内斯曼）穿孔机
1—轧辊；2—导板；3—顶头；4—顶杆；
5—管坯；6—毛管

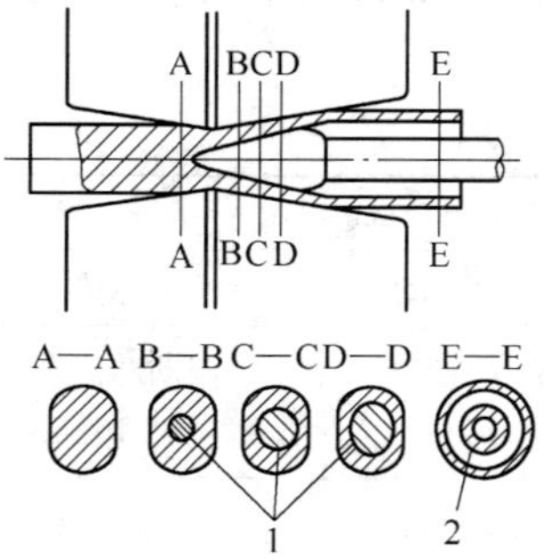

图 6-17 穿孔变形过程
1—顶头；2—顶杆

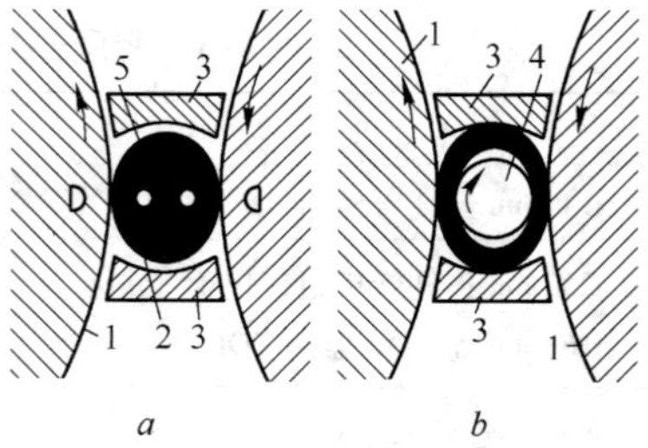

图 6-18 二辊穿孔中管坯的受力情况
a—管坯遇到顶头前的剖面；b—管坯已被穿成荒管的剖面
1—轧辊；2—管坯；3—导板；4—顶头；5—孔腔

图 6-19 为狄塞尔穿孔机工作原理图。该轧机是以主动导盘代替固定导板的桶式二辊斜轧穿孔机，其优点是穿孔效率高、金属的可穿性得到提高、导盘散热条件好等。

图 6-20 为菌式穿孔机工作原理图，因其辊身呈菌形而得名。该轧机是一种除轧辊倾斜一个送进角 α 外，还带有碾轧角 ϕ 的二辊斜轧穿孔机。β_1、β_2 为轧辊入口、出口锥角。因菌形辊呈顺轧制方向辊径逐渐加大放置，变形区中轧辊轴向分速度能更好地与轧件轴向速度相适应，有利于减少滑动，促进金属纵向延伸和减轻扭转变形。

图 6-3 为斯蒂菲尔盘式穿孔机工作原理图。该轧机是由两个轴线平行且同一方向旋转的盘形轧辊 1 组成。管坯送入轧辊间，被轧辊曳入后，轧辊与顶头一同将管坯穿孔、减壁、均壁穿轧成毛管。

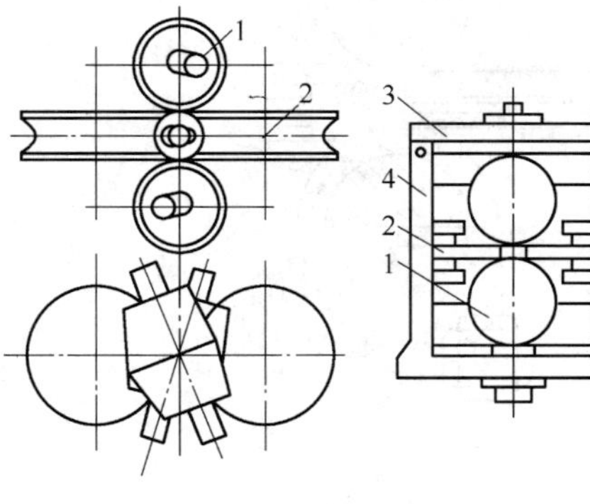

图 6-19 狄塞尔穿孔机工作原理图
1—轧辊；2—导盘；3—机架上盖；4—机座

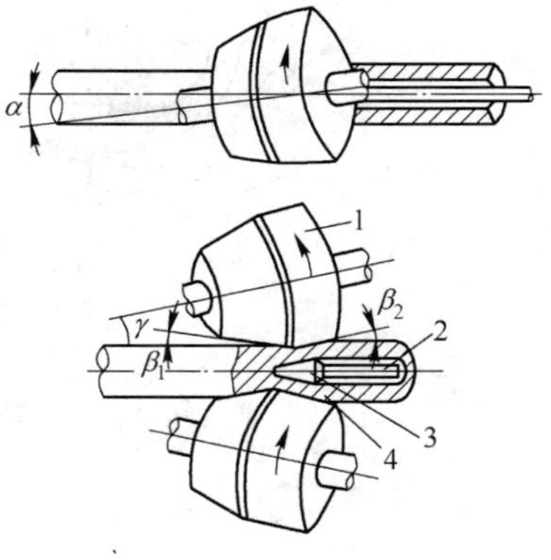

图 6-20 菌式穿孔机工作原理图
1—轧辊；2—顶杆；3—顶头；4—毛管

6.1.3.2 三辊斜轧穿孔机

图 6-21 为三辊斜轧穿孔机工作原理图。该轧机由三个主动轧辊和顶头构成封闭的孔型，取消了导板。三个轧辊转动方向相同且都与轧制线相交一个角度。三辊穿孔中管坯的受力情况如图 6-22 所示。由于在二辊穿孔机上管坯受到交变压应力和拉应力作用，导致荒管内表面产生严重的缺陷。而三辊穿孔机，在顶头前管坯中心部分只承受横向压应力。因此，消除了管坯中心被撕裂的趋势。图 6-22*a* 为穿孔中管坯遇到顶头前的剖面。图 6-22*b* 为管坯已被穿成荒管的剖面。

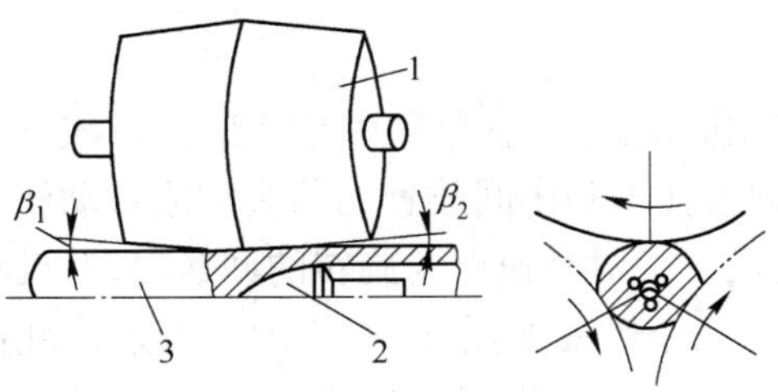

图 6-21 三辊斜轧穿孔机工作原理图
β_1、β_2—轧辊入口、出口锥角；
1—轧辊；2—顶头；3—毛管

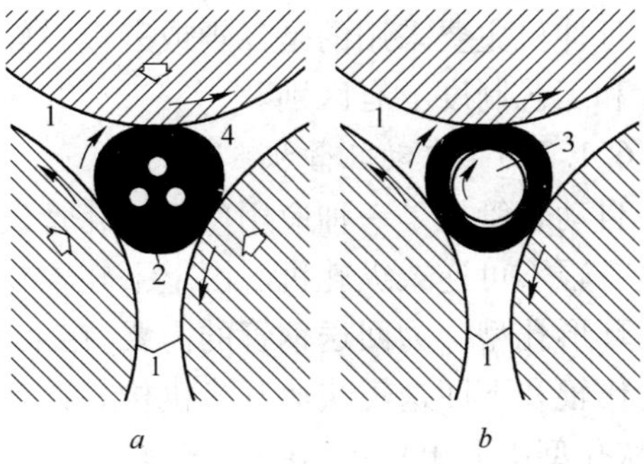

图 6-22 三辊穿孔中管坯的受力情况
a—管坯遇到顶头前的剖面；*b*—管坯已被穿成荒管的剖面
1—轧辊；2—管坯；3—顶头；4—无孔腔

6.1.3.3 推轧穿孔机

图 6-23 为推轧穿孔机（press - piercing mill，简称 PPM）工作原理图。推轧穿孔是以连铸方坯为原料，通过二辊纵轧穿制毛管。轧辊上的圆孔型和由顶杆支固的孔型中的穿孔顶头构成穿孔的孔型。由推料机将加热好的连铸方坯推顶穿过经精确调整好的导入装置而进入轧辊孔型中。首先方坯角部接触轧辊孔型，轧辊给方坯以径向轧制力及由此产生的轴向咬入力。方坯在推入力和咬入力作用下进入孔型轧制。在变形区中，顶头将方坯中心部分金属逐渐挤扩出充满孔型而得到圆形毛管。但推轧穿孔延伸系数较小，穿轧后需经延伸机加工。

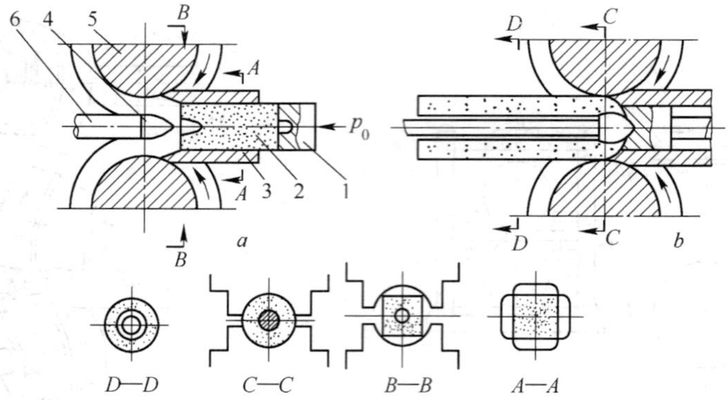

图 6-23　推轧穿孔机工作原理图

a—开穿时；*b*—终穿时

1—推料机推杆；2—方坯；3—导入装置；4—穿孔顶头；5—轧辊孔型；6—顶杆

6.1.3.4　延伸机

延伸工序是当只靠穿孔工序得不到要求的毛管尺寸时，在穿孔和轧管工序之间增设的，其主要作用是进行毛管的减壁和延伸、减轻毛管壁厚不均、改善毛管内外表面质量以及毛管扩径等。例如：压力穿孔和推轧穿孔的延伸系数很小及穿孔变形量受限制的高合金钢，其后一般都设置延伸工序；二辊斜轧穿孔的延伸系数大，但总变形量也大，也需要延伸工序。延伸工序可用两种方法：一是毛管既减壁又减径；二是只减壁不减径甚至扩径。由于后一种方式的工具设计和操作与穿孔基本相同，因此又称它为二次穿孔（将实心管坯穿孔称为一次穿孔）。

延伸机主要采用的是二辊或三辊斜轧机。延伸机与穿孔机结构基本相同，主要在工具设计和工艺制度上有区别。

6.1.3.5　自动轧管机

自动轧管机是一种应用广泛的轧管设备。该轧机由主机、前台和后台三部分组成。主机是二辊不可逆式纵轧机。由上下轧辊轧槽组成圆形孔型和中间放置的顶头构成自动轧管机的环形孔型。为回送钢管的需要，在工作辊后装设了一对高速反向旋转的回送辊，并设有上工作辊和下回送辊快速升降机构。自动轧管机的工作过程如图 6-24 所示。每道次轧制后，从孔型中取出顶头，在上工作辊上升的同时下回送辊也上升，靠回送辊把钢管自动地从轧机后台回到前台。因轧管时，轧完第一道后钢管可在回送辊的作用下自动地从轧机后台回到前台，以便翻转 90°之后第二道轧制，故称自动轧管机。

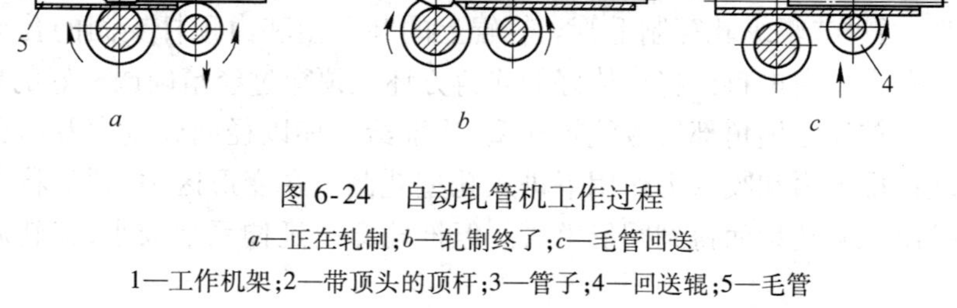

图 6-24　自动轧管机工作过程

a—正在轧制；*b*—轧制终了；*c*—毛管回送

1—工作机架；2—带顶头的顶杆；3—管子；4—回送辊；5—毛管

图6-25为双机架串列式自动轧管机的工作过程示意图。

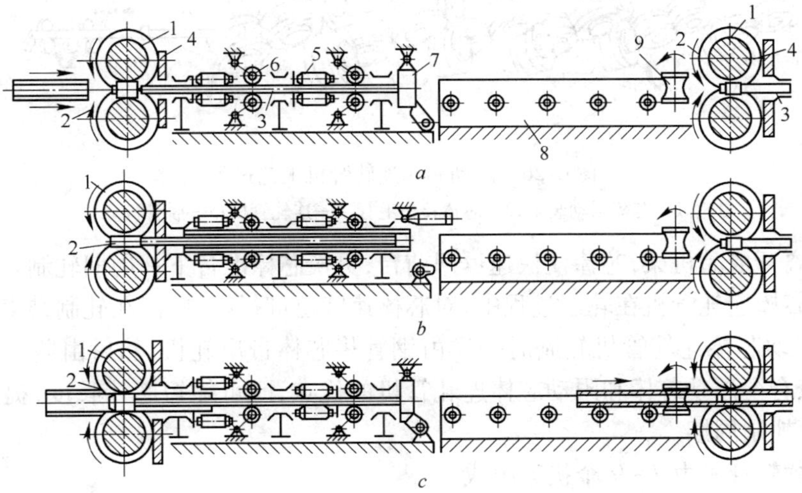

图6-25 双机架串列式自动轧管机工作过程示意图

a—荒管吸入第一机架前的情况;*b*—在第一机架轧完后的情况;*c*—在两个机架中同时轧制的情况

1—轧辊;2—顶杆;3—顶头;4—顶杆夹持器;5—定心辊;6—辊子;7—止推装置;8—辊道;9—翻转送进立辊

6.1.3.6 连续轧管机

连续轧管机是生产无缝钢管的高效轧机。连轧管是将毛管套在长芯棒上,经过多机架顺次布置且相邻机架辊缝互错90°的连续轧管机轧成钢管。连续轧管机是二辊式纵轧机,依据芯棒运动方式不同可将其分为全浮动芯棒(也称全浮动长芯棒)、限动芯棒和半限动芯棒(也称半浮动芯棒)连轧管机三种类型。20世纪70年代以前连续轧管机均采用传统的全浮动芯棒式,1978年意大利茵西公司设计制造了ϕ365mm限动芯棒连续轧管机,法国圣索夫厂建成了ϕ127mm半限动芯棒连轧管机,使连续轧管机的发展进入了一个新阶段。

全浮动芯棒连轧管机(Mandrea Mill,简称MM)在轧制时,不控制芯棒速度,芯棒随同轧件自由运动。轧管后用脱棒机从钢管中脱出芯棒,芯棒长度接近管子长度。因此,在整个轧制过程中芯棒的速度多次变化。因芯棒速度的变化引起金属流动条件的变化,而金属流动的不规律性又导致了钢管纵向的壁厚和直径变化。此外,芯棒长度大,不但制造困难,且在轧制直径较大的钢管时芯棒的重量也很大,钢管带着过重的芯棒在辊道上运行将会导致钢管破损。全浮动芯棒连轧管机生产的钢管最大直径为177.8mm。

为解决全浮动芯棒连轧管机轧制时金属流动的不规律性,缩短芯棒长度,解决芯棒制造上的困难,出现了限动芯棒和半限动芯棒连轧管机。

限动芯棒连轧管机(multi - stand pipe mill,简称MPM)的基本特点就是控制芯棒的运行速度,使芯棒在整个轧制过程中均以低于第一架金属轧出速度的恒定速度前进,避免了不规律的金属流动和轧制条件的变化,可以获得非常好的钢管壁厚公差。其与传统轧管机不同的是在轧线上安有芯棒导向托辊,在轧机前台有芯棒限动、快速往返装置,在轧机后台有二辊式脱管机。限动芯棒连轧管机工艺过程(图6-26):穿孔后的毛管送至连轧管机前台,将涂好润滑剂的芯棒快速插入毛管,穿过机架直至芯棒前端达到成品机架中心线,然后推入毛管轧制,芯棒按规定恒速运行。毛管轧出成品机架后,便直接进入与它相连的脱管脱棒,当

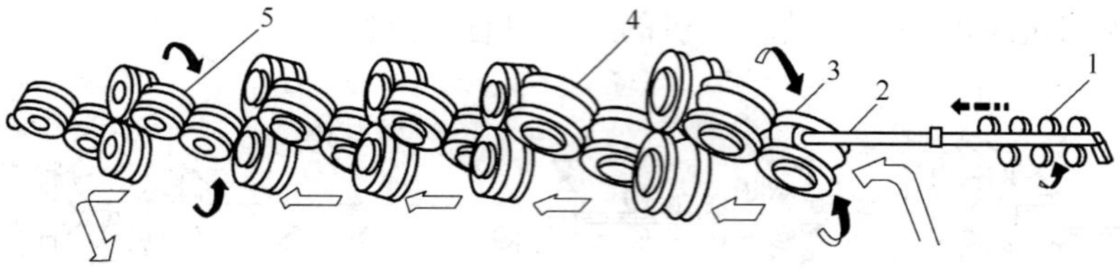

图6-26　限动芯棒连轧管机工艺过程

1—芯棒限动装置;2—芯棒;3—毛管;4—连轧管机;5—脱管机

毛管尾端一离开成品机架,芯棒便快速返回前台,更换芯棒准备下一周期轧制。

半限动芯棒连轧管机在轧制过程中,对芯棒速度也进行控制,但在轧制结束之前将芯棒放开,像全浮动芯棒连轧管机轧制时一样由钢管将芯棒带出轧机,然后由脱棒机将芯棒抽出,可见其兼有全浮动芯棒和限动芯棒连轧管机的优点,既可缩短芯棒长度,提高管子的质量,又可缩短轧制周期。

通常连续轧管机由7~9个机架组成。

6.1.3.7　三辊轧管机

三辊轧管机是一种用长芯棒碾轧的斜轧机,工作原理如图6-27所示,其中图6-27*b*、*c*只画出了一个轧辊,另外两个轧辊只画出了其中心线。其结构有两种:一种是阿塞尔(Assel)轧管机,另一种是特朗斯瓦尔(Transval)轧管机。阿塞尔轧管机由三个转动方向相同的主动轧辊和一根芯棒组成环形封闭孔型,三个轧辊对称布置在以轧制线为形心的等边三角形的顶点,轧辊轴线与轧制线成两个倾斜角度。一个是送进角 α,一个是碾轧角 ϕ。它是靠回转牌坊来改变送进角的,工作轧辊安装在圆锥滚子轴承中,轴承座则安装在两个牌坊中,其中一个固定,而另一个则可绕轧机中心线回转0°~25°。转动这个回转牌坊就可以使轧辊倾斜于轧管机的中心线。轧辊回转一个角度可以得到一个送进角。回转角增大则孔型变小,回转角减小则孔型增大。

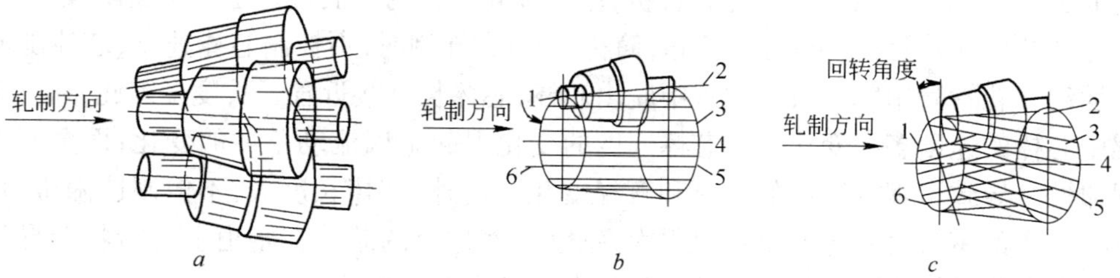

图6-27　三辊轧管机工作原理

a—典型的三辊轧管机轧辊布置;*b*—牌坊没有回转时的情况;*c*—牌坊回转一个角度时的情况

1—回转牌坊中心线;2—No.1轧辊中心线;3—固定牌坊中心线;

4—轧机中心线;5—No.3轧辊中心线;6—No.2轧辊中心线

1967年法国瓦卢勒克公司提出了一项专利,随后同英国钢管投资公司按此专利设计制造了可在轧制过程中变换送进角的新型阿塞尔轧管机,即特朗斯瓦尔轧管机,并且用"Laminage Transverse"(横轧之意)和"Vallourec"(瓦卢勒克公司的名称)两词字头拼成"Transval"来命名。特朗斯瓦尔轧管机是由阿塞尔轧管机发展而来,其本质仍是阿塞尔轧管机,不同的是它具有在轧制过程能够迅速变换回转牌坊角度的"转角机构"。可用它在轧制过程中实现变送进角、变轧制速度(图6-28a)。如在轧制终了前,减小回转牌坊回转角,即减小送进角,这样既降低了轧制速度,又使钢管尾部的管壁稍稍增厚,可防止在钢管尾部产生喇叭口。再如可采用增大回转牌坊回转角获得较大的送进角和轧制速度,可提高生产率。总而言之,通过采用这种新方法可把在阿塞尔轧管机上用全浮动芯棒轧制管,从 $D/S=4\sim10$,扩大到 $4\sim40$,从而使三辊轧管机能够轧制管壁较薄的钢管。同时,即使在生产 $D/S=8\sim10$ 的较厚壁钢管时,生产率高于阿塞尔轧管机,还可提高收得率4%。该轧管机还可用来生产变断面钢管,如生产两端加厚管和两端壁厚稍薄的管子,如图6-28b 所示,在轧制末了时(如在 $z-z$处),使回转牌坊按箭头 F 的方向转动(转到 $y-y$ 位置),这就能减少轧制效应,以获得其直径 D_2 大于 D_1 的荒管。

三辊轧管机的最大特点是轧辊带有台肩,在实现斜轧的同时还进行碾轧。

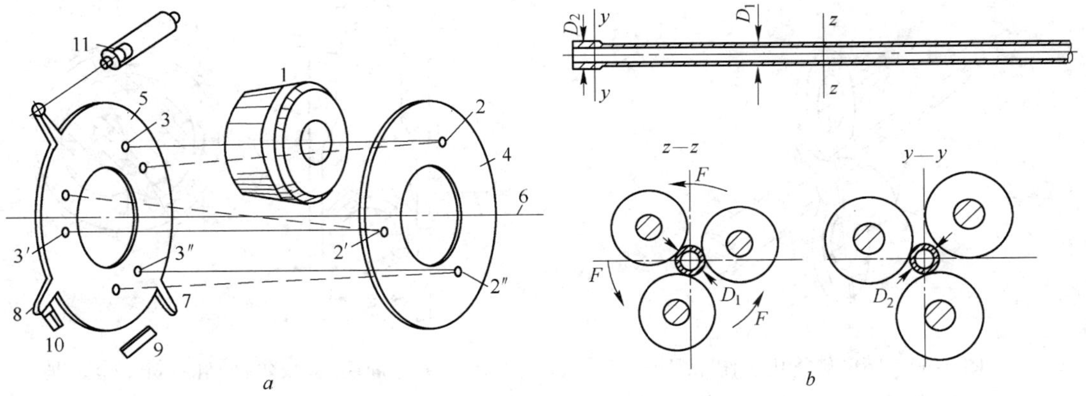

图6-28 特朗斯瓦尔轧管机工作原理

a—新形轧管机表示如何改变轧辊间距的工作原理示意图;b—新型轧管机所轧管子的剖面示意图

1—轧辊;2、2′、2″、3、3′、3″—球面圆心轴承;4—固定牌坊;5—回转牌坊;

6—中心线;7、8—回转挡头;9、10—固定挡头;11—液压或气动装置

6.1.3.8 狄塞尔轧管机

狄塞尔(Diescher)轧管机(也称主动导盘二辊斜轧轧管机),其结构与常用的二辊斜轧穿孔机类似,只是将固定的上下导板改为驱动回转的大导盘-主动导盘(也称狄塞尔导盘)。工作原理如图6-29所示。由轧辊、主动导盘和芯棒组成轧制孔型,轧辊呈桶形并同轧制线倾斜一个角度,两个轧辊的转动方向相同,是一种用长芯棒的二辊斜轧。轧管时在毛管内穿长芯棒全浮动操作。大圆盘缘面运动速度大于轧件的运动速度,这样可将毛管轧薄并轧光内外表面和减小壁厚偏差。

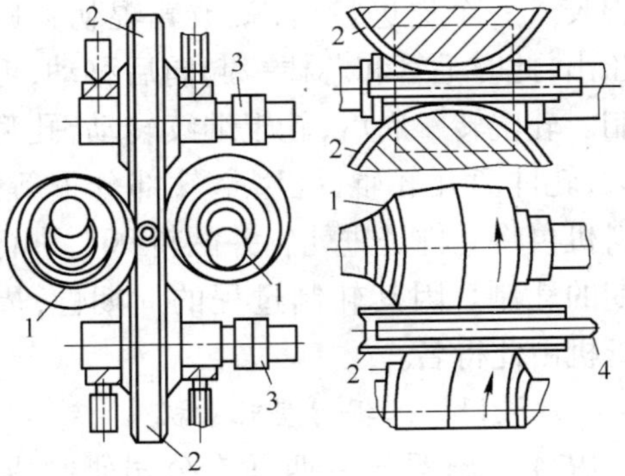

图6-29 狄塞尔轧管机工作原理

1—轧辊;2—导盘;3—导盘传动轴;4—芯棒

6.1.3.9 精密轧管机(accu roll)

20世纪80年代,艾特纳标准工程公司将狄塞尔轧管机改为类似于菌式穿孔机的形式,

增加了碾轧角和轧辊长度，并改为限动芯棒操作，开发成了精密轧管机（accu roll）（图6-30）。精密轧管机与菌式穿孔机结构、传动基本相同，但前者用长芯棒，后者用顶头。

6.1.3.10　周期式（皮尔格（Pilger））轧管机

周期式轧管机又称皮尔格（Pilger）轧管机，是二辊不可逆轧机。周期式轧管原理是锻轧，相当于锻造－纵轧组合的辊锻，其工作原理如图6-31所示。轧辊上刻有变断面的圆孔型，孔型沿轧辊圆周分为两个区域：轧制区（中心角 θ 区）和空轧区（中心角 θ_x 区）。轧制区又可分为三个区：锤头区（脊部）、定径区和出口区，对应的中心角为 θ_σ、θ_k、θ_B。锤头区（脊部）孔型半径由空轧区较大值过渡到逐渐减小，用以压缩毛管；定径区孔型半径是不变的，故此不再进行大的变形，主要起定径作用，用以将壁厚不均的部分轧平或精轧；出口区孔型半径开始逐渐增加，使轧辊表面逐渐而平稳地脱开钢管。

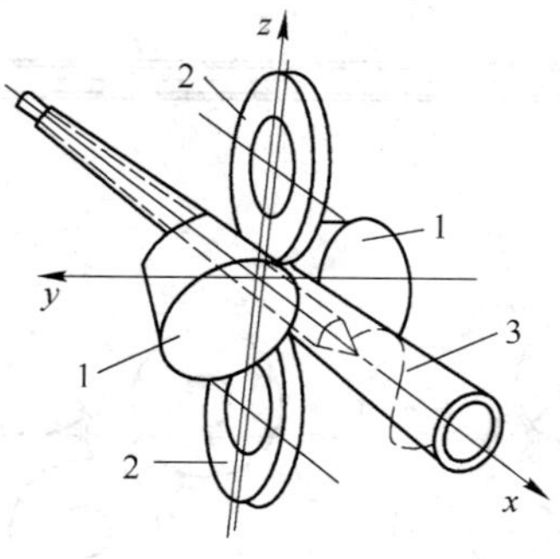

图6-30　精密轧管机工作原理
1—轧辊；2—大导盘；3—轧件

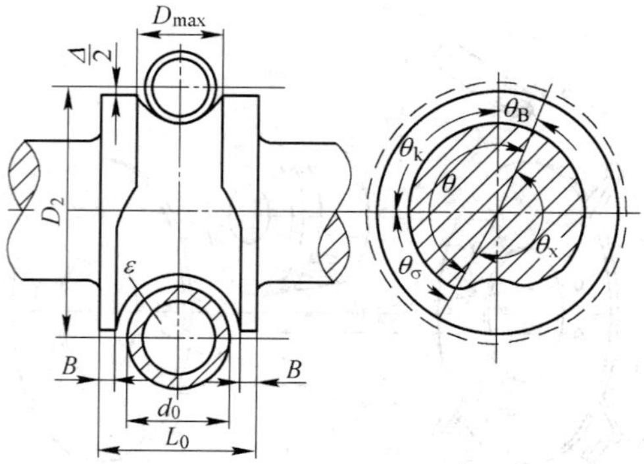

图6-31　周期式（皮尔格）轧管机工作原理

周期式轧管机工作过程（图6-32）：轧辊由电动机通过减速机、齿轮箱和连接轴传动，轧辊旋转方向与轧件（毛管）送进方向相反。由于送入轧件的方向和轧辊旋转方向相反，当轧件被轧辊咬入一个送进量后，就被轧辊朝其旋转方向压出，此时毛管和芯棒一起向后移动，毛管被轧制。轧辊转一周后，轧辊继续转动，孔型逐渐增大，轧件离开轧辊，孔型空轧部分重新张开，喂料机再将轧件送进轧辊并翻转90°，进行下一周期的轧制。因其轧制过程的周期性，周期式轧管机由此得名。

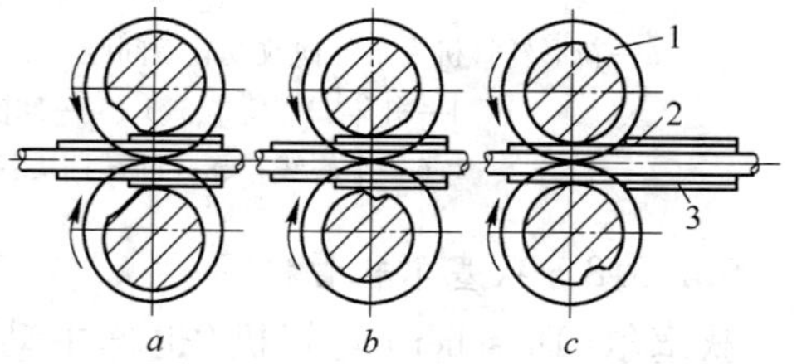

图6-32　周期式（皮尔格）轧管机工作过程
a—送进坯料阶段（箭头为送进方向）；
b—咬入阶段；c—轧制阶段
（箭头为轧件运行方向）
1—轧辊；2—芯棒；3—毛管

6.1.3.11　三辊行星轧管机

1974年施罗曼－西马克公司研制成功了三辊行星斜轧机，又称PSW（planet schrage waltwerk）轧机（图6-8），用于轧制棒材，1977年用于将空心坯轧制成钢管。

三辊行星轧机工作原理见3.3.3三辊行星式轧机一节。

用三辊行星轧机作为无缝钢管轧机使用时有许多优点（表6-7），即它生产的钢管壁厚精度高、钢管长、可省去中间加热和再加热炉、可降低生产成本和基建费用。图6-33为用三辊行星钢管轧机轧管的工艺布置，由穿孔机、延伸机（三辊行星钢管轧机）和精轧机（定径或张力减径机）组成一个连续作业的机组，因在三辊行星钢管轧机中轧件不围绕其中心线转动芯棒，而可以固定在轧机入口一侧，可实现连续轧制。在该轧机问世之前尚未找到能连续轧制无缝钢管的工艺，而这正是该工艺的主要特点。已有的连轧管机虽然也叫连轧，但主要是在一组机架中连轧，而在连轧管机前后还要增加运输设备和再加热炉等。该连续作业机组的工艺过程：将加热好的管坯在穿孔机上穿成空心坯，空心坯完全离开穿孔机后抽出顶头，移动空心坯至三辊行星钢管轧机前台，在此将芯棒插入空心坯中，然后插入芯棒的空心坯被送进三辊行星钢管轧机轧成荒管并得到较大的延伸。三辊行星钢管轧机变形区如图6-34所示。

表6-7 三辊行星斜轧机轧（PSW）优点

方　法	壁厚公差/%	钢管最大长度/m	周期时间/s
三辊轧管机轧管	5	12	30
顶管机顶管	8	18	16
自动轧管机轧管	10	14	20
挤压机挤压管	10	30	30
连轧管机轧管	10	30	15
周期轧管机轧管	10	30	60
PSW 轧管机轧管	5	100	60

注：假设钢管长度不受限制。

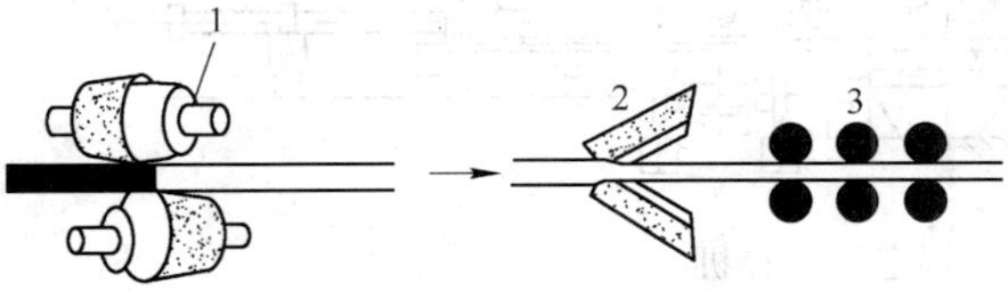

图6-33 应用三辊行星轧管机的工艺布置
1—穿孔；2—PSW 轧管；3—定（减）径

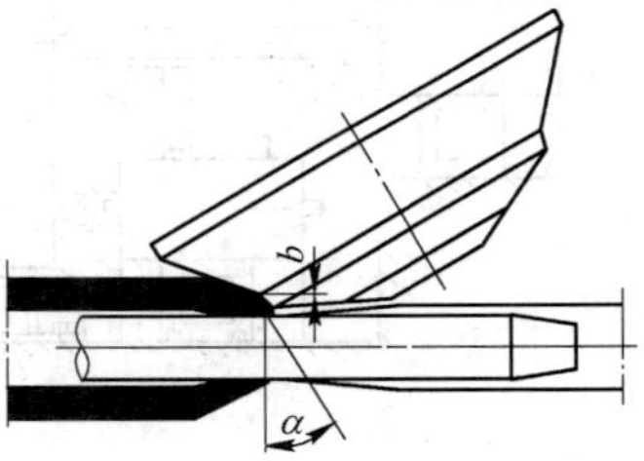

图6-34 三辊行星钢管轧机变形区
α—台肩角度；b—台肩高度

6.1.3.12 定、减径机组

钢管定径、减径和张力减径过程是空心体不带芯棒的连轧过程，轧机通常采用二辊式和三辊式，均由多机架组成，如图6-35所示。

在定径、减径和张力减径过程中，钢管的直径和壁厚都发生变化。直径的变化主要取决于轧辊的孔型尺寸，而壁厚的变化则与张力的大小和壁厚与直径之比等因素有关。

钢管定径的目的是将轧后或均整后的钢管，在较小的总减径率和小的单机架减径率条件下轧成具有要求尺寸精度和真圆度的成品管。常用的定径机是由3～14个二辊机架组成，轧辊单独传动，相邻机架轧辊轴线相互垂直且与地面呈45°（图6-36）。

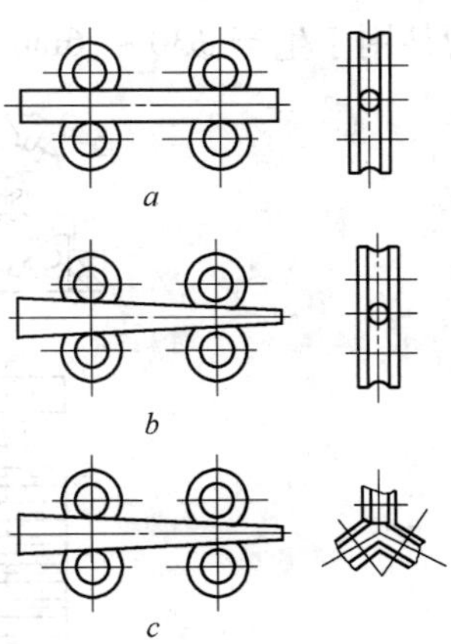

图6-35 钢管定径、减径和张力减径过程
a—二辊定径；b—二辊减径；c—三辊张力减径

钢管减径的目的是除了起定径作用之外，还要求有较大的减径率，以实现用大管料生产小口径管。减径机按工作辊数分为二辊式、三辊式和四辊式（图6-37）。

二辊式减径机结构同定径机，只是减径机机架数较多，一般为9～25个。

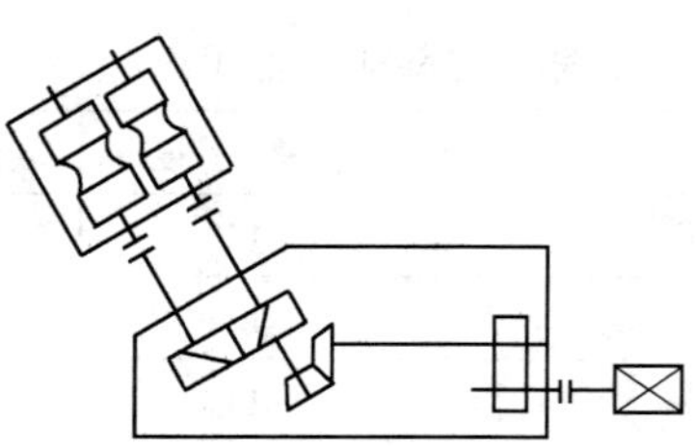

图 6-36　钢管定径机传动简图

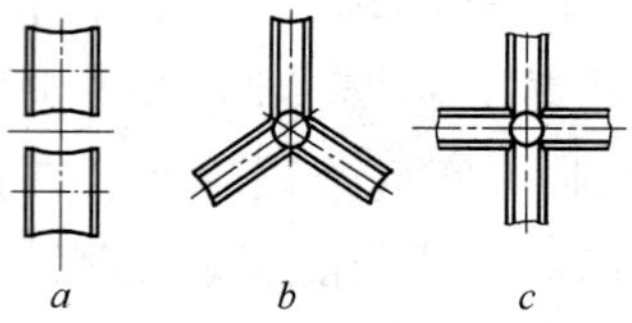

图 6-37　二辊(a)、三辊(b)和四辊(c)式减径机

为解决二辊定（减）径机轧管尺寸精度低的问题，发展了三辊定（减）径机（图 6-38）。三个轧辊轴线相交为 120°，并围成一个等边三角形，由三个轧辊构成轧制钢管的圆孔型。相邻机架按正三角形和倒三角形交错布置，轧辊轴线呈 60°夹角，即相邻两机架 6 个轧辊的轴线投影为一正六边形，保证辊缝之间的金属被均匀轧制，进而保证了定减径后成品管的表面精度和质量。

四辊式减径机可参阅本书“3.3.9 四辊精密定径机”一节。

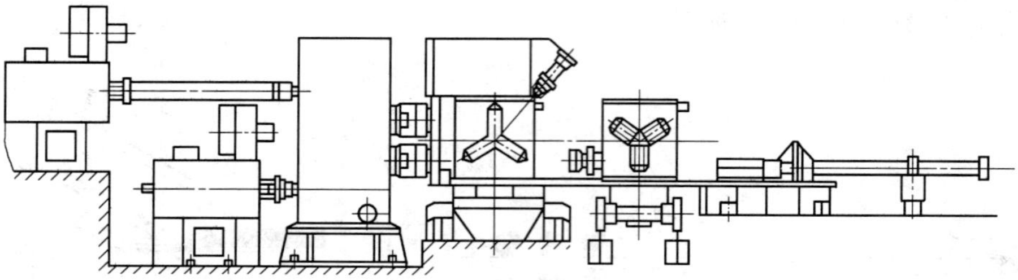

图 6-38　三辊定(减)径机

钢管张力减径的目的是除了起减径作用之外，还要利用各机架之间建立的张力来实现减壁任务。张力是由张力减径机组内，每一机架的转速对前一架而言，以较无拉力状态为高的速度旋转，从而对管子施加了拉力而产生的。通常张力减径机由 12～28 个机架组成。图 6-39 为某用于生产 $\phi30\sim76$mm、壁厚 2～6mm 钢管的 24 机架三辊张力减径机。

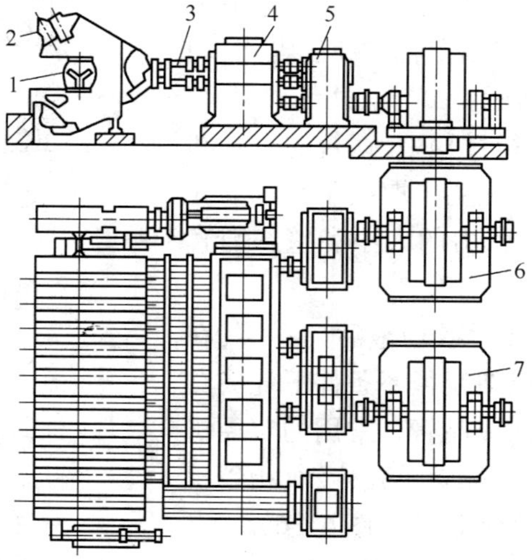

图 6-39　三辊张力减径机

1—工作机架；2—液压固定装置；3—万向接轴；4—差动减速机；
5—分配减速机；6—主传动装置；7—辅助传动装置

6.1.3.13 均整机

因轧制毛管时伴随有管坯的壁厚减薄、长度增加,使轧制后的毛管存在着不同程度的壁厚不均、管子不圆等缺陷。均整工序的目的是通过在均整机的轧辊、顶头和导板所组成的孔型中,进一步碾轧毛管的内外表面,减小管子的壁厚不均和椭圆度。

均整机工作原理、结构和工艺流程与穿孔机基本相同,只是因工作目的不同,而工具形状不同。目前使用较多的均整机轧辊辊型如图6-40所示,与其相适应的顶头如图6-41所示。

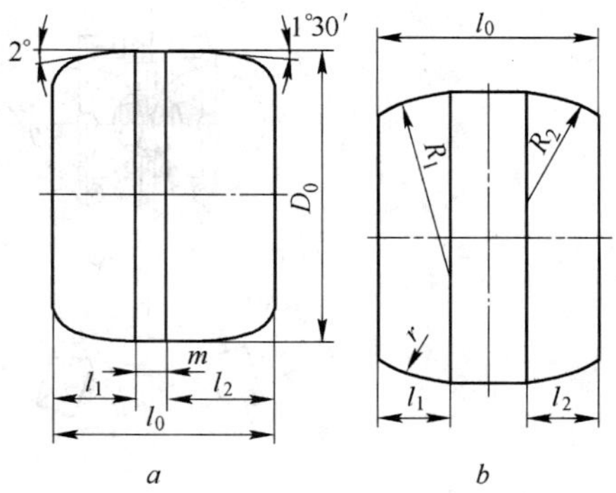

图6-40 均整机轧辊常用辊型
a—锥形轧辊;b—圆柱形轧辊

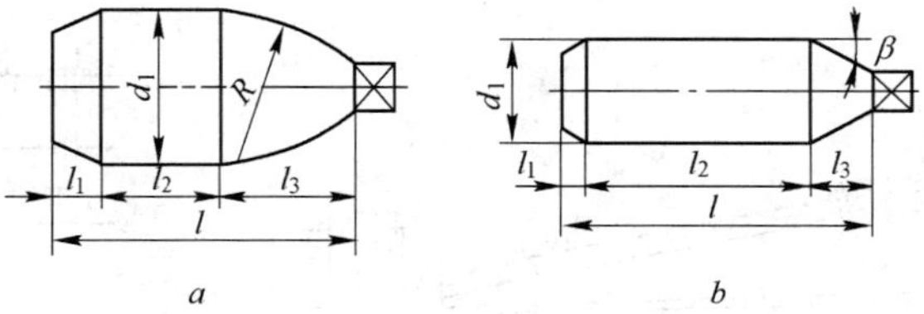

图6-41 均整机顶头
a—圆柱形顶头;b—锥形顶头

6.1.4 轧机结构

上一节叙述了各种穿孔、轧管、均整和定、减径机的工作原理。各种钢管轧机的工作原理实质上是斜轧、纵轧或锻轧等轧制方法与不同坯料送进方法、有无芯棒(顶头)及芯棒送进方式等的结合。例如自动轧管机、连续轧管机、定减径机组均是采用了圆孔形纵轧技术,只是自动轧管机在短顶头上轧管,连续轧管机在长芯棒上轧管,而定减径机组则无芯棒轧管。

本节重点介绍有代表性的二辊斜轧穿孔机、三辊轧管机、连续轧管机结构。三辊行星式轧机结构如图3-28所示。

6.1.4.1 二辊斜轧穿孔机结构

二辊斜轧穿孔机分卧式(轧辊左右放置)和立式(轧辊上下放置)两种。

图6-42为主动大导盘二辊立式穿孔机传动简图。立式布置可使两台电机处于同一高度,避免卧式布置使一台电机在地坪以下(又使万向接轴在一个角度下运行而造成较大的磨损),同时导盘位于穿孔机的两侧,便于更换。

图6-43、图6-44为主动大导盘二辊卧式穿孔机主机列图、导盘配置图。二辊式穿孔机主机列包括主电动机(两台串联)、传动机构(减速机、联轴器、万向接轴等)、工作机座。每一轧辊单独传动,是由两台串联的主电机经减速机、联轴器、万向接轴等传动轧辊旋转。两个轧辊旋转方向相同。

下面以ϕ108mm机组二辊卧式穿孔机工作机座(图6-45)为例介绍其结构。

该工作机座的结构:包括轧辊、轧辊轴承盒、机架、机架盖、侧压机构、转鼓机构、压鼓机构、上导板调整机构等。

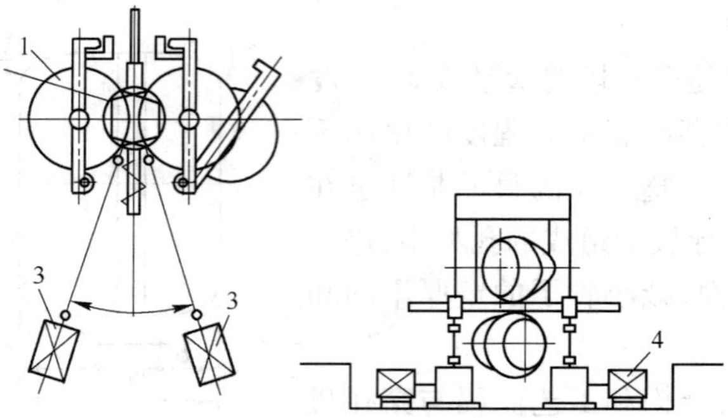

图 6-42　主动大导盘二辊立式穿孔机传动简图

1—圆导盘；2—轧辊；3—主电机；4—导盘传动装置

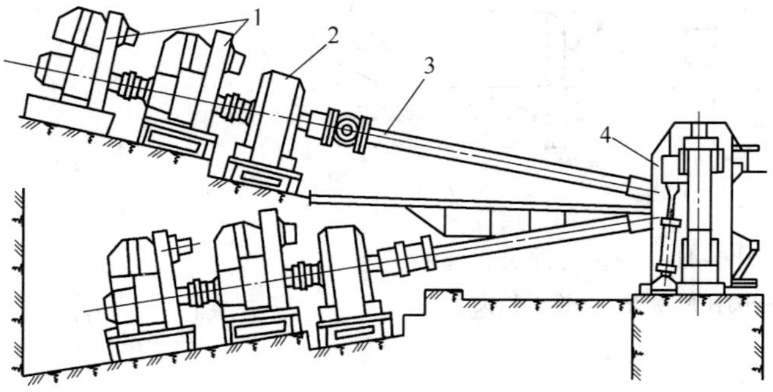

图 6-43　主动大导盘二辊卧式穿孔机主机列图

1—主电机；2—减速机；3—万向接轴；4—工作机座

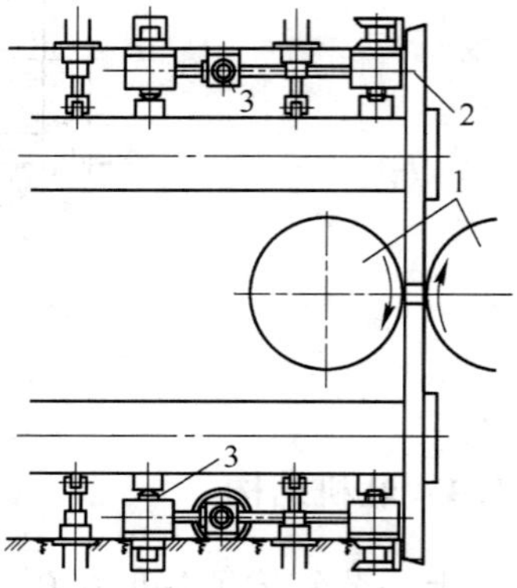

图 6-44　大导盘二辊卧式穿孔机导盘配置图

1—轧辊；2—导盘；3—导盘调整机构

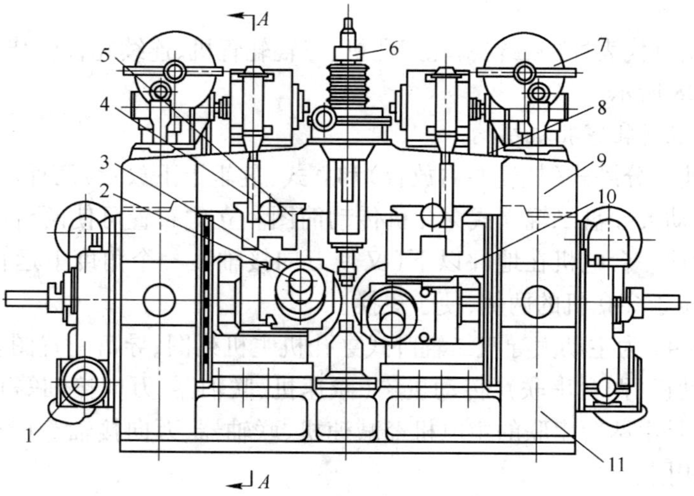

图 6-45　ϕ108mm 机组二辊卧式穿孔机工作机座

1—侧压机构；2—轧辊；3—轧辊轴承盒；4—压鼓机构；5—转鼓机构；6—上导板调整机构；7—转鼓转动机构；8—链条；9—机架盖；10—转鼓；11—机架

A 轧辊、轧辊轴承盒、机架、机架盖

图6-46为辊式穿孔机机架、机架盖、辊系、转鼓、连接板拆分图，每个轧辊的两端辊径置于轴承盒中，同一个轧辊的两个轴承盒由连接板连接在一起，放在圆形转鼓的滑槽内，转鼓置于机架下部的两个圆弧形底座上。

B 转鼓机构、压鼓机构

图6-47为转鼓机构、压鼓机构。

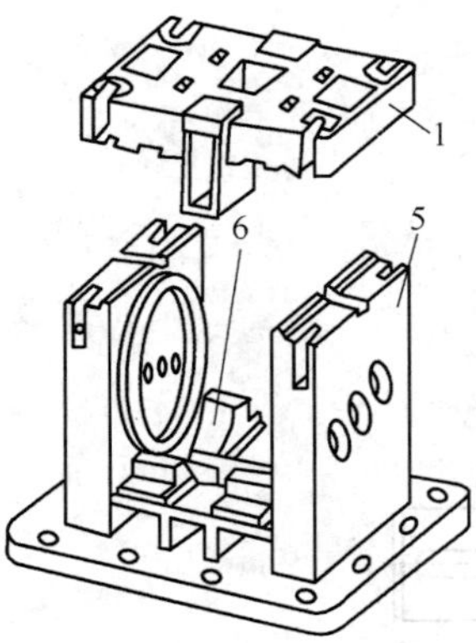

图6-46 辊式穿孔机机座拆分图

1—机架盖；2—连接板；3—辊系；4—转鼓；5—机架；6—圆弧形底座

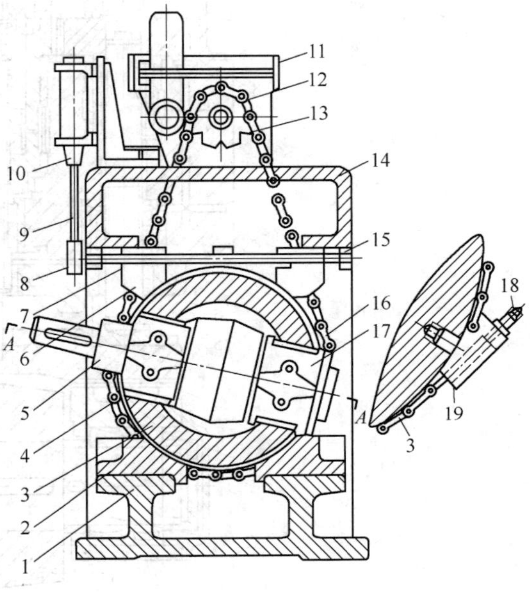

图6-47 转鼓机构、压鼓机构（图6-45A—A剖面）

1—机架；2—圆弧形底座；3—转鼓；4—左轴承盒；5—轧辊；6—转鼓压块；7—正反扣丝杆；8—小齿轮；9—齿条；10—气缸；11—蜗轮减速机；12—链轮；13—链条；14—机架盖；15—轴承座；16—滑板；17—右轴承盒；18—调节螺栓；19—链条接头

转鼓机构的任务是调整轧辊的倾斜角度。轧辊置于转鼓内，只要转动转鼓，轧辊便随之转动。转鼓3与链条13通过接头19固接并通过调节螺栓18调节松紧。通过转鼓传动系统的电机、两级蜗轮减速机11传动链轮12，带动链条13轻微转动，进而转动转鼓调整轧辊的倾斜角度。

压鼓机构的任务是将已调整好轧辊倾斜角度的转鼓定位。由装在机架盖上的气缸10推动齿条9上下移动，齿条推动小齿轮8和丝杆7转动，带有正反扣的丝杠则带动两个转鼓压块6，沿机架盖上的燕尾槽内移动，当两个压块相互靠近时，压紧转鼓使其定位。

C 侧压机构

图6-48为侧压机构，图6-49为轧辊轴承盒与转鼓、侧压丝杆结构关系图。

侧压机构的任务是改变两轧辊之间的距离，保证工艺要求的辊缝，同时还要保证轧辊与侧压丝杆之间无间隙。侧压机构电机通过蜗轮减速机传动三个齿轮8，使三根丝杠同时前进或后退，左、右两侧的丝杆5穿过转鼓背面的月牙孔（因转鼓在一定范围内转动，见图6-46），压紧在轴承盒3连接板4上的推力轴承座17上。当齿轮8旋转时，由于螺母15固

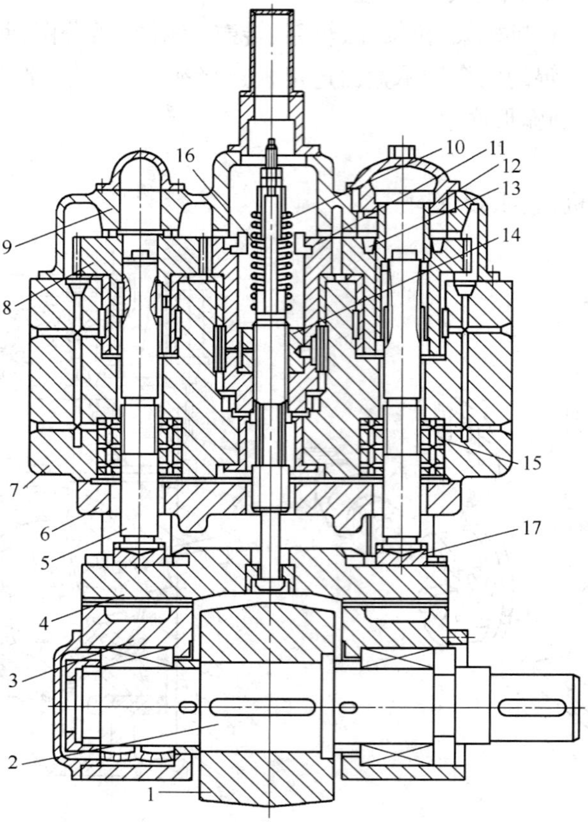

图 6-48　侧压机构(图 6-47*C*—*C* 剖视旋转)

1—轧辊;2—轧辊轴; 3—轴承盒;4—连接板;5—侧压丝杆;6—转鼓;7—机架;
8—传动齿轮;9—侧压机构传动箱;10—拉杆;11—圆锥齿轮;12—外齿套;
13—内齿套;14—空心丝杆;15—螺母;16—弹簧;17—推力轴承座

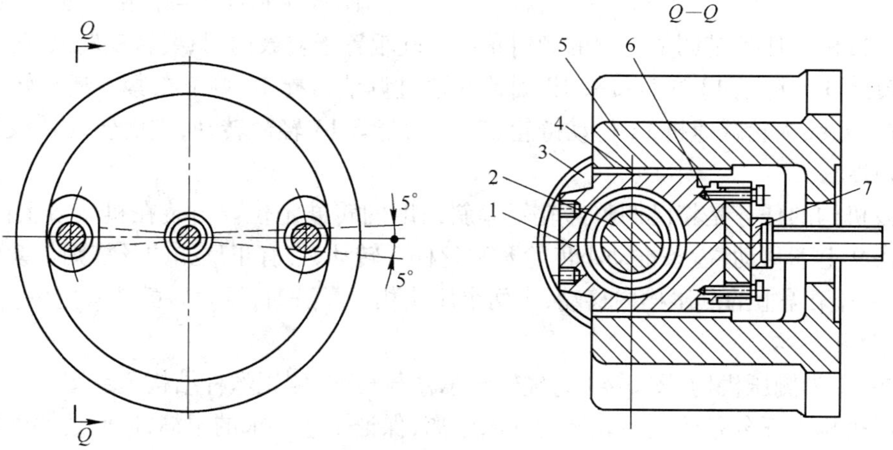

图 6-49　轧辊轴承盒与转鼓、侧压丝杆结构关系图

1—轴承盒;2—轧辊轴颈;3—轧辊;4—滑板;5—转鼓;6—连接板;7—推力轴承座

定在机架上,故丝杆5一面转动一面向前推动连接板4,辊系在转鼓的滑槽内移动,使两轧辊之间的距离得到调整。两侧丝杆只能使轧辊前移,可通过空心丝杆14、拉杆10及其T形头拉动连接板,使轧辊后退。通过卸掉外齿套12,可实现单侧调整。通过弹簧16的预紧力拉住连板,始终保持连板与两侧丝杆头部无间隙压紧。

D 上导板调整机构

上导板调整机构6(图6-45)是通过一套杠杆与丝杆螺母传动系统将导板锁紧在导板挂架上,通过蜗轮传动与丝杆螺母传动使安装在机架盖滑槽内的导板挂架上下移动。

E 机架

斜轧机与普通纵轧机机架差别较大,该机架(图6-46)相当于一个两头开口的箱形铸件,箱两壁内侧面各有一个圆形凸台与转鼓背面的圆形底座贴紧,箱两壁外侧面各安装一套侧压机构,箱壁上开有三个阶梯孔用以安装侧压机构(图6-48)的传动齿轮、螺母等并穿过侧压机构的两根丝杆和一根拉杆。箱底安有两个安装转鼓的圆形座和下导板座。箱体上面独设一块箱盖——机架盖,箱体与箱盖(机架与机架盖)之间靠止口盖紧并用斜楔和四根拉杆牢固地连成一体。

6.1.4.2 连轧管机结构

通常连续轧管机由7~9个机架(二辊式纵轧机)组成。相邻机架辊缝互错90°,即相邻机架中心线交成90°,轧机中心线与水平线呈45°。电机布置有两种形式:水平布置和与水平线呈45°布置。图6-50为9机架电机与水平线呈45°布置的连轧管机剖面图,主机列包括主电动机、传动机构(减速机、联轴器、万向接轴等)、工作机座。每一架轧机单独传动,是由主电机经减速机(含齿轮座)、联轴器、连接轴等传动轧辊旋转。两个轧辊旋转方向相反。电机与水平线呈45°布置的显著特点是取消了负载繁重的高速伞齿轮,进而延长了齿轮传动的寿命。

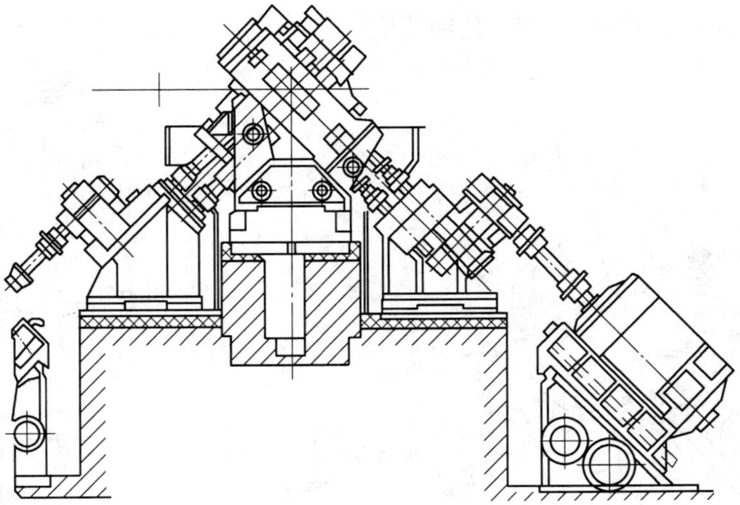

图6-50 电机呈45°布置的连轧管机剖面图

该工作机座的结构(图6-51)包括:轧辊、轧辊轴承座、机架、压下机构、轴向调整机构等。

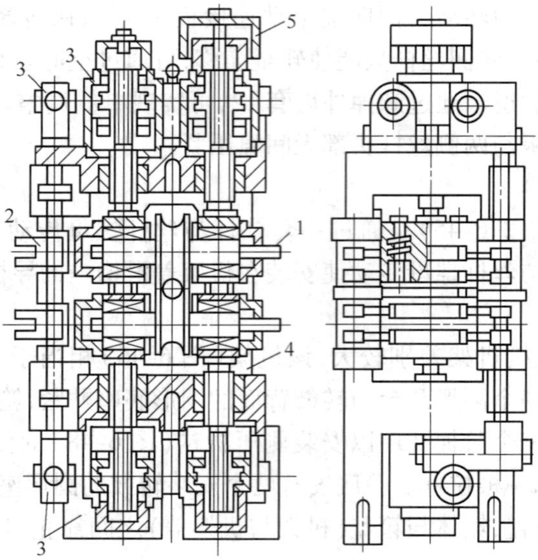

图6-51　工作机座的结构

1—轧辊;2—轴向调整手柄;3—压下机构;4—机座;5—轧辊开口度指示盘

6.1.4.3　三辊轧管机结构

三辊轧管机结构有两种:一种是阿塞尔(Assel)轧管机,另一种是特朗斯瓦尔(Transval)轧管机。

图6-52、图6-53为生产 ϕ76～190mm 钢管的阿塞尔轧管机工作机座。机座由固定牌坊A、回转牌坊B组成,回转牌坊在钢管入口侧。牌坊最大回转角25°所得到的送进角(喂进角)约8°。轧辊开口度是电机同时对固定牌坊和回转牌坊中的三个轴承座进行调整。主电动机(直流1500kW)经减速机从出口侧的固定牌坊传动三个轧辊。因此,减速机的大齿轮之间要有一个孔(图6-54),以便使钢管从中通过。

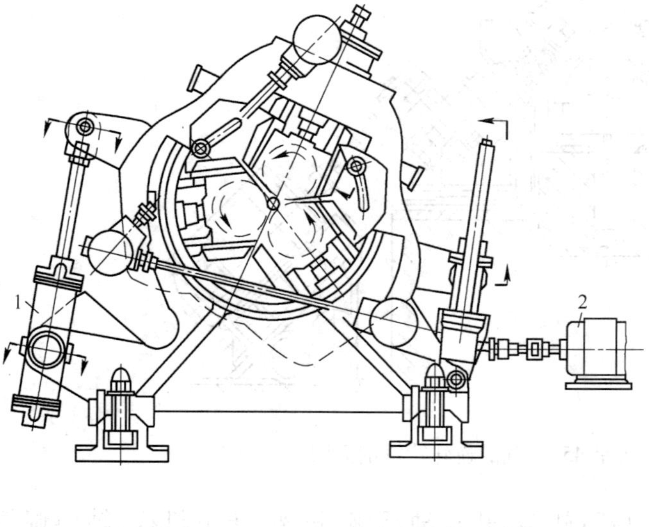

图6-52　阿塞尔轧管机工作机座(正视)

1—转动回转牌坊液压缸;2—压下电机

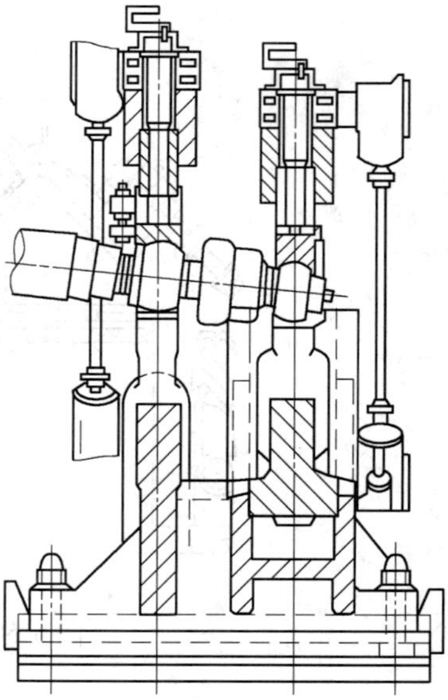

图6-53　阿塞尔轧管机工作机座

(图6-52侧视)

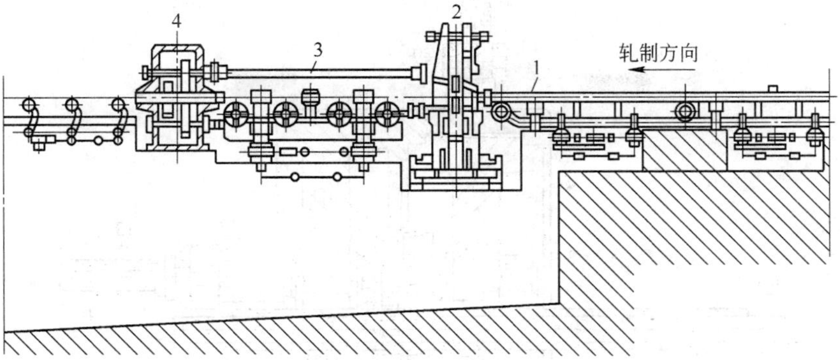

图 6-54 三辊轧管机纵剖面图
1—机前辊道；2—轧管机；3—接轴；4—齿轮座

图 6-55、图 6－56 为特朗斯瓦尔三辊轧管机。轴承座 14、14′和 14″（每个都同样连带着两个活塞 31），可相对于固定牌坊 4 作径向移动，装在回转牌坊 5 中的各轴承 3、3′、3″也可径向移动。每个轴承的下部都做成一个液压缸 15，活塞 16 在缸内移动。由工作腔 17 的压力油保持轧辊的工作位置。由蜗杆 19 转动蜗轮 18，并由同定位螺母 20 啮合的活塞 16 的螺纹杆体固定蜗轮，使各轴承的活塞 16 轴向移动，就可获得轧辊位置的调整。所以移动同一机架上各轴承的蜗杆 19，都同锥齿轮副 21 和 22 相连，使轴承 3、3′、3″或 2、2′、2″始终一起动作，相对于荒管 23 的中心线 6 移动同样的距离。回转牌坊 5 由液压缸 25 的活塞 27 移动而回转。回转挡头 7 支挡在固定挡头 9 上，挡头 9 工位通过 9′、9″可调整并由锁紧螺母 29 锁紧。另一回转挡头 8 支挡在固定挡头 10 上，固定挡头 10 支承在活塞杆 10′上，通过活塞 10″在液压缸 30 中的移动来调整挡头 10 的位置。

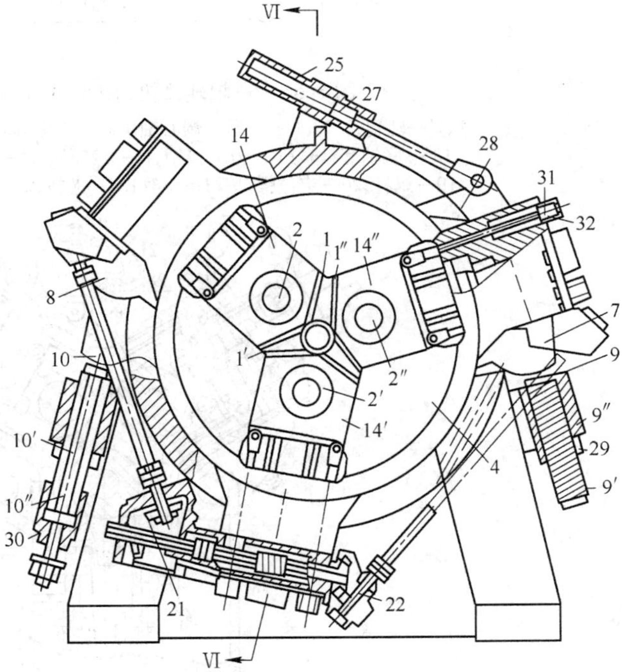

图 6-55 三辊轧管机（特朗斯瓦尔）结构图
1、1′、1″—轧辊；2、2′、2″—球面调心轴承；4—固定牌坊；7、8—回转挡头；9—固定挡头；9′—固定挡头螺杆；9″—固定挡头螺母；10—固定挡头；10′—固定挡头活塞杆；10″—固定挡头活塞；14、14′、14″—轴承座；19—蜗杆；21、22—锥齿轮副；25—液压缸；27—活塞；28—铰接点；29—锁紧螺母；30—液压缸；31—活塞；32—液压缸

图 6-57、图 6-58 为曼内斯曼全开式机架的三辊轧管机结构。三个轧辊 4、5 和 6 工作时互呈 120°。装有上轧辊 5 和 6 的机架 2、3，可以绕回转轴 15 和 16 转动，侧向回转 120°，三个轧辊呈同一水平面上放置。

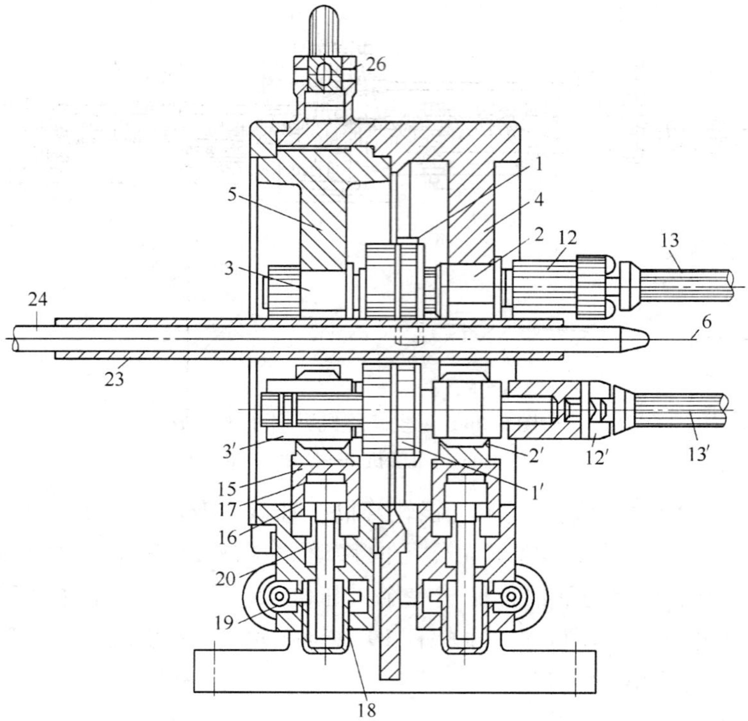

图 6-56　三辊轧管机(图 6-55 的Ⅵ—Ⅵ剖视图)

1、1′—轧辊;2、2′、3、3′—球面调心轴承;4—固定牌坊;5—回转牌坊;6—中心线;
12、12′—联轴套;13、13′—万向接轴;15—液压缸;16—活塞;17—工作腔;18—蜗轮;
19—蜗杆;20—定位螺母;23—荒管;24—芯棒;26—回转牌坊液压缸的铰接点

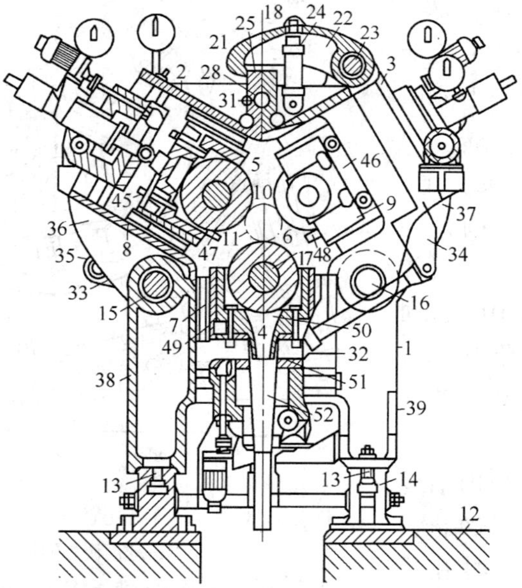

图 6-57　曼内斯曼全开式机架的三辊斜轧机在轧制方向的视图

1、2、3—机架;4、5、6—轧辊;7、8、9—轧辊箱;10—轧制中心线;11—轧件;12—基础;13—螺栓;
14—滑座;15、16—机架 2、3 的回转轴;17—轧辊 4 的轴;18—垂直平面;21—夹头;22—曲杆;
23—转轴;24—提升液压缸;25—支撑端头;28—圆柱销;31—螺栓装置;34、35—臂杆;
36、37—回转机架的外侧面;38、39—固定机架的外侧面;45、46—轴承座;
47、48—导板;49—轴承座;50—漏斗;51—漏斗下端;52—排污管

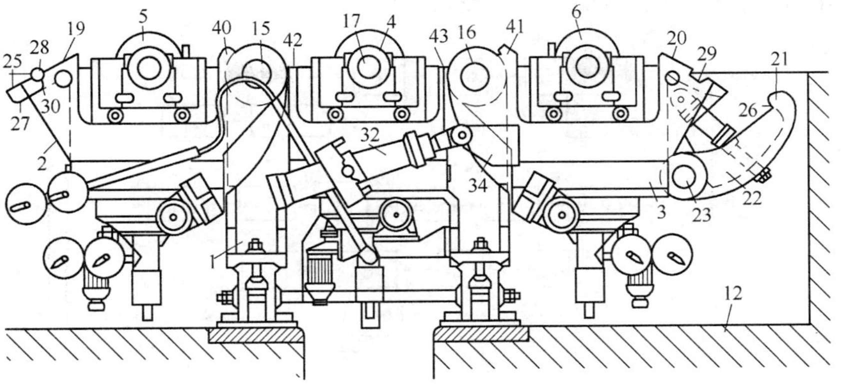

图 6-58　各回转机架部分已朝外回转 120°的视图

1、2、3—机架；4、5、6—轧辊；12—基础；15、16—机架 2、3 的回转轴；17—轧辊 4 的轴；19、20—回转机架的支承面；21—夹头；22—曲杆；23—转轴；25—支承端头；26、27—支撑面；28—圆柱销；29、30—半圆柱形切口；32、33—液压缸；34、35—臂杆；40、41—挡头；42、43—固定机架 1 的挡面

6.2　冷轧钢管轧机

钢管冷加工方法包括冷轧、冷拔（图 6-59）和旋压三种，主要用于生产小直径、精密、薄壁和高强度的管材。冷轧钢管表面光洁、尺寸精确、性能良好、断面形状多、金属利用率高，被广泛用于国防军工、机械、矿山、化工、电力、农机等领域。冷轧钢管工艺是在冷拔钢管工艺的基础上发展而来，它解决了冷拔的道次变形量小、道次多、金属消耗高及变形条件差等问题。

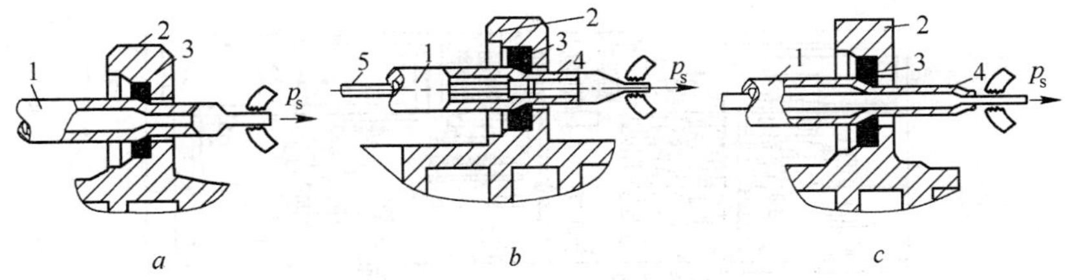

图 6-59　钢管冷拔方法

a—无芯棒拔制；*b*—短芯棒拔制；*c*—长芯棒拔制

1—钢管；2—模座；3—拔管模；4—芯棒；5—芯杆

6.2.1　冷轧无缝钢管生产工艺流程

冷轧钢管生产工艺流程如图 6-60 所示，其中酸洗工序是用于原料管和中间热处理后钢管，以便去除氧化铁皮和检查表面质量。润滑（镀铜、涂皂等）工序均是为降低管料和轧辊之间摩擦系数，以降低轧制力。退货工序是为消除硬化、改善性能。

6.2.2　生产车间及轧机布置

冷轧钢管是多工序、多循环的生产过程。车间一般分为冷轧、热处理、酸洗、精整等工段。设备布置分：设备沿车间跨间横向和纵向布置两种（图 6-61）。前者可使设备比较紧凑，但生产不方便，如吊运钢管时必须从设备上面通过。

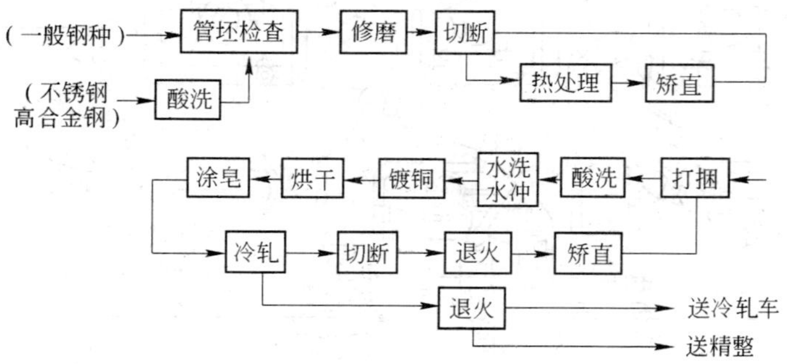

图 6-60　冷轧钢管生产工艺流程

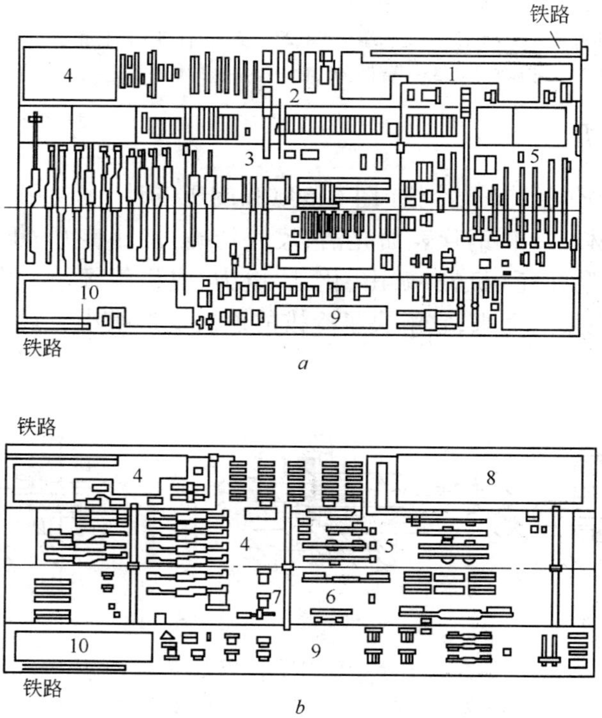

图 6-61　冷轧、拔管车间平面布置

a—横向布置；*b*—纵向布置

1—管坯库；2—管坯准备间；3—酸洗间；4—冷轧管机；5—冷拔管机；6—热处理间；

7—半成品精整设备；8—小直径管生产间；9—成品检验间；10—成品库

图 6-62 为冷轧和卷筒拔制钢管车间平面布置。该冷加工作业线由冷轧管机、卷筒冷拔机和履带式冷拔机组成。

冷轧管机平面布置如图 6-63 所示。

6.2.3　钢管轧机类型和工作原理

冷轧钢管轧机分二辊周期式冷轧管机、多辊式冷轧管机和连续冷轧管机。

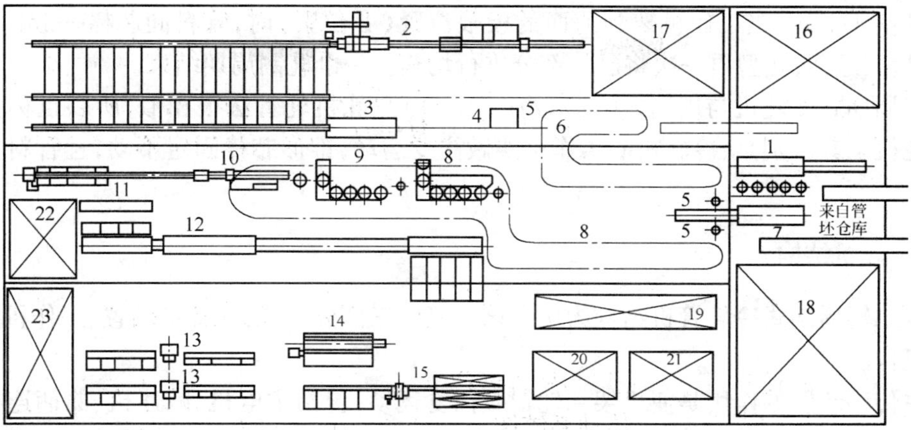

图 6-62　冷轧和卷筒拔制钢管车间平面布置

1—管坯酸洗用的密闭酸洗槽;2—冷轧管机;3—感应退火炉;4—卷取机;5—管卷装卸处;6—架空运输机(退火后);7—管卷酸洗用的密闭酸洗槽;8—架空运输机(酸洗后);9—卷筒冷拔机;10—履带式冷拔机;11—脱脂槽;12—退火炉;13—矫直机;14—倒棱机;15—检查设备;16—管坯仓库;17—酸洗管坯仓库;18—成品管仓库 和交货;19—酸洗;20—检验;21—润滑;22—冷拔管仓库;23—退火管仓库

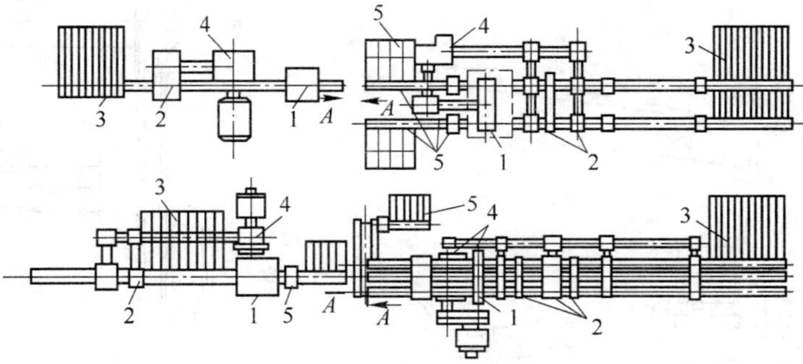

图 6-63　冷轧管机平面布置

A—管子出口方向;1—工作机架;2—送进回转机构;3—受料台;4—主传动;5—输送和收集台架

二辊周期式冷轧管机应用较广泛,其工作原理(图 6-64):在工作机架内装有一对轧辊,轧辊孔型是变断面的,工作机架通过曲柄连杆机构做往复运动。两个轧辊在轴头处装有同步齿轮,使两个轧辊同步运转。下辊的轴头上装有直齿轮,它与固定在机架两侧托架上的齿条相啮合,使轧辊在机架往复运动的同时得到转动。

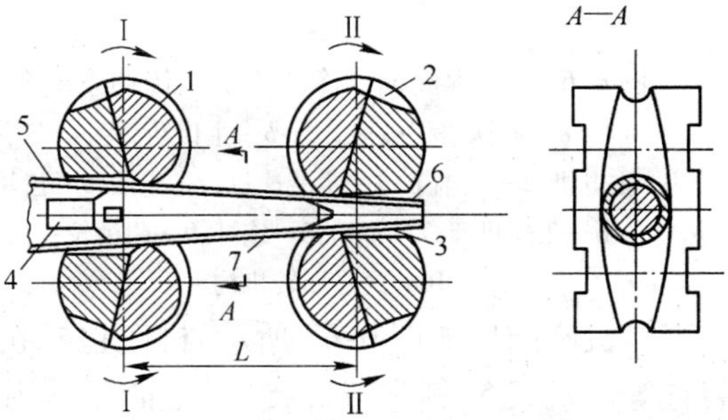

图 6-64　二辊周期式冷轧管机工作原理

1—轧槽块;2—轧辊;3—锥形芯棒;4—芯杆;5—管料;6—成品管;7—工作锥

轧制时,毛坯管 5 套在锥形芯棒 3 上,用轧辊 2 的轧槽块 1 进行轧制。孔型起点的尺寸相当于毛坯管 5 的外径,而其末端尺寸相当于成品管 6 的外径。当工作机架在原始位置(Ⅰ位置)时,管坯被送料机构向轧制方向送进一段距离 L(送进量)。轧制开始,工作机架向前移动，已送进这一段管坯被轧辊和芯棒构成的逐渐减小的环形孔型轧制（减径和管壁压下）。当工作机架到前面的极限位置（Ⅱ位置）时，管料同芯棒一起回转 60° ~ 90°。机架返回，孔型再一次将已轧部分进行均整。一个轧制周期结束。

因周期式冷轧机与周期式（皮尔格（Pilger））热轧机轧管法很相似，所以也称为冷轧皮尔格轧机。其区别是：冷轧机的工作机架做往复运动，锥形芯棒固定不动，且管料可全部被利用。

6.2.4　轧机结构

以二辊周期式冷轧管机结构为例。该轧机由三部分组成：主传动装置、工作机座和送进回转机构。

主传动装置的作用是使机架和轧辊做往复运动，包括主电机、减速机、曲柄连杆机构和齿轮齿条系统。图 6-65 为主传动系统图。主电机 1 通过联轴节 2、主减速机 3 带动曲柄轮 9 转动，曲柄轮、带动连杆 8 带动工作机架 6 作水平移动。齿轮 5（装在上辊轴头上）与齿条 4（固定在机架两侧托架上）相啮合，使轧辊随机架往复运动的同时得到转动。图 6-66 为主传动曲柄连杆结构。

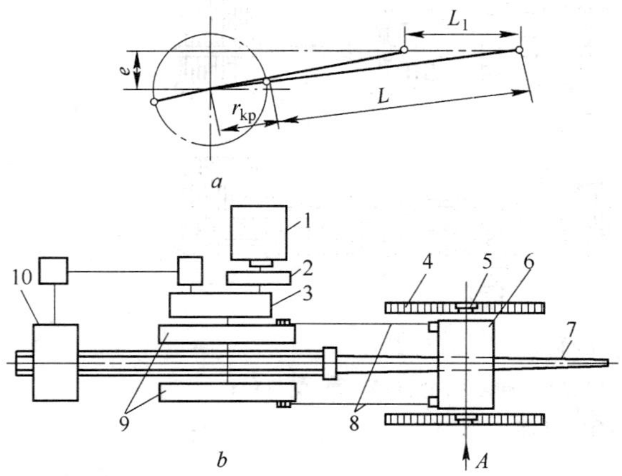

图 6-65　二辊周期式冷轧管机主传动系统图

a—曲柄连杆机构简图；*b*—主传动简图

1—主电机；2—联轴节；3—主减速机；4—齿条；5—齿轮；

6—工作机架；7—管子；8—连杆；9—曲柄轮；

10—送进回转机构

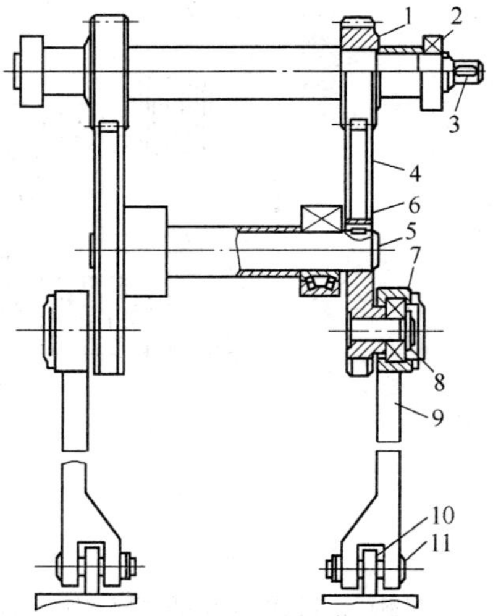

图 6-66　主传动曲柄连杆结构图

1—主动齿轮；2、6—滚动轴承；

3—曲柄连杆机构的传动轴；4—曲柄齿轮；

5—曲柄齿轮轴；7、10—销钉座；

8、11—销钉；9—连杆

工作机座结构如图 6-67 所示，机座包括机架、轧辊（轴头带有齿轮）及其轴承、轧辊调整装置等。机架 5（铸造或焊接件）上的凸耳用于同传动机构的连杆相连。上辊轴头装有主动齿轮 10，上、下辊轴头装有从动齿轮（同步）11、22。螺栓 4、楔 7 用于调整上轧辊垂直移动。轧辊的轴向移动是靠机架两侧压板 6、盖板 23 和螺钉 8 松、紧来调整。轧槽块 18 是通过中心螺丝 17 固定在轧辊上的。

送进回转机构的作用是当机架在后极限位置时送进管料（送进量 3 ~ 40mm）、在前极限位置时回转管料（回转角 60° ~ 90°）。送进回转机构工作原理见二辊周期式冷轧管机传动

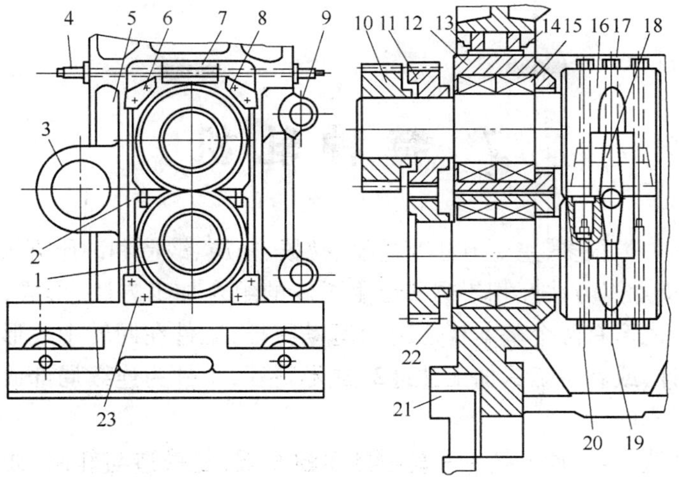

图 6-67　XIT55 冷轧管机工作机架的结构

1—滚轮；2—平衡弹簧；3、9—凸耳；4、20—螺栓；5—机架；6—压板；7、19—斜楔；8—螺钉；
10—主动齿轮；11、22—从动齿轮；12—轴承座；13—剪切环；14—冲头；15—滚动轴承；
16—工作轧辊；17—中心螺丝；18—轧槽块；21—凸台；23—盖板

系统（图 6-68）。在送进回转机构中，卡盘是较重要的部件，用于将送进、回转运动传给管料、管子和芯棒杆。卡盘有 4 个：（1）送进管料的管料卡盘 23；（2）转动管料的中间卡盘 28；（3）转动管子的前卡盘 33；（4）转动芯棒杆的芯棒杆卡盘 19。

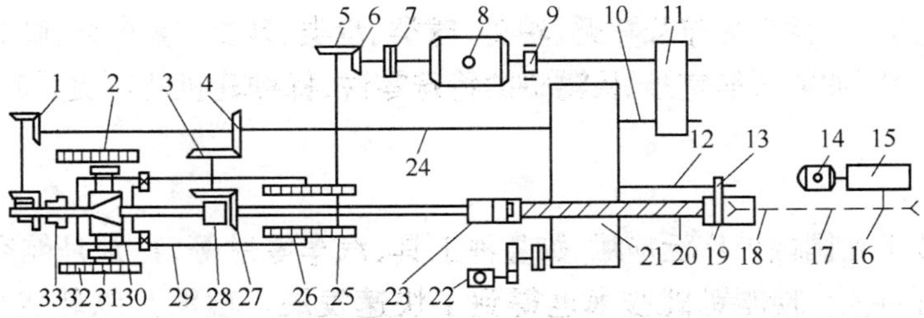

图 6-68　二辊式冷轧管机的传动系统图

1、34—伞齿轮副；2—轧辊；3、4、13、25、26—齿轮；5、6—伞齿轮；7—接手；8、14、22—电动机；
9—制动器；10—凸轮轴；11、15—减速器；12—轴；16、17、18—链条；19—芯棒杆卡盘；
20—递进螺丝；21—递进回转机构；23—管料卡盘；24—传动轴；27—伞齿轮副；
28—中间卡盘；29—连杆；30—工作机架；31—主动齿轮；32—齿条；33—前卡盘

工作机架 30 通过主电机 8、接手 7、伞齿轮 5、6、齿轮 25、26 及连杆 29 做往复运动。装在上辊轴头的主动直齿轮 31 与固定在机架两侧托架上的齿条 32 相啮合，使轧辊 2 随机架往复运动的同时得到转动。送进回转机构 21 的凸轮轴 10，通过主电机 8、减速机 11 转动。传动轴 24 传动伞齿轮 4、3 和伞齿轮副 27 转动中间卡盘 28；传动伞齿轮副 1、34 转动前卡盘 33；传动递进螺丝 20，使管料卡盘 23 向轧制方向移动；传动装有齿轮 13 的轴 12，齿轮 13 同芯棒卡盘 19 上的齿轮啮合，使芯棒杆卡盘转动。

芯棒杆卡盘 19 通过电机 14、减速机 15、链轮链条 16、17、18 传动。送进螺丝和管料卡盘由电机 22 传动做快速返回。

7 特种轧机

金属塑性成形种类很多,主要方法有轧制、拉拔、挤压、锻造和冲压五大类。每类又包括多种加工方法,各类加工方法互相渗透又产生了新的组合加工方法,形成各自的工艺领域,如回转成形。回转成形有两个基本特征:(1)运动特征,工件在回转中成形。回转既可以是工具,也可以是工件,或者是工具加工件;(2)成形特征,工件为连续局部成形。其与传统的间歇整体锻造成形不同。

回转成形是锻造技术、冲压技术和轧制技术的发展,是锻造与轧制、冲压与轧制加工方法的组合。一般包括:辊锻、横轧(如轧环或碾环)、斜轧、摆动碾压和旋压等(也有资料介绍还包括径向锻造,但其成形特征是工件"断续"局部成形),如锻造和轧制组合的旋转锻造称轧锻法,其中锻造-纵轧组合的辊锻工艺、锻造-横轧组合的楔横轧工艺、锻造-横轧组合的碾环工艺、锻造-"轴向"轧制组合的摆动辗压工艺;冲压和轧制组合的旋压法。传统的轧制技术只为机械制造部门提供截面为方、圆、扁、工、角、槽等形状的坯料,而回转成形技术可提供相当于锻造的零件或零件毛坯。因此,回转成形又称特种轧制、特种锻造。本章介绍的就是用于完成各种新的组合加工方法——特种轧制的设备,即特种轧机。

特种轧机通常用来对轧制的板带材、棒线材和管材等再次进行轧制深加工,主要用于机械零件的制造,其生产的产品有长杆类、轴类、球类、盘类、环类、螺旋类、筒类等。对于一些高技术领域的产品,如航天航空器、兵器中的特殊零件,特种轧机轧制更是唯一的加工手段。

7.1 辊锻机

目前辊锻技术在国内外广泛应用,如各种工具、汽车零件等,特别是航空发动机蜗轮叶片(高温合金)的成形,使辊锻机技术也得到了快速发展。辊锻是纵轧成形方法之一(图7-1),是锻造和纵轧两种塑性加工方法的组合,也称是将轧制成形引入锻造生产中的一种锻造新工艺。适于减少坯料截面的成形过程,如棒料的拔长、板坯的碾片及沿杆件轴向分配金属体积的变形过程。

辊锻工艺按用途分:为模锻提供毛坯的制坯辊锻和使长轴类、板片类成形的成形辊锻两类;按辊模型槽类型分:开式型槽辊锻和闭式型槽辊锻两类(图7-2);按温度范围分:热辊锻和冷辊锻两类;按坯料送进方式分:顺向送进(轧件从辊锻机一侧入,另一侧出)式辊锻(图7-3)和逆向送进(轧件在辊锻机同一侧出入)式辊锻(图7-4)。辊锻成形与锻造成形工艺比较有:设备吨位小、生产率高、震动冲击小、工作环境好、节能节材、成本低、模具寿命高、易实现自动化等特点。

7.1.1 辊锻机的工作原理及类型

辊锻机是用于辊锻轧制的设备,其工作原理如图7-5所示。电动机7通过皮带减速5、齿轮减速机4及齿轮副3,带动上、下两轧辊1作转动,转动速度大小相等、方向相反,上、下两轧辊上装有辊锻模2,进入轧辊的坯料被辊锻模轧制压缩,坯料沿长度方向延伸变形,达到工艺要求的形状。完成锻造和纵轧两种塑性加工方法组合的成形过程。

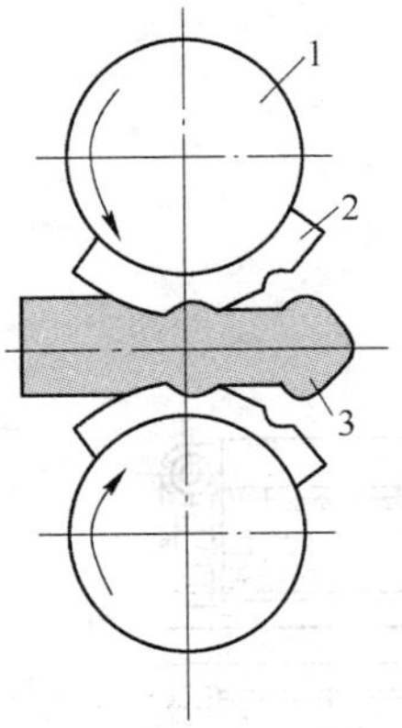

图7-1 辊锻

1—轧辊;2—辊锻模;3—坯料

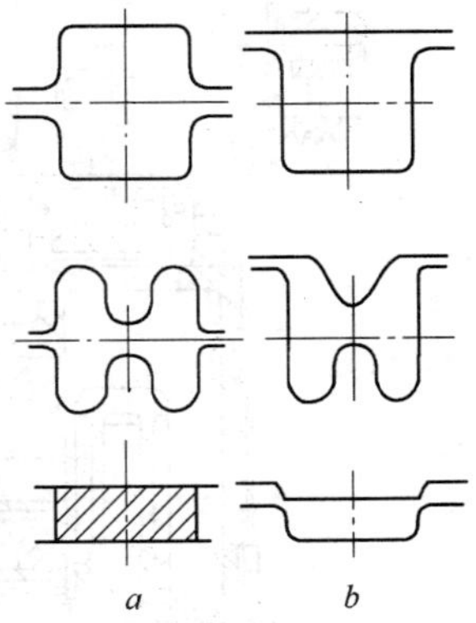

图7-2 开式型槽与闭式型槽

a—开式型槽;*b*—闭式型槽

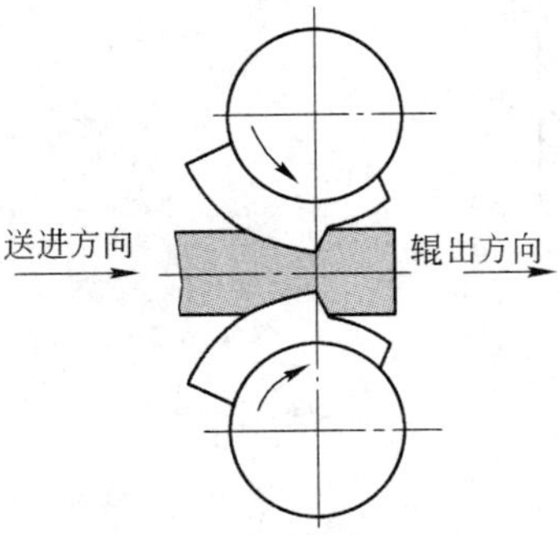

图7-3 顺向辊锻

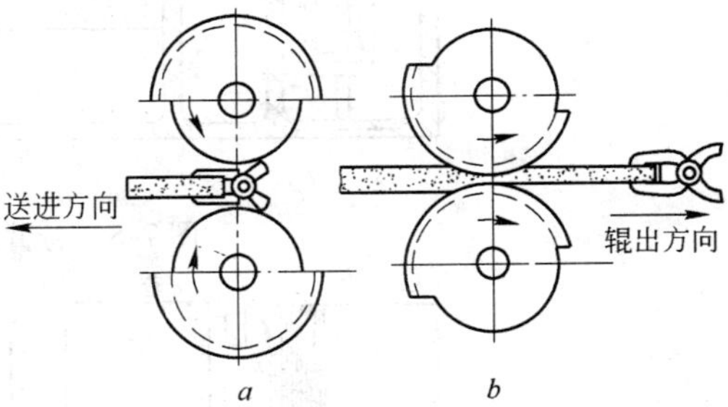

图7-4 逆向辊锻

a—送进;*b*—辊出

辊锻机类型较多,按送料方向可分卧式(图7-5)、立式(图7-6)和斜式辊锻机(图7-7);按锻辊支撑形式可分悬臂式(图7-8)、双支撑式(图7-9)和复合式辊锻机(图7-10);按传动部分与工作部分是否安在同一机座上可分:整体式、分置式辊锻机(图7-11);按用途可分:通用、专用辊锻机。

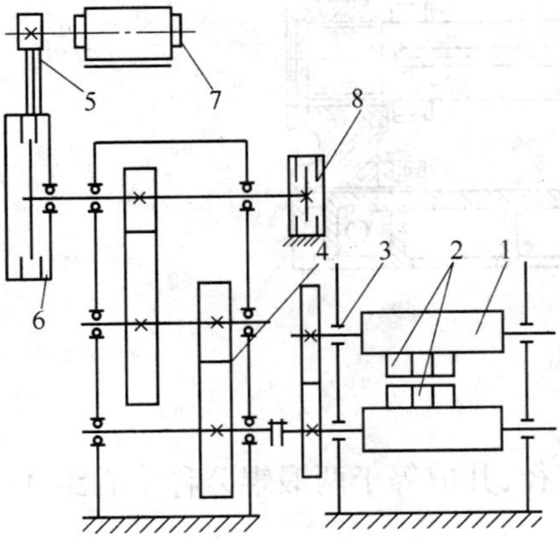

图7-5 辊锻机工作原理

1—锻辊;2—辊锻模;3—齿轮副;4—减速机;5—皮带;6—摩擦离合器;7—电动机;8—制动器

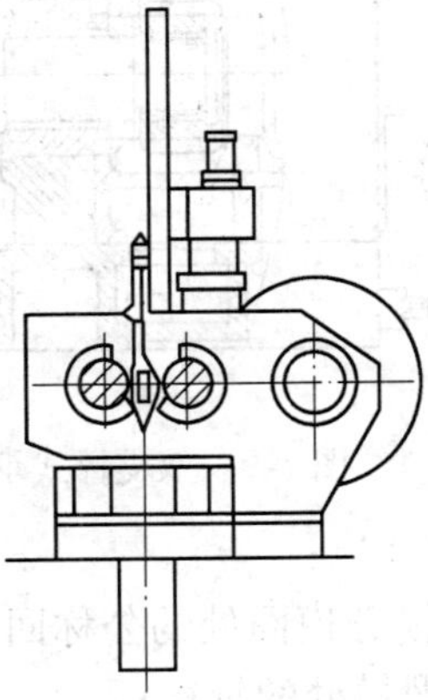

图7-6 立式辊锻机

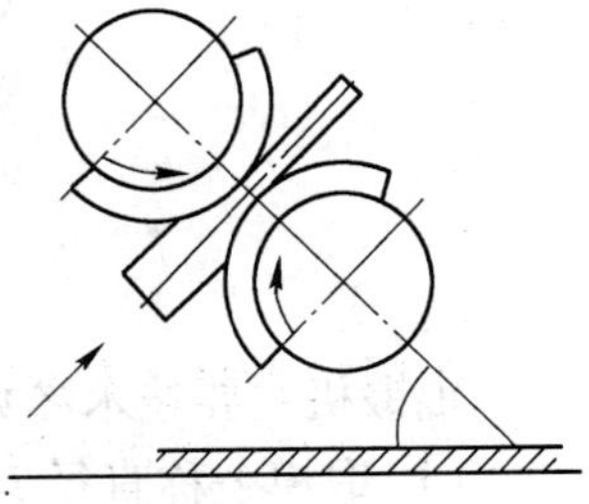

图7-7 斜式辊锻机

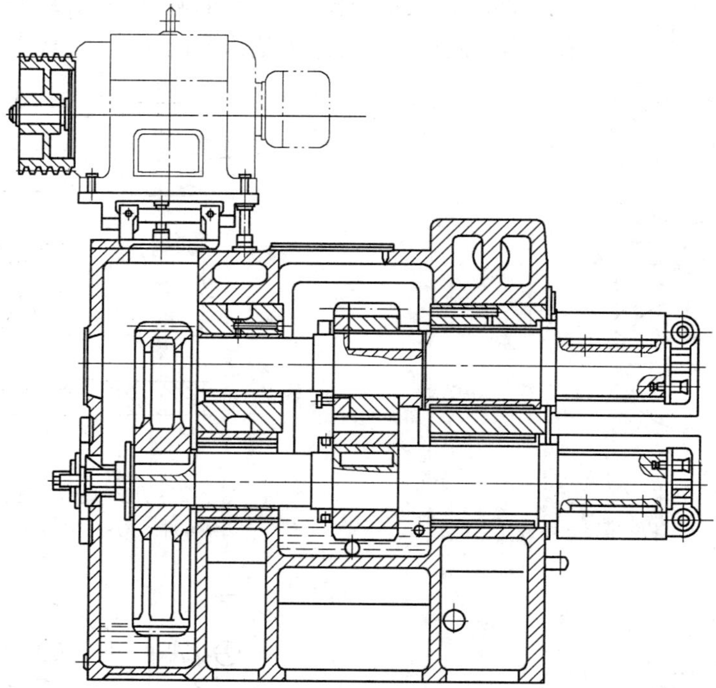

图 7-8　悬臂式辊锻机

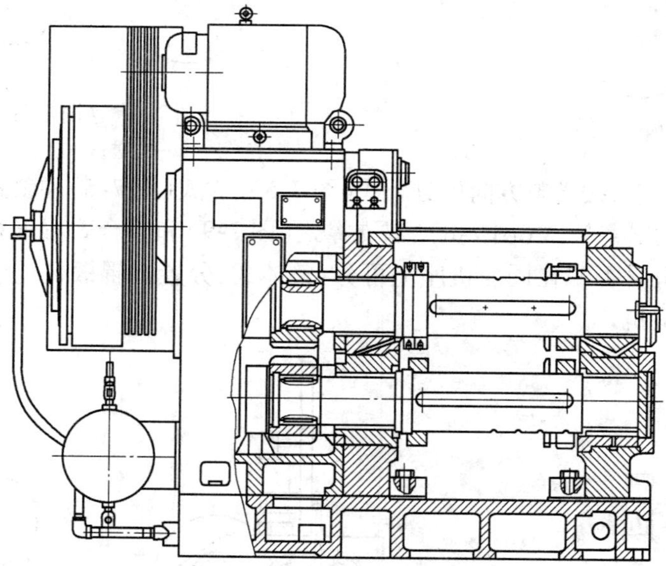

图 7-9　双支撑式辊锻机

辊锻机主要技术参数(图 7-12)：

(1) 锻模公称直径 D,即锻模分模面处的公称回转直径,其值等于两锻辊公称中心距 A；

(2) 锻辊直径 d,即安装辊锻模处的辊径；

(3) 锻辊可用长度 B,即辊身可供安装模具的轴向长度,但不包括辊身两端夹紧固定装置部分；

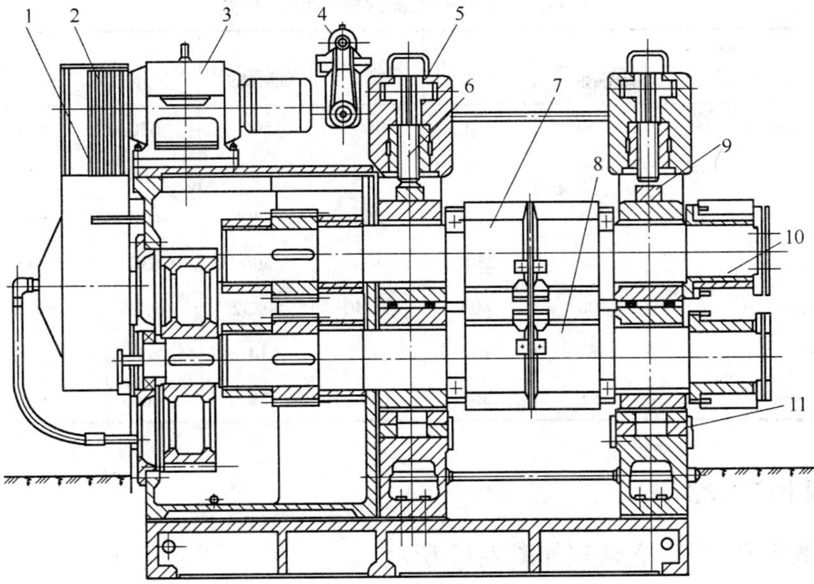

图 7-10 复合式辊锻机

1—三角皮带轮;2—传动箱;3—主电动机;4—中心距调整电动机;5—蜗轮蜗杆机构;6—压下螺杆;7—上锻辊;8—下锻辊;9—超负荷安全装置;10—蝶形弹簧;11—楔铁

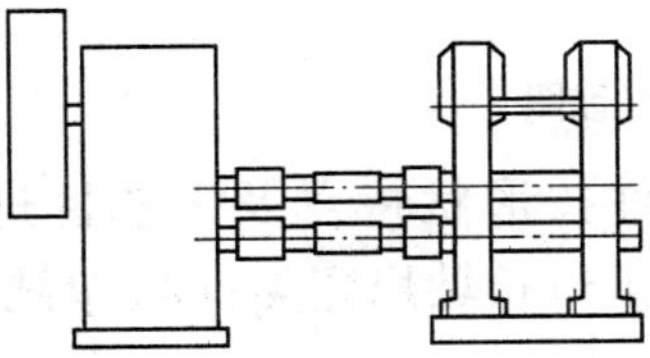

图 7-11 分置式辊锻机

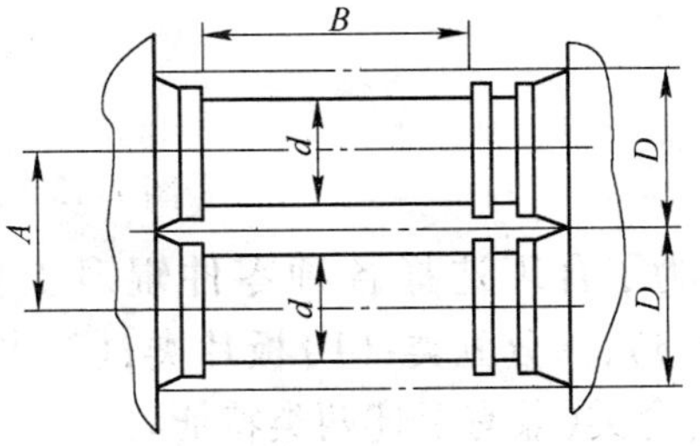

图 7-12 辊锻机部分技术参数

(4)锻辊开口度(也称中心距调节量)ΔA;

(5)公称压力 P_g,即辊锻机能承受的最大径向辊锻力;

(6)锻辊转速 n。

表 7-1、表 7-2 为悬臂式、双支撑式辊锻机技术参数。

表 7-1 悬臂式支撑辊锻机的技术参数

项目 \ 型号	D41-200	D41-250	D41-315	D41-400	D41-500
锻模公称直径/mm	200	250	315	400	500
公称压力/kN	160	250	400	630	1000
锻辊直径/mm	110	140	160	220	280
锻辊可用长度/mm	200	250	315	400	500
锻辊转速/$r \cdot min^{-1}$	125	100	80	63	50
锻辊开口度/mm	10	12	14	16	18
可锻方坯尺寸/mm	32	45	63	90	125

表 7-2　双支撑式辊锻机的技术参数

项目＼型号	D42－160	D42－250	D42－400	D42－500	D42－630	D42－800	D42－1000
锻模公称直径/mm	160	250	400	500	630	800	1000
公称压力/kN	125	320	800	1250	2000	3200	4000
锻辊直径/mm	105	170	260	330	430	540	680
锻辊可用长度/mm	160	250	400	500	630	800	1000
锻辊转速/$r \cdot min^{-1}$	100	80	60/40	50/32	40/25	30/20	25
锻辊开口度/mm	8	10	≥12	14	≥16	≥18	≥20
可锻方坯尺寸/mm	20	35	60	80	100	125	150

7.1.2　辊锻生产工艺流程

成形辊锻主要生产工艺流程如图 7-13 所示。

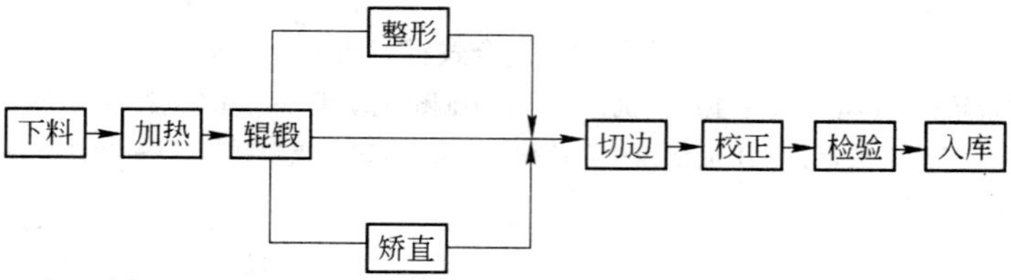

图 7-13　成形辊锻生产工艺流程图

为了合理选择各种零件辊锻工艺方案，将辊锻件按形状特点及工艺性进行分类（表 7-3），共分五类：（1）板片类；（2）长轴突变截面类；（3）长轴扁宽类；（4）单纯拔长类；（5）复合类（兼有上述两类特征）。

叶片是汽轮机、燃气轮机、透平压缩机和涡轮增压器等动力机械的重要零件。目前叶片生产已广泛采用辊锻成形方法，本节重点介绍辊锻叶片工艺。图 7-14、图 7-15 为叶片冷辊锻、热辊锻工艺流程。表 7-4 为叶片辊锻的几种工艺方案。

图 7-14　叶片冷辊锻生产工艺流程图

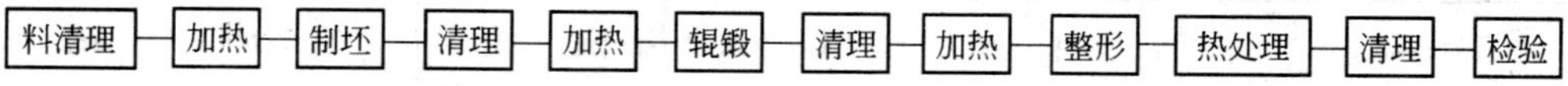

图 7-15　叶片热辊锻生产工艺流程图

清理是保证叶片表面质量必须的工序，可用吹砂和振动光饰等方法；

制坯是据叶片叶根截面大、叶身截面小的特点使金属进行分配的工序，可用辊锻制坯和锻造制坯；

整形是对辊锻成型的叶片必须进行的整形，最好在适合精锻的压力机上进行；

热处理是为提高叶片机械性能的必须工序。

表 7-3 辊锻件工艺性基本分类

类别	级 别	辊 锻 件 图 例	工艺方法
板片类	Ⅰ扭曲变截面	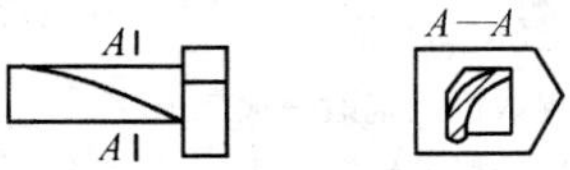	成形辊锻
	Ⅱ平直变截面	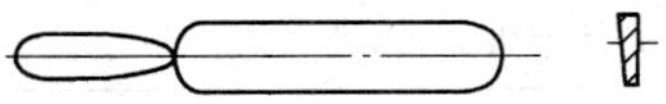	成形辊锻
长轴突变截面锻件	Ⅰ形状简单	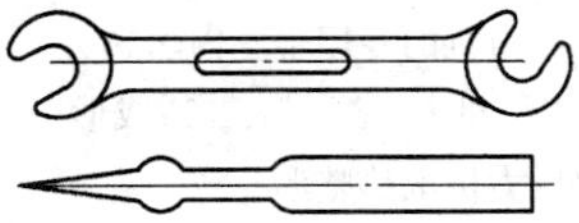	制坯辊锻 成形辊锻
	Ⅱ形状复杂		成形辊锻
扁宽类	Ⅰ形状简单	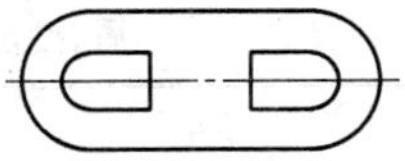	成形辊锻
	Ⅱ形状复杂	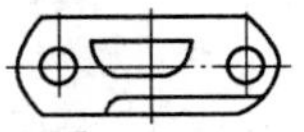	初成形辊锻
单纯拔长类		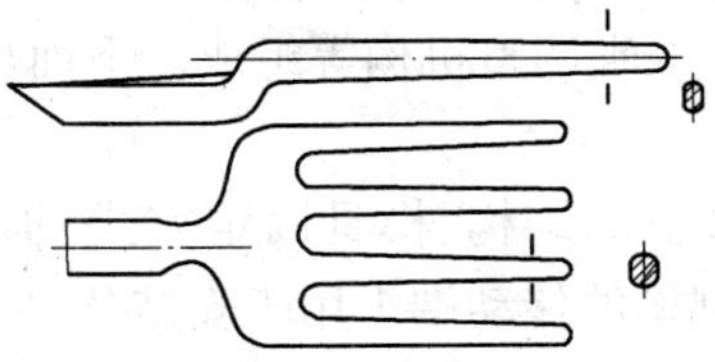	杆部、叉齿部分成形辊锻
复合类		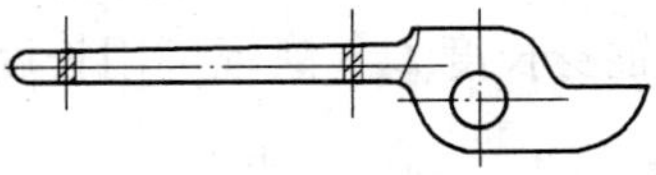	成形辊锻
		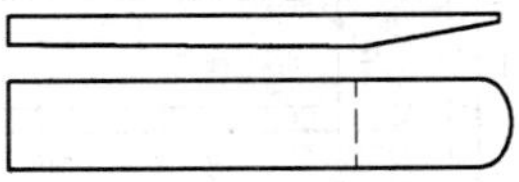	成形辊锻与镦锻联合工艺

表 7-4 叶片成形辊锻工艺采用的几种工艺方案

工艺方案	叶片品种	主要工艺过程	说 明
自由锻制坯 ⟶ 辊锻成形	汽轮机动叶片	备料:ϕ70mm×180mm 圆钢 制坯:400kg 空气锤上自由锻 辊锻:ϕ480mm 辊锻机上预成形辊锻二道、终成形辊锻一道 整形:300t 摩擦压力机上热整形	该叶片叶身长 350mm(包括顶部加工定位凸),叶身截面弦宽 65mm,叶片材料为 2Cr13,辊锻后叶身单边余量 3.5mm
高速锻制坯 ⟶ 辊锻成形	汽轮机动叶片	备料:扁方料铣六面 制坯:在 30t/m 高速锤上进行 辊锤:在 ϕ490mm 辊锻机上辊锻二道 整形:第二道辊锻后,直接送到 300t 摩擦压机上热整形 冷校:热处理后对部分变形件在手板压力机上冷校形	该叶片叶身长 325mm,叶身弦宽 59mm,中间带控筋凸台,叶片材料为 2Cr13,辊锻后叶片单边余量 0.3~0.4mm

续表 7-4

工艺方案	叶片品种	主要工艺过程	说 明
辊锻制坯 ⟶ 辊锻成形	蜗轮缩压器蜗轮叶片	备料:方坯下料后,经振动光饰 制坯:在 ϕ200mm 辊锻机上辊锻一火二道 辊锻:在 ϕ200mm 辊锻机上辊锻二火三道成形 整形:在 300t 摩擦压力机上湿整形	该片叶身长 62mm,叶身弦宽 13mm, 叶片材料为 1Cr17Ni13W3,辊锻后叶片无余量
热锻头制坯 ⟶ 辊锻成形	燃气轮机、压气机导向叶片	备料:方坯下料后经振动光饰 制坯:在 300t 摩擦压力机的专用辊座内热镦头 辊锻:在 ϕ300mm 辊锻机上辊锻二火二道成形 整形:在 300t 摩擦压力机上热整形	该叶片叶身长 128mm,叶身弦宽 46mm,叶片材料为 1Cr13,辊锻后叶身单边余量 0.3mm
板料冲压制坯 ⟶ 冷辊成形	燃气轮机、压气机导向叶片	备料:板料 制坯:冲压成一定形状后磨两面。去表面缺陷 辊锻:预辊 4 ~8 道,每隔 2 ~3 道退火一次,清辊 1 ~2 道 取样:在压力机上进行落料取形,取样后,抛进排气边	该叶片叶身长 40mm,叶身弦宽 30mm。叶片材料为 Cr17N12,冷辊后叶身无余量

7.1.3 辊锻机结构

辊锻机结构与普通二辊轧钢机相似,也是由主电机、主传动及工作机座三部分组成,其中工作机座由机架、锻辊及轴承、锻辊调整机构等组成。下面重点介绍锻辊、锻辊调整机构。

7.1.3.1 锻辊

锻辊的结构主要取决于辊锻机的结构、模具固定方式、轴承形式、轴的定位方式等,图 7-16 为锻辊的一般结构。带有键槽的传动端 1 用于安装传动齿轮或联轴器;轴颈 2 用于安装锻辊轴承;开有键槽 4 的辊身 3 是锻辊的工作部分,其上安有模具并用模具的定位键周向定位(图中未示出)。应注意的是辊身长度 L > 锻辊可用长度 B。

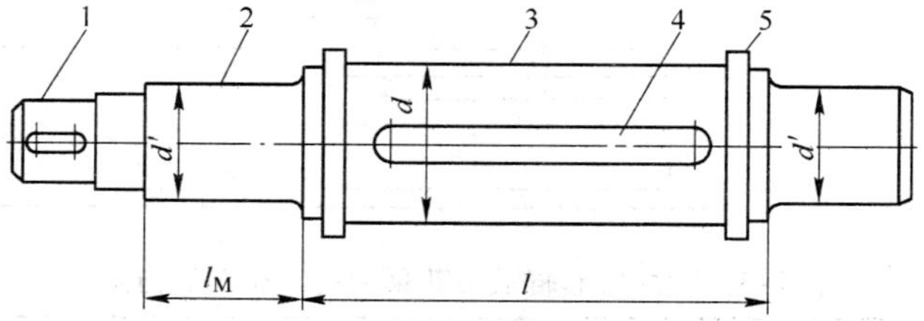

图 7-16 锻辊的一般结构

1—传动端;2—轴颈;3—辊身;4—键槽;5—轴肩

为使锻辊具有较高的强度、韧性和一定的耐磨性,锻辊材料常选用合金结构钢,如 40Cr、35SiMn、45MnB 等。有时也选用 45 号钢、铸钢 ZG35、ZG45 等。模具材料选用 3Cr2W8V、5CrNiMo 等热作模具钢。

辊锻与轧钢的主要区别是型槽复杂,其截面沿圆周方向变化,不能直接在锻辊上加工,而是先在辊锻模具(扇形或环形模块)上加工出型槽,然后再将辊锻模具安装于锻辊上。要求模具与锻辊固定要牢靠,轴向、周向定位要准确,易于拆装。图 7-17 为锻辊与扇形模具用压块固定的结构,平键 1 作圆周定位,模具 5 一侧紧贴锻辊 6 凸肩斜面,另一侧用压块 2、4 压紧,再用螺钉 3 将压块拧紧在锻辊上,模具被固定。图 7-18 为锻辊与扇形模具用镶嵌法固定的结构，此法还可轴向调节模具。平键 8 作圆周定位，侧面带有凸环凹槽的扇形模具 3、定位环 2、压紧环 4 相互镶嵌装入锻辊 9，拧紧锁紧螺母 1、螺钉 5，模具被固定。挡环 6 可在锻辊上轴向移动，由定位销 7 定位。通过定位环 2 和螺钉 5 轴向调节模具。图 7-19 为锻辊与扇形模具用调整螺杆的周向（角度）调整机构。螺套 5 嵌装在固定于锻辊 1 上的定位键 2 孔内，通过螺杆 3 的转动带动凹座 6 沿锻辊表面移动，凹座推动模具 7 周向移动，调整模具在锻辊上的圆周位置。

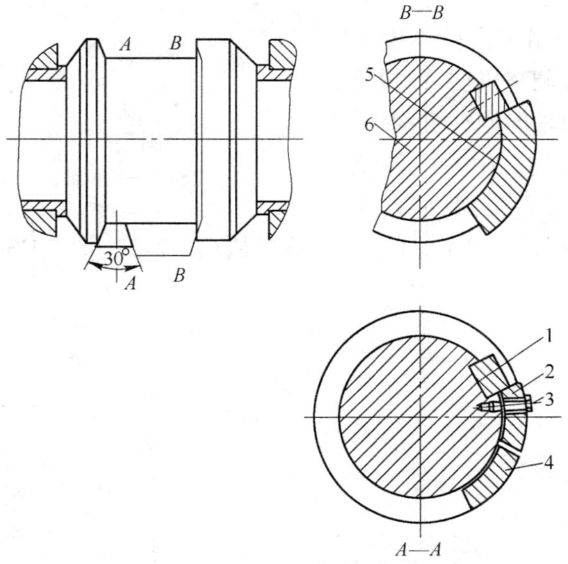

图 7-17 扇形模具的固定方式

1—平键；2、4—压块；3—螺钉；5—扇形模；6—锻辊

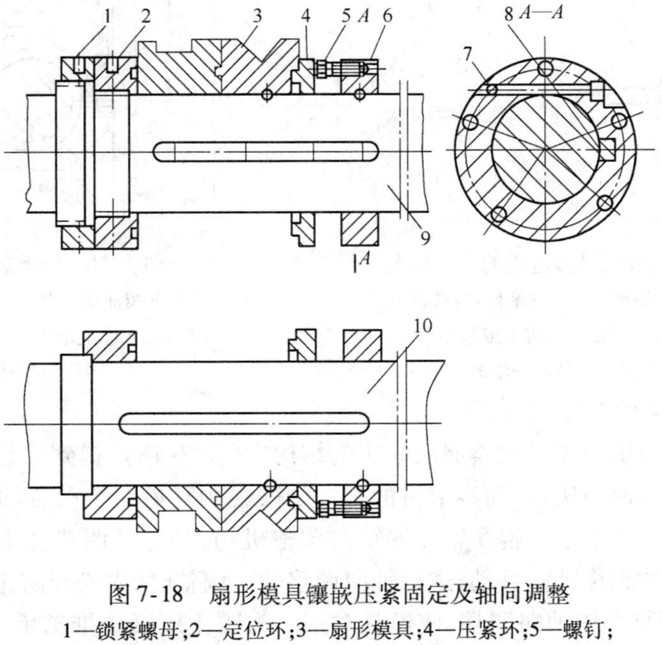

图 7-18 扇形模具镶嵌压紧固定及轴向调整

1—锁紧螺母；2—定位环；3—扇形模具；4—压紧环；5—螺钉；

6—挡环；7—定位销；8—平键；9、10—上、下锻辊

7.1.3.2　锻辊调整机构

图 7-20 为锻辊模错位造成的废品情况。图 7-20a 为锻辊模周向（角度）错位造成的辊锻件前后错移；图 7-20b 为锻辊模轴向（左右）错位造成的辊锻件左右错移；图 7-20c 为锻辊中心距变化造成的辊锻件高度尺寸过大或过小。因此，辊锻机应具有控制辊锻件厚度及前后、左右错模的锻辊调整机构，即锻辊中心距调整机构、锻辊轴向调整机构、锻辊（模具）角度调整机构。中心距调整机构与普通轧机压下装置类似，通常采用压下螺杆调整机构（图 7-21）、偏心套调整机构（图 7-22、图 7-23）和楔块调整机构（图 7-24），下面不赘述。

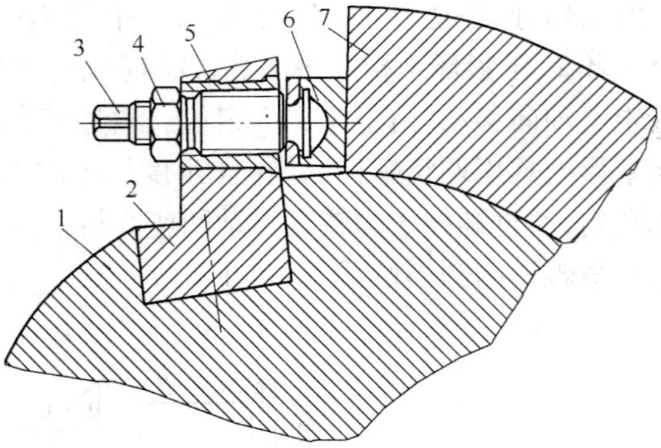

图 7-19　周向调整机构
1—锻辊；2—定位键；3—螺杆；4—锁紧螺母；
5—螺套；6—凹座；7—模具

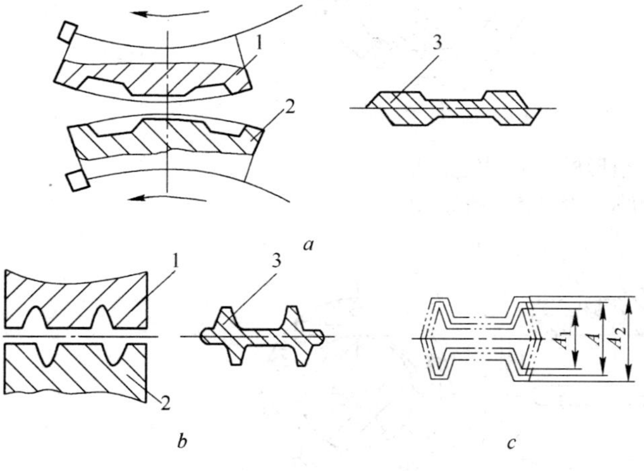

图 7-20　辊锻模错移造成的废品情况
a—辊锻件前后错移；b—辊锻件左右错移；
c—辊锻件高度尺寸过大或过小
1—上模；2—下模；3—辊锻件

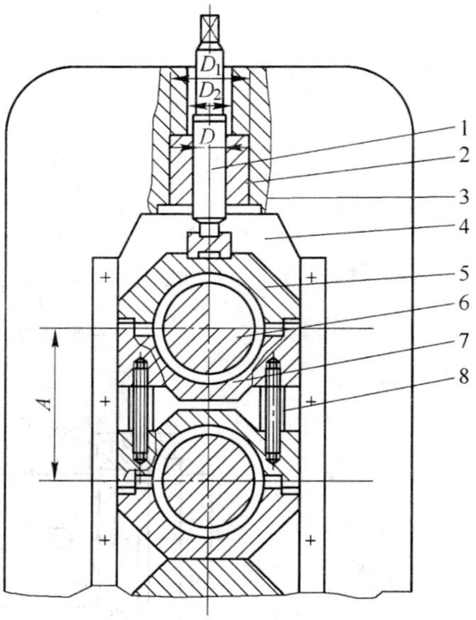

图 7-21　压下螺杆调整机构
1—压下螺杆；2—螺母；3—机架；4—安全臼；
5—轴承座上盖；6—上锻辊；7—上辊下
轴承座；8—蝶形弹簧

A　锻辊轴向调整机构

在前述的锻辊与扇形模具用镶嵌法固定的结构中（图 7-18），提到的是一个锻辊本身的模具相对锻辊的轴向调整机构，而本节讲的是一个锻辊相对另一个锻辊轴向移动的调整机构，如图 7-25 所示。置于下锻辊 5 轴端的轴向调整机构，是通过调整套 4（装在套 2 中）的轴向移动来带动下锻辊作轴向移动，进行轴向调整的。调整时，先松开防止调整套松动的止动块 8，然后旋动调整套作轴向调整，使模具对正。为防止压紧止推轴承 3 的环 7 松动，用环 6 锁紧。套 2 用螺钉固定在机身 1 上。

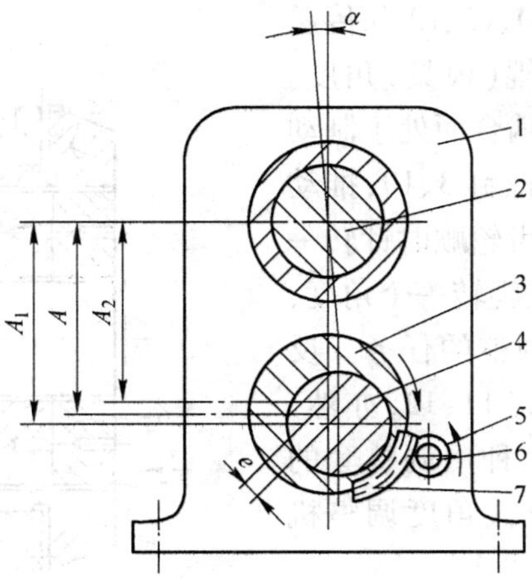

图 7-22　单偏心套调整原理

1—机架;2—上锻辊;3—偏心套;4—下锻辊;5—小齿轮;6—传动轴;7—扇形齿块

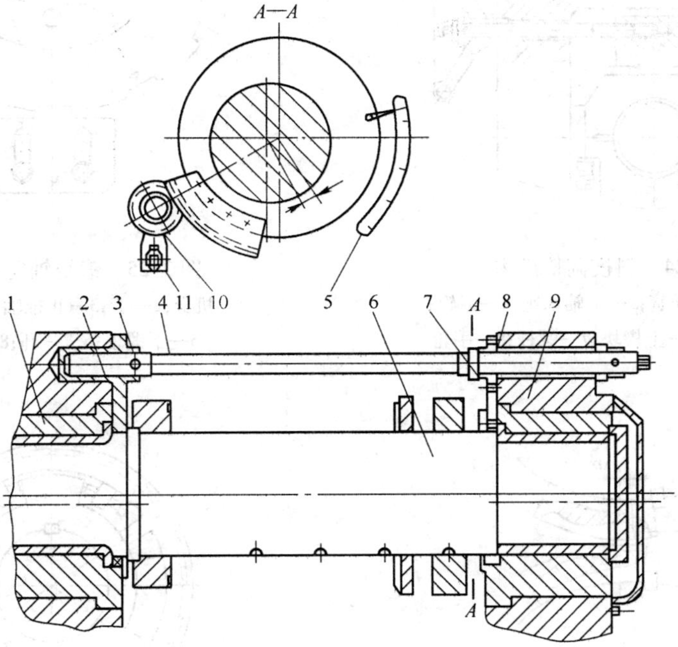

图 7-23　偏心套调整中心距机构

1—左偏心套;2、7—扇形齿块;3、8—小齿轮;4—小轴;5—刻度牌;
6—锻辊;9—右偏心套;10—止动块;11—螺钉

B　锻辊(模具)角度调整机构

图 7-26 为锻辊(模具)角度调整前后状况,图 7-26a 为调整前的角度误差 Δa,图 7-26b 为调整后的角度误差为 0。在前述的锻辊与扇形模具用调整螺杆的周向(角度)调整机构中(图 7-19),提到的是一个锻辊本身的模具相对锻辊的周向(角度)调整机构,而本节介绍的是一个锻辊模具相对另一个锻辊模具角度的调整机构,用调整套的角度调整机构如图 7-27 所示。上锻辊 6 传动端齿轮 5 空套在调整套 1 上,而调整套与锻辊用键 4 固定,固定块 2 固

定在上锻辊齿轮上，螺钉3、10、11、12除传递辊锻力矩外，还用于调整锻辊（模具）角度。调整时，上、下锻辊齿轮5、7啮合而处于制动状态，松开螺钉11、12，拧紧螺钉3、10，推动调整套使上锻辊相对上锻辊齿轮顺时针转一个角度，也即上锻辊相对下锻辊转一个角度，故完成了锻辊（模具）角度调整的任务。反之，松开螺钉3、10，拧紧螺钉11、12，亦然。图7-28、图7-29分别为另一种用调整套的角度调整机构和四齿轮杠杆式角度调整机构。

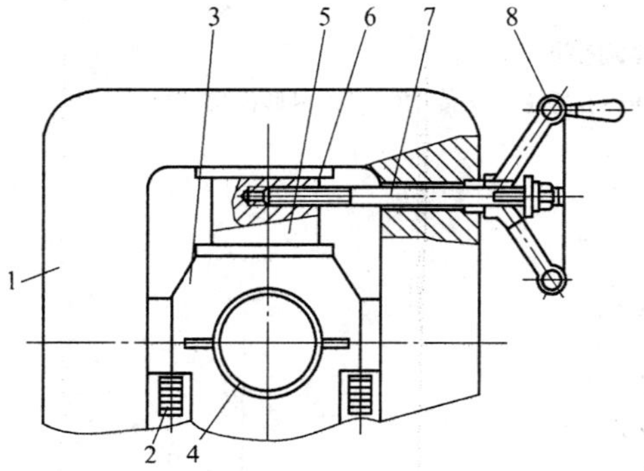

图7-24　斜楔调整机构

1—机架；2—弹簧；3—上轴承座；4—锻辊；5—下楔块；6—上楔块；7—螺杆；8—手轮

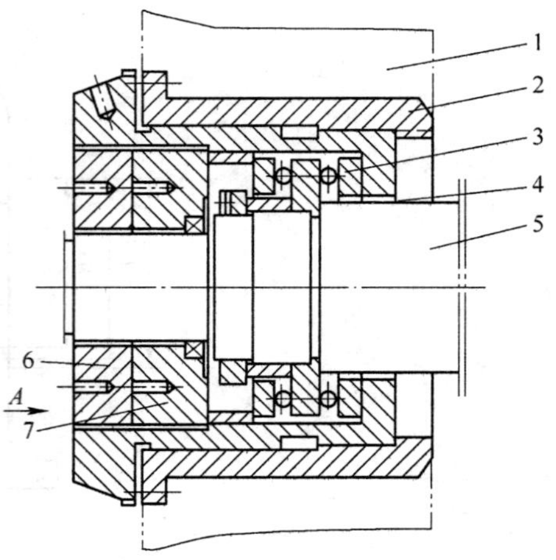

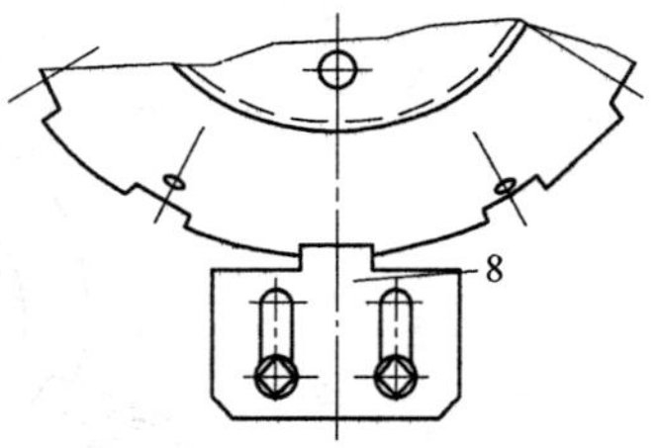

图7-25　锻辊轴向移动机构

1—机身；2—套；3—止推轴承；4—调整套；5—下锻辊；6、7—环；8—止动块

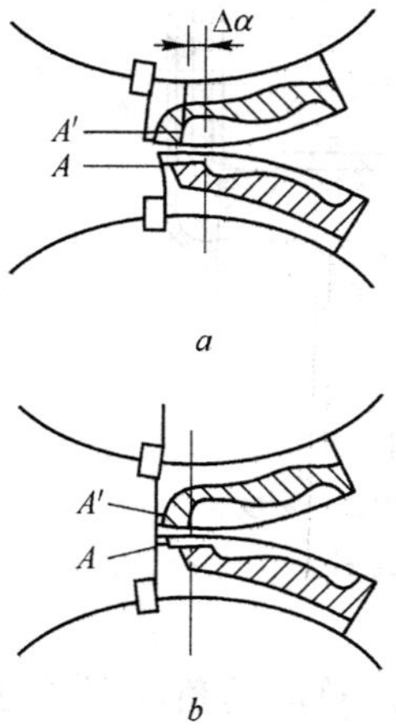

图7-26　模具角度调整前后情况

a—调整前；*b*—调整后

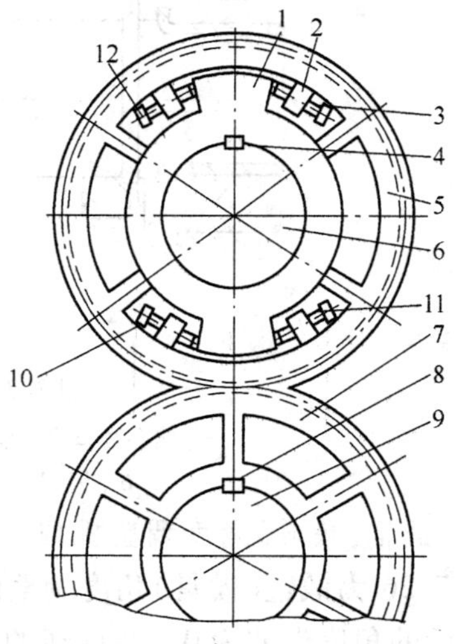

图7-27　用调整套的角度调整机构之一

1—调整套；2—固定块；3、10、11、12—螺钉；4、8—键；5—上锻辊齿轮；6—上锻辊；7—下锻辊齿轮；9—下锻辊

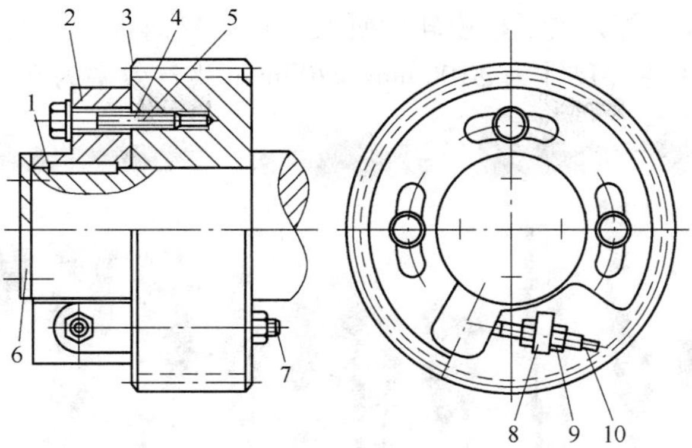

图 7-28 用调整套调整角度的机构之二

1—上锻辊;2—调整套;3—上锻辊齿轮;4—螺钉;5—键;6—压盖;
7—螺栓;8—固定块;9—锁紧螺母;10—调整螺杆

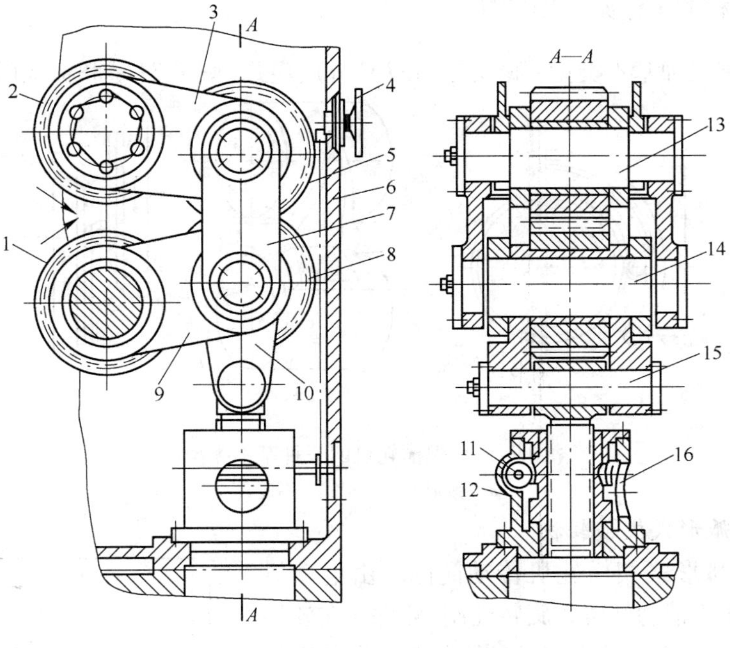

图 7-29 四齿轮杠杆式角度调整机构

1—下锻辊齿轮;2—上锻辊齿轮;3、7、9、10—连接板;4—手轮;5、8—浮动齿轮;
6—链传动;11、16—螺杆;12—蜗轮;13、14、15—轴

7.2 楔横轧机

楔横轧是横轧成形方法之一,是锻造和横轧两种塑性加工方法的组合,主要用于阶梯形轴类零件的轧制。其技术特点是:能直接生产形状复杂、尺寸精确的阶梯轴,材料利用率较切削法高且由于金属流线连续,零件综合力学性能好,生产效率较锻造法高且平稳无振动。早在 19 世纪,人们就开始探讨用楔横轧成形方法制造轴类零件,但由于技术上的原因,一直未能工业化生产。直到 1961 年,前捷克斯洛伐克首先将辊式楔横轧技术应用于工业生产,生产汽车轴类件和五金工具坯等(图 7-30)。随后民主德国研究成功了板式楔横轧机。我国早在 20 世纪 50 年代就开始楔横轧的试验工作,先后有重庆大学、东北大学、北京科技大

学、清华大学和吉林大学等开展了楔横轧的研发工作。目前世界上最大的三辊楔横轧机为 ϕ1060mm 轧机，可加工零件尺寸为 ϕ100mm ×700mm，生产效率为 6 ~ 10 件/min。

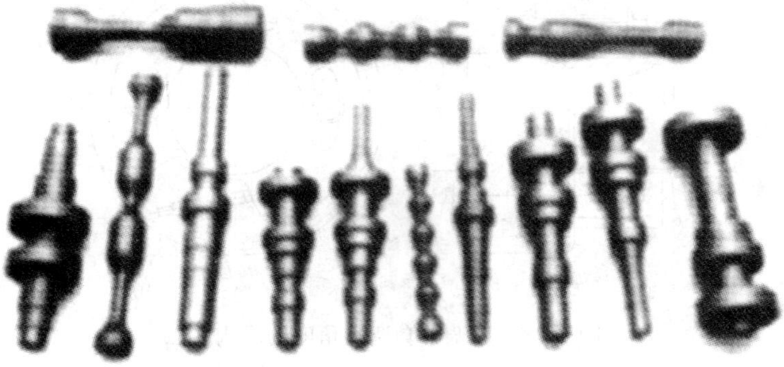

图 7-30　楔横轧产品

7.2.1　楔横轧机的工作原理及类型

楔横轧机有三种基本类型：弧形式（图 7-31*a*）、辊式（图 7-31*b*）和板式（图 7-31*c*）。

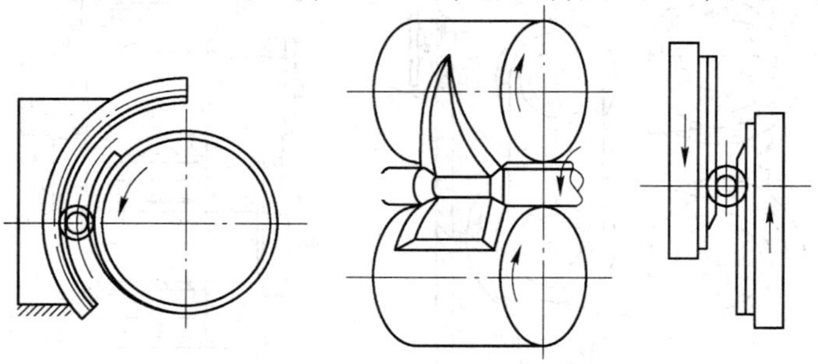

图 7-31　楔横轧机的三种基本类型
a—弧形式；*b*—辊式；*c*—板式

7.2.1.1　弧形式楔横轧机

图 7-32 为弧形式楔横轧机传动简图。由电动机 5，通过减速机 6、7 带动轧辊 2 旋转轧制，轧件 3 在轧辊（楔形孔）2 和弧形楔形模具 4 间做行星运动完成轧制。进出料需专门装置。由于变形楔对轧件的楔入及连续压缩，使其直径减少而长度增加，形成变断面的阶梯轴。

该类型轧机的优点是结构简单、重量轻、设备造价低。不足是由于轧件做行星运动，无法施加导卫，轧件易歪斜卡住，此外产品精度也难以控制；内弧形楔形模具难以加工；轧机工艺调整困难，故工艺不易稳定。目前此类轧机应用较少。

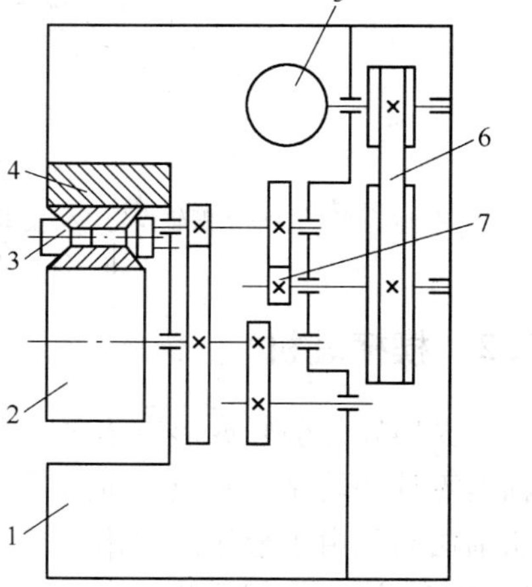

图 7-32　弧形式楔横轧机传动简图
1—机架；2—轧辊及模具；3—轧件；4—弧形模具；5—电动机；6—皮带减速机构；7—齿轮减速机构

7.2.1.2　辊式楔横轧机

图 1-5 为二辊立式楔横轧机工作原理图。由两个轴线平行、转动方向相同并分别带有相同形状的

凸出楔形模的轧辊，相对轴线平行于轧辊的轧件转动，所产生的摩擦力使轧件（在导板辅助下）在其间做定位转动，轧件转动方向与轧辊相反，进出料需专门装置。由于变形楔对轧件的楔入及连续压缩，使其直径减少而长度增加，形成变断面的阶梯轴。

辊式楔横轧机按轧辊配置分立式（图7-33*a*）和卧式（图7-33*b*）。辊式楔横轧机除二辊式外，还有三辊式（图7-33*c*）。

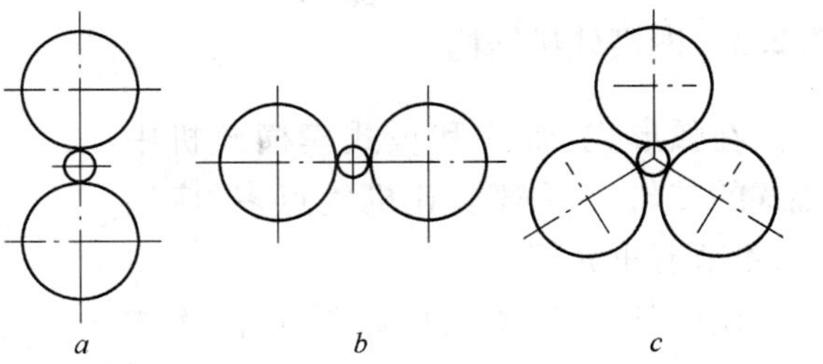

图7-33 辊式楔横轧机的轧辊配置图
a—二辊立式；*b*—二辊卧式；*c*—三辊式

该类型轧机优点是生产率高；可设有导板装置（防止轧件歪斜）、保证产品精度；设有径向、轴向相位及喇叭口调整机构，实现工艺调整。不足是设备结构较大；模具制造需要大型机床。

7.2.1.3 板式楔横轧

图7-31*c*为平板垂直布置板式楔横轧机工作原理图。由两个平行且垂直地面布置、移动方向相反并分别带有相同形状的凸出楔形模的平板，相对轧件搓动，所产生的摩擦力使轧件在其间做定位转动，轧件转动方向同搓动方向，进出料需专门装置。由于变形楔对轧件的楔入及连续压缩，使其直径减少而长度增加，形成变断面的阶梯轴。

板式楔横轧机按平板布置分两种形式：两平板水平布置式和两平板垂直地面布置式。

该类型轧机优点是模具制造较弧形式、辊式楔横轧机容易。不足是生产效率低；无法施加导卫；工艺调整困难。

7.2.2 楔横轧生产工艺流程

楔横轧一般生产工艺流程如图7-34所示。

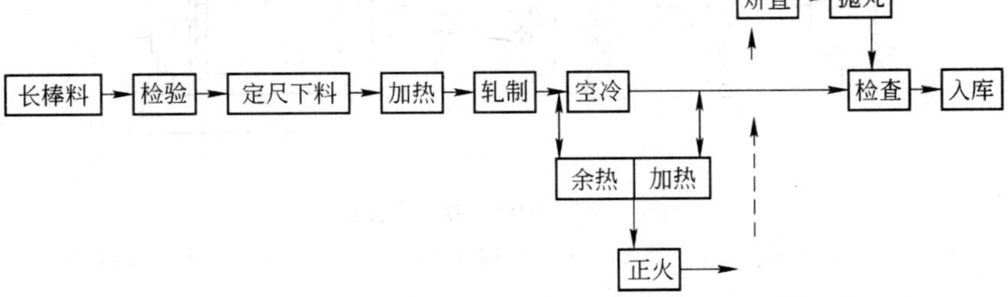

图7-34 楔横轧生产工艺流程图

用于楔横轧的坯料，是来自冶金厂的棒材（4～8m）。坯料经质量检验后，在定尺料场定尺下料（剪或锯，现多用带锯）。定尺料通常经中频电感应加热至1000～1200℃，进入楔横轧机轧制成形。成形后的轧件采用空冷交货或正火交货，除采用再加热正火处理外，还采用轧后余热正火。正火只适用于碳素钢及低、中合金钢，而不适用于高合金钢。对于易弯曲长件，则需要矫直。为了清除轧件表面氧化铁皮、毛刺缺陷等和方便检查轧件表面缺陷，则需要采用抛丸处理。轧件最后经质量检验,合格品入库。

7.2.3　楔横轧机结构

在弧形式、辊式和板式楔横轧机中辊式的二辊立式楔横轧机优点多、应用广,本节着重介绍。

楔横轧机总体结构布置分整体式(图7-35)和分体式(图7-36)两种,前者是将工作机构、传动机构和主电机组装成一体,后者则是分开布置。图7-37为整体式UL型楔横轧机的传动图。置于轧机上的电动机1,通过皮带减速机构2、离合器3和齿轮减速机构5,带动一对轧辊4同向转动。下轧辊轴被做成空心的,以便下轧辊作径向调整。表7-5为整体式UL型楔横轧机的主要技术参数。

图7-35　LIS－70楔横轧机

图7-36为分体式H型楔横轧机。可见其与一般轧钢机类似,由于工作机构、传动机构和主电机分体布置,可以方便、准确地进行轧辊径向、轴向和相位调整以及喇叭口调整。表7-6为H型楔横轧机的主要技术参数。

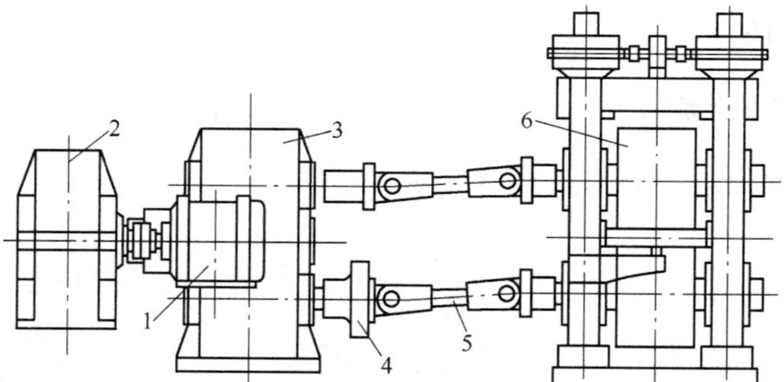

图7-36　H1000楔横轧机

1—电动机;2—减速机;3—分速机;4—相位调整机构;5—万向传动轴;6—工作机座

楔横轧机工作机构,即工作机座(图7-38)通常由五部分组成:轧辊辊系1、轴向调整机构2、径向调整机构3、导板机构4和工作机架5(预应力机架则带有预应力机构6)。

楔横轧机传动机构一般包括:主电动机、皮带减速机构、减速机与齿轮分速机构、万向传动轴、轧辊相位调整机构等。

下面重点介绍楔横轧机特有机构。

7.2.3.1　轧辊辊系

图7-39为轧辊辊系的结构。图中轧辊辊系由模具1、轧辊芯轴2、轴承3和轴承盒4组

成。楔横轧机与一般轧机不同的是模具与轧辊芯轴分开，模具分成若干块镶入轧辊芯轴。图7-40、图7-41分别表示两种镶入方式。模具材料选取要考虑其寿命长、低成本和可修复。常用的是50CrMnMo、5CrNiMo、3Cr2W8V、4Cr5MoVSi等，也采用调质处理铸造碳钢。

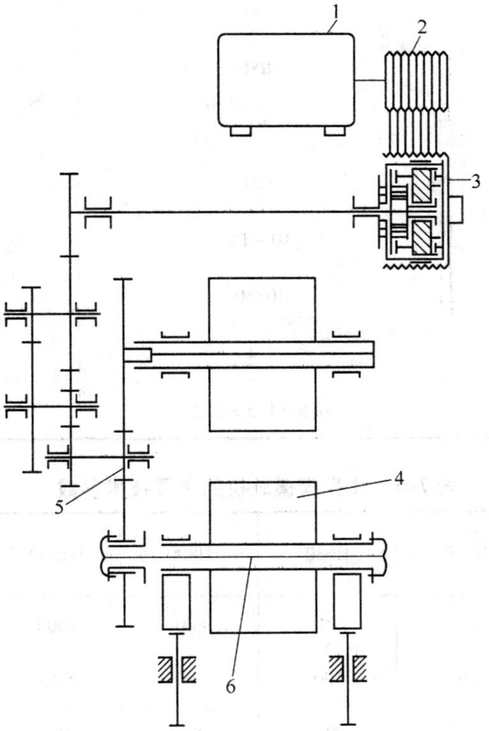

图7-37 UL型楔横轧机的传动图

1—电动机；2—皮带减速机构；3—离合器；4—轧辊；5—齿轮机构；6—万向传动轴

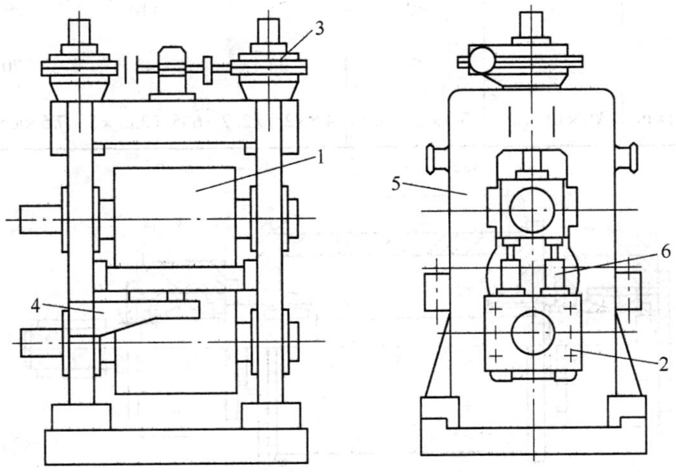

图7-38 H1000楔横轧机的工作机座

1—轧辊辊系；2—轴向调整机构；3—径向调整机构；4—导板机构；5—工作机架；6—预应力机构

表 7-5　整体式 UL 型楔横轧机的主要技术参数

项　目＼规　格	UL35	ULS100
轧辊直径/mm	600	1000
轧辊宽度/mm	400	800
轧件最大直径/mm	40	100
轧件最大长度/mm	320	750
轧辊转速/$r \cdot min^{-1}$	10 ~ 15	0 ~ 9
电机功率/kW	40/60	158
轧机质量/t	9.4	45
外形尺寸 $L \times B \times H$/m × m × m	6.5 × 1.5 × 3.2	6.4 × 3.3 × 3.8

表 7-6　H 型楔横轧机的主要技术参数

项　目＼规　格	H500	H630	H800	H1000	H1200	H1400
轧辊直径/mm	500	630	800	1000	1200	1400
轧辊宽度/mm	450	500	700	800	1200	1300
轧件最大直径/mm	40	50	80	100	120	150
轧件最大长度/mm	400	450	600	700	1100	1200
轧辊转速/$r \cdot min^{-1}$	10/12/15	8/12/15	6/9/12	6/8/10	6/8	414
电机功率/kW	36	40	75	110	150	220
轧机质量/t	6	9	34	48	70	125
外形尺寸 $L \times B \times H$/m×m×m	3.0×1.6×1.4	3.5×1.8×1.7	4.5×2.5×2.2	6.5×3.5×3	7.5×4.5×3.8	10.0×5.7×3.9

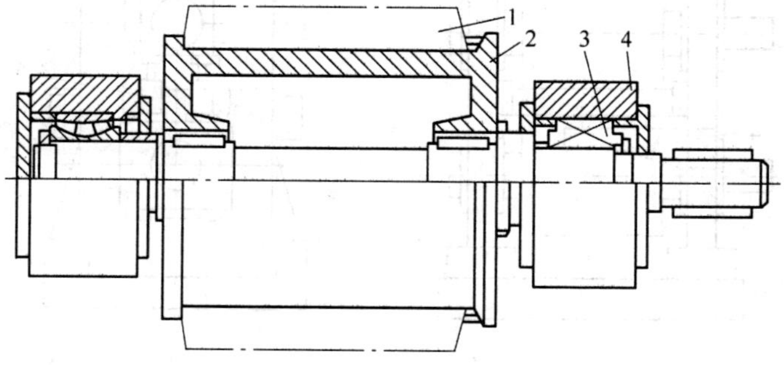

图 7-39　H 型楔横轧机轧辊辊系

1—模具；2—轧辊芯轴；3—轴承；4—轴承盒

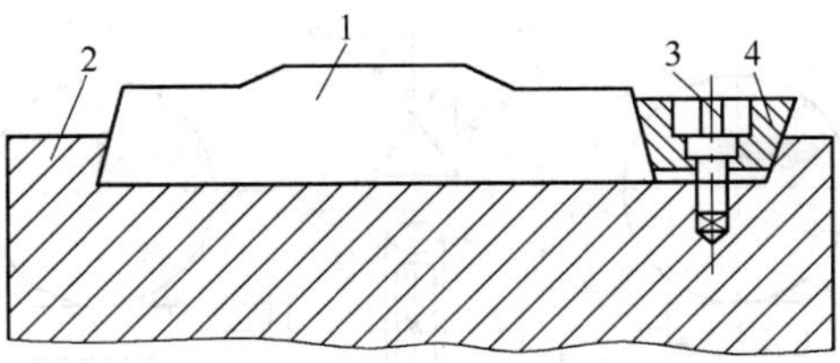

图 7-40 靠楔块压紧模具

1—模具;2—芯轴;3—螺钉;4—楔块

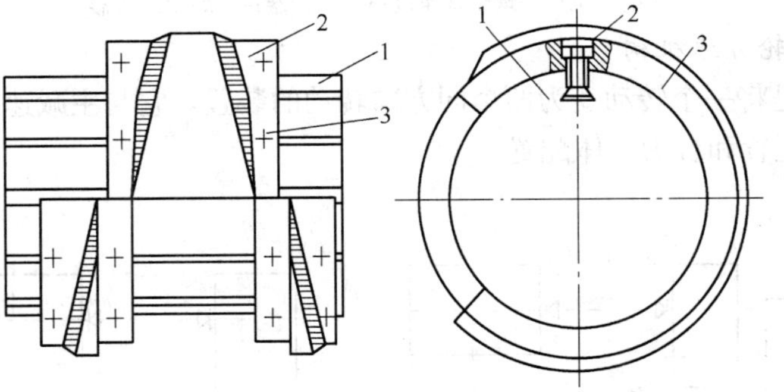

图 7-41 模具靠螺栓固定

1—芯轴;2—螺栓;3—模具

7.2.3.2 轴向调整机构

轴向调整机构用于调整轧辊模具上的孔型轴向对齐,其机构与小型型钢轧机的轴向调整机构类似,图 7-42 为双拉杆轴向调整机构。当转动螺母时,拉杆(其上有正反螺纹)产生伸缩运动,实现轧辊轴向调整。两套机构(一套管推、一套管拉)置于机架同一侧。

7.2.3.3 径向调整机构

径向调整机构用于径向调整轧辊以控制产品的径向尺寸,其机构也与小型型钢轧机的径向调整机构类似,图 7-43 为手动径向调整机构。转动手轮 1,带动蜗轮副(蜗杆 2、蜗轮 3)转动,蜗轮通过键 4 带动与压下螺母(固置于机架内)啮合的压下螺丝 5 转动并作上下移动,调整辊系径向运动。利用离合器 6 的离合,完成两边压下丝杠的单独或同步移动。图 7-44为电动二级蜗杆蜗轮减速径向调整机构。

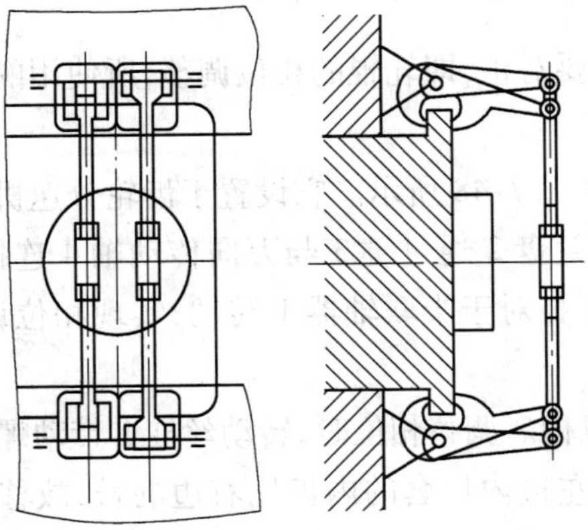

图 7-42 带双拉杆的轴向调整机构

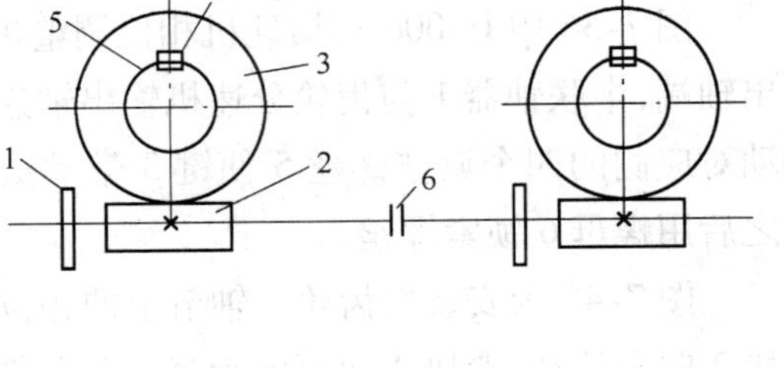

图 7-43 手动径向调整装置

1—手轮;2—蜗杆;3—蜗轮;4—键;5—压下螺丝;6—离合器

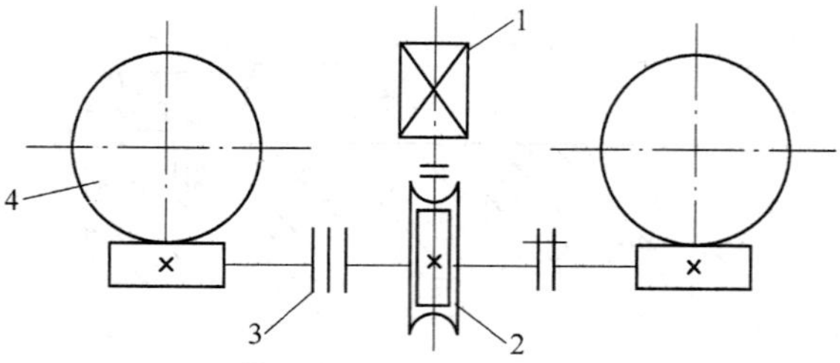

图 7-44　二级蜗杆蜗轮减速径向调整机构

1—电动机;2—蜗轮减速机;3—离合器;4—蜗轮减速器

7.2.3.4　齿轮分速机构

齿轮分速机是将一个转动变为两个同方向转动的装置。它与主减速机有两种配置方式(图 7-45):分开配置和合为一体配置。

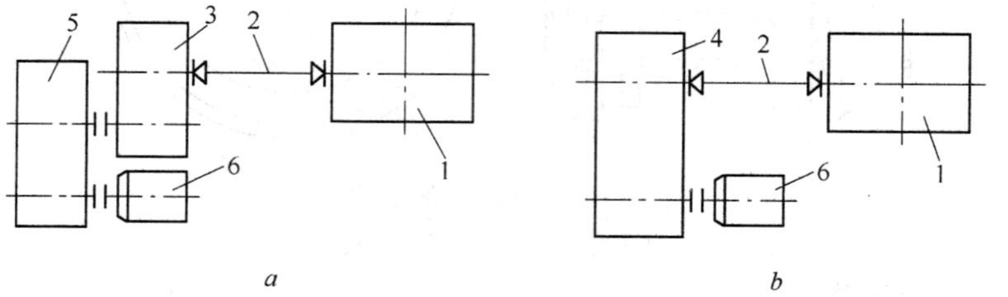

图 7-45　减速机与齿轮分速机的配置

a—分开配置;*b*—合为一体配置

1—轧辊;2—传动轴;3—齿轮分速机构;4—减速机与齿轮分速机构;5—减速机;6—电动机

图 7-46 为楔横轧机减速机与齿轮分速机合为一体的结构。其传动过程是:输入一个高速转动,经二级齿轮减速机减速,再通过一个主动齿轮带动两个从动齿轮作同方向转动,输出两个同方向转动。

齿轮分速机速比 i 定义为:齿轮分速机中一个主动齿轮转速 n_1 与两个从动齿轮转速 n_2 的比,即 $i = n_{1/}/n_2$。i 一般取 1.3 ~ 1.8。

7.2.3.5　相位调整机构

楔横轧机两个轧辊上模具的型槽在圆周方向要对正,即轧辊的相位调整,所使用的机构叫相位调整机构。图 7-47 为轧辊相位示意图。

图 7-36 中 H1000 楔横轧机相位调整机构 4 如图 7-48 所示。它设置于齿轮分速机下输出轴端,半联轴器 1 与齿轮分速机输出轴连接,法兰盘 2 通过键 3 与万向传动轴 4 连接,传动对应侧的四个调整螺丝 5 使键 3 带动法兰盘 2 相对于半联轴器 1 转动,实现相位调整。之后用螺母 6 锁紧螺丝。

图 7-49 为安装在齿轮联轴节上的相位调整机构。调整相位时,转动丝杠 1 带动螺母滑块 2 向左移动,滑块 2 使两内齿套 3 向左移动,因左边内尺套的内齿比右边的长,故移动一段距离后右齿套的内齿套 3 与外齿套 4 的齿脱开,而左齿套仍在啮合。从而可以实现一只轧辊转动,另一只轧辊不转动来调整相位。

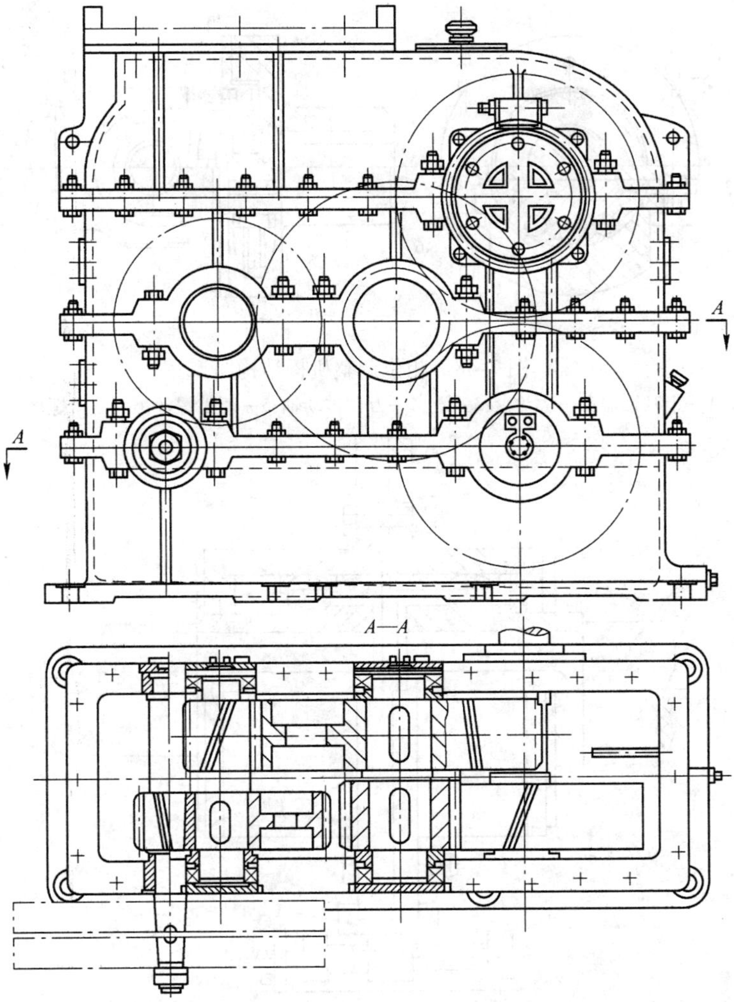

图 7-46 减速机与齿轮分速机合为一体的结构

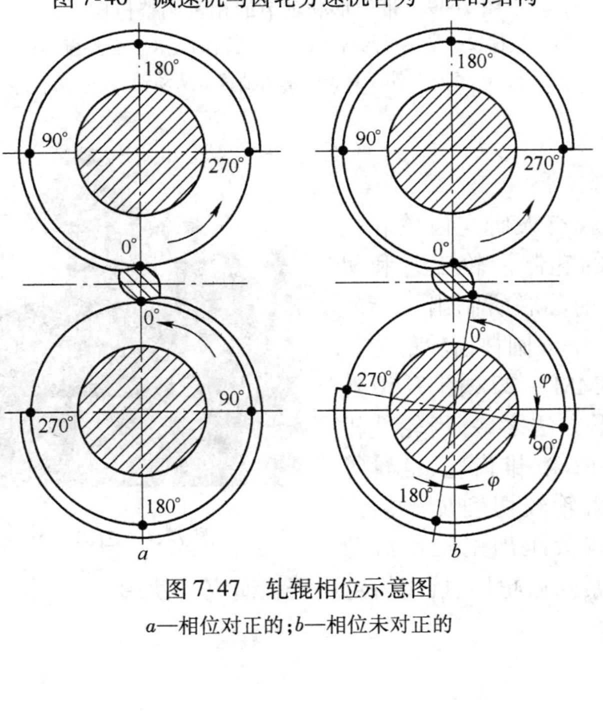

图 7-47 轧辊相位示意图

a—相位对正的;*b*—相位未对正的

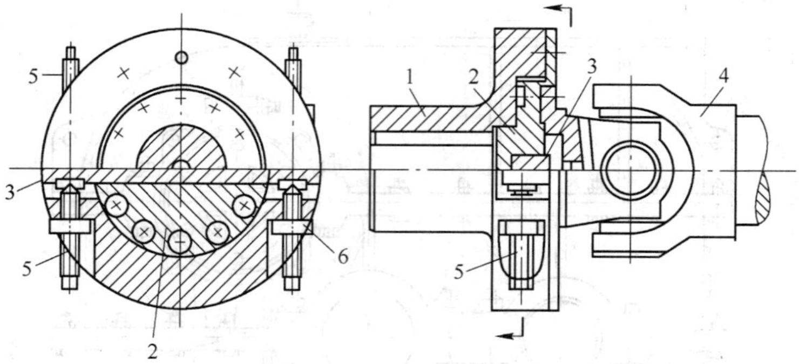

图 7-48　相位调整机构结构图

1—半联轴器；2—法兰盘；3—键；4—万向传动轴；5—调整螺丝；6—锁紧螺母

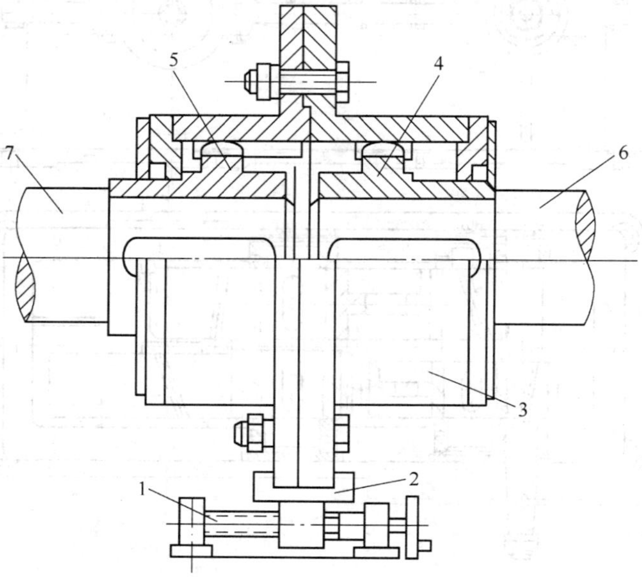

图 7-49　带齿形联轴节的相位调整机构

1—丝杠；2—带螺母的滑块；3—带内齿的套；6—右外齿套；

5—左外齿套；6—主动轴；7—从动轴

7.3　齿轮轧机

图 7-50　ЦКБММ－22 型轧齿机

从 19 世纪末期就有人研究齿轮轧机并出现了许多不同的轧制齿轮工艺和机器。1947～1954 年，前苏联研制出了能轧制直径 220mm、模数 3mm 圆柱齿轮的齿轮轧机。型号是 ЦКБММ －22（图 7-50）。轧制齿轮是横轧成形方法之一，齿轮轧机主要用于直齿轮、斜齿轮、锥齿轮、链轮等零件的轧制。轧制齿轮较切削加工生产率、材料利用率高，较锻压加工工作载荷低、生产率高。目前常州齿轮厂、杭州齿轮厂等在研究和使用。

7.3.1 齿轮轧机的工作原理及类型

用齿形(齿条或齿轮)模具,逐渐压入坯料进行横轧成形(图 7-51),即可轧成齿轮,也用于将铣过齿槽的毛坯进行精整轧制。

齿轮轧制分热轧法、冷轧法。将圆柱形工件外缘,采用高频或中频感应加热到 1000 ~ 1100℃,用带有齿形模具轧辊与工件对碾,并逐渐进给轧成齿轮的方法称热轧法(图 7-52),在常温下轧制称冷轧法。齿轮轧机有立式、卧式两种形式,轧辊数量有单辊、二辊和三辊。

图 7-53 为立式齿轮轧机(ЦКБММ - 22)传动图。图 7-54 为卧式齿轮轧机传动图。

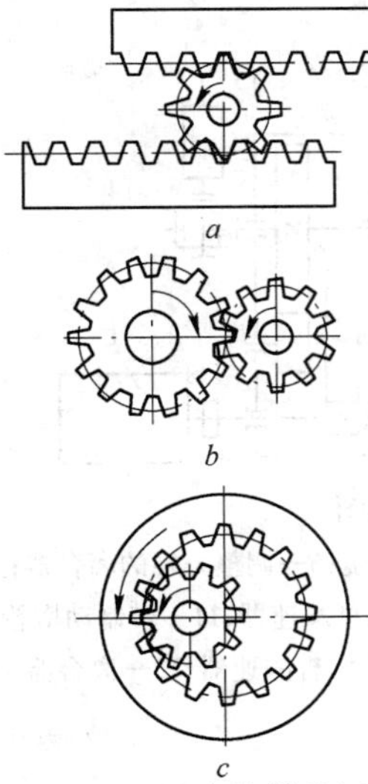

图 7-51 齿轮横轧原理

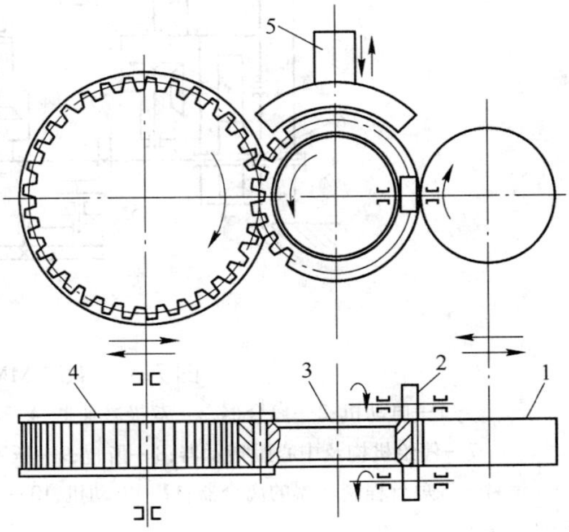

图 7-52 热轧法齿轮轧制

1—光滑辊;2—侧辊;3—毛坯;4—带突缘齿辊;5—高频感应圈

7.3.2 齿轮轧制生产工艺流程

热轧齿轮一般生产工艺流程如图 7-55 所示。

7.3.3 齿轮轧机结构

图 7-56、图 7-57 为立式齿轮轧机(ЦКБММ - 22)结构图。该轧机工作机架上(图 7-56)有三根丝杠 1,丝杠上具有左旋及右旋螺纹,用于移动拖板 2,拖板上装有轧辊 3,由电动机 4 通过蜗杆 - 齿轮减速机 5 带动丝杠旋转。丝杠使两拖板同时靠近或离开固定在夹紧机构 6 上的轧件 10,夹紧机构 6 轴线与两轧辊轴线平行且在同一平面内。主电动机 - 减速机(图中未示出)带动传动轴 7 和齿轮 8 啮合的圆柱齿轮(图中未示出)及圆锥齿轮 9 使轧辊旋转。传动轴 7 通过一对圆锥齿轮(图 7-57)带动分度机构旋转。其进给方式有两种:(1)在棒料或多件轧制时,采用轴向进给毛坯(图 7-58);(2)在单件轧制时,采用径向进给轧辊(图 7-59)。第一种方式是把几块毛坯(棒料)装于工作台上,并用上面的分度齿轮压紧。分度齿轮的模数与齿数同所轧齿轮。首先分度齿轮与轧辊齿啮合,轧辊转动带动分度齿轮及毛坯转动。当上面的毛坯在感应圈中加热到 1000 ~ 1100℃时,即开动工作台轴向送进机构,完成毛坯轴向进给,使转动的毛坯从转动的齿轮之间通过,被轧成齿轮。第二种方式是把单件毛坯 3 装于工作台 6 上,并用上压头 4 压紧。当毛坯在感应圈中加热到 1000 ~

1100℃时，即开动两滑架带动两轧辊 1 径向进给（方向 5），使毛坯轧成齿轮。为防止金属轴向流动，在轧辊两端装有突缘 2。

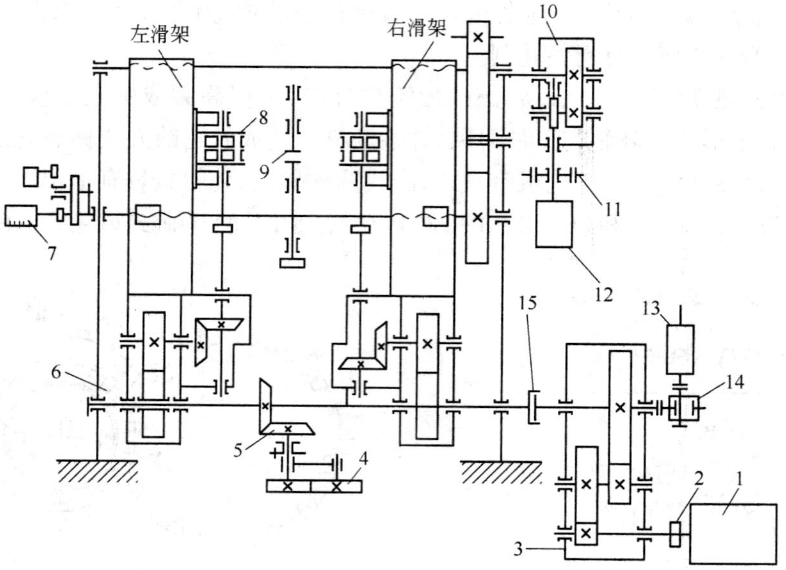

图 7-53　ЦКБММ－22 型轧齿机传动图

1—电动机；2—离合器；3—双极减速器；4—可换齿轮；5—毛坯驱动辊；6—调整齿辊的离合器；7—停给机构及中心距指示器；8—齿辊；9—压紧毛坯机构；10—蜗轮蜗杆减速器；11—带制动塔轮和短行程制动器的离合器；12—电动机；13—主传动控制器；14—蜗轮蜗杆减速器；15—离合器

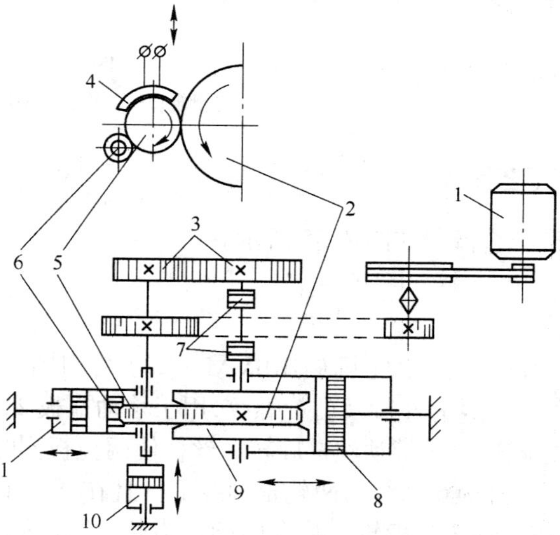

图 7-54　卧式单辊齿轮热轧机的传动原理图

1—主电机；2—轧辊；3—分度挂轮；4—感应加热器；5—工件；6—倒角滚轮；7—十字轴节；8—主轧缸；9—挡料板；10—工件顶紧缸；11—支撑缸

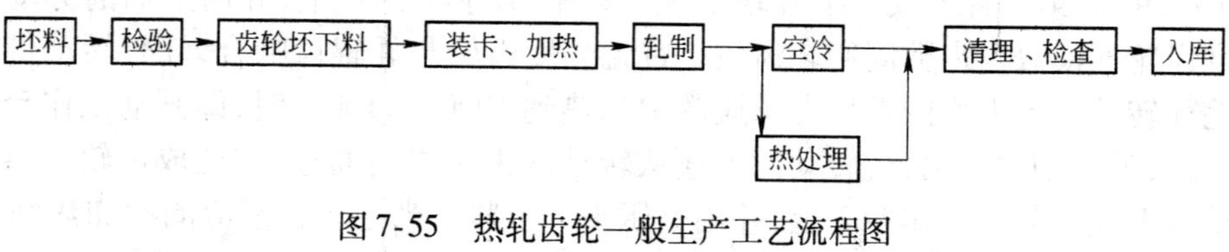

图 7-55　热轧齿轮一般生产工艺流程图

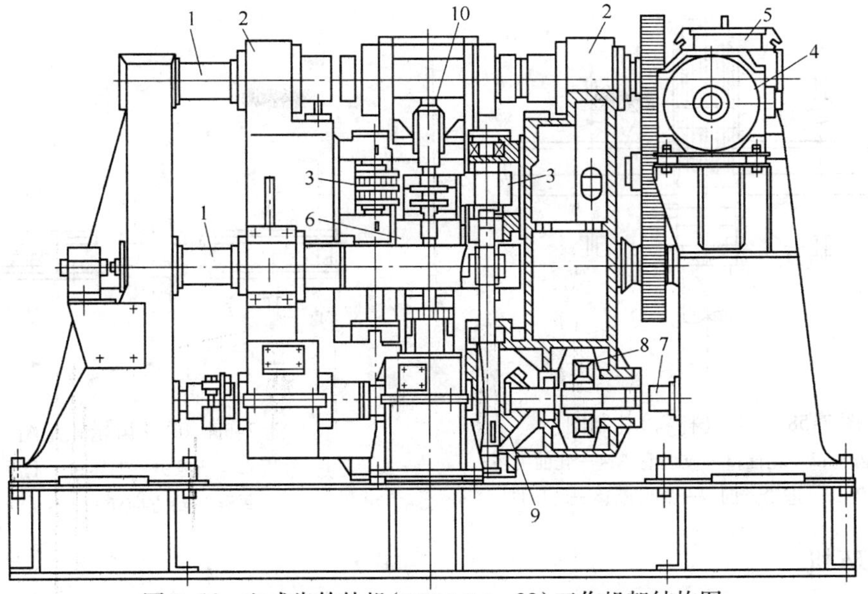

图 7-56　立式齿轮轧机(ЦКБММ－22)工作机架结构图

1—丝杠;2—拖板;3—轧辊;4—电动机;5—减速机;6—夹紧机构;7—传动轴;8—齿轮;9—圆锥齿轮;10—轧件

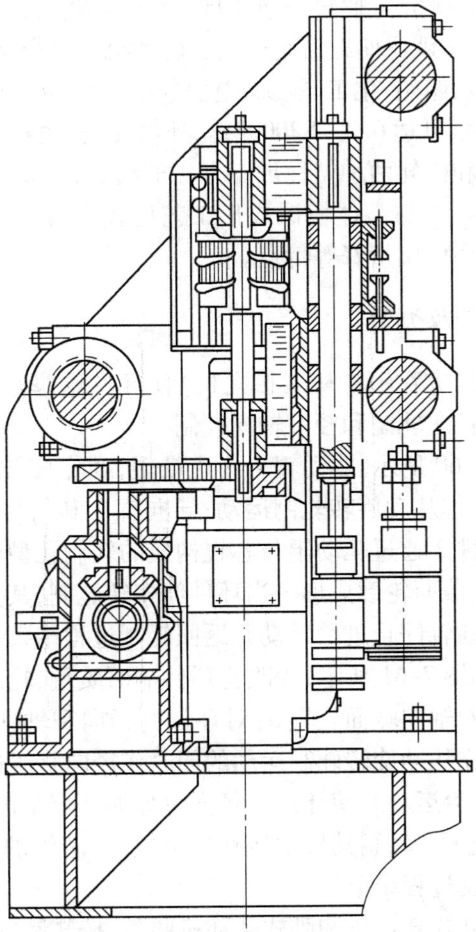

图 7-57　图 7-56 的侧视图

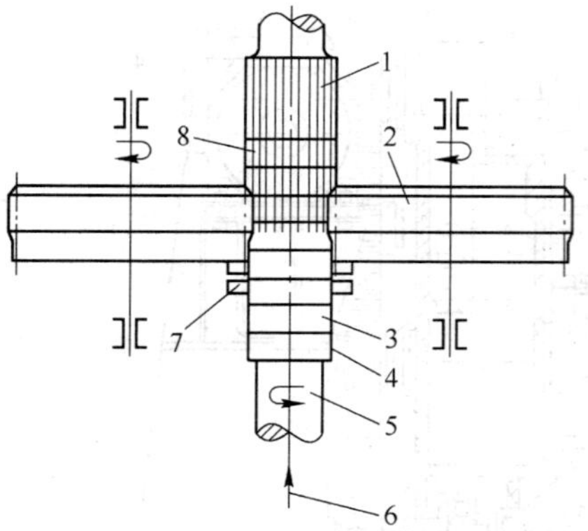

图 7-58　多件(棒料)轧制图
1—分度齿轮;2—轧辊;3—成组毛坯;4—轧前毛坯;
5—芯轴;6—进给方向;7—感应圈;8—轧后件

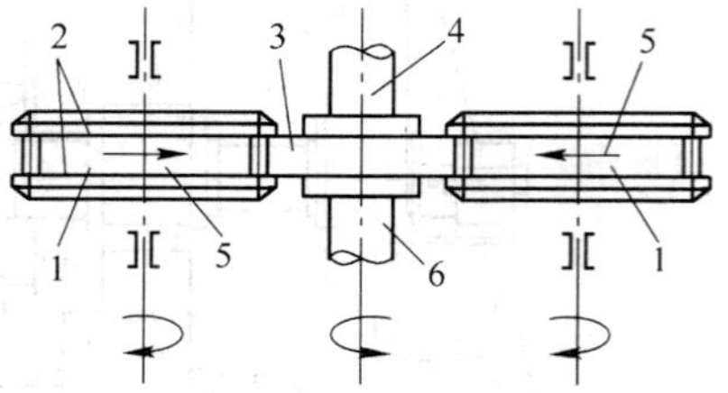

图 7-59　单件齿轮轧制图
1—轧辊;2—凸缘;3—毛坯;4—上压头;
5—轧辊进给方向;6—工作台

7.4　轧环机

19 世纪中叶,随着火车的迅速发展,火车的铸铁车轮满足不了高速重载的要求,于是人们开始了轧制钢质轮箍的研究。1842 年英国设计出了第一台轧环机,建造了轮箍轧机。1853 ~ 1854 年德国、1864 年俄罗斯先后制造出了轧环机。百余年来,轧环机不断发展,已广泛应用在机械、汽车、冶金、船舶、化工、能源、航空航天等领域。目前,轧环机生产零件的直径可达 40 ~ 10000mm,重量可达 0.2 ~ 82000kg。环件轧制(也称环件碾扩或扩孔)是横轧成形方法之一,是锻造括孔和横轧两种塑性加工方法的组合,主要用于生产各种环形件(如轴承环、火车轮箍、齿轮坯等)。与整体模锻成形工艺比较有:设备吨位小、震动冲击小、节能节材、生产率高、成本低、环件质量好等特点。

7.4.1　轧环机的工作原理及类型

环形轧制是用轧环机(亦称辗扩机或扩孔机)使环件壁厚减小、直径扩大、截面轮廓成形的塑性加工工艺,其分径向轧制和径 - 轴向轧制。

径向轧制原理如图 7-60 所示:驱动辊 1 为主动辊,在作旋转轧制运动的同时作直线进给运动;芯辊 4 为被动辊,作从动旋转轧制运动;导向辊 3 和信号辊 5 是可自由转动的从动辊。在驱动轮作用下,环件 2 通过驱动辊与芯辊构成的轧制孔型产生连续局部塑性变形,使环件壁厚减小、直径扩大、截面轮廓成形。当环件经多转轧制,其直径达到预定值时,环件外圆表面与信号辊接触,驱动辊停止进给运动并返回轧制过程结束。

径 - 轴向轧制原理如图 7-61 所示,为改善环件端面质量、轧制复杂截面轮廓的环件,在径向轧制基础上,增加一对轴向端面轧辊 5,对环件的径向和轴向同时进行轧制。驱动辊 1 作旋转轧制运动,芯辊 3 作从动旋转轧制运动的同时作径向直线进给运动,端面轧辊 5 作旋转端面轧制运动和轴向进给运动。使环件 2 径向壁厚减小、轴向高度减小、内外直径扩大、截面轮廓成形。当环件经多转轧制其尺寸达到预定值时,芯辊的径向进给运动和端面轧辊的轴向进给运动停止,轧制过程结束。

轧环机按结构分为:立式轧环机和卧式轧环机两类;按轧制变形特点分为:径向轧环机、径 - 轴向轧环机和多工位轧环机(也称多芯辊轧环机)三类。立式轧环机通常采用径向轧

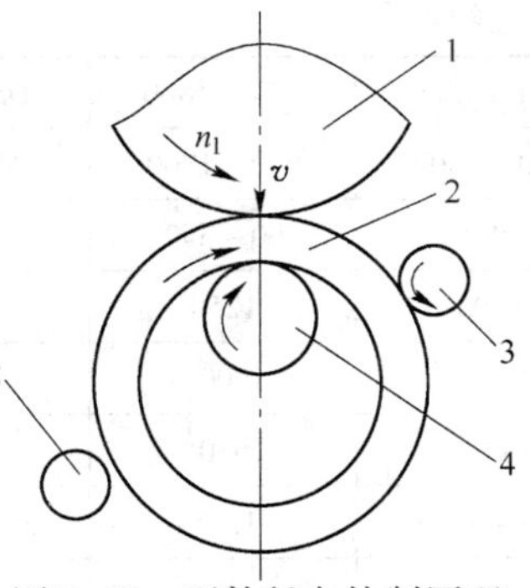

图 7-60 环件径向轧制原理

1—驱动辊;2—环件;3—导向辊;4—芯辊;5—信号辊

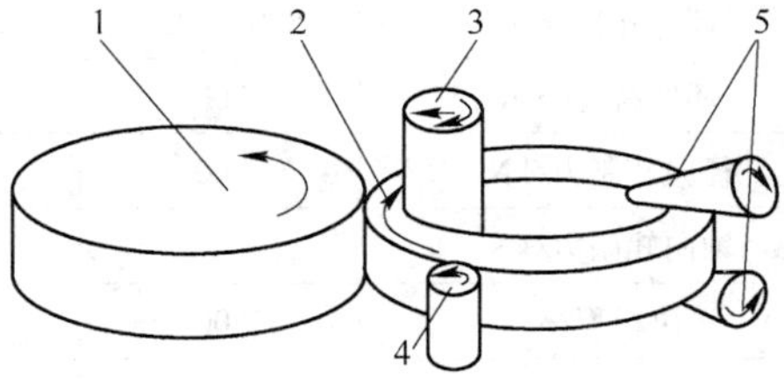

图 7-61 环件径-轴向轧制原理

1—驱动辊;2—环件;3—芯辊;4—导向辊;5—端面轧辊

制变形,属于径向轧环机,适用于轧制中小型环件。卧式轧环机有采用径向轧制变形的,也有采用径-轴向轧制变形的,适用于轧制大型环件。多工位轧环机通常也采用径向轧制变形,它同时轧制多个环件,适用于轧制小型环件。表 7-7 ~ 表 7-10 为立式轧环机、卧式轧环机、径-轴向轧环机、多工位轧环机技术参数。

表 7-7 立式轧环机主要技术参数

型 号	D51-160	D51-160Y	D51-250	D51-350	D51-160K	D51-250K	D51-350K	D51-400
环件外径/mm	45 ~ 160	45 ~ 160	250	350	45 ~ 160	250	350	400
环件宽度/mm	35	35	50	85	50	85	120	100
环件材料强度极限 /MPa	≤95							
最大生产率/件 · h^{-1}	500	500	400	200	300	240	100	120
公称轧制力/kN	50	60	98	155	113	196	310	180
滑块最大行程/mm	70	70	110	130	70	110	130	130
轧制速度/m · s^{-1}	2 ~ 2.5	2 ~ 2.5	2.1	2.2	1.64	1.63	1.45	2
主轴转速/r · min^{-1}	120	120	80	62	92	62.3	41	
主轧辊外径/mm	360 ~ 380	360 ~ 380	500 ~ 520	680 ~ 700	360 ~ 380	500 ~ 520	680 ~ 700	680
压缩空气公称压力 /MPa	0.5							
自由空气理论消耗量 /m^3 · min^{-1}	0.9		1.8	1.52	1	1.6	1.4	
芯辊中心高度/mm	670	670	875	1050	670	875	1100	
主轧辊与芯辊最小中心距/mm	185	185	265	365	185	265	365	370
电动机功率/kW	18.5	22.5	37	75	30	55	90	75
外形尺寸 $L \times W \times H$ /mm × mm × mm	2200 × 1550 × 1850	2200 × 1550 × 1850	2890 × 1990 × 2400	4050 × 1800 × 3000	2350 × 1700 × 2100	3440 × 2000 × 2700	4595 × 2000 × 3370	3670 × 2650 × 3100
轧机总质量/kg	2800	3000	6500	10000	3300	7200	12000	12500

表 7-8　卧式轧环机主要技术参数

型　号	D51 – 1200	D51 – 1300	D51 – 1500	D51 – 1800	D51 – 2000
环件外径/mm	500 ~ 1250	400 ~ 1420	500 ~ 1500	600 ~ 1800	700 ~ 2050
环件高度/mm	200	200	280	60 ~ 350	200
径向轧制力/kN	800	830	1200	1250	1200
轴向轧制力/kN				800	850
滑块行程/mm	500	840		630	520
轧制速度/$m \cdot s^{-1}$	1. 59	1. 14	1. 5 ~ 1. 73	1. 25	3. 35 ~ 6. 35
主电机功率/kW	240	135	480	260	950
机床质量/t		27		80	157

表 7-9　径 – 轴向轧环机主要技术参数

型　号		800	1600	2000	300	3500	4000	5000
环尺寸/mm	外径	350 ~ 800	400 ~ 1600	500 ~ 2000	500 ~ 3000	500 ~ 3500	500 ~ 4000	500 ~ 5000
	高度	60 ~ 300	60 ~ 300	80 ~ 500	80 ~ 500	80 ~ 500	80 ~ 700	80 ~ 750
轧制力/kN	径向	1250	1250	2000	2000	2000	2000	2500
	轴向	1000	1000	1250	1250	1600	1600	2000
轧制速度/$m \cdot s^{-1}$		1. 3/0. 4 ~ 1. 6	1. 3/0. 4 ~ 1. 6	1. 3/0. 4 ~ 1. 6	1. 3/0. 4 ~ 1. 6	1. 3/0. 4 ~ 1. 6	1. 3/0. 4 ~ 1. 6	1. 3/0. 4 ~ 1. 6
驱动功率/kW	径向	280	280	500	500	630	630	630
	轴向	2 × 160	2 × 160	2 × 220	2 × 220	2 × 280	2 × 315	2 × 315
平面尺寸/mm	长度	10000	11000	14500	15200	16000	18500	20000
	宽度	2500	2500	3500	3500	3500	4500	5500
	高度	3150	3300	4300	4300	4400	4400	5000

表 7-10　多工位轧环机主要技术参数

最大环件直径/mm	200	300	350	400
最大环件高度/mm	30	40	60	70
带芯辊支承的最大环件直径/mm	180	250	300	350
带芯辊支承的最大环件高度/mm	40	60	100	130
最大环件重量/kg	2. 5	6	12	18
最小环件直径/mm	80	100	120	120
最小环件高度/mm	15	20	25	25
最小环件重量/kg	0. 5	1. 0	1. 5	1. 5
感应加热生产率/$t \cdot h^{-1}$	1. 5	2. 7	3. 6	4. 8

7. 4. 2　环件轧制生产工艺流程

环件轧制生产工艺流程如图 7-62 所示。

下料 → 加热 → 制坯 → 加热 → 轧制 → 后续处理 → 检验 → 入库

图 7-62 环件轧制生产工艺流程图

用于一般环件轧制的毛坯的坯料是轧制棒材、挤压棒材，特大环件坯料采用铸锭。经质量检验后下料，下料方法有剪切、锯切、车切、火切、剁切等，现多用剪切或锯切。环件轧制用的毛坯通常采用热锻制坯，定尺坯料经加热（电或火焰）至锻造温度，锻造成环件轧制的环形毛坯。再加热环件锻件至轧制温度，进入轧环机轧制成形。一般情况下，锻造加热、轧制加热均需二火或多火加热。成形后的轧件经后续处理（如采用热处理、抛丸处理等）、质量检验、合格品入库。

7.4.3 轧环机结构

7.4.3.1 立式轧环机结构

图 7-63 为立式轧环机结构，它由皮带轮 1、减速箱 2、气罐 3、万向节 4、气缸 5、活塞杆 6、滑块 7、驱动辊 8、芯辊 9、机身 10 等零部件组成，其传动系统如图 7-64 所示：电动机 10 通过减速箱 9、万向节 3 和传动轴使滑块 2 上的驱动辊 4 转动。将环件毛坯 7 套在芯辊 5 上，启动气缸 1（压缩空气进入气缸上腔），通过活塞杆向下运动使滑块带动驱动辊向下进给，环件毛坯连续被咬入轧辊（驱动辊与芯辊），产生壁后减小和直径扩大的塑性轧制变形。当环件外径增大到规定尺寸时，环件与信号辊 6 接触，此时控制系统使气缸活塞杆向上运动，活塞杆使滑块带动驱动辊回程，轧制结束。

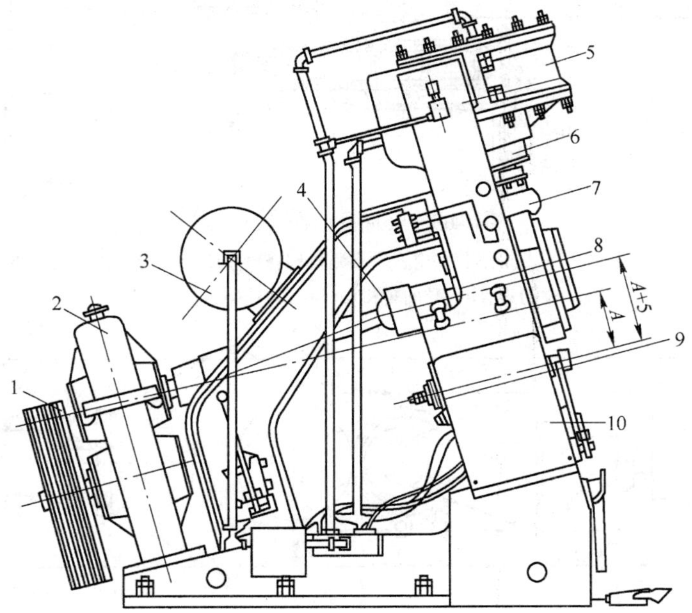

图 7-63 立式轧环机结构形式

1—皮带轮；2—减速箱；3—气罐；4—万向节；5—气缸；6—活塞杆；7—滑块；8—驱动辊；9—芯辊；10—机身

7.4.3.2 卧式轧环机结构

图 7-65 为径向轧制卧式轧环机（也称不带端面锥辊的卧式轧环机）结构，它由落料箱 1、机身 2、支架摆动机构 3、检测机构 4、主缸 5、滑块 6、支架 7、芯辊 8、驱动辊 9、导向辊机构

10、减速箱 11、电动机 12 等零部件组成,其传动机构如图 7-66 所示:电动机 1 经联轴节 2、减速箱 3 带动驱动辊 6 转动。芯辊 7 下端安装在滑块 9 上,上端安装在上下摆动的支架 10 上,而支架又安装在滑块上,故支架和芯辊可随着滑块作进给和回程运动。当芯辊向右运动时,环件 13 受压,使环件毛坯连续被咬入轧辊,产生壁厚减小和直径扩大的塑性轧制变形。当环件外径增大到规定尺寸时,检测机构 14 发出信号,滑块、芯辊停止进给运动,并向左回程。在回程中,支架 10 碰到置于机身 4 上的挡块 12 时,绕其轴转动抬起,以便装卸环件毛坯和成品。芯辊的进给运动和对环件施加的轧制力是由主油缸 11 来实施的。环件与驱动辊 6 接触,此时控制系统使气缸活塞杆向上运动,活塞杆使带动驱动辊,轧制结束。导向辊(抱辊)8 是辊缸 5 通过连杆机构控制工作的。

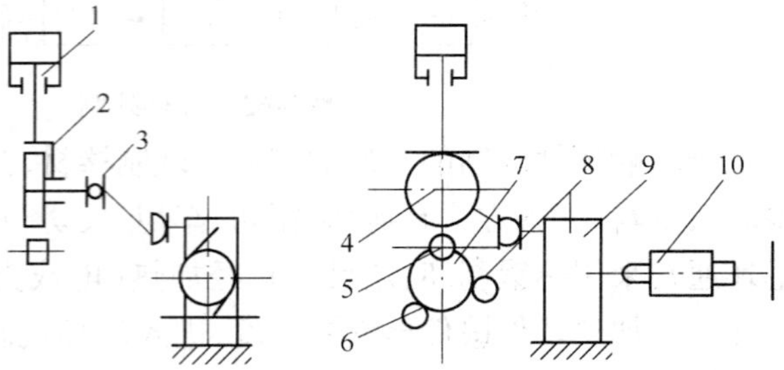

图 7-64　立式轧环机传动系统

1—气缸;2—滑块;3—万向节;4—驱动辊;5—芯辊;6—信号辊;7—环件;8—导向辊;9—减速箱;10—电动机

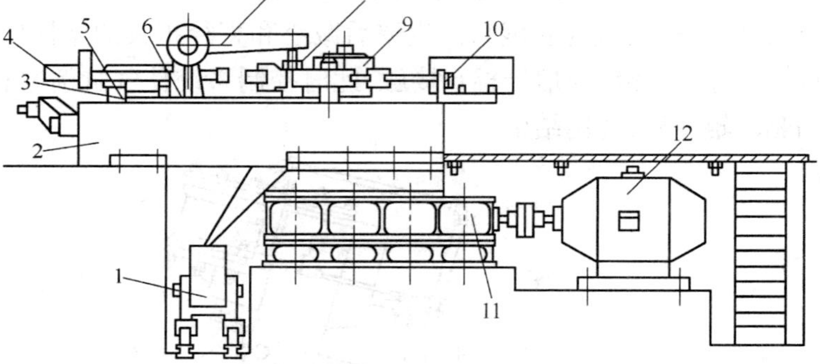

图 7-65　径向轧制卧式轧环机

1—落料箱;2—机身;3—支架摆动机构;4—检测机构;5—主缸;6—滑块;7—支架;8—芯辊;9—驱动辊;10—导向辊机构;11—减速箱;12—电动机

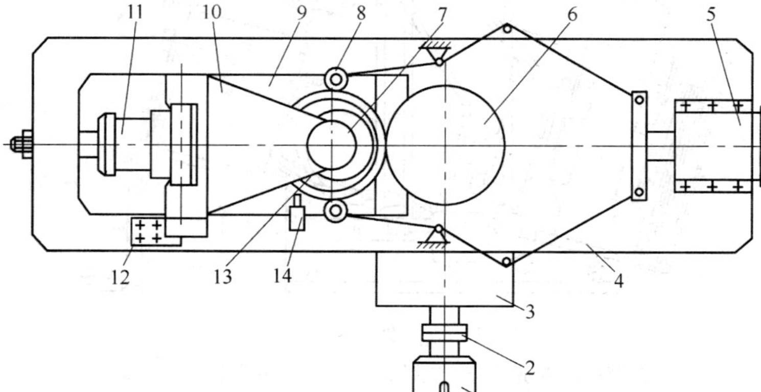

图 7-66　径向轧制卧式轧环机传动和控制机构

1—电动机;2—联轴节;3—减速箱;4—机身;5—辊缸;6—驱动辊;7—芯辊;8—导向辊;9—滑块;10—支架;11—主油缸;12—挡块;13—环件;14—检测机构

图7-67为径－轴向轧制卧式轧环机（也称带端面锥辊的卧式轧环机）结构，它由机身1、润滑系统2、轴向轧制机构3、测量机构4、芯辊5、定心机构6、驱动辊7、传动系统8、液压系统9等零部件组成。径－轴向轧制卧式轧环机与径向轧制卧式轧环机比较，主要是增加了端面轴向轧制机构，用一对锥辊对环件端面进行轧制。轴向轧制机构有固定式和移动式两种，其中移动式是指轴向轧制机构可在轧环机机身上水平移动。

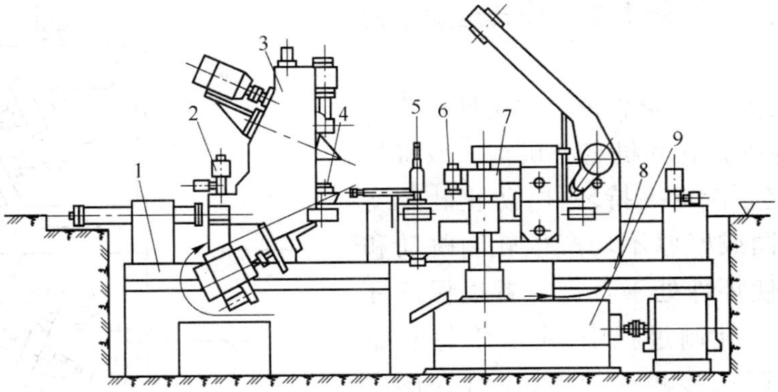

图7-67 径－轴向轧制卧式轧环机

1—机身；2—润滑系统；3—轴向轧制机构；4—测量机构；5—芯辊；6—定心机构；7—驱动辊；8—传动系统；9—液压系统

下面重点介绍主滑块机构、轴向轧制机构和定心机构。

A 主滑块机构

图7-68为卧式轧环机主滑块机构，装有主油缸4和芯辊支架2的主滑块6由钢板焊接而成，并用来支撑芯辊1。主油缸的柱塞7固定在驱动辊3的辊座上。当环件套入芯辊后，将支架紧扣在芯辊的上部锥面，并用锁紧装置5锁紧。由于驱动辊3的辊座固定不动，通过柱塞的伸缩，带动主滑块及其上的芯辊支架和芯辊左右移动，实现芯辊径向进给运动。为方便装卸环件，芯辊支架可旋转开启。

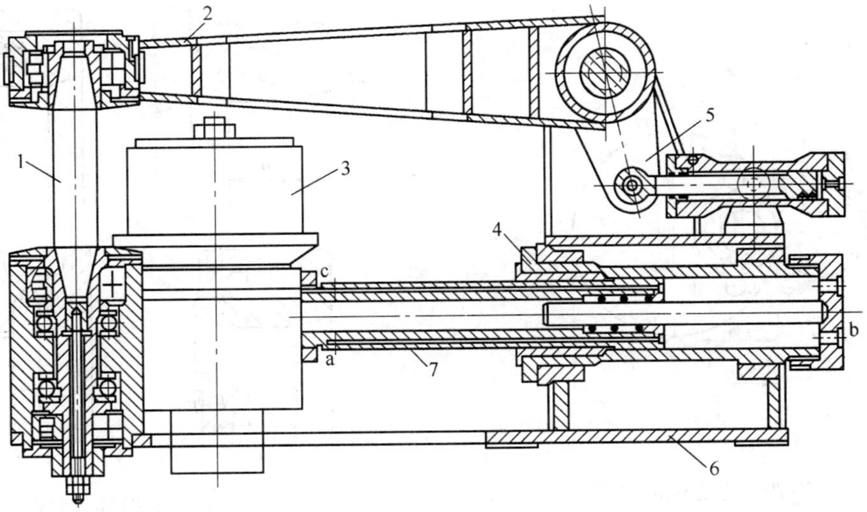

图7-68 卧式轧环机主滑块机构

1—芯辊；2—芯辊支架；3—驱动辊；4—主油缸；5—锁紧装置；6—主滑块；7—柱塞

B　轴向轧制机构

图 7-69 为卧式轧环机轴向轧制机构原理图。随动油缸 1 与机架 3，可随环件动态直径的扩大运动作同步运动，测量机构 8 实时测量环件动态直径，为随动油缸提供指令信息。压下油缸 5 带动上滑块 6，使上锥辊作轴向进给运动。两套电动机、斜齿轮 2 分别传动上锥辊 7 和下锥辊 9，使锥辊作旋转运动轴向轧制环件。

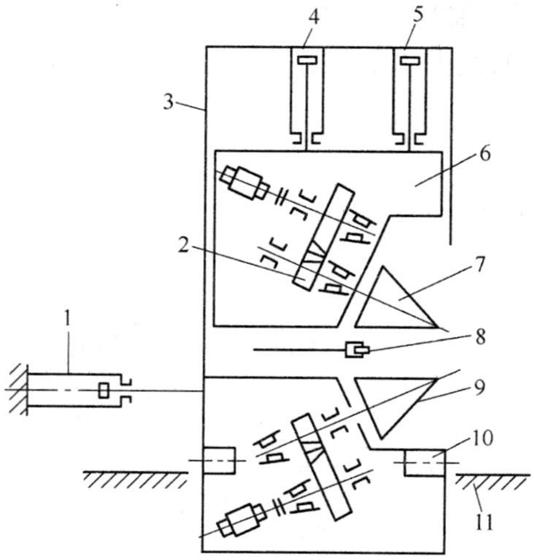

图 7-69　轴向轧制机构原理

1— 随动油缸；2—斜齿轮；3—机架；4—平衡缸；5—压下油缸；6—上滑块；7—上锥辊；8—测量机构；9—下锥辊；10—小滑块；11—床身导轨

C　定心机构（也称导向轮机构或抱轮机构）

图 7-70 为卧式轧环机定心机构。该机构作用是，通过定心滚轮夹持环件，防止轧制变形初期环件椭圆或壁厚不均产生轧制跳动和轧制变形末期使环件处于合理位置以保证环件椭圆度较小。轧制过程中，定心滚轮和驱动辊与环件外圆相接触的三点，应恰好形成一个理想的几何圆，且圆心位于两定心滚轮的中心线上。

定心滚轮的位置由定心机构随动控制、夹持力由液压系统跟踪控制。

D　轧辊结构

轧环机轧辊是指驱动辊、芯辊、导向辊和测量辊等，各辊结构如下：

驱动辊的结构如图 7-71 所示，图中的结构尺寸如表 7-11 所示。驱动辊常用材料为 5CrMnMo、5CrNiMo、GCr15SiMn 等，硬度为 45 ~ 50HRC。

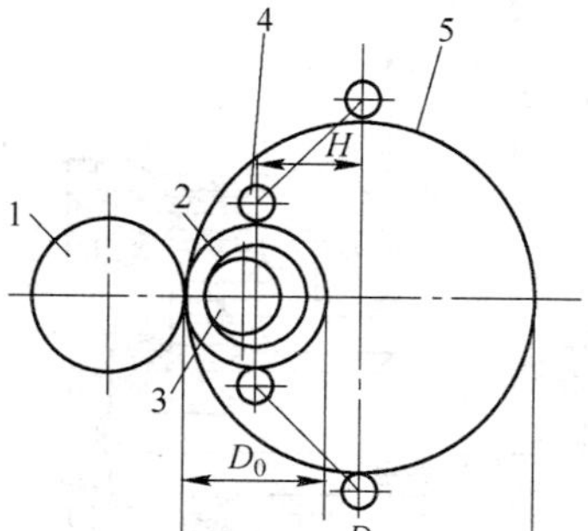

图 7-70　定心机构原理

1—驱动辊；2—环件；3—芯辊；4—定心滚轮；5—成品环件

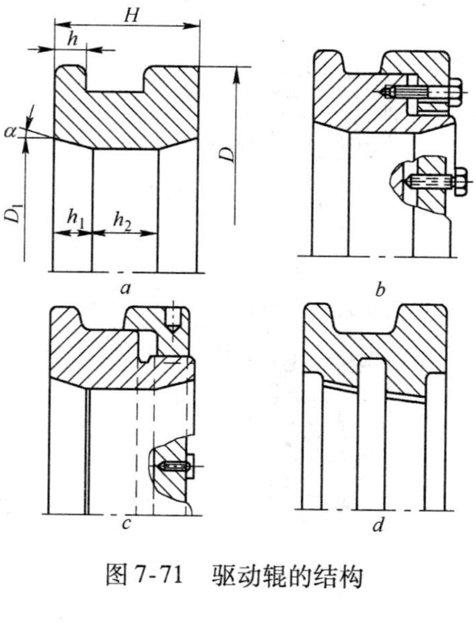

图 7-71　驱动辊的结构

表 7-11 驱动辊的结构尺寸

轧环机规格	D/mm	D_1/mm	H/mm	h/mm	α/(°)	h_1/mm	h_2/mm
160	360	280	85	≥12	15		
250	450/420	320	100	≥16	15	26	48
350	690	500	180	25 +0.5	15 ±5	55	70

芯辊的结构如图 7-72 所示，图中的结构尺寸如表 7-12 所示。芯辊常用材料为 3Cr2W8V、5CrMnMo 等，硬度为 43 ~ 48HRC。

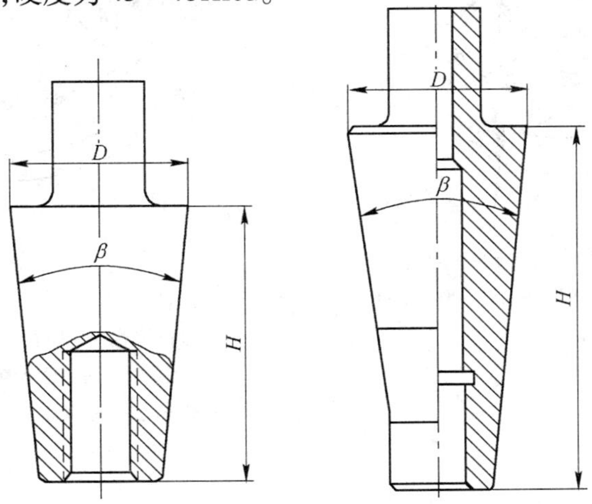

图 7-72 芯辊的结构

表 7-12 芯辊的结构尺寸

轧环机规格	D/mm	H/mm	β/(°)
160	70/55	125/80	8/(10)
250	75/60	145/90	8
350	130	355	8

导向辊和测量辊的结构如图 7-73 所示。常用材料为 GCr15、5CrMnMo 等，硬度为 45 ~ 50HRC。

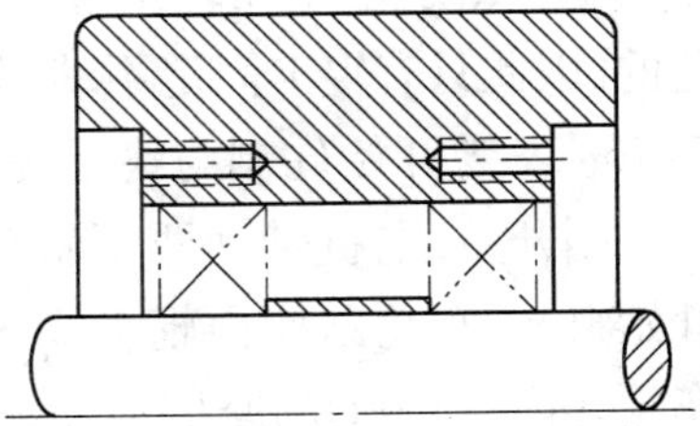

图 7-73 导向辊和测量辊的结构

7.4.3.3 多工位轧环机结构

图 7-74 为四芯辊多工位轧环机结构简图，该轧机有一个相对驱动辊自身轴线偏心的回转台（偏心距离取决于环件厚度），四个芯辊安装在回转台上连续旋转，驱动辊绕自身轴线，这样便可同时进行四个环件轧制。图 7-75 为多工位轧环机轧制过程示意图。芯辊 1 处于 a 处时安装环件毛坯，环件转到 b 处时，其外表面与驱动辊工作面 2 接触，开始轧制变形；环件从位置 $b\to c$ 转动中，芯辊与驱动辊间的缝隙逐渐减小（相当芯辊作进给运动），到 c 处缝隙最小，轧制变形结束。环件从位置 $c\to d\to e$ 转动中，芯辊与驱动辊间的缝隙逐渐增大，到 e 处缝隙最大，在 d 处环件成品下料，若一次轧制后，环件还需二次轧制，则不在 d 处下料，而在 e 处下料并从 a 处再上料进行二次轧制，二次轧制的环件成品仍在 d 处下料，完成轧制过程。多工位轧环机就是芯辊有多个，而每一个芯辊都设一个导向辊 3，导向辊由导板 4 控制。

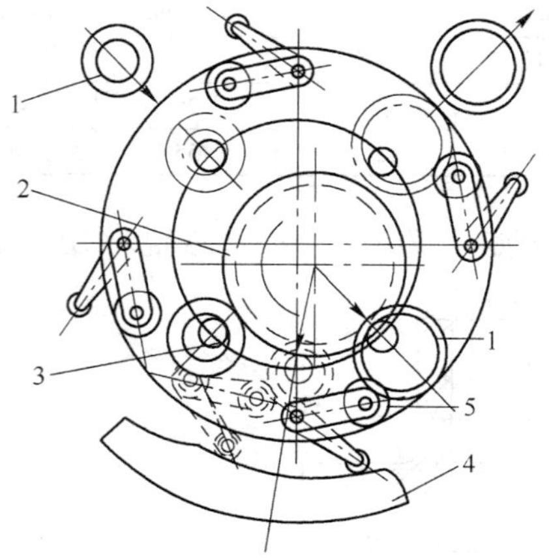

图 7-74　四芯辊多工位轧环机结构简图

1—工件；2—驱动辊；3—芯辊；4—导板；5—导向辊

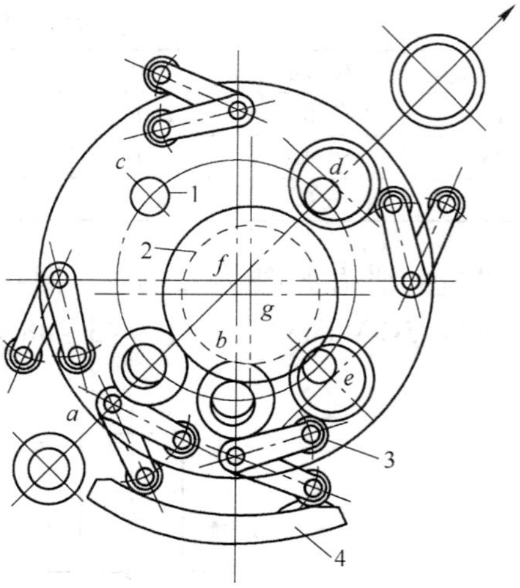

图 7-75　多工位轧环机轧制过程

a—上料位置；*b*—轧制开始位置；*c*—轧制结束位置；*d*—卸料位置；*e*—换料位置；*f*—工作台旋转中心；*g*—驱动辊旋转中心

1—芯辊；2—驱动辊工作面；3—导向辊；4—导板

7.4.4　车轮轧机

车轮轧机轧制车轮原理如图 7-76 所示。轧制过程中，7 个轧辊各有分工，以不同的角度配置在不同的平面上，根据不同的要求分别运动且轧制时间也不一样。辊 1 是主轧辊，辊 2、辊 3 是压紧辊，这三个轧辊是加工车轮踏面的。轮坯两侧斜放置的辊 4、辊 5，与轮坯中心线倾斜一个角度，用于加工轮辋的内表面和端面且确定轮辋的宽度。辊 6、辊 7 是导向辊。由于车轮在轧制过程中直径是不断增加变化的，因此只有辊 1 固定不动，其余辊子均可移动。图 7-76*a*、*b* 为开始轧制与终了轧制时轧辊位置的变化。轧制开始，电机带动两个斜辊转动，并从内侧向外开始辗轧，车轮踏面由辊 1、2、3 轧制，由轧辊作用于车轮坯内、外表面的摩擦力使轮坯旋转，在车轮坯回转的同时不断地被轧制，直到获得所需的尺寸和形状。

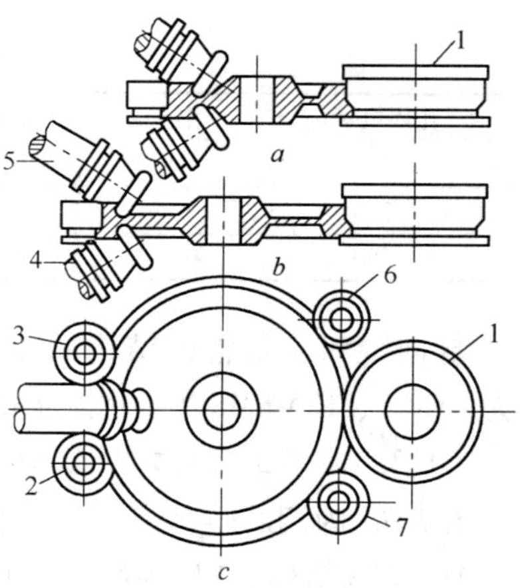

图 7-76　车轮轧机轧制车轮原理

1—主轧辊；2、3—压紧辊；4、5—斜置轧辊；6、7—导向辊

车轮生产工艺是：钢锭或钢坯 – 加热 – 预制车轮坯 – 加热 – 车轮轧机轧制 – 压弯 – 热处理 – 喷丸表面处理 – 机械加工 – 检查 – 入库。

车轮轧机一般分为卧式（图 7-77）和立式。

7.4.5　轮箍轧机

轮箍轧机就是用于轧制轮箍的径 – 轴向轧环机，其轧制轮箍原理如图 7-78 所示，共有

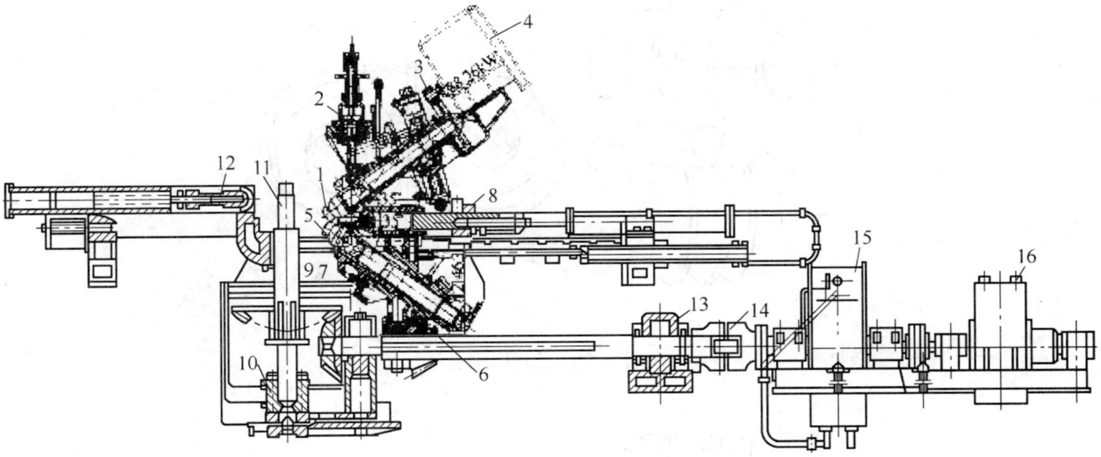

图 7-77　卧式车轮轧机简图

1—上斜辊;2—上斜辊压下缸;3—上斜辊圆柱齿轮传动装置;4—电动机;5—下斜辊;6—下斜辊锥齿轮传动装置;7—压紧辊;8—滑座压下装置;9—立轴锥齿轮传动装置;10—立轴止推轴承;11—立轴;12—导辊液压缸;13—水平轴支架;14—联轴节;15—减速器;16—主电机

八个辊,芯辊1、驱动辊2、一对斜置锥辊3、4、四只导向辊5,其中三个辊传动(辊2、3、4),另五个辊为惰辊。辊1、2加工轮箍的内、外表面,使轮箍环径向壁厚减小、直径增大,同时辊3、4加工端面,使轮箍轴向轧制变形。轧制过程中,辊1作直线进给运动,辊3、4随着轮箍直径增大而随轴向轧制机构作水平移动。图7-78*a*、*b*为轮箍开始轧制和终了时的轧辊位置变化。

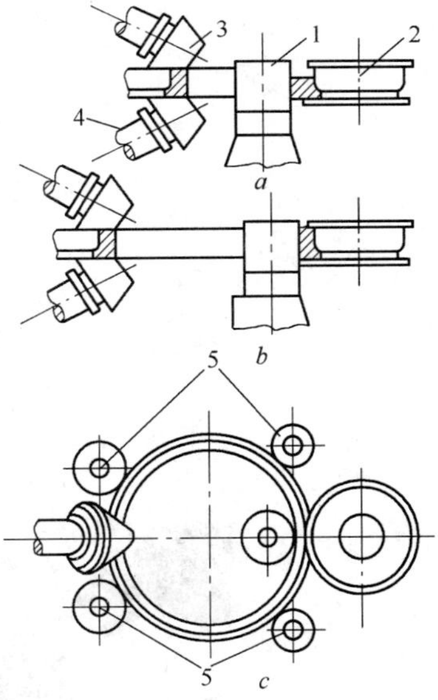

图 7-78　轮箍轧机轧制轮箍原理

1—芯辊;2—驱动辊;3、4—斜置锥辊;5—导向辊

7.5　螺旋孔型斜轧机

早在19世纪末人们就用辊式斜轧机生产无缝钢管,20世纪40年代末50年代初苏联、日本、美国等国家已实现了应用旋孔型轧机轧制回转体零件(钢球、丝杠等)的想法。1958年一级部机械科学院与北京钢铁学院等单位开展了斜轧研究,并生产出轴承钢球、辊子等产品。我国20世纪60年代广泛开展斜轧球磨钢球,70年代斜轧复杂形状产品和空心产品。螺旋孔型斜轧是斜轧成形两种类型之一,即将与零件外形及尺寸相应的孔型呈螺旋状刻在一个、两个或三个轧辊上,轧辊轴线互相形成一定夹角。

螺旋孔型斜轧可以生产大部分回转体类零件:(1)实心体件,简单外形的零件如球类(图7-79)、圆柱类(图7-80)、筒类、锥类(图7-81)和复杂外形的零件,如齿轮滚刀坯(图7-82)、异形坯(图7-83);(2)环形件如光环件(图7-84)、异形环件(图7-85);(3)螺旋面件,如实心件螺纹、蜗杆、钻头等和空心件如翅棱(片)管(图7-86)等;(4)孔型螺旋轧制件,如麻花钻头(图7-87)等。

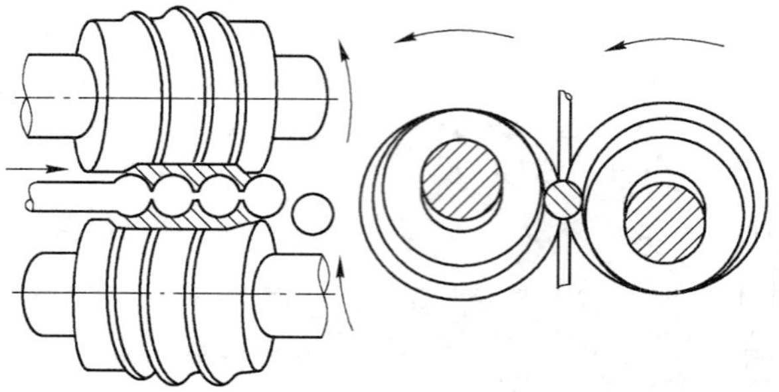

图 7-79　斜轧钢球

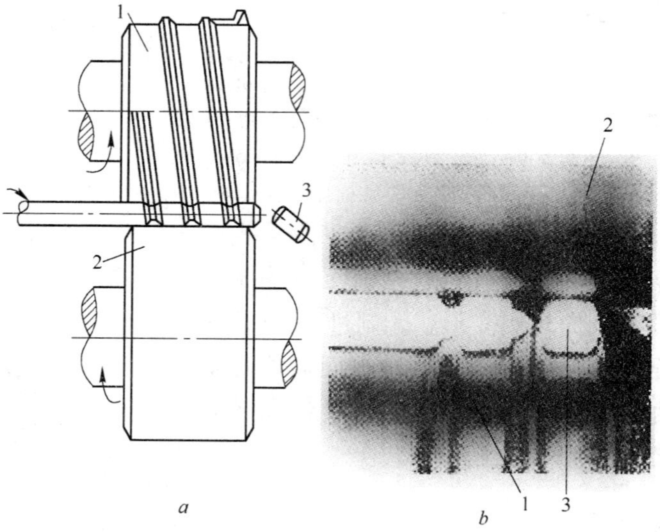

图 7-80　单孔型轧制圆柱辊子
1—型辊;2—光辊;3—工件

图 7-81　斜轧的圆柱、圆锥和球面辊子等产品

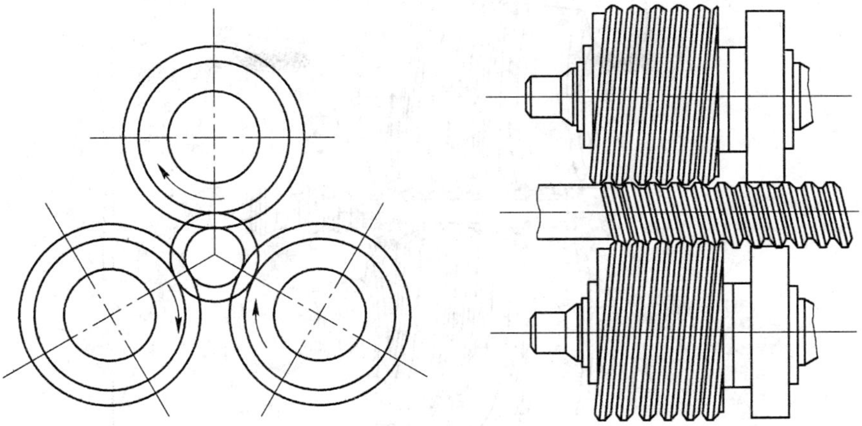

图 7-82 三辊斜轧齿轮滚刀毛坯示意图

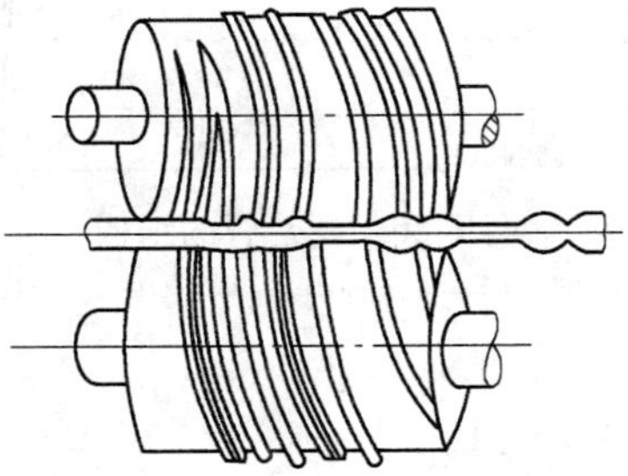

图 7-83 复杂外形制坯类轧制

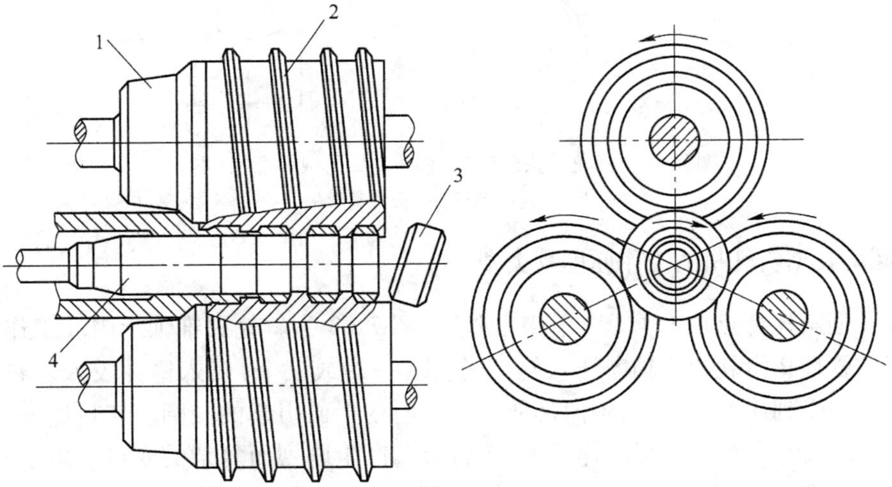

图 7-84 轧制切断示意图

1—轧辊咬入锥;2—孔型凸棱;3—轧切的坯料;4—芯棒

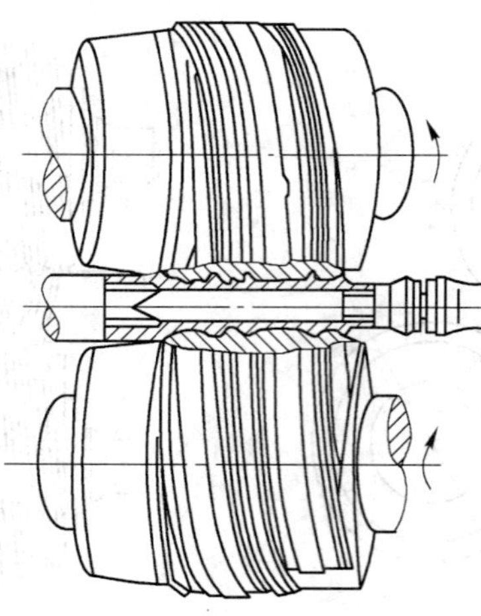

图 7-85　异形环类件的轧制(固定芯棒)

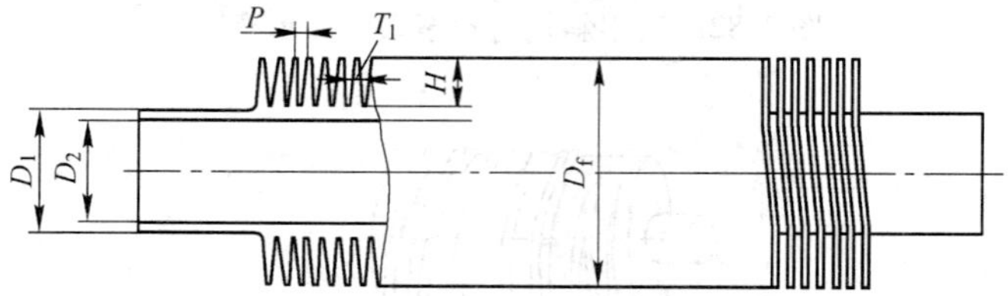

图 7-86　翅片管的结构

D_f—翅片外径;D_1—翅片管外径;D_2—翅片管内径;P—螺距;H—翅片高度;T_1—翅片中径厚度

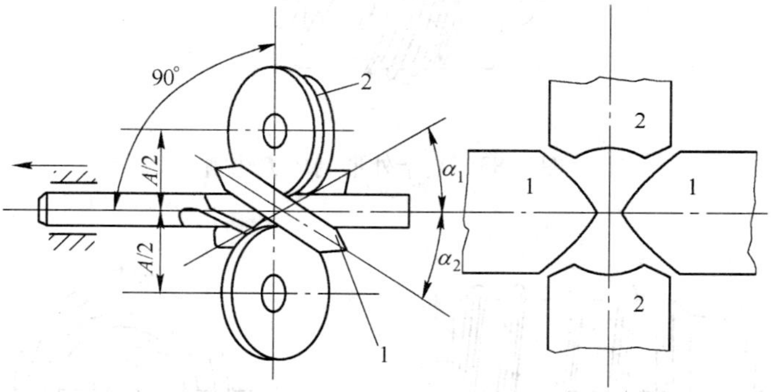

图 7-87　麻花钻头斜轧原理(左)及孔型示意图(右)

1—钻沟扇形板;2—刃背扇形板

7.5.1　螺旋孔型斜轧机的工作原理及类型

螺旋孔型斜轧特点在 1.1.1.3 节中已叙述,图 7-88 为斜轧圆锥轴承内环工作原理图。将加热好的管坯 2 沿轧辊 3 轴向送入轧辊,轧辊(一对或三个)咬入锥部咬入坯料,此时轧件 4 只是径向受到压缩,使其沿轴向延伸和因切向变形而引起的椭圆。坯料进入轧辊成形孔型段内,在轧辊、芯棒和导板的作用下,坯料金属产生剧烈而复杂的变形。由于轧辊孔型凸棱径向压缩金属,使金属沿轴向、径向和切向剧烈流动,但孔型壁限制了金属轴向自由流动,很大的切向变形使轧件变成椭圆。随着轧辊的旋转,坯料沿着固定芯棒呈螺旋式前进,压下量逐步减小,轧件又呈整圆形。坯料进入轧辊精整孔型段内,压下量已经很小,孔型只对轧件精整消除椭圆度,最终轧件被轧成圆形而完成轧制变形过程,如需切断轧制,精整段孔型还可切离轧件和精整轧件端面。

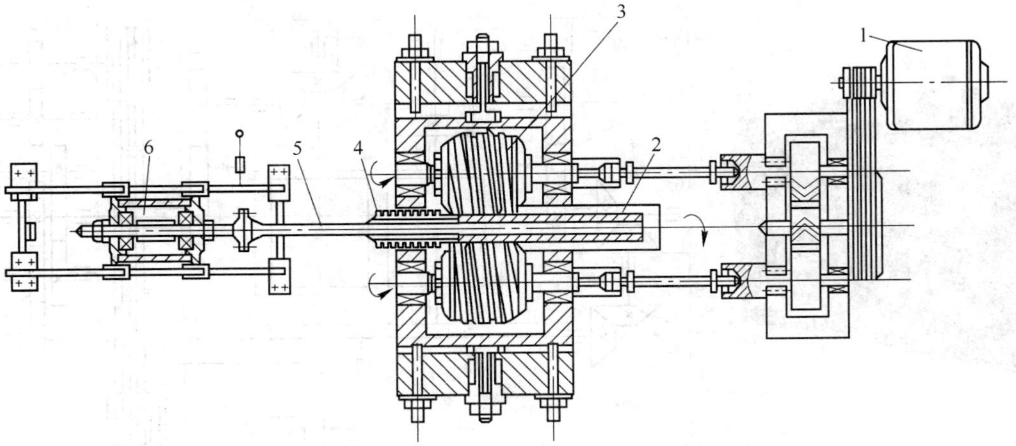

图 7-88　圆锥轴承内环轧制变形过程示意图

1—电动机;2—管坯;3—轧辊;4—轧件;5—顶杆;6—小车

螺旋孔型斜轧环形件时,一般是以成串的形式轧出,轧后再设切断工序将其分开。但是,也可通过轧制使轧件轧出时便是一个个单独的环件。前者是轧件的切断,后者是切断轧制。环形件切断轧制工作原理(图 7-84):轧辊沿长度方向分为四段:(1)压缩段。该段使经咬入锥 1 咬入的管坯压缩,即将管坯压合于芯棒 4 上并减薄壁厚;(2)成形段。该段使管坯轧制成成串的环,其连皮厚度为 0.5 ~0.8mm;(3)精整段。该段精整已成形的轧件和因凸棱 2 渐宽而受拉变薄的连皮;(4)切断段。该段将成串环的连皮切断,使轧件成为单个的轧切环料 3。

螺旋孔型斜轧机有三种类型:(1)穿孔式斜轧机(图 7-89),它是从轧制无缝钢管的斜辊穿孔机发展而来;(2)机床式斜轧机(图 7-90);(3)钳式斜轧机(图 7-91)。

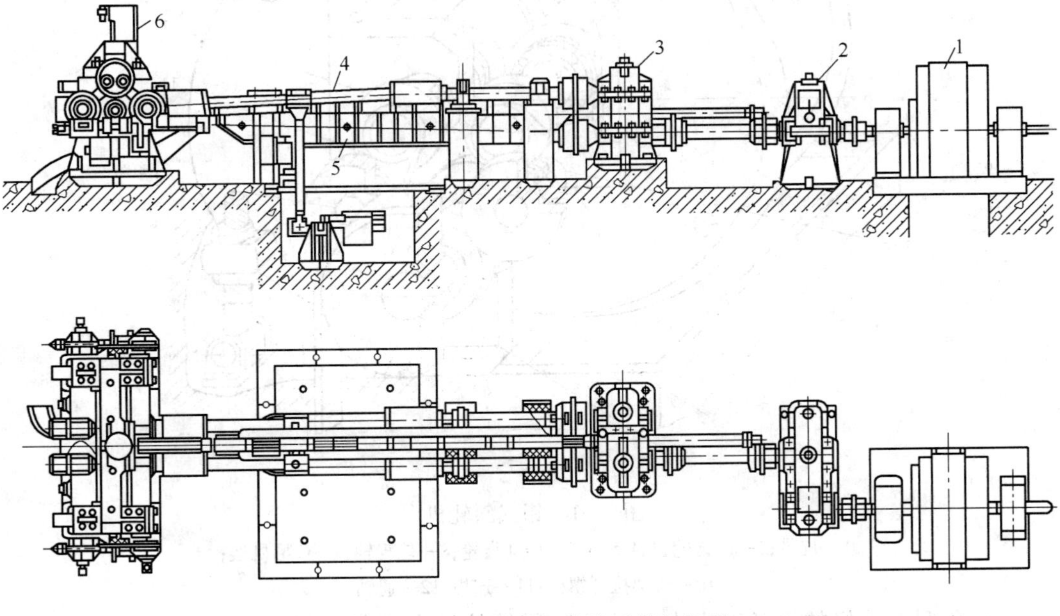

图 7-89　穿孔机式螺旋孔型轧机组成

1—主电机;2—减速器;3—齿轮座;4—万向连接轴;5—受料台;6—工作机座

a

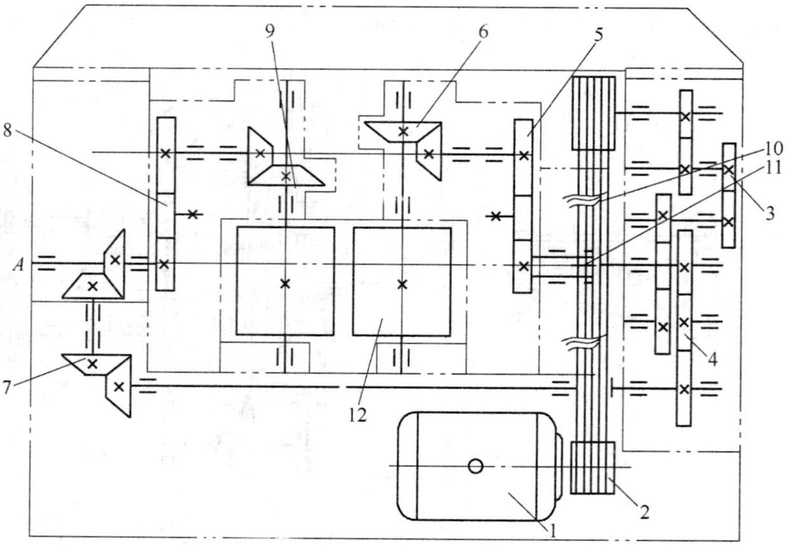

b

图 7-90　机床式斜轧机

a—机床式斜轧机实物；*b*—机床式斜轧机的传动简图

1—电动机；2—皮带减速装置；3—齿轮减速装置；4—分速齿轮；5—右行星齿轮箱；6—右圆锥齿轮；7—转向圆锥齿轮；8—左行星齿轮箱；9—左圆锥齿轮；10—螺母；11—花键轴；12—轧辊

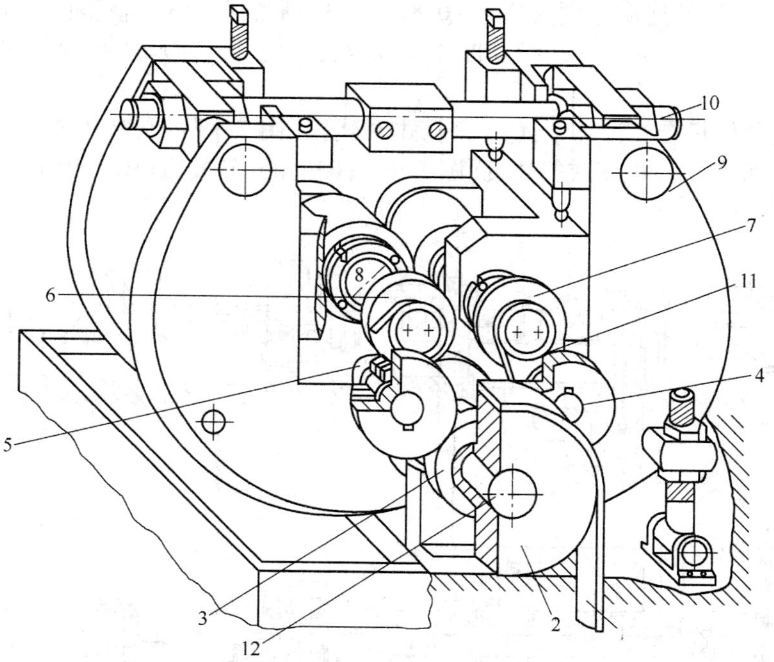

图 7-91　钳式斜轧机

1—皮带；2—皮带轮；3、4、5、6、7—传动齿轮；8—轧辊轴；9—C 形机架；

10—机架拉杆螺栓；11—连板；12—通轴

螺旋孔型斜轧机的设备能力由能够轧制零件的最大直径表示。表 7-13 为部分螺旋孔型轧机的主要技术参数。

表 7-13 部分螺旋孔型 轧机的主要技术参数

项 目	轧机类型		
	钢球轧机	轴承环轧机	齿轮滚刀轧机
工件直径/mm	40~80	50~100	45~130
轧制力/kN	500	400	
轧辊数/个	2	2	3
轧辊倾角/(°)	0~4	0~10	0~6
轧辊直径/mm	300,420	300,420	265
轧辊转速/r·min^{-1}	67~140	74	57
主电机功率/kW	225	380/280	130
设备质量/t	约20	约20	

7.5.2 螺旋孔型斜轧的生产工艺流程

图7-92为圆锥轴承内环的螺旋孔型斜轧的生产工艺流程。其工艺流程:下料-定心孔-加热-穿管-成形轧制-退火-切断。将GCr15热轧棒料制成需要尺寸坯料,加热到1000~1100℃,由定心机热打定心孔后经穿孔机穿孔,再经螺旋孔型斜轧机轧出成串的圆锥轴承内环,轧件整体退火后被切成单体零件。

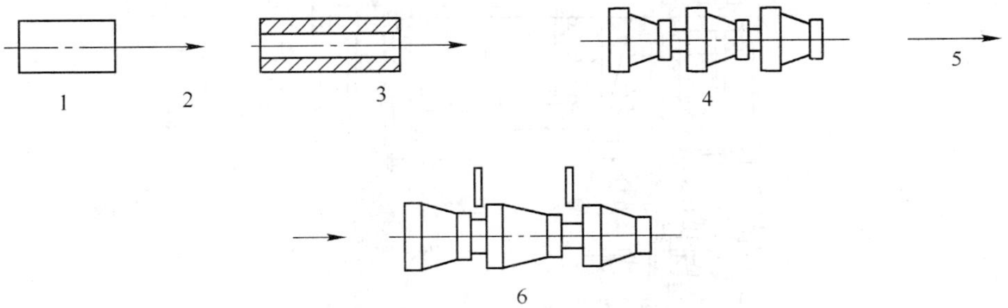

图7-92 圆锥轴承内环的螺旋孔型斜轧的生产工艺流程图

1—下料;2—加热;3—穿孔;4—轧制成形;5—退火;6—切断

7.5.3 螺旋孔型斜轧机结构

穿孔式斜轧机(图7-89)基本组成部分包括:主传动装置(主电机1、减速器2、齿轮座3和万向连接轴4)、受料台5和工作机座6。主传动装置与普通轧机类似,本节主要介绍穿孔式斜轧机工作机座。图7-93为ϕ75mm球磨钢球轧机的工作机座。它由七部分组成:轧辊辊装置(也称轧辊箱)1、轧辊轴向调整机构2、轧辊倾角调整机构3、轧辊径向调整机构4、上、下导板装置5、6、和机架部件7。

7.5.3.1 轧辊辊系

轧辊辊系(图7-94)是由轧辊、轧辊轴、轴承和轴承座等组成的一个部件。

轧辊都做成空心的,与轧辊轴采用间隙配合套装后使用。轧辊材料采用模具钢,热轧辊用热作模具钢5CrNiMo、3Cr2W8V等,冷轧辊用冷作模具钢Cr12MoV、高速钢W18Cr4V等,热精轧辊也用冷作模具钢6W6Mo5Cr4V等。通常采用辊面氮化或渗碳处理来获得硬辊面(HRC>52)。

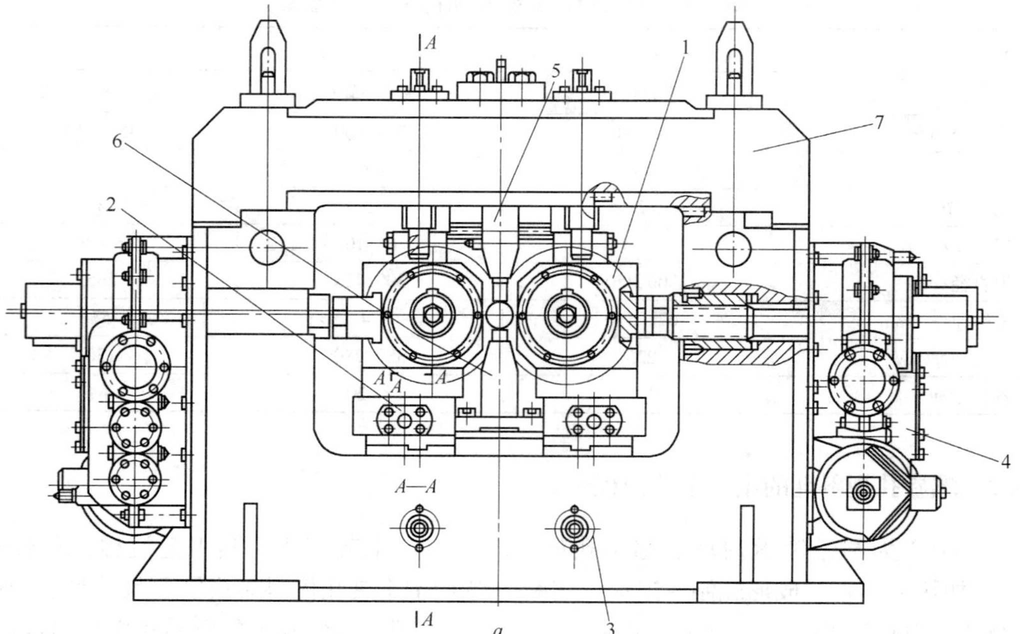

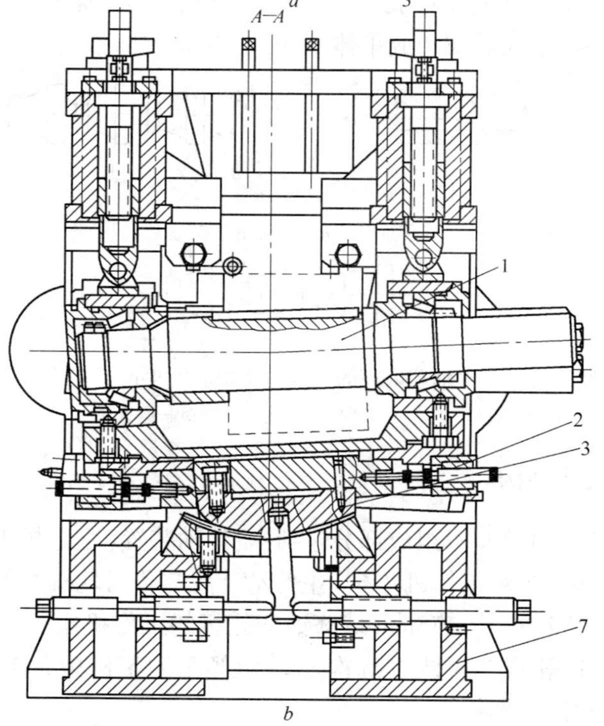

图 7-93　钢球轧机工作机座

a—主视图；b—侧视图

1—轧辊装置；2—轴向调整机构；3—轧辊送进角调整机构；

4—轧辊径向调整装置；5、6—导板装置；7—机架部件

轧辊倾角、旋转方向与螺旋孔型旋向三者之间必须保持一定的关系，才能实现正常轧制。因为轧辊倾角与旋转方向所决定的轴向运动，应该同轧辊螺旋孔型旋向与转动方向产生的轴向运动一致起来。举例说明，见图 7-95。从入料方向来看，假设轧辊是右旋孔型，应

该是右边的轧辊入口端往下倾斜,左边轧辊入口端往上倾斜,旋转方向为逆时针。轧辊若是左旋孔型,则相反,见图7-96,应该是右边的轧辊入口端往上倾斜,左边轧辊入口端往下倾斜,旋转方向为顺时针。两辊交叉点 A 一般并不在辊身长的中间。

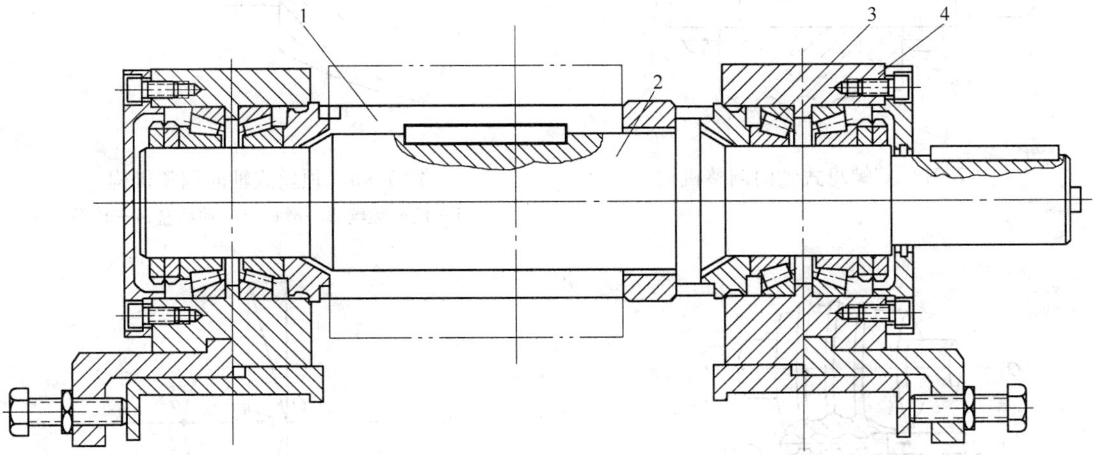

图7-94 ϕ30mm 钢球及滚子轧机的轧辊辊系

1—轧辊;2—轧辊轴;3—轴承;4—轴承座

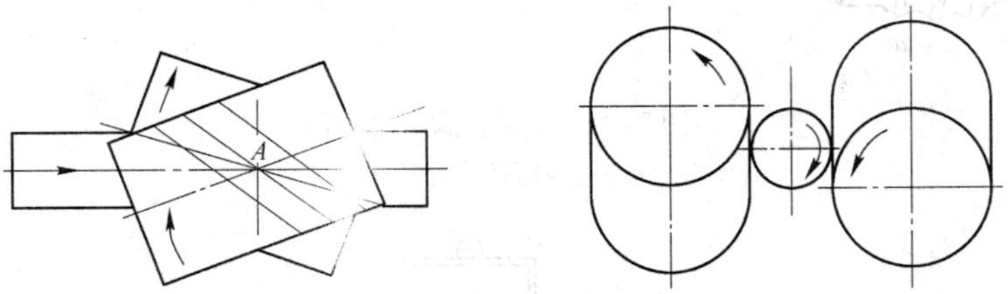

图7-95 右旋孔型轧辊的倾斜方向与旋转方向图

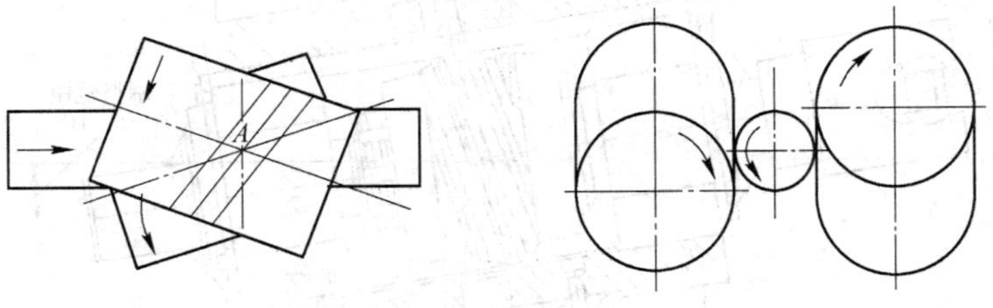

图7-96 左旋孔型轧辊的倾斜与旋转方向图

7.5.3.2 轧辊轴向调整机构

为使轧辊轴向能处于所需位置,如轧辊间孔型对齐、辊端对齐或交叉点对齐等,故轧机设有轧辊轴向调整机构,如图7-97、图7-98所示。

7.5.3.3 轧辊倾角调整机构

为保证螺旋孔型斜轧,两个轧辊轴心线交叉一个不大的角度 2α,如图7-99所示。α 为轧辊轴线 $O_1—O_1$ 或 $O_3—O_3$ 与轧件轴线 $O_2—O_2$ 的交叉角,也称轧辊倾角。因 α 需要在一定范围内调整,故轧机设有轧辊倾角调整机构,如图7-100、图7-101所示。

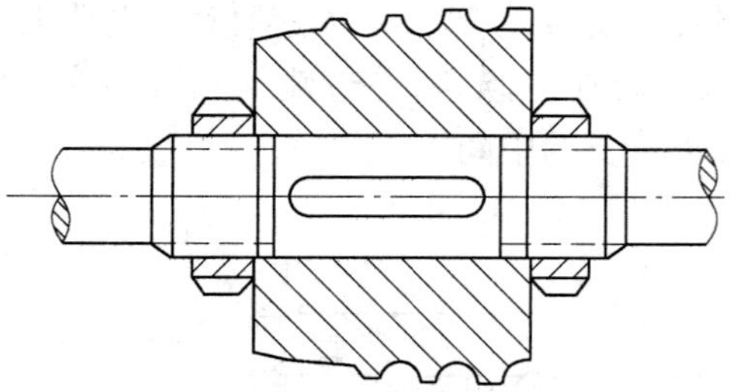

图 7-97　双螺母式轴向调整机构

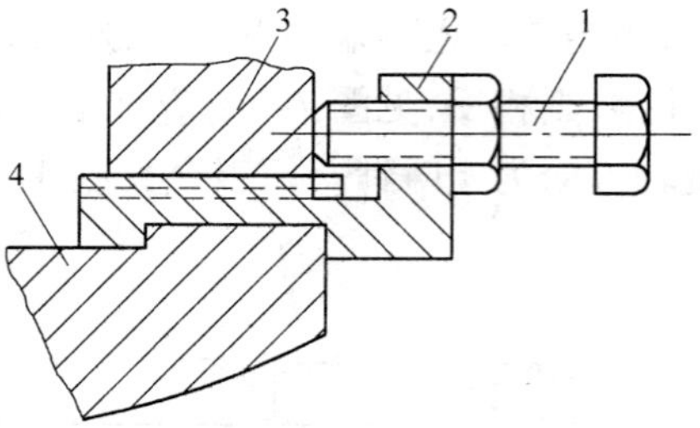

图 7-98　顶丝式轴向调整机构

1—调整螺丝；2—滑板；3—轴承盒；4—转毂

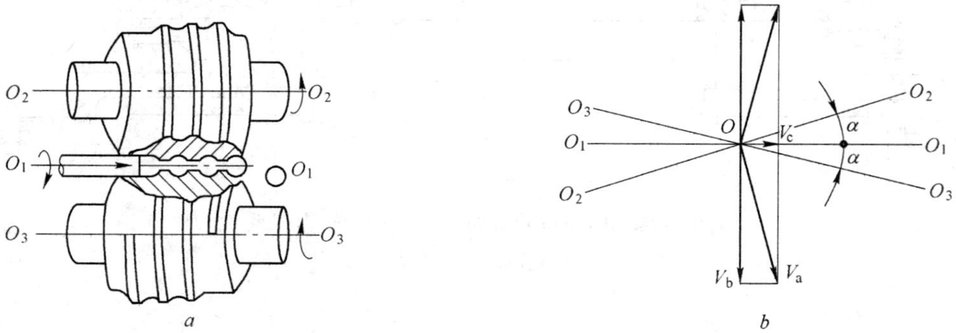

图 7-99　斜轧运动示意图

a—主视图；*b*—俯视图

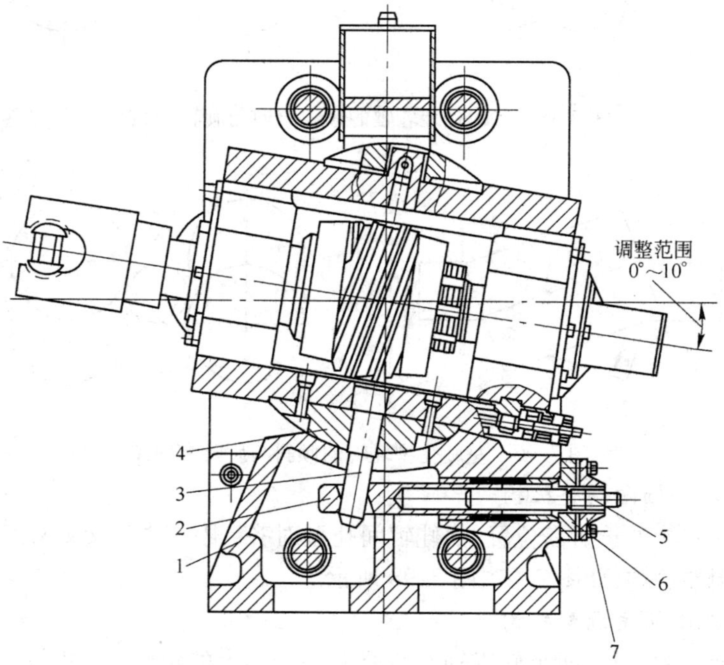

图 7-100　采用螺纹机构调整轧辊送进角

1—机架；2—调整套筒；3—摇杆；4—转毂；5—丝杠；6—支撑套；7—端盖

7.5.3.4　轧辊径向调整机构

为调整轧辊间的径向位置、控制产品径向尺寸,设轧辊径向调整机构。它与普通轧机类似,分手动和电动两类,如图7-102、图7-103所示。

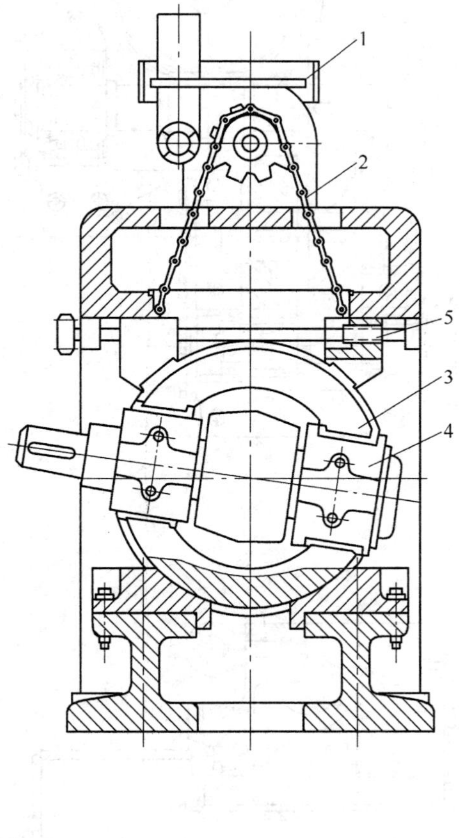

图7-101　采用转毂装置调整轧辊送进角
1—蜗杆减速器;2—链轮机构;3—转毂;
4—轧辊装置;5—锁紧装置

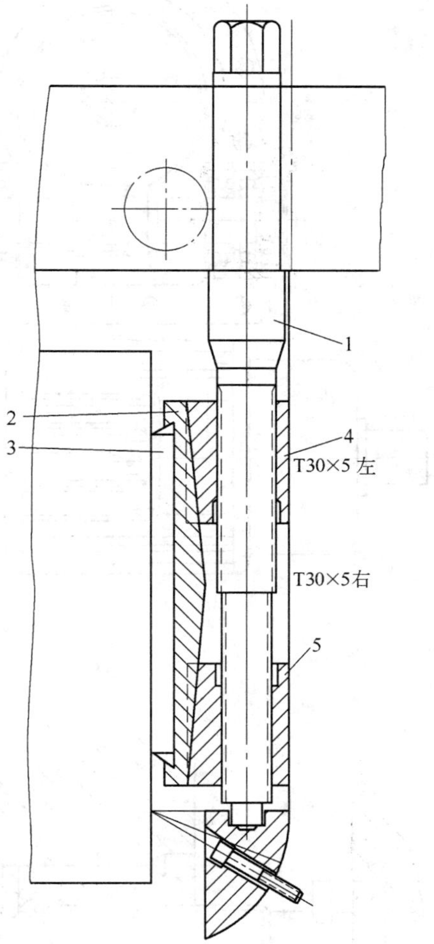

图7-102　精密热斜轧机的径向调整机构
1—丝杠;2—V形块;3—垫块;4—带左旋螺母的楔块;
5—带右旋螺母的校块

7.5.3.5　导板装置

为使轧件沿轧制线方向旋转前进,故轧机设有导板装置,如图7-104、图7-105所示。图7-104中上导板10由螺钉9固定在滑板4上,滑板4通过螺母3、丝杠2与导板座1连接。丝杠2可调节上导板10上下高度;图7-105中下导板1高度的调节,是靠丝杠7带动带斜面的滑块8来实现的。

7.5.3.6　机架

机架是轧机最重要、最基础的零件,工作机座中所有机构均安装在其上,且承受轧制力、轧制扭矩。多用于斜轧机的卧式机架如图7-106所示,其常采用铸钢整体铸造或厚钢板焊接。

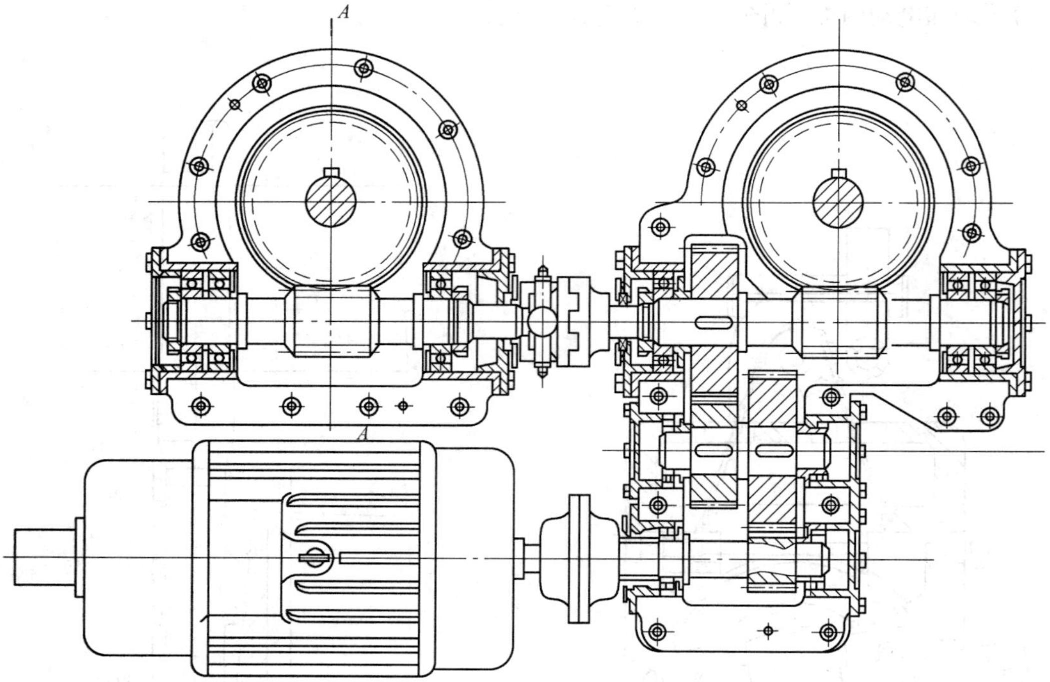

a

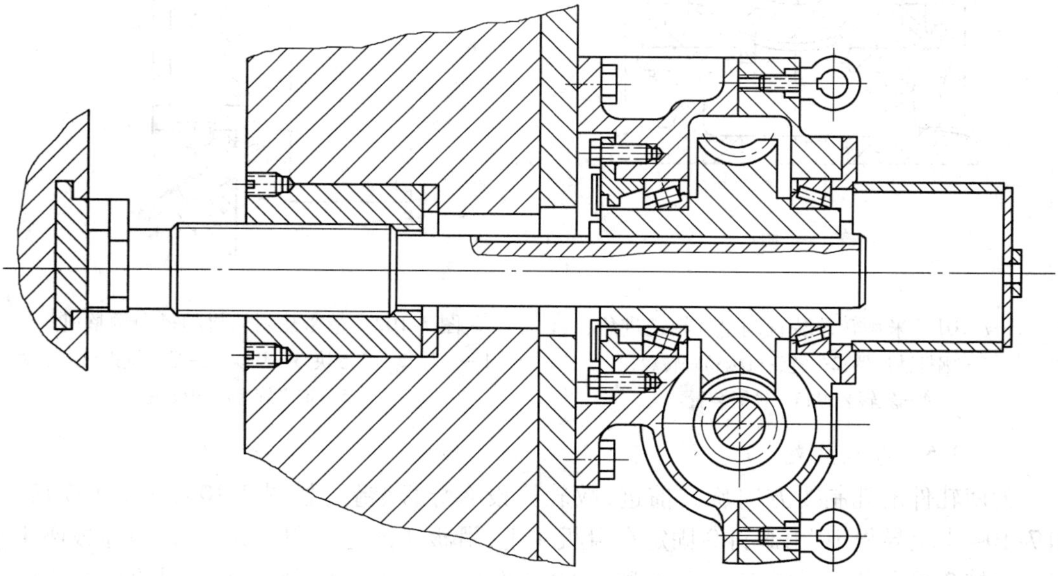

b

图 7-103　ϕ75mm 球磨钢球轧机的径向调整机构

a—主视图；*b*—侧视图

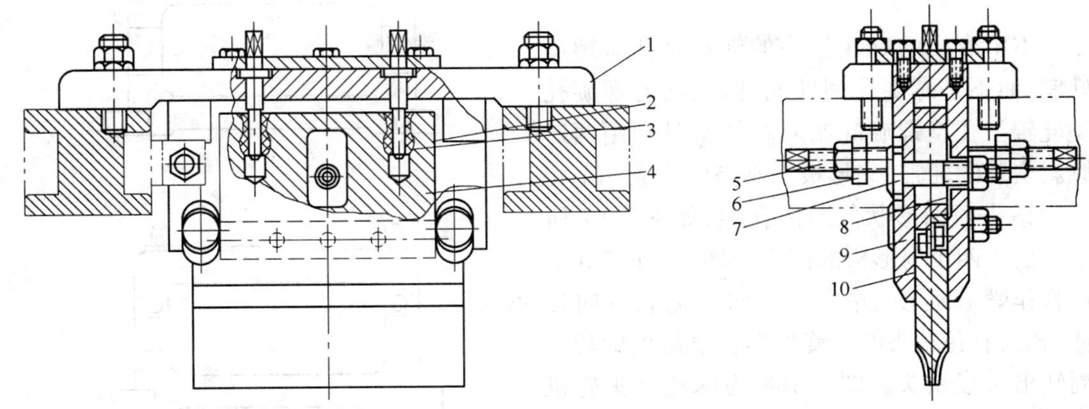

图 7-104　穿孔机式斜轧机的上导板装置

1—导板座；2—调整丝杠；3—圆螺母；4—滑板；5—丝杠；6—固定螺母支腿；7—螺栓；8—压板；9—螺钉；10—上导板

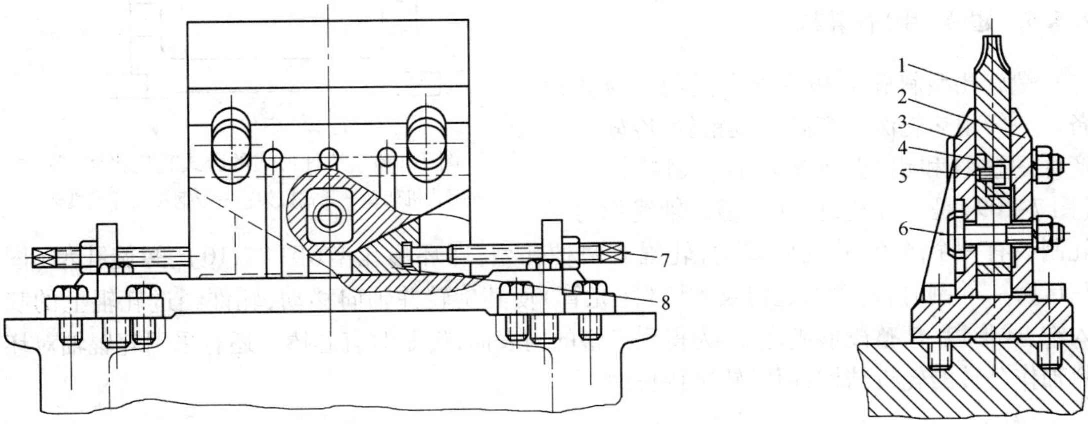

图 7-105　穿孔机式斜轧机的下导板装置

1—下导板；2—压板；3—导板座；4—滑板；5—螺钉；6—螺栓；7—丝杠；8—带斜面的滑块

7.5.4　钢球轧机

钢球轧机是用来轧制钢球的一种螺旋孔型斜轧机。工作原理（图 7-79）：两轧辊轴线分别与轧制线交角（轧辊倾角）为 2°～7°，刻有螺旋孔型的轧辊作同向旋转，带动咬入的圆坯料作螺旋运动。孔型的凸棱切入金属内，由于在圆坯料前进的方向上孔型的凸棱逐渐增高（轧辊成形段），故圆坯料在前进中被孔型的凸棱切分成球形。在轧辊精整段，钢球被精整成整圆形。在轧辊切断段钢球连皮被切断，钢球成为单体的球。从棒料到轧成球的变形过程如图 7-107 所示。

钢球生产工艺是：棒料下料 - 加热 - 钢球轧机轧制 - 钢球收集 - 热处理（球磨钢球淬火）- 检查 - 入库。

7.5.5　麻花钻头轧机

本节介绍的麻花钻头的轧机是孔型螺旋轧制,而不是螺旋孔型轧制,因为没有螺旋孔型轧辊。孔型螺旋轧制麻花钻头是利用两对倾斜安装的轧辊(扇形板),在空间形成一个相应于钻头截面形状的封闭孔型,如图 7-87 所示。由于四个扇形板的同步旋转,使加热好的坯料作螺旋运动,并产生径向展宽和轴向延伸,轧出麻花钻头的螺旋外形。扇形板旋转一周轧出一根钻头。图 7-108 为麻花钻头轧机传动原理。

麻花钻头生产工艺是:棒料下料 - 磨端面倒角 - 磨外圆 - 退火 - 再磨外圆 - 加热 - 轧制 - 收集 - 检查 - 入库。

7.5.6　翅棱(片)管轧机

螺旋孔型斜轧的翅棱管广泛用于换热设备。一般用热轧法生产高翅棱钢管,冷轧法生产低翅棱管和铝、铜等翅棱管。翅棱管轧机(图 7-109)是三辊轧机,其三辊的轴线相对于轧制线有一个倾角,并同向转动,轧辊有两种孔型,即环形孔型(图 7-110)、螺旋孔型(图 7-111)。轧制时,转动的轧辊咬入坯料(光管)使其旋转并轴向移动,轧件经过轧辊上的咬入锥、成形段、精整段形成翅棱,为得到光整的内表面,轧制时有芯棒。还有采用轧辊轴对坯料轴作公转的轧机结构,用以轧制特长件。

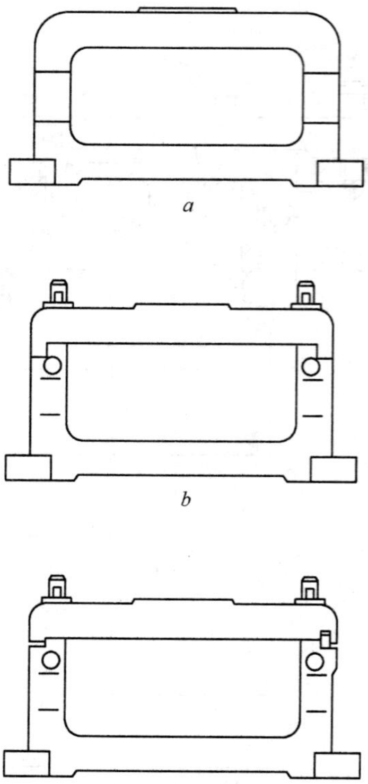

图 7-106　三种形式的卧式轧机机架

a—闭式机架;*b*—开式机架;*c*—带钢楔的开式机架

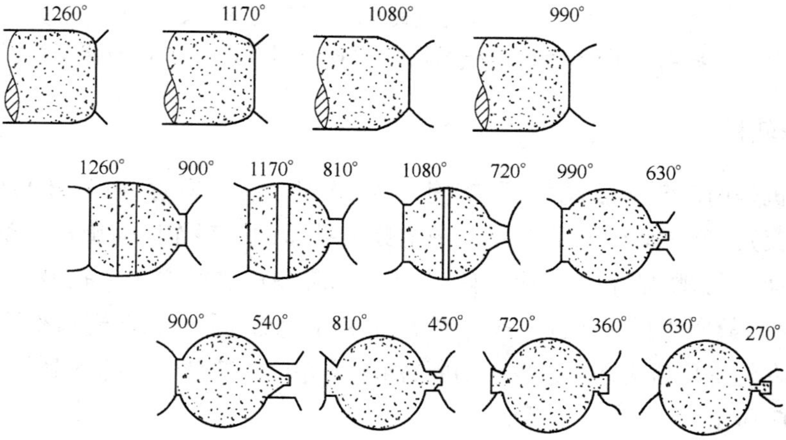

图 7-107　从棒料到轧成球的变形过程

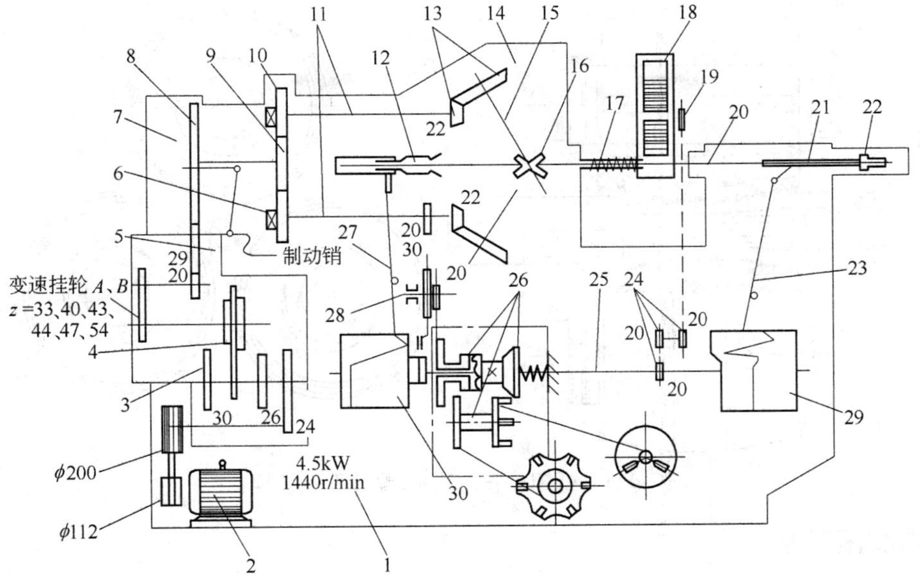

图 7-108 钻头轧机传动机构简图

1—机身;2—主电机;3、5、6、8、10—齿轮;4—移动齿轮;7—后座;9—中央齿轮;11、28—轴;12—接料活动套管;13—锥齿轮;14—铸铁轧制头;15—扇形板(轧辊)轴;16—扇形板(轧辊);17—高频感应加热器;18—料斗;19、24—链轮;20—推杆;21—导向装置;22—弹性保险装置;23、27—摆杆;25—分配轴;26—间歇机构;29—进料凸轮;30—出料凸轮

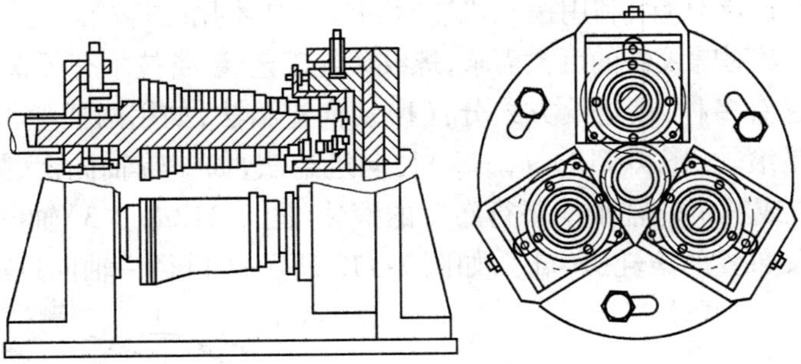

图 7-109 翅棱管轧机

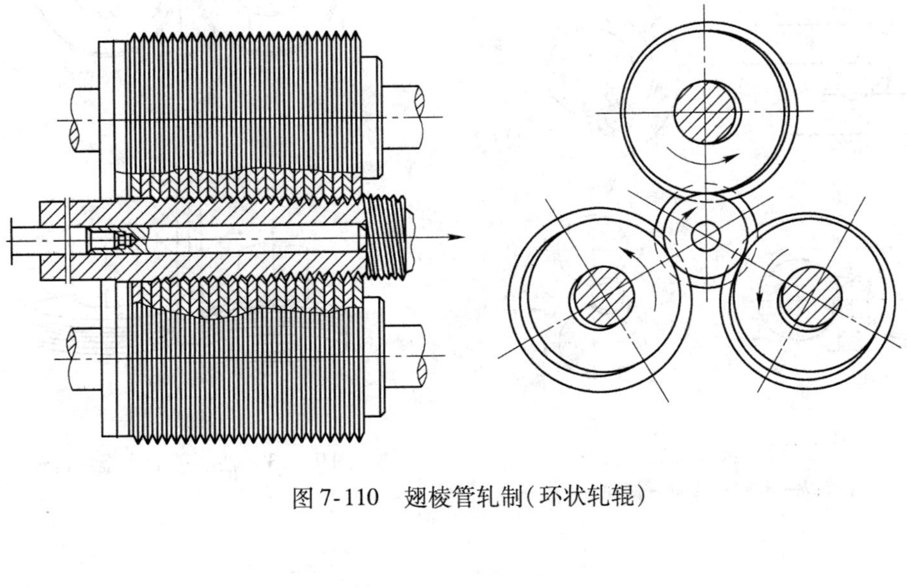

图 7-110 翅棱管轧制(环状轧辊)

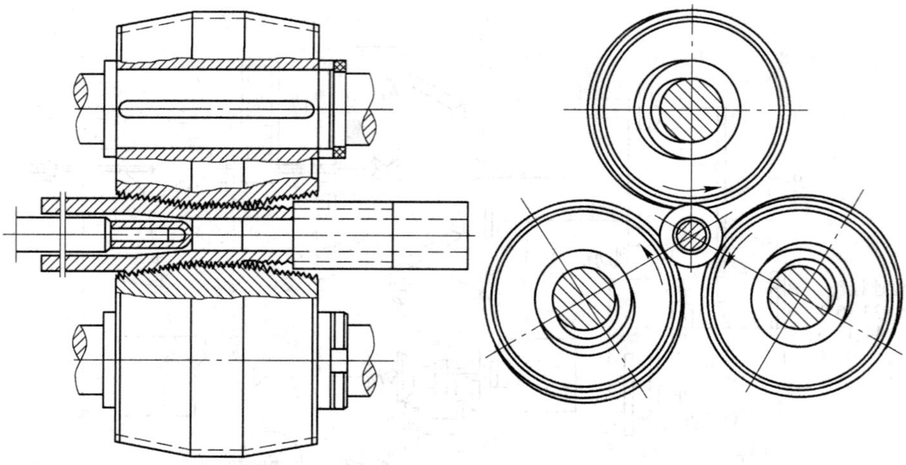

图 7-111　低翅棱管的轧制（螺旋孔型轧辊）

7.6　螺纹滚轧机

螺纹的加工方法较多：切削（如车、铣等）、铸造（如压铸、浇铸）、锻压（如滚轧也称滚压、挤压等）、粉末冶金（如烧结）等。螺纹滚轧是锻造和轧制两种塑性加工方法的组合，是横轧或斜轧成形方法之一。滚轧螺纹就是利用某些材料在冷态下的可塑性来进行加工，使坯料在具有螺纹截形的滚轧工具（搓丝板或滚轧辊）轧制而产生塑性变形，从而形成相应螺纹截形的螺纹工件。螺纹滚轧始于 1831 年，利用搓丝机制紧固铁路枕木用的螺栓。近年来随着坯料塑、硬性的改善和提高以及对螺纹件的巨大需求，螺纹滚轧工艺、装备技术有了很大提高。

螺纹滚轧方法有多种，按进给方式分：(1) 切向进给法，如用两搓丝板搓丝滚轧、用扇形模和旋转模的行星滚轧（图 7-112*a*、*b*）；(2) 径向进给法，如一辊轴固定、另一辊进给的滚轧（图 7-112*c*）、两个或三个轧辊轴线平行布置的滚轧（图 7-112*d*）；(3) 轴向进给法，如两个或三个轧辊轴线交叉布置的滚轧（斜轧），如图 7-113 所示；(4) 径 - 轴向进给法。

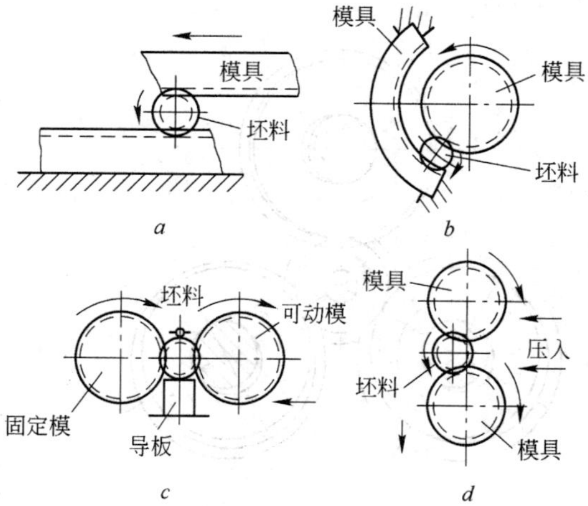

图 7-112　滚轧螺纹
a— 平模；*b*— 行星模；*c*、*d* —圆模

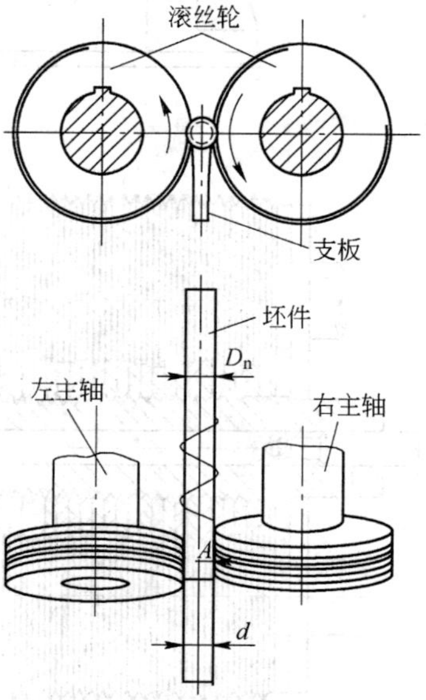

图 7-113　轴向进给法螺纹滚轧

在螺纹成形前，坯料有在一定位置回转和移动两种方式。

螺纹滚轧是一种无屑加工方法，适用于伸长率 δ 高（一般 $\delta \geqslant 8\% \sim 12\%$）、硬度低（HRC $\leqslant 37 \sim 44$）的金属加工。与切削加工比较有如下优点：(1) 高的生产率；(2) 螺纹中径尺寸分散小；(3) 螺纹表面粗糙度低；(4) 高的机械强度和显微硬度；(5) 节省原材料；(6) 节省加工工具；(7) 提高耐腐蚀性；(8) 提高磁导率。

7.6.1　螺纹滚轧机的工作原理及类型

螺纹滚轧机类型较多，按滚模不同一般分为：(1) 搓丝机（平模），如图 7-114 所示；(2) 行星滚轧机（行星模），如图 7-115 所示；(3) 滚轧机（圆模），如图 7-116 所示。

图 7-114　Z25－12 自动搓丝机外形

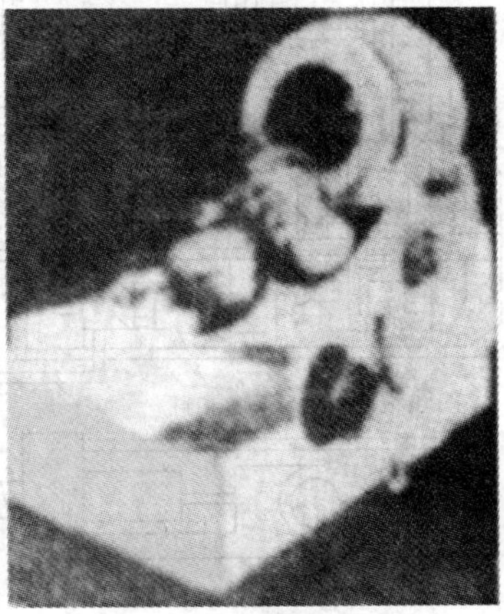

图 7-115　行星滚轧机

搓丝机的工作原理如图 7-117 所示。由电动机通过皮带轮、曲柄机构 3 驱动搓板 2，使其作往复运动，由插入装置 5 将由坯料供给装置 4 连续送来的坯料，适时每次插入一件，搓板 2 与固定搓板 1 共同将插入的坯料搓制出螺纹。

图 7-116　Z28－100 型滚丝机的外形

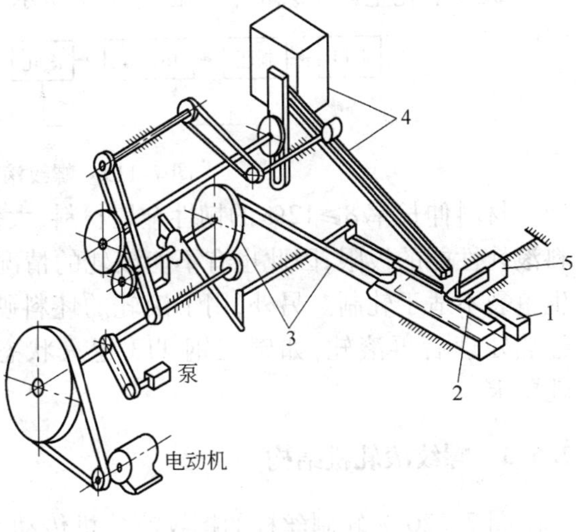

图 7-117　搓丝机的传动机构

1—固定搓板；2—搓板；3—曲柄机构；4—供给装置；5—插入装置

行星滚轧机是将坯料置于绕自身中心轴回转的旋转模具(螺纹截形)和沿其外周安装的固定扇形模具(螺纹截形)的间隙中,坯料作行星运动并通过间隙被轧出螺纹。

滚轧机的工作原理如图7-118所示。这是一台径向进给滚轧机,其中一辊轴固定,另一辊靠油缸的压力进给,主电动机经皮带带动两个轧辊同向同速旋转,坯料被滚轧出螺纹。

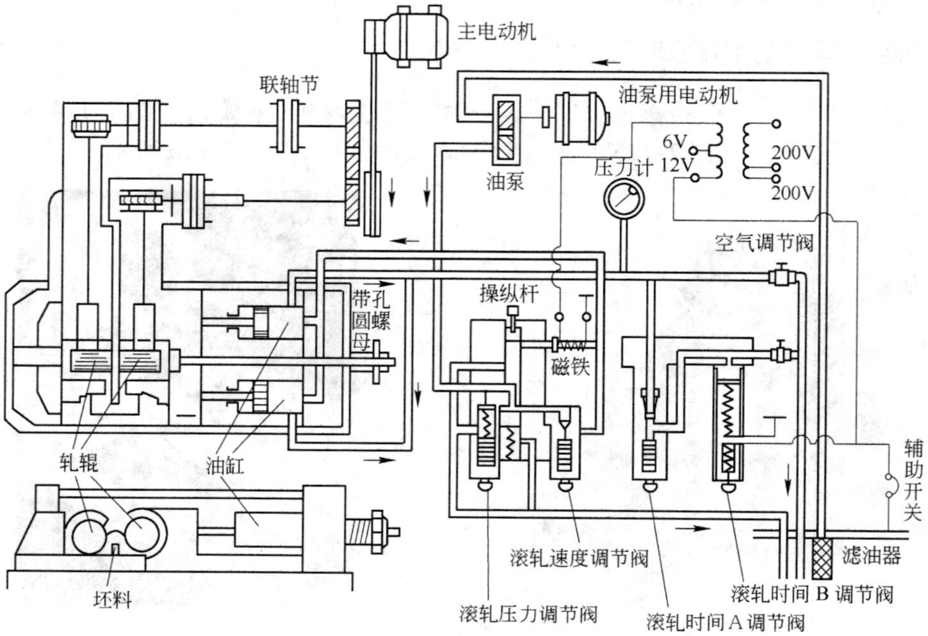

图7-118　油压两辊滚轧机的机构

7.6.2　螺纹滚轧工艺流程

螺纹滚轧生产工艺流程如图7-119所示。

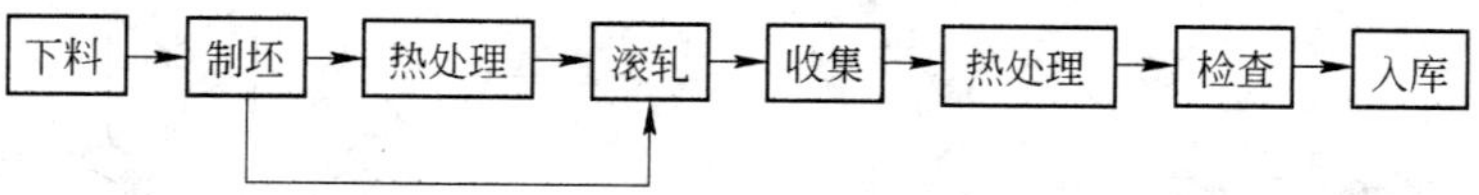

图7-119　螺纹滚轧生产工艺流程图

材料伸长率$\delta \geq 12\%$的韧性金属材料,大多适用螺纹滚轧。伸长率δ在$8\% \sim 12\%$是材料滚轧性能的极限,因此也有不能滚轧的情况。而伸长率$\delta < 8\%$的材料,因螺纹牙顶要产生龟裂不适于轧制。另外,用于滚轧的坯料硬度必须小于37HRC。基于此,有些材料可先经热处理后再滚轧,如碳工钢T13退火状态硬度在HB≤217,伸长率、面缩率均符合滚轧要求。

7.6.3　螺纹滚轧机结构

图7-120为轧制丝杠的螺纹滚轧机传动系统图。电动机15经减速机14、齿轮13、11、10、锥齿轮5、齿轮6、4带动轧辊3旋转,驱动油缸12推动右轧辊箱7实现径向进给,离合器1可实现单只轧辊转动,以调整两辊的孔型相位,倾角调整机构8用来调整两轧辊的倾角(手动机构,图中未示出)。

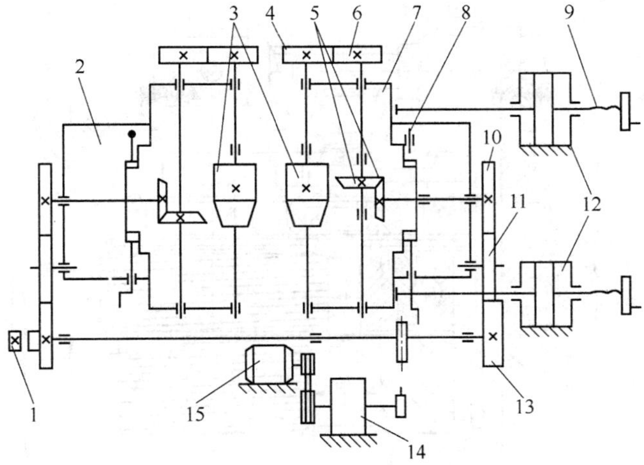

图 7-120 丝杠滚轧机床的传动系统

1—离合器;2—左滚丝轮箱;3—轧辊;4、6、10、13—正齿轮;5—螺旋锥齿轮;7—右轧辊箱;8—调整机构;9—螺旋副;11—过渡齿轮;12—驱动油缸;14—减速机;15—电动机

可调螺栓具有两种不同尺寸和规格的螺纹。回转螺栓,依靠两部分的螺距之差来分别精确调整与这两部分螺纹相连接的连接件间的距离。如一根回转螺栓的两部分螺纹是 M10×1.5和 M8×1.25,使其一转,则与此相连零件轴向位移为 $1.5-1.25=0.25$mm。图 7-121为滚轧可调螺栓的螺纹滚轧机结构。轧大直径螺纹的一对轧辊 7 与主轴 1 刚性连接,轧小直径螺纹的一对轧辊 6 安在滚子轴承 8 上,轴承安在两联轴器之间的主轴上。联轴器由外套 2 和内套 4 组成,分别同轧辊和主轴刚性连接。摩擦弹簧 3 和补偿弹簧 5,用来相对柔性固定轧辊 6。轧制两部分螺纹时,轧辊 6 相对轧辊 7 转动且轴向移动。

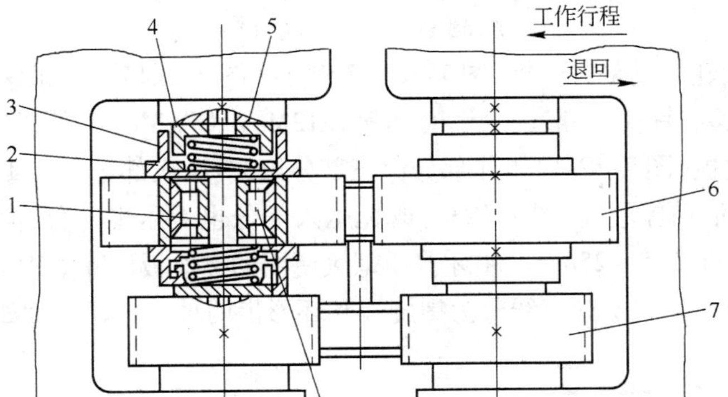

图 7-121 滚压不同部分螺纹的装置

1—主轴;2—外套;3—摩擦弹簧;4—内套;5—补偿弹簧;6、7—轧辊;8—轴承

同一螺栓不同螺纹轧制过程是:右轧辊箱径向进给—主轴转动带动轧辊 7 轧制工件(大直径螺纹)—工件转动—轧辊 6 被工件(小直径螺纹)带动回转且轴向移动—轧辊 7、轧辊 6 轧制工件—制成可调螺栓零件—右轧辊箱径向退回。可见,此法轧制的核心技术是一对轧辊固定,而另一对轧辊作相对它的复杂运动(转动和轴向移动),以保证同一工件不同螺纹部分圆周速度补偿和轴向位移补偿。

图 7-122 为滚轧同一螺栓不同螺纹的滚轧机结构。

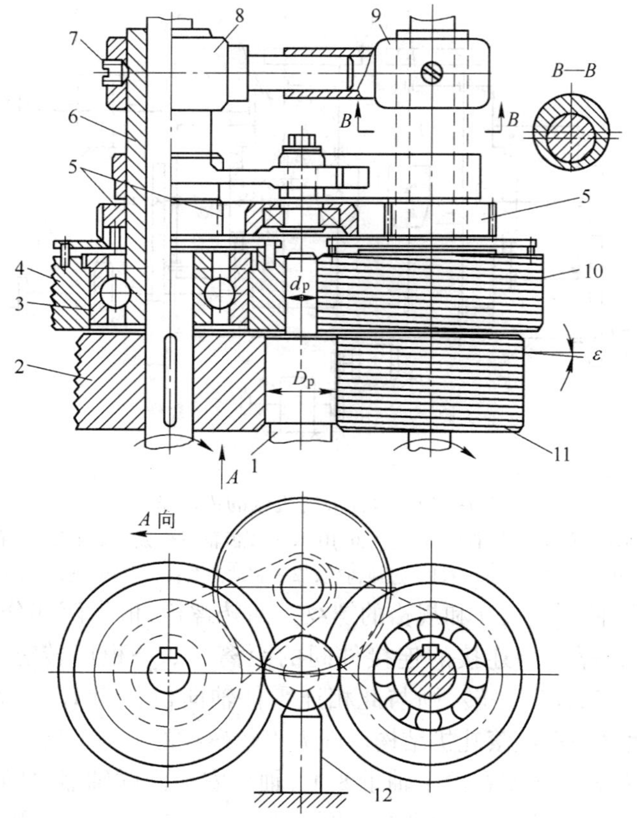

图 7-122　在双滚丝轮半自动机上滚压零件台阶上螺纹的装置

1—零件；2、4、10、11—滚丝轮；3—滚动轴承；5—齿轮；6—偏心套；7—紧固螺钉；8—杆；9—套；12—支板

使用最多的滚轧工具是搓丝板（图 7-123）和轧辊（图 7-124）。要求滚轧工具具有高耐磨性、高耐热性和足够的韧性，一般选冷作模具钢 Cr12MoV、CrWMn、刃具钢 9SiCr 等作为滚轧工具材料。固定搓丝板（图 7-123*b*）工作部分由三部分组成：压入部分 l、牙型成形部分和压出部分 l_1，通常 $l=l_1$。活动搓丝板（图 7-123*a*）既无压入部分也无压出部分，但为保证轧后工件可靠退出，应使 L_D 大于 L_G5 ~25mm。粗牙普通螺纹使用的搓丝板尺寸如表 7-14 所示（d、P 为螺纹公称直径、螺距）。轧辊宏观齿线分为螺旋齿和环形齿两种。轧辊尺寸如表 7-15 所示。

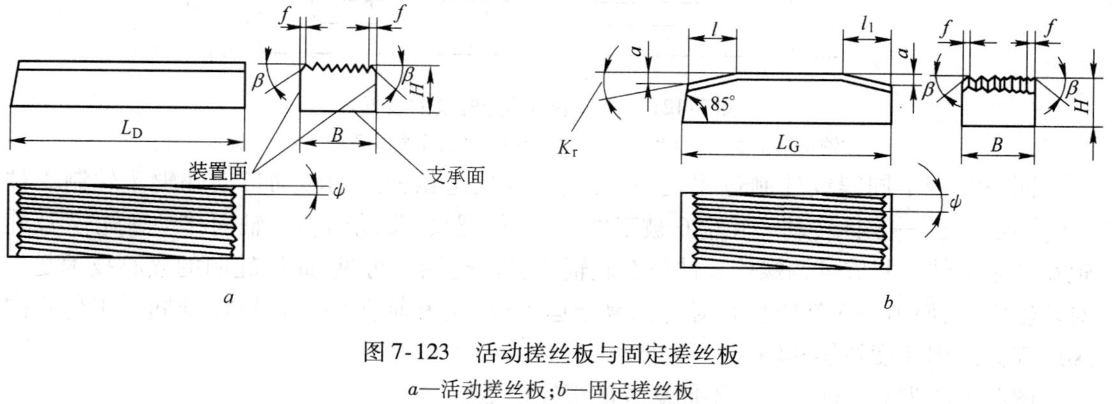

图 7-123　活动搓丝板与固定搓丝板

a—活动搓丝板；*b*—固定搓丝板

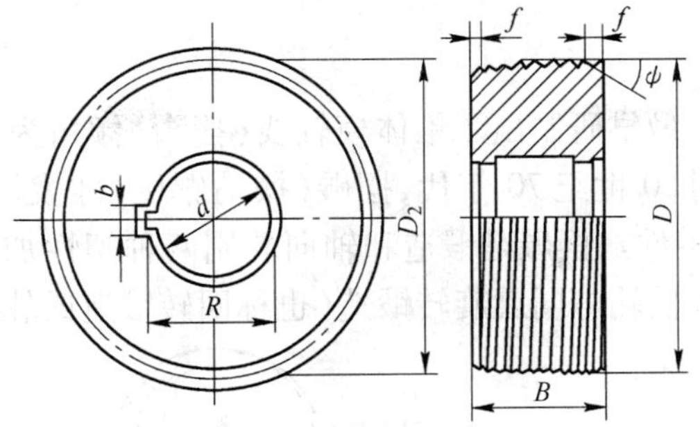

图 7-124 轧辊(滚丝轮)

D—滚丝轮外径；D_2—滚丝轮的中径；*d*—滚丝轮的内孔；*b*—滚丝轮键槽宽度；*B*—滚丝轮宽度；*ψ*—牙型角；*R*—齿顶圆弧

表 7-14 粗牙普通螺纹使用的搓丝板 (mm)

d	*P*	L_D	L_G	*B*	*H*	*l*	*a*	*ψ*	K_r	*f*	*β*
1								5°44′			
1.1	0.25	50	45	15,20	20	0.1	0.16	5°5′		0.11	
1.2								4°35′			
1.4	0.30					7.3	0.19	4°43′			
1.6	0.35	60	55	20,25		8.8	0.23	4°49′		0.5	
1.8								4°11′			
2	0.40					9.9	0.26	4°19′		0.6	
2.2	0.45	70	65	20,25,30,40	25	11	0.29	4°25′		0.7	
2.5								3°48′			
3	0.5	85	78	20,25,30,40,50		12.2	0.32	3°29′		0.8	
4	0.7			30,40,50		18.7	0.49	3°40′		1	
5	0.8	125	110	40,50,60		21.4	0.56	3°18′		1.2	
6	1					26.7	0.7	3°27′	1°30′	1.5	25°
8	1.25	170	150		30	33.6	0.88	3°12′		2	
10	1.5			50,60,70		40.1	1.05	3°4′		2.5	
13	1.75	220	200		40	47	1.23	2°58′			
14	2	250	230	60,70,80	45	53.5	1.4	2°54′		3	
15								2°30′			
18		310	285	70,80				2°48′			
20					50	66.8	1.75	2°30′		4	
22		400	375	80,100				2°15′			
24	3					80.2	2.10	2°30′		4.5	

注：尺寸 *l*、K_r、*f* 及 *β* 为推荐尺寸。

表 7-15 滚轧轧辊的形状尺寸(JIS B 4501—1968) (mm)

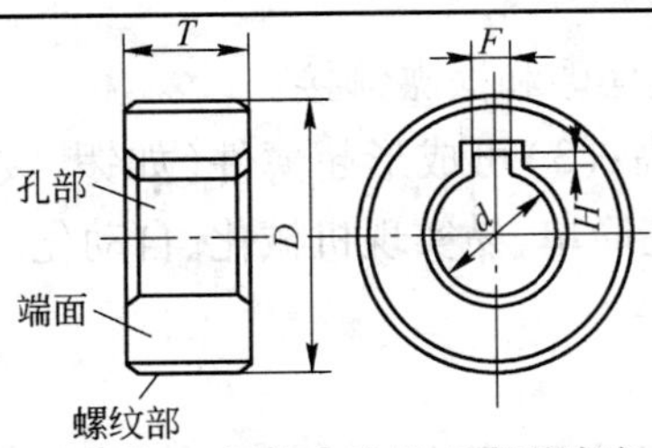

D：外径；*T*：宽度；*d*：孔径；*F*：键槽宽度；*H*：键槽深度

<table>
<tr><th rowspan="2">孔径 d</th><th colspan="2">键 槽</th><th rowspan="2">轧辊宽度 T</th></tr>
<tr><th>宽度 F</th><th>深度 H</th></tr>
<tr><td>40</td><td>10①
(6)
(4)</td><td>3.5①
3.5
3.5</td><td>40,50</td></tr>
<tr><td>54</td><td>12①
(10)</td><td>3.5②
(5)</td><td>40,50,60,80</td></tr>
<tr><td>70</td><td>16③
(15)
(14)</td><td>5③
(7)
(5)</td><td>40,50,60,80</td></tr>
</table>

①按 JIS B 4301 公称直径为 40mm 的值。
②按 JIS B 4201 公称直径为 50mm 的值。
③按 JIS B 4201 公称直径为 70mm 的值。
注：键槽栏中，括弧中数值尽可能不用。

7.7　摆碾机

1906 年,由美国 Slick 最早研制出了锥体模轴线(摆头)倾角为 10.7°的Ⅰ型轴向轧机,命名为"Slick Mill"。直到 20 世纪 70 年代,摆碾(摆动碾压)才发展起来用于大生产,主要用于成形轴对称盘、环类零件。摆碾是锻造和轴向轧制两种塑性加工方法的组合,与辊锻、轧环(碾环)、楔横轧、螺旋横轧等同属旋转锻造(也称回转锻造或轧锻),如图 7-125 所示。

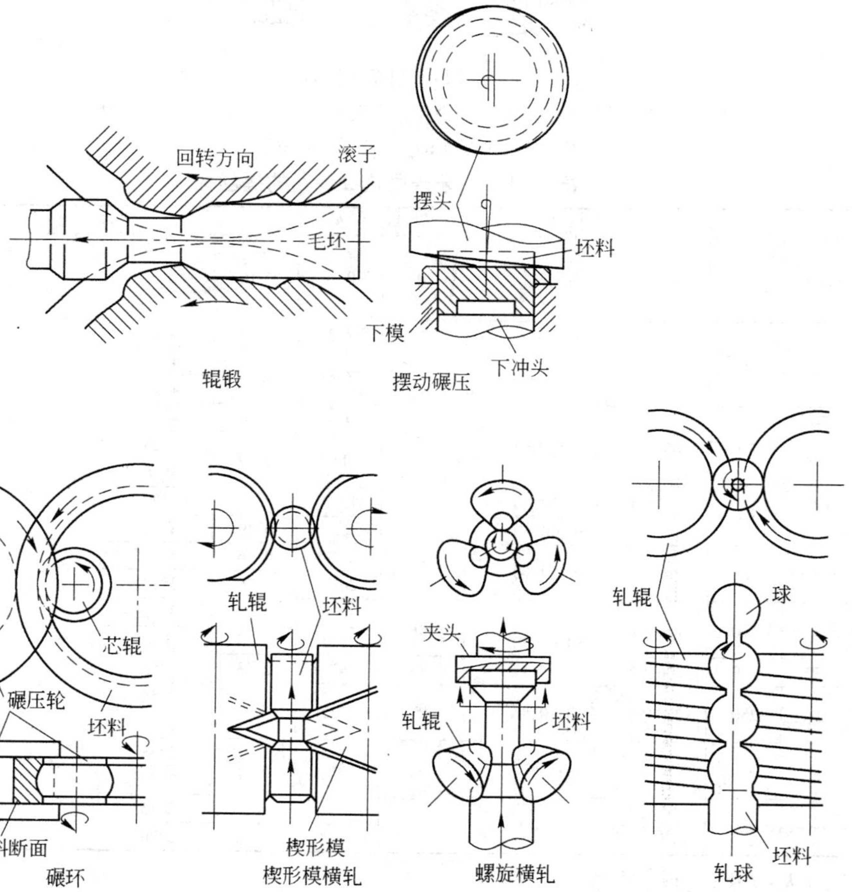

图 7-125　旋转钢盖(轧锻)

按照加工对象的状态,摆碾工艺分为:热摆碾,冷、温摆碾和摆碾铆接。

摆碾工艺有以下特点:(1)省力;(2)成形零件精度高;(3)可成形超薄件(如锣、钹等);(4)上模寿命高;(5)节材;(6)工作环境好;(7)摆碾工艺简单,易实现机械化、自动化。

7.7.1　摆碾机的工作原理及类型

摆碾机的工作原理及典型产品如图 7-126 所示。摆动碾压(轴向轧制)与纵轧、横轧、斜轧截然不同:模具(轧辊)有两部分,上模 1(上轧辊)为锥体模,而下模 3(下轧辊)不是辊形,是型腔模。上模轴线与机床中心线斜交,交点为锥顶,交角 γ 称为摆动倾角。在加工过程中,上模主动加压且与工件局部接触,在工件上滚动或滚动 + 滑动。下模与机床同轴并固定在工作台上,工件 2 装于其上,在加工过程中,下模与工件无相对运动。通过上模或下模沿机床轴向进给，向工件轴向加压，同时上模在工件上滚动或滚动 + 滑动，从而对工件进行了压力加工。摆动碾压也是局部加压连续变形，工件压痕如图 7-126 中 5 所示，接触面积轴向压缩而切向和径向伸长，由于模具摆动使该接触面积不断移动，进而覆盖工件整个变形面积，此时完成一个进给周期，若干进给周期叠加完成工件要求的整体变形。

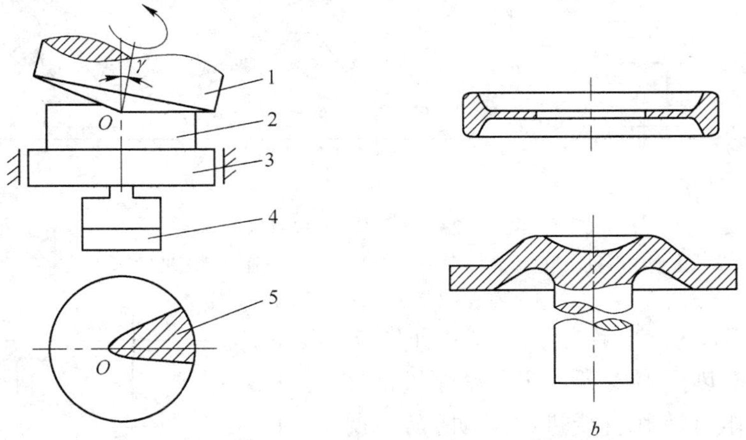

图 7-126 摆碾工作原理及其典型产品示意图

a—工作原理图；*b*—拖拉机被动齿轮和汽车半轴

1—锥形模；2—工件；3—下模；4—油缸；5—压痕

锥体模运动形式较多，如图 7-127 所示：(1) 锥体模绕自身轴旋转，简称自转（图7-127*a*）；(2) 锥体模轴线上的点绕机床轴线作圆周运动，简称公转（图 7-127*b*）；(3) 锥体模轴线上的点以机床轴线为中心，作往复弧线运动（弧线与机床轴线交点为弧线中心点），弧线在机床工作台面上的投影为直线，简称摆动（图 7-127*c*）；(4) 锥体模轴线上的一点以机床轴线上的一点为原点作复杂运动，其运动轨迹在机床工作台面上的投影可以是多叶玫瑰线、螺旋线等等，此运动如同地球自转轴在空间并不保持固定的方向，而是不断发生变化一样，简称章动（图 7-127*d*）；(5) 锥体模沿机床轴线方向平移，如图 7-127*a* 上下箭头所示；(6) 上述锥体模几种运动的组合运动，如自转 + 公转、自转 + 章动等等。下模运动形式有：(1) 轴向平移；(2) 绕自身轴旋转；(3) 轴向平移 + 绕自身轴旋转。

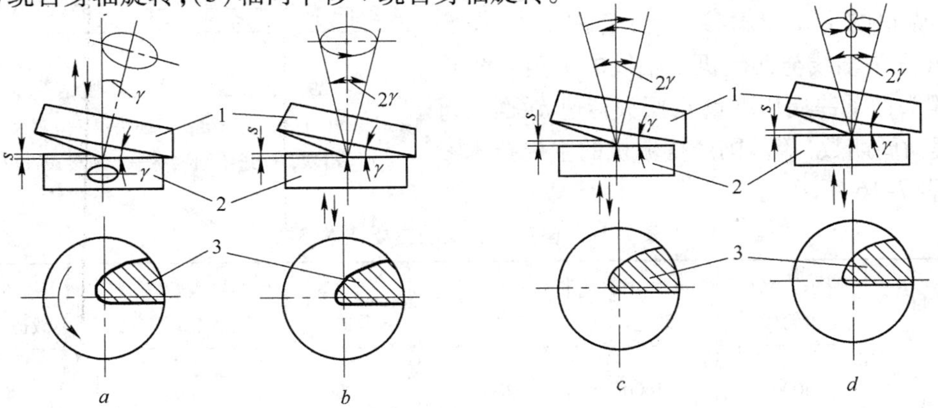

图 7-127 锥体模运动形式示意图

a—自转；*b*—公转；*c*—摆动；*d*—章动

1—锥体模；2—工件；3—压痕

目前摆碾机按照锥体模的运动形式分为三种类型(图 7-128):

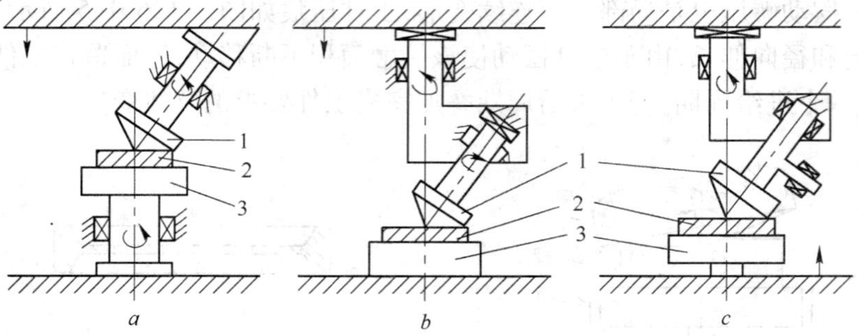

图 7-128　不同类型的摆碾机

a—Ⅰ型摆碾机(轴向模轧机);*b*—Ⅱ型摆碾机;*c*—Ⅲ型摆碾机(摆动模轧机)

1—锥形模(摆头);2—工件;3—下模

(1) Ⅰ型摆碾机,也称轴向模轧机(图 7-128*a*),广泛用于热摆碾成形。该类摆碾机锥体模(摆头 1)只作自转和直线进给运动(箭头所示),而不摆动,工件 2 作旋转运动,锥体模在工件端面上滚动。

(2) Ⅱ型摆碾机(图 7-128*b*),现主要用于铆接机。该类摆碾机锥体模作摆动 + 自转、章动 + 自转或公转 + 自转,同时作直线进给运动。

(3) Ⅲ型摆碾机,也称摆动模轧机(图 7-128*c*),主要用于工件的冷、温摆碾成形。该类摆碾机锥体模作摆动、章动、公转,而不作自转,同时直线进给运动由固定工件的(下)模具完成(箭头所示)。

目前摆碾机按照其结构又可分为立式摆碾机(图 7-129)、卧式摆碾机及专用摆碾机。

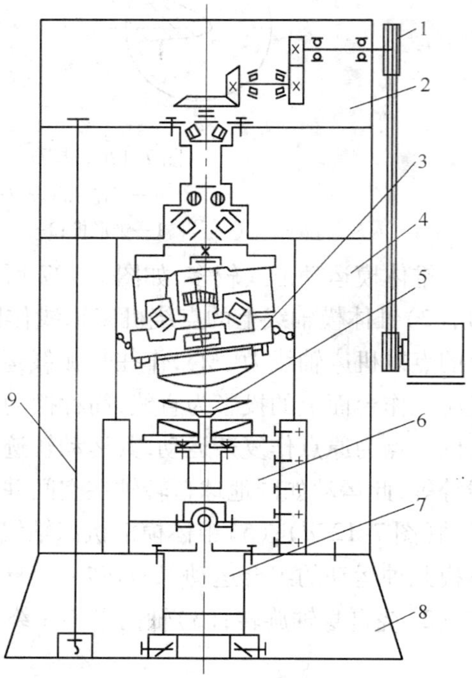

图 7-129　3500kN 立式摆碾机结构示意图

1—传动机构;2—上横梁;3—摆头;4—立柱;5—坯料;6—滑块;7—进给油缸;8—下横梁;9—拉杆

摆碾机的主要技术参数有:公称压力、摆头倾角 γ(摆头轴线与摆碾机主轴线的夹角)、进给量 s(摆头摆动一周压下量)、摆头转速 n(摆头每分钟摆动周期数)等。国产摆碾机的主要技术参数,如表 7-16 所示。

表 7-16　国产摆碾机的主要技术参数

项　目	哈尔滨汽车齿轮厂	天津中营锻造厂	北京工具厂	天津锻造厂	武汉汽车齿轮厂	上海电机锻造厂
摆碾机公称压力/kN	4000	1600	2000	1000	1000	2000
碾压最大直径/mm	400	210	200	200	185	195

续表 7-16

项 目	哈尔滨汽车齿轮厂	天津中营锻造厂	北京工具厂	天津锻造厂	武汉汽车齿轮厂	上海电机锻造厂
摆头转速 /r · min^{-1}	96	69/92/138	240	200	200	300
送进量 /mm · r^{-1}	1.5	0.22 ~ 8.7	6	3 ~ 6	0.5 ~ 1.5	2.0 ~ 2.4
送进方式	液压进给	液压进给	液压进给	液压进给	液压进给	液压进给
摆角/(°)	3	3	0 ~ 6	3	3	0 ~ 6
最大行程/mm	200	230	150		250	300
工作油压/MPa	21	25	25	20	20	21
顶出力/kN	300	400				20
工作台尺寸 /mm × mm	1250 × 940	650 × 610	700 × 650			
机身结构	焊接框架	焊接框架	焊接框架	焊接	焊接框架	焊接框架
摆头轴承形式	滚动轴承	静压轴承	滚动轴承	静压轴承		滚动轴承
电机功率/kW	130	20/25/28	37/13		40/20	115

7.7.2 摆碾生产工艺流程

摆碾生产工艺流程如图 7-130 所示。

冷摆碾成形摩托车启动齿轮和棘轮生产工艺流程:下料—退火—车削制坯—磷化—皂化—摆碾成形—后续加工—检验—入库。

图 7-130 摆碾生产工艺流程图

热摆碾成形汽车后半轴生产工艺流程:毛坯切断—表面清理—矫直—加热(1200℃)—制坯—摆碾终成形—后续加工—检验—入库。

温摆碾成形离合器摩擦片锻坯生产工艺流程:制坯—加热(一般加热温度为再结晶温度左右)—摆碾成形—后续加工—检验—入库。

7.7.3 摆碾机结构

摆碾机结构(图 7-129)也是由主电机、主传动及工作机座三部分组成,其中工作机座由机架、摆头机构、进给机构等组成。可见,摆碾机结构与油压机相似,只是“压头”斜置(摆头倾角 γ)且摆动、自转,即多了一个摆头机构。下面重点介绍摆头机构、进给机构和主传动系统。

7.7.3.1 摆头机构

图 7-131 为波兰 PXW 型摆碾机结构示意图。这是一台Ⅲ型(四轨迹)摆碾机,摆头 7 的球头尾柄装在内偏心套 5 内,其运动靠内偏心套和外偏心套 4 的转动合成而得。若内、外偏心套

同速同相旋转，则球头尾柄端面中心的运动轨迹为圆（图7-132a），同速反向旋转，其轨迹为直线（图7-132b），不同速同相旋转，其轨迹为螺旋线（图7-132c），不同速反向旋转，其轨迹为多叶玫瑰线（图7-132d、e）。摆头作的圆、直线、螺旋线和多叶玫瑰线四种运动轨迹，是由电动机6、蜗轮副（一）3与外偏心套4、蜗轮副（二）2与内偏心套5通过变速箱1完成的。

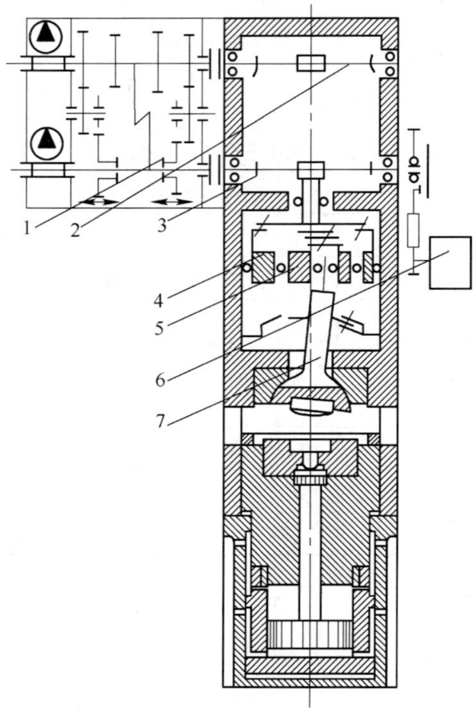

图7-131　波兰PXW100Aab型摆碾机

1—变速箱；2—蜗轮副（二）；3—蜗轮副（一）；4—外偏心套；
5—内偏心套；6—电动机；7—摆头

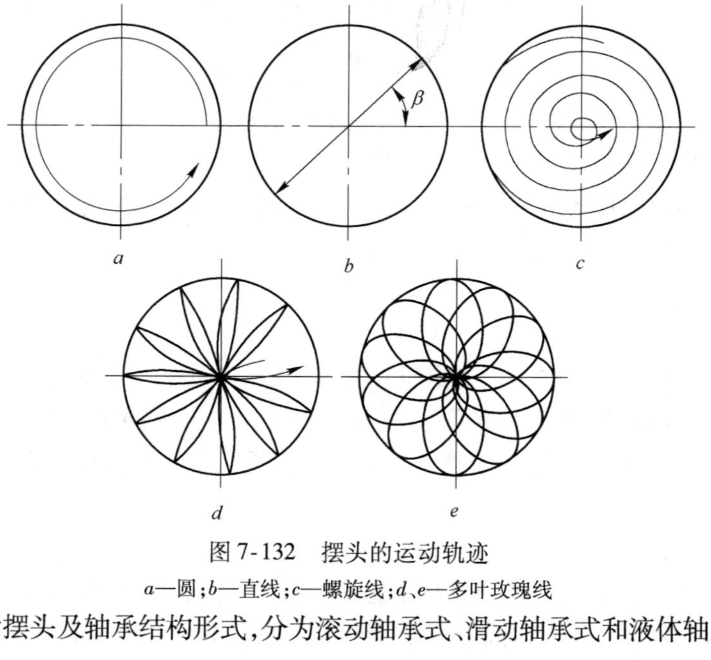

图7-132　摆头的运动轨迹

a—圆；b—直线；c—螺旋线；d、e—多叶玫瑰线

图7-133为摆头及轴承结构形式，分为滚动轴承式、滑动轴承式和液体轴承式摆头三种。

为防止摆头自传,设有防转装置,图 7-134 为拔杆防转装置。

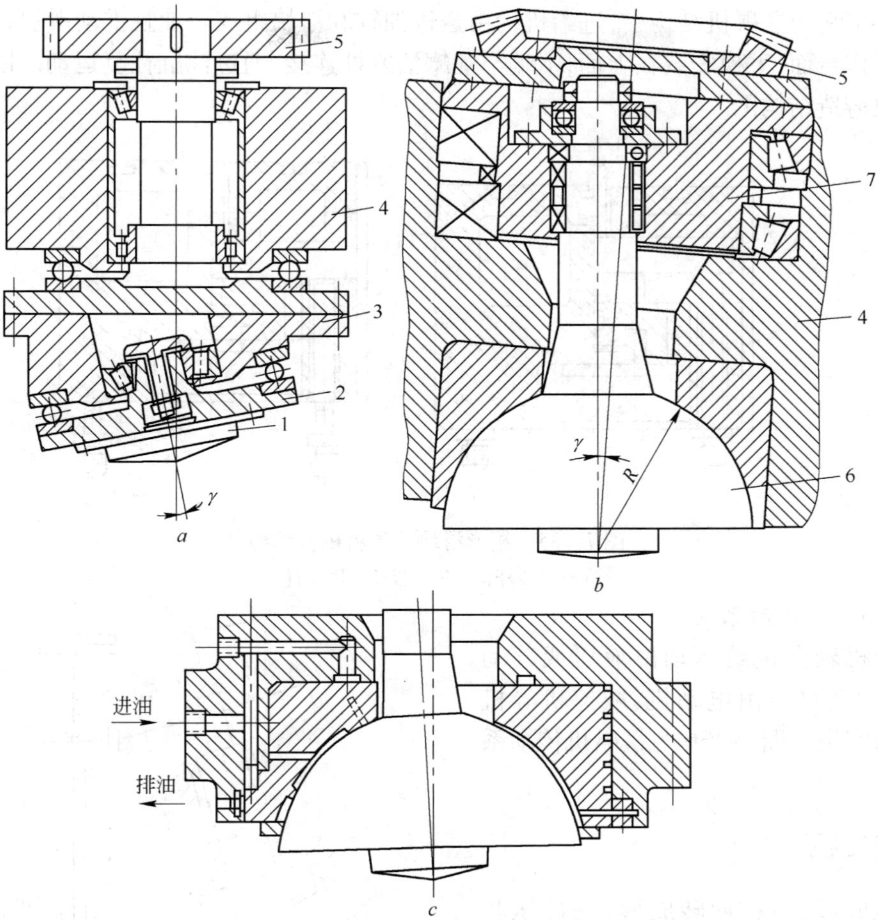

图 7-133 摆头的三种结构形式

a—滚动轴承式摆头;*b*—滑动轴承式摆头;*c*—液体轴承式摆头

1—摆头;2—摆座;3—楔形偏心盘;4—机架;5—传动齿轮;6—球头;7—偏心套

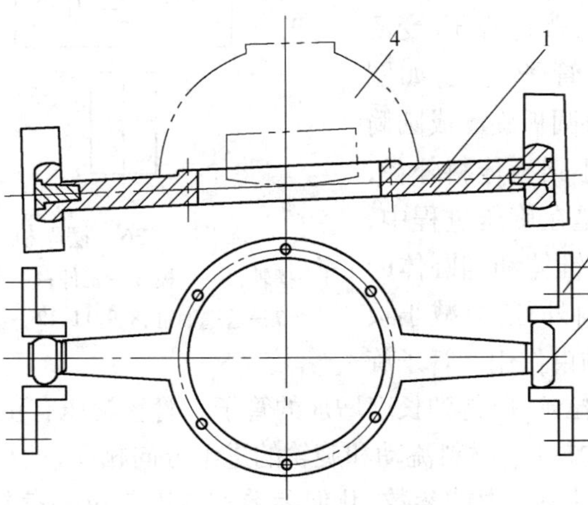

图 7-134 拔杆防转装置

1—防转杆;2—挡板;3—滚轮;4—球头

7.7.3.2　进给机构

图 7-129 为摆碾机结构中，进给机构由送进油缸和滑块组成。油缸推动滑块，滑块上表面即为工作台面，下模安装在上面，下端与油罐活塞杆连接，通过油缸往复运动。图7-135为箱形滑块铸造结构图。

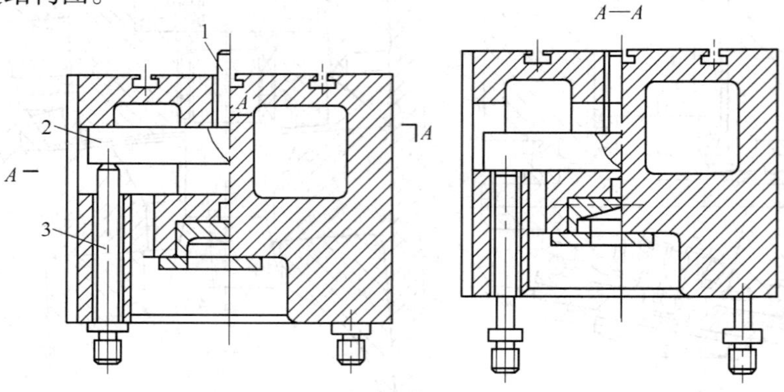

图 7-135　箱形滑块及顶料机构结构

1—顶料杆；2—顶料板；3—固定杆

7.7.3.3　传动系统

摆碾机轴向进给运动由液压或气动传动，摆动及自转由电动机、减速机等机械传动来实现。图 7-136 为摆碾机传动系统简图。

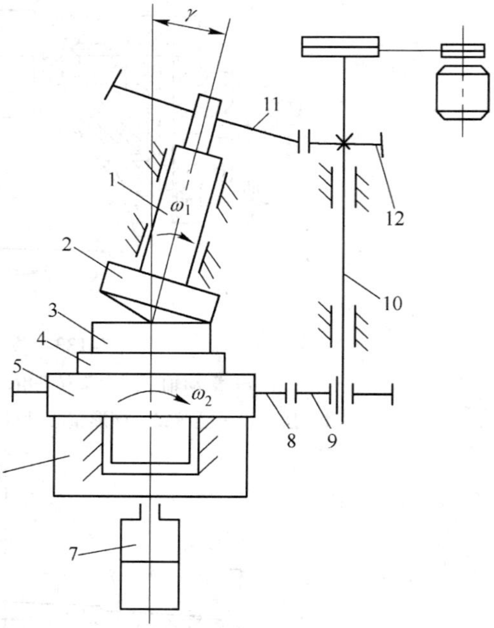

图 7-136　摆碾机传动系统简图

1—摆轴；2—上模；3—工件；4—下模；5—工作台；6—滑块；7—送进油缸；8、9、11、12—传动齿轮；10—旋转轴

7.8　旋压机

旋压成形（也称回转成形）是冲压和轧制两种塑性加工方法的组合，是一种无切削压力加工方法，适用于成形各种薄壁空心回转体的金属零件。

旋压工艺有三种形式：普通旋压、变薄旋压（也称强力旋压）和管子旋压，如图 7-137所示。普通旋压是将圆板旋压成圆筒形零件的方法，此法只减小圆板坯料外径，而不减少板厚；变薄旋压是在旋压过程中，将板厚压薄从而成形为圆锥体和椭圆体的方法，此法不减小圆板坯料外径，只减小板厚，未变形部分的材料起约束作用。管子旋压是对管坯进行回转变薄拉延，以得到长度增加的管子。管坯旋压有正向旋压（材料流动和旋轮的进给方向相同）和反向旋压（材料流动和旋轮的进给方向相反）两种方法。

旋压机的主要技术参数有：力能参数、几何参数和速度与位移参数，表 7-17 为青海重型机床厂生产的旋压机主要技术参数。

旋压工艺有以下特点：(1)尺寸精度高，可与切削加工相比；(2)表面质量好，可与研磨加工相比；(3)零件力学性能有所提高和改善(除延伸性能外)；(4)节约模具费用；(5)节材；(6)适合于多品种、小批量生产；(7)旋压工艺简单，不需要高超的操作技术；(8)只限于加工回转对称形状零件；(9)在批量生产简单零件时，加工速度与冲压相比慢。

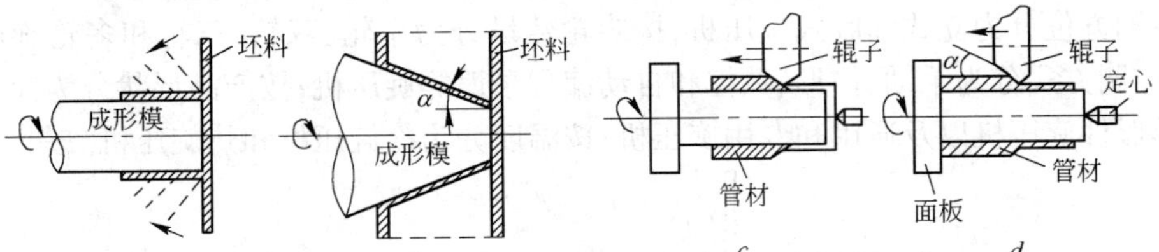

a　　b　　c　　d

图 7-137　旋压

a—普通旋压；b—变薄旋压；c—正向管子旋压；d—反向管子旋压

表 7-17　青海重型机床厂生产的旋压机主要技术参数

产品名称	型号	最小坯料直径/mm	最小工件直径/mm	最大旋压长度/mm		旋轮座纵向推力/kN	旋轮径向压力(每个旋轮)/kN	尾座顶推力/kN	主轴转速范围/$r\cdot min^{-1}$	旋轮座纵向进给量/$mm\cdot min^{-1}$	电机			净重/t	外形尺寸(长×宽×高)/mm×mm×mm
				正/反旋体形	反旋直管						主电机功率/kW	总容量/kW	台数/台		
强力旋压机	QX63-20A	300	60	2000	3000	400	200	100	80~630	10~800	75	112	8	42	9930×5230×2787
数控强力旋压机	QXK63-10	400	40	1200	2400	180	100	60	68~600	0~1100	37	61	6	25	8095×5215×2731
自动成形普通旋压机	PXZ-450	890	中心高450	中心距1250		65	65	50	9级 100~1000	0~5000	18.5	41	4	10	3855×2400×2415
轮辋锻压成形旋压机	QZ-025	600	400	250	12	550	500	44~117	3级 80~111	0~5000	110	179	6	31.5	7131×5085×2230
轮辋钢底旋压机	QZ-026	600	400	250	12	550	500	44~117	6级 150~313	0~1000	110	179	6	28.9	7131×5085×2230
轮辋钢角扩旋旋压机	QZ-027	600	400	250	12	550	500	44~117	3级 80~111	0~1000	110	179	6	29.6	7131×5085×2230
轮辋旋压机	QZ-028	600	400	250	12	550	500	44~117	12级 80~313	0~1000	110	179	6	32.3	7131×5085×2230

7.8.1　旋压机的工作原理及类型

图 7-138 为旋压原理及产品示意图。将圆板坯料 1 装在芯模 2 上，主轴旋转带动芯模

与板料旋转，旋轮 3 在旋转的同时，还按照一定轨迹移动，即进给运动，加压于毛坯上，使之产生连续的局部塑性变形，完成将圆板坯料旋压成为空心回转体零件。

旋压机种类较多，分类方法也简单：按旋压零件的成形原理分为普通、强力和管子旋压机；按主轴方位分为立式和卧式旋压机；按旋轮数量分为单轮、双轮、三轮和多轮旋压机；按驱动和控制方式分为手动、仿形、数控和自动编程录返等旋压机；按产品形状分为筒形件、锥形件、异形件旋压机以及通用和专用旋压机；按温度分为冷旋压机和热旋压机。

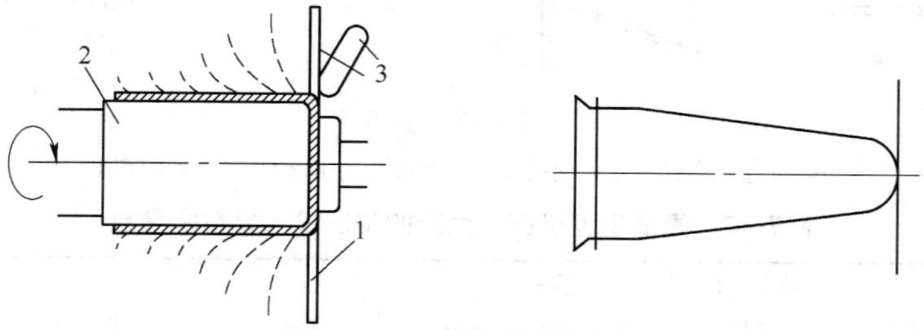

图 7-138　旋压工作原理及其典型产品示意图
a—工作原理图；b—人造卫星“探险者”1 号鼻锥
1—圆板料；2—芯模；3—旋轮

7.8.1.1　普通旋压机

普通旋压机与强力旋压机相比，其刚度、功率和旋压力均小，但具有较高的旋转速度和进给速度。普通旋压机常局限用来加工有色金属零件和变形程度较小的钢制零件。图 7-139 为立式有模转臂式普通旋压机，上横梁 3 中装有尾顶缸 4 作为压紧工件 1 之用，在两立柱 2 上侧分别装有驱动油缸 5，并与同立柱下侧铰接的旋轮座 6 相连。工作时主轴与芯模 8、工件 1 一起旋转，置于旋轮座上的旋轮 7 随旋轮座绕铰接点轴心线摆动，实行半球形的仿形运动。图 7-140 为立式无模单臂式普通旋压机，工作时内、外旋轮 11、12 均主动旋转并压紧自由旋转的坯料，将其旋压成需要的形状。当支撑梁 3 下降和滑板 4 向左移动时，旋轮可使坯料边缘弯曲，可进行封头加工。图 7-141 为卧式无模双轮式普通旋压机。为防止毛坯凸缘产生收缩变形起皱，设备上备有防皱背压轮，如图 7-142 所示。

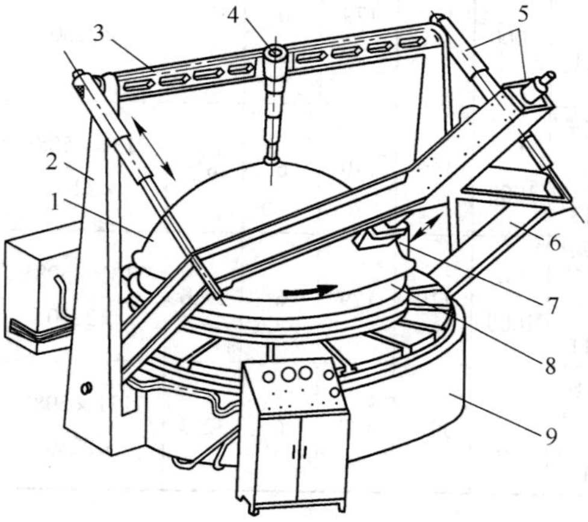

图 7-139　立式有模转臂式普通旋压机
1—工件；2—立柱；3—上横梁；4—尾顶缸；5—油缸；6—旋轮座；7—旋轮；8—芯模；9—机身底座

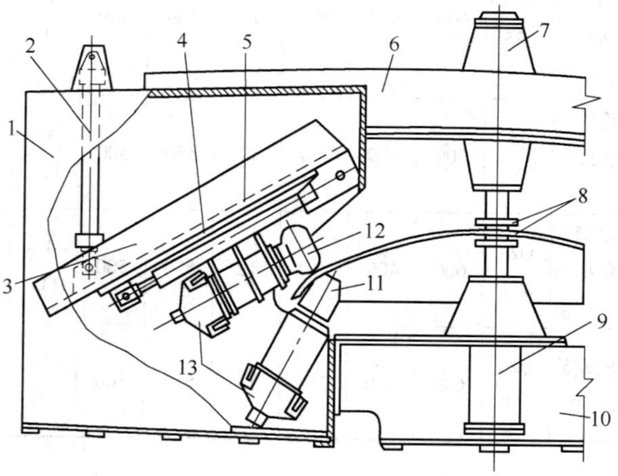

图 7-140　立式无模单臂式普通旋压机
1—机架；2、5、7、9—液压缸；3—支撑梁；4—滑板；6—上梁；8—夹紧器；10—底座；11—内旋轮；12—外旋轮；13—液压马达

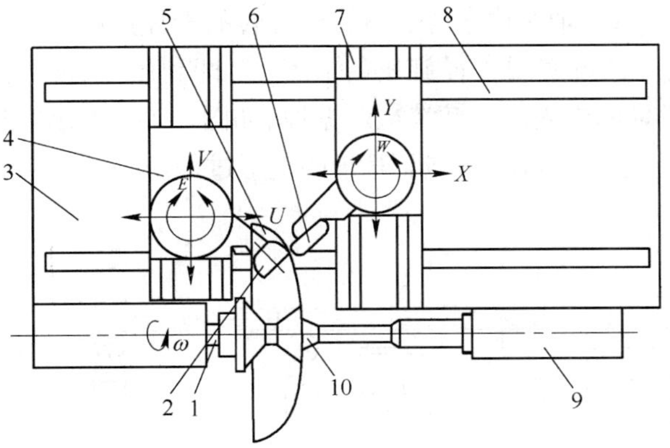

图 7-141 卧式无模双轮式普通旋压机
1—主轴;2—内轮;3—床身;4—旋轮座;5—工件;
6—外轮;7、8—导轨;9—尾顶缸;10—夹紧器

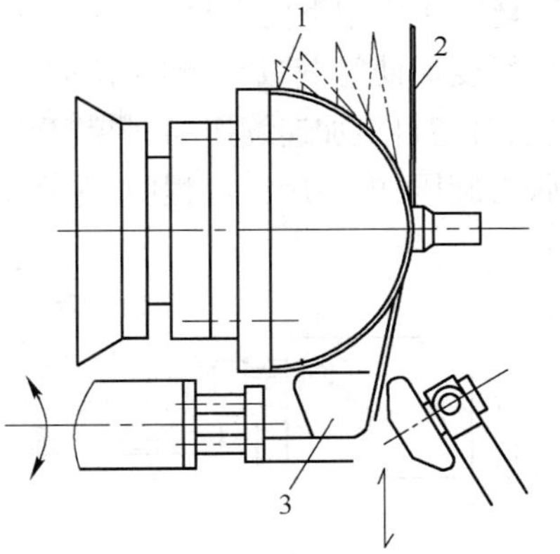

图 7-142 背压轮装置工作示意图
1—工件;2—毛料;3—背压轮

7.8.1.2 强力旋压机(也称变薄旋压机)

强力旋压机工作时,坯料的形状改变和壁厚的减薄同时进行,因此较普通旋压机,其刚度、功率和旋压力均大。为防止毛坯相对芯模转动,尾顶需具有足够的压紧力。图 7-143 为立式双轮鞍座式强力旋压机。该机旋轮座为马鞍式,龙门式机身的刚性好,主轴箱可水平移出工位而方便装卸芯模和工件。旋压头可作径向、垂直移动,还可倾斜成各种角度并随工件母线曲率的变化而转动。图 7-144 为卧式双轮框架式强力旋压机。

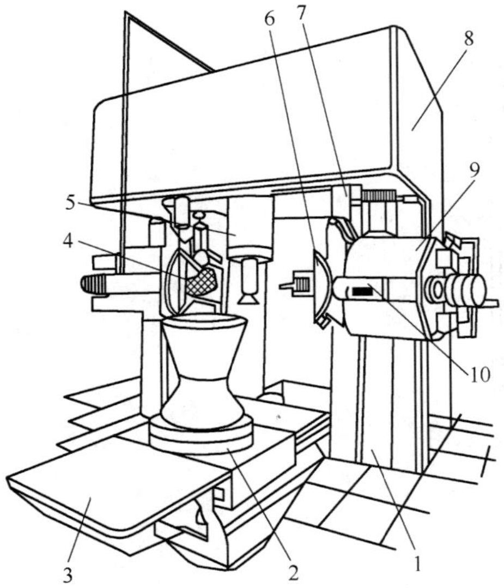

图 7-143 立式双轮鞍座式强力旋压机
1—立柱;2—主轴;3—导轨;4—旋轮;5—尾架; 6—旋压头;
7—油缸; 8—上横梁;9—纵滑块;10—横滑块

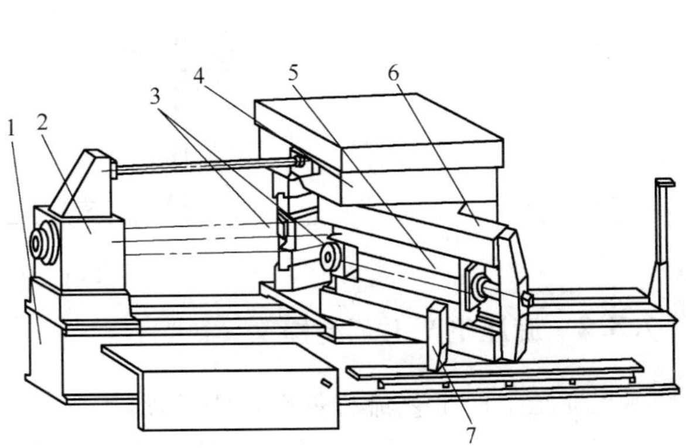

图 7-144 卧式双轮框架式强力旋压机
1—机身;2—主轴箱;3—旋轮;4—框架;
5—横滑块;6—旋轮座;7—仿形块

7.8.1.3 管子旋压机

管子旋压相当于管壁减薄的强力旋压,且相对工件较长,因此需要芯模主轴、旋轮架等具有良好的刚性。图 7-145 为管子旋压机。该机具有高刚度框架的旋轮架 3 ,在丝杠移动装置

5、丝杠 4 作用下向左移动，置于旋轮架内的三个轴对称布置的旋轮对旋转的管坯进行旋压，靠剪切变形使管壁减薄、轴向拉伸。管子旋压还可实现扩径旋压(内旋压)，即利用回转的内旋轮，对坯料施加连续压缩，限制金属通过模环的内表面移动来减薄壁厚，如图 7-146 所示，以及张力旋压，即在旋压过程中，在管子的一端施加一轴向力，强化管子的变形过程。

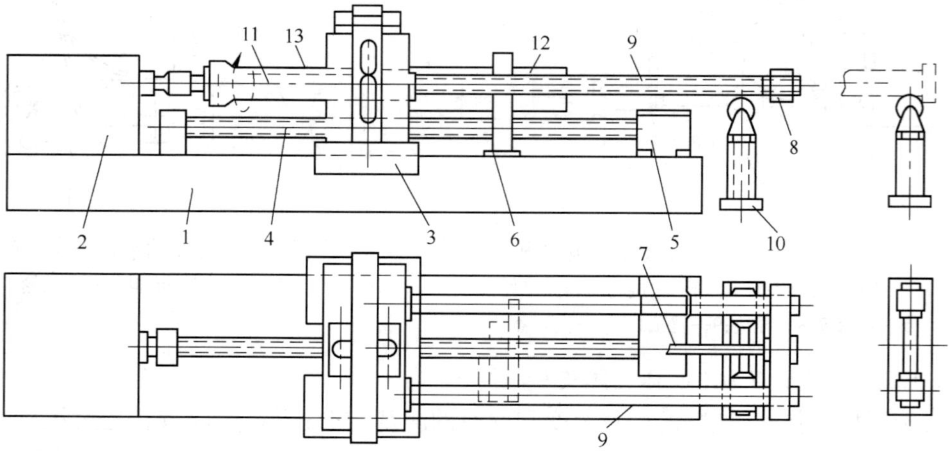

图 7-145　管材旋压机

1—机座；2—主轴箱；3—移动式旋轮架；4—旋轮架移动丝杠；5—丝杠移动装置；6—管坯移动支架；7—芯棒拉杆；8—框架横梁；9—框架拉杆；10—托辊；11—芯棒；12—管坯待旋压段；13—已旋压好的管材

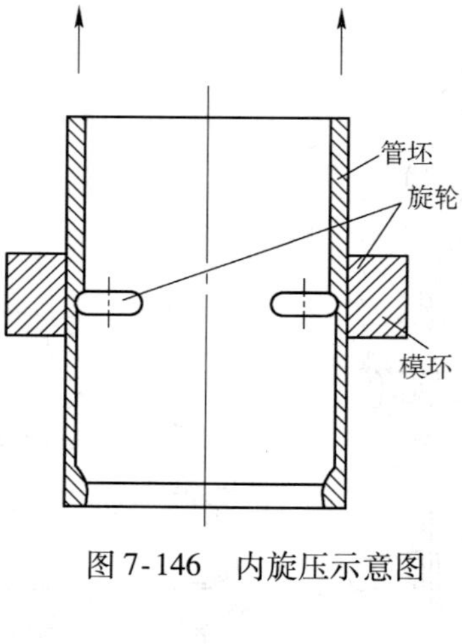

图 7-146　内旋压示意图

7.8.2　旋压生产工艺流程

旋压生产工艺流程如图 7-147 所示。

图 7-147　旋压生产工艺流程图

普通旋压加工板料成形圆筒形零件工艺(图 7-148)：按要求下料，坯料直径 280mm、板厚 0.54mm，为防止旋轮与板料的一部分接触产生皱折，因此要先将板坯旋成图 7-148(Ⅰ)所示的带有与加工方向相反的翻边凸缘形状。将处理好的坯料装在自动旋压机上旋压(图 7-149)，上靠模板为固定的，其轮廓和成形模相同，下靠模板为可动的。仿形触头沿着可动模板移动,实现旋轮多道次循环仿形旋压,直到旋轮运动与固定模板一致为止。圆锥体、椭圆体等各种回转对称形状的旋压工艺与圆筒相同。旋压缩口、旋压缩径如图 7-150、图 7-151所示。

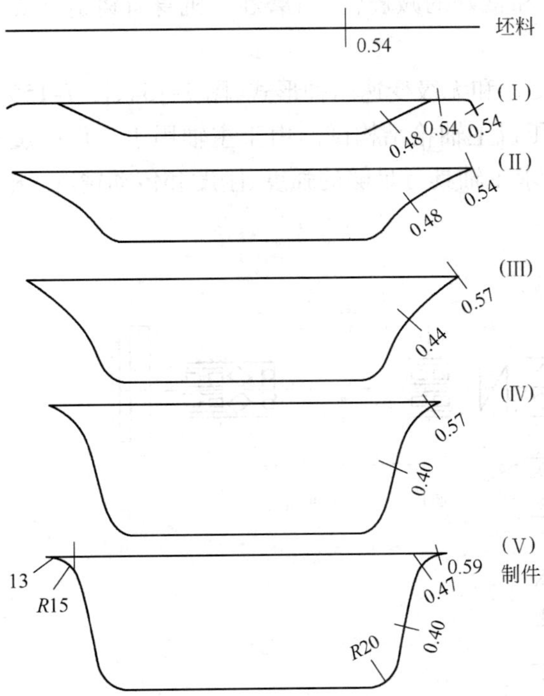

图 7-148 旋压制件示例(坯料直径 280mm,板厚 0.54mm,旋压比约 1.2)

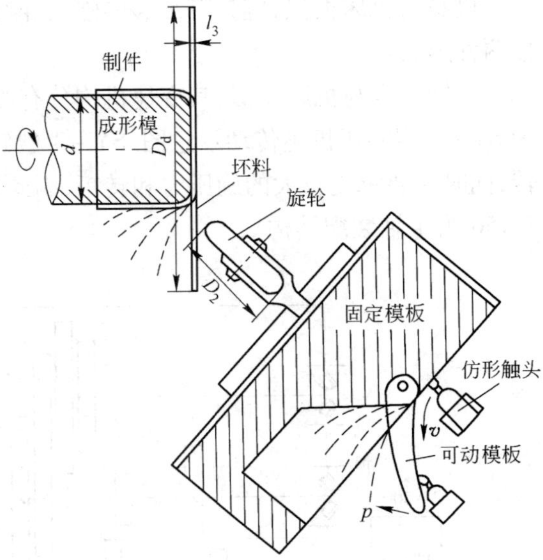

图 7-149 自动旋压机旋压

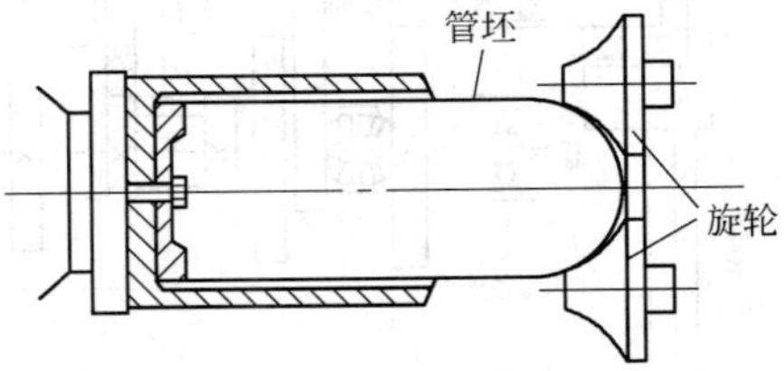

图 7-150 用多旋轮旋压缩口

强力旋压加工是通过调整旋轮和模具的间隙或使加到板上的压力为最小必要值。

管坯侧壁非连续变化旋压如图 7-151 所示。

此外,滚波纹、修边等旋压如图 7-152、图 7-153 所示。

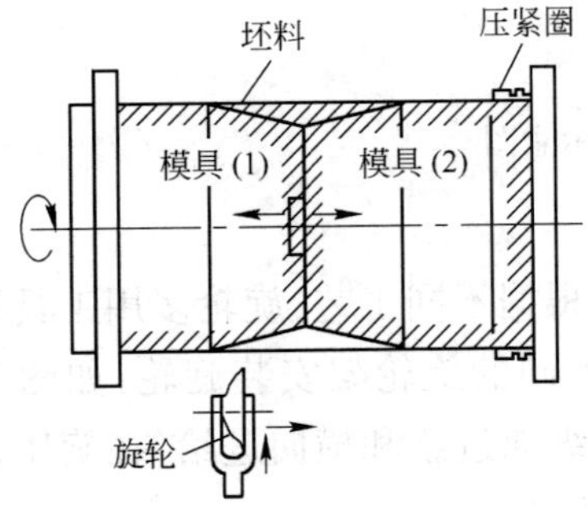

图 7-151 用分离模具的旋压缩径

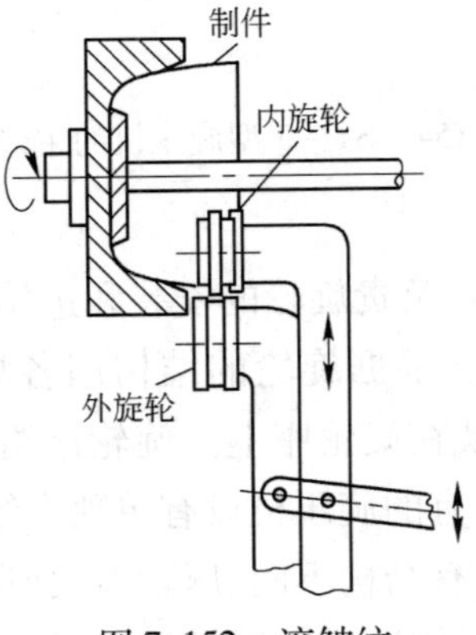

图 7-152 滚皱纹

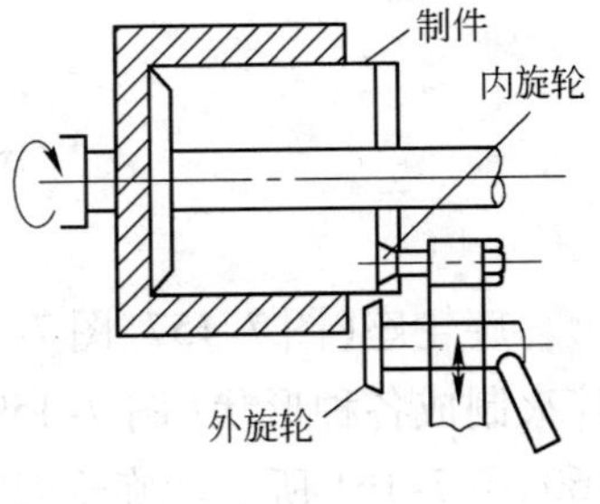

图 7-153 修边

7.8.3　旋压机结构

旋压机结构一般由机身、主轴箱、旋轮座和尾架等组成，具有旋转和进给两种主要运动。

机身与机床类似，应具有足够的强度、刚度和良好的减震性、耐磨性。机身有铸造和焊接两种形式。

主轴箱也与机床类似，其变速机构分有级变速和无级变速两种形式，图 7-154、图 7-155 为 SY－3 型旋压机主传动示意图、SY－3 型旋压机主轴箱结构图。由于主轴用于工件的旋转，同时又要承受较大的旋压力和转矩，因此要求主轴具有足够的强度、刚度和传动精度，图 7-156 为主轴装配结构。

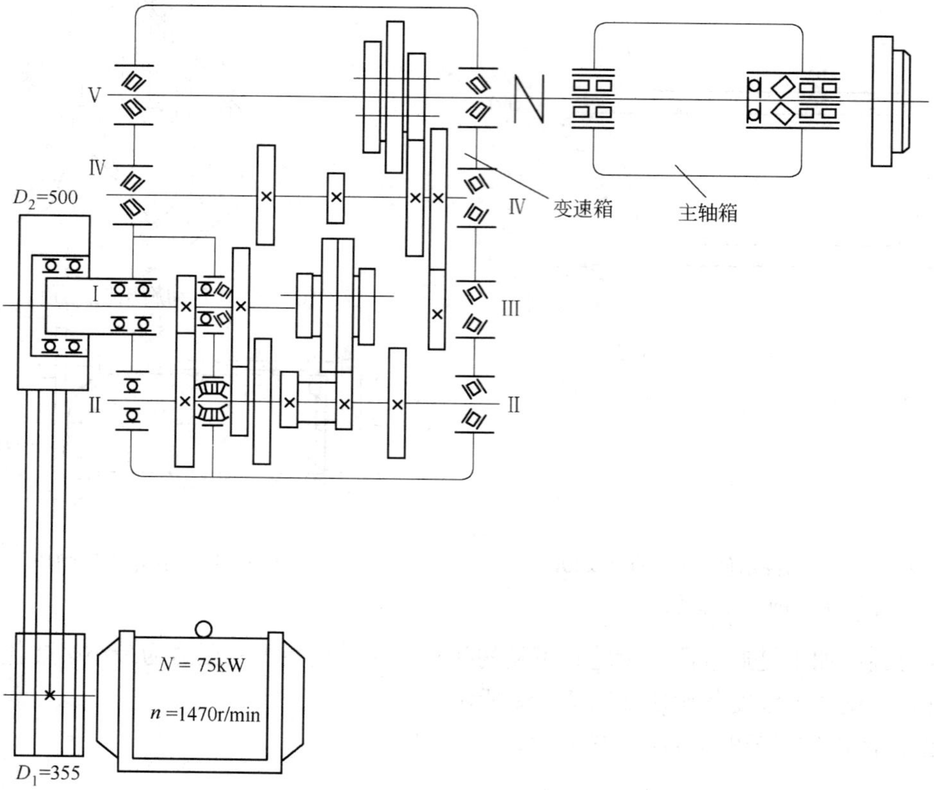

图 7-154　SY－3 型旋压机的主传动示意图

旋轮座（图 7-157、图 7-158）负责旋轮的安装和进给。根据不同工艺，旋轮多用工具钢淬火制成各种形状（图 7-159）。根据旋轮的结构用各种不同的旋轮架安装旋轮，如图 7-160、图 7-161 所示。旋轮架安装在旋轮座上。旋轮进给分纵向进给和横向进给，在旋压过程中，通常只作连续纵向进给。有的旋压机设有单独进给机构。

尾座也与机床类似，只是具有结构不同、压紧力大（防止工件与芯模相对运动）、行程长和慢进快退等特性。图 7-162 为用液压缸压紧的尾座。

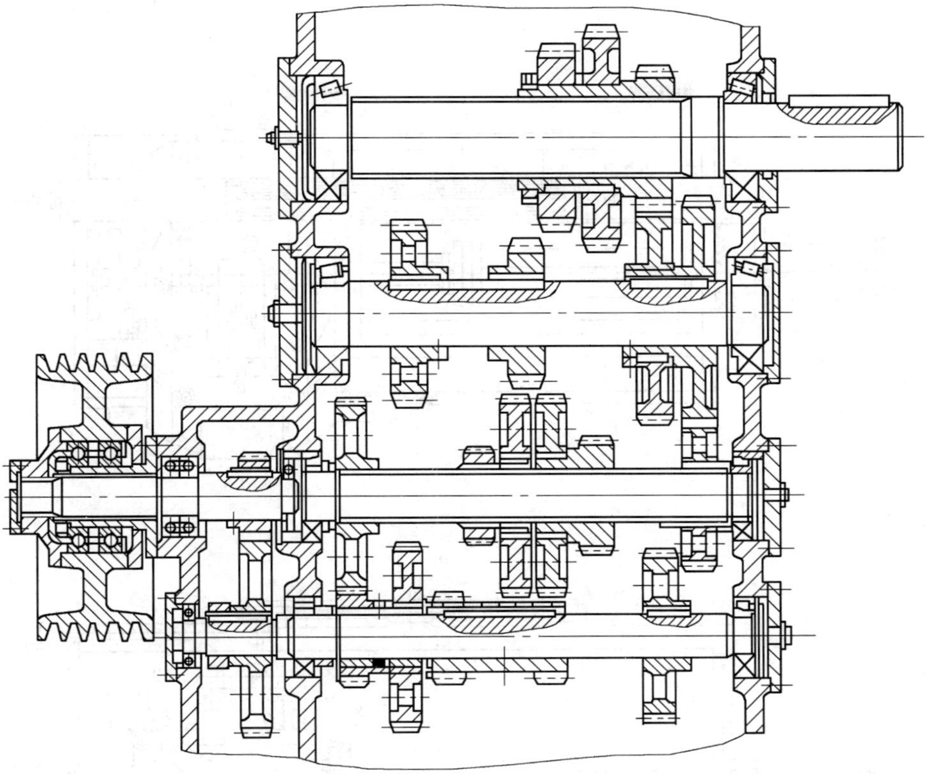

图 7-155 SY－3 型旋压机的主轴箱结构图

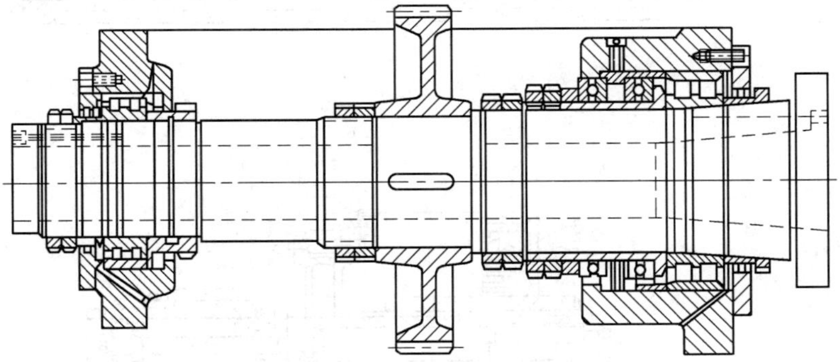

图 7-156 旋压机的主轴装配结构

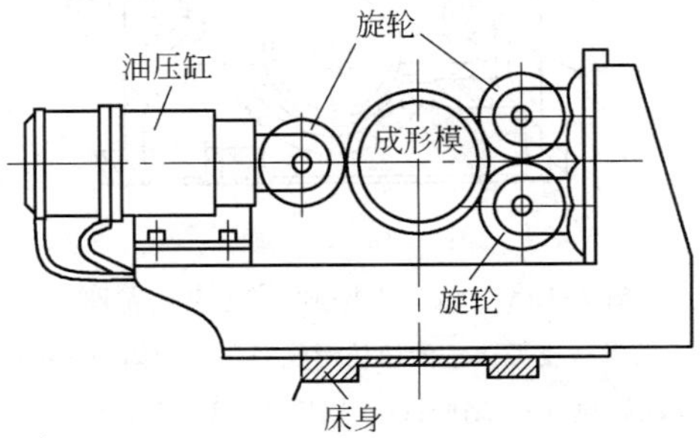

图 7-157 三旋轮旋轮座

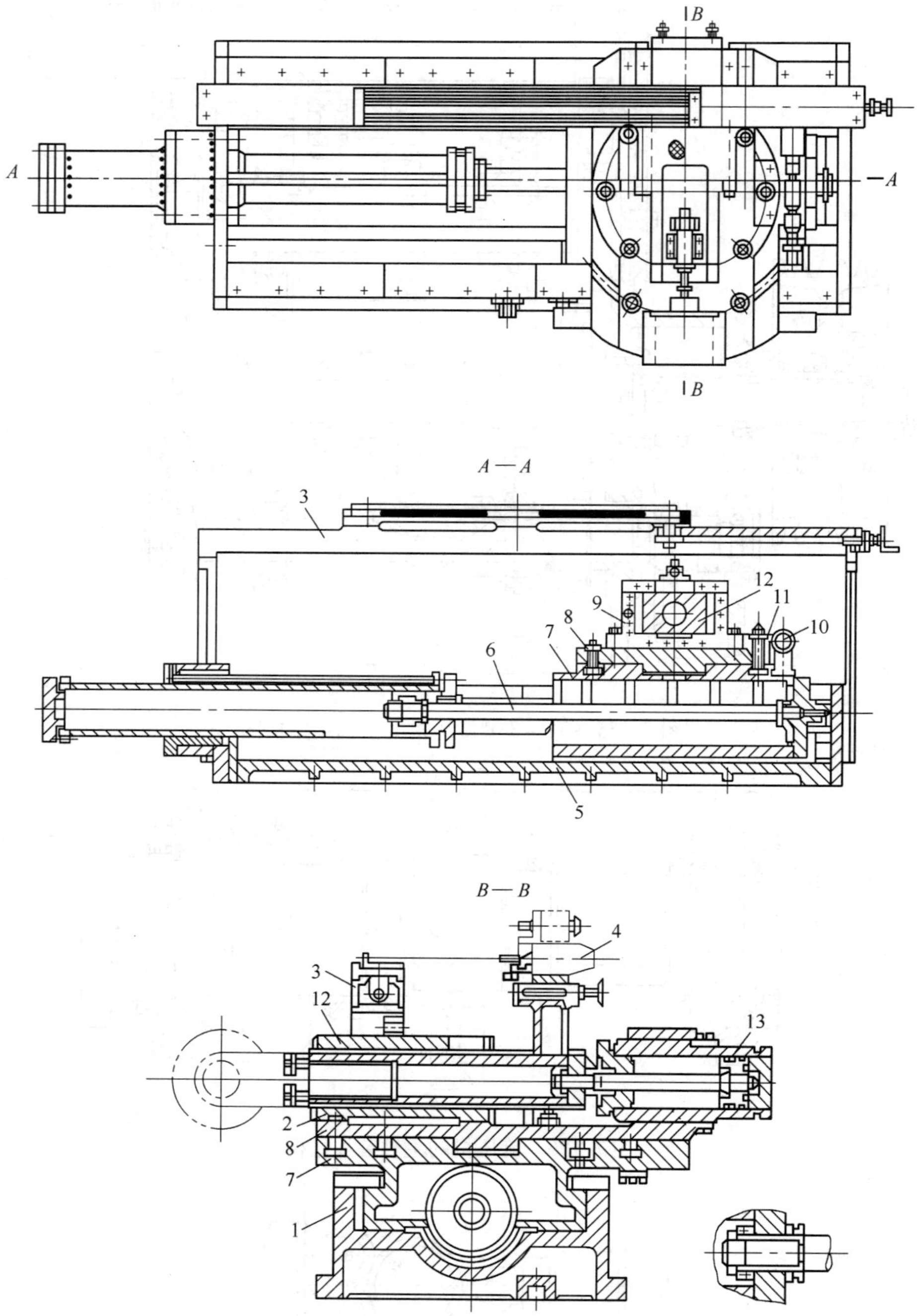

图 7-158　SY－3 型旋压机的旋轮座

1—支架;2—导轨体;3—仿形板支架;4—液压仿形阀;5—支架体;6—纵向油缸;7—纵向滑架;8—转盘;9—横向导轨;10—蜗杆;11—蜗轮片;12—横向滑架;13—横向油缸

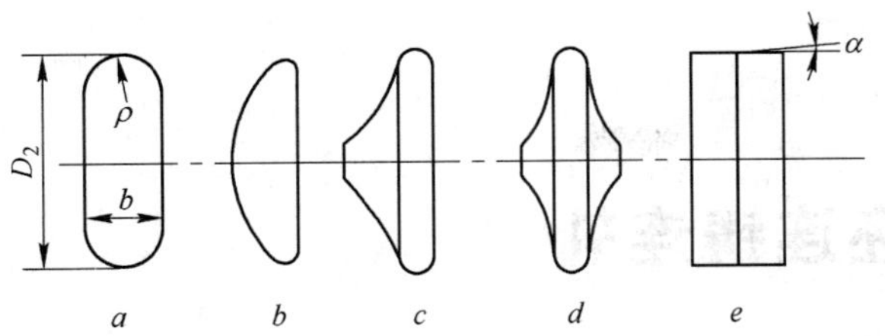

图 7-159 旋轮的形状

a—旋压用；*b*—旋压、强力旋压用；
c、*d*—缩口，辊波纹用；*e*—表面加工用

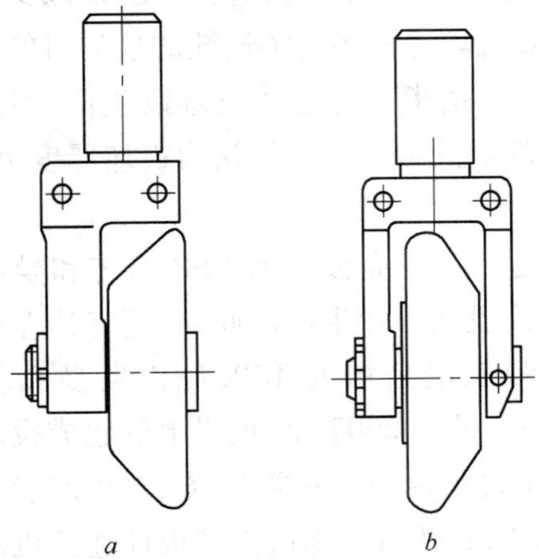

图 7-160 单支撑和双支撑旋轮架

a—单支撑；*b*—双支撑

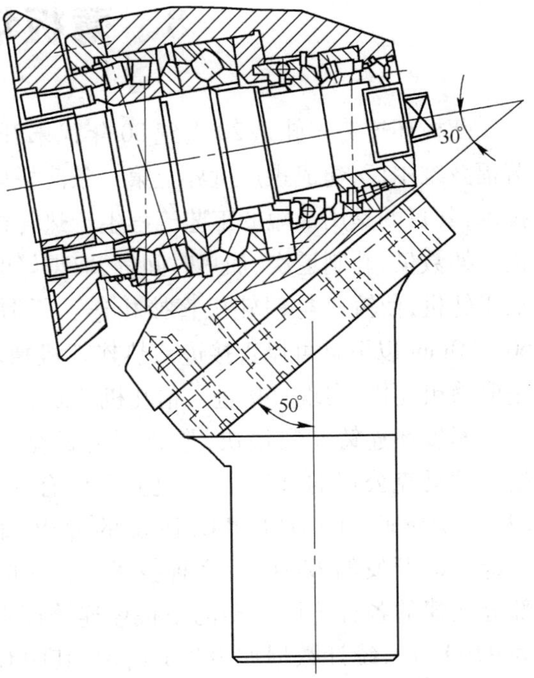

图 7-161 重型旋轮架结构

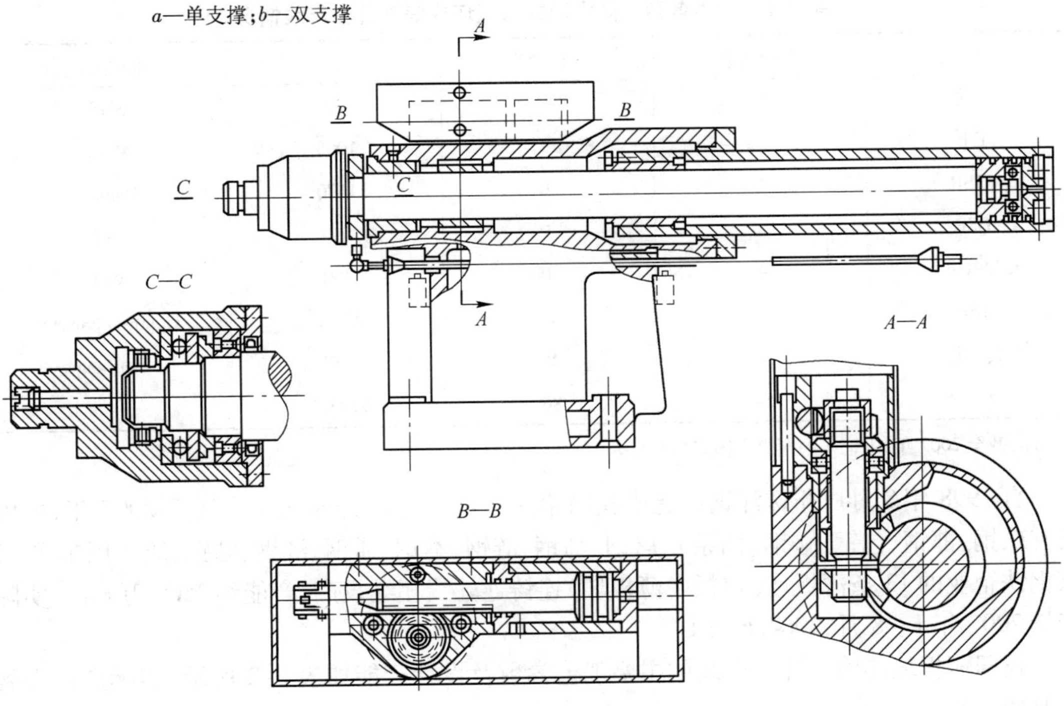

图 7-162 XC－550 型旋压机的尾座

8 薄板坯连铸连轧

薄板坯连铸连轧是20世纪80年代末开发的新技术。自1989年7月美国纽柯公司克劳福兹维尔厂,建成投产世界上第一条薄板坯连铸连轧生产线以来,被认为是当今最成功的技术,其目的是用最短的工艺流程生产热轧板带,即尽可能地减小连铸坯厚度,以减少热轧机机架数量、轧制道次、加热时间等,取得好的经济效益。薄板坯连铸连轧的最初目的是取消粗轧机,使铸机与精轧机直接相连。所谓"薄板坯"是指普通连铸机难以生产,厚度在60~70mm以下且可以直接进入热连轧机精轧机组轧制的板坯。一般认为板坯厚度70mm是取消粗轧机、实现直接进入精轧机轧制的上限。

薄板坯连铸发展很快,最典型的是德国施罗曼·西马克公司的CSP工艺和曼内斯曼·德马克公司的ISP工艺,世界上已有多条生产线投入工业生产。此外,还有达涅利的FTSR,奥钢联的CONROLL,住友的QSP,蒂平斯和三星公司的TSP,曼内斯曼和美国Chaparral开发的UTHS等多种技术已在实际中采用。截至2007年,世界上已建成投产和部分在建的各种不同类型的薄板坯连铸连轧生产线共计54条、铸机86流,总生产能力约为9200万t,统计数据如表8-1所示,其中CSP线29条、铸机47流,占薄板坯连铸机总产能的50%以上。

表8-1 世界各种不同类型的薄板坯连铸连轧生产线情况

工　艺	生产线数	铸机流数	年生产能力/万t	技术供应厂商
CSP	29	47	4965	SMS
ISP	7	11	1005	MDH
FTSR	6	10	1170	Danieli
QSP	3	4	510	SMI
CONROLL	4	4	330	VAI
TSP	2	2	212.5	Tippins + Samsun
其　他	3	8	1000	AnGang
合　计	54	86	9192.5	

注:截至2007年;未记入中国唐山国丰生产线。

自1998年8月广州珠江钢厂建成我国第一条薄板坯连铸连轧生产线至2007年,国内已有珠钢、邯钢、包钢、鞍钢(两条)、唐钢、马钢、涟钢、本钢、通钢、济钢、酒钢、唐山国丰等12家钢铁企业的13条薄板坯(包括中薄板坯)连铸连轧线相继投产,产能约3500万t/a。实际产量2007年1~8月,2064.6万t。

我国薄板坯连铸连轧生产线的主要工艺参数及设计产能如表8-2所示,实际产量进展情况如表8-3所示。

表 8-2 我国薄板坯连铸连轧生产线的主要工艺参数及设计

序号	企业名称	生产线形式	连铸流数	铸坯厚度/mm	铸坯宽度/mm	产量估计/万 $t \cdot a^{-1}$
1	珠钢	CSP	2 流	50 ~ 60	950 ~ 1350	180
2	邯钢	CSP	2 流	60 ~ 70	900 ~ 1680	260
3	包钢	CSP	2 流	50 ~ 70	980 ~ 1560	280
4	鞍钢	ASP(1700)	2 流	100 ~ 135	900 ~ 1620	280
5	鞍钢	ASP(2150)	4 流	135 ~ 170	1000 ~ 1950	550
6	马钢	CSP	2 流	90 ~ 65	900 ~ 1600	260
7	唐钢	FTSR	2 流	90 ~ 70	850 ~ 1680	300
8	涟钢	CSP	2 流	70 ~ 55	900 ~ 1600	260
9	本钢	FTSR	2 流	90 ~ 70	850 ~ 1680	260
10	通钢	FTSR	1 流	90 ~ 70	950 ~ 1560	130
11	济钢	ASP(1700)	2 流	135 ~ 150	900 ~ 1500	280
12	酒钢	CSP	2 流	70 ~ 52	950 ~ 1680	260
13	唐山国丰	ZSP(1450)	2 流	130 ~ 170	800 ~ 1300	200

表 8-3 我国薄板坯连铸连轧生产线的实际产量进展情况(万 t)

年份	珠钢	邯钢	包钢	鞍钢	唐钢	马钢	涟钢	本钢	通钢	济钢	酒钢	合计
1999	4.4	0.2										4.6
2000	38.5	79.2		0.1								117.8
2001	77.8	101.5	4.5	81.2								265.0
2002	82.2	112.2	130.0	162.8								487.2
2003	112.5	153.2	251.8	220.9	55.8							794.2
2004	163.7	230.5	249.8	241.4	192.6	156.9	124.7					1359.6
2005	157.8	259.8	288.4	238.8	301.1	222.8	214.0	89.8	0.5	96.0		1896.0
2006	184.7	277.1	286.5	459.2	272.5	235.6	231.0	202.0	75.9	148.6	62.7	2435.8
2007(1 ~ 8 月)	134.3	117.8	196.1	487.3	198.6	148.9	166.0	158.4	99.2	176.4	121.5	2064.6

注:鞍钢有两条 ASP 线;未记入唐山国丰生产线。

近年来我国薄板坯连铸连轧生产线产品的品种和规格在迅速扩大,已开发的品种达到几十种,但主要产品还是普碳钢,其中供冷轧用基板占有较大的比例。表 8-4 为 2005 年我国各生产线的主要产品品种、规格情况。

表 8-4 我国各薄板坯连铸连轧生产线的主要产品品种、规格情况(2005 年)

序号	企业名称	主要生产钢种及牌号	主要产品规格(宽×厚)/mm×mm	2005 年产量/万 t
1	珠钢	SPA - H, ZJ330, ZJ400, X60, Hp296, ZJ510L, ZJ550L	(1100 ~ 1350) × (1.2 ~ 12.7)	157.8
2	邯钢	SS400,SPHC,Q345A,H510L,SPA - H,CCSA	(900 ~ 1680) × (1.2 ~ 21.0)	259.8
3	包钢	SPHD,Q235B,Q345A,SS400,SS490,X60	(1020 ~ 153) × (1.0 ~ 20.0)	288.4
4	鞍钢	SPCC, 08AL, Q195, Q235B/C/D, Q345B/C/D, Q420B/C,Q460C,45 号,HP295,IF,SPCC, SPHC, X52 - X70,45 ~ 70Mn	(960 ~ 1520) × (1.6 - 12.0)	

续表 8-4

序号	企业名称	主要生产钢种及牌号	主要产品规格(宽×厚)/mm×mm	2005 年产量/万 t
5	马钢	SS400，SPHC，SPHD，SPA – H，MGW540，MGW600，MGW800	(900～1600)×(3.0～9.5)	222.8
6	唐钢	SS330，SS400，SS490，SPHD，Q345B，T510L	(1235～1600)×(1.2～12.0)	301.1
7	涟钢	Q195，Q235，Q345，SS400，SPHC，SPHD，08AL，SGCC，A36，X42，16MnL，SPA – H	(900～1560)×(1.2～12.7)	241.0
8	本钢	IF 钢(St16)，ELC(St14，St12F)，SS400，Q345A，Q235B，SS400P，HSLA X46，X52，SPA – H，C45	(1235～1600)×(1.2～12.0)	89.8

表 8-5 为我国 13 条薄板坯连铸连轧生产线的轧机配置情况。可见，连轧机组的配置均采用了目前最先进的机型配置，CSP 线连轧机组全部采用 CVC 轧机，FTSR 线连轧机组采用 PC 轧机并在后两架采用在线磨辊系统 ORG，ASP 线连轧机组的后四架则采用 W RS 轧机，先进的轧机配置和控制系统为热轧板带的板厚和板形高精度控制提供了有力的保证。

表 8-5　我国 13 条薄板坯连铸连轧生产线的轧机配置情况

TSCR 生产线	粗轧及精轧机组轧机机型配置								
	R1	R2	F1	F2	F3	F4	F5	F6	F7
珠钢 CSP			CVC	CVC	CVC	CVC	CVC	CVC	
邯钢 CSP	conv		CVC	CVC	CVC	CVC	CVC	CVC	
包钢 CSP			CVC	CVC	CVC	CVC	CVC	CVC	
马钢 CSP			CVC	CVC	CVC	CVC	CVC	CVC	CVC
唐钢 FTSR	conv	conv	PC	PC	PC	ORG	ORG		
鞍钢 ASP1	V1	conv	conv	conv	WRS	WRS	WRS	WRS	
鞍钢 ASP2	V1	conv	conv	conv	WRS	WRS	WRS	WRS	
涟钢 CSP			CVC	CVC	CVC	CVC	CVC	CVC	CVC
本钢 FTSR	conv	conv	PC	PC	PC	ORG	ORG		
济钢 ASP	V1	conv	conv	conv	WRS	WRS	WRS	WRS	
通钢 FTSR	conv	conv	PC	PC	PC	ORG	ORG		
酒钢 CSP			CVC	CVC	CVC	CVC	CVC	CVC	
国丰 ZSP	V1	conv	PC	PC	PC	PC	PC	PC	

薄板坯连铸连轧之所以得到迅猛的发展，与传统的热带轧机相比具有以下特点：

(1)采用大压下量、高刚度轧制；

(2) 直接轧制，取消了 $\alpha-\delta$ 相变温度区的中间冷却，轧制在粗大奥氏体组织上直接进行，可避免合金元素在板坯冷却过程中析出，可使钢板组织得到弥散硬化，获得更精细、均匀的金相组织；

(3)建设费用省，可节省投资 20%～34%；

(4)降低能耗 70%～80%；

(5)生产周期短，可降低流动资金；

(6)吨钢成本降低 80～100 美元；

(7)经济规模在 80～200 万 t，非常适合短流程小钢厂采用。

薄板坯连铸连轧关键是合理高效的连铸连轧衔接技术、高温铸坯的检测技术、高效的均热技术、高刚度大压下量轧机，以及高效的生产管理及调度系统。

8.1 薄板坯连铸连轧生产工艺

薄板坯、中板坯和厚板坯承接的不同生产工艺的特点如表8-6所示。可见,随着铸坯断面厚度的减小,投资减小,成本降低,连铸拉速增加,产品范围减小,质量下降。

目前薄板坯连铸工艺技术有很大发展,如漏斗型结晶器、液芯压下(静态、动态)、中包液面控制、结晶器液面控制、电磁制动、保护渣、二次冷却(静态、动态)、高压水除鳞等技术。薄板坯连轧工艺技术也有很大发展,如半无头轧制的关键技术:动态CVC轧机、PC轧机、动态变规格技术FGC(flying gauge control)、高速飞剪等;铁素体轧制技术。

表8-6 板坯连铸及轧制生产工艺的分类及特点

连铸工艺	薄板坯连铸	中板坯连铸	厚板坯连铸
铸坯厚度/mm	40~70	90~150	200~300
结晶器形状	漏斗型	平行板	平行板
铸速/m·min^{-1}	高,最大6.0	中,最大5.0	低,最大2.5
轧制线主要设备	精轧(4~6架)	粗轧(1~2架)+精轧(4~6架)	粗轧(1~3架)+精轧(7架)
品　种	以低碳钢为主	与传统工艺相当	多
质　量	较低(特别是表面质量较差)	与传统工艺相当	高
投　资	小	中	大

8.1.1 连铸与连轧衔接工艺

钢水铸造凝固和变形的连续化,即连铸与连轧衔接的连续化是实现钢铁生产工艺连续化的关键。连铸与连轧衔接工艺主要考虑:铸坯规格、产量、生产节奏、温度、热能和产品规格、质量等多方面。

连铸与连轧衔接工艺有五种基本类型(图8-1):类型1——连铸坯直接轧制工艺(CC-DR)。类型1还包括另一种方式,类型1′——连续铸轧工艺;类型2——连铸坯直接热装轧制工艺(CC-DHCR或HDR),或高温热装轧制工艺;类型3、4——低温热装工艺(CC-HCR);类型5——常规冷装炉轧制工艺。

类型1′:铸坯在铸造的同时进行轧制。

类型1:高温铸坯不需要进加热炉加热,只略经补偿加热即可直接轧制。

类型2:铸坯温度仍保持在A_3线以上奥氏体状态装入加热炉,加热到轧制温度后进行轧制。

类型3、4:铸坯温度冷至A_3甚至A_1线以下装炉。

类型2、3、4三种类型均需要入正式加热炉加热,所以也可统称为连铸坯热装(送)轧制工艺。

因类型1′、类型1、类型2工艺都属于热轧前基本无相变的工艺,我国通常称其为连铸-连轧工艺。

8.1.2 CSP工艺

1989年7月美国纽柯克劳福兹维尔厂,采用德国西马克的CSP(compact strip production)紧凑式带钢生产技术,建成了第一条年产量 80 万 t 薄板坯连铸连轧生产线(图 8-2)。连铸机 1 直接铸成厚 50mm 的薄板坯,经直通式隧道均热炉 2 均温后,直接进入 4 机架四辊精轧机 3 轧成 2.5 ~ 12.7mm 的带钢,带钢经过层流冷却线 4 冷却后,进入地下卷取机卷成板卷,卷重 18t。

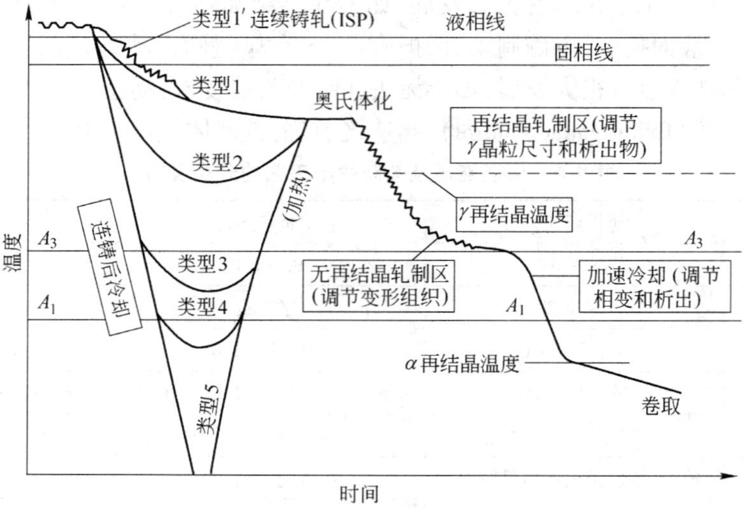

图 8-1　连铸与轧制的衔接模式

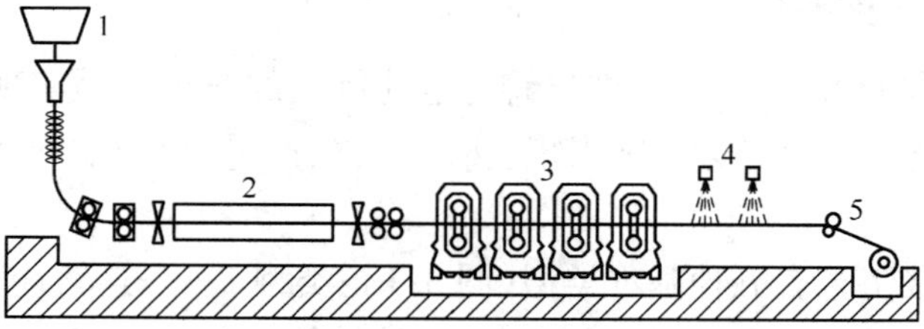

图 8-2　第一条 CSP 生产线

1—连铸机;2—均热炉;3—轧机;4—冷却线;5—卷取机

8.1.3　ISP 工艺

德国德马克公司与意大利阿雅迪公司合作提供的 ISP(in line strip production)在线带钢生产技术(图 8-3),连铸机 1 铸出厚度为 60 ~ 80mm 有液芯的铸坯,由紧靠连铸机的三个机架 2 液芯铸轧成 13 ~ 30mm 的带坯,经感应加热 3 和卷取炉(或热卷箱)4 保温后送至精轧机 5 轧成带钢,再行冷却卷取。前述的液芯铸轧,近年也可在铸机扇形段进行液芯压下,以减薄铸坯厚度,如铸坯厚度 60mm,经扇形段的液芯压下减薄到 43mm。

8.1.4　Conroll 工艺

奥钢联为美国阿姆科提供的 Conroll 薄板坯连铸连轧工艺,如图 8-4 所示,其技术特点是连铸采用平行板垂直结晶器、SMART(single minute adjustment during/without restranding time)扇形段和多点矫直技术。浇铸成厚 100mm 左右的板坯,SMART 技术可实现动态调整辊缝,即动态软压下,压下量为 15 ~ 20mm,成品最薄为 1.7mm。

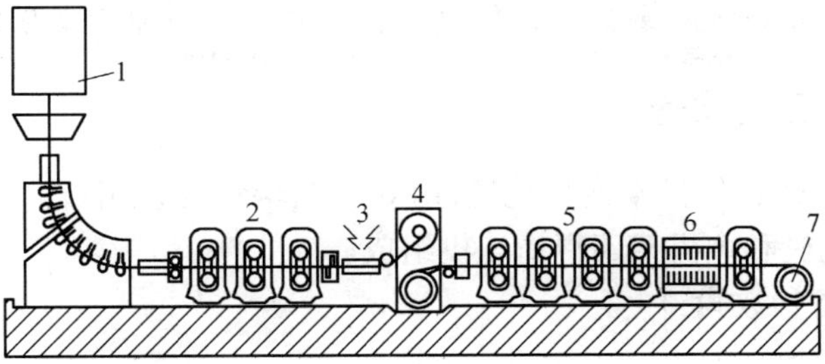

图 8-3 意大利阿雅迪公司的 ISP 装置
1—连铸机;2—大压下轧机;3—感应加热;4—Cremona 箱;
5—轧机;6—冷却;7—卷取机

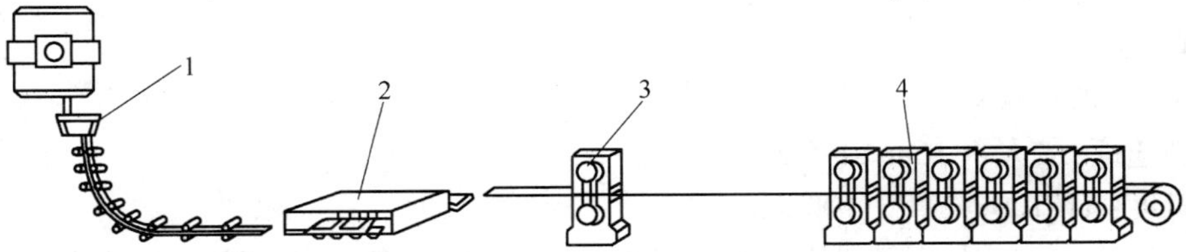

图 8-4 VAI 的 Conroll 生产线工艺布置
1—薄板坯连铸机;2—步进梁式加热炉;3—粗轧机;4—精轧机

8.1.5 QSP 工艺

QSP(quality slab production)工艺如图 8-5 所示,其技术特点是连铸采用 3.5m 弧半径的直弧形铸机、平行板结晶器、软压下、多点矫直和 0 扇形段强冷。它将铸坯浇铸成中等厚度 90～100mm,改善了铸坯质量、提高了生产率。1 扇形段的软压下将 90mm 厚坯压下到 70mm,成品最薄为 1.0mm。

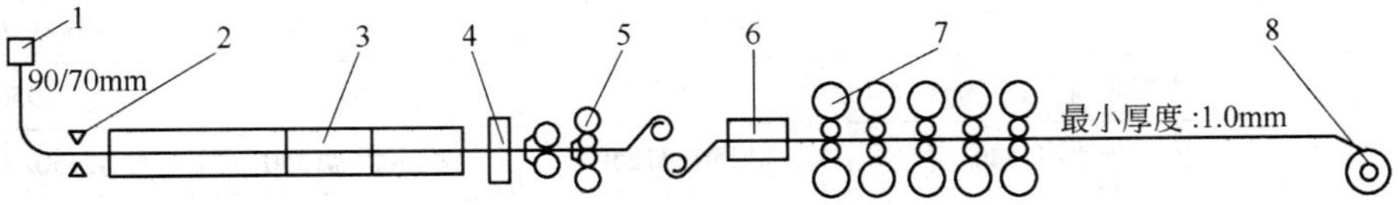

图 8-5 QSP 工艺流程
1—2 流连铸机;2—剪切机;3—加热炉;4—立辊轧机;5—2 机架粗轧机;
6—除鳞机;7—5 机架精轧机组;8—卷取机

8.1.6 FTSR、TSP、UHTS 工艺

达涅利的 FTSR(flexible thin slab rolling)技术被认为是代表当代薄板坯连铸连轧的先进技术水平。连铸机铸出 50～75mm 的带坯,切成定尺,经横向移动板坯的步进式均热炉均温加热后,送往精轧机轧制。

美国蒂平斯公司的 TSP(tippins - samsung process)连铸机铸出厚度为 100～125mm 的板坯,经剪切在常规的加热炉中均热,然后在炉卷轧机上轧制。

曼内斯曼和美国 Chaparral 开发的 UHTS 连铸铸成 90mm 的板坯，经感应加热后在大压下行星轧机上轧成 2mm 带钢，然后在四辊精轧机上轧成最小厚度至 0.7mm 的带钢。

8.2　薄板坯连铸连轧设备

我国珠钢和包钢热连轧机不设粗轧机，由 6 台四辊精轧机组成。邯钢的热连轧机则由 1 架不可逆四辊粗轧机和 5 机架四辊精轧机组成。

邯钢粗轧机设备参数为：

粗轧机前立辊轧机：

调宽范围：850 ~ 1850mm；

最大轧制力：1700kN；

轧辊直径：最大/最小 ϕ350mm/ϕ320mm。

主传动电机功率：650kW，100/1000r/min。

粗轧机：

轧制力：42000kN；

轧制速度：最大 4.16m/s；

开口度：R1、100mm；R2、100mm；

轧辊尺寸：工作辊，直径最大/最小 ϕ880mm/ϕ790mm，辊身长 1900mm；

　　　　　支撑辊，直径最大/最小 ϕ1500mm/ϕ1350mm，辊身长 1900mm；

主传动电机功率：8300kW，0 ~ 140/400r/min。

珠钢、邯钢和包钢四辊精轧机组设备参数如表 8-7 所示，产品品种规格如表 8-8 所示。

表 8-7　珠钢、邯钢和包钢精轧机组设备参数

序　号	项　目		珠　钢	邯　钢	包　钢
1	精轧机架数/台		6	5(6)	6
2	精轧机形式		四辊 CVC 连续可变凸度控制轧机		
3	工作辊直径/mm	F1 ~ F3	ϕ800/ϕ720	ϕ800/ϕ720	ϕ800/ϕ720
		F4 ~ F6	ϕ600/ϕ540	ϕ600/ϕ540	ϕ600/ϕ540
4	工作辊辊身长度/mm		1700	2100	1950
5	支撑辊直径/mm		ϕ1350/ϕ1250	ϕ1500/ϕ1350	ϕ1450/ϕ1300
6	支撑辊辊身长度/mm		1500	1900	1790
7	牌坊立柱断面/cm^2		6300/5900	5900	5900
8	轧制力/kN		35000	42000/32000	40000/32000
9	辊缝调节液压缸尺寸/mm × mm		ϕ965/800 × 90	ϕ965/800 × 90	ϕ965/800 × 90
10	液压缸压力/MPa		25	29	29
11	工作辊弯辊力/kN		1100	1100	1100
12	工作辊移动行程/mm		100	100	100
13	活套辊直径/mm		ϕ275	ϕ277	ϕ277
14	活套辊液压摆动角度/(°)		50	52	52
15	工作辊换辊抽出缸行程/mm		6000	7000	6800
16	侧移距离/mm		1500	1550	1500

表 8-8 珠钢、邯钢和包钢产品品种规格

名　称	珠　钢	邯　钢	包　钢
带钢规格厚度/mm	1.2～12.7	1.2～20	1.2～20
带钢规格宽度/mm	1000～1350	900～1680	980～1560
钢卷外径/mm	ϕ1380～1950	约 ϕ2025	ϕ1000～1950
最大卷重/t	24.3	33.6	28
单位宽度卷重/kg · mm^{-1}	18	20	18
连铸坯年产量/万 t	80	125.2	200
热轧钢卷年产量/万 t	79.2	123	198

下面主要讲述唐钢的薄板坯连铸连轧机。

达涅利公司为我国唐钢提供的薄板坯连铸连轧机(2003 年 1 月 28 日投产)设备布置如图 8-6 所示,产品品种规格如表 8-9 所示。

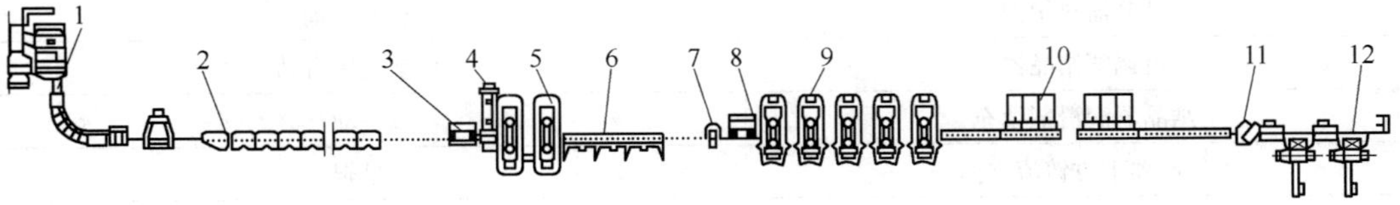

图 8-6 唐钢薄板坯连铸连轧机设备布置

1— 薄坯连铸机;2—隧道式加热炉;3—除鳞机 1;4—立辊轧机; 5—两机架粗轧机;
6—中间冷却系统(层流冷却);7—切头剪;8—除鳞机 2; 9—5 机架精轧机;
10—轧后冷却系统(层流冷却);11—高速飞剪;12—两台地下卷取机

表 8-9 产品品种和规格

钢　种	低和超低碳钢	
	包晶钢、中碳钢	
	高碳钢、微合金钢	
板坯厚度/mm	70～65	
板坯宽度/mm	850～1680	
最终产品目标规格	钢　种	奥氏体和铁素体轧制钢
	厚度/mm	0.8～12.7
	宽度/mm	850～1680
	一期产能/t	每年 1500000

8.2.1 连铸机

连铸机主干部分为直弧形,直段高度为 2290mm,主半径为 5000mm。配有漏斗形结晶器和动态软压下,最大压下量为 25mm。主要特点如表 8-10 所示。

表 8-10　连铸机主要特点

类　型	直－弧
一期流数	1
主半径/mm	5000
浇铸速度/m · min^{-1}	最大 6.0(优质钢 2.5)
薄板坯厚度/mm	92.5(结晶器出口)72 和 67(出连铸机)
薄板坯宽度/mm	850～1680
薄板坯长度/m	最大 37
一期产能/t	每年 1500000
连浇炉数	13.7
进入式水口类型	达涅利型
结晶器类型	H^2 型(达涅利专利)
窄面轮廓	多锥度 MT6 型
结晶器厚度/mm	92.5
结晶器液面控制	Berthold 和 NKK 式
漏钢和粘钢预防	靠热电耦
结晶器热像图	靠热电耦
可调宽结晶器	自动或半自动
结晶器润滑剂填充	手动
结晶器下方铸流支撑	足辊
软压下类型	动态和液芯控制 LPC(0～9 段)
振动台	液压驱动
液芯控制系统	自动或半自动
二冷系统	水雾型
设备冷却	通过轴心钻孔内部冷却
矫直单元	7 号扇形段
拉拔单元	扇形段 7、8、9 和抽出单元
摆剪	启-停式(17300kN)
穿引锭杆	利用旋转流槽

8.2.2　轧机

轧机采用两机架粗轧机(R)+5 机架精轧机(F)的布置。在粗、精轧机组间布有中间冷却系统,用于铁素体轧制时中间坯的快速降温。在精轧机前布有切头剪,用于切除粗轧坯头尾和事故剪切。高速飞剪用于半无头轧制时定尺剪切钢带。最大剪切力 100t,最大剪刃线速度 1080m/min,最低剪切温度 500℃。用于将带钢卷成钢卷的液压式 4 助卷辊地下卷取机,其卷取速度为 100～1080 m/min,带卷外径最大/最小 ϕ2050mm/ϕ1200mm,最大卷重 30t。各种轧机的结构类同于热轧薄板带轧机。

8.2.2.1　*立辊轧机*

在 R1 前布有立辊轧机,用于成品宽度控制,其技术参数为:

宽度压下量:最大 27mm(13.5mm/边),板坯厚度为 90mm。

最大 30 ~ 35mm(15 ~ 17.5mm/边),板坯厚度为 70mm;

最大轧制力: 100t;

轧制速度:最大 22r/min;

轧辊尺寸:直径最大/最小 ϕ640mm/ϕ580mm,辊身长 380mm;

开口度:最大/最小 1770mm/800mm;

主传动电机:2 - AC 成对的水平电机。

8.2.2.2　粗轧机

R1、R2 均是四辊不可逆轧机,间距为 6900mm,主传动经调速电机、减速机、齿轮机座到轧机接轴。R1、R2 和 F1 ~ F5 形成连轧。其技术参数为:

最大轧制力:R1、4000t,R2、4000t;

轧制速度:R1、43 ~ 77m/min,R2、55 ~ 98m/min;

开口度:R1、100mm,R2、100mm;

轧辊尺寸:R1、工作辊,直径最大/最小 ϕ1050mm/ϕ980mm,辊身长 1810mm;
　　支撑辊,直径最大/最小 ϕ1450mm/ϕ1300mm,辊身长 1790mm;
　　R2、工作辊,直径最大/最小 ϕ825mm/ϕ735mm,辊身长 1810mm;
　　支撑辊,直径最大/最小 ϕ1450mm/ϕ1300mm,辊身长 1790mm;

轧辊材质:工作辊,R1 为中铬合金铸铁辊,R2 为高铬合金铸铁辊
　　支撑辊,R1、R2 均为锻钢;

主传动电机:R1、R2 均为 AC6600kW × 108/190r/min。

8.2.2.3　精轧机

F1 ~ F5 5 架轧机均是四辊不可逆轧机,纵向排列,间距为 5800mm。在 F1 ~ F3 机架采用动态 PC 轧机(最大交叉角 1.5°),F4 ~ F5 机前采用在线磨辊(ORG),F1 ~ F5 均有正弯辊和 AGC 系统,F4 ~ F5 有负弯辊。工作辊采用四列圆锥滚子轴承支承,支撑辊采用油膜轴承(配有静压系统)支撑。精轧机技术参数为:

最大轧制力: 4000t/每机架;

开口度:50mm;

轧辊尺寸:工作辊,F1 ~ F3 直径最大/最小 ϕ825mm/ϕ735mm,辊身长 1810mm。F4 ~ F5
　　直径最大/最小 ϕ680mm/ϕ580mm,辊身长 1810mm;
　　支撑辊,F1 ~ F5 直径最大/最小 ϕ1450mm/ϕ1300mm,辊身长 1790mm;

轧辊材质:工作辊,F1 ~ F3 为高铬合金铸铁辊。F4 ~ F5 为高铬镍无限冷硬铸铁辊;
　　支撑辊,F1 ~ F5 均为锻钢;

主传动电机:F1 ~ F3 AC10000kW × 150/340r/min;
　　F4AC10000kW × 250/520r/min;
　　F5AC7500kW × 300/650r/min。

8.3　中薄板坯连铸连轧

前述薄板坯连铸连轧的最初目的是取消粗轧机,使铸机与精轧机直接相连。一般认为板坯厚度 70mm(薄板坯)是取消粗轧机,实现直接进入精轧机轧制的上限。但目前连铸薄板坯质量尚存在不足。热带连轧的产品质量取决于连铸板坯的质量,需要无缺陷铸坯的生

产。传统厚度的连铸板坯质量明显优于薄板坯连铸，此问题到目前为止还尚待解决。在薄板坯连铸连轧的不足完全克服之前，成熟的薄板坯连铸连轧工艺面临着扩大品种、改善质量的任务。适当提高连铸板坯的厚度是薄板坯连铸连轧的又一个课题，因此20世纪90年代，在总结薄板坯连铸连轧和传统连轧的经验基础上，开发了一种新工艺——中薄板坯连铸连轧。它克服了薄板坯连铸连轧的不足，又吸取了传统热带连轧的优点。中薄板坯连铸连轧能同时满足高产能、高品质、薄规格和节省投资的需求。

中薄板坯连铸连轧工艺特点如表8-6所示，因铸坯厚度为100～150mm，与薄板坯连铸连轧比较，其最大特点是增加了粗轧机，连轧环节同传统工艺。

中薄板坯连铸连轧生产线的连铸机为连续弯曲、连续矫直的中薄板坯连铸机，可以生产的中薄板坯的厚度为100～150mm。它采用平板式长直结晶器及结晶器背板冷却技术、扁平式三孔浸入式水口、结晶器液压振动等关键技术，同时配备了结晶器液面自动检测及控制系统、浸入式水口快换装置、气雾二次冷却、过程计算机实现二次冷却水动态控制以及拉漏预报等关键配套技术，从而可以实现高作业率、高连浇率、高拉速、高无缺陷率和高产量。

中薄板坯连轧的工艺特点：中薄板坯连铸连轧采用紧凑式工艺布局，将连铸机的出坯辊道中心线与加热炉入炉辊道中心线布置在同一条线上，最大限度地缩短了连铸坯的运输时间，使连铸坯入炉温度明显提高。这也在一定程度上解决了加热环节的能力制约问题和改善连铸坯的加热质量。

粗轧采取ER工艺方案，即在粗轧机前配备附着上部驱动式立辊轧机（带液压自动调宽AWC，道次最大侧压量一般为50mm）。粗轧机为四辊可逆式高刚度轧机，道次最大压下量可达到50mm，进行3～5个道次大压下量快速轧制，轧成22～40mm的中间坯，进入热卷箱或保温罩，轧件全长温度可以保持在1000℃以上；精轧6～7架，装有液压厚度自动控制HAGC、工作辊轴向窜动HCW、工作辊弯辊与工作辊轴向移动WRB/WRS等有效的板型控制技术，如鞍钢两条APS线、济钢APS线，均采用精轧6架，且装有WRS。卷取机具有液压踏步控制功能。配有先进的全线二级自动化计算机控制系统和应用软件。

9 轧钢机管理与维修

轧钢生产属大工业、连续化、高精度生产。轧钢机处于高温、潮湿、多尘、高速、重载、冲击负荷等恶劣条件下工作,同时对轧制成品质量的要求也越来越高,加之轧钢机现代化技术的不断发展进步,这就给轧钢机管理与维修增加了难度并提出了更高的要求。现代化的轧钢机需要现代化的设备管理。

现代化的设备管理,就是把当今国内外先进的科学技术成就与管理理论、方法,综合地应用于设备管理,形成适应企业现代化的设备管理保障体系,以促进企业设备现代化和取得良好的设备资产效益。其基本思路是,倡导不断提高设备管理和维修技术的现代化水平,突出设备管理思想观念的三大转变:由单纯抓设备维修到对设备的造、买、用、修、改等一生实行综合管理的转变;由只重视技术管理到实行技术管理与经济管理相结合,追求设备投资效益的转变;由专业维修人员管理向全员管理方向的转变。提倡对设备管理和维修技术的科学研究,鼓励设备管理和维修工作的社会化和专业化协作,要求企业积极采用先进的设备管理方法和维修技术,采用以状态监测为基础的设备维修方法,应用计算机辅助设备管理,推进管理手段和方法的现代化。

9.1 设备管理与维修

设备一般指生产或生产上所使用的机械和装置,是固定资产的主要组成部分,它是工业企业中,可供长期使用并在使用中基本保持原有实物形态的物质资料的总称,如轧钢机。

目前我国采用的设备管理是指对设备的一生实行综合管理,即以企业经营目标为依据,通过一系列技术、经济、组织措施,对设备规划、购置(设计、制造)、安装、使用、维护、修理、改造及更新、调拨直至报废各个过程的活动。设备管理包括设备的物质运动和价值运动两个方面,以获得寿命周期费用最经济、设备综合效能最高的目标。

我国设备管理的基本原则是:坚持设计、制造与使用相结合,维护与计划检修相结合,修理、改造与更新相结合,专业管理与群众管理相结合,技术管理与经济管理相结合的原则;方针是:依靠技术进步、促进生产发展和以预防为主;主要任务是:对设备进行综合管理,保持设备完好,不断改善和提高企业装备素质,充分发挥设备效能,取得良好的投资效益。

设备维修是指设备维护和检修(修理)的一切活动,包括保养、修理、改装、翻修、检查等。设备的维护是指为保持设备规定的功能而进行的日常活动,检修是指恢复设备规定功能的全部检查修理工作。维护和检修是设备维修工作的有机构成部分,两者不可偏废,应该合理安排、密切结合,以保证设备处于良好的技术状态。

9.1.1 维修思想、方式及制度

维修思想(又称维修理论、维修原理、维修观念、维修哲学)是指导维修实践的理论。它来源于人们对维修客观规律的正确反映。维修方式是指在维修思想的指导下,对维修时机

的控制。维修制度是指在维修思想的指导下,根据维修方式,制定出来的一套规定,其包括维修计划、类别、方式、时机、范围、等级、组织和考核指标体系等。自产业革命以来,维修思想、方式依次出现较多,但总体归纳为“事后维修”、“计划维修”和以可靠性理论、状态检测、故障诊断为基础的“状态维修”。

9.1.1.1　事后维修

事后维修也称故障维修、损坏维修,它基于事后维修的维修思想,是非计划维修。当机械设备发生故障或损坏、造成停机之后才进行的维修。

产业革命以来,蒸汽机和其他机器大量出现,这些机器在运转中会发生故障,因而产生了维修工作来排除这些故障。早期因机器结构简单、故障也简单、维修量较少,故无专业维修工,仅由操作工人自己维修。之后,随着技术的发展,机器结构日趋复杂,进而逐步产生了专业维修工。到了第二次世界大战期间,维修工在世界范围内成为一个键全的工种,同时也开始了对维修方式的研究。在维修工作初期,人们对磨损发生的规律尚不认识,维修方式就是等待设备发生故障以后才修,即事后维修。

事后维修的缺点往往处于被动地位,准备工作不可能充分,难以取得高质量的维修效果,停机时间长,停机造成的生产损失大等。但此方式通常维修费用低、不会产生过剩维修、对管理的要求低。这是因为它不需要为各种预防性的措施付出代价,而仅是修复损坏了的部分。可见这是一种落后的维修方式,不宜采用。当前,为节约维修费用、缩小维修组织,对某些非主要生产设备或利用率不高的设备也采用事后维修方式。

9.1.1.2　计划维修

计划维修也称定期维修、时间预防维修。在 20 世纪 50 年代初期,我国从苏联引进了计划维修制度。半个多世纪以来,我们还在沿用这种维修体系。计划维修基于“以预防为主的维修思想”,以机件的磨损规律为基础,以使用时间为维修期限,只要使用到预先规定的时间,不管其技术状态如何,都要进行规定的维修工作,降低设备故障率、防止设备性能劣化趋势的突然扩张或突发较大的设备事故。计划维修主要根据是:(1)设备的工作条件,如对设备加工精度的要求、工人操作熟练程度、设备维护保养、环境情况等;(2)设备的修理特性,如设备结构和传动的复杂性、精度,装拆特点等;(3)设备的修理质量;(4)设备的实际使用情况,如设备的开工率、负荷率等;(5)修理工人的劳动生产率,如修理工艺及装备的先进性、修理工水平、修理前的各项准备工作等。

计划维修根据维修期限,按修理计划对设备进行预防性的日常维护保养、检查和大、中、小修理。相邻两次大修间设备的工作时间为一个修理周期。一个修理周期内安排若干次中、小修。

大修是为恢复设备良好状态并完全或接近于恢复其使用寿命而进行的修理。轧钢机的大修期为 2 ~5 年,内容是主传动系统、工作机座全部或大部分解体,修理主减速机、机架、机座等主要件,全面消除设备缺陷,恢复设备原由精度、性能、效率。大修理费用计入大修理基金。

中修也是恢复性修理,其规模介于大修和小修之间。由于小修时间短,设备的某些缺陷和隐患不能处理,而大修间隔期又太长,故要在相邻两次大修之间安排若干次中修。轧钢机的中修期为 1 ~2 年。修理内容是部分解体轧机,局部修理主减速机、机架、机座等主要件,修复或更换磨损机件,如主减速机的齿轮、轴承、压下丝杠等,消除设备缺陷。中修理费用计入生产费用,计入成本。由于大修和中修均属于恢复性修理,修理工作量大、难度大,且通常由轧钢车间外部检修部们实施,则对大、中修的计划管理往往放在一起。又由于中修和小修费用来源一样,有的国家取消中修,称中修和小修一律为小修。

小修是在使用过程中为可靠地保证设备的工作能力而进行的修理,是由维修过渡到检修的初级阶段,主要是根据日巡检等发现的设备缺陷及小修计划。其检修时间短,工作量较小,一般尽量结合工艺性停产时间进行。内容为清擦设备,部分拆检零部件,更换和修复少量的磨损件,调整、紧固机件等。小修理费用计入生产费用,计入当月生产成本。

计划维修的关键是:依据机件的磨损规律,准确地掌握机件的维修时机。

计划维修的优点是易掌握维修时间、计划、组织管理,有较好的预防故障作用,减少了停机时间和停机造成的生产损失等。

计划维修的缺点是从技术角度出发,经济性较差,修理周期和范围固定,会造成不必要的维修,即过剩维修或维修不足,它不利于提高设备的可靠性和维修的经济性。

人们针对计划维修的缺点,在实施计划维修的同时,也注意到了对运转中的设备状态检查,以此了解设备的劣化趋势,调整大、中、小修的周期与频次,尽量减少过剩维修或维修不足的缺点。这实质上已经使计划维修过渡到了准"状态维修"阶段,只是检查制度、检查手段、故障诊断技术水平与状态维修阶段比还不全面而已。

9.1.1.3 状态维修

随着设备故障诊断技术和状态监测技术的不断发展和应用,及对设备可靠性要求的提高,为克服计划维修的不足,在此基础上又出现了按需计划维修——状态维修。

状态维修又称按需计划维修、状态监测维修、视情维修、预知维修。日本的全员生产维修 TPM(total productive maintenance)本质也属于状态维修。状态维修基于以可靠性为中心的维修 RCM(reliability centered maintenance)思想,以可靠性理论、状态检测、故障诊断为基础的维修。根据机械设备的实际状态监测结果而确定修理时机和范围。鉴于一些复杂的机械设备一般只有早期和偶然故障,而无耗损期,因此计划维修对许多故障是无效的。

这种维修的特点是修理周期、程序和范围都不固定,要依据实际情况而灵活决定。它把维修工作的重心,由修理和保养转到检查上来,它的基础是推行点检制。点检工作在为修理时机和范围提供信息的同时,也分散地完成了一部分修理工作内容。对机械设备进行日常点检、定期点检和精密点检,然后将状态监测与故障诊断提供的信息进行分析处理,判断劣化程度,并在故障发生前有针对性地进行维修,既保证了设备处于完好状态,也充分利用了机件的使用寿命,比计划维修体系更加合理。

实施状态维修应具备的条件:要有充分的可靠性试验数据、资料和作为判别机件状态的依据;制定设备维修大纲;检测手段和标准要齐全。

TPM、RCM 与点检定修制是目前最活跃的状态维修的维修方法,在下节专门介绍。

9.1.2 TPM 、RCM 和点检定修制的维修方法

TPM、RCM 和点检定修制维修方法实质均属状态维修体系,是"以可靠性为中心的维修思想"指导的,以可靠性理论、状态检测、故障诊断为基础的维修。

9.1.2.1 TPM 维修制

日本的设备全员生产维修简称 TPM(total productive maintenance),是建立对设备整个寿命周期的生产维护。全员参与、小组自主活动,涉及所有部门的活动,其目的是提高设备综合效率。TPM 是从 20 世纪 50 年代起,在引进美国预防维修和生产维修体系的基础上,吸引了英国设备综合工程学的理论,并结合日本本国国情而逐步发展起来的。

日本设备工程协会对全员生产维修所的定义是：

(1)把设备综合效率提到最高为目的；

(2)建立以设备一生为对象的生产维修系统，确保寿命周期内无公害、无污染、安全生产；

(3) 涉及设备的规划、设计、使用和维修等所有部门；

(4)从企业最高领导到生产一线工人全体成员参加；

(5)加强生产维修思想教育，开展以小组(即 QC 小组)为单位的自主活动，推进生产维修。

全员生产维修包括三个方面，即“三全”：全效益、全系统、全员参与。全效率——把设备综合效率提到最高。在工作中要求产量高、质量好、成本低、按期交货、无公害、安全生产；全系统——有两层意思：一是对设备要全过程管理，即建立起从设备规划、设计、制造、安装、维修、更新直至报废的一生管理。二是设备所采用的维修方法要系统，即实施日常维修和定期检查，并建立有效的反馈系统，根据有关信息进行预知维修；全员参加——凡涉及设备一生全过程所有部门以及这些部门的有关人员，包括企业最高领导和第一线生产工人都要参加到 TPM 系统中来。

TPM 的主要做法步骤：一般针对本企业生产特点，将设备进行分级，突出重点设备的维修管理工作。对重点设备实施日常维修和定期检查、预知维修方法，提高其设备开动率。首先将设备进行分级管理，按重点设备条件划分出重点设备。重点设备分级评分表如表 9-1 所示。将设备划分成重点(A)、重要(B)、一般(C)三类。针对 A、B、C 不同类的设备，对其进行分类管理 。设备管理内容的区分如表 9-2 所示。第二步是实施设备管理内容中的设备点检。设备点检是为了维护设备所规定的机能，按照一定的规范或标准，通过直观(凭借五感)或检测工具，对影响设备正常运行的一些关键部位的外观、性能、状态与精度进行制度化、规范化的检测，其中设备点检又分为日常点检(凭借五感)和定期点检，定期点检又称定期检查(凭借五感和测量仪器)。要正确制定点检标准、点检的周期；编制点检卡片，包括日常点检卡(表 9-3)和定期点检卡(表 9-4)；合理安排各部门的分工，日常点检一般由操作工完成，维修工指导并及时处理可以处理的查处问题，定期点检由维护工完成(表 9-5)。第三步是依据点检记录及其分析，制定检修计划并按计划的时间和内容加以实施。

点检项目的周期确定，根据操作、维修两方面经验及设备故障发生状况等适当调整点检周期和时间，点检周期包括日常点检、定期点检等形式。

点检标准是衡量或判别点检部位是否正常的依据，也是判断该部位是否劣化的尺度。例如：间隙、温度、压力、流量、松紧度等要有明确的数量标准。

点检卡及结果分析：点检员根据设备的有关资料，如设计和使用说明书、运行经验等预先编制好的点检计划表(卡)，定时、定标记录。检查记录和处理记录应定期进行系统分析，对存在的问题进行解析，提出意见。

这里要指出的是，有的将设备点检分成三方面内容，即日常点检、定期点检和精密点检(凭借测量仪器)，此种分法的定期点检和精密点检总和就是前种分法的定期点检。

日常点检的操作方法：

设备操作人员在每班生产前，利用 10min 左右时间，依据点检卡片内容逐项进行检查，并将检查结果用√、△、×三种符号填在点检卡上。对一些可以解决的小问题，则解决；对解决不了的问题，应立即通知维修人员解决。

每班上班 15min 后，负责点检的维护人员逐台查看点检卡，发现点检卡上有△、×符号时,应立即解决。对解决不了的问题,应及时报告维修组长,经维修组长检查后,另派人解决或安排下月检修计划解决。维修人员将问题处理完毕后,应在操作工在点检卡片上填写的△或×符号外画一个圆,表示故障已处理或修好,并在卡上签名。

定期点检的操作方法:

设备维护人员凭借五感和测量仪器,按检查周期对重点和重要设备各部位进行检查。根据设备的复杂程度确定检查时间。检查时要检查和测定易损件磨损情况,确定性能,在条件许可时,进行必要的修理、调整、更换易损件。要做好检查记录,为下次计划检修提供依据。

表 9-1 重点设备分级评分表

车间		资产编号		型号及名称	规格		
项目	序号	内 容		评价标准		评价	
						应得分	实得分
生产	1	开动班次		开足二班(无代替) 开足二班(有代替) 未开足二班		5 3 1	
	2	故障时可否代替		无代替 可外协 有代替		5 3 1	
	3	专用程度		专用 多用		3 1	
	4	故障对于其他机械影响程度		影响全车间 影响一部分 仅影响机床本身		5 3 1	
质量	5	质量稳定性		不良率 15% 以上 不良率 5% ~15% 不良率 5% 以下		5 3 1	
	6	最终质量(精度)		对最终质量有决定性影响(不可用手修) 对最终质量有影响(可用手修) 对最终质量无关		5 3 1	
维修	7	故障频率		每月三次以上 每月三次以下 基本上无故障		5 3 1	
	8	故障修理的难易程度		难 较难 可作简单修理		5 3 1	
成本	9	故障损失(停台、减产及维修费用)		>50 元 >30 元 <30 元		5 3 1	
安全	10	因故障而使作业人员或作业环境受影响的程度		影响人的生命 需要停止其他作业的 有影响但可继续作业的		5 3 1	
其他	11	设备价格		>1 万元 <1 万元		3 1	
备注	重点设备(A)35 分以上,重要设备(B)20 ~34 分,一般设备(C)10 分以下					总分	

表 9-2　设备管理内容的区分

序号	管理内容	重点设备	重要设备	一般设备
1	重点设备标志	有	无	无
2	点检标准和日常点检	全部	全部	无
3	定期点检标准	全部	部分	无
4	定期精度检查	有	无	无
5	维修手段	重点维修保证使用	有计划预防维修	事后修理
6	故障记录及平均故障间隔期分析	有	有	无
7	维修记录	有详细的	有	有
8	操作规格	齐全、严格执行	齐全	一般要求
9	说明书	全部有	90% 以上	部分有
10	外文资料翻译	全部译	90% 以上	部分译
11	润滑图表及管理资料	齐全	85%	有润滑卡
12	备件图册	保证维修需要	基本保证	不要求
13	备件供应	保证供应	关键备件保证供应	不保证

表 9-3　日常点检卡

序号＼项目	点 检 内 容	1	2	3	4	5	6	7	8	9	10	……31
1	主轴箱、走刀箱、溜板箱传动是否正常无杂音											
2	各变速手柄是否灵活，定位可靠											
3	电机运转是否正常，皮带有无损坏											
4	光杆、丝杆，开关杆转动自如有无跳动											
5	三箱润滑是否良好											
6	各润滑点有无缺油现象											
7	各导轨面润滑是否良好											
8	各油窗是否清晰											
9	支架尾座各间隙是否正常，各润滑面有无拉伤											
10	机床各部有无漏油漏水现象											
11	有无缺少零部件											
方法	听　看　试　　机											
	电											
	润											
符号	“√”—表示完好 “×”—表示待修 “△”—表示异常 ⊗—表示修好 (△)—表示已处理	处理意见										

年　　月　　日　　　　操作者：

表 9-4 定期点检卡

设备编号：　　　　　　　　　　　　　　　　　　　　检查者：

部位＼项目	检查项目	检查内容	记　号	备　注
外　观	1. 主轴箱、进刀箱	油量是否足够，有无漏油		
	2. 导轨面	润滑状况，有无损伤		
	3. 安全装置	有无缺少或失灵现象		
	4. 各操作手柄	调整、定位，是否灵活可靠		
主轴箱	5. 主轴	轴向与径向摆差，有无松动		
	6. 齿轮与轴	啮合状况与磨损状况		
	7. 油泵	油量是否充足，有无阻塞现象		
	8. 异音	在特定负荷下有无异音		
进给箱	9. 保险齿轮	间隙调整是否适当，有无松动		
	10. 离合器	磨损状况及结合状况		
	11. 油泵	油量是否充足，有无阻塞现象		
	12. 升降丝杆、丝母	磨损状况及间隙		
	13. 异音	在特定负荷下有无异音		
工作台	14. 纵横升降导轨	滑动面间隙及磨损情况		
	15. 结合器	结合状况及间隙		
	16. 油泵	管路及工作状况		
其　他	17. 地脚螺丝	有无松动现象		
	18. 冷却系统	有无泄漏及缺件		
检查记号	✓：良　好 △：要　换 ×：要　修 ⊗：已修好 Ⓐ：已换好	操作者　　　　维修组长 生产组长　　　　检查员		

表 9-5 点检的周期与分工

项目＼区分	点检周期	分　工
日常点检	每日至一个月以内	主要由操作工人负责
定期点检	一个月以上	主要由维修工人负责

9.1.2.2 RCM——以可靠性为中心的维修

RCM（reliability centered maintenance）是欧美通过对设备磨损曲线和设备故障诊断技术进行了进一步的研究后发展出来的一种维修体系。RCM 强调对设备的异常工况进行早期诊断和早期治疗，以设备状态为基准安排各种方式的计划维修，以达到最高的设备可利用率和最低的维修费用。其维修体系的发展大约经历了事后维修、预防性维修和预测性维修。RCM 在美国融合了更多的维修方式和诊断方法，正在发展成为 RCM2，尤其是对设备可靠性要求极高的发电厂和化工行业。

RCM 的目标是达到总体成本的平衡点，使得可靠性投资所得到的回报为最高。

RCM 原理的基本观点：

装备的固有可靠性与安全性是由设计制造赋予的特性，有效的维修只能保持而不能提高它们。RCM 特别注重装备可靠性、安全性的先天性。如果装备的固有可靠性与安全性水平不能满足使用要求，那么只有修改设计和提高制造水平。因此，想通过增加维修频数来提高这一固有水平的做法是不可取的。维修次数越多，不一定会使装备越可靠、越安全。

产品（项目）故障有不同的影响或后果，应采取不同的对策。故障后果的严重性是确定是否做预防性维修工作的出发点。在装备使用中故障是不可避免的，但后果不尽相同，重要的是预防有严重后果的故障。故障后果是由产品的设计特性决定的，是由设计制造而赋予的固有特性。对于复杂装备，应当对会有安全性（含对环境危害）、任务性和严重经济性后果的重要产品，才做预防性维修工作。对于采用了余度技术的产品，其故障的安全性和任务性影响一般已明显降低，因此可以从经济性方面加以权衡，确定是否需要做预防性维修工作。

产品的故障规律是不同的，应采取不同方式控制维修工作时机。有耗损性故障规律的产品适宜定时拆修或更换，以预防功能故障或引起多重故障；对于无耗损性故障规律的产品，定时拆修或更换常常是有害无益，更适宜于通过检查、监控，视情况进行维修。

对产品（项目）采用不同的预防性维修工作类型，其消耗资源、费用、难度与深度是不相同的，可加以排序。对不同产品（项目），应根据需要选择适用而有效的工作类型，从而在保证可靠性与安全性的前提下，节省维修资源与费用。

RCM 分析过程：

（1）RCM 分析所需的信息。进行 RCM 分析，根据分析进程要求，应尽可能收集下述有关信息，以确保分析工作能顺利进行。

1）产品概况，如产品的构成、功能（包含隐蔽功能）和余度等；

2）产品的故障信息，如产品的故障模式、故障原因和影响、故障率、故障判据、潜在故障发展到功能故障的时间、功能故障和潜在故障的检测方法等；

3）产品的维修保障信息，如维修设备、工具、备件、人力等；

4）费用信息，如预计的研制费用、维修费用等；

5）相似产品的上述信息。

（2）RCM 分析的一般步骤：

1）确定重要功能产品（FSI）；

2）进行故障模式影响分析（FMEA）；

3）应用逻辑决断图选择预防性维修工作类型；

4）系统综合，形成计划。

（3）重要功能产品确定。

装备是由大量的零部件组成的，这些零部件都有其具体的功能，也都有可能发生故障。其中有些故障的后果危及到安全，有的对完成任务有直接的影响，而大部分的故障对装备整体没有直接影响，这些故障发生后及时排除就行了，其唯一的后果就是事后修理的费用，且这个费用一般会比预防修理的费用低。因此，制定维修大纲时，没有必要对所有的成千上万个零件逐一进行分析。预防性维修大纲的工作只针对比较少的一部分产品，即：重要功能产品，它是指哪些故障会影响任务和安全性，或有重大经济性后果的产品。这些产品可以是系统、分系统,部件或零件。鉴定重要产品的工作就是确定系统、分系统、部件或零件每一层次中的重要产品。首先,把装备按复杂程度依次列出其所有产品,形成“构造树”,然后把其故障显然对装备没有重要后果的产品从“树”中略去,留下来的产品是必须做维修研究的产品。

归为不重要的产品是指下列产品:1)它们的功能与装备的使用功能没有重大影响;2)它们在设计上有余度,其功能不会影响使用能力;3)故障没有安全性和使用性后果,很容易进行修复;4)根据经验和实际分析不可能发生故障的产品。但是隐蔽功能产品不管它们是否重要都要求做预防性维修。因此,隐蔽功能产品都要作为重要产品。这样的划分具有以下性质:

1)包含有重要产品的任何产品,其本身也是重要产品;

2)任何非重要产品都包含在其上一层的重要产品之一;

3)包含在非重要产品之下的任何产品也是非重要产品。

这样从简化的“构造树”中,我们就可以确定一个重要产品的层次,我们把这个层次的产品作为重要产品分析,从而可以使我们的分析工作集中于几十个产品,而不是成千上万个零部件,从而大大简化了分析过程。

(4)故障模式及影响分析。

RCM 分析的第二步就是对选定的重要功能产品进行故障模式及影响分析(FMEA),通过 FMEA,明确产品的功能、故障模式、故障原因和故障影响,从而为基于故障原因的 RCM 决断分析提供基本信息。

(5) RCM 逻辑决断。

对于重要功能产品的每一个故障原因严格按相关 RCM 逻辑决断图进行分析决断,提出针对该故障原因的预防性维修工作与工作间隔期。

各类预防性维修工作间隔期的确定可以参考以下数据与方法:

1)产品生产厂家提供的数据;

2)类似产品的相似数据;

3)已有的现场故障统计数据;

4)有经验的分析人员的主观判断;

5)对重要、关键产品的维修工作间隔期的确定要有模型支持和定量分析。

(6)系统综合,形成计划。

单项工作的间隔期若是最优,并不能保证总体的工作效果最优。有时为了提高维修工作的效率,我们需要把维修时间间隔各不相同的维修工作组合在一起,这样也许会使某些工作的频度比其计算出的结果要高一些,但是提高工作效率所节约的费用会超过所增加的费用。组合工作时应以预定的间隔期为基准,尽量采用预定的间隔期。确定预定的间隔期时应结合现有的维修制度,尽可能地与现有的维修制度一致。

9.1.2.3 点检定修制

设备点检定修制是宝钢于 20 世纪 80 年代,在 TPM 的基础上,融合 RCM、PM 等思想,参照日本新日铁的预防维修制,根据中国的实际国情总结出的维修管理体制,随后在全国钢铁企业进行推广。它实质就是一种状态维修,即通过检查,掌握设备实际状态,以实施有效的计划检修。点检即预防性检查,是为了及时准确地掌握设备劣化状况以实现定修;定修即在主作业线(可影响生产计划完成的作业线)停产条件下进行的计划检修。

点检定修制强调点检，点检精华之处在于通过对设备的检查诊断，从中发现倾向性的问题，来预测设备的零部件的寿命周期，对症下药，确定检修项目(含改善措施)，以免过剩维修或维修不足。

点检定修制的具体操作方法可参考9.1.2.1 TPM维修制。

9.1.3 设备故障

状态维修模式要求对设备进行相关参数测量，及时反映设备故障产生前的实际状态。测量的参数可以在足够的提前期间发出警报，以便采取适当的维修措施。这种预防维修方式的维修作业一般没有固定的间隔期，维修技术人员根据监测数据的变化趋势作出判断，再确定设备的维修计划。这样，对设备故障规律的认识和故障诊断技术的掌握、应用就显得十分重要。

9.1.3.1 故障类型

设备故障是指一台装置(或其零部件)在规定的时间和使用条件下，丧失了它应达到的功能。故障分多种类型，如图9-1所示。

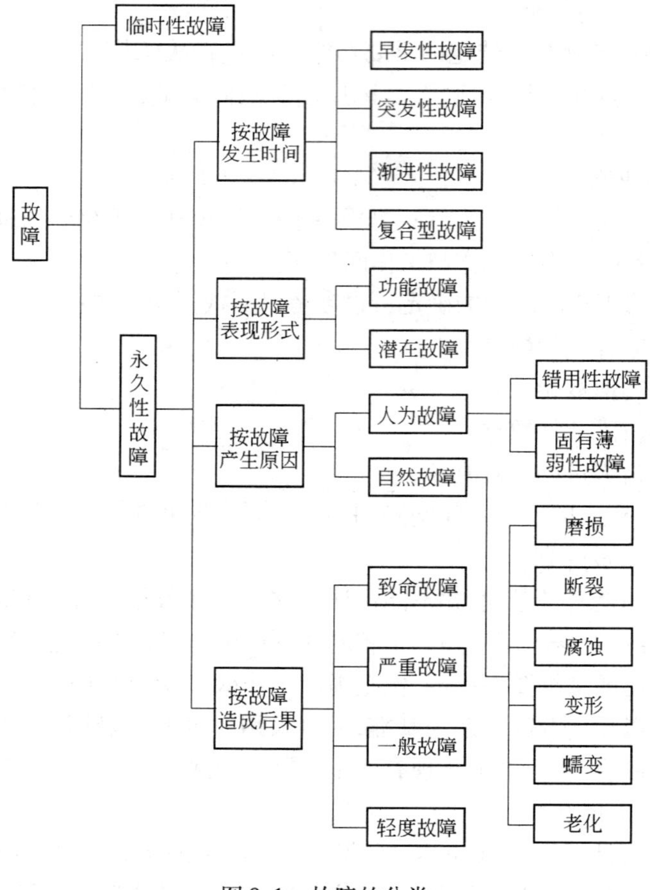

图9-1 故障的分类

9.1.3.2 故障率随时间的变化规律

设备故障率是指在每一个时间增量里产生故障的次数。故障率随时间的变化规律可分为四种类型:(1)常数型:故障率随时间的变化是一个常数,即不变;(2)渐减型:故障率是时间的负指数函数;(3)渐增型:故障率是时间的正指数函数;(4)浴盆曲线型:设备从投入使用到退役,通常其故障率随着时间的变化逐渐出现渐减型、常数型、渐增型。三条曲线叠加在一起呈浴盆曲线形(图9-2)。曲线划分三个期(阶段):早期故障期(渐减型)、偶发故障期(常数型)和耗损故障期(渐增型)。

早期故障期,亦称磨合期,该时期的故障率通常是由于设计、制造及装配等问题引起的。随运行时间的增加,各机件逐渐进入最佳配合状态,故障率也逐渐降至最低值。

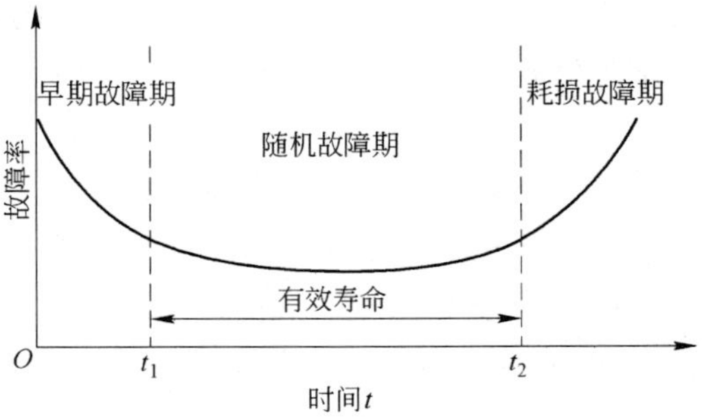

图9-2 浴盆曲线型故障率曲线

偶发故障或随机故障期的故障是由于使用不当、操作疏忽、润滑不良、维护欠佳、材料隐患、工艺缺陷等偶然原因所致,没有一种特定的失效机理主导作用,因而故障是随机的。此期是机械设备的最佳工作期。

耗损故障或衰老故障期的故障是机械长期使用后,零部件因磨损、疲劳,其强度和配合质量迅速下降而引起的。此期产生故障的机会逐渐增加,因此应在这一时期出现前进行预防维修。

设备故障的三个阶段,真实地反映出设备从磨合、调试、正常工作到大修或报废故障率变化的规律。如准确地找出关键点,可延长偶发故障期,避免过剩修理。

若可预防的设备故障多,则说明设备的预防维修工作没有到位;若不可预防的设备故障多,说明设备本身的可靠性差,技术档次不高。我们控制和降低设备的故障,主要从提高预防维修能力和设计制造设备必须注意到其可靠性等两方面同时入手。

需要指出的是,传统的故障观念仅认为设备某一零(元)件失效是故障的根源,或者说故障完全是由损坏的零部件所致。这种看法固然不错,但只适于由动力、传动和工作三大部分组成的传统简单机械。而现代机械增加了控制部分(即信息及其执行系统),形成了"人-机整体"。很多时候,机器的零部件完好无损,但也发生了故障,这是因为现代的故障观念也从微观发展到宏观。宏观故障观念认为,现代设备的"故障源"至少有六大因素:零(元)件缺陷;零(元)件间的配合不协调;信息指令故障;人员误操作;输入异常(原材料、能源、电、汽、工质不合格等);工作环境恶化。

9.1.4 设备诊断技术

设备维修经历了事后维修、计划维修和状态维修(又称按需计划维修、状态监测维修、视情维修、预知维修)的发展过程。因设备诊断技术的发展和成熟,使设备的状态维修成为可能。

设备诊断技术是20世纪60年代发展起来的一门新学科,尤其是快速Fourier变换的出现,使诊断技术的发展产生了飞跃。随着电子技术、计算机技术、信号采集技术(如传感器技术)、信号分析和处理技术(如各种滤波技术、谱分析技术、人工智能系列技术专家系统、神经网络等)的发展,设备诊断技术在逐渐完善。

设备诊断技术的发展分三个阶段:一是设备状态监测;二是设备状态监测与故障诊断;

三是现代管理,即把监测与诊断融入企业的 MIS 系统中去,这是设备诊断技术发展的最高阶段。目前,设备诊断技术大致处于第二阶段的整理完善和向第三阶段的过渡时期。所谓 MIS (management information system)即管理信息系统,是一个由人、计算机及其他外围设备等组成的能进行信息的收集、传递、存储、加工、维护和使用的系统,它是一门新兴的科学,其主要任务是最大限度地利用现代计算机及网络通讯技术加强企业的信息管理,通过对企业拥有的人力、物力、财力、设备、技术等资源的调查了解,建立正确的数据,加工处理并编制成各种信息资料及时提供给管理人员,以便进行正确的决策,不断提高企业的管理水平和经济效益。

从开展设备诊断的流程来看(图 9-3),分为信号采集、信号处理、故障诊断三个阶段。信号采集是前提。设备的不同症状是通过不同的信号表现出来的,通过传感器正确地将其采集和放大十分重要;信号处理是关键。它实际上就是诊断技术中的特征因子提取技术。如传感器采集的振动信号,虽然经过了放大,由于含有噪声,一般从时域波形上很难反映问题,必须利用频谱分析技术,如 FFT 分析、倒谱分析、Fourier 分析、小波分析等技术,把时域信号转化在不同的域内分析,才能得到更能敏感反映设备状态的特征因子。故障诊断是核心。识别设备的状态为正常或异常,判别为异常后再进行原因分析,这是诊断的实质。在诊断技术发展初期,是靠有经验的人,依据仪器处理后的信号与某类故障的联系进行诊断。近年来出现了自动化、智能化诊断技术,如基于知识的故障诊断专家系统、基于神经网络的智能诊断、演化算法在诊断中的应用等。其中关于智能化诊断技术的更详细内容,请见作者与虞和济老师,陈长征、张省两位博士合著的《基于神经网络的智能诊断》一书。

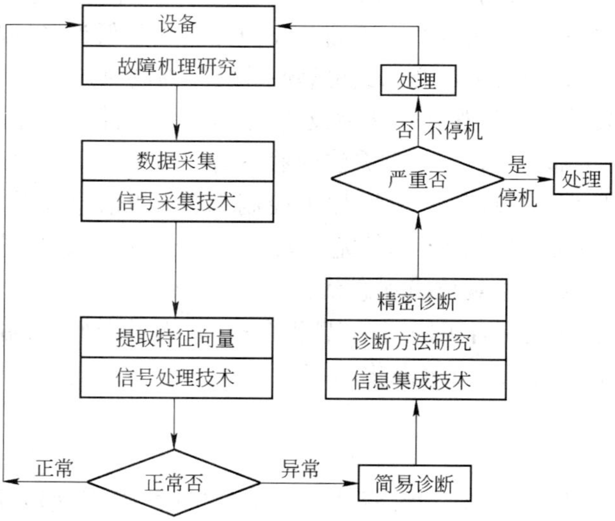

图 9-3　设备诊断流程与其应用技术关系图

现在,多数轧钢企业都在积极探索和确定各自的设备监测和诊断设备模式,成立了设备专职点检站,配备了一些诊断仪器,如各种测振仪、测温仪、铁谱分析仪等,对主作业线重点设备,定期、定部位进行精密诊断,并对重点设备重点部位进行在线状态监测,如轧钢机轧制力、轧制扭矩、主电机轴的运行轨迹等。但是,大部分工作仍停留在第一阶段——设备状态监测上,原因是所具备的诊断仪器简单,更精密的仪器尚未配备,对人员的培训还不到位,同时对轧钢机故障诊断理论还尚待进一步认识,因此距第二阶段——设备诊断还有较大距离,全面实行设备的诊断工作将成为今后设备管理与维修工作的一个重点。

9.1.5 设备操作、使用和维护

设备操作、使用、维护三大规程的建立和有效实施,是设备操作、使用和维护的一项不可缺少的基础工作。新购置设备,必须在建立其三大规程后方可投产运行;已在线运行的设备,应根据设备运行情况逐渐修改和完善三大规程。设备操作、使用、维护三大规程的要点如下:

(1)设备操作规程:是指操作工人正确操作设备的有关规定和程序。各类设备的结构不同,操作设备的要求也会有所不同,编制设备操作规程时,应该以制造厂提供的设备说明书的内容要求为主要依据。

(2)设备使用规程:设备使用规程是对操作工人使用设备的有关要求和规定。例如;操作工人必须经过设备操作基本功的培训,并经过考试合格,发给操作证,凭证操作;不准超负荷使用设备;遵守设备交接班制度等。

概括起来就是使用设备的“五项纪律”:

1)凭操作证使用设备,遵守安全操作规程;

2)经常保持设备清洁,并按规定加油;

3)遵守设备交接班制度;

4)管理好工具、附件,不得遗失;

5)发现异常,立即停车,自己不能处理的问题应及时通知有关人员检查处理。

(3)设备维护规程:设备维护规程是指工人为保证设备正常运转而必须采取的措施和注意事项。例如:操作工人上班时要对设备进行检查和加油,下班时坚持设备清扫,按润滑图表要求进行润滑等,维护工人要执行设备巡回检查,定期维护和调整等,也即维护设备的“四项要求”:

1)整齐,即工具、工件、附件、安全防护装置、线路及管道,整齐、齐全、安全完整;

2)清洁,即设备内外清洁无油垢,设备四周切屑垃圾清扫干净;

3)润滑,即按时加油换油,油质符合要求,各润滑器具、油毡、油线、油标保持清洁,油路畅通;

4)安全,即严格执行设备的操作规程和使用规程,合理使用,精心维护,安全无事故。

设备润滑要严格按“五定”和“三级过滤”的要求去做。“五定”是指:定人(定人加油);定时(定时换油);定点(定点给油);定质(定质进油);定量(定量用油);“三级过滤”是指:液体润滑剂在进入企业总油库时要经过过滤,放入润滑容器要过滤,加到设备中时也要过滤。

设备的日常点检和定期检查:日常点检是由指操作工人按规定标准,以五官感觉为主,对设备各部位进行技术状态检查的设备状态管理维修方法,定期检查是指由维修工人按规定的检查周期,以五官感觉或仪器对设备性能和精度全面检查和测量的设备状态管理维修方法。

另外,对重大的设备事故应遵循“三不放过”原则,即事故原因分析不清不放过;事故责任者与群众未受到教育不放过;没有防范措施不放过。目的是防止重复发生类似事故。

9.1.6　设备寿命及设备寿命周期费用

在设备的寿命周期内,同时存在着实物运动与价值运动两种运动形态。实物运动形态的控制属于技术管理范畴,价值运动形态的控制属于经济管理范畴,加强设备技术和经济管理的目的在于获得经济的设备寿命周期费用,两者必须紧密结合。

设备的技术寿命是指设备在技术上有存在价值的期间,即从设备开始使用,至被技术上更为先进的新型设备所淘汰的全部经历期,技术寿命的长短决定于设备无形磨损的速度。设备经济寿命(又称设备价值寿命),是根据设备的使用费(包括维持费和折旧费)来确定设备的寿命,通常是指年平均使用成本最低的年数,经济寿命用于确定设备的最佳折旧年限和最佳更新时机。设备新度(账面值/设备原值)是反映企业装备的新旧程度,从一定的意义上说,反映了企业装备的技术水平状况,它已作为评价企业装备改造,更新的一个主要指标。

设备综合工程学所追求的目标是经济的寿命周期费用。设备寿命周期费是指设备整个寿命周期的总费用,是图9-4所示设备一生费用曲线所包络的面积S。它包括设置和使用两部分的费用。设置费用包括计划、设计、制造各阶段的试验、设计、制造等一切费用;使用费用包括安装、运行各阶段的安装、维护保养、修理、动力消耗等一切费用。

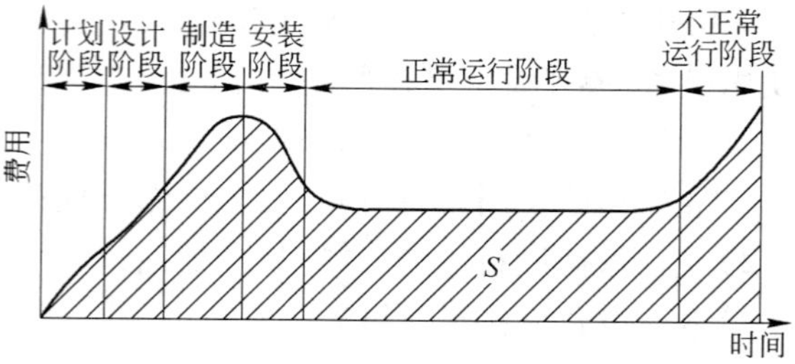

图9-4　设备寿命周期费用变化图

选购设备时,往往着眼于价格的高低,而忽视投产后的维修费用。实际上,低廉的设备其寿命周期费用不一定低。表9-6为甲、乙、丙三种同类设备的寿命周期费用和分项费用的比较。

表9-6　设备的寿命周期费用一览表(万元)

费用项目	设备甲	设备乙	设备丙
原始价格	12.6	18	14.1
维修费	38.7	34.8	25.2
备件费	32	28.5	15
资料费	3.6	5.4	3.6
运行费(电力、材料)	70.5	67.5	73.5
训练费	2.4	2.4	2.4
停歇费	24	30	21
全寿命周期费用	183.8	186.6	157.8

9.2　轧钢机轨座、机架维修

轧钢机轨座也称底座或地脚板。轧钢机机架是安装在轨座上,而轨座则固定在地基上。轨座要保证工作机座的安装尺寸精度,并承受工作机座的重力倾翻力矩,因此,轨座必须安装准确,并且应有足够的强度和刚度。在大型轧机上,轨座一般采用与机架相同的材料制成,在小型轧机上则往往采用铸铁。图9-5为1700冷连轧机的轨座。

轧钢机机架是用来安装轧辊、轧辊轴承、轧辊调整装置和导卫装置等工作机座中的全部零部件,是工作机座的重要部件。

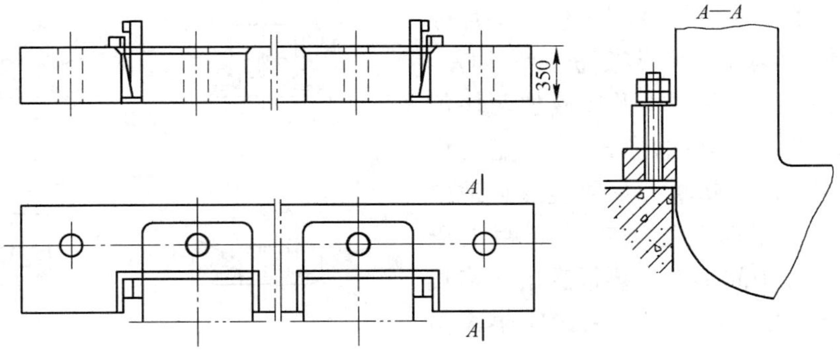

图9-5 1700冷连轧机的轨座

9.2.1 轨座的检修

在轧钢机进行技术改造或轧机基础有严重缺陷时,需要重新安装或更换轨座。

轨座的结构如图9-6所示。图9-6*a*为一种用于型钢轧机的轨座。在轨座上部与机架底脚接触处,有两个与垂直线近似呈15°的斜面,便于机架安装。轨座中部有凹槽,用来放置地脚螺栓。由于凹槽沿轨座轴线方向是贯通的,地脚螺栓位置可以根据需要移动,即机架位置可以在轴向调整。当采用更换整个工作机座的换辊方式时,也便于安装。在两个轨座之间,一般是用刚性较好的铸造横梁或撑管用螺栓把它们连接在一起。在轧辊直径小于400~450mm的小型钢轧机上,两个轨座可浇铸整体(图9-6*b*)。在初轧机、开坯机、钢板轧机上,工作机座轴向位置不需要调整,换辊时也不需要拆卸整个工作机座。为了简化轨座加工,把轨座与机架底脚接触处做成矩形断面,其内侧面是垂直的。整个轨座断面则为工字形。为了便于安装固定螺栓的螺母,轨座侧面开有相应的窗口,如图9-7所示。

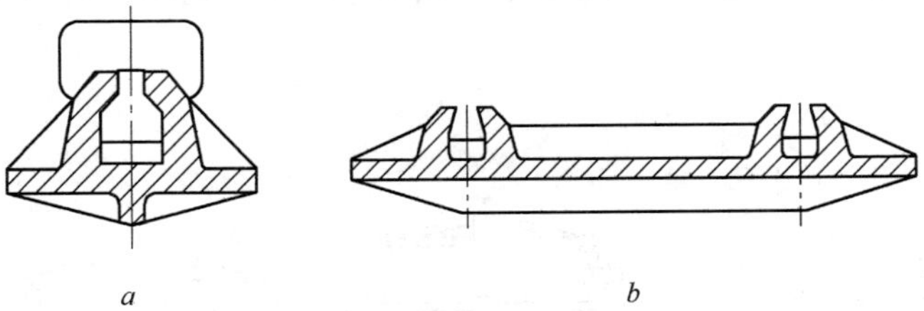

a *b*

图9-6 型钢轧机的轨座
a—单轨座;*b*—两个轨座浇铸成整体

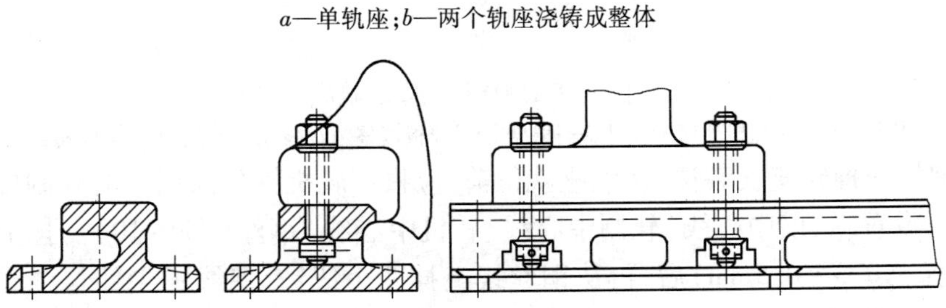

图9-7 具有矩形支承表面的轨座

在安装梯形断面轨座时，机架和轨座的间隙必须调整到两个外斜面上或两个内斜面上，不得将间隙同时分布在一个外斜面上和一个内斜面上，如图 9-8 所示。接触部位的接触面积不得小于 75%，局部间隙不大于 0.05mm，非接触面部位的间隙不得大于 0.10mm。

安装轨座前要对基础及埋设件各部尺寸进行复查，看是否满足标准规定的允许偏差。准备垫板组，一般采用一块平垫板加两块斜垫板（斜度 1/20 ~ 1/40）的形式，安装定心后将垫板焊固在一起。垫板应尽可能靠近地脚螺栓两侧布置，相邻两地脚螺栓间距大于 1000mm 时，需加中间垫板。垫板露出轨座长度 10 ~ 50mm。根据有关规定来确定垫板面积。垫板与垫板、垫板与轨座的接触面积，用 0.05mm 塞尺检查，其塞入面积不大于应接触面积的 30%。

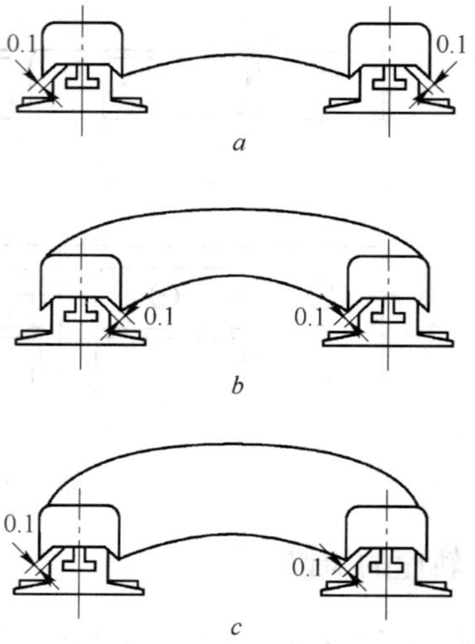

图 9-8　机架和梯形断面轨座接触面间隙示意图
a—间隙在两个外斜面上；*b*—间隙在两个内斜面上；
c—不正确的安装方式

轧钢机工作机座的安装精度，决定于轨座的安装精度。为了保证轨座的安装质量和缩短安装周期，一般采用样板法安装，如图 9-9所示。

首先，根据机架底脚与轨座接触部分的实际外形和尺寸制作“正”样板，然后，根据“正”样板制作“反”样板。现以上部为矩形断面的轨座，说明其安装工序。

（1）安装前，用“正”样板测量机架底脚尺寸 H，准确度在 0.1mm 之内（图 9-9*a*）；

（2）根据“正”样板调整“反”样板尺寸（图 9-9*b*）；

（3）用“反”样板安装轨座（图 9-9*c*）。

在安装时，要经常根据“正”样板检验“反”样板，样板上刻的中心线应与轧钢机主传动装置的中心线重合。

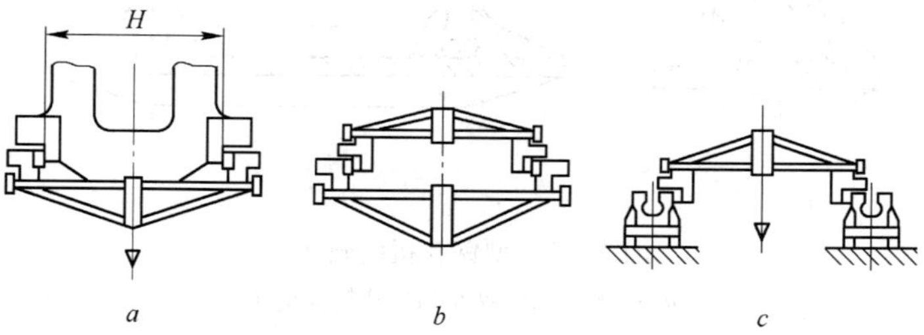

图 9-9　用样板法安装轨座
a—用“正”样板测量机架底脚尺寸；*b*—根据“正”样板调整“反”样板；*c*—用“反”样板安装轨座

再介绍另一种轨座安装法：在轨座就位前，应根据轧机拆除前预留的轧制中心线、轧机中心线标记，设置纵、横中心线（轧制中心线、轧机中心线）钢丝（图 9-10）。挂上纵、横中心线钢丝线（直径 0.3 ~ 0.5mm）后，再从钢丝线上挂两个线锤，使线锤尖部与中心标记重合。轨座的找正、找平以出口侧为准，底座的标高以拆除前预留的标高基准点为准。轨座找水平、找标高、找中心三者要同时协调进行，使用的工具是平尺、精密水平仪、内径千分尺。

地脚螺栓在地基中的固定，一般采用二次浇灌法（图 9-11）。先将地脚螺栓下部浇灌在地基中，而在地基上部留有较大的空间，很长一段的地脚螺栓露在浇灌的地基外面。此时，如果地脚螺栓的位置有些误差，可用弯曲地脚螺栓的方法加以矫正。在轨座安装到地基上，经过找正垫平后，拧紧螺栓。最后，进行二次浇灌地脚螺栓固定。

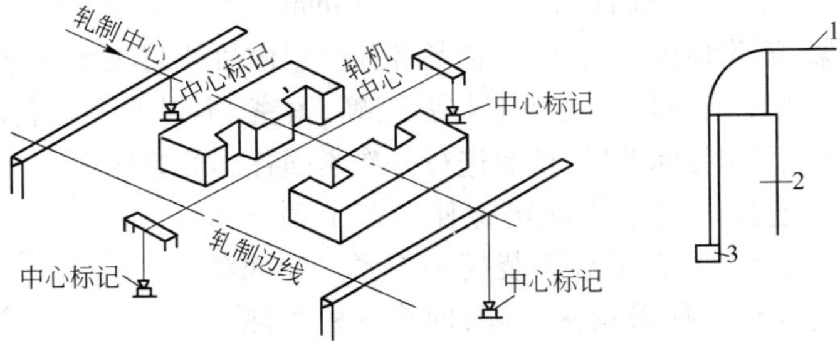

图 9-10　轧机中心线的设置

1—钢丝线；2—线架；3—重物

大直径地脚螺栓的下端部，一般用螺母固定在锚板上，并将螺母焊在螺栓上。小直径地脚螺栓的下端部，一般是做成弯头的。

9.2.2　机架的检修

由于机架要承受轧制力，且轧件尺寸精度要满足规定要求，机架必须要有足够的强度和刚度。根据轧钢机的形式和生产要求，一般轧钢机架分为闭式和开式两种（图 9-12）。

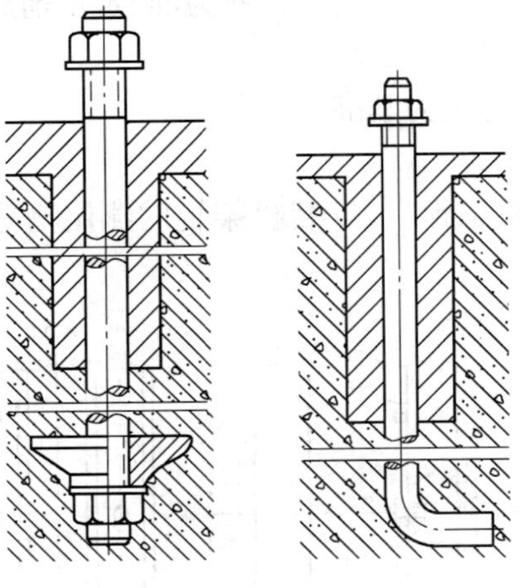

图 9-11　地脚螺栓的结构

a—大直径地脚螺栓的结构；*b*—小直径地脚螺栓的结构

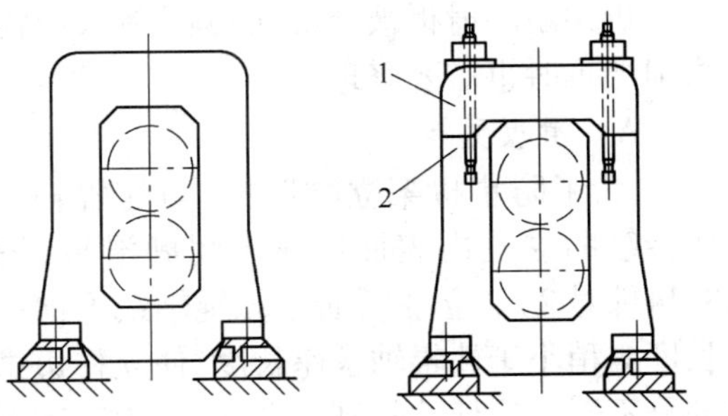

图 9-12　轧钢机机架

a—闭式机；*b*—开式机架

1—上盖；2—本体

图 9-12*a* 为闭式机架，它是一个整体的框架，具有较高的强度和刚度，主要用于轧制力较大的初轧机、板坯轧机和板带轧机等。有时也用于刚度要求较高的型钢轧机。

图 9-12*b* 为开式机架，它不是一个整体框架，是由机架本体和上盖两部分组成，主要用于横列式型钢轧机上。其主要优点是换辊方便，主要缺点就是刚度较差，且加工面多，造价高。

9.2.2.1　机架的安装

安装顺序:先安装传动侧机架,再装另一侧机架,接着安装下横梁和上横梁,最后安装调整机构。安装前要按图纸测量各部尺寸,尤其是机架与轨座的配合尺寸,机架底面最好要研磨。在机架吊放到已安好的轨座上时,要靠紧在出口侧轨座的垂直面上。用内径千分尺测量机架侧面到轧机中心线的距离,找正机架,然后预紧连接螺栓。当传动侧预装好后,再吊装另一侧(操作侧)机架,将其放置比规定尺寸大10mm的地方,之后先装下横梁,再装上横梁,推紧操作侧机架,消除预留安装间隙,锁紧螺栓并紧固机架与轨座的连接螺栓,进行全面的检查与找正。上、下横梁与机架接触部位要正确、紧密,不得产生歪斜现象,接触面要研磨。在整个机架都达到安装标准后,还要进行一次紧固各部的螺栓。

机架与轨座的连接一般采用固定螺栓。在小型轧机上,用双头螺栓或T形螺栓,在常温下装配和拧紧。在大型轧机上,机架的固定螺栓往往采用热装配,即将螺栓加热到200℃左右后趁热拧紧。在热装前,应先记下螺栓在常温拧紧时的螺母位置。螺母热装时,应比常温时的螺母位置多拧一个螺栓的热膨胀量。为了拆装方便,在某些型钢轧机上,机架底脚与轨座采用斜楔连接(图9-13)。它是通过销子2、斜楔5和6,将机架固定在轨座上。被螺栓紧固后的机架与轨座接触面接触应严密,用0.05mm塞尺检查时,接触周长应大于75%。同时机架与轨座之间要保证良好的固定条件。

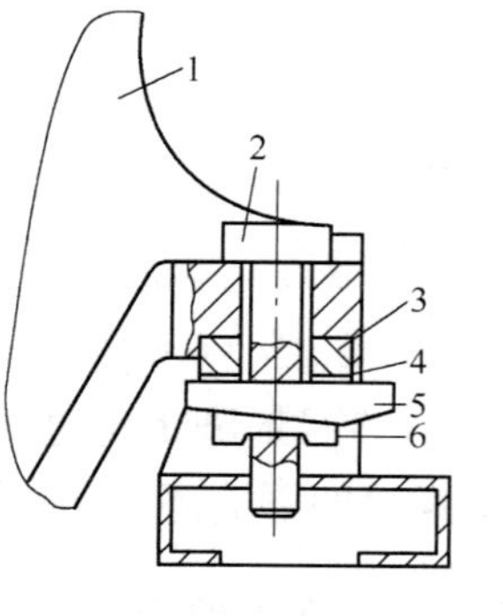

图9-13　斜楔连接的轨座
1—机架;2—销子;3—轨座;4—垫圈;5—上斜楔;6—下斜楔

在连轧机组(串列式轧机)时,应以中间轧机为基准,按技术文件的规定标定出其标高、中心线和轧机的水平度、垂直度,并以此为准,定出前后轧机的位置。

在横列式轧机安装时,应以邻近主传动的第一架轧机为基准。

9.2.2.2　机架的检修

机架耐磨滑板被磨薄、磨偏或断裂时需要更换;机架窗口、安装机架辊的燕尾槽等部位磨损严重时也需要修理。

A　滑板更换

为了防止机架立柱磨损,与轧辊轴承座接触的立柱内表面应镶上耐磨滑板(图9-14件号2)。立柱断面在轧辊轴线方向的长度应稍小于轧辊轴承座长度,使立柱边缘部分不影响轧件的轧制。图9-14为工字形断面立柱机架滑板的固定方式。工字形断面固定滑板较方便,它可通过工字形翼缘的通孔,用埋头螺栓来固定滑板。如果采用矩形断面,机架滑板用埋头螺钉固定,长时间使用后螺钉容易松动,甚至脱扣,有时需要在机架立沿上重新改丝。此外,更换滑板也不方便。

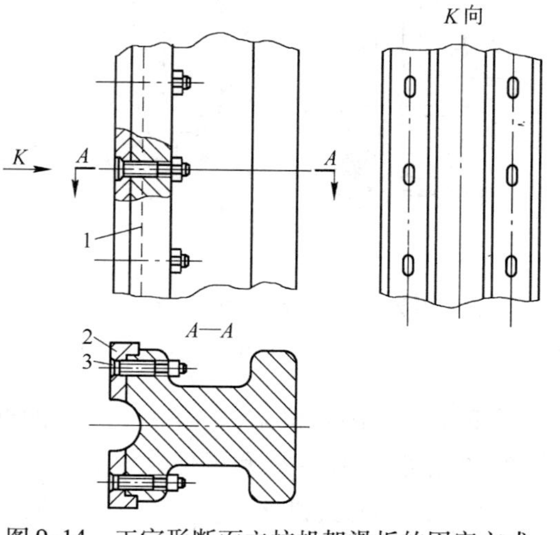

图9-14　工字形断面立柱机架滑板的固定方式
1—工字形断面立柱;2—耐磨滑板;3—螺栓

更换滑板时,在拆除旧滑板后,先研平

窗口面凸起处,滑板与机架接触面积不小于70%,然后在机架压下螺母镗孔处挂中心线,测出机架窗口面到中心线的距离,按图纸要求确定滑板的厚度。滑板固定螺栓一定要拧紧,必要时用千斤顶顶紧两侧滑板后再紧固螺栓。

B 机架窗口、机架辊燕尾槽等部位修理

尽管机架窗口镶嵌有滑板,但其表面也会产生磨损与变形。修复的方法是用机床铣平磨损部分(或经补焊后),增加滑板厚度,保持窗口滑板间原来尺寸不变。机架是拆卸后送机修厂上床子加工,还是不拆卸用专门工具,在现场就地加工,应视窗口缺陷、拆卸难易程度、检修工期而定。机架窗口下横梁上表面、机架辊燕尾槽等部位修理,也是采用将磨损部位先补焊,然后再机加工的方法。这里对焊接的水平要求很高。

9.3 轧辊调整装置维修

轧辊的调整装置是轧机上一个重要部件,主要用来调整轧辊在机架中的相结位置,用以保证获得所要求的压下量、精确的轧件尺寸、形状以及正常的轧制条件。

9.3.1 轧辊调整装置分类

轧辊调整装置分类如下:

(1)按轧辊调整移动方向分为:轴向调整装置和径向调整装置。

轴向调整装置的作用是:通过调整轧辊在轧机中轴向的位置并轴向固定轧辊。对于初轧机、型钢轧机等带有孔槽轧机是用来对正孔槽,以保证正确的孔型形状;对于板带轧机是用来板型控制等,同时对各种轧机轧辊进行轴向固定。

轧辊径向调整装置的作用是:

1)调整两工作辊轴线间距离,以保证正确的辊缝开度,给定压下量,轧出所要求的断面尺寸;

2)调整两工作辊的平行度;

3)当更换轧辊时,要调整轧制线高度,使下辊辊面与辊道水平一致。在连轧机上,还要调整各机架间轧辊的相互位置,以保证轧制线不变。

(2)按轧机类型及工艺要求分为:上辊调整装置、下辊调整装置、中辊调整装置、立辊调整装置和特殊轧机的调整装置。

9.3.2 轧辊调整装置检修

轧辊调整装置按轧机类型及工艺要求分为:上辊调整装置、下辊调整装置、中辊调整装置、立辊调整装置和特殊轧机的调整装置。在这些轧辊调整装置中,属上辊调整装置应用最广、使用最频繁、机构最典型,故本节重点介绍上辊调整装置。下辊调整装置、中辊调整装置参见“3.4.6.2 工作机座”一节,立辊调整装置参见3.4.11 万能轧机、5.1.4.4 万能式轧机机座一节。

上辊调整装置也称压下装置,用来调整上轧辊的位置,用途最广,安装在所有的二辊、三辊、四辊和多辊轧机上,其结构在很大程度上与轧辊的压下速度、移动距离和工作频率有关。压下装置有手动(图9-15)、电动和液压。

9.3.2.1 电动压下装置

电动压下装置(图9-16)通常包括:电动机、减速机、制动器、压下螺丝、压下螺母、压下位置指示器、球面垫块和侧压仪等部件。其按压下速度可分为：快速压下装置和慢速压下装置（或板带轧机压下装置）两大类。

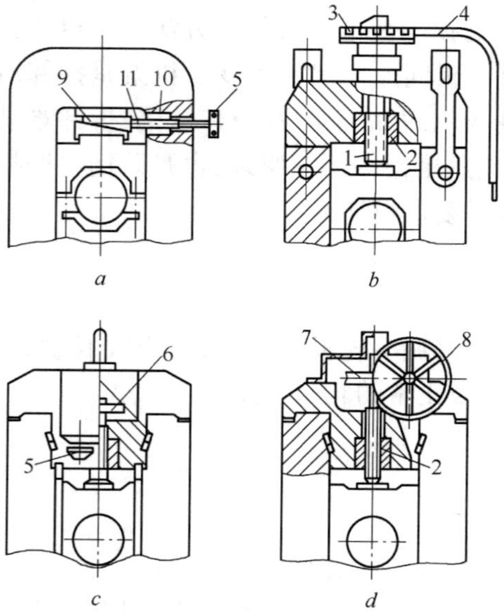

图 9-15　型钢轧机常用的手动压下装置

a—斜楔调整；*b*—直接转动压下螺丝调整；

c—圆柱齿轮传动压下螺丝调整；

d—蜗轮蜗杆传动压下螺丝调整

1—压下螺丝；2—压下螺母；3—齿盘；4—调整杆；

5—调整帽；6—大齿轮；7—蜗轮；8—手轮；

9—斜楔；10—螺母；11—丝杠

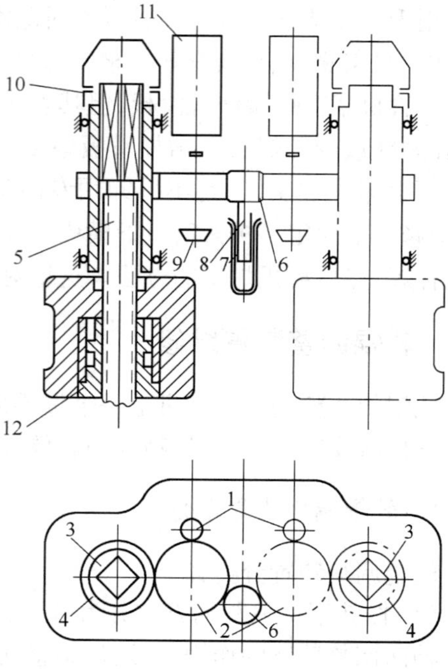

图 9-16　初轧机的电动压下装置

1—小齿轮；2—大惰轮；3—方孔套筒；4—大齿轮；

5—压下螺丝；6—离合齿轮；7—液压缸；

8—柱塞杆；9—伞齿轮；10—喷油环；

11—电动机；12—压下螺母

习惯上把不“带钢”压下，即不带轧制负荷压下的压下装置称为快速压下装置，一般压下速度大于 1mm/s。这种压下装置多用在初轧机、板坯轧机、中厚板轧机、连轧机组的可逆式粗轧机上。由于可逆式轧机的工艺特点：(1)工作时要求大行程、快速和频繁地升降轧辊；(2)轧辊调整时，不带轧制负荷。因此，对该压下装置的要求是：(1)传动系统惯性小，以便频繁启、制动；(2)有较高的传动效率和工作可靠性；(3)必须要有解决压下螺丝阻塞事故（如“坐辊”或卡钢）的回松装置。图 9-17 为立式电动机 - 圆柱齿轮传动的电动快速压下装置。压下装置的两台立式电机 1，通过圆柱齿轮减速机 4 传动压下螺丝 5。液压缸 3 用于脱开离合齿轮，使每个压下螺丝

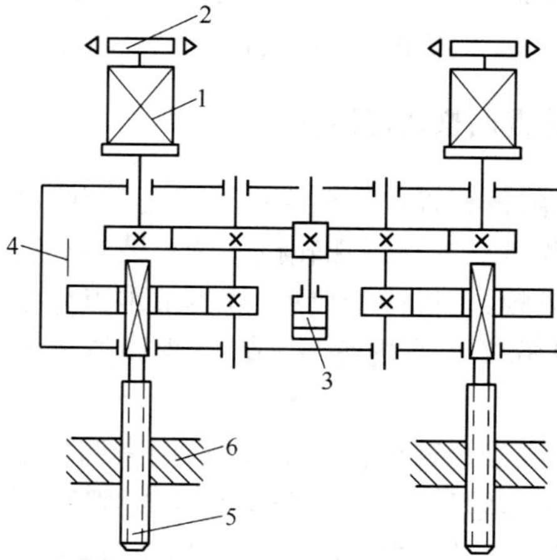

图 9-17　立式电动机 - 圆柱齿轮传动的电动快速压下装置

1—立式电动机；2—制动器；3—液压缸；4—圆柱齿轮减速机；

5—压下螺丝；6—压下螺母

可以单独调整。图9-18为采用卧式电动机－圆柱齿轮减速－蜗轮蜗杆传动的电动压下装置。压下装置的两台卧式电动机1,通过圆柱齿轮减速机3和蜗轮副7传动压下螺丝。制动器2可进行快速制动;脱开电磁联轴节4,两个压下螺丝即可单独调整。

过去习惯上把板带轧机压下装置称为慢速压下装置,一般压下速度约为0.02～1mm/s,有时压下速度可达到3mm/s,这种压下装置通常用在热轧或冷轧薄板和带钢轧机上。由于压下速度的绝对值较小,过去曾称它为“慢速压下机构”。事实上,在现代化的高速轧机上,为实现带钢的厚度自动控制,需要压下机构以很高的速度对轧辊位置(辊缝)做微量调整。显然,称其为“慢速压下”是不确切的。

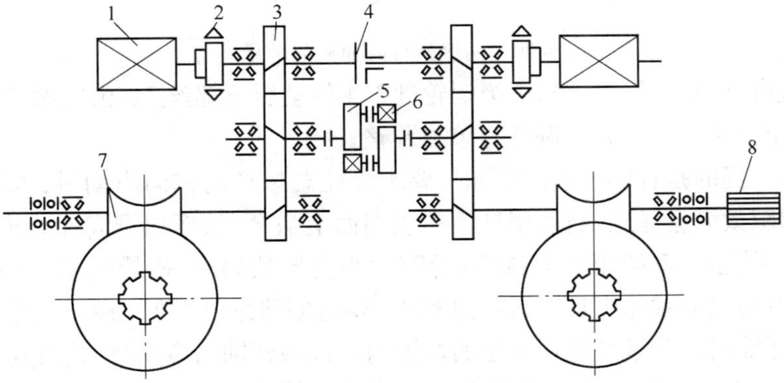

图9-18 卧式电动机－圆柱齿轮减速－蜗轮蜗杆传动的电动压下装置
1—电动机;2—制动器;3—圆柱齿轮减速机;4—电磁联轴节;
5—传动箱;6—自整角机; 7—球面蜗轮副;8—伸出轴

由于板带轧机的轧件薄、宽、长,轧制速度很快,轧件厚度尺寸精度要求高等原因,使其应具有下列特点:(1)轧辊调整量较小,一般在几微米到几十毫米;(2)调整精度高,其精度应在板带厚度公差范围以内;(3)频繁的带钢压下;(4)必须动作快,灵敏度高;(5)轧辊平行度的调整要求严格。

四辊板带轧机的电动压下装置,大多采用圆柱齿轮－蜗轮副传动或两级蜗轮副传动的形式,也有采用立式电动机通过三级行星减速机传动压下机构。图9-19为抚顺钢厂1400薄板冷轧机压下装置传动示意图。图9-20为图9-19中,压下装置的两级蜗杆减速机的轴承装置。

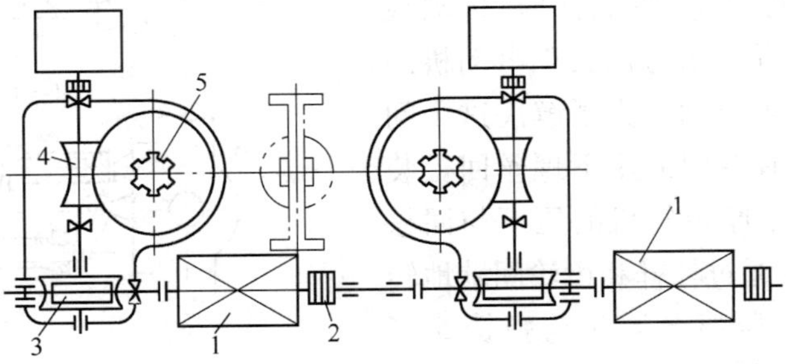

图9-19 抚顺钢厂1400薄板冷轧机压下装置传动示意图
1—电动机;2—电磁联轴器;3—一级蜗轮副;4—二级蜗轮副;5—压下螺丝

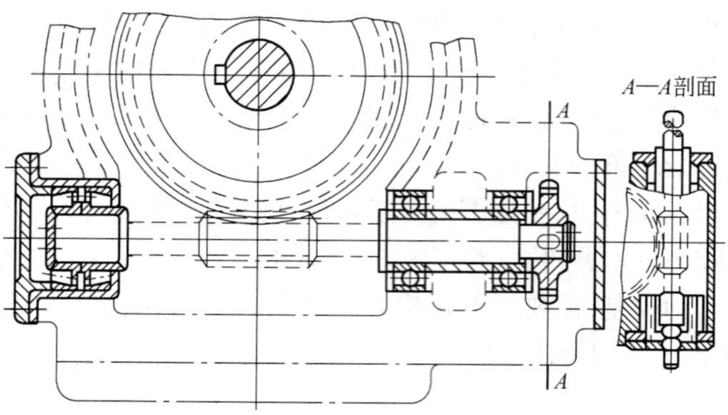

图 9-20　两级蜗杆减速机的轴承装置

压下装置电动机 1 通过一级、二级蜗轮副 3、4 传动压下螺丝 5。由电磁联轴器 2 的合上与断开,使两压下装置机械同步调整与单独调整。

这里值得一提的是:此装置在安装时,要十分注意蜗杆的轴向窜动量,也即蜗杆轴轴承的游隙值。游隙太大会导致蜗轮、蜗杆不在主剖面上啮合,从而加剧齿面磨损,无用功增大而有用功减少,使压下系统压下力减小;游隙太小会导致蜗杆、蜗轮热胀后相互咬死堵转。因此,在该压下装置的减速机日常运行过程中,要定期将蜗杆(第二级)左侧支承轴承侧盖打开,观察蜗杆轴向窜动量是否在规定的范围内。该蜗杆轴向窜动量,是由其上的卡环的厚度决定的。随着卡环被磨薄或磨碎,蜗杆轴向窜动量便会变大,故要经常检查以便更换。可参见 9. 5. 2. 2 齿轮传动的装配一节。

快速电动压下装置在生产中常遇到两个问题:一是压下螺丝的阻塞事故;二是轧制过程中,压下螺丝的自动旋松问题。压下螺丝的阻塞事故通常是由于卡钢、“坐辊”或上辊超限提升造成的。“坐辊”就是压下系统使两轧辊快速压靠,轧辊接触后产生弹性变形,弹性变形的两轧辊相互产生一个反弹力,使压下丝杆与丝母“咬死”,电动机达到堵转力矩后,被迫停转。

压下螺丝的阻塞事故通常是由于卡钢、“坐辊”或上辊超限提升造成的,此时,传动系统的动能被释放,使得阻塞力矩大于电动机的堵转力矩,电机无法再启动。为了解决这个问题,在许多轧机上设有专门的压下螺丝回松装置,图 9-21 为 2800 中厚板轧机的压下与回松装置。两个液压缸 4 通过杠杆和齿轮间歇地转动压下螺丝 1。靠液压离合器 3 与弹簧 5 来合、离液压缸 4。在早期设计的中、小轧机上也有简单的回松措施,即将压下螺丝上端设计得长一些且制成矩形头,将其伸出压下减速机上

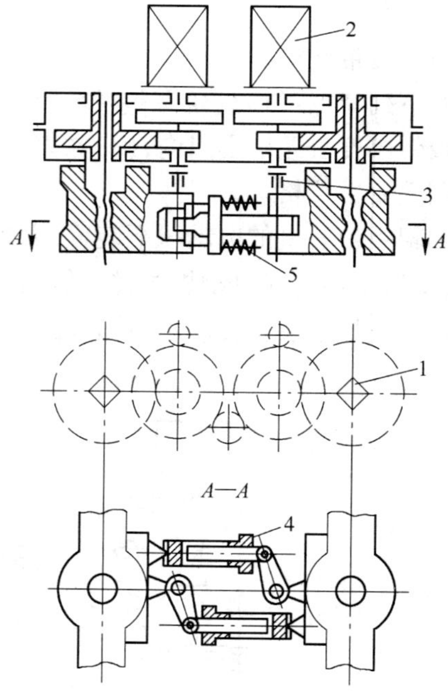

图 9-21　2800 中厚板轧机的压下与回松装置

1—压下螺丝;2—电动机;3—液压离合器;

4—液压缸;5—弹簧

盖外，阻塞事故发生后，可人工旋转压下螺丝。

压下螺丝自动旋松问题主要发生在初轧机（当采用立式电动机压下时，问题尤为严重）和中板轧机上。它表现为，在轧制过程中，已经停止转动的压下螺丝，在突加的压力下自动旋松，使辊缝值变动，造成轧件厚度不均，严重影响轧件质量。自动旋松的原因是，为了实现快速压下，压下螺丝的螺距取得较大，如某1150初轧机的压下螺丝的直径与螺距为440mm×48mm，螺纹升角α接近于螺丝、螺母的摩擦角ψ，几乎处于临界自锁状态，加之采用圆柱齿轮传动，故压下机构的自锁条件差。另外，在实践中还发现，压下螺丝与螺母的润滑条件越好，特别是采用稀油润滑时，自锁条件就更差了。这是因为螺纹间的摩擦角（摩擦系数）取决于摩擦条件，如钢－铜两材料动摩擦时，有润滑剂时，摩擦系数f约为0.1～0.15；而无润滑剂时，f约为0.15。可见润滑油使摩擦角小了，因此自锁性也就差了。

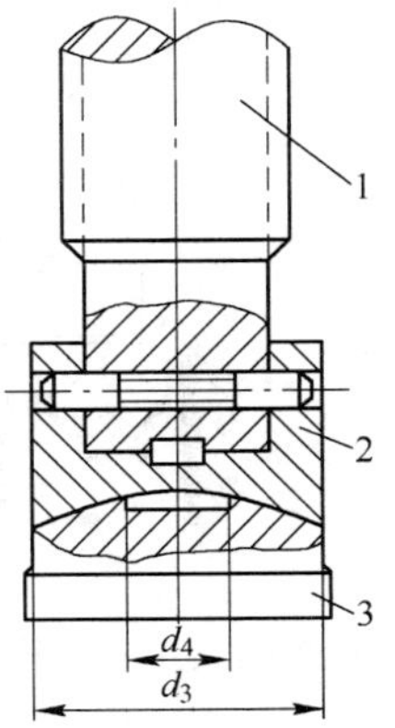

图9-22 中间带凹槽的压下止推铜垫
1—压下螺丝；2—装配式轴颈；
3—止推铜垫

目前，防止压下螺丝自动旋松的办法有两个：一是加大压下螺丝止推轴颈的直径并在球面铜垫上开口，如图9-22所示。加大压下螺丝止推轴颈直径d_3和球面铜垫凹槽直径d_4均可增大摩擦阻力矩；二是适当增加压下螺丝直径。在螺距不变的条件下，增加螺丝直径不仅能增大摩擦阻力矩，而且还减小了螺纹升角，提高了自锁性能。为此，1000～1500初轧机的压下螺丝直径已从过去的ϕ360～400mm加大到ϕ440～450mm。但是，螺丝直径过大，会增加压下装置和机架的尺寸，也会增加飞轮力矩，这是选择螺丝直径时应注意的问题。另外，制动器对防止压下螺丝的自动旋松作用不大。目前为止，防止压下螺丝自动旋松问题仍是一个难题。

9.3.2.2 液压压下装置

电动压下机构由于运动部分的转动惯量大，有反应速度慢、调整精度低、传动效率低等缺点。特别是带钢轧机采用厚度自动控制系统（AGC）以后，电动压下机构已不能满足工艺要求，因此，在高速带钢轧机上开始采用液压压下装置。

液压压下是用液压缸代替传统的压下螺丝、螺母来调整轧辊缝的。

液压缸在轧机上的配置方案有压下式和压上式两种形式。

图9-23为1700冷连轧机采用压下式液压缸。压下液压缸3和平衡架9，由悬挂在机架顶部的平衡缸随同支撑辊一起拉出机架进行检修。压下液压缸与支撑辊轴承座间有一组垫片5，其厚度可按照轧辊的磨损量调整，这样可避免过分增大液压缸的行程。

压下液压缸的缸体平放在上支承辊轴承座6上（有定位销），液压缸的橡胶密封环包有聚四氟乙烯，以减少摩擦阻力。液压缸的活塞顶住机架上横梁下方的弧形垫块2，可利用双向动作的液压缸7将两弧形垫块同时抽出，便可进行换辊操作。通过供油系统将高压油进油口供入液压缸，实现压下过程。

图9-24为1700热连轧精轧机最后一架采用压上式液压缸。它放置于机架下横梁上。为调整轧制线高度和减小液压缸行程，在液压缸下方装有机械推上机构，包括推上螺丝8和带蜗轮的螺母7。螺母7由75kW，515r/min直流电机通过速比为4.13和25的两级蜗轮副传动（传动装置图中未画出）。调整速度为2mm/s，工作行程121mm，最大行程180mm。

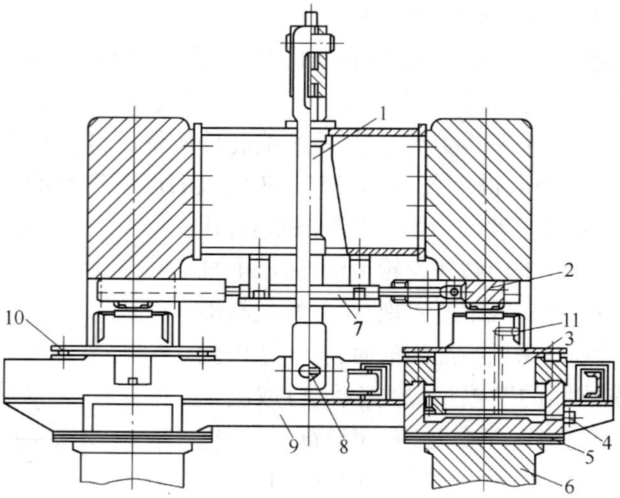

图 9-23　1700 冷连轧机液压压下装置

1—平衡液压缸；2—弧形垫块；3—压下液压缸；4—液压压力传感器；5—垫片组；6—上支撑辊轴承座；7—双向油缸；8—销轴；9—平衡架；10—位置传感器；11—高压油进油口

为防止轧机咬钢时产生的巨大冲击负荷导致油缸泄漏，采用了浮动活塞环的结构，即缸体内径 ϕ950mm 比活塞 6 直径大 10mm，在活塞 6 上装有浮动活塞环 5，6 与 5 之间每边有 8mm 径向间隙，允许活塞在缸体内径向窜动。压上液压缸的最大行程 40mm，工作行程 5mm（ -3 ~ +2mm）。

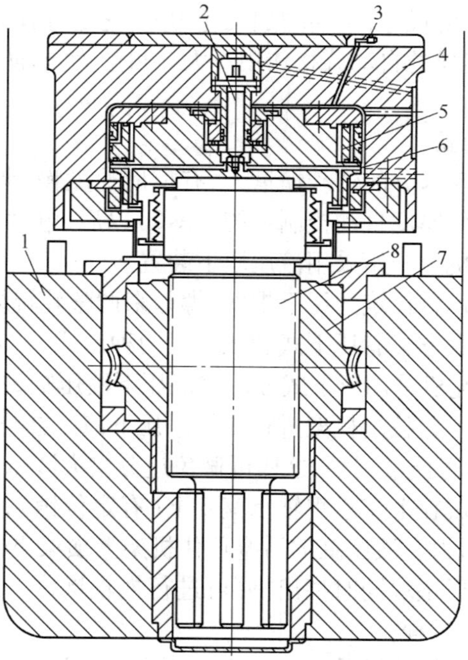

图 9-24　1700 热连轧精轧机最后一架采用压上式液压缸简图

1—机架下横梁；2—位置传感器；3—排汽阀；4—缸体；5—活塞环；6—活塞；7—带蜗轮的螺母；8—推上螺丝

9.3.2.3　压下螺丝、螺母

压下螺丝是采用螺丝、螺母传动压下机构中最主要零件，它一般由头部、本体和尾部三部分组成。

（1）头部：头部与上轧辊轴承座接触，承受来自辊颈的压力和上辊平衡装置的过平衡力。为了防止端部在旋转时磨损并使上轧辊轴承具有自动调位能力，压下螺丝的端部一般都做成球面形状并与球面铜垫接触形成止推轴承。压下螺丝止推端的球面有凸形和凹形两种。老式的结构多是凸形的（图9-25*a*），这种结构形式在使用时使凹形球面铸铜垫承受拉应力，因而铜垫易碎裂。改进后的压下螺丝头部做成凹形（图9-25*b*），这时，凸形球面铜垫处于压缩应力状态，提高了铜垫的强度，增强了工作的可靠性。压下螺丝头部也可做成装配式的（图9-25*c*）。增大球面止推轴颈是为了增大端面的摩擦阻力矩，防止螺丝的自旋松，这种结构用在自锁能力差的快速压下装置上，如初轧机上的压下上。在带钢轧机的慢速压下装置上，由于带钢压下，为了减小压下电机功率和增加启动加速度，一般采用滚动止推轴承代替滑动的止推轴承，如图9-26所示。

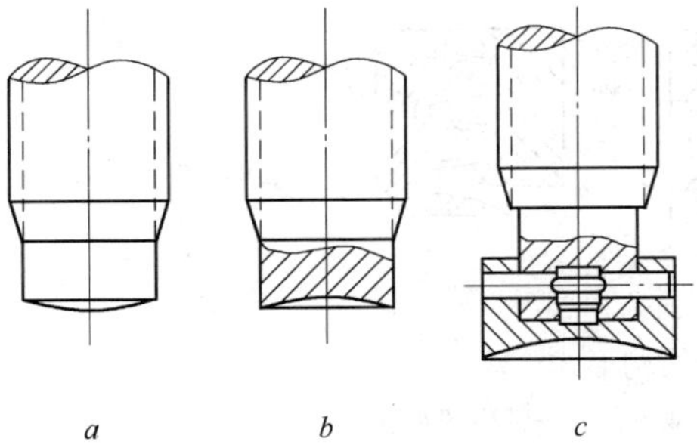

图9-25　压下螺丝的止推端部

a—凸形；*b*—凹形；*c*—装配式凹形

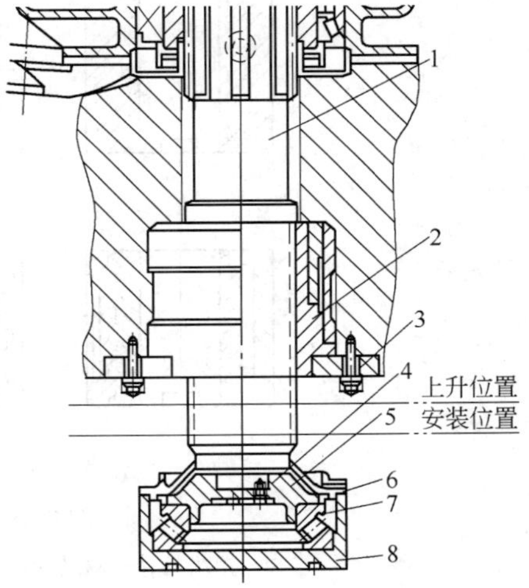

图9-26　滚动止推轴承代替滑动止推轴承的压下螺丝

1—压下螺丝；2—压下螺母；3—压板；4—螺丝；5—轴颈；6—盖；7—球面向心推力轴承；8—轴承座

（2）本体：压下螺丝的本体部分带有螺纹，它与压下螺母的内螺纹配合以传递运动和载荷。压下螺丝的螺纹有锯齿形和梯形两种，图9-27为压下螺丝、螺母的螺纹断面。前者传动效率高，主要用于快速压下装置；后者强度大，主要用于轧制压力大的轧机。压下螺丝多数是单线螺纹，只在初轧机等快速压下装置中有时采用双线或多线螺纹。

（3）尾部：压下螺丝的尾部是传动端，承受来自电动机的驱动力矩。尾部断面的形状主要有方形、花键形和圆柱形三种，图9-28为压下螺丝尾部形状。

压下螺母是采用螺丝、螺母传动压下机构中比压下螺丝还重要的零件，是轧钢机机座中重量最大的易损件。通常由高强度青铜或黄铜铸成。为节省贵重的铜材料，螺母采用各种不同的合理结构。图9-29为各种压下螺母结构形式。

图9-29*a*、*b*为整体螺母，耗费铜较多。

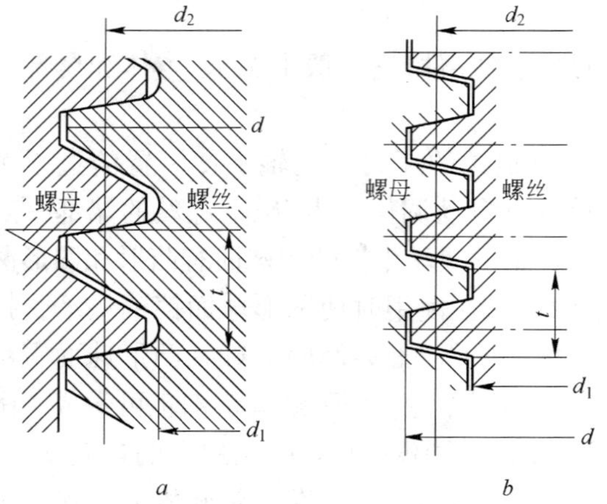

图 9-27　压下螺丝、螺母的螺纹断面

a—锯齿形；*b*—梯形

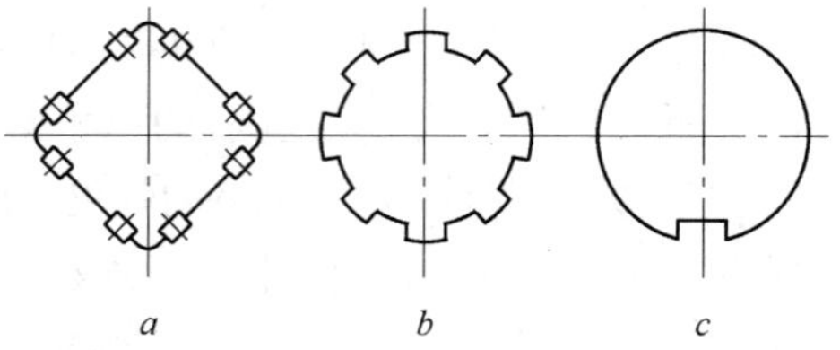

图 9-28　压下螺丝的尾部形状

a—方形；*b*—花键形；*c*—带键槽圆柱形

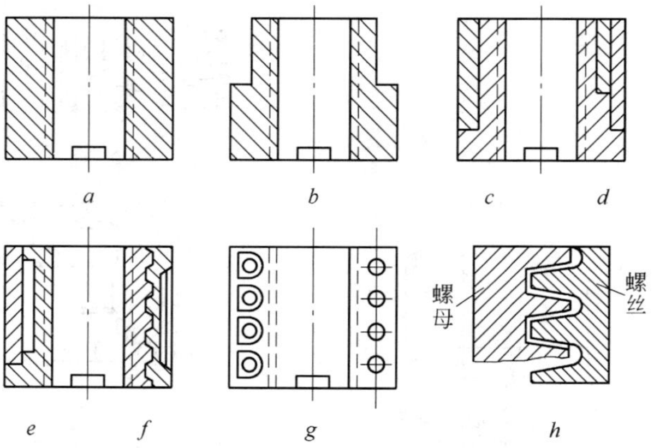

图 9-29　压下螺母结构形式

a—单级的；*b*—双级的；*c*—单箍的；*d*—双箍的；*e*—带冷却水套的；
f—带铸青铜芯的钢螺母；*g*—两半拼合的；*h*—带青铜衬的钢螺母

图 9-29*c*、*d* 为加箍的螺母，箍圈由高强度铸铁铸成，比较经济。

图 9-29*e* 为有循环水冷却的组合螺母，可延长寿命 1.5 ~2 倍。

图 9-29*f* 为带有青铜芯的铸钢螺母，它是在一个内表面有环形槽及轴向槽的铸钢套内先浇铸一层青铜，然后车制螺纹。螺母外层焊有冷却水套。

图 9-29*g* 为两半拼合的螺母，是由两个青铜半圆环套用配合螺栓拼合后车制螺纹而成。

图 9-29*h* 为带青铜衬的钢螺母。两半螺母体是钢制的，先车成具有较薄螺纹的毛坯，然后用电溶法涂上一层青铜衬，最后对螺纹精加工。

螺母与所固定机架之间采用动配合，压下螺母的固定方式如图 9-30 所示。压板嵌在螺母和机架的凹槽内，用双头螺栓（图 9-30*a*）或 T 形螺栓（图 9-30*b*）固定。

压下螺母可采用干油或稀油润滑。采用稀油润滑，循环油从开在靠近上端面的径向油孔送入螺纹，在螺纹孔内沿轴向还开有油槽，以便润滑油能流入每一圈螺纹，这样可使初轧机螺母寿命提高 1.5 ~2 倍。

压下螺丝、螺母的更换方法：更换前，应在地面预装压下螺丝、螺母，同时检查其各部位

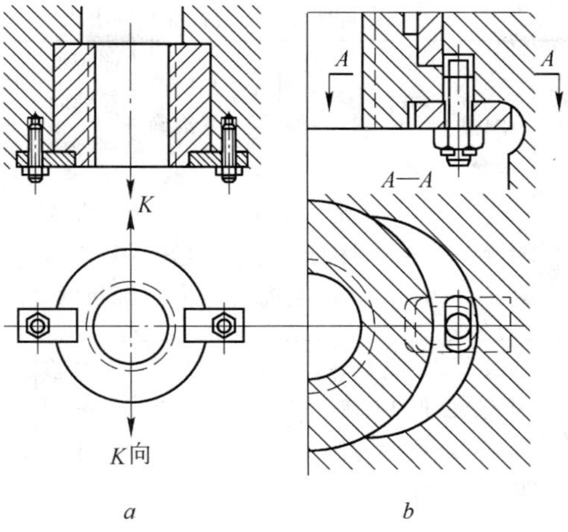

图 9-30 压下螺母的固定方式
a—用双头螺栓和压板固定;b—用 T 形螺栓和压板固定

尺寸及配合情况。安装压下螺丝、螺母时的吊装方法有两种:一种是将组装在一起的压下螺丝、螺母一次安装。通过桥式起重机与链式起重机配合,将其组合从机架窗口上横梁下部吊起,至上横梁压下螺母镗孔内,装上固定键;另一种是将压下螺丝、螺母分别安装。通过桥式起重机与链式起重机配合,先将压下螺母从机架窗口上横梁下部吊起,至上横梁压下螺母镗孔内,装上固定键。之后,再将压下螺丝从螺母上方装入(旋入)螺母中。

9.4 轧辊轴承维修

轧辊轴承是用来支撑转动的轧辊,是轧钢机工作机座中的重要部件。其工作特点是:工作负荷大且径向尺寸受到限制;运转速度差别大;工作环境恶劣。

轧辊轴承主要类型是滚动轴承和滑动轴承。

轧辊上使用的滚动轴承主要是双列球面辊子轴承、四列圆锥辊子轴承和多列圆柱辊子轴承。前两种可同时承受径向力和轴向力。第三种虽要附加轴向止推轴承,但它的径向尺寸小,承载能力大,允许转速高,近年来在高速、重载的轧机上广泛应用。

由于滚动轴承的刚性大,摩擦系数小,但外型尺寸较大,多用于各种板带轧机和钢坯连轧机上。

滑动轴承有半干摩擦和液体摩擦两种。半干摩擦滑动轴承主要是开式酚醛夹布树脂轴承(夹布胶木轴承),它广泛用于各种型钢轧机、钢坯轧机及初轧机。在有的小型轧机上还使用铜瓦或尼龙轴承。叠轧薄板轧机采用铜瓦轴承,但由于轧辊温度高,故采用沥青(制成块)作为轴承的润滑剂。

液体摩擦轴承有动压、静压和静－动压三种结构形式。它们的特点是:摩擦系数小,工作速度高,刚性较好。使用这种轴承的轧机能轧出高精度的轧件,它被广泛用在现代化的冷、热带钢连轧机支撑辊以及其他高速轧机上。

各种轴承性能特征的比较如表 9-7 所示。

表 9-7　各种轴承性能特征的比较

轴承类型	在特殊环境下对性能有要求										
	高温	低温	真空	外界潮湿	有灰尘	有外界振动	径向位置准确	能否承受轴向载荷	启动力矩低	运转安静	使用标准部件	润滑简单
滚动轴承	大于150℃与制造厂协商	良好	使用专用润滑剂则好用	有密封则良好	必须有密封件	好,应与制造厂协商	良好	大多数情况下可以	极为良好	通常满意	可以	使用脂润滑时良好
干摩擦非金属滑动轴承	直至材料温度极限均良好	良好	极好	良好,但轴必须不会腐蚀	良好,但应使用密封件	良好	差	大多数情况下可承受一些	差	好	有一些	优良
含油轴承	因润滑剂氧化而不良	好,启动力矩可能大	使用专用润滑剂可以使用	良好	必须有密封件	良好	良好	可承受一些	良好	优良	可以	优良
动压轴承	直至润滑剂温度极限均良好	良好,启动力矩可能大	使用专用润滑剂则有可能	良好	良好,但应有密封与过滤	良好	好	不可,需要另使用止推轴承	良好	优良	有一些	通常需要循环系统
静压轴承	空气润滑者优良	良好	不能使用,因送入润滑剂对真空有影响	良好	良好,空气轴承则极优	优良	优良	不可,需要另使用止推轴承	优良	优良	不可以	差,需要专用系统
备注	注意热膨胀对配合的影响		注意腐蚀		注意微动磨损							

9.4.1　滑动轴承

在轴承中,仅发生滑动摩擦的轴承称为滑动轴承。滑动轴承工作平稳、可靠、无噪声,在具有流体润滑的情况下,滑动表面被润滑膜分隔开而不发生直接接触,可以大大减小摩擦损失和表面磨损,具有一定的减震能力。滑动轴承主要应用于以下几种情况:

(1)工作转速特高的轴承;

(2)要求对轴的支撑特别精确的轴承;

(3)特重型的轴承;

(4)承受巨大的冲击和振动载荷的轴承;

(5)根据装配要求必须做成剖分式的轴承,滑动轴承也可以做成剖分式;

(6)当需要限制轴承的径向尺寸时,滑动轴承应为先;

(7)在特殊条件下工作的轴承。

在滑动轴承中,根据其相对运动的两表面间油膜形成原理的不同,可分流体动力润滑轴承(简称动压轴承)和流体静压轴承(简称静压轴承)。

滑动轴承的基本类型如表 9-8 所示。

滑动轴承失效形式及其原因如表 9-9 所示。

表 9-8 滑动轴承的基本类型

<table>
<tr><td rowspan="4">按载荷方向分类</td><td colspan="3">径向轴承</td></tr>
<tr><td colspan="3">推力轴承</td></tr>
<tr><td colspan="3">径向推力轴承</td></tr>
<tr><td colspan="3">其他(球面、锥面、轴承等)</td></tr>
<tr><td rowspan="6">按承载原理分类</td><td rowspan="3">润滑膜承载</td><td rowspan="2">厚 膜</td><td>动压轴承(液体、气体)</td></tr>
<tr><td>静压轴承(液体、气体、油脂)</td></tr>
<tr><td>薄 膜</td><td>混合润滑轴承</td></tr>
<tr><td rowspan="2">直接接触承载</td><td colspan="2">固体润滑轴承</td></tr>
<tr><td colspan="2">无润滑轴承</td></tr>
<tr><td>其 他</td><td colspan="2">静电轴承、磁性轴承</td></tr>
<tr><td rowspan="5">按润滑剂分类</td><td colspan="3">液体润滑轴承(油、水等)</td></tr>
<tr><td colspan="3">气体润滑轴承(空气、氢、氦、氮、二氧化碳等)</td></tr>
<tr><td colspan="3">脂润滑轴承</td></tr>
<tr><td colspan="3">固体润滑轴承</td></tr>
<tr><td colspan="3">无润滑轴承</td></tr>
<tr><td rowspan="5">按轴承材料分类</td><td rowspan="3">金属轴承</td><td colspan="2">轴承合金、青铜</td></tr>
<tr><td colspan="2">铸 铁</td></tr>
<tr><td colspan="2">粉末冶金</td></tr>
<tr><td rowspan="2">非金属轴 承</td><td colspan="2">树脂、尼龙</td></tr>
<tr><td colspan="2">木材、橡胶、石墨等</td></tr>
</table>

表 9-9 滑动轴承失效形式及其原因

失效原因		失效形式											
		擦伤	刮伤	磨损	接触形式不均匀	有数控嵌入	变形	裂缝	衬里材料剥落	碎散	侵蚀	气蚀	腐蚀
轴承	多孔性衬层材料									×			
	调整时安装						×						
	不对中				×								
	轴承体壳中有污染物						×						
	咬粘失效								×				
	液流紊乱										×		×

续表 9-9

失效原因		失效形式											
		擦伤	刮伤	磨损	接触形式不均匀	有数控嵌入	变形	裂缝	衬里材料剥落	碎散	侵蚀	气蚀	腐蚀
轴承	多种工况										×	×	
	超　载	×	×	×				×					
	材料疲劳							×	×				
润滑剂	缺　乏	×	×	×			×						
	有污染	×	×	×		×					×		×

注：× 表示失效形式对应的失效原因。

9.4.1.1　半干摩擦轴承

在动压轴承中，随着轴承、轴径表面状态、润滑剂的性能及工作等条件的变化，其滑动表面间的摩擦状态也有所不同。当在轴承的两相对滑动表面加入润滑油时，由于润滑剂与被润滑表面间的化学与物理作用，将在摩擦表面上形成一层极薄的吸附膜（不大于 0.1 ~ 0.2μm），它能承受很高的比压而不被破坏。润滑油形成坚韧的油膜以保护金属表面的这种性质称为润滑油的油性。由于油性的作用，在滑动轴承摩擦面之间就存在着这样一层很薄的油层，这种状态称为边界摩擦状态。显然，在这种状态下，轴承中两摩擦表面间的摩擦系数将比两摩擦表面直接接触时大为减小。但是，纯粹的边界摩擦只有在理想的光整平面间才可能发生。而实际上，由于轴承中的两摩擦表面均有微观上的凹凸不平，因此在滑动过程中，两表面的微观凸峰相遇时就会把油膜划破，因而形成局部上金属直接接触的摩擦状态（干摩擦），即所谓半干摩擦状态。换句话说，半干摩擦状态就是摩擦表面同时存在干摩擦和边界摩擦的状况。

当轴承处于半干摩擦状态时，该轴承就称为半干摩擦轴承。

非金属衬开式轴承是半干摩擦轴承的主要形式，除对轧件尺寸要求严格的轧机外被广泛使用。酚醛夹布树脂（夹布胶木）是非金属轴承衬的理想材料。它的特点是：

（1）抗压强度较大；

（2）摩擦系数比金属衬瓦低 10 ~ 20 倍；

（3）具有良好的耐磨性，使用寿命长；

（4）胶木衬瓦较薄，故可以采用较大的理想辊颈，有利于提高轧辊寿命；

（5）可用水做润滑剂，不存在轴承密封问题；

（6）能承受冲击载荷；

（7）耐热性和导热能力差；

（8）刚性差，受力后弹性变形大。

图 9-31 为轴瓦结构形状。半圆柱形轴瓦用料最省，但在轴承盒中需要有切向固定，否则瓦衬在母体中因受切向力而转动。

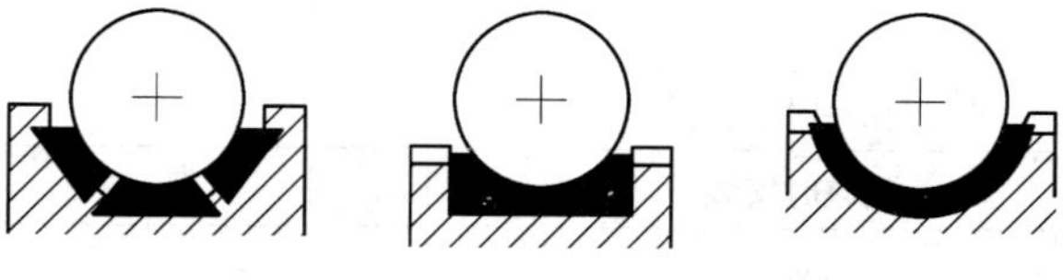

图 9-31　轴瓦结构的形状

a—组合式；b—长方形；c—半圆柱形

为便于轧辊和衬瓦的更换，轴承盒是开式的，分上、下两半。轴瓦在轴承中的配置如图 9-32 所示。

9.4.1.2 液体摩擦轴承

在滑动轴承中，相对滑动的两表面完全为润滑油膜所隔开，油膜有足够的厚度，全部消除了摩擦表面间的直接接触，因而摩擦只发生在液体分子之间。此时，轴承中的摩擦阻力仅为润滑油的内摩擦阻力，故摩擦系数 f 很小，约为 0.001～0.008，将这种摩擦状态称为液体摩擦状态，称处于这种状态的轴承为液体摩擦轴承，也称为完全液体摩擦轴承。

9.4.1.3 动压轴承

动压轴承是一种靠液体动压润滑的滑动轴承。随着形成动压条件的变化，其滑动表面间的摩擦状态有三种：(1)液体摩擦(或完全液体摩擦)；(2)非完全液体摩擦(通常将边界摩擦、半干摩擦、半液体摩擦这三种摩擦状态，统称为非完全液体摩擦)；(3)干摩擦(两摩擦表面间没有任何润滑物质时的摩擦)。但动压轴承所追求的是第一种状态，所以人们习惯称动压轴承为油膜轴承或液体摩擦轴承。其实动压轴承只处在液体摩擦状态时，才是液体摩擦轴承，且只是液体摩擦轴承的一种形式。

轧辊动压轴承工作原理如图 9-33 所示。在轴承工作时，带锥形内孔的轴套(锥度 1∶5 的锥形内孔用键与轧辊相连接)与轴承衬套(固定在轴承座内)工作面之间形成油楔。当轧辊旋转时，锥套的工作面将具有一定黏度的润滑油带入油楔，润滑油产生动压。当动压力与轴承上的径向载荷相平衡时，锥形轴套与轴承衬套被一层极薄的动压油膜隔开，轴承在液体摩擦状态下工作。

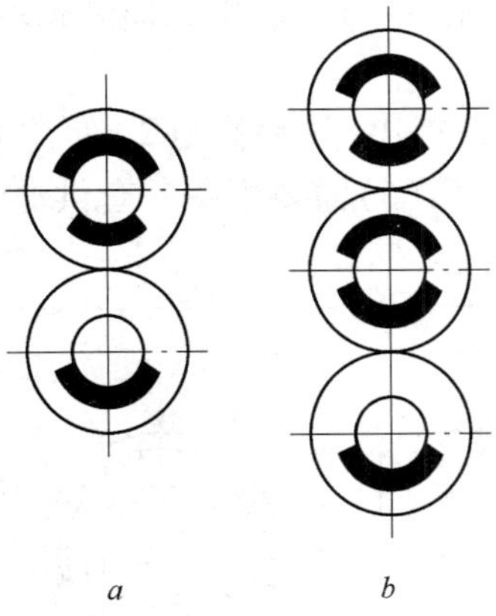

图 9-32 二辊(a)及三辊(b)轧机轴瓦配置

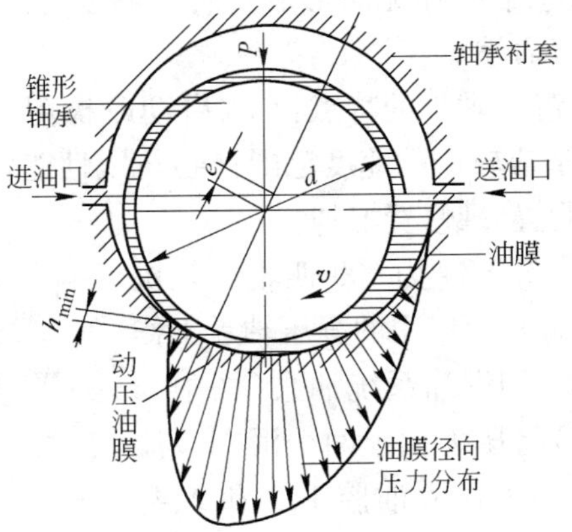

图 9-33 动压轴承工作原理

h_{min}—最小油膜厚度

由雷诺方程知，相对滑动的两平板间形成的压力油膜能够承受外载荷的基本条件是：

(1)相对运动两表面必须形成油楔；

(2)被油膜分开的两表面必须有一定的相对滑动速度；

(3)润滑油必须有一定的黏性。

可见动压轴承保持液体摩擦的条件是：

(1)$h - h_{min} \neq$ 常数，即轴套与轴承之间要保持油楔；

(2)轧辊应有足够的旋转速度，速度越快，轴承的承载能力越大；

(3)要连续供给足够的、黏度适当的纯净润滑油，其黏度越高，轴承的承载能力越大；

(4)轴承间隙不能过大，间隙越大，则 h 越大，建立油压困难；

（5）要求轴套外表面，轴承衬内表面应有很高的加工精度和粗糙度，以保证两表面微观的平度之和不超过油膜厚度。

动压轴承与普通滑动轴承和滚动轴承相比有如下特点：

（1）摩擦系数小；（2）承载能力高，对冲击载荷的敏感性小；（3）适合在高速下工作；（4）使用寿命长；（5）体积小，结构紧凑；（6）制造精度高，成本高，安装、维护要求严格；（7）由于承载能力与轧辊转速的关系，在低速重载，频繁启、制动和可逆轧制的情况下，不易形成液体摩擦状态，重者导致轴承被破坏。

9.4.1.4　静压轴承

根据动压轴承形成液体摩擦条件知：当轧辊处于低速重载，经常启、制动及换向等工艺条件时，动压轴承被油膜分开的两表面相对滑动速度很小，甚至为零，显然不能保证轴承处在液体摩擦状态。此外，动压轴承中轴的位置将随载荷及转速的改变而移动，进而轧辊中心距发生变化，因而对轧制精度要求较高的产品会有影响。

由于动压轴承使用范围受到限制，因此人们又研制了一种新型的液体摩擦轴承——流体静力润滑轴承，即静压轴承。

静压轴承：它是由外部供油装置将具有足够压力的液体输送到轴承中去，形成承载油膜，将相对滑动的两表面完全隔开，使之处于完全液体摩擦状态。因此，轧辊在从静止到很高的转速范围内都能承受外力作用，这是静压轴承的主要特点，而流体动压轴承在静止或低速状态下往往无法形成具有足够压力的油膜，因而出现半干摩擦，产生表面磨损或其他损伤，寿命缩短。

静压轴承的特点：（1）启动摩擦阻力小，因此启动力矩小，效率高；（2）使用寿命长；（3）适应较广的速度范围；（4）抗震性能好；（5）运动精度高；（6）需要配备一套供油装置，占地、购置、维修费增加。

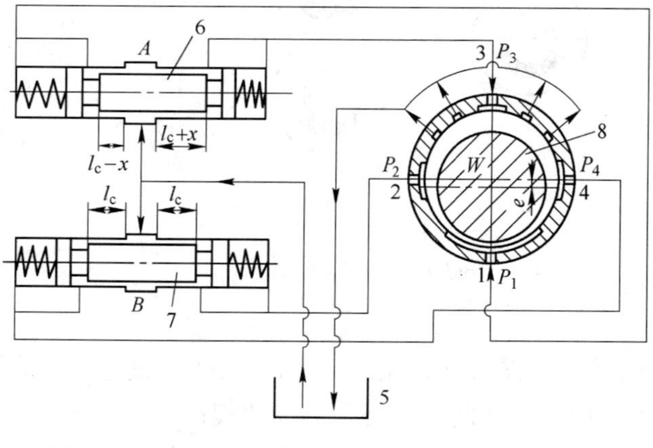

图 9-34　600 四辊冷轧机支撑辊用的静压轴承原理图

1—主油腔；2、4—侧油腔；3—副油腔；5—油箱；6、7—滑阀节流器；8—辊颈

图 9-34 为 600 四辊冷轧机的支撑辊上使用的静压轴承工作原理。用供油系统油泵（图中未示出）将压力油经两个滑阀节流器 6 和 7 送入油腔 1、3 和 2、4。当轧辊未受径向载荷 $W(W=0)$ 时，从各油腔进入轴承压力油使辊径浮在中央，使轴颈与轴承同心，即辊颈周围的径向间隙均等，四个油腔的封油面与轴颈间的间隙相等，轴颈中心与轴承中心偏心距 $e=0$。各油腔的液体阻力和节流阻力亦相等，两滑阀处于中间位置，即滑阀两边的节流长度相等，滑阀相对阀体移动距离 $x=0$。而当轧辊承受径向载荷 $W(W>0)$ 时，辊颈即沿受力方向发生位移，使承载油腔 1 处的间隙减小，油腔压力 P_1 升高，而对面油腔 3 处的间隙增大，油腔压力 P_3 降低，因此，上下油腔之间形成的压力差 $\Delta P=P_1+P_3$。此时，节流器 6 的滑阀向右移动一个距离 x，于是右边的节流长度增大了 x，即 l_c-x，节流阻力增加；而左边的节流长度则减少了 x，即 l_c-x，其节流阻力

减小了。因而,流入油腔1的油量增加,流入油腔3的油量减少,结果使 ΔP 进一步加大,直到与 W 平衡,从而 e 值有所减小,达到一个新的平衡位置。如果轴承和滑阀的有关参数选择得当,完全有可能使辊颈恢复到受载荷前的位置,即轴承具有很大的刚度。

9.4.1.5 动-静压轴承

前面讲述了动压轴承与静压轴承的特点,动-静压轴承就是针对前两种轴承的特点及工作和工作机(如轧机)的工作状态而言的。静压轴承虽然克服了动压轴承的某些缺点,但它本身也存在着新的问题,主要是重载轧钢机的静压轴承需要一套连续运转的高压供油系统来建立液体润滑状态,这就需要液压系统高度可靠和长期带载荷运行。

动-静压轴承,就是把动压轴承与静压轴承的优点结合起来,使其仅在启动、可逆运转和低速(可设定一极限值)运转时,使用静压润滑系统,而当轧辊进入高速稳定运转时,停掉静压润滑系统,轴承则按动压润滑制度工作。由于静压润滑系统只在很短的时间工作,同时又是在动压润滑最忙的环节工作,这样就大大提高了轴承的可靠性,减轻和减少了高压系统的负担和出现故障的可能性。

动-静压轴承,同时具备流体动力润滑和流体静力润滑功能,并能使两者功能互相转换,使相对滑动的两表面处于完全液体摩擦状态,是一种靠流体动压润滑并兼有流体静压润滑的滑动轴承。

动-静压轴承工作原理应该是动压轴承与静压轴承工作原理的分别体现及有机结合。动压和静压制度的转换是根据轧辊的转速自动切换的。当轴承在启动,可逆反转和低速运转时,则应使轴承工作在静压轴承状态,工作原理同静压轴承工作原理;当轧辊进入高速稳定运转时,则应使轴承工作在动压轴承,工作原理同动压轴承的工作原理。

9.4.2 滚动轴承

滚动轴承是在支承负荷和彼此相对运转的零件间作滚动运动而发生滚动摩擦的轴承。

滚动轴承一般是由内圈、外圈、滚动体和保持架四件组成。图9-35为滚动轴承的基本结构。

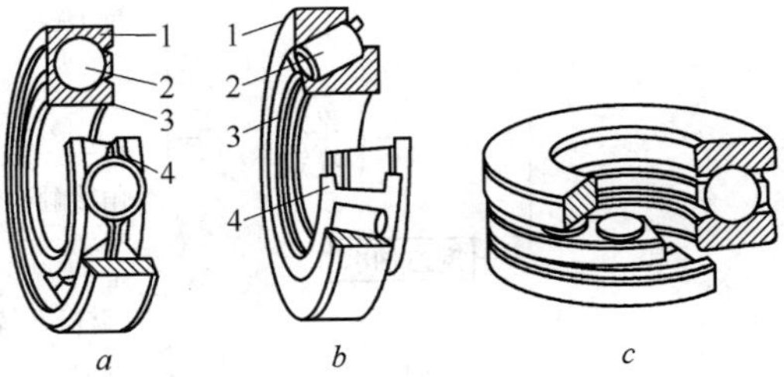

图9-35 滚动轴承的基本结构
a—向心球轴承;*b*—圆锥辊子轴承;*c*—推力球轴承
1—外圈;2—滚动体;3—内圈;4—保持架

滚动轴承的品种繁多,有多种分类方法(图9-36):

(1)按所承受的负荷方向或公称接触角的不同,分为:

1)向心轴承;

2)推力轴承。

(2)按轴承中滚动体的种类,分为:

1)球轴承;

2)辊子轴承,又可分为:圆柱辊子轴承、辊针轴承、圆锥辊子轴承、调心辊子轴承。

(3)按其工作时能否调心,分为:

1)刚性轴承;

2）调心轴承。

（4）按其所能承受的负荷方向或公称接触角、滚动体的种类综合，分为：

1）深沟球轴承；

2）滚针轴承；

3）调心球轴承；

4）角接触球轴承；

5）调心辊子轴承；

6）圆锥辊子轴承；

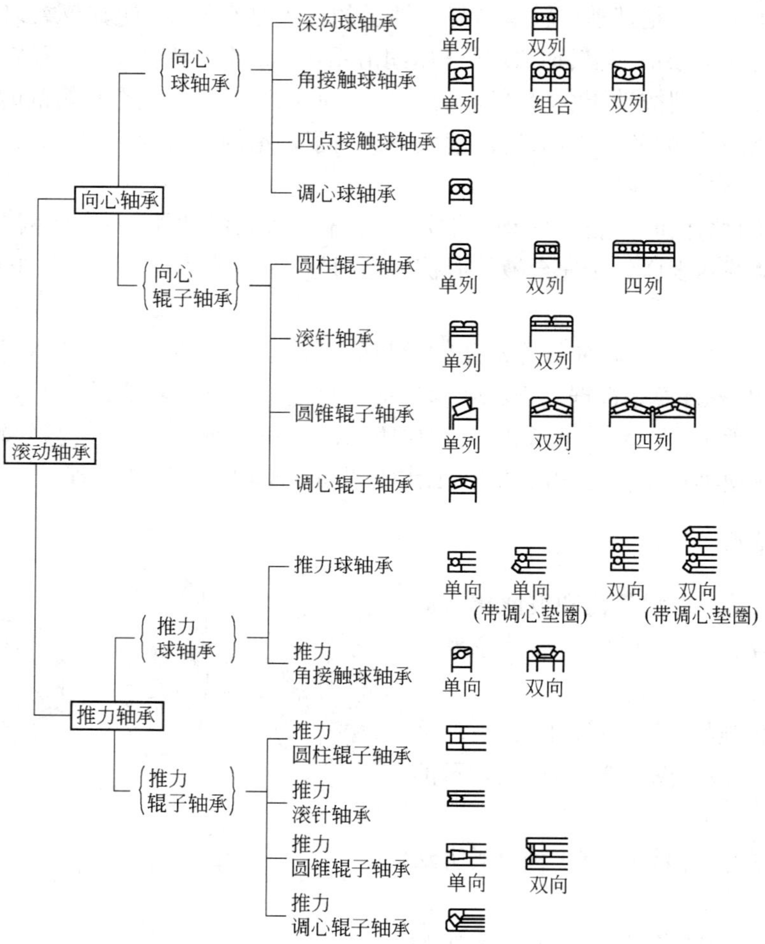

图 9-36　滚动轴承综合分类图

7）推力角接触球轴承；

8）推力调心辊子轴承；

9）推力圆锥辊子轴承；

10）推力球轴承：

①推力圆柱辊子轴承；

②推力辊针轴承；

③组合轴承（即一套轴承内同时具有上述轴承中的两种或两种以上）。

(5)按一个轴承中滚动体的列数,分为:
1)单列轴承;
2)双列轴承;
3)三列轴承;
4)四列轴承;
5)多列轴承。
(6)滚动轴承按外径尺寸,分为:
1)微型,轴承外径尺寸不大于26mm;
2)小型,轴承外径尺寸28~55mm;
3)中小型,轴承外径尺寸60~115mm;
4)中大型,轴承外径尺寸120~190mm;
5)大型,轴承外径尺寸200~430mm;
6)特大型,轴承外径尺寸不小于440mm。

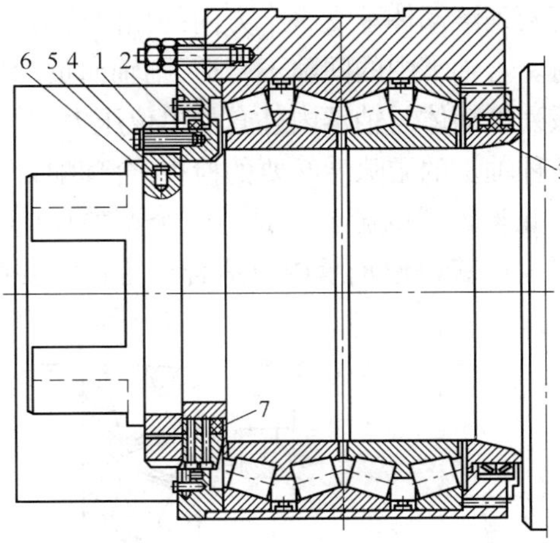

图9-37 四列圆锥辊子轴承的支承部分
1—螺母;2、3—环;4—螺钉;5—剖分螺圈;6—销钉;7—键

9.4.2.1 四列圆锥辊子轴承支承

四列圆锥辊子轴承适用于低速及中速轧钢机,图9-37为轧钢机工作辊的四列圆锥辊子轴承的支承部分。轴承内部游隙预先经过调整,使用方便,设计为可在有限的安装空间里承受最大的额定负荷。

用轴承端盖把轴承的外圈沿轴向固定,而轴承内圈则被螺母1,经环2而夹紧,环2则装在键7上,环2和环3在紧贴轴承的端面上有径向的沟槽,润滑油能顺此沟进入辊径内。用以夹紧轴承的螺母1,拧紧在剖分螺圈5上,此剖分螺圈的两个半圈安装在轴槽内的销钉6上。用螺钉4紧住螺母1以免松扣。靠近辊身的一对密封圈能防止润滑油流出轴承以免弄脏辊身。靠轧辊端部只有一个密封圈。轴承座靠辊身的端面上钻有贯穿的孔,正对轴承外圈的端面而使轴承拆卸方便。在夹紧环2和3上都具有凸肩,它使轴承座、轴承、夹紧环、密封圈和轴承侧盖构成一个不可分散的装配整体。所以,当为了重车和重磨轧辊而进行换辊时,这个整体就一起从辊颈上卸下来,而轴承被留在轴承座内,轴承座保护着轴承不致弄脏。此轧辊另一端支承部分的构造与图9-37所示的没有区别。有一个轴承座和机架牌坊固定就使得轧辊的轴向位置固定。此时另一端轴承座沿轴向是自由的,当轧辊受热伸长时有移动的可能性。

四列圆锥辊子轴承,在使用前需要按规定游隙值调整游隙。

四列圆锥辊子轴承由三个外套、两个内套、四列圆锥形的辊子及三个间隙调整环组成,图9-38为四列圆锥辊子轴承零件的相互位置。

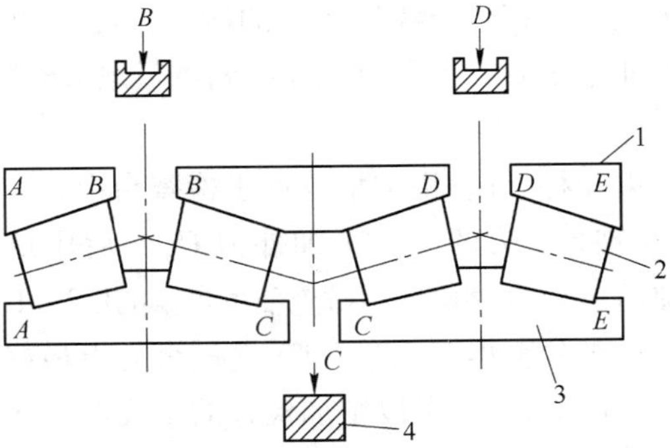

图9-38 四列圆锥辊子轴承零件的相互位置
1—外套;2—滚子;3—内套;4—间隔环

该轴承的游隙可以用增减轴承外套及内套中间调整环厚度的办法来加以调整,这就保证了机件的旋转精度和正常工作,保证了加工产品的质量,而且大大地延长了轴承的使用寿命。该轴承可承受双方向的轴向负荷,其

中有两列滚动体承受一个方向的轴向负荷，而另两列滚动体则承受来自另一相反方向的轴向负荷。若轴承中的间隙不合适，则轴向负荷只能由其两列中的一列滚动体承受，显然这就增大了该列滚动体与轴承内外套的单位压力，对轴承寿命产生极不良的影响。因此，在安装时必须对该种轴承的游隙做必要的检查，合理配置。

此类轴承的游隙值是由三个调整环（间隔环）B、D、C 的厚度决定的。通过增减调整环的厚度可获得使轴承内有适合于工作需要的轴向游隙。图 9-39 为轴承游隙示意图。

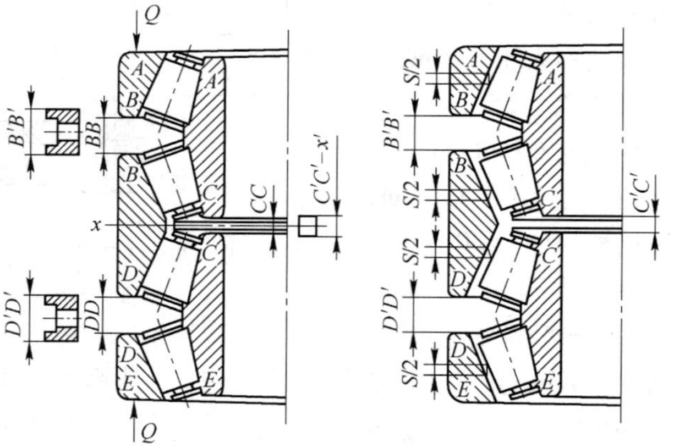

图 9-39　轴承游隙示意图

$$B'B' = BB + S$$
$$C'C' = CC + S$$
$$D'D' = DD + S$$

式中　$B'B'$、$C'C'$、$D'D'$——调整环（间隔环）厚度；

BB、CC、DD——轴承设置调整环时的外套之间、内套之间的间隙；

S——所需轴承的轴向游隙。

可见，要想配置轴承轴向游隙 S，只要能正确测出 BB、CC、DD，然后磨制比 BB、CC、DD 略厚（即厚度增加 S）的调整环，即当调整环安在轴承中后，轴承内便有了符合于我们要求的游隙。准确测量 BB、CC、DD 间隙值非常重要。下面重点介绍两种量取 BB 等间隙值的常用方法：

第一种方法：将轴承放置于检查台上（图 9-40），取出调整环，在轴承上方的外套上加外力 Q，然后用量块等量具量取各间隙值。外力 Q 值取所检查轴承自重的1/2～1/3。

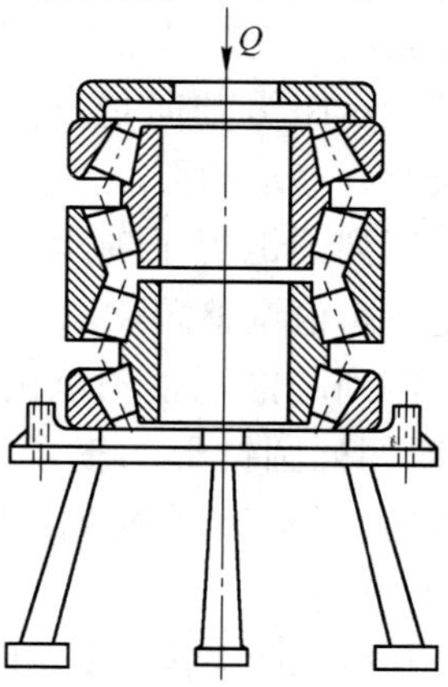

图 9-40　轴承放置于检查台上

检查台上焊有三个支点，这三个支点最好能很平整且在同一水平面上，这样可以增加检查的正确性。

检查时按次序将轴承内外套逐一放上，每放一个外套一个内套后就用手将轴承内外套交替旋转，然后任其自然停止，这样做可以消除安放轴承时内外套相互之间的偏斜。接着用 0.02 或 0.03 塞尺检查滚动体与外套的接触情况，情况正常后再继续安放上面的内套及外套。轴承套全部放上后，在顶上压一个轴承箱的侧盖，用螺栓将轴承压紧于检查台的支点及侧盖之间，使滚子的端面与轴承内套上的挡位边密接。螺栓要均匀地拧紧，以免把轴承套弄偏。在拧螺栓时另一人用手转动 *AC* 内套和 *BD* 外套，感到转起来很紧时停止拧螺栓，将螺栓松开，撤掉后，加上重物 *Q*。

量间隙时都在轴承外圈的圆周上每隔 90°量一次，共测量 4 次，而后取其平均值。量完 *BB*、*CC*、*DD* 间隙之后，将轴承翻一个身（倒置），放在另一个检查台上，重复上面步骤再进行一次测量，将两次测量值再取平均值。

第二种方法：将轴承放在平台上，用量块和平尺来测量，如图 9-41、图 9-42 所示。

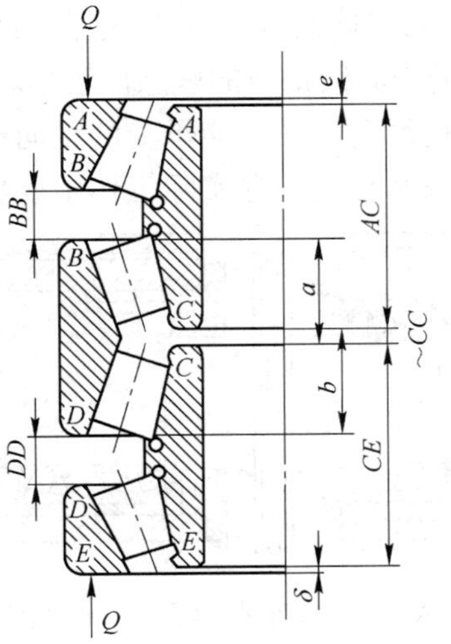

图 9-41　轴承放在平台上（一）

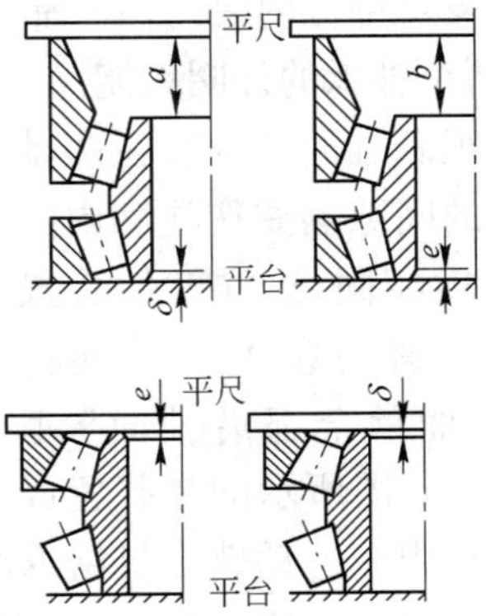

图 9-42　轴承放在平台上（二）

$$BB = (e + AC + b) - (BD + AB)$$

$$CC = (a + b) - BD$$

$$DD = (\delta + CE + a) - (BD + DE)$$

第二种方法量取间隙比第一种方法所需时间长，但精度高。

9.4.2.2　四列圆锥辊子轴承各列滚动体游隙不等值配置理论

在作者著的《轧钢机械滚动轴承》8.1.2 一节中提出：四列圆锥辊子轴承各列滚动体游隙不等值配置理论，即游隙 *S* 在 $B'B'$、$C'C'$、$D'D'$中的值不是一个相等的数。

在长期对抚顺钢厂 1400 薄板四辊冷轧机运行维护中发现，下支撑辊四列圆锥辊子轴承（771/630）频繁被破坏（寿命仅 10～45 天），且均是靠近轧辊辊身侧第二列滚动体碎裂的规律。经分析第二列滚动体碎裂的原因是：（1）轴承座调心性能降低，导致四列滚动体径向受力不均；（2）在四列滚动体游隙值相等的条件下，第二列滚动体承受的轧制力的轴向力和径向力之和最大。

解决的办法就是，使四列滚动体在无负荷时游隙值配置不相等，令第二列滚动体游隙值略大于其余，保证有负荷后四列滚动体游隙值相等，即用静态不等，保证动态相等。间隔环如下配置：

$$B'B' = BB + S$$

$$C'C' = CC + S'$$

$$D'D' = DD + S$$

$S' > S$，S'比 S 大多少、S'最佳值的确定，需要根据轴承的使用条件、使用经验、几何尺寸、S 值大小等，进行大量的工业性试验。作者在抚钢的实验结果是：$S = 0.30 \sim 0.50$mm，增加 $C'C'$ 环厚度 0.05 ~ 0.08mm，即：

$$B'B' = BB + S$$
$$C'C' = CC + S + (0.05 \sim 0.08)$$
$$D'D' = DD + S$$

使该轴承寿命达 4 ~ 6 月。

9.4.2.3　球面辊子轴承支承

轧钢机工作辊的支承部分在很多情况下用的是成双的球面辊子轴承，这种轴承成双地使用可承受较大的径向载荷，且对轴承和轴承座镗孔的中心线偏斜的敏感性较小。

为使支承部分内每个轴承都独立地工作，并且使其每列辊子上能承受的径向载荷均匀地分布，两个轴承的外圈都能保证在轴向间隙范围内来回移动。在实际工作中要保持这样的间隙是很困难的，因此，在两轴承外圈之间装置的间隙隔圈往往和内圈之间的间隔圈厚度相同，这样就使装置轴承时没有必要带有间隙，而有可能将两个轴承座中的轴承全都沿轴向紧固，如图 9-43所示。此图所示的是装置成双的球面辊子轴承用在自动轧管机组返料辊的工作辊上。但是用这种固定方法时每个轴承的内圈和外圈间还有相对位移的可能，结果使轴承所承受的载荷并非均匀地分布到各列辊子上。右支承部分的轴承装置在杯形套中，由侧盖固定。轴承在辊颈上的轴向紧固利用特制螺母 1，拧到两串螺圈 2 上。此螺圈由销钉 3 固定在辊颈的环形槽内。螺母则利用弹簧钢丝 4 固定，钢丝的末端穿过螺母上的径向孔而插入辊颈的缺口槽中。

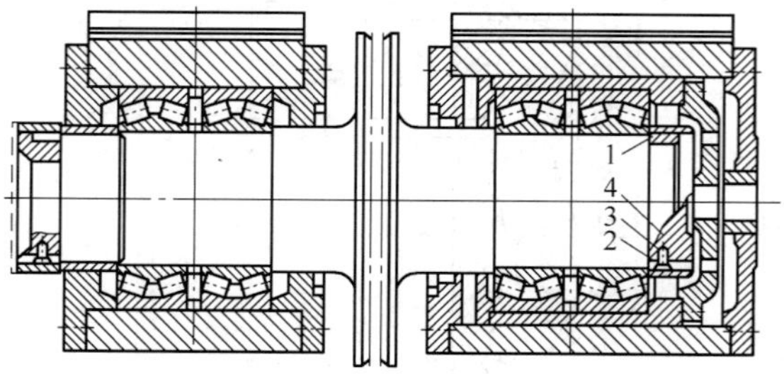

图 9-43　球面辊子轴承在轴承座内的紧固方式

1—螺母；2—螺圈；3—销钉；4—弹簧钢丝

9.4.2.4　成双的单列圆锥辊子轴承支承

图 9-44 为扁钢轧机的工作辊的支承部分。工作辊装置了成双的单列圆锥辊子轴承。两个支承部分的内圈都是沿轴向紧固的。轴承的调整是利用端盖和调整垫片组在轴承外圈上进行的。轴承座之一在轴向是固定的。

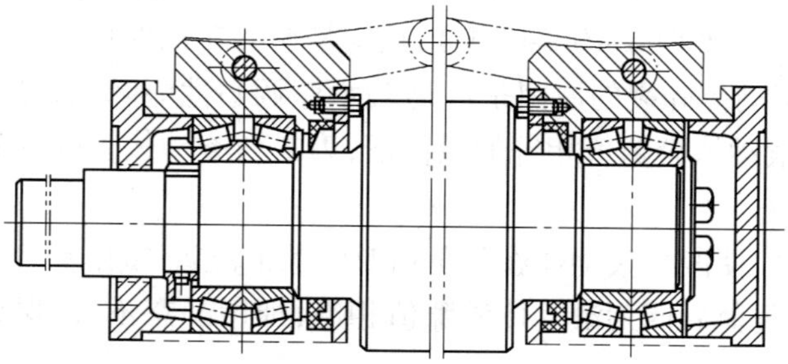

图 9-44　扁钢轧机工作辊的支承部分

图 9-45 是轧管机组矫直机辊子支承部分。每个支承部分装一对单列圆锥辊子轴承。在轴承之间装成套的间隔圈，其中一个的厚度要这样考虑确定，即用螺母把轴承紧固之后，在轴承内还保持正常的轴向间隙值。辊子的轴向定位是把左支承部分的轴承在辊颈上和轴

承座内部都加轴向紧固。右支承部分的轴承则可以在盖和轴承座肩缘形成的间隙范围内游动。轴承在轴向能够自由移动，是用来抵消辊子长度随温度的变化以及辊子和机座总装配尺寸的误差。如果滚动体表面磨损，轴承内的轴向窜动值是逐渐增加的，这时可以磨制间隔圈来减小轴向间隙。

9.4.2.5　四列圆柱辊子轴承支承

图9-46为某轧辊支承采用圆柱辊子轴承与止推轴承的一个组合支承。当支承采用圆柱滚子轴承时，虽需要附加止推轴承来承受轴向力，但这种轴承有较高的承载能力。其径向尺寸较小，允许采用直径较大的辊颈，而且轴承制造精度高，摩擦系数也较圆锥滚子轴承和球面滚子轴承小，允许的转速高，适合于高速重载的场合。通常轴承与辊颈采用紧配合。换辊时，外圈和辊子与轴承座组成一个整体，可以和任何一对内圈配合，具有互换性。内圈与轧辊一起拆下，磨辊时内圈作为磨削基准面，这可使轴承与辊身间保持很高的同心度。

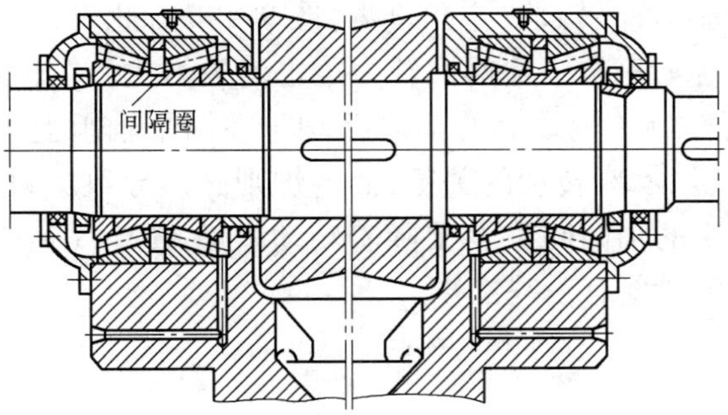

图9-45　轧管机组矫直机辊子支承部分

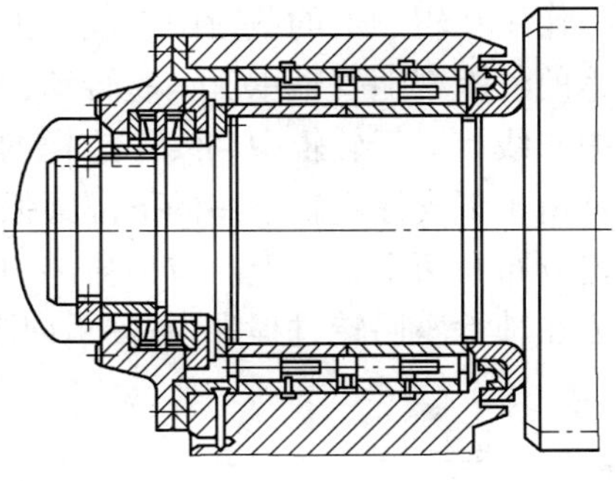

图9-46　圆柱辊子轴承与止推轴承的组合支承

9.4.2.6　支撑辊轴承座的自位原理

一个轴的两个支点上的轴承，由于轴承座孔不同心（图9-47*a*），或轴肩端面与轴线不垂直（图9-47*b*），或一端轴承座孔倾斜（图9-47*c*），以及在轴受载后轴线发生挠曲变形（图9-47*d*）等原因，致使轴承内外圈轴线发生偏斜。这时便要求轴承有一定的调心性能，即内外圈轴线发生相对偏斜时的能正常工作的能力。在此情况下，应首选调心球轴承和调心辊子轴承。

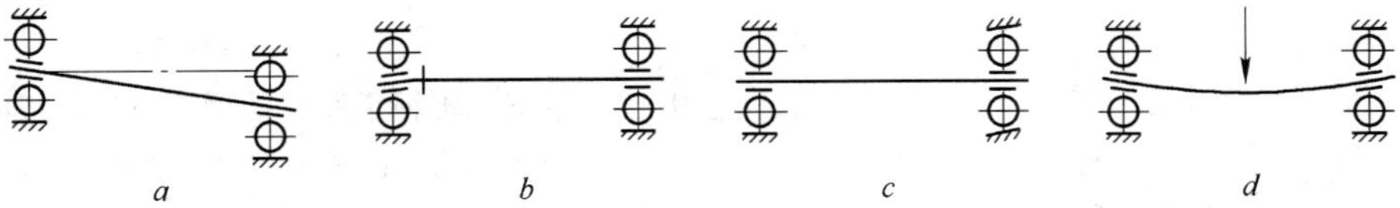

图9-47　轴线偏斜的几种情况

但在四辊轧机上，当支撑辊采用滚动轴承时，一般采用多列（通常为四列或双列成对装配）轴承，由于四列圆锥辊子轴承、四列圆柱辊子轴承或调心辊子轴承（双列）成对使用时，其轴承本身没有调心性能，而支撑辊又在很大的弯曲载荷下工作，实际上，下轧辊的轴承座往往是内置在平的支承基面上的，在这种情况下，轴承不能自动调位以抵偿轧辊轴承座的镗孔等非同心性和轧辊受载后轴线发生挠曲等，这就加剧了各列滚动体受力的不均性，从而造成轴承寿命的急剧降低。要解决这个问题，就要解决轴承座本身的调心性能，并且要具有随着轧辊载荷的变化而变化的能力，称轴承座的这种自动调心性能为自动调位性能（简称自位性）。

由于工作辊承受的弯矩很小，固而一般不考虑轴承的自位性。上支撑辊轴承座的自位性是靠与压下螺丝端部的球面接触达到的。而下支撑辊轴承座的自位性，则靠把其下部做成圆弧或缩短其轴向的接触长度来解决，如图 9-48 所示。此图说明了上、下支撑辊轴承座的自位原理。

日常维护时，要特别注意检查支撑辊轴承座的自位能力是否完好（往往被忽略），如压下螺丝 1、球面推力轴承 2、自位垫块 5、支座 6 的相互接触表面的光滑程度、是否变形等，若发现应及时研磨或更换。

图 9-49 为某轧机下支撑辊轴承座自动调位原理。用此图说明将下支撑辊轴承座下部做成圆弧形的自位原理。

在轴承座中装置两个调心滚子轴承，其中一个带间隙 e，这是因为轴承内部间隙各不相同，和其配合直径也各不相同（图 9-49b）。

作用在辊颈上的载荷中形成一力矩，使轴承座转过一个角度 α（图 9-49a），此时，两个轴承的外圈都随着轴承座一起转动，直到间隙 e 完全消除而回转力矩也消失为止。在轴承座中心线相对于轧辊中心线作这样的角位移之后，辊颈上的压力 P 均匀在两个轴承上了。可见由于下支撑辊轴承座的下部圆弧形是使轴承座转动的关键，而转炉则必然导致压力 P 均匀分布在两个轴承上。应该指出的是：原来的轴向间隙 B 要随着转动增加 $A(1-\cos\alpha)$，因为在轴承座回转过程中，右轴承内圈沿着辊颈要有一些位移。

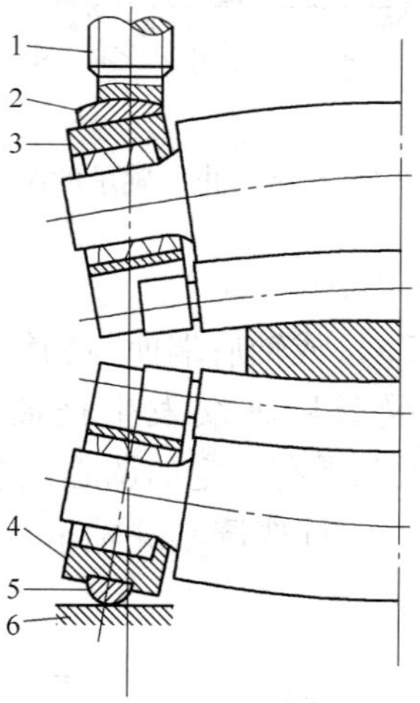

图 9-48　上、下支撑辊轴承座的自位原理示意图

1—压下螺丝；2—球面推力轴承；3—上支撑辊轴承座；4—下支撑辊轴承座；5—自位垫块；6—支座

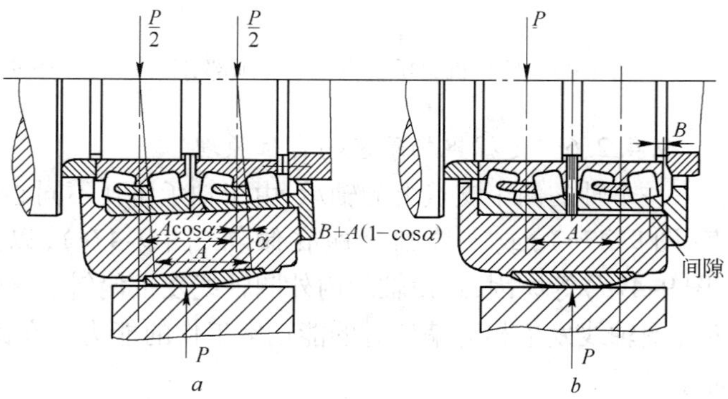

图 9-49　下支撑辊轴承座自动调位原理示意图

a—轴承受力示意图；b—轴承示意图

9.5　主传动装置维修

轧钢机主传动装置的作用是将电动机的运动和力矩传递给轧辊。在很多轧机上，主传动装置由减速机、齿轮座、连接轴和联轴节（联轴器）等部件组成（图 9-50a）。某些轧机如初轧机、板坯轧机和板带轧机，主传动装置只有连接轴和联轴节组成（图 9-50b），主传动是由电动机直接传动轧辊的。

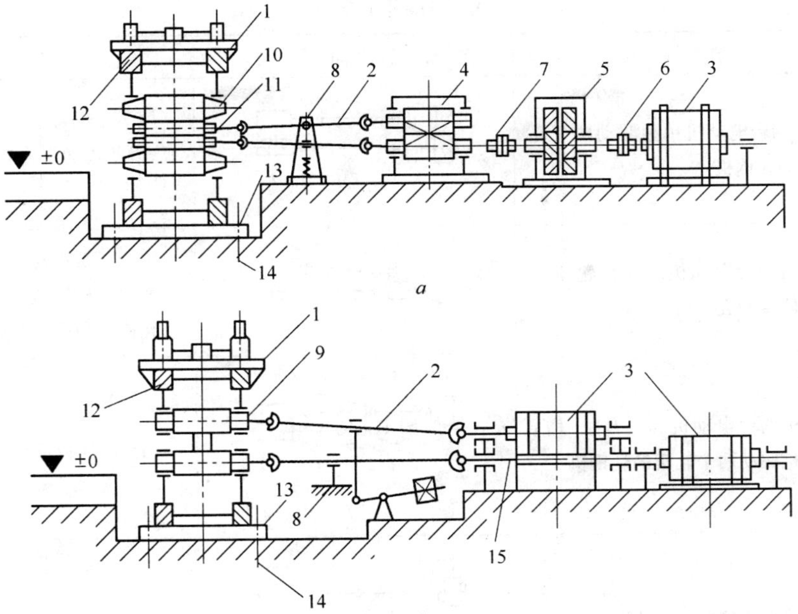

图 9-50　轧钢机主传动装置简图

a—具有齿轮座的主传动装置;*b*—电动机直接传动轧辊的主传动装置

1—工作机座;2—连接轴;3—电动机;4—齿轮座;5—减速机;6—电动机联轴节;7—主联轴节;8—连接轴平衡装置;9—二辊轧机轧辊;10—四辊轧机支撑辊;11—四辊轧机工作辊;12—机架;13—机架底板;14—地脚螺栓;15—中间轴

9.5.1　轧钢机主传动装置的主要类型

由于轧钢机形式和工作制度不同,轧钢机主传动装置也有不同的类型,如表 9-10 所示。

表 9-10　轧钢机主传动装置的类型

轧钢机类型	轧钢机形式	传动简图	用　途
单机座轧钢机	由一台电动机驱动轧辊的轧钢机	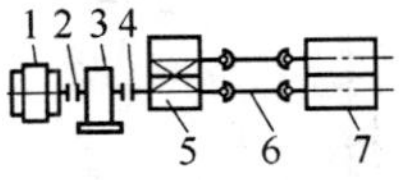 *a*	用于二辊钢坯、型钢、扁钢轧机、四辊板带轧机(驱动工作辊或支撑辊)
		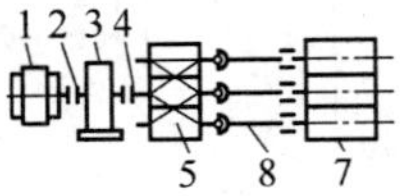 *b*	用于三辊开坯轧机
		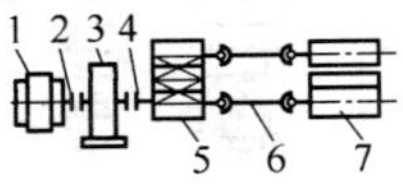 *c*	主要用于具有浮动中辊的中厚板轧机(劳特式轧机)

续表 9-10

轧钢机类型	轧钢机形式	传动简图	用　途
单机座轧钢机	由两台电动机单独驱动两个轧辊的轧钢机	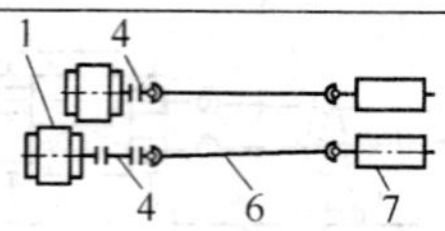 d	用于二辊可逆式初轧机，板坯轧机，以及驱动工作辊的四辊厚板轧机
	由一台电动机通过齿轮座驱动轧辊的轧钢机	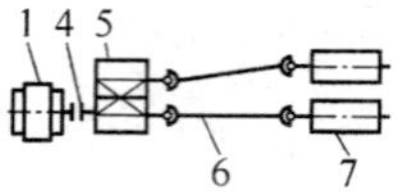 e	用于二辊可逆式中小型初轧机，以及中厚板轧机、热轧带钢轧机的粗轧机座和最后 1 ~2 架精轧机座
	由两台电动机和一台减（增）速机驱动两个轧辊的轧钢机	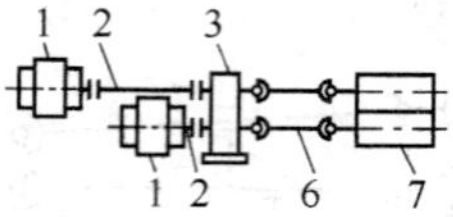 f	用于高速板带冷轧机
	单辊驱动的二辊轧钢机	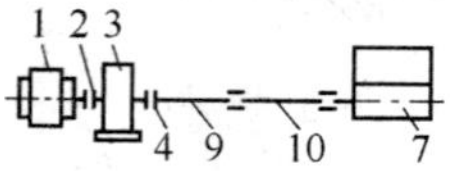 g	用于单辊驱动的二辊薄板轧机
多机座轧钢机	多机座横列式集体驱动的轧钢机	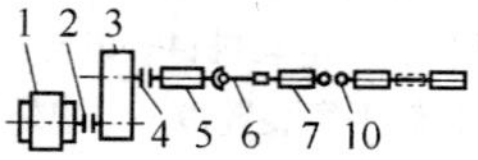 h	用于轨梁、型钢和线材轧机
		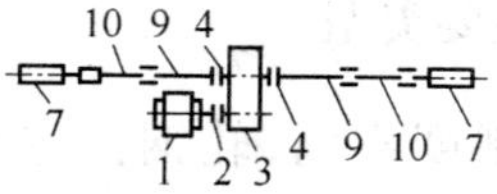 i	用于二辊薄板轧机
	双列多机座集体驱动的轧钢机	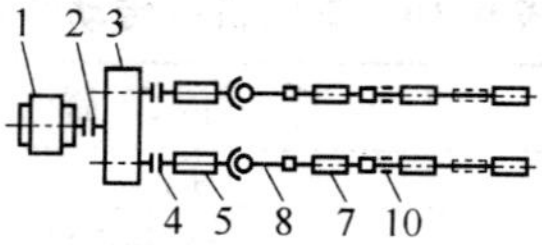 j	用于线材轧机的中轧和精轧机列
	单机座多列式集体驱动的连续式轧钢机	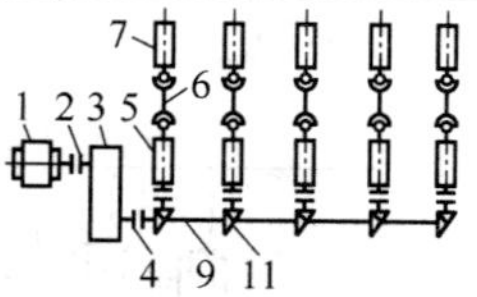 k	用于钢坯、型钢和线材等连续式轧机
		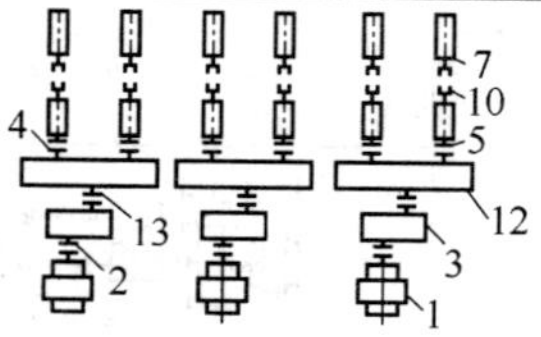 l	

注：1—电动机；2—电动机联轴节；3—减速机；4—主联轴节；5—齿轮座；6—万向接轴；7—轧辊；8—半万向接轴；9—中间轴；10—梅花接轴；11—圆锥齿轮；12—复合减速机；13—联轴节。

9.5.2　主减速机维修

轧钢机主传动减速机(简称主减速机)的作用是将电动机较高的转速变成轧辊所需的转速。

轧钢机减速机配置的原则是:为了防止在多次冲击负荷作用下,使固定轴承座上盖的螺栓松脱或断裂,在确定轧钢机减速机配置方式时,应遵循使承受最大作用力的轴承座上盖螺栓不承受拉力的原则。例如,在二级圆柱齿轮减速机上,中间齿轮轴上的作用力最大(图9-51),故应根据中间齿轮轴轴承座上盖螺栓的受力方向,来选择确定轧钢机减速机的配置方式。以二辊轧机为例,如果将轧钢机减速机的高速轴配置在轧制线出口方向(图9-52a)时,减速机中间齿轮轴的受力方向如图9-51所示。此时,中间齿轮轴轴承座上盖螺栓将承受拉力,易使螺栓松脱或断裂。如果将减速机的高速轴配置在轧制线入口方向(图9-52b),中间齿轮轴轴承座上盖螺栓不承受拉力,这种配置是符合要求的。

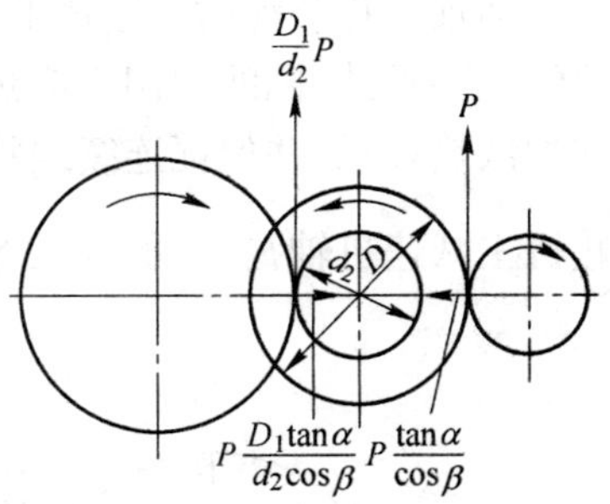

图9-51　二级圆柱齿轮减速机中间齿轮轴受力简图

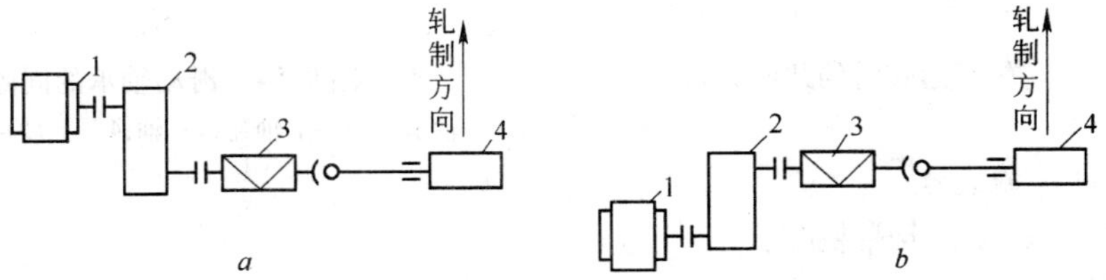

图9-52　轧钢机减速机配置方式

a—高速轴配置在轧制线出口方向;b—高速轴配置在轧制线入口方向

1—电动机;2—减速机;3—齿轮座;4—轧钢机

最常用的轧钢机主减速机是一级或二级圆柱齿轮减速机。一般以速比7~8作为选用一级或二级减速机的分界线。轧钢机主减速机的中心距,对于一级减速机为1000~2400mm,对于二级减速机为2000~4200mm。在二级减速机中,为了使第一级和第二级的负荷均匀,这两级中心距的分配原则,主要是应使这两级的传动齿轮齿面接触应力近似相等,并适当考虑减速机能具有较小的外形尺寸和重量。根据上述分配原则,第二级和第一级中心距之比约为1.3~1.5。当然,在齿面接触应力允许的情况下,尽可能取小的比值,从而可以减小减速机外形尺寸和重量。还应参考有关中心距的专业标准。

在设备大中修时,经常更换巴氏合金轴承,或同时更换齿轮。

9.5.2.1　滑动轴承的维修与装配

A　滑动轴承因磨损失效的形式及轴与轴承配合间隙

图9-53为轴在轴承中运转时的几何关系。

滑动轴承因磨损失效的形式有两种:一种是轴与轴承配合间隙的增加。新轴承根据相对偏心等于0.5时,确定了理想初间隙,最小油膜厚度为1/4初间隙。随着轴承的不断磨损，最小油膜厚度在逐渐地减小，当其值小于轴和轴承表面粗糙度总和（极限间隙）时，轴和轴承表面开始接触，液体摩擦条件被破坏；另一种是轴承的几何形状发生变化。如轴上作用载荷方向固定，则轴承在载荷方向受到磨损。同时轧机在启、制动和减低转速时，轴承底部将受到最大的磨损。轴瓦局部受到磨损（如底部），产生几何形状的改变，所以轴颈磨入轴承的凹窝内，两者曲率半径变为相同，不能形成油楔而使轴承报废。

滑动轴承在装配时所形成的间隙有顶间隙 S 和侧间隙 b（图 9-54）。顶间隙是保证液体摩擦的主要条件；侧间隙用于散热，在侧间隙处开油沟或冷却带（瓦口），则增大了间隙，可以增加散热效果，并保证连续地将润滑油吸到轴承的受载部分和贮存磨粒。对于稀油润滑的轧机主减速机轴瓦，一般轴瓦 $S=(1\sim1.2)D/1000$；$b=\left(\frac{1}{2}\sim\frac{2}{3}\right)S$。

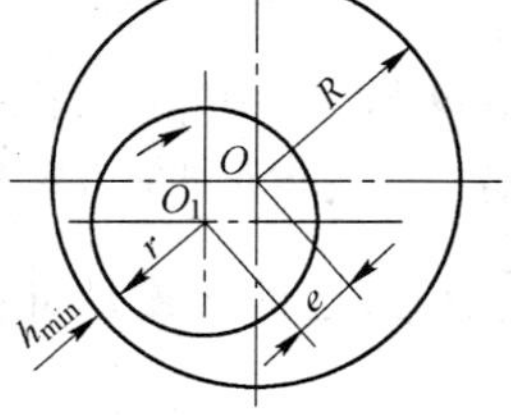

图 9-53　轴与轴承运转时的几何关系

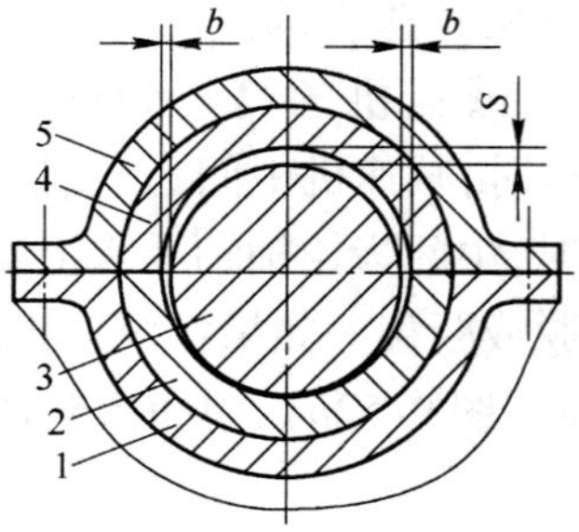

图 9-54　滑动轴承的间隙

1—轴承座；2—下轴瓦；3—轴；4—上轴瓦；5—轴承盖

B　*滑动轴承的装配*

滑动轴承应按以下步骤装配：

（1）轴瓦的检查。上、下瓦定位销位置是否准确，若是钨金瓦，则看瓦与瓦胎结合是否紧密，轴瓦在镗孔内是否歪斜，轴瓦与镗孔接触是否紧密等；

（2）轴承座的固定。先找好共轴轴承座的水平度及同心度（常用挂线法），将轴放入轴承中，用着色法检查轴与轴瓦表面的接触情况，调整好后将轴承固定在机体上。

（3）轴套的装配。轴套与轴承座必须固定住。一般采用压入配合、销钉及螺钉固定。

（4）轴瓦的装配。为保证轴瓦在轴承座中不转动、不轴向移动，常在轴瓦与轴承座之间安放定位销，在轴瓦上设有翻边或止口。

（5）轴瓦的刮研。由于轴瓦表面含（储）油微小凹面，为了获得高精度的轴与轴瓦的配合轴瓦必须刮研。开瓦口时要注意：开小了易“夹帮”（抱轴），开通了会漏油。瓦口尺寸（图 9-55a），通常 $h=\frac{2}{5}\delta$，$L=(10\sim25)\delta$。研瓦一般要求：瓦接触角为 70°～90°，接触斑点为 1～3 点/cm^2。边研瓦边检查间隙，直到达到所要求的接触点和间隙为止。为了在轴径和轴瓦表面之间导油，需开油槽、油孔，其位置如图 9-55b 所示。一般油孔、油槽开在非承载区以免破坏承载区润滑油膜的连续性，降低轴承的承载能力。为了有高的承载性和节约贵重金属，采用多层结构，如将轴承合金浇铸在刻有沟槽的钢衬背上（图 9-55c）。

顶间隙 S 用压铅法检查（图 9-56），侧间隙用塞尺检查。顶间隙值按下式计算：$A_1=\frac{a_1+c_1}{2}$；$A_2=\frac{a_2+c_2}{2}$；$S=\frac{(b_1-A_1)+(b_2-A_2)}{2}$。

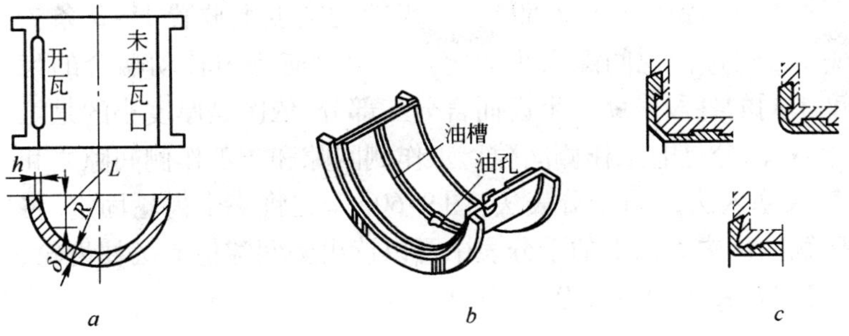

图 9-55 剖分式轴瓦结构

a—瓦口尺寸；*b*—油孔、油槽；*c*—瓦衬沟槽形式

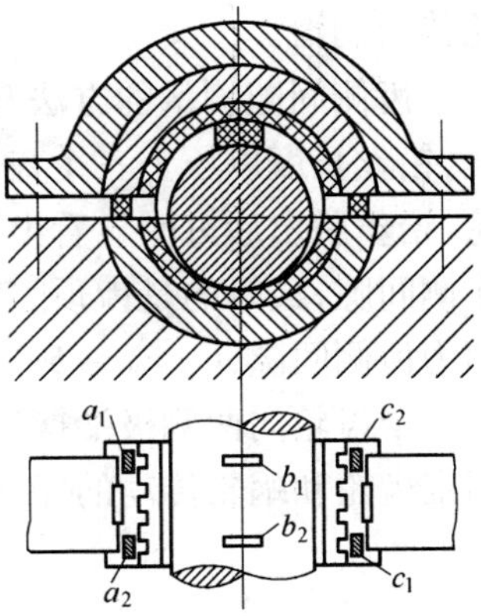

图 9-56 压铅法测量

9.5.2.2 齿轮传动的维修与装配

齿轮传动因其可用来在空间的任意轴之间传递运动和动力（图 9-57），且传动平稳可靠、传动效率高、传动功率范围广、速度范围大、结构紧凑、维护简便和使用寿命长等优点，成为一种应用极为广泛和特别重要的机械传动形式。主要缺点是：传动中会产生冲击振动和噪声；没有过载保护作用；对制造精度和安装精度要求高。

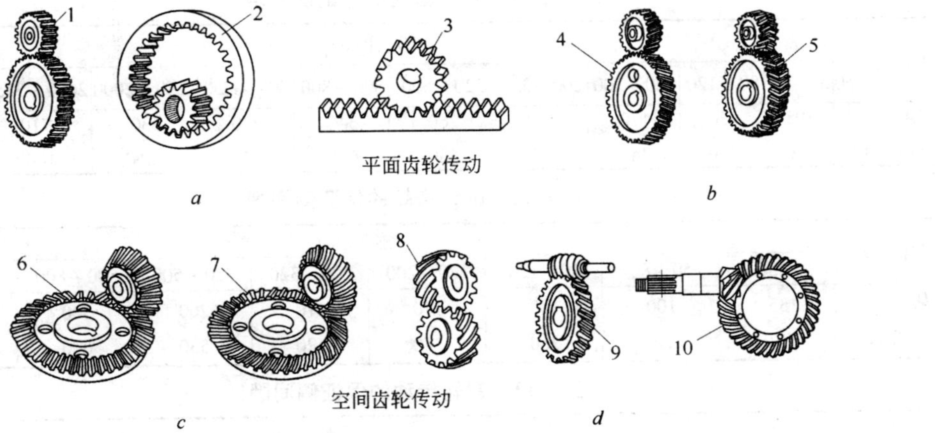

图 9-57 齿轮传动

a—直齿圆柱齿轮传动；*b*—斜齿、人字齿圆柱齿轮传动；*c*—两轴相交锥齿轮传动；*d*—两轴交错齿轮传动

1—外啮合；2—内啮合；3—齿轮与齿条；4—斜齿轮；5—人字齿轮；6—直齿；

7—曲齿；8—交错轴斜齿轮传动；9—蜗杆传动；10—准双曲面齿轮传动

对齿轮装配的基本要求：（1）齿轮与轴装配不得有偏心或歪斜；（2）保证齿轮副准确的中心距和适当的尺侧间隙；（3）保证齿轮有正确的接触部位与一定的接触面积。

A 齿侧间隙

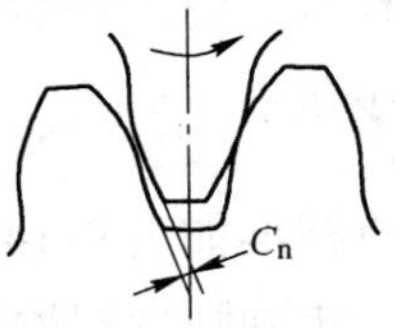

图 9-58 齿侧间隙

齿侧间隙是指一对相互啮合齿轮的非工作表面沿法线方向的距离 C_n（图 9-58）。相啮合的齿廓之间理论上是没有侧间隙的，实际留有的微小齿侧间隙是由齿厚公差来保证的，其作用是补偿传动中心距安装误差、轮齿的热变形和弹性变形等，同时有利于储存润滑油作齿

轮传动润滑。

齿侧间隙测量的方法有三种：(1)压铅法(图9-59)。在齿轮的宽度上放置1～3条铅丝，铅丝长度以压上三个齿为好，铅丝直径视间隙大小而定。压铅时应均匀转动啮合的齿轮，铅丝脱出后可明显看出厚度不同的各段。就一个齿而言分三部分，依次是厚度小的是工作侧间隙，最厚的是齿顶间隙，第三部分是非工作侧间隙。工作侧间隙和非工作侧间隙之和即为齿侧间隙，$C_n = a + b$；(2)塞尺塞入法；(3)千分表法(图9-60)。先将一个齿轮固定，将另一个齿轮向两侧极端摆动，接触在齿廓表面上的千分表中可以读出侧间隙值。圆柱齿轮、圆锥齿轮和蜗轮传动的保证侧间隙如表9-11～表9-13所示。

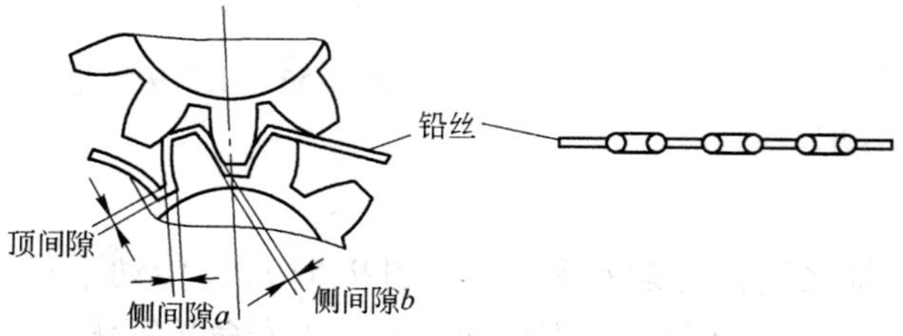

图9-59　压铅法测量齿侧间隙
侧间隙 = a + b

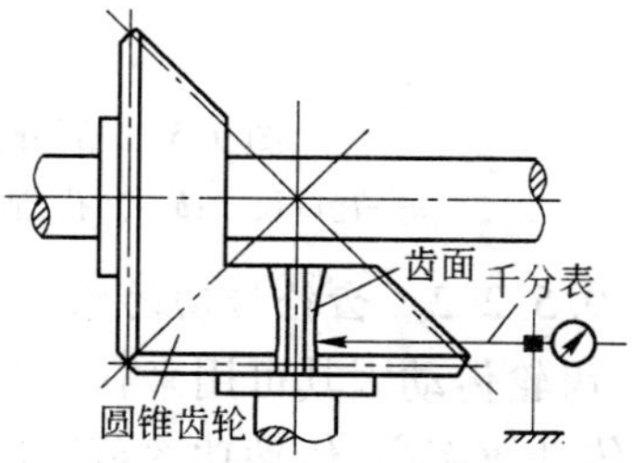

图9-60　千分表法测量齿侧间隙

表9-11　圆柱齿轮的保证侧间隙

结合形式	中心距/mm										
	≤50	50～80	80～120	120～200	200～320	320～500	500～800	800～1250	1250～2000	2000～3150	3150～5000
D_c/μm	85	105	130	170	210	260	340	420	530	710	850
D_e/μm	170	210	260	340	420	530	670	850	1060	1400	1700

表9-12　圆锥齿轮的保证侧间隙

结合形式	锥距/mm							
	≤50	50～80	80～120	120～200	200～320	320～500	500～800	800～1250
D_c/μm	85	100	130	170	210	260	340	420
D_e/μm	170	210	260	340	420	530	670	850

表9-13　蜗轮传动的保证侧间隙

结合形式	中心距/mm						
	≤40	40～80	80～160	160～320	320～630	630～1250	>1250
D_c/μm	55	95	130	190	260	380	530
D_e/μm	110	190	260	380	530	750	

注：D_c 标准保证值，D_e 较大保证值。

B　接触斑点

可利用着色法观察啮合齿轮的接触斑点(图9-61)，来检查齿轮的啮合情况。圆柱齿轮的接触斑点由比例大小来决定，沿齿长：$\frac{l}{L}\times 100\%$，沿齿高：$\frac{b}{B}\times 100\%$。接触斑点标准如表9-14所示。

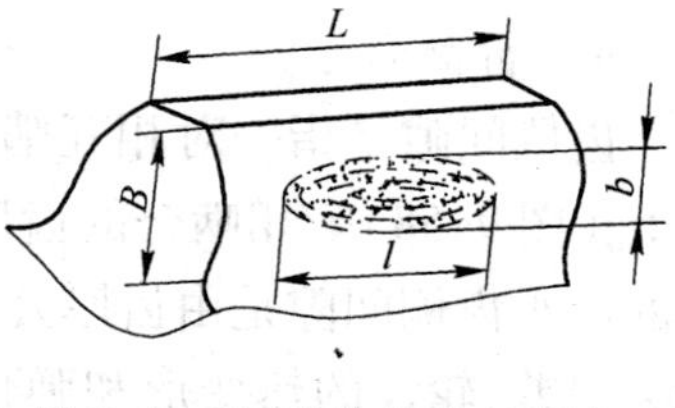

图9-61　圆柱齿轮接触斑点

正确啮合的齿轮，其接触斑点应均匀地分布在齿的工作侧面上。否则，齿轮的啮合就不正确。据此，通过接触斑点可判定齿轮啮合的正确与否(图 9-62)。

圆柱齿轮、圆锥齿轮接触斑点及调整方法如表 9-15、表 9-16 所示。

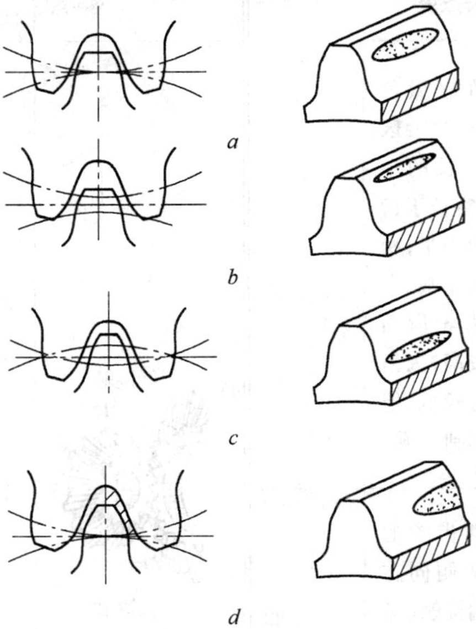

图 9-62　通过接触斑点可判定齿轮啮合的正确与否

a—啮合正确;*b*—中心距过大;*c*—中心距过小;*d*—扭斜

表 9-14　接触斑点标准

接触斑点/%	传动形式	精度等级			
		6	7	8	9
按齿长(不小于)	圆柱齿轮	70	60	50	40
	圆锥齿轮	70	60	50	40
	蜗轮传动	70	65	50	35
按齿高(不小于)	圆柱齿轮	50	45	40	30
	圆锥齿轮	70	60	50	40
	蜗轮传动	60	60	50	30

表 9-15　圆柱齿轮接触斑点及调整方法

接触斑点	原因分析	调整方法	接触斑点	原因分析	调整方法
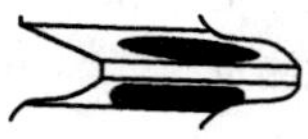 正常接触			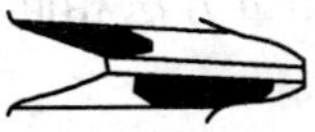 单面偏接触	两齿轮轴线不平行同时歪斜	可在中心距允差范围内，刮削轴瓦或调整轴承座
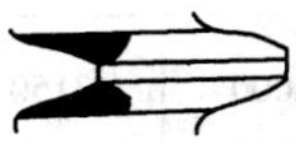 同向偏接触	两齿轮轴线不平行	可在中心距误差范围内,刮削轴瓦或调整轴承座	 游离接触，在整个齿圈上接触区由一边逐渐移至另一边	齿轮端面与回转中心线不垂直	检查并校正齿轮端面与回转中心线的不垂直度
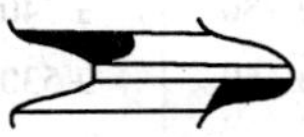 异向偏接触	两齿轮轴线歪斜		接触良好,但不太规则	齿圈径向跳动太大	检验并消除齿圈的径向跳动

表 9-16　圆锥齿轮接触斑点及调整方法

接触斑点	齿轮种类	现象及原因	调整方法
 正常接触 (中部偏小端接触)	直齿及其他圆锥齿轮	在轻微负荷下,接触区在齿长的中部,略长于齿长的一半,稍近于小端,在小齿轮齿面上较高,大齿轮上较低,但都不到齿顶	
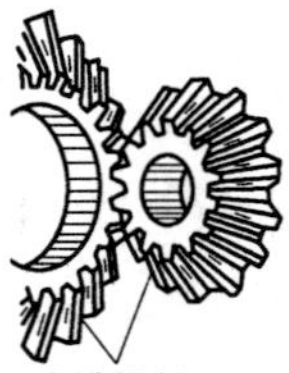 小端接触 同向偏接触		两齿轮的齿两侧同在小端接触(见左图)。由于轴线交角太大	不能用一般方法调整,必要时修刮轴瓦
		同在大端接触,由于轴线交角太小	
 高低接触	直齿锥齿轮	小齿轮接触区太高,大齿轮太低(见左图)。由于小齿轮轴向定位有误差	小齿轮沿轴向移出,如侧间隙过大,可将大齿轮沿轴向移进
		小齿轮接触区太低,大齿轮太高,原因同 2,但误差方向相反	小齿轮沿轴向移进,如侧间隙过小,则将大齿轮沿轴向移出
		在同一齿的一侧接触区高,另一侧低,如小齿轮定位正确且侧间隙正常,则为加工不良所致	装配无法调整需调换零件,若只作单向传动,可按 2 或 3 方法调整,不考虑另一齿侧的接触情况

C　装配位置的正确性

a　圆柱齿轮

中心距偏差,可用内径千分尺和方水平测量(图 9-63),也可用着色法观察接触斑点分布情况来判断。中心距偏差标准如表 9-17 所示。

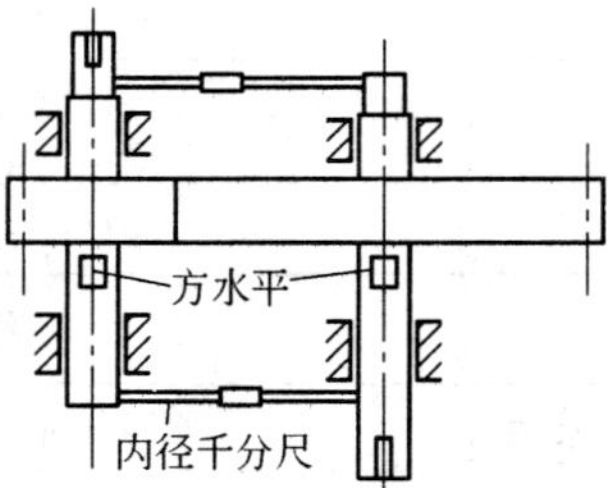

图 9-63　齿轮中心距和不平行性测量

齿轮轴线允许的扭斜和不平行偏差如表 9-18 所示。不平行度的测量与中心距的测量方法相同。扭斜的测量可用着色法和压铅法。

表 9-17　圆柱齿轮中心距偏差

结合形式	中心距/mm							
	120 ~200	200 ~320	320 ~500	500 ~800	800 ~1250	1250 ~2000	2000 ~3150	3150 ~5000
D_c/μm	±105	±120	±160	±180	±200	±250	±280	±340
D_e/μm	±170	±200	±250	±280	±320	±400	±450	±530

注:D_c 标准保证值,D_e 较大保证值。

表 9-18 圆柱齿轮允许的扭斜和不平行偏差 (μm)

精度等级	法向模数 m_n /mm	齿轮宽度/mm								
		<55	55 ~110	110 ~160	160 ~220	220 ~320	320 ~450	450 ~630	630 ~900	900 ~1250
6	1 ~16	13	15	17	19	22	26	32	40	50
7	1 ~30	17	19	21	24	28	34	40	50	60
8	1 ~50	21	24	26	30	36	42	50	60	80
9	2.5 ~50	26	30	34	38	45	52	60	80	100

下面介绍如何用偏心套筒调整减速机轴倾斜。

当减速机各齿轮表面加工和箱体镗孔有误差时，或在减速机运转过程中，由于两端的轴承受力不同，使轴在轴承间隙范围内发生倾斜时，可通过偏心套筒的调整，以保证齿轮具有良好的啮合。图 9-64 为 1700 热带钢轧机粗轧机座的主减速机，高速轴和低速轴的滚动轴承都安装在偏心套筒内。

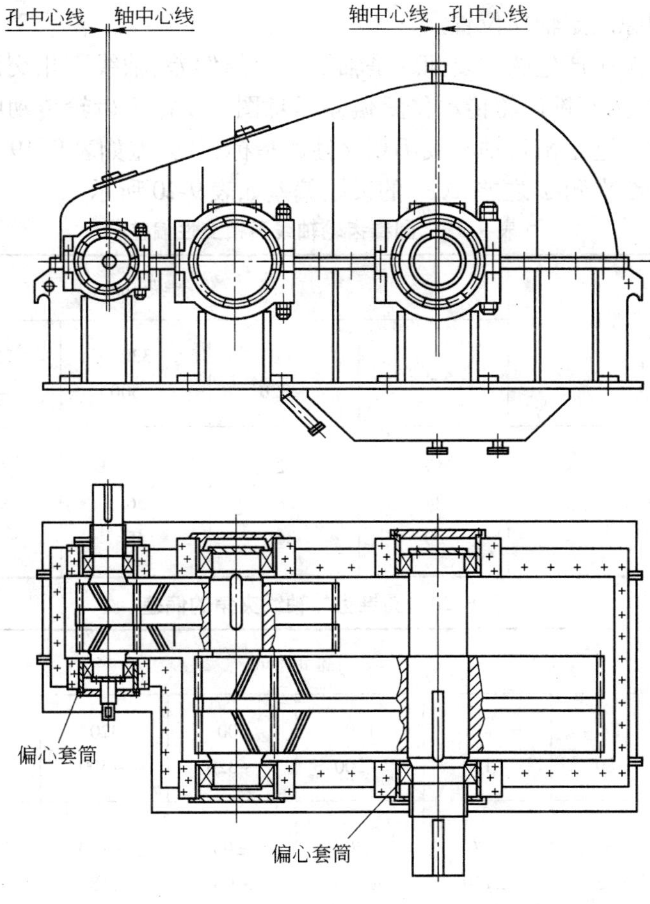

图 9-64 1700 热带钢轧机粗轧机座的主减速机

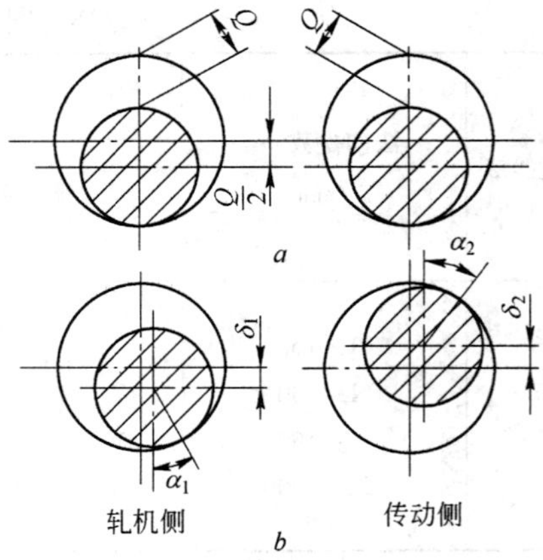

图 9-65　第二级大齿轮轴轴颈向位置的变化

下面以第二级的齿轮啮合为例，说明偏心套筒的作用。在空转时，大齿轮轴的轴颈在减速机两端的滚动轴承中的位置，如图 9-65*a* 所示。此时，两端轴颈处在相同的位置，具有相同的间隙，其轴线与中间齿轮轴的轴线平行。当减速机在负荷下运转时，假设大齿轮轴顺时针旋转，则在齿轮圆周力和径向力作用下，传动端的大齿轮轴轴颈向右上方移动（图 9-65*b*）。而在齿轮座端的大齿轮轴轴颈，由于受连接轴和齿轮座齿轮轴等因素的影响，将向右下方移动。这样，大齿轮轴轴线就发生歪斜，影响齿轮的啮合。此时，可以分别调整大齿轮轴两端的偏心套筒，使其轴线与相应的中间齿轮轴平行，以保证齿轮具有良好的啮合。为了使偏心套筒调整方便，在一级减速机中，偏心套筒一般装在高速轴上。

b　圆锥齿轮

圆锥齿轮的小齿轮轴向定位，常以小齿轮基准面至大齿轮轴的距离来决定（图 9-66），大齿轮一般以侧间隙决定轴向位置。

圆锥齿轮在装配中产生的主要问题是轴线夹角的偏差、轴线不相交性偏差和分度圆顶点的偏移。图 9-67 为圆锥齿轮传动位置偏差示意图。ΔA_j 为齿轮传动中配偶齿轮旋转轴心线间的最短距离。这是衡量轴心线不相交性的指标，其公差如表 9-19 所示。$\Delta\varphi_p$ 为实际轴线夹角与公称轴线夹角 φ 之差，$\Delta\varphi_p$ 的极限偏差如表 9-20 所示。

表 9-19　圆锥齿轮轴线不相交性偏差　　（μm）

精度等级	端面模数 m_s /mm	锥距/mm				
		<200	200 ~320	320 ~500	500 ~800	800 ~1250
7	1 ~16	19	22	28	36	48
8	1 ~16	24	28	36	45	58
9	2.5 ~16	30	36	45	55	75

表 9-20　圆锥齿轮轴线夹角的偏差

结合形式	锥距/mm							
	<50	50 ~80	80 ~120	120 ~200	200 ~320	320 ~500	500 ~800	800 ~1250
D_c/μm	±45	±58	±70	±80	±95	±110	±130	±160
D_e/μm	±70	±95	±110	±120	±150	±180	±210	±250

注：D_c 标准保证值，D_e 较大保证值。

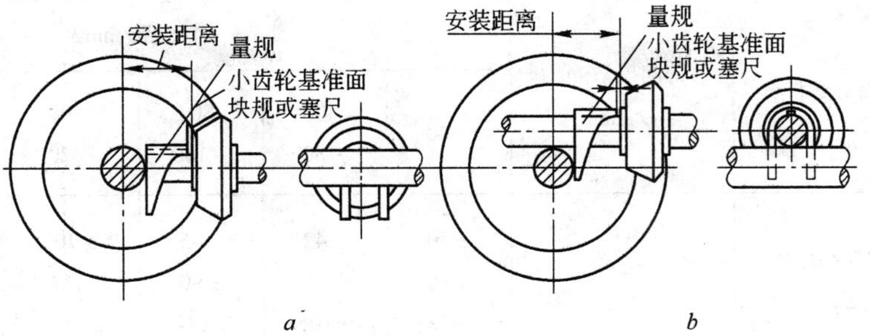

图 9-66　小齿轮轴向定位

a—轴线相交；*b*—轴线不相交

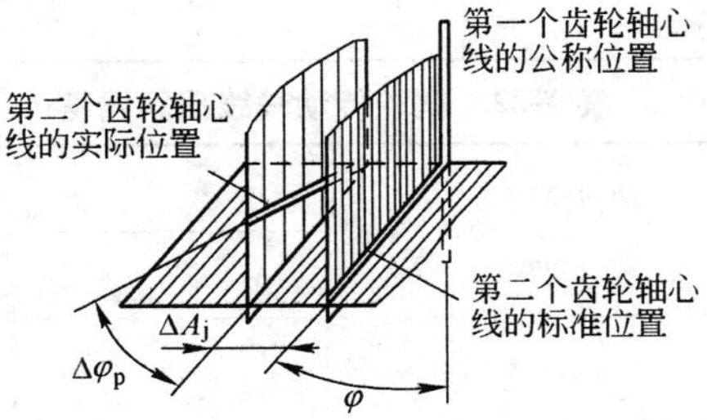

图 9-67　圆锥齿轮传动位置偏差示意图

c　蜗轮蜗杆

蜗轮传动要求中心距要正确，蜗杆的轴心线应在蜗轮轮齿的对称平面内，蜗轮、蜗杆轴心线互相垂直。装配时位置不正确是指：(1)中心距偏差 ΔA(图 9-68*a*)；(2)中心平面偏移 Δg(图 9-68*b*)；(3)蜗轮、蜗杆轴心线不互相垂直，交角 φ 产生偏差，轴线扭斜(图 9-68*c*)。在蜗轮的宽度上以长度单位度量其扭斜的偏差，称为 δ_y。

蜗轮传动中心距偏差和中心平面偏移不许超过的规定值如表 9-21 所示，扭斜偏差不许超过的规定值如表 9-22 所示。

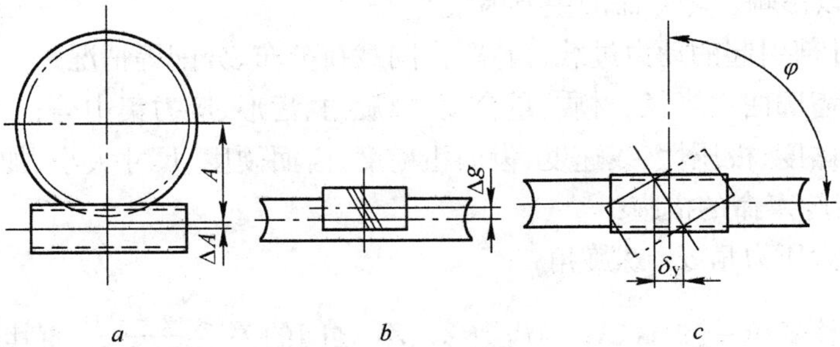

图 9-68　蜗轮、蜗杆轴心线位置

a—中心距偏差；*b*—中心平面偏移；*c*—蜗轮、蜗杆轴线扭斜

表 9-21　蜗轮传动中心距偏差和中心平面偏移　(μm)

精度等级	偏差项目	轴向模数 m_s /mm	中心距/mm					
			<40	40 ~80	80 ~160	160 ~320	320 ~630	630 1250
7 8 9	中心距偏差 ΔA	1 ~30	±30 ±48 ±75	±42 ±65 ±105	±55 ±90 ±140	±70 ±110 ±180	±85 ±130 ±210	±110 ±180 ±280
7 8 9	蜗轮中心平面偏移 Δg		±22 ±36 ±65	±34 ±52 ±85	±42 ±65 ±106	±52 ±85 ±130	±65 ±105 ±170	±80 ±120 ±200

表 9-22　蜗轮传动轴线扭斜偏差　(μm)

偏 差 项 目	轴向模数 m_s /mm	精 度 等 级		
		7	8	9
轴线扭斜偏差 δ_y	1 ~2.5	13	17	21
	2.5 ~6	18	22	28
	6 ~10	26	34	42
	10 ~16	36	45	55
	16 ~30	58	75	95

9.5.2.3　减速机齿轮传动维修举例

图 9-69 为抚顺钢厂薄板热轧机(1200/1400)主传动系统示意图。过去(20 世纪 90 年代前)主减速机第二级传动齿轮轴齿轮磨损严重,尤其在 20 世纪 80 年代中期,由于大幅度提高产量和变形抗力大的品种,使该齿轮磨损、点蚀、塑性变形更加严重,其寿命短,时仅为一年。表 9-23 为该齿轮从 1985 年 6 月 1 日投入使用至 1986 年 4 月 25 日报废止,固定弦齿厚的测量记录。

齿轮传动的失效形式主要为齿面的疲劳点蚀、胶合、磨损、塑性变形和齿轮的疲劳断裂、冲击折断等,可以影响齿轮寿命的主要因素有:

(1)内部、外部引起的动力过载,齿宽、齿间载荷分布、分配等情况;

(2)节点处齿廓曲率半径、材质、重合度、螺旋角、齿形、应力集中等;

(3)润滑油黏度、极压性、线速度、齿面粗糙度、齿面硬度、尺寸大小、加工精度等。

提高人字齿轮寿命的措施:

(1)适当增大压力角 α_n、螺旋角 β;

(2)适当调整变位系数 X_1、X_2 与齿数 Z_1、Z_2 之间的关系$\dfrac{X_2 \pm X_1}{Z_2 + Z_1}$,使其适当增大;

(3)改善原动机与从动机工作条件,提高箱体、齿轮系统、轴承刚度,改善承载齿面的接触情况;

(4)提高齿轮加工、安装精度,减少应力集中因素,修齿,跑合,增加接触变形和热变形的补偿措施；

(5)合理选材，适当提高齿面硬度及材料副的互容性，消除残余应力；

(6)适当提高润滑剂黏度，使用带极压添加剂的润滑剂，适当提高线速度 $V_1 + V_2$，减少平均粗糙度；

(7)考虑尺寸效应，适当减少模数 M_n。

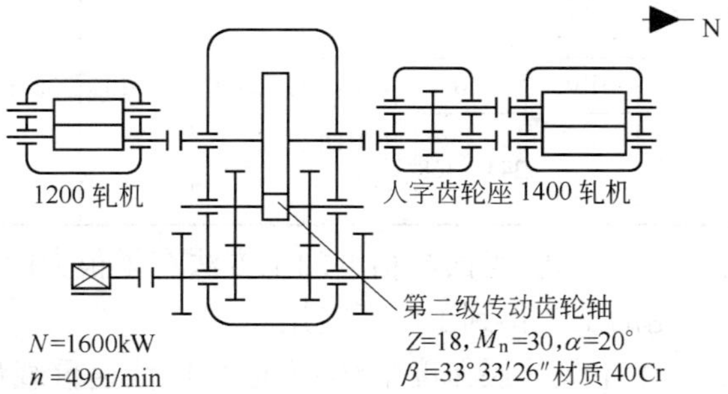

图 9-69 抚顺钢厂薄板热轧机(1200/1400)主传动系统示意图

表 9-23 固定弦齿厚记录

齿面硬度 HB	润滑方式润滑剂	固定弦齿厚/mm			年平均最大磨损率 /%
		使用前	使用后		
			南齿	北齿	
225～250	集中循环稀油润滑 20 号机械油	41.60	38.36	31.00	25.4

下面举例说明，抚钢仅用了上述两项措施，即提高齿面硬度和更换润滑油(使用极压齿轮油)，就使前面提到的齿轮轴提高寿命 15 倍以上。

表 9-24 为抚钢薄板热轧机主减速机第二级传动人字齿轮轴与其啮合大齿轮原始参数和润滑状况。经研究，决定采用淬火－中温回火热处理工艺来提高该齿轮齿面硬度(同时消除内应力)，并将 20 号机械油更换成 50 号中极压齿轮油两项措施。经过 5 年时间(1987 年 7 月～1992 年 6 月)的工业性实验，抚钢薄板热轧机主减速机第二级传动齿轮轴(图 9-69)实验结果如表 9-25 所示。经解体主减速机检查发现：该齿轮齿面光亮，无点蚀、塑性变形、胶合等现象。

结果表明，用 50 号中极压齿轮油代替 20 号机械油，用感应加热表面埋油淬火后再中温回火，将齿面硬度从 HB225～250 提高到 HRC38～42(HB344～415)，使得该齿轮平均最大磨损率降低了 15.2 倍，也即齿面抗磨损、点蚀、胶合、塑性变形能力提高了 15 倍以上。

表 9-24 主减速机第二级传动人字齿轮轴与其啮合大齿轮原始参数和润滑状况

参数 / 齿轮	Z	M_x	β	齿面硬度 HB	材质	齿轮精度	润滑方式及润滑剂
二级齿轮轴	18	30	33°33′26″	225～250	40Cr	8—7—7	集中循环 20 号机械油
二级大齿轮	82			200	45ZG		

表 9-25　主减速机第二级传动齿轮轴实验结果

齿面硬度							固定弦齿厚/mm			润滑油	年最大磨损率/%
南　齿			北　齿			热处理方法	使用前	使用后			
HS	HRC	HB	HS	HRC	HB			南齿	后齿		
70 ~ 72	52		60 ~ 65	48		淬火	41.60	38.13	38.13	50 号中极压齿轮油	1.67
HS	HRC	HB	HS	HRC	HB	淬火后中温回火					
55 ~ 62	40 ~ 42	360 ~ 415	52 ~ 60		344 ~ 368						

近代硬齿面齿轮的热处理工艺、齿面高精度加工方法有了很大的提高，深层渗碳、淬火、磨齿制造高精度硬齿面齿轮的工艺得到了广泛应用。

硬齿面中氮化硬齿面，由于氮化层深度很浅，不适合作低速重载齿轮传动，而且氮化工艺本身的成本较高，所以很少采用。表面淬火（如高、中频或火焰淬火）的淬硬层与非淬硬层过渡界面明显，硬度分布梯度太大，同时淬硬层分布不均匀，齿根淬硬困难，易生成表面裂纹，齿面硬度较低，所以应用也逐渐减少。

深层渗碳、淬火、磨削的高精度硬齿面齿轮，具有精度高、表面硬度高、齿面硬化层均匀等多方面优点，特别适用于低速重载齿轮传动。它表面硬度高，接触强度比调质齿轮成倍增长，而弯曲强度比调质齿轮约增长 50% 以上。

据统计，由于硬齿面齿轮的采用大大地促进了机器的重量轻、小型化和质量性能的提高，使机器工作速度提高了一个等级，如高速线材轧机的轧制速度，从过去的 30m/s 以下提高到 90 ~ 120m/s。采用硬齿面齿轮传动使传动装置的体积大大减小，少占地，还可以降低制造成本，以某轧机主减速机为例进行比较（表 9-26）。

表 9-26　某轧机主减速机整体参数

齿面状态	中心距/mm	表面积/%	重量/%	轧制速度/$m \cdot s^{-1}$	硬　度
调　质	2400	100	100	30	HB360
硬齿面	1695	34	60	90 ~ 120	HRC57 +4

注：齿轮按齿面硬度分为：硬齿面齿轮（齿面硬度 HRC > 55，例如经整体或渗碳淬火、表面淬火或氮化处理）、中硬齿面齿轮（齿面硬度 55 > HRC > 38，HB > 350，例如齿面经过整体淬火或表面淬火）、软齿面齿轮（齿面硬度 HB < 350，例如经过调质、常化的齿轮）。

9.5.3　齿轮座的维修与安装

当工作机座的轧辊由一个电动机带动时，一般采用齿轮座将电动机或减速机传来的运动和力矩分配给二个或三个轧辊。齿轮座的传动形式如图 9-70 所示，其中图 9-70*a* 用于二辊或四辊轧机，考虑传动装置的布置形式和拆卸方便等因素，通常是

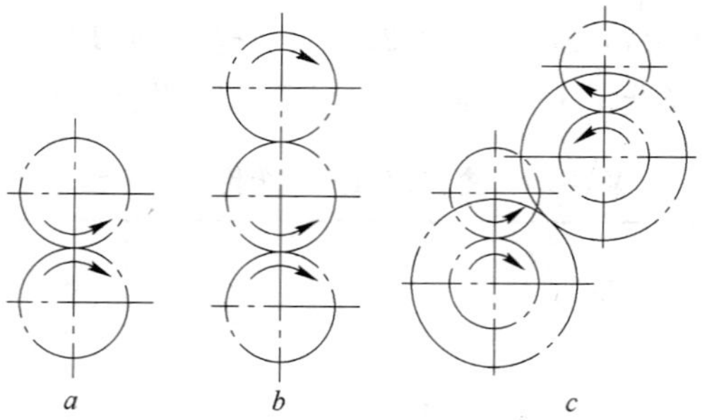

图 9-70　齿轮座的传动形式简图

a—用于二辊或四辊轧机；*b*—用于三辊轧机；*c*—用于复二重式轧机

下齿轮主动。图9-70*b*用于三辊轧机，在型钢机上采用中间齿轮为主动。

齿轮座由齿轮轴、轴承、轴承座和箱体四部分组成：

(1)齿轮轴。由于齿轮座传递的扭矩较大，但其中心距A受到轧机轧辊中心距的限制。因此，齿轮座的齿轮直径小、宽度大，往往与轴做成整体，称为齿轮轴。该齿轮一般具有较少的齿数Z、较大的模数M_n和宽度B，都采用人字齿轮。轮齿的破坏主要是由早期点蚀、齿面剥落或塑性变形等因素引起的，偶有弯曲折断。

齿轮轴应选用硬齿面。常用材料为：45、40Cr、32Cr2MnMo、35SiMn2MoV、37SiMn2MoV、40CrMn2MoV等。

(2)轴承。齿轮轴的轴承有滑动轴承和滚动轴承。

(3)箱体。齿轮座箱体有高立柱式、矮立柱式、水平剖分式和垂直剖分式四种形式(图9-71)。

齿轮座的轴承通常与齿轮采用一个润滑系统。

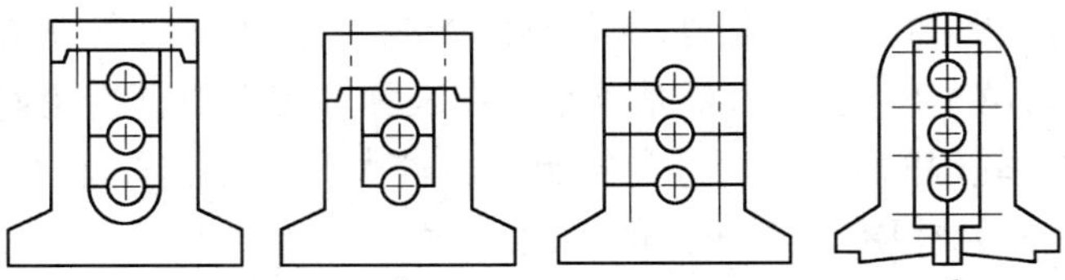

图9-71　齿轮座箱体形式

a—高立柱式；*b*—矮立柱式；*c*—水平剖分式；*d*—垂直剖分式

图9-72为650型钢轧机齿轮座的结构简图。齿轮箱体为立柱式，箱体上盖和U形底座用螺栓连接。由于径向尺寸的限制，齿轮轴颈采用巴氏合金浇铸的滑动轴承。在三个齿轮轴两端各有四块轴承座。其中，上齿轮的下轴承座和中齿轮的上轴承座，及中齿轮的下轴承座和下齿轮的上轴承座分别做成一体。轴承座装在箱体的立柱窗口中，在轴向则靠箱体立柱上的凸肩进行轴向固定(图9-73)。中间齿轮轴为主动轴，它通过带有安全销的齿轮联轴器与减速机相连。齿轮座三个齿轮轴的输出端上装有万向接轴的叉头，与连接轴的扁头相连。

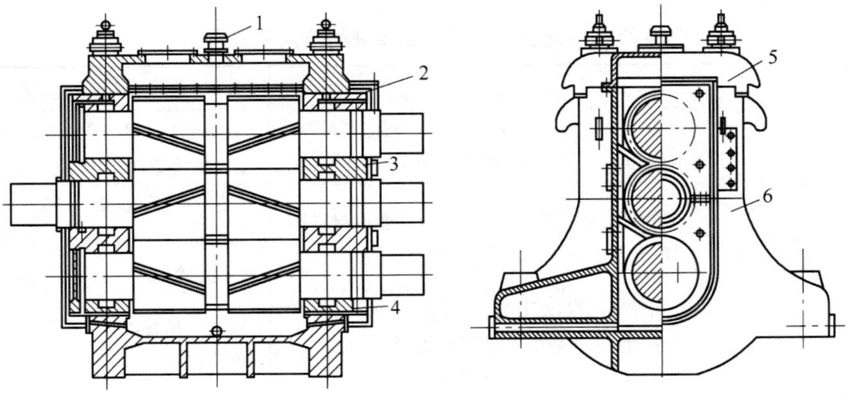

图9-72　650型钢轧机齿轮座

1—通风帽；2—上轴承座；3—中间轴承座；4—下轴承座；5—上盖；6—底座

为了减轻齿轮座重量，改善制造工艺，可采用焊接结构的齿轮座箱体。

齿轮座箱体，尤其是大型箱体，通常直接安装在基础上。

在设备大中修时，齿轮座同主减速机相似，也是经常更换巴氏合金轴承，或同时更换齿轮。具体方法这里不赘述，下面仅举一例说明更换动压巴氏合金轴承后，试车环节也是很重要的。

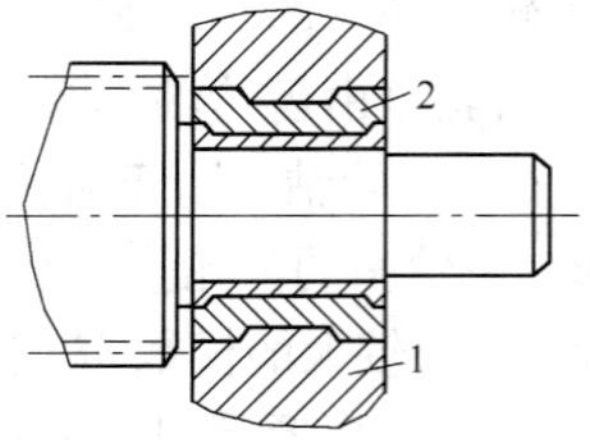

图 9-73　齿轮轴轴向固定示意图
（图 9-72 齿轮座水平剖视图）
1—箱体立柱；2—轴承座

例如，在抚顺钢厂 1400 薄板四辊冷轧机人字齿轮座的检修中，就发生过新研磨好的轴承，在试车中频繁被破坏的事故，导致轧机近三个月无法生产。原因如下：该轧机人字齿轮座采用的是动压轴承，并传递两个工作辊，上、下两个支撑辊是靠分别与上、下工作辊弹性压扁的摩擦力转动的。当该摩擦力不足时，易产生工作辊与支撑辊相对滑动摩擦，进而造成辊面划伤，这是绝对不允许的。也就是说，一定要有足够的弹性压扁力，即足够的摩擦力，进而导致轧制力增大、轧制力矩增大。新轴承瓦研好后试车启动时，恰好是轴承衬内表面须跑合以获得更好的粗糙度、人字齿轮速度为零、轧制力（轧辊间弹性压扁）和轧制力矩较大时，而此时，流体动压轴承在静止或低速状态下往往无法形成具有足够压力的油膜，因而出现半干摩擦，产生表面磨损或其他损伤，寿命缩短，因此导致轴承被破坏。防止该事故的措施：(1)人字齿轮在空负荷（不带轧辊）下，充分运转跑合；(2)轧辊启动前，在保证工作辊与支撑辊不相对滑动的前提下，尽量减小弹性压扁力；(3)在轧钢之前，要带辊充分运转跑合；(4)随着轧辊转速的提高，逐渐提高轧制力。

9.5.4　连接轴的维修与安装

轧钢机连接轴是用来连接轧辊和齿轮座传动轴的（图 9-50*a*），也可直接连接轧辊和电动机轴（图 9-50*b*）。轧钢机齿轮座、减速机、电动机的运动和力矩，都是通过连接轴传递给轧辊的。在横列式轧机上，一个工作机座的轧辊传动另一个工作机座的轧辊，也是通过连接轴传动的。常用的有万向接轴、梅花接轴和弧形齿接轴等三种形式。表 9-27 为各种类型连接轴的特点和应用范围。

表 9-27　轧钢机各种类型连接轴的特点和应用范围

类　型		特　点	应 用 范 围
梅花接轴		由四个或多个凸瓣组成，凸瓣有弧形的或普通梅花头形，允许较小的倾角	最大倾角 $\alpha = 1° \sim 2°$，最大转数 $n = 400$r/min，用于横列式型钢轧机、轧辊调整距离很小
万向接轴	滑块式	衬板由耐磨青铜、黄铜或人工合成材料作成，允许有较大的倾角，润滑条件差	最大倾角 $\alpha = 8° \sim 10°$，最大转数 $n =$ 1000r/min，用于初轧机、冷、热板带轧机、钢管轧机、钢球轧机、中、厚板轧机等
	十字头式	磨损件少（没有月牙形滑块），因滚动轴承间隙小，工作平稳，润滑条件好，传动效率高，外形尺寸大，叉头强度较弱	最大倾角 $\alpha = 15°$，用于带钢轧机、钢管轧机和立辊轧机中
弧形齿接轴		传动平稳，润滑条件好，节省有色金属，径向间隙小	最大倾角 $\alpha = 3°$，高转速条件下不适用（因磨损大），用于带钢轧机，连续式小型轧机和线材轧机等

因此,在考虑连接轴总体配置时,应综合考虑轧辊调整范围,齿轮座中心距(或电动机轴的中心距),以及连接轴允许倾角等因素,使连接轴有比较合适的工作条件。

9.5.4.1 确定齿轮座中心距(或电动机轴的中心距)

在连接轴总体配置的因素中,轧辊调整范围是根据工艺要求确定的,而齿轮座中心距的确定则要考虑连接轴的工作条件。为了使上、下两个连接轴工作条件均衡,应该使上、下两个连接轴的倾角尽可能相等。此时,齿轮座中心距 A 可以按以下公式确定:

对于型钢轧机:

$$A = \frac{D_{max} + D_{min}}{2}$$

对于轧件出口厚度 h 变化不大的钢板轧机:

$$A = \frac{D_{max} + D_{min}}{2} + h$$

对于上轧辊提升距离较大的初轧机或厚板轧机,为了使连接轴在负荷较大时有合适的倾角,齿轮座中心距 A 应根据轧制功消耗较大的各道次的轧辊中心距平均值选取,一般可按以下经验公式确定:

$$A = \frac{D_{max} + D_{min}}{2} + \frac{H}{8 \sim 10}$$

式中 D_{max}、D_{min}——轧辊最大直径、最小直径,mm;

H——上轧辊最大提升量,mm;

h——轧件出口厚度,mm。

图9-74为1000初轧机连接轴配置简图。轧辊最大直径为950mm,轧辊最小直径为830mm,上轧辊最大提升量 H 为1000mm,由上式计算齿轮座中心距:

$$A = 1040 \sim 1010\text{mm}$$

$$\text{取 } A = 1000\text{mm}$$

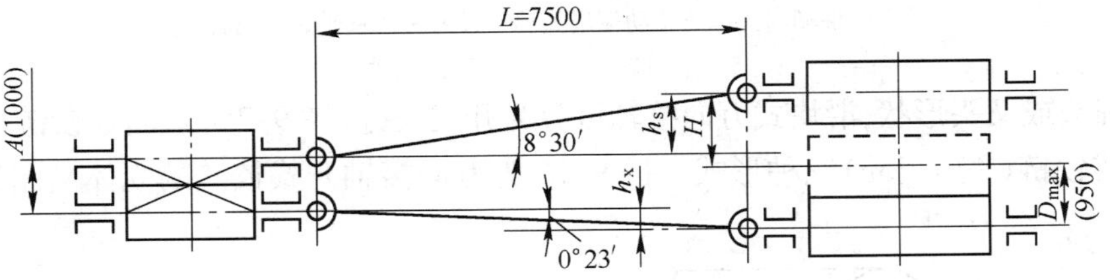

图9-74 1000初轧机连接轴配置简图

9.5.4.2 确定连接轴长度或连接轴最大倾角

在确定齿轮座中心距 A 后,可进一步确定连接轴长度或连接轴最大倾角。在确定连接轴长度时,为了减少轧钢机主传动装置的总长度和车间总面积,通常在保证轧钢机前后辅助设备配置的前提下,应选取较小的连接轴长度。连接轴两端铰链中心线之间的水平长度 L,可由下式确定

$$L = \frac{h_s}{\tan\alpha}$$

式中 h_s——轧辊在最大提升位置时,上轧辊中心线与上齿轮轴中心线之间的距离;

α——连接轴最大允许倾角。

由图 9-74，可将上式写成

$$L=\frac{h_s}{\tan\alpha}=\frac{H+D_{max}\pm h_x-A}{\tan\alpha}$$

式中　h_x——下轧辊中心线与下齿轮轴中心线之间的距离，按图 9-74 所示的位置，h_x 取为负值；轧辊高于下齿轮轴取正值；

A——齿轮座中心距，如果轧辊单独驱动时，则为两个轧钢机电动机轴间的中心距；

D_{max}——轧辊最大直径。

目前，在条件允许时，初轧机连接轴允许倾角一般为 3°～6°。板带轧机上，一般为 1°～2°。取最大倾角时，连接轴的长度要相应取短一些。

9.5.4.3　滑块式万向接轴

在轧辊调整范围较大的轧机上，一般是用万向接轴将扭矩传递给轧辊。常用的万向接轴有两种方式：滑块式万向接轴和十字头万向接轴。滑块式万向接轴传递很大的扭矩，可达 3000kN · m 和允许有较大的倾角，可达 8°～10°。它是由轧辊端扁头 1、带叉头的接轴 3、传动端扁头 2、衬瓦 4 以及中间具有方形或圆形的销轴 5 组成（图 9-75）。

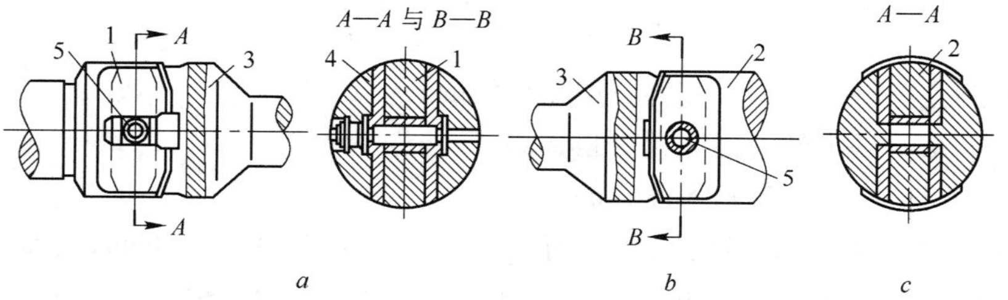

图 9-75　滑块式万向接轴的组成及其铰链的形式

a—开式铰链；*b*—闭式铰链；*c*—带筋板式铰链

1—轧辊端扁头；2—传动端扁头；3—带叉头的接轴；4—衬瓦；

5—中间具有方形或圆形的销轴

根据扁头或叉头形状，滑块式万向接轴可分为开式铰链（图 9-75*a*）、闭式铰链（图 9-75*b*）和带筋板式铰链（图 9-75*c*）三种形式。图 9-76 为万向接轴开式铰链的立体简图。

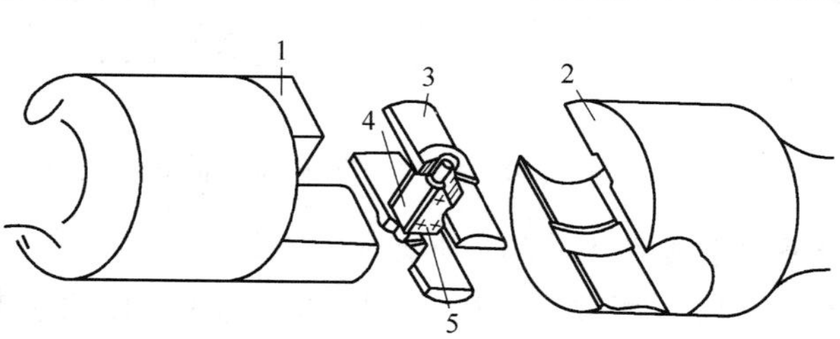

图 9-76　万向接轴开式铰链立体简图

1—扁头；2—叉头；3—月牙形滑板；4—小方轴；5—青铜滑板

滑块式万向接轴的润滑较为困难，因其摩擦表面与外界相通，润滑油不易保存在摩擦面上。润滑方式基本上有两种，人工定期加油和采用自动润滑装置。但作者本人在抚顺钢厂 850 初轧机上应用了“油包”润滑法。润滑剂可采用干油或稀油，也可混合使用。

滑块式万向接轴，滑块磨损的较严重，除消耗大量青铜外，严重影响轧机工作条件和轧机的作业率。

滑块式万向接轴，尤其是初轧机主传动装置，电动机直接传动连接轴时，由于轧辊轴向力、连接轴倾角变化、主传动系统扭振等原因，引起连接轴轴向窜动，进而导致主电动机转子轴轴向窜动。

解决主电动机转子轴轴向窜动（电动机之外的原因）的办法是尽量减小传动系统的轴向力和减小传动系统轴向力向主电动机转子轴的传递。下面举例说明如何用后一种办法解决主电机转子轴轴向窜动的。

9.5.4.4 滑块式万向接轴轴向窜动问题

图9-77为抚顺钢厂850初轧机主传动系统示意图。两轧辊分别由两台2800kW直流电动机直接驱动。

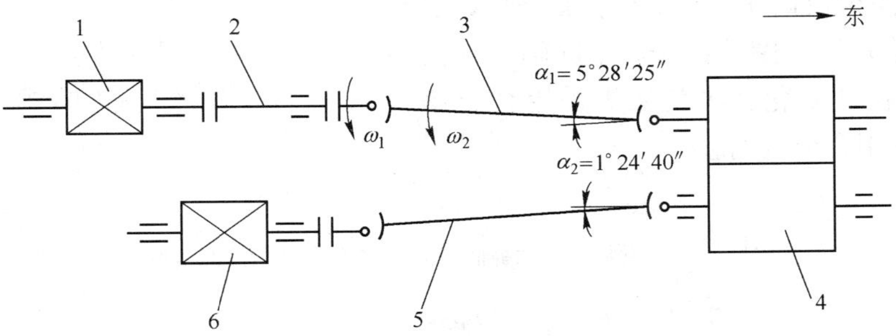

图9-77 抚顺钢厂850初轧机主传动系统示意图

1、6—上、下主电机；2—主接轴；3、5—上、下万向接轴；4—轧辊

α_1、α_2—两转动轴与水平夹角；ω_1、ω_2—传动轴与万向接轴的转速

该轧机在生产过程曾出现主电动机转子轴向窜动的现象，且窜动量较大，最大窜动量达到10mm，同时伴有严重撞击电机轴承现象（若无轴承轴向定位，则窜量会更大），问题比较严重，故被迫停机。

要想解决电机轴向窜动问题，就要消除传动系统轴向力向电机轴的传递，即减少滑块与扁头之间的摩擦力。应采取以下措施：

（1）将滑块与扁头之间间隙放大1mm，同时人工用油磨石来研磨滑块与扁头接触面，使表面粗糙度达0.32（原始的为3.2）；

（2）用油包稀油润滑装置（图9-78），加入120号中极压工业齿轮油代替原干油润滑。原干油润滑装置是：每个连接轴本体上装有两个带有蓄油器的柱塞泵，通过接轴平衡装置的轴承座上固定着的凸轮模板，连接轴每转一周柱塞泵向铰链处供油一次。

应用了这两项措施后，窜动问题得到了根本的解决。油包材质最好用航空油箱尼龙布制作。

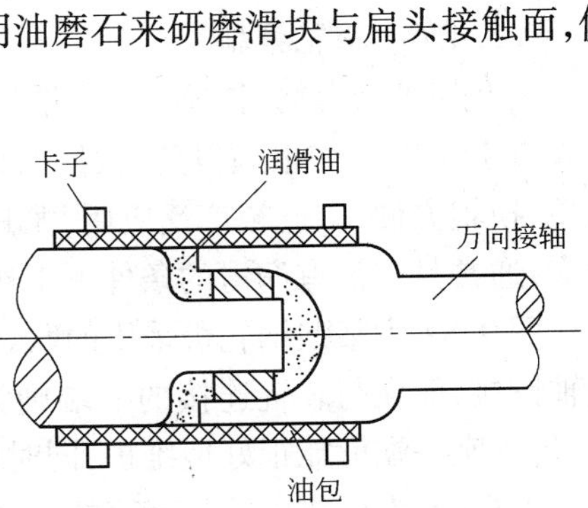

图9-78 油包稀油润滑装置简图

9.5.4.5　十字头(十字轴)式万向接轴

带有滚动轴承的十字头(十字轴)式万向接轴是一种十字铰链,它由两个叉头1和十字轴2及装在十字轴颈上的滚动轴承等部件组成(图9-79)。近年来广泛被用在轧钢机主传动中,并有逐步取代滑块式万向接轴的趋势。

它具有以下优点:

传动效率高、使用寿命长、润滑条件好、窜动平稳、噪声低、允许倾角大,适用于高速转动,传递扭矩大。

轧机用的大型十字轴式万向接轴的结构,根据万向节的连接固定方式的不同,可分为轴承盖固定式、卡环固定式和轴承座固定式。

一般双接头十字轴式万向接轴的组成(图9-80),包括法兰叉头、花键叉头,由花键轴和套管及套管叉头组成的中间轴、十字轴、轴承、挡圈(或轴承盖)、密封圈等部分。中间轴可补偿在倾斜时的长度变化。法兰叉头采用合金铸钢,十字头采用合金锻钢。

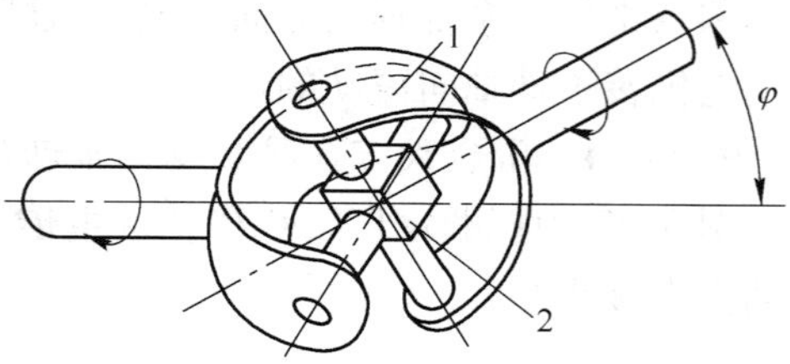

图9-79　十字轴式铰链简图
1—叉头;2—十字轴

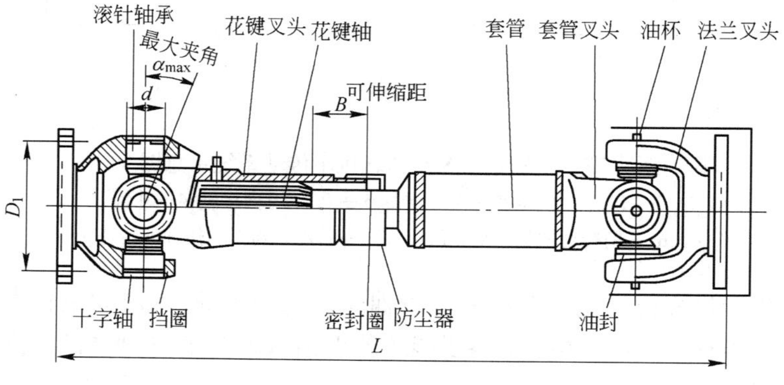

图9-80　双接头十字轴式万向接轴结构图

9.5.4.6　梅花接轴

梅花接轴与套筒(图9-81)一般用于轧辊调整量不大的轧钢机上,其允许倾角小,一般不超过1°~2°。如果倾斜角度过大,则会磨损加大,使寿命降低。梅花接轴的优点是构造简单、换辊方便,因此被广泛应用,尤其在横列式型钢轧机上;其不足是:运转中有冲击且噪声大,通常是在没有润滑的条件下工作,故很容易磨损。

图9-82为某型钢轧机采用的联合接轴。联合接轴,即在与齿轮机座连接的一端为万向接轴铰接,而在与轧辊连接的一端则为梅花轴头,这可改善轴与轴套的磨损情况。如此一来,齿轮座一端就能很好地维护,同时由于梅花连接易于拆卸,因而不会使换辊复杂。

表9-28为梅花接轴和套筒的一些主要尺寸和间隙。梅花接轴的材料,一般是铸钢或锻钢,接轴尺寸按自由公差制造。套筒一般用灰口铸铁或铸钢制成。

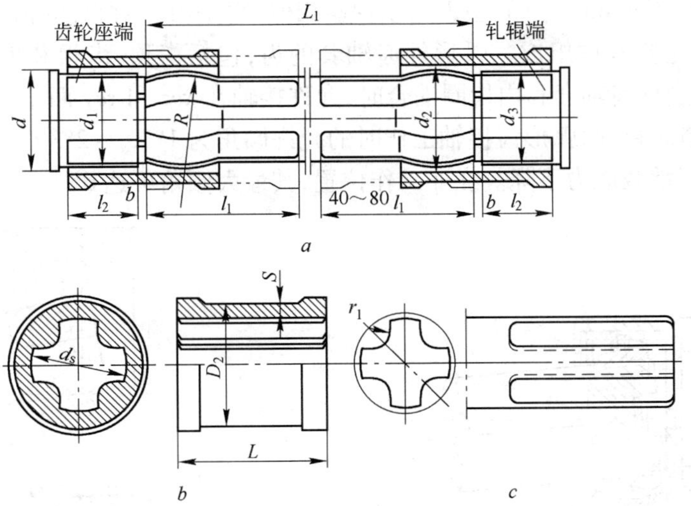

图 9-81　梅花接轴与套筒

a—弧形梅花头；*b*—梅花套筒；*c*—普通的梅花头

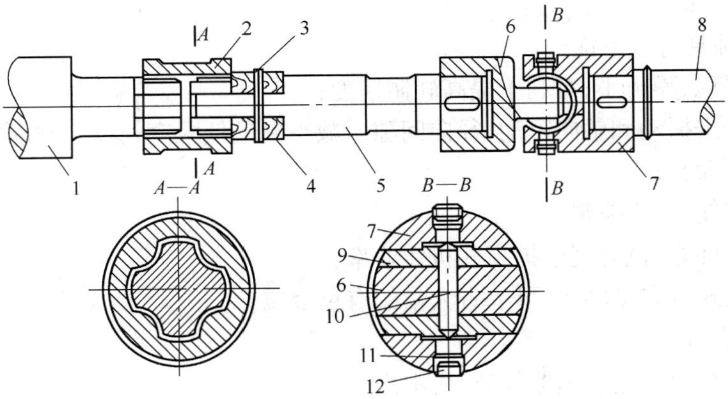

图 9-82　型钢轧机的联合接轴

1—轧辊；2—梅花套筒；3—铁丝；4—木块；5—梅花接轴；6—扁头；7—叉头；8—齿轮辊出轴；9—滑块；10—销轴；11—垫块；12—螺丝

表 9-28　梅花接轴和套筒的一些主要尺寸和间隙

梅花接轴	接轴直径 d_1	头部圆弧半径 r_1	球形梅花头半径	接轴长度
	$d_1=(0.9\sim0.98)d$ 或 $d_1=d-(10\sim15)$	$r_1=0.2d_1$	$R=(2.8\sim3)d_1$	$L_1\geqslant2L+(40\sim80)$
梅花套筒	套筒长度	中部厚度	中部外径	梅花孔直径
	$L=(1.2\sim1.5)d_1$	$S=(0.18\sim0.20)d_1$	$D_2=d_5+2S$	$d_5=d_1+(3\sim5)$
梅花头直径 d_1/mm	140～150	160～200	220～320	340～450
间隙 b/mm	30	35	40	45

9.5.4.7　弧形齿接轴

弧形齿接轴(图9-83)与CL型齿轮联轴器相似,它是由一对弧形外齿轴套5、内齿圈6及中间接轴1等主要零件组成。弧形外齿轴套的齿,包括齿顶、齿根和齿侧面均呈圆弧形(图9-84),所以当外齿轴套和内齿圈啮合时,允许接轴在 *xoz* 和 *xoy* 两个互相垂直的平面内倾斜,形成万向节。目前,弧形齿接轴工作时的允许倾角为1°30′~2°30′,尽量不要大于3°。如果角度再大,则承载能力下降。在非工作位置,其最大倾角可达6°。

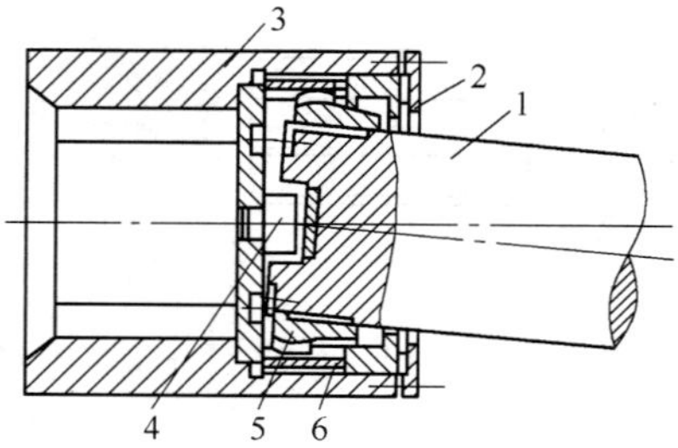

图9-83　弧形齿接轴

1—中间接轴;2—密封圈;3—连接套;4—球面顶头;5—弧形外齿轴套;6—内齿圈

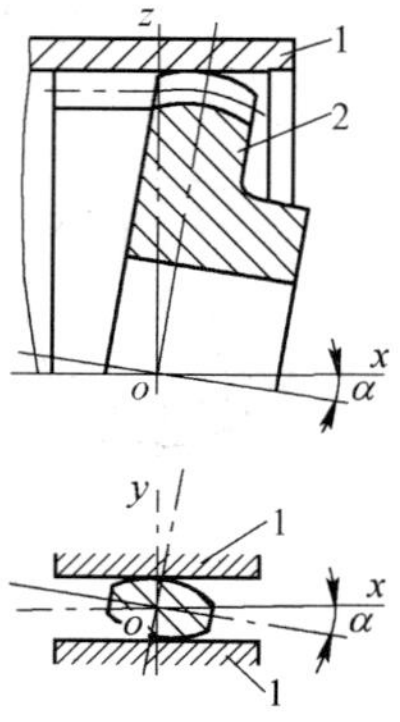

图9-84　外齿轴套的齿形示意图

1—内齿圈;2—弧形外齿套

弧形齿接轴具有以下优点:

(1)传动平稳、噪声小,有利于提高轧制速度;

(2)没有冲击振动和轴向窜动,径向间隙可减小到最低限度,有利于提高产品质量;

(3)使用寿命长;

(4)装拆方便,易于换辊;

(5)润滑条件好,也有利于提高轧机作业率;

(6)与滑块式万向接轴比,可节省大量的有色金属。

弧形齿接轴的缺点:

(1)比加工普通齿轮联轴器复杂,成本高;

(2)倾角不大,承载能力随倾角的增加而显著下降,允许传递的扭矩没有滑块式万向接轴大,因此,在某些场合下的使用受到限制,如要求大倾角、大扭矩的初轧机不能使用。

9.5.5　联轴节(器)的维修与安装

联轴节(器)包括电动机联轴节和主联轴节,用于连接不同机构的两根轴。电动机联轴节的作用是连接电动机与减速机的传动轴,而主联轴节则用来连接减速机与齿轮座的传动轴。

联轴节的类型很多,根据内部是否包含弹性元件,可以划分为刚性联轴节与弹性联轴节两大类,刚性联轴节又分为固定式与可移动式两类,其中万向联轴节、齿轮联轴节、弹性柱销联轴节、轮胎联轴节等被广泛地应用于轧钢机中。

9.5.5.1　齿轮联轴节

应用最广的主联轴节是齿轮联轴器,它能传递很大的扭矩,能承受频繁的正反向冲击负荷,并可容许较大的偏移量,安装精度要求不高。但制造困难,不能缓冲减振。齿轮联轴器有两种形式:一般的齿轮联轴器CL型(图9-85),用于直接连接相互靠近的两端;带中间轴的齿轮联轴器CLZ型(图9-86),用于借中间轴来连接相距一定距离的两端。

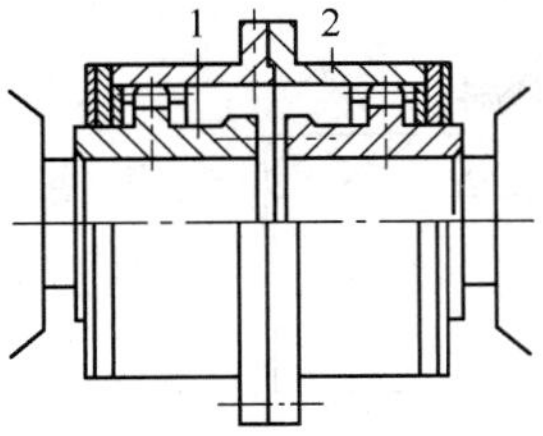

图9-85 CL型齿轮联轴器

1—外齿轴套;2—内齿圈

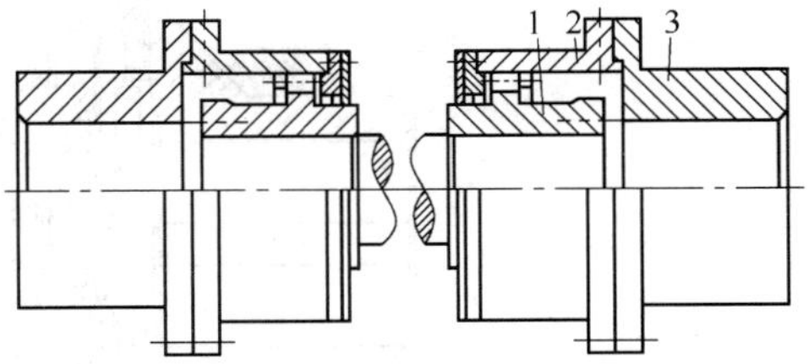

图9-86 CLZ型齿轮联轴器

1—外齿轴套;2—内齿圈;3—半联轴器

齿轮联轴器中,所用齿轮的齿廓为渐开线,啮合角通常为20°,齿一般为30~80个,材料一般用45号钢或ZG45。联轴器的啮合应在油浴内工作。

9.5.5.2 棒销联轴节

棒销联轴节结构简单、制造容易、维护方便、寿命长、能缓冲减振,可用于正反转变化多,启动频繁的高、低速转动,其主要缺点是外廓尺寸较大。因此,在轧钢机主传动中得到应用。

棒销联轴器(图9-87)是由轴套1和2、棒销3、外套4及侧挡板5组成。轴套和外套由45或35锻钢或铸钢制成,棒销材料用榆木、胡桃木、酚醛布棒和尼龙6等。

棒销联轴器工作时扭矩是通过半联轴器、棒销而传动到从动轴上去的,其传递的许用扭矩为0.63~1600kN·m,最大转速300~3800r/min,允许的倾角为30′。

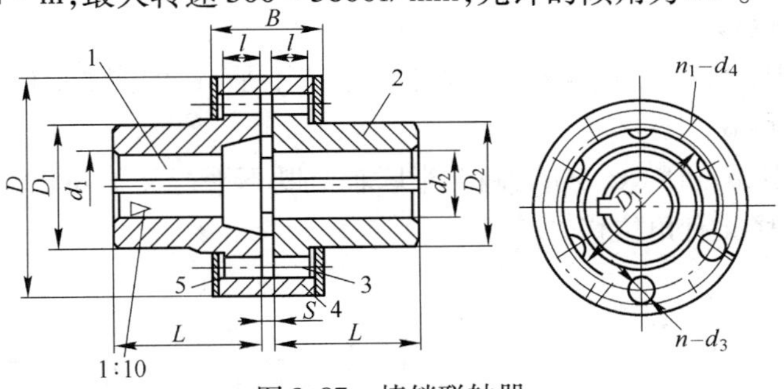

图9-87 棒销联轴器

1、2—轴套;3—棒销;4—外套;5—侧挡板

9.5.5.3 安全联轴节

在传动系统中装有飞轮的轧机上应采用安全联轴节。当轧制情况不正常时,由飞轮所产生的转矩可能达到很大的数值,以至损坏轧机和飞轮之间的传动零件。为了保护传动装置和轧机,在减速机低速轴和齿轮座之间安装安全联轴器。

图9-88为650型钢轧机的齿式安全联轴器。法兰盘1装在减速机低速轴上,减速机的扭矩通过安全螺栓9、内齿圈8、外齿轴套7传至另一个内齿圈6,再由螺栓5、法兰盘4传动齿轮座的主动齿轮。当安全螺栓9过载切断时,齿轮座中齿轮停止转动,而电机还在旋转。借助于双列球面辊子轴承2和法兰盘1的支承,内齿圈8和外齿轴套7不致下落造成事故。

这里重点指出的是:安全螺栓(安全帽)的个数、直径大小、径向U形槽缺口深度、材质、热处理工艺等等,需要根据轧钢实践来确定。

9.5.5.4 联轴节找正

在装配各种联轴节时,总的要求是使连接的两根轴符合规定的同心度,保证它们的几何中心线相互重合。

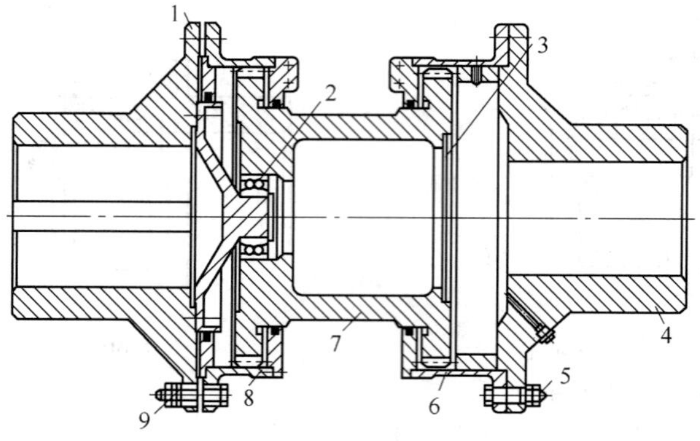

图 9-88　650 型钢轧机齿式安全联轴器

1、4—法兰盘；2—球面辊子轴承；3—盖板；5—铰孔螺栓；
6、8—内齿圈；7—外齿轴套；9—安全销螺栓

找正联轴节时，可能会出现下列四种情况，如图 9-89 所示，其中 S_1、S_3、a_1、a_3 表示联轴节上方(0°)和下方(180°)两个位置上的轴向和径向间隙。Ⅰ、Ⅱ表示两根被连接的轴。

(1)图 9-89a 中，$S_1 = S_3$、$a_1 = a_3$，两个半联轴节既平行又同心，Ⅰ、Ⅱ两根轴的中心线之间有平行的径向位移；

(2)图 9-89b 中，$S_1 = S_3$、$a_1 \neq a_3$，两个半联轴节平行，但不同心，Ⅰ、Ⅱ两根轴的中心线之间有平行的径向位移 e；

(3)图 9-89c 中，$S_1 \neq S_3$、$a_1 = a_3$，两个半联轴节不平行，但同心，Ⅰ、Ⅱ两根轴的中心线之间有倾斜的角位移 α；

(4)图 9-89d 中，$S_1 \neq S_3$、$a_1 \neq a_3$，两个半联轴节既不平行又不同心，Ⅰ、Ⅱ两根轴的中心线之间既有径向位移又有角位移。

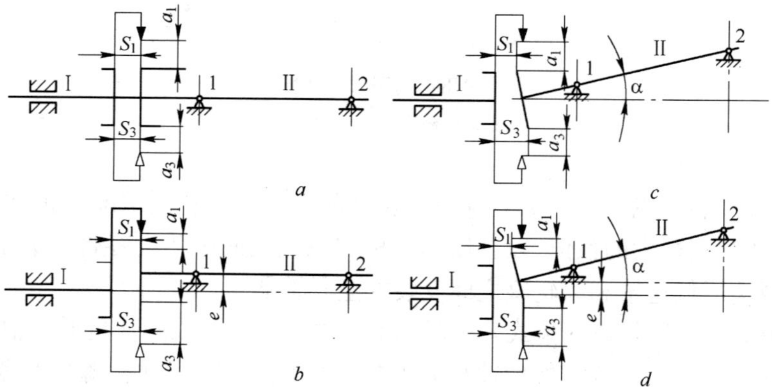

图 9-89　联轴节找正时可能会出现的四种情况

联轴节处于后三种情况时是不正确的，需找正成为第一种情况。安装时，应先装好从动机构，使其处于水平再装主动机，即在主动机的支座下面加减垫片或在水平方向移动主动机位置的方法来进行调整。

根据测量的间隙进行调整时，一般先调整轴向间隙，使两个半联轴节平行，再调整径向间隙，使两个半联轴节同心。

参考文献

[1] 周建男. 钢铁生产工艺装备新技术[M]. 北京:冶金工业出版社,2004.
[2] 周建男. 轧钢机械知识问答[M]. 北京:冶金工业出版社,2007.
[3] 周建男,陈长征,周劬惟. 轧钢机械滚动轴承[M]. 北京:冶金工业出版社,2001.
[4] 国家冶金工业局. 指标解释[S]. 北京:冶金工业出版社,2003.
[5] 《论文集》编辑组. 21 世纪前叶冶金装备发展及对策讨论会论文集[C]. 北京:冶金工业出版社,1998.
[6] 王邦文. 新型轧机[M]. 北京:冶金工业出版社,1994.
[7] [日]五弓勇雄. 金属塑性加工技术[M]. 陈天忠等译. 北京:冶金工业出版社,1987.
[8] 冶金工业出版社. 冶金新技术简介. 北京:冶金工业出版社,1984.
[9] 黄庆学等. 高精度轧制技术[M]. 北京:冶金工业出版社,2002.
[10] 李世君等. 轧钢技术国内外情况,中国金属学会,1990.
[11] 康启寰,周建男. 对特殊钢厂初轧机装备政策的研究[J]. 冶金设备管理与维修,1989(4).
[12] 文庆明. 轧钢机械[M]. 北京:化学工业出版社,2004.
[13] 黄华清. 轧钢机械[M]. 北京:冶金工业出版社,1980.
[14] 李茂基. 轧钢机械[M]. 北京:冶金工业出版社,1998.
[15] 刘宝珩. 轧钢机械设备[M]. 北京:冶金工业出版社,1984.
[16] 邹家祥. 轧钢机械[M]. 北京:冶金工业出版社,2004.
[17] 高锦张. 塑性成形工艺与模具设计[M]. 北京:机械工业出版社,2008.
[18] 李生智. 金属压力加工概论[M]. 北京:冶金工业出版社,1984.
[19] 王廷溥. 轧钢工艺学[M]. 北京:冶金工业出版社,1981.
[20] A. A. 柯洛辽夫. 1000 初轧机[M]. 戴周渊等译. 北京:冶金工业出版社,1958.
[21] 国外特殊钢生产技术编写组. 国外特殊钢生产技术(压力加工部分)[M]. 上海:上海科学技术文献出版社,1982.
[22] 何军. 大钢 ϕ750mm 特钢初轧车间的技术改造[J]. 轧钢,2005(3).
[23] 周建男. 850 初轧机主电机轴轴向窜动原因分析及对策[J]. 辽宁冶金,1992(4).
[24] 许志勇等. 初轧机轧钢工[M]. 北京:冶金工业出版社,1978.
[25] 新疆八一钢铁公司《小型连轧机的工艺与电气控制》编写组. 小型连轧机的工艺与电气控制[M]. 北京:冶金工业出版社,2000.
[26] 沈茂盛等. 型钢生产知识问答[M]. 北京:冶金工业出版社,2003.
[27] 上海市冶金工业局孔型学习班. 孔型设计[M]. 上海:上海人民出版社,1977.
[28] 刘战英. 轧钢[M]. 北京:冶金工业出版社,1995.
[29] 杨宗毅. 实用轧钢技术手册[M]. 北京:冶金工业出版社,1997.
[30] 钟廷珍. 短应力线轧钢的理论与实践[M]. 北京:冶金工业出版社,1999.
[31] 张洪起等. PRS 四辊轧机在线材生产中的应用[C]. 全国高速线材生产技术交流会论文集,2007.
[32] 小型型钢连轧生产工艺与设备编写组. 小型型钢连轧生产工艺与设备[M]. 北京:冶金工业出版社,1999.
[33] 《650 型钢车间机械设备》编写组. 650 型钢车间机械设备[M]. 北京:机械工业出版社,1974.
[34] 吴迪,赵宪明. 我国型钢生产技术进步 20 年及展望[J]. 轧钢,2004(6).
[35] 乔德庸. 我国小型和线材轧机发展及技术开发策略[J]. 轧钢,2004(6).
[36] 鞍钢中型厂编写组. 中型钢材生产[M]. 北京:冶金工业出版社,1980.
[37] 袁治学,杨林浩. 高速线材生产[M]. 北京:冶金工业出版社,2005.
[38] 《高速轧机线材生产》编写组. 高速轧机线材生产[M]. 北京:冶金工业出版社,1995.

[39] 张满泰. 线材生产知识问答[M]. 北京:冶金工业出版社,1992.
[40] SMS MEER. The Latest Multiline High Speed Wire Rod Mill. SMS, group 2004.
[41] 王廷溥. 板带材生产原理与工艺[M]. 北京:冶金工业出版社,1995.
[42] 张景进. 中厚板生产[M]. 北京:冶金工业出版社,2005.
[43] 张景进. 热连轧带钢生产[M]. 北京:冶金工业出版社,2005.
[44] [美]V. B. 金兹伯格. 高精度板带材轧制理论与实践[M]. 姜明东等译. 北京:冶金工业出版社,2000.
[45] 中国金属学会热轧板带学术委员会. 中国热轧宽带钢轧机及生产技术[M]. 北京:冶金工业出版社,2004.
[46] 洛阳矿山机械研究所. 2300 中板车间机械设备[M]. 北京: 机械工业出版社,1978.
[47] [苏联]Л. И. 波卢欣等. 多辊轧机轧制[M]. 郭鸿远等译. 北京:冶金工业出版社,1987.
[48] 西德钢铁工程师协会. 冷轧带钢生产[M]. 武汉钢铁设计研究院等译. 北京: 机械工业出版社,1983.
[49] 1200 叠轧薄板车间机械设备编写组. 1200 叠轧薄板车间机械设备[M]. 北京: 机械工业出版社,1974.
[50] 殷瑞玉. 钢的质量现代化进展[M]. 北京:冶金工业出版社,1995.
[51] 肖白. 我国冷轧板带生产技术进步 20 年及展望[J]. 轧钢,2004(6).
[52] 陈连生等. 热轧薄板生产技术[M]. 北京:冶金工业出版社,2006.
[53] 王国栋等. 我国中厚板生产技术进步 20 年[J]. 轧钢,2004(6).
[54] 唐荻. 我国热连轧带钢生产技术进步 20 年[J]. 轧钢,2004(6).
[55] 解春容等译. 钢管概论[M]. 北京:冶金工业出版社,1982.
[56] 张才安编译. 无缝钢管生产新技术[M]. 重庆:重庆大学出版社,1986.
[57] 王北明等编译. 国外连轧钢管[M]. 北京:冶金工业出版社,1978.
[58] 殷瑞玉. 钢的质量现代化进展[M]. 北京:冶金工业出版社,1995.
[59] 李长穆等编译. 现代钢管生产[M]. 北京:冶金工业出版社,1982.
[60] 林滋泉等. 2001 年我国轧钢行业现状及今后发展展望[C]. 2002 年全国轧钢会议论文集,北京:冶金工业出版社,2002.
[61] 《国外三辊穿孔和轧管》编译组. 国外三辊穿孔和轧管[M]. 北京:冶金工业出版社,1978.
[62] 双远华. 现代无缝钢管生产技术[M]. 北京:化学工业出版社,2008.
[63] 李群等. 我国无缝钢管生产技术进步 20 年[J]. 轧钢,2004(6).
[64] 胡正寰等. 斜轧与楔横轧[M]. 北京:冶金工业出版社,1985.
[65] 胡正寰等. 楔横轧零件成型技术与模拟仿真[M]. 北京:冶金工业出版社,2005.
[66] 周存龙等. 特种轧制设备[M]. 北京:冶金工业出版社,2006.
[67] 第一机械工业部新技术推广所. 热轧齿轮[M]. 北京:机械工业出版社,1957.
[68] 华林等. 环件轧制理论和技术[M]. 北京:机械工业出版社,2005.
[69] 李尧. 金属塑性成形原理[M]. 北京:机械工业出版社,2004.
[70] 日本机械学会. 机械技术手册[M]. 北京:机械工业出版社,1984.
[71] 张猛. 摆辗技术[M]. 北京:机械工业出版社,1998.
[72] 日本塑性加工工学会. 压力加工手册[M]. 江国平等译, 北京:机械工业出版社,1984.
[73] 中国机械工程学会锻压学会. 锻压手册[M]. 北京:机械工业出版社,1993.
[74] 张承鉴. 辊锻技术[M]. 北京:机械工业出版社,1986.
[75] 张庆生. 螺旋孔型斜轧工艺[M]. 北京:机械工业出版社,1985.
[76] 王秀伦. 螺纹滚压加工技术[M]. 北京:中国铁道出版社,1990.

[77] 王天义. 薄板坯连铸连轧工艺技术实践[M]. 北京:冶金工业出版社,2005.
[78] 陈其安. 关于薄板坯连铸连轧技术的热点问题[J]. 轧钢,2004(6).
[79] 梁爱生. 钢铁生产新技术[M]. 北京:冶金工业出版社,1993.
[80] 刘文等. 轧钢生产基础知识问答[M]. 北京:冶金工业出版社,1994.
[81] 中国机械工程学会摩擦学学会《润滑工程》编写组. 润滑工程[M]. 北京:机械工业出版社. 1986.
[82] 西北工大机械原理及零件教研组. 机械设计[M]. 北京:人民教育出版社. 1979.
[83] 袁建路等. 轧钢设备维护与检修[M]. 北京:冶金工业出版社,2006.
[84] 周建男. 1200 冷轧机的刚度设计研究[J]. 抚钢科技,1997(29).
[85] 周建男. 提高轧钢机人字齿轮寿命的实践[J]. 重型机械,1994(5).
[86] 周建男. 预应力轧钢机刚度的研究[J]. 抚钢科技,2000(31).
[87] 周建男. 高精度扁钢生产线粗轧机的选型[J]. 特殊钢,1999(4).
[88] 周建男. 抚钢引进 WF5 - 40 方扁钢专用轧机[J]. 特殊钢,2002(1).
[89] 陈长征,周建男. 轧钢机力能参数神经网络预测[J]. 重型机械,2000(4).
[90] 周建男等. 中极压齿轮润滑油的应用[J]. 冶金设备,1988(6).
[91] 周建男等. 提高 771/630 轴承使用寿命的措施[J]. 冶金设备管理与维修,1984(4).
[92] 周建男. 大型四列圆锥滚子轴承最佳游隙值的确定[J]. 轴承,1987(3).
[93] 周建男. 关于 771/630 轴承游隙不等配制的试验原理分析[J]. 合金钢,1986(18).
[94] 周建男. 高精度扁钢轧制工艺及设备[J]. 冶金设备,2003(6).
[95] 陈冠国. 机械设备维修[M]. 北京:机械工业出版社,1997.
[96] 虞和济,陈长征,张省,周建男. 基于神经网络的智能诊断[M]. 北京:冶金工业出版社,2000.
[97] 刘宝瑄. 冶金机械检修手册[M]. 北京:冶金工业出版社,1992.
[98] 谷士强,郑重一. 冶金机械维护检修与安装[M]. 北京:冶金工业出版社,1981.
[99] 郭仁生. 机械设计基础[M]. 北京:冶金工业出版社,2005.
[100] 张沛学等. 中薄板坯连铸连轧的产品品种分析[C]. 2006 年薄板坯连铸连轧国际研讨会论文集.
[101] 康永林. 近两年我国薄板坯连铸连轧生产技术发展情况分析[C]. 2006 年全国轧钢生产技术会议文集.
[102] 殷瑞钰. 中国薄板坯连铸连轧的进展[J]. 钢铁,2008(3).
[103] 刘晶志. 我国中厚板生产技术现状及发展趋势[C]. 2006 年全国轧钢生产技术会议文集.
[104] 杨固川等. 大型宽厚板轧机成套装备设计制造技术评析[J]. 轧钢,2007(5).
[105] 唐荻等. 轧钢技术的新进展[J]. 钢铁,2007(11).
[106] 钱振伦. 我国宽带钢热连轧机的最新发展及其评析[J]. 轧钢,2007(1).

冶金工业出版社部分图书推荐

书　　名	定价(元)
钢铁生产工艺装备新技术	39.00
轧机轧辊与轴承使用维修技术	29.00
薄板坯连铸连轧微合金化技术	58.00
板带冷轧机板形控制与机型选择	59.00
薄板坯连铸装备及生产技术	48.00
现代铸钢件冶金质量控制技术	30.00
高速钢轧辊制造技术	35.00
新编连续铸钢工艺及设备(第2版)	25.00
现代钢管轧制与工具设计原理	56.00
高速轧机线材生产	75.00
轧钢车间机械设备	32.00
冷轧薄钢板生产(第2版)	69.00
轧钢生产新技术600问	62.00
轧钢机械知识问答	30.00
特种轧制设备	28.00
轧制过程自动化基础	24.00
热轧薄板生产技术	35.00
小型型钢连轧生产工艺与设备	75.00
钢管连轧理论	35.00
薄板坯连铸连轧工艺技术实践	56.00
中国冷轧板带大全	138.00
板带铸轧理论与技术	28.00
楔横轧零件成形技术与模拟仿真	48.00
冷轧薄钢板酸洗工艺及设备	28.00
薄板杯连铸连轧	98.00
连铸连轧理论与实践	32.00
中国热轧宽带钢轧机及生产技术	75.00
小型连轧机的工艺与电气控制	49.00
钢的微观组织图像精选	60.00
钢件的淬火开裂及防止方法(第2版)	36.00
机械装备失效分析	180.00
高合金钢丝线	75.00
钢材质量检验(第2版)	35.00
中厚板生产与质量控制	99.00
冷轧薄钢板精整生产技术	30.00